普通高等教育“十一五”国家级规划教材

食品安全实验

——检测技术与方法

陈福生　主　编　王小红　副主编

SHIPIN ANQUAN SHIYAN
JIANCE JISHU YU FANGFA

·北京·

本教材分上、下两篇，共八章。上篇为食品安全的理化检验，内容包括食品中微量元素、农药残留、抗生素残留、食品添加剂以及其他有毒有害物质残留的分析方法；下篇为食品安全的微生物学检验，介绍了食品中微生物、常见生物毒素、转基因成分和过敏原的检测方法。

本书在每一章的内容编排上，首先就该章所述分析检测对象的分析方法种类、原理与研究进展进行概述，然后在每一节实验的前面就该节所涉及检测对象的性质、危害与残留限量等进行较详细的介绍，便于读者对相关内容有比较全面和系统的认识；关于实验内容，对同一种检测对象，尽可能地提供了不同的分析方法，有利于教材使用学校或单位根据各自的实验条件与人才培养特色选择性地采用。

本书适合高等院校食品质量与安全及相关专业本科生和研究生使用，也可供从事分析、检测、化验、生物科学工作的有关人员参考。

图书在版编目（CIP）数据

食品安全实验——检测技术与方法/陈福生主编．
北京：化学工业出版社，2010.10（2024.8 重印）
普通高等教育“十一五”国家级规划教材
ISBN 978-7-122-09347-9

Ⅰ. 食…　Ⅱ. 陈…　Ⅲ. 食品检验-高等学校-教材
Ⅳ. TS207

中国版本图书馆 CIP 数据核字（2010）第 164073 号

责任编辑：郎红旗　李姿娇　　　　装帧设计：张辉
责任校对：战河红

出版发行：化学工业出版社（北京市东城区青年湖南街 13 号　邮政编码 100011）
印　　装：北京虎彩文化传播有限公司
787mm×1092mm　1/16　印张 26　字数 767 千字　　2024 年 8 月北京第 1 版第 8 次印刷

购书咨询：010-64518888　　　　售后服务：010-64518899
网　　址：http://www.cip.com.cn
凡购买本书，如有缺损质量问题，本社销售中心负责调换。

定　　价：**65.00 元**

前　言

食品质量与安全专业自从2001年教育部作为编外目录专业批准设立以来，发展非常迅速，截止到2009年，教育部批准设立与备案的食品质量与安全专业的高等学校共98所。食品质量与安全专业是一个应用性强、跨多学科门类、多学科交叉的专业，它涉及化学工程、生物学、食品科学、现代分析科学、管理学、农学、病理与生理学、预防医学、环境科学、动物科学、标准化与法律法规等领域。在国外，还没有高等院校专门设置食品质量与安全专业，而是将该专业的相关内容分散于毒理学、食品科学、化学分析、流行病学、农艺学、环境与人类营养学、食品法典等学科领域内。在我国，食品质量与安全专业分散于理、工、农、医等不同院校，各校依托自身的学科背景特点，以食品科学与工程等专业的主干课程为基础，调整或增设了食品营养学、（食品）毒理学、食品标准与法规、食品安全检测、食品过程控制等课程内容，形成了食品质量与安全专业的课程体系。

食品质量与安全专业设立近十年来，围绕本专业的主干与特色课程已经出版了一系列具有特点的教材，但是到目前为止，编者少见关于食品安全检测实验方面的教材。为了满足该专业学生在食品安全检测方面的实践能力的培养要求，华中农业大学组织相关教师编纂了《食品安全检测实验指导书》作为校本教材，本教材是在该实验指导书的基础上，由多位编者结合多年的实践教学经验补充扩展而成。

本教材包括食品安全的理化检验与微生物学检验两篇，共八章。在上篇“食品安全的理化检验”中，包括食品中微量元素的分析、食品中农药残留的检测、食品中抗生素残留的检测、食品中添加剂的测定、食品中其他有毒有害物质残留的检测，共五章；在下篇“食品安全的微生物学检验”中，包括食品中的微生物检验、食品中常见生物毒素的检测、食品中转基因成分和过敏原的检测，共三章。考虑到食品安全检测实验的内容广、分属在不同课程中的特点，以及有利于将食品安全实验作为一门独立的实验课程进行开设的要求，本书在每一章的前面就该章所叙述的分析检测对象的检测方法种类、原理与研究进展进行了概述，而在每一节的前面就该节所涉及检测对象的性质、危害与残留限量等进行了介绍。这样便于教师与学生对相关的内容有比较全面和系统的了解与认识。在实验内容方面，对同一种检测对象，尽可能地提供了不同的实验检测方法。例如，在第一章第二节“食品中砷的测定”中，包括水产品中总砷含量的砷斑法测定、银盐比色法测定粮食中总砷的含量、硼氢化物还原比色法测定蔬菜中总砷含量、氢化物-原子荧光分光光度法测定茶叶中的总砷、氢化物-原子吸收分光光度法测定糕点中总砷含量、水产品中无机砷含量的原子荧光分光光度法测定、兽禽肉中无机砷含量的银盐比色法测定，共七个实验。在实验方法方面，这些实验既有经典的砷斑法与比色法，也有原子荧光分光光度法与原子吸收分光光度法等仪器分析方法；在实验材料方面，既有蔬菜、茶叶、粮食，也有水产品和兽禽肉，这样便于教材使用者根据各自学校或单位的实验条件与人才培养特色选择性地采用不同方法。

参加本书编写的人员包括华中农业大学的陈福生、王小红、黄艳春、黄文、刘晓宇、郭爱玲、李小定、孙智达、齐小保、严守雷等教师，以及国家农业部食品质量监督检验测试中心（武汉）的周有祥、路磊、刘军、王爱华等研究人员。在书稿的修改阶段，杨依姗、刘爽、鲁亮等研究生做了大量的文字校对工作，谢笔钧教授对食品安全的理化检验部分的内容提出了很多宝贵的修改意见与建议，在此一并表示感谢。

在本书的撰写过程中，参考引用了大量国家标准、研究论文、书籍与网站的相关内容，在此对相关作者、出版社与网站管理人员表示衷心的感谢。

由于编者的水平有限，加之食品安全实验涉及面广、内容丰富，所以书中的不妥与疏漏之处在所难免，敬请广大读者批评指正。我们也希望本书能对食品安全实验的教学和教材建设起到抛砖引玉的作用。

编　者

2010 年 5 月于武昌

目　录

上篇　食品安全的理化检验

下篇 食品安全的微生物学检验

附　录

ray fluorescence spectrometry，XRF）等。

分子光谱是由分子中电子能级、振动和转动能级变化产生的。属于这类分析方法的有紫外-可见分光光度法（uv-vis spectrophotometry，UV-Vis）、红外光谱法（infrared spectrometry，IR）、分子荧光光谱法（molecular fluorescence spectrometry，MFS）和分子磷光光谱法（molecular phosphorescent spectrometry，MPS）等。

下面主要对分析食品中微量元素的原子吸收光谱法、原子发射光谱法和原子荧光光谱法进行简要介绍。关于分子光谱法的内容请参阅其他书籍。

（一）原子吸收光谱法

1. 原理

原子吸收光谱法（atomic absorption spectrometry，AAS）是根据基态原子对特征波长光的吸收来测定试样中待测元素含量的分析方法，简称原子吸收法。所谓原子吸收，是指气态的基态自由原子对于同种原子发射出来的特征光谱辐射具有吸收的现象。试样中待测元素的化合物在高温中被解离成基态原子。光源发出的特征谱线通过原子蒸气时，被蒸气中的待测元素的基态原子吸收。在一定条件下，光被吸收的程度与基态原子数目成正比。通过分光和检测器测量该特征谱线被吸收的程度，就可求得试样中待测元素的含量。用于原子吸收光谱分析的仪器称为原子吸收分光光度计（atomic absorption spectrophotometer）或原子吸收光谱仪（atomic absorption spectrograph）。

2. 原子吸收分光光度计

1955 年，澳大利亚物理学家沃尔什（Walsh）利用原子吸收原理，设计制造了简单的仪器，并对多种痕量金属元素成功进行了分析，因此，他被认为是 AAS 的创建人。20 世纪 50 年代末和 60 年代初，Hilger、Varian Techtron 及 Perkin-Elmer 公司先后推出了商品化的原子吸收分光光度计，发展了 Walsh 的设计思想；60 年代中期，AAS 开始进入迅速发展的时期，此后 AAS 广泛应用于冶金、地质、环境、医药、化工等领域各类试样中痕量元素的分析。

应该说，原子吸收分光光度计的诞生及其商品化对推动 AAS 的普及起到了非常积极的作用。原子吸收分光光度计的工作原理是从光源辐射出的具有待测元素特征谱线的光在通过试样蒸气时，被试样中待测元素基态原子所吸收，从而使辐射特征谱线减弱，根据减弱程度就可以分析出试样中待测元素的含量。

原子吸收分光光度计由光源、原子化器、单色器、检测系统等几部分组成（见图 1-2）。下面将分别进行简要介绍。

（1）光源　光源的作用是发射待测元素的特征光谱，供测量用。为了保证峰值吸收的测量，要求光源必须能发射出比吸收线宽度更窄的锐线光谱，并且强度大而稳定，背景低且噪声小，使用寿命长。通常采用空心阴极灯（hollow cathode lamp）和无极放电灯（electrodeless discharge lamp），其中空心阴极灯应用最广。

（2）原子化器　将试样中待测元素变成气态基态原子的过程称为试样的原子化（atomization）。完成试样原子化所用的设备称为原子化器（atomizer）或原子化系统（atomization system）。在原子吸收光谱分析中，试样中被测元素的原子化是整个分析过程的关键。试样中被测元素原子化的方法主要有火焰原子化法（flame atomization）和非火焰原子化法（non-flame atomization）两种。火焰原子化法利用火焰能使试样转化为气态原子。非火焰原子化法利用电加热或化学还原等方式使试样转化为气态原子，又可分为电热原子化器（electrothermal atomizer）和化学原子化器（chemical atomizer）两种。电热原子化器的种类很多，目前广泛使用的是石墨炉原子化器（graphite furnace atomizer）。化学原子化器是利用化学反应将待测元素转变成易挥发的金属氢化物或低沸点纯金属，可在较低温度下进行原子化，常用的有氢化物原子化法（hydride atomization）和汞低温原子化法（mercury low-temperature atomization）。氢化物原子化法适用于 Ge、Sn、Pb、As 和 Se 等元素的测定。

（3）单色器　单色器（monochromator）的作用是将待测元素的吸收线与邻近谱线分开，并阻止其他的谱线进入检测器，使检测系统只接受共振吸收线。单色器由入射狭缝、出射狭缝和色散元件（目前商品仪器多采用光栅）等组成。

(4) 检测系统 检测系统（detection system）由检测器（光电倍增管）、放大器、对数转换器和显示装置（记录器）组成，它可将单色器出射的光信号转化成电信号后进行测量。原子吸收光谱仪中广泛使用的检测器是光电倍增管，最近一些仪器也采用电荷耦合器件（charge-coupled devices，CCD）作为检测器。CCD是一种新型光电转换器件，由大量独立的感光二极管组成，一般按照矩阵形式排列，能存储由光产生的信号电荷。采用CCD与计算机相结合，能同时检测多条谱线，极大地提高了分析速度。此外，CCD的动态响应范围和灵敏度均可达到甚至超过光电倍增管，并且与光电倍增管相比，CCD性能稳定、体积小、结实耐用，因此具有广泛的应用前景。

图1-2是以空心阴极灯为光源，以火焰原子化法使待测元素原子化的原子吸收分光光度计的结构示意图。

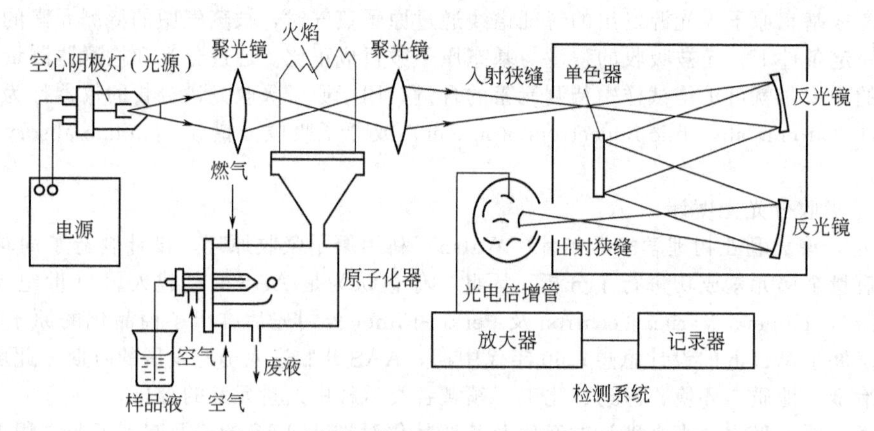

图1-2 原子吸收分光光度计的结构示意图

3. 特点

① 检出限低，灵敏度高。火焰原子吸收法的检出限可达到10^{-9}g，石墨炉原子吸收法的检出限可达到10^{-10}～10^{-14}g。

② 分析精度好。火焰原子吸收法测定高含量和中等含量的元素时，相对标准偏差小于1%；石墨炉原子吸收法的分析精度一般为3%～5%。

③ 分析速度快。原子吸收光谱仪在35min内，能连续测定50个试样中的6种元素。

④ 应用范围广。AAS可测定的元素达70多种，不仅可以测定金属元素，也可以通过间接法测定非金属元素和有机化合物。

⑤ 仪器结构比较简单，操作方便。

⑥ AAS的不足之处是多元素同时测定尚有困难，有相当一些元素的测定灵敏度还不能令人满意。

(二) 原子发射光谱法

1. 原理

通常组成物质的原子处于最稳定的基态，其能量最低。当原子受到外界能量（如光能、电能或热能）作用时，原子的外层电子就从基态跃迁到更高能级状态即激发态。处于激发态的原子很不稳定，约经10^{-18}s后，原子回到基态或其他较低的能级，以光辐射的形式释放出多余的能量，产生原子发射光谱。原子发射光谱法（atomic emission spectrometry，AES）就是根据试样中被测元素的原子（或离子）在光源中被激发而发射的特征光谱来进行定性和定量的分析方法。

AES是光谱分析法中发展较早的一种方法。19世纪50年代本生（Bunsen）和基尔霍夫（Kirchhoff）制造了第一台用于光谱分析的分光镜，并获得了某些元素的特征光谱，从而奠定了光谱定性分析的基础。20 世纪 20 年代，盖拉赫（Gerlach）为了解决光源不稳定性问题，提出了内标法，从而提高了分析的可信性。20 世纪 60 年代电感耦合等离子体（inductively coupled plasma，ICP）光源的引入，大大推动了发射光谱分析法的发展。

2. 原子发射分光光度计

原子发射光谱分析的过程，首先是将试样置于光源中蒸发、解离和原子化，然后，原子（或离子）的外层电子激发、跃迁产生光辐射。辐射光经过分光系统色散后得到被测元素的特征光谱。特征谱线及其强度由检测器测定，从而实现被测元素的定性、定量分析。原子发射分光光度计一般由激发光源、分光系统和检测器三部分组成。

（1）激发光源

激发光源具有使试样蒸发、解离、原子化和激发跃迁发射谱线的作用。激发光源对检出限、精密度和准确度有很大的影响，不同的分析试样可采用不同的激发光源。常用的激发光源有电弧光源、电火花光源、电感耦合等离子体（ICP）光源等。这里主要对 ICP 进行简要介绍。

ICP 光源是 20 世纪 60 年代发展起来的一类新型发射光谱分析用光源。等离子体（plasma）是指含有一定浓度阴、阳离子的具有导电能力的气体混合物。在等离子体中，阴离子和阳离子的浓度是相等的，所以净电荷为零。用作激发光源的等离子体主要包括直流等离子体（direct current plasma，DCP）、微波感生等离子体（microwave induced plasma，MIP）和电感耦合等离子体（ICP）等三种。

DCP 是一种热激发光源，一般具有三电极结构（一对石墨阳极、一根钨阴极），呈倒 Y 字形。这种光源结构简单，操作方便，费用小。

MIP 是采用波导管或天线将由微波电源产生的微波耦合到放电管内，电子被微波电场加速后，与气体分子发生碰撞并使之电离。若微波输出功率适当，便可使气体击穿，实现持续放电，产生等离子体。MIP 激发能量高，可激发许多很难激发的非金属元素如 C、N、F、Br、Cl、H、O 等，用于有机物成分分析，但测定金属元素的灵敏度不如 DCP 和 ICP。

ICP 是 20 世纪 60 年代提出，70 年代获得迅速发展的一种新型激发光源，是目前用作激发光源最主要的等离子体。ICP 光源一般由高频发生器、等离子炬管和进样系统三部分组成（见图 1-3）。高频发生器的作用是产生高频磁场以供给等离子体能量。它的频率一般为 30～40MHz，最大输出功率通常是 2～4kW。等离子炬管由外、中、内三层同心石英玻璃管组成，三股氩气（Ar）流分别进入炬管。最外层通入冷却气 Ar，目的是把等离子体焰炬和石英管隔开，以免烧熔石英炬管。中层石英管出口呈喇叭形，通入 Ar 起维持等离子体的作用。内层石英管 Ar 的主要作用是在等离子体中打通一条通道，并携带试样气溶胶进入等离子体。进样系统的作用是将样品溶液经适当方法雾化后形成气溶胶，由氩气载入等离子炬管的中心管。图 1-3 是 ICP 作为原子发射光谱激发光源的示意图。

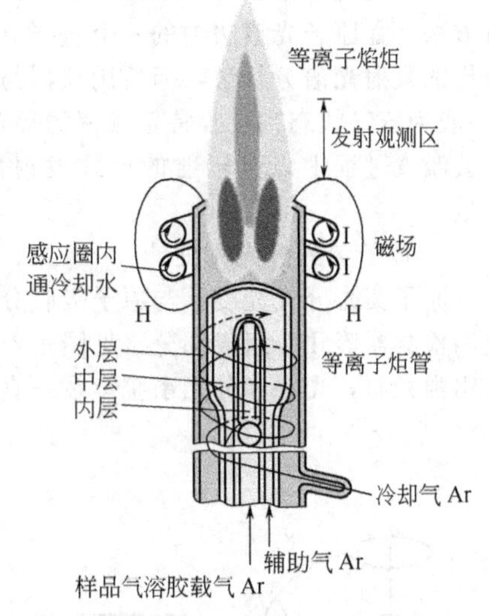

图 1-3 ICP 激发光源示意图
I—高频发生器；H—高频电流产生的磁场

当高频发生器与围绕在等离子炬管外的负载感应线圈（用圆铜管或方铜管绕成 2～5 匝的水冷却线圈）接通时，高频感应电流流过线圈，在炬管的轴线方向上形成一个高频磁场。若此时向炬管的外管内切线方向通入冷却气 Ar，中层管内轴向（或切向）通入辅助气 Ar，并用高频点火装置引燃，则气体触发产生电离粒子（离子和电子）。当这些带电粒子达到足够的电导率时，就会产生垂直于管轴方向的环形涡电流。这股几百安培的感应电流瞬间就能将气体加热到近万度的高温，并在管口形成一个火炬状稳定的等离子炬。等离子炬形成后，从内管通入载气 Ar，在等离子炬的轴向形成一通道。由雾化器供给的试样气溶胶经过该通道由载气 Ar 带入等离子炬中，进行蒸发、原子化和激发产生发射光谱。

（2）分光系统

与原子吸收分光光度计的单色器的作用相似，它可以将待测元素的特征谱线与邻近谱线分开，并阻止其他谱线进入检测器。目前原子发射分光光度计的分光系统常采用棱镜或光栅。

（3）检测器

原子发射光谱法常用的检测方法有目视法、摄谱法和光电法三种。目视法是用眼睛来观察谱线强度，又称为看谱法，仅适用于可见光波段，常用的仪器为看谱镜，专用于钢铁及有色金属的半定量分析。摄谱法是用感光板来记录光谱的方法。将光谱感光板置于摄谱仪焦面上，接收被分析试样的光谱而感光，再经过显影、定影等过程后，制得光谱底片，在光谱底片上产生黑度不同的光谱线，然后用映谱仪观察谱线的位置及强度，实现光谱定性与半定量分析。采用测微光度计测量谱线的黑度，可实现定量分析。光电法是用光电倍增管来检测谱线的强度，这类光谱仪常称为光电直读光谱仪。在光电直读法中，谱线的强度通过光电转换，把光信号转换为电信号，检测电信号就可确定谱线强度。

3. 特点

AES 的特点是灵敏度高，选择性好，分析速度快，样品用量小，能同时进行多元素的定性和定量分析。例如，采用电感耦合等离子体-原子发射光谱法（inductively coupled plasma and atomic emission spectrometry，ICP-AES），可同时测定一种元素的多条谱线；1min 内可完成几十种元素的定量测定；1mL 的样品就可检测所有可以分析的元素；全自动操作，可扣除基体光谱干扰；分析精度高，变异系数可达 0.5%。

但是，原子发射光谱是电子在原子内能级之间跃迁产生的线状光谱，反映的是原子及其离子的性质，不能反映原子或离子所处的状态，因此，原子发射光谱只能用来确定物质的元素组成与含量，不能给出物质分子的有关信息。此外，常见的非金属元素如 O、N 与卤素等的谱线在远紫外区，目前一般的光谱仪尚无法检测。

（三）原子荧光光谱法

1. 原理

原子荧光光谱法（atomic fluorescence spectrometry，AFS）是 20 世纪 60 年代发展起来的分析方法，是原子光谱法中的一个重要分支。它是以原子在辐射能激发下发射的荧光强度进行定量分析的发射光谱分析法，但所用仪器与原子吸收光谱仪相近。其基本原理是待测物质的基态原子（一般为蒸气状态）吸收特定频率的辐射能后被激发至高能态，处于高能态的激发态原子不稳定，在去激发过程中以光辐射的形式发射出特征波长的荧光，通过分析荧光发射强度，计算原子含量。

2. 原子荧光分光光度计

原子荧光分光光度计与原子吸收分光光度计非常相似，它们都包含光源、原子化器、分光系统和检测器等几个组成部分（见图 1-2 和图 1-4）。二者的主要区别是，原子荧光分光光度计必须使用强光源，光源和分光系统不在一直线上，而成 90°，这样可以避免光源发射线进入分光系统而影响荧光测定。图 1-4 是原子荧光分光光度计的工作原理示意图。

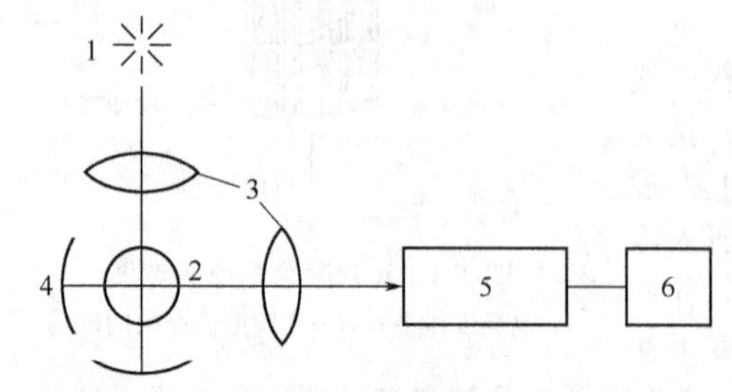

图 1-4 原子荧光分光光度计的工作原理示意图

1—激发光源；2—原子化器；3—聚光镜；4—凹面反射镜；5—分光系统；6—检测器

原子荧光分光光度计分为非色散型和色散型两种，它们的基本结构相似，不同之处是分光系统和检测器稍有区别，这一点将在下面的叙述中加以介绍。

（1）激发光源 其作用是使待测元素的原子激发而发射荧光。由于原子荧光的强度与激发光源强度成正比，因此，原子荧光分光光度计需使用高发射强度的空心阴极灯、无极放电灯、氙灯和激光等光源。这些光源稳定度高，预热时间短，操作简便，使用寿命长，适用于多种元素分析。

(2) 原子化器　其作用和要求与原子吸收分光光度计的基本相同。

(3) 分光系统　由于原子荧光的光谱简单，谱线少，因此，原子荧光分光光度计常常无需高分辨能力的分光系统。非色散型原子荧光分析仪的光学系统采用滤光器来分离分析线和邻近谱线，降低背景干扰。其优点是光谱带宽，集光能力强，荧光信号强度大，仪器结构简单，操作方便；不足之处是散射光的影响大。色散型原子荧光分析仪的光学系统对分辨能力要求不高，但要求有较大的集光能力，常用的色散元件是光栅。

(4) 检测器　原子荧光分光光度计的检测器也与原子吸收分光光度计相同。非色散型原子荧光分光光度计的检测器采用日盲光电管（solar blind photomultiplier)，色散型原子荧光分光光度计的检测器采用光电倍增管。

3. 特点

AFS虽是一种发射光谱法，但它和原子吸收光谱法密切相关，兼有原子发射和原子吸收两种分析方法的优点，又克服了两种方法的不足。AFS具有发射谱线简单、灵敏度高于原子吸收光谱法、线性范围较宽、干扰少、试剂毒性小、实用性较强、能够同时进行多元素的测定等优点。但是AFS也存在荧光猝灭效应和散射光干扰等问题，从而在测量复杂试样或高含量样品时比较困难。因此，AFS的应用不如AAS广泛，其主要应用于As和Hg等元素的测定。

三、色谱法

色谱法（chromatography）是以样品组分在固定相和流动相间的溶解、吸附、分配、离子交换或亲和作用的差异，即分配系数的差异而进行组分分离、分析的方法，属于物理或物理化学的分离分析方法范畴。

色谱法不是测定微量元素的常用方法，一般不能直接用于食品中微量元素的分析，但是当痕量金属离子与有机试剂结合形成稳定的络合物时，可以使用色谱学方法进行分离和分析。关于色谱法的相关内容将在第二章进行详细叙述。

四、电化学分析法

1. 定义与分类

电化学分析法（electrochemical analysis method）是建立在溶液电化学性质基础上的一类分析方法，或者说利用物质在溶液中的电化学性质及其变化规律进行分析的一类方法。所谓电化学性质是指溶液的电学性质（如电导、电量、电流等）与化学性质（如溶液组成、浓度、形态、化学变化等）之间的关系。

按照国际纯粹与应用化学联合会（International Union of Pure and Applied Chemistry，IUPAC）1975年的推荐意见，电化学分析法分成三类：①电导分析和高频滴定；②表面张力法和非法拉第阻抗测量法；③电位分析法、电解分析法、库仑分析法、伏安和极谱分析法等。下面将简要介绍食品分析常用的伏安和极谱法，关于其他电化学分析方法的介绍请参阅其他书籍。

伏安（voltammetry）分析法和极谱（polarography）分析法都是根据电解过程中的电流-电位（电势）或电流-时间曲线来进行分析的方法。它们的不同点是工作电极不同，伏安法的工作电极是电解过程中表面不能更新的固定液态或固态电极，如悬汞、汞膜、玻璃碳、铂等电极，而极谱法的工作电极是表面能周期性更新的液态电极，如滴汞电极。由于伏安与极谱分析法的工作原理基本相同，所以有的书把两者统称为极谱法。也有人认为极谱法是以滴汞电极为工作电极的伏安法。

极谱法是由捷克人海洛夫斯基（Heyrovsky）于1922年首先提出的。1925年，海洛夫斯基与日本学者志方益三研制出第一台手工操作式的极谱仪，由于其对这一方法的贡献，海洛夫斯基于1959年获诺贝尔化学奖。

伏安法可分为滴定伏安法（titration voltammetry)、循环伏安法（cyclic voltammetry）和溶出伏安法（stripping voltammetry)。

滴定伏安法，也称极谱滴定法（polarographic titration），其基本原理是调节外加电压，使被滴定物质或滴定剂产生极限扩散电流，以滴定体积对极限扩散电流作图，找出滴定终点，获得滴定曲线，从而进行定量分析。

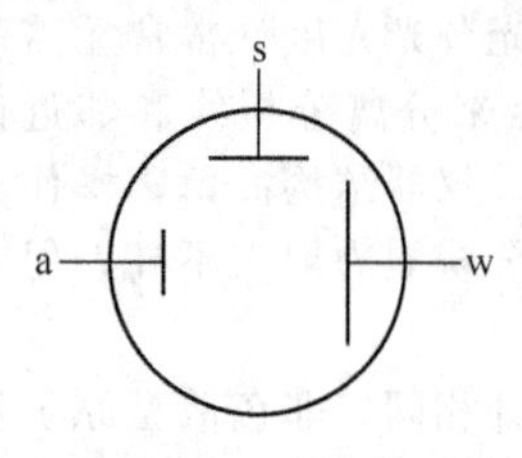

图 1-5 循环伏安法三电极示意图

a—辅助电极（Pt 电极）；
w—工作电极（Cu 电极）；
s—参比电极（Ag/AgCl 电极）

循环伏安法是一种特殊的氧化还原分析方法，其特殊性主要表现为实验工作环境是在三电极电解池中进行的。图 1-5 是循环伏安法的三电极示意图。w、s 和 a 分别为工作电极（Cu 电极）、参比电极（Ag/AgCl 电极）和辅助电极（Pt 电极）。在分析测试中，将快速变化的电压信号加于电解池，通过扫描可以得到电流-电位（*I-E*）曲线，也称为循环伏安曲线。在循环伏安曲线中显示的一对峰，称为氧化还原峰。在一定的操作条件下，氧化还原峰的高度与氧化还原组分的浓度成正比，因此可实现定量分析。循环伏安法主要用于电极反应的性质、机理和电解过程动力学参数研究，而很少用于定量分析。

溶出伏安法是以表面不能更新的液体或固体电极（如悬汞电极或汞膜电极）为工作电极，使被测组分预先富集在工作电极上，再反方向外加电压，逐步改变电极的电位，使富集在工作电极上的物质重新溶出，根据溶出时的伏安曲线的峰高（或峰面积）进行定量分析的一种方法。溶出伏安法除用于测定金属离子外，还可测定氯、溴、碘、硫等一些阴离子。

2. 特点

电化学分析法属于仪器分析的一个重要分支，具有灵敏度高、准确度好、仪器简单、价格低廉、容易实现自动化与连续化等优点，适合在生产过程中进行在线分析，因此，在食品、化工、冶金、医药和环境监测等领域得到广泛的应用。

五、电感耦合等离子质谱法

1. 定义与工作原理

电感耦合等离子质谱法（inductively coupled plasma and mass spectrometry，ICP-MS）是将被测物质用电感耦合等离子体离子化后，按离子的质荷比分离，通过测量各种离子谱峰的强度来实现离子分析的一种方法，是 20 世纪 80 年代发展起来的新型分析测试技术。

在 ICP-MS 中，ICP 作为质谱的高温（7000K）离子源，样品通过蒸发、解离、原子化、电离等过程，产生的离子进入高真空度的质谱仪（MS）中，通过高速顺序扫描分离测定各种离子。

2. 电感耦合等离子质谱仪

电感耦合等离子质谱仪一般由进样系统、电感耦合等离子体（ICP）离子源、质量分析器和检测器组成。图 1-6 是典型 ICP-MS 仪的组成示意图。下面将对各部分功能进行简要的介绍。

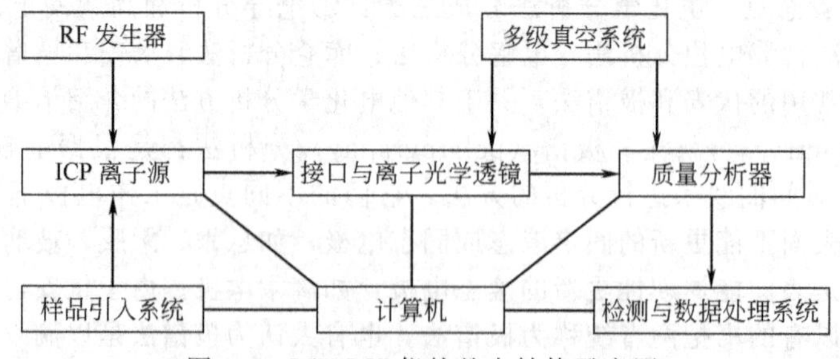

图 1-6 ICP-MS 仪的基本结构示意图

（1）RF（radio frequency，射频）发生器　是 ICP 离子源的供电装置。用来产生足够强的高频电能，并通过电感耦合方式把稳定的高频电能输送给等离子炬（见图 1-3）。

（2）ICP 离子源　是利用高温等离子体将分析样品的原子或分子离子化为带电离子体的装置（见图 1-3）。

（3）样品引入系统　可将不同形态（气、液、固）的样品直接或通过转化成为气态或气溶胶状态，并引入等离子炬的装置。

(4) 接口与离子光学透镜 接口是常压、高温、腐蚀的ICP离子源与低压（真空）、室温、洁净环境的质量分析器之间的结合部件，用以从ICP离子源中提取样品离子流。离子光学透镜是将接口提取的离子流聚焦，以满足质量分析器的要求。

(5) 质量分析器 带电离子通过质量分析器后，按不同质荷比（m/z）分开，并把相同质荷比的离子聚焦在一起，按质荷比大小顺序组成质谱。

(6) 多级真空系统 包括机械真空泵、涡轮分子泵等，可以使压力由接口外的大气压降至质量分析器的高真空状态，实现8个数量级以上的压力降。

(7) 检测与数据处理系统 检测器接受质量分析器分开的不同质荷比的离子流，并转换成电信号，经放大处理给出分析结果。

(8) 计算机系统 对上述各部分的操作参数、工作状态进行实时诊断、自动控制并对采集的数据进行运算分析。

3. 特点

ICP-MS是以独特的接口技术将ICP的高温（7000K）电离特性与质谱仪的灵敏快速扫描优点结合在一起的新型元素和同位素分析技术，可分析地球上几乎所有元素。ICP-MS技术的分析能力使之不仅可以取代传统的无机分析技术，还可以与其他技术，如HPLC和GC等联用进行元素形态与分布特性等的分析。目前，该技术已广泛应用于环境、半导体、医学、生物、冶金、石油、核材料等领域的分析。

ICP-MS的谱线简单，检测模式灵活多样，通过谱线的质荷比可实现定性分析；通过谱线全扫描测定，可以知道所有元素的大致浓度范围，实现半定量分析；通过标准溶液校正可进行定量分析；还可以进行同位素比的测定，所以可以用于地质学、生物学及中医药学的同位素示踪与物质来源追踪研究。

与传统的无机分析技术相比，ICP-MS技术提供了最低的检出限（10^{-15}～10^{-12}量级）、最宽的动态线性范围（8～9个数量级），干扰少，分析精密度高，分析速度快，可进行多元素同时测定并可提供精确的同位素信息等。其缺点是样品传输效率低，对电离电位高的元素灵敏度低，ICP高温引起化学反应的多样化，经常使分子离子的强度过高，干扰测量结果。另外，对固体样品的痕量分析，ICP-MS一般需要对样品进行预处理，容易引入污染。总之，ICP-MS在微量元素的测定方面具有简便、快速、灵敏、准确，并可同时测定多种微量元素的优点，在食品微量元素的分析检测中正得到越来越广泛的应用。

六、免疫学方法

免疫学方法（immunoassay）是以抗原（antigen）或半抗原（hapten）和抗体（antibody）特异性结合生成抗原-抗体复合物的免疫反应为基础的生化测试技术。它在环境分析、临床检测、生化分析、疾病防治等方面有着广泛的应用。关于免疫学方法的详细介绍，请参阅本书第七章和其他相关书籍。这里仅简要介绍重金属的免疫学检测方法。

自从1985年Reardan等成功地制备了第一个重金属抗体——抗铟（In）-螯合剂抗体以来，免疫学方法成为检测金属类元素可供选择的方法。重金属的免疫检测技术关键在于获得针对重金属离子的特异性抗体，而要制备抗体首先必须有抗原。重金属离子自身带有电荷，能与生物分子发生强烈的不可逆反应，导致动物中毒，所以不能直接作为抗原使用。另外，重金属的原子量比较小，也不适合直接作为抗原。因此，通常选用双功能的螯合剂与金属离子配位形成金属-螯合剂复合物，然后再进一步与牛血清白蛋白等载体蛋白偶联制备得到抗原，最后免疫动物，获得抗重金属离子的特异性抗体。

目前常用的双功能螯合剂包括乙二胺四乙酸（ethylenediamine N,N,N',N'-tetraacetic acid，EDTA）、二亚乙基三胺五乙酸（diethylenetriamineN,N,N',N'',N''-pentaacetic acid，DTPA）以及这些分子的衍生物（见图1-7）。此外，也有以GSH作为螯合剂络合汞离子的报道。

关于重金属离子免疫学检测技术的研究才刚刚起步，Hg、Cd和Pb等重金属离子的免疫学

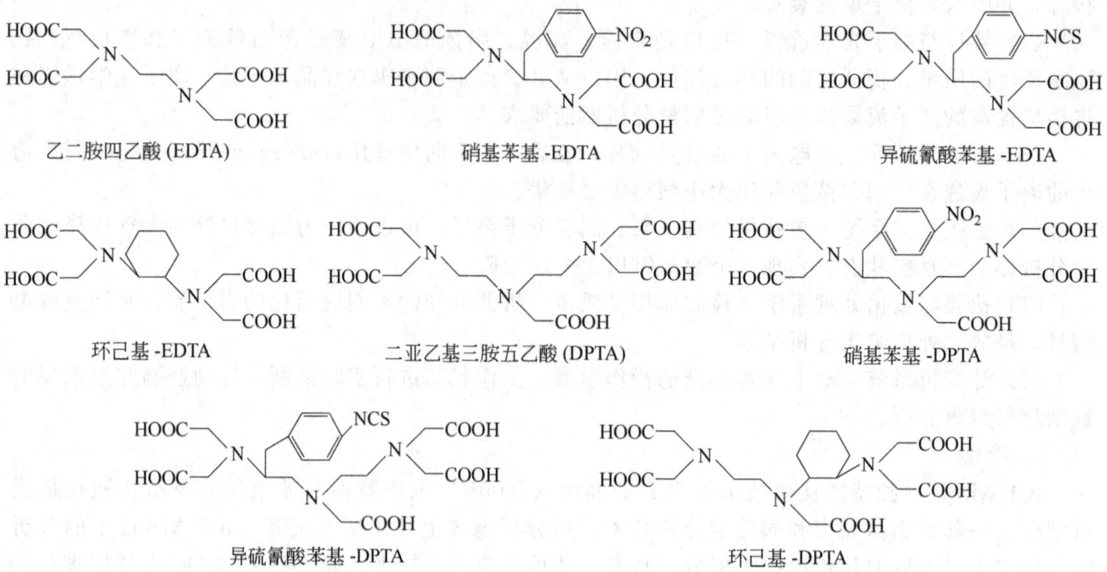

乙二胺四乙酸 (EDTA)　　硝基苯基 -EDTA　　异硫氰酸苯基 -EDTA

环己基 -EDTA　　二亚乙基三胺五乙酸 (DPTA)　　硝基苯基 -DPTA

异硫氰酸苯基 -DPTA　　环己基 -DPTA

图 1-7　重金属的几种常用的双功能螯合剂

检测方法已有报道。例如，Johnson 等利用针对 Pb(Ⅱ)-EDTA 螯合物的多克隆抗体来检测土壤、固体废物渗滤液、空气尘埃、饮用水中的 Pb(Ⅱ)。Khosraviani Mehraban 等使用与 Cd-EDTA复合物结合紧密但不与 EDTA 结合的单克隆抗体，采用免疫分析方法测定水样中 Cd(Ⅱ)的含量。Darwish Ibrahim 等采用一步竞争性免疫方法检测环境水样中的 Cd(Ⅱ)，检测限可以达到 0.3μg/kg。

（撰写人：刘晓宇、王小红、陈福生）

第二节　食品中砷的测定

砷（arsenic，As）是一种非金属元素，但由于其许多理化性质类似于金属元素，故常将其称为“类金属元素”。砷是人体必需的非金属元素之一，微量的砷有助于血红蛋白的合成，一些有机砷化物还能促使家禽和猪的生长发育，但摄入过量的砷容易引起中毒。砷有蓄积性，在体内砷主要蓄积于皮肤、骨骼、肌肉、肝、肾和肺等处。

砷的急性毒性通常是由于误食引起的，主要表现为恶心、呕吐、腹痛、腹泻、头痛、眩晕和烦躁等。严重时，可在中毒后 24h 至数日发生呼吸系统、循环系统、肝、肾等功能衰竭及中枢神经病变，出现呼吸困难、惊厥、昏迷等危重症状，少数病人可在中毒后 20min 至 48h 内出现休克甚至死亡。慢性中毒是由长期少量经口摄入受污染食物引起的。慢性砷中毒可以导致消化系统、神经系统和皮肤等的损伤和病变。我国台湾西南沿海地区的“乌脚病”即是慢性砷中毒所致。世界卫生组织研究确认，无机砷为致癌物，可诱发皮肤癌、肺癌、骨癌和肝癌等多种癌症。许多砷化合物还具有致突变性和致畸性。

除元素砷和 AsH_3 外，绝大部分砷以三价和五价的有机砷和无机砷化合物的形式存在。砷的毒性与其价态和化学形态有密切关系。最常见的无机砷氧化物是 As_2O_3（俗称砒霜），毒性最强。不同形态砷化合物的毒性大小规律为 AsH_3＞As(Ⅲ)＞As(Ⅴ)＞有机砷。

食品中砷的污染主要来源于农产品中含砷农药和兽药的残留，食品加工中使用的含砷原料、添加剂、容器和包装材料引起的污染，以及砷矿开采、有色金属熔炼和工业“三废”排放等产生的砷的污染。此外，海洋生物对砷有很强的富集作用，因此在虾、蟹、贝类及某些海藻中砷的含量特别高。

表 1-1 是 GB 2762—2005 规定的我国食品中砷的限量标准，即食品中的允许最大浓度。

表 1-1　我国食品中砷的限量标准

食　品	限量(MLs)/(mg/kg)		食　品	限量(MLs)/(mg/kg)	
	总砷	无机砷		总砷	无机砷
粮食			酒类	—	0.05
大米	—	0.15	鱼	—	0.1
面粉	—	0.1	藻类(以干重计)	—	1.5
杂粮	—	0.2	贝类及虾蟹类(以鲜重计)	—	0.5
蔬菜	—	0.05	贝类及虾蟹类(以干重计)	—	1.0
水果	—	0.05	其他水产食品(以鲜重计)	—	0.5
畜禽肉类	—	0.05	食用油脂	0.1	—
蛋类	—	0.05	果汁及果浆	0.2	—
乳粉	—	0.25	可可脂及巧克力	0.5	—
鲜乳	—	0.05	其他可可制品	1.0	—
豆类	—	0.1	食糖	0.5	—

目前测定食品中砷的方法有砷斑法、银盐法、硼氢化物还原比色法、氢化物-原子荧分光光度法和氢化物-原子吸收分光光度法。这些方法各有优缺点。其中，砷斑法是半定量法；银盐法的准确度高，但操作繁琐，且需使用大量的有机溶剂；硼氢化物还原比色法操作简单、经济，速度快，但影响因素较多；氢化物-原子荧光分光光度法和原子吸收分光光度法具有选择性好和灵敏度高等优点，近十多年来发展迅速，应用日益广泛，但是需要昂贵的仪器设备。

（撰写人：黄艳春）

实验 1-1　水产品中总砷含量的砷斑法测定

一、实验目的

掌握砷斑法测定水产品中砷含量的原理与方法。

二、实验原理

试样经消化后，以 KI、$SnCl_2$ 将高价砷还原成三价砷，然后与锌粒和酸产生的原子态氢生成 AsH_3 气体，再与 $HgBr_2$ 试纸生成黄色至橙色的色斑，通过与标准砷斑比较实现定量分析。

三、仪器与试材

1. 仪器

（1）砷斑法测砷装置见图 1-8。

（2）可调电炉、组织捣碎机等。

2. 试剂与溶液

除特别注明外，实验所用试剂均为分析纯，水为去离子水。

（1）常规试剂及其他：HNO_3、H_2SO_4、HCl、$HClO_4$、氯仿（$CHCl_3$）、KI、$PbAc_2$、$SnCl_2 \cdot 2H_2O$、NaOH、$HgBr_2$、无水乙醇、无砷蜂窝锌粒（1g，12～15 粒）、锡粒、脱脂棉、滤纸。

（2）常规溶液：HNO_3-$HClO_4$ 混合酸（4+1，体积比）、H_2SO_4 溶液（6+94，体积比）、KI 溶液（150g/L，储于棕色瓶中）、$PbAc_2$ 溶液（100g/L）、NaOH 溶液（200g/L）、酸性 $SnCl_2$ 溶液（称取 40g $SnCl_2 \cdot 2H_2O$，加 HCl 溶解并稀释至 100mL，加入数颗金属锡粒）、$HgBr_2$ 乙醇溶液（50g/L，乙醇溶解定容）。

（3）$PbAc_2$ 棉花：以 $PbAc_2$ 溶液浸透脱脂棉后，去除多余溶液，并使其蓬松后，于 100℃ 以下干燥，储于玻璃瓶中。

（4）$HgBr_2$ 试纸：将剪成直径 2cm 的圆形滤纸片，在 $HgBr_2$ 乙醇溶液中浸渍 1h 以上，4℃

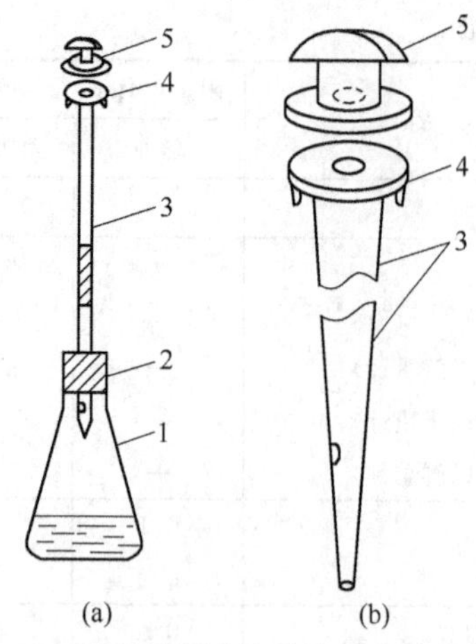

图 1-8 砷斑法测定食品中砷含量的装置

1—100mL 锥形瓶；2—有孔橡皮塞；3—玻璃测砷管［全长 18cm，自管口向下至 14cm 一段的内径为 6.5mm，以下逐渐狭细，末端内径为 1～3mm，近末端 1cm 处有一孔（直径 2mm）。狭细部分紧密插入橡皮塞中，使下部伸出至小孔恰在橡皮塞下面。上部较粗部分装填 $PbAc_2$ 棉花，长 5～6cm，上端至管口处至少 3cm，测砷管顶端为圆形扁平的管口，上面磨平，下面两侧各有一钩，为固定玻璃帽用］；4—管口；5—玻璃帽（下面磨平，上面有弯月形凹槽，中央有圆孔，直径 6.5mm。使用时将玻璃帽盖在测砷管管口，使圆孔互相吻合，中间夹一张 $HgBr_2$ 试纸，光面向下，用橡皮圈或其他适宜的方法将玻璃帽与测砷管固定）

保存，临用前取出置暗处晾干，备用。

（5）砷标准储备液（0.10mg/mL）：称取 0.1320g 在硫酸干燥器中干燥过的或在 100℃ 干燥 2h 的 As_2O_3，加 5mL NaOH 溶液，溶解后加 25mL H_2SO_4 溶液，移入 1000mL 容量瓶中，加新煮沸冷却的水稀释至刻度，储存于棕色具塞玻璃瓶中。

（6）砷标准使用液（1.0μg/mL）：吸取 1.0mL 砷标准储备液，置于 100mL 容量瓶中，加 1mL H_2SO_4 溶液，加水稀释至刻度。

3. 实验材料

2～3 种新鲜淡水鱼或海水鱼和贝类，各 250g。

四、实验步骤

1. 样品处理

（1）取实验材料的可食部分 100g，捣成匀浆。将 10.00g 样品匀浆置于 500mL 消化瓶中，加 15mL HNO_3-$HClO_4$ 混合酸，并加数粒玻璃珠，放置片刻后，电炉小火缓缓加热，待作用缓和，自然冷却。

（2）沿瓶壁向冷却的溶液中缓缓加入 10mL H_2SO_4，再加热，至瓶中液体开始变成棕色时，不断沿瓶壁滴加 HNO_3-$HClO_4$ 混合液至有机质分解完全。加大火力，至产生白烟，待瓶口白烟冒尽后，瓶内液体不再产生白烟（表明消化完全）。该溶液应澄清无色或微带黄色，自然冷却。（在操作过程中应注意防止暴沸和爆炸。）

（3）加 20mL 水煮沸至产生白烟为止，以除去残余的 HNO_3，如此处理两次，冷却。

（4）将冷后的溶液移入 100mL 容量瓶中，用水洗涤消化瓶，洗液并入容量瓶中，冷却，定容至刻度，混匀。此溶液每 10mL 相当于 1g 试样。

（5）取与消化试样相同量的 HNO_3-$HClO_4$ 混合液和 H_2SO_4，按相同方法做试剂空白试验。

2. 系列标准色斑的制备

吸取 0、0.5mL、1.0mL、2.0mL 砷标准使用液（相当于 0、0.5μg、1.0μg、2.0μg 砷），分别置于 100mL 锥形瓶中，各加 5mL KI 溶液、5 滴酸性 $SnCl_2$ 溶液及 5mL HCl，加水至 35mL。各加 3g 锌粒，立即塞上预先装有 $PbAc_2$ 棉花及 $HgBr_2$ 试纸的测砷管（见图 1-8），于 25℃ 放置 1h，砷斑的颜色深浅与含砷量成正比。

3. 样品测定

吸取 20mL 消化后定容的样品溶液及等量的试剂空白液分别置于 100mL 锥形瓶中，加 5mL KI 溶液、5 滴酸性 $SnCl_2$ 溶液及 3mL HCl，加水至 35mL，然后按“系列标准色斑的制备”所述方法操作。

将系列标准色斑按颜色由浅到深排列，然后将样品及试剂空白的 $HgBr_2$ 试纸与标准色斑进行比较，若样品及试剂空白与标准系列中某色斑的颜色深度相同，则样品与试剂空白溶液的砷浓度与标准系列中色斑颜色相同的溶液中砷浓度相同；若样品及试剂空白的 $HgBr_2$ 试纸颜色深度介于相邻两个标准色斑之间，则样品及试剂空白溶液的浓度就介于这两个标准溶液的浓度之间，并根据颜色深浅估算浓度。

4. 计算

$$x=\frac{m_1-m_2}{m\times V_2/V_1}$$

式中，x 为试样中砷的含量，mg/kg；m_1 为试样消化液中砷的质量，μg；m_2 为试剂空白液中砷的质量，μg；m 为试样的质量，g；V_1 为试样消化液的总体积，mL；V_2 为测定用试样消化液的体积，mL。

五、注意事项

1. 在实验中，所有测砷装置的规格，如瓶的大小与高度、测砷管的长度及圆孔直径等必须一致，否则将影响测定结果。

2. 试剂空白只允许呈现极浅的黄色（一般不显色）砷斑，若砷斑颜色深，说明试剂不纯，需要更换试剂。

3. 整个操作过程应避免阳光直接照射。

4. 制作 $HgBr_2$ 试纸的滤纸的质地必须保持一致，否则因疏密不同而影响色斑颜色的深度。另外，在制作 $HgBr_2$ 试纸时，应避免手与试纸接触，试纸晾干后，应立即储于棕色试剂瓶内。

5. 装入 $PbAc_2$ 棉花时，松紧要适度，不要太紧或太松。

6. As_2O_3 有剧毒，应特别注意安全。

六、思考题

1. 用化学反应式表述实验原理。

2. 简述测砷管中 $PbAc_2$ 棉花的作用，并说明棉花松紧程度对测定结果可能产生的影响。

3. 在“系列标准色斑的制备”中，“……各加 5mL KI 溶液、5 滴酸性 $SnCl_2$ 溶液及 5mL HCl，加水至 35mL”，而在“样品测定”中，“……加 5mL KI 溶液、5 滴酸性 $SnCl_2$ 溶液及 3mL HCl，加水至 35mL”，两者所用的 HCl 量是不一样的，为什么？

4. 砷斑法精密度较差，为了使测定结果比较准确，操作中应注意哪些问题？可以进行哪些改进？

（撰写人：黄艳春）

实验 1-2 银盐比色法测定粮食中总砷的含量

一、实验目的

掌握银盐比色法，即二乙基二硫代氨基甲酸银比色法测定粮食中砷含量的原理和操作方法。

二、实验原理

样品经消化后，砷以离子状态进入溶液，在 KI 和酸性 $SnCl_2$ 存在下，样品溶液中的五价砷还原为三价砷。三价砷进一步被 Zn 和酸反应生成的新生态氢还原为 AsH_3 气体，通过 $PbAc_2$ 棉花吸附后，进入含有二乙基二硫代氨基甲酸银［$(C_2H_5)_2NCS_2Ag$，silver diethyldithiocarbamate，Ag・DDC］的吸收液中，形成在 520nm 波长处有吸收峰的黄色至棕红色的胶状银溶液，在一定的浓度范围内，其 A_{520nm} 值与砷的含量成正比。测定 A_{520nm} 值，与标准品比较，可实现定量分析。

三、仪器与试材

1. 仪器与器材

（1）测砷装置：见图 1-9。

（2）分光光度计、可调电炉等。

2. 试剂与溶液

除特别注明外，实验所用试剂均为分析纯，水为去离子水。

（1）常规试剂：HNO_3、H_2SO_4、HCl、$HClO_4$、$CHCl_3$（氯仿）、$N(CH_2CH_2OH)_3$（三乙醇胺）、无砷蜂窝锌粒（1g，12～15 粒）、锡粒。

（2）常规溶液：HNO_3-$HClO_4$ 混合酸（4＋1，体积比）、H_2SO_4 溶液（6＋94、1＋1，体积比）、KI 溶液（150g/L，储于棕色瓶中）、NaOH 溶液（200g/L）、酸性 $SnCl_2$ 溶液（称取 40g $SnCl_2 \cdot 2H_2O$，加适量 HCl 溶解后，稀释定容至 100mL，并加入数颗金属锡粒，以防止 $SnCl_2$ 氧化）。

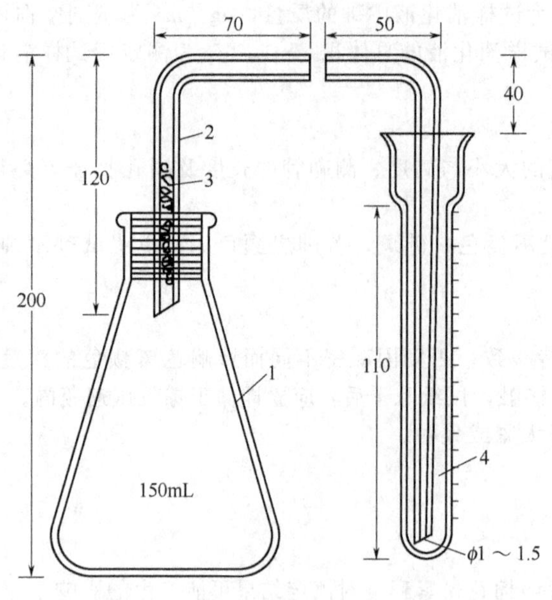

图 1-9　测砷装置图（单位：mm）

1—150mL 锥形瓶；2—导气管（配经碱处理后洗净的橡皮塞）；3—$PbAc_2$ 棉花；4—10mL 刻度离心管

(3) $PbAc_2$ 棉花：以 $PbAc_2$ 溶液（100g/L）浸透脱脂棉后，去除多余溶液，并使其蓬松后，于 100℃以下干燥，储于玻璃瓶中，备用。

(4) Ag·DDC-$N(CH_2CH_2OH)_3$-$CHCl_3$ 溶液（吸收液）：称取 0.25g Ag·DDC 置于研钵中，加少量 $CHCl_3$ 研磨均匀后，移入 100mL 容量瓶中，加 1.8mL $N(CH_2CH_2OH)_3$，并以少量 $CHCl_3$ 分次洗涤研钵，洗液一并移入容量瓶中，加 $CHCl_3$ 至 100mL。放置过夜，过滤，滤液于棕色瓶中保存，4℃可保存半个月。

(5) 砷标准储备液（0.10mg/mL）：称取 0.1320g 在硫酸干燥器中干燥过的或在 100℃干燥 2h 的 As_2O_3，加 5mL NaOH 溶液，溶解后加 25mL H_2SO_4 溶液（6+94，体积比），移入 1000mL 容量瓶中，加入新煮沸冷却的水至刻度，混匀后储存于棕色具塞玻璃瓶中。

(6) 砷标准使用液（1.0μg/mL）：吸取 1.0mL 砷标准储备液，置于 100mL 容量瓶中，加 1mL H_2SO_4 溶液（6+94，体积比）后，加水至刻度，混匀。

3. 实验材料

1～2 种稻谷、玉米、小麦，各 250g。

四、实验步骤

1. 样品处理

(1) 称取稻谷、玉米、小麦各 100g，粉碎后过 20 目筛。

(2) 称取 10.00g 粉碎试样，置于 500mL 消化瓶中，加水少许湿润后，加 15mL HNO_3-$HClO_4$ 混合酸，放置片刻，加数粒玻璃珠，于电炉上小火缓缓加热，待作用缓和后，关闭电炉，自然冷却。

(3) 沿消化瓶壁向冷却溶液中缓缓加入 10mL H_2SO_4，再加热，至瓶中液体开始变成棕色时，不断沿瓶壁滴加 HNO_3-$HClO_4$ 混合液至有机质分解完全。加大火力，至产生白烟，待瓶口白烟冒尽后，瓶内液体再产生白烟。此时，溶液应澄清无色或微带黄色，关闭电炉，自然冷却。(在操作过程中应注意防止暴沸或爆炸。)

(4) 加 20mL 水，煮沸至产生白烟为止，关闭电炉，自然冷却。如此处理两次，以除去残余的 HNO_3。

(5) 将冷却后的溶液移入 100mL 容量瓶中，用水洗涤消化瓶，洗液并入容量瓶中，冷却，加水至刻度，混匀。此溶液每 10mL 相当于 1g 试样。

(6) 取与消化试样相同量的 HNO_3-$HClO_4$ 混合液和 H_2SO_4，按上述方法处理做试剂空白试验。

2. 标准曲线的绘制

(1) 吸取 0、2.0mL、4.0mL、6.0mL、8.0mL、10.0mL 砷标准使用液（相当于 0、2.0μg、4.0μg、6.0μg、8.0μg、10.0μg 砷），分别置于 150mL 锥形瓶中，补加水至总体积为 40mL，再加 10mL H_2SO_4 溶液（1+1，体积比）。

(2) 加 3mL KI 溶液、0.5mL $SnCl_2$ 溶液，混匀，静置 15min。

(3) 加 3g 锌粒，立即连接好测砷装置（见图 1-9），确保导气管的右端开口插入盛有 4mL 吸收液的离心管液面下，在室温（25～30℃）下反应45min。

（4）取下离心管，加$CHCl_3$补足至4mL，以空白液调零，于520nm处测A_{520nm}。

（5）以砷浓度为横坐标，A_{520nm}为纵坐标，绘制标准曲线。

3. 样品测定

（1）取样品消化液及试剂空白液各30mL，分别置于150mL锥形瓶中，加2mL H_2SO_4，并补加水至总体积为50mL。

（2）按照“标准曲线的绘制”中（2）～（4）进行操作。

（3）根据A_{520nm}从标准曲线上查出消化液中砷的浓度。

4. 计算

样品中砷的含量按下式进行计算：

$$x=\frac{m_1-m_2}{m\times V_2/V_1}$$

式中，x为试样中砷的含量，mg/kg；m_1为测定用试样消化液中砷的质量，μg；m_2为试剂空白液中砷的质量，μg；m为试样的质量，g；V_1为试样消化液的总体积，mL；V_2为测定用试样消化液的体积，mL。

五、注意事项

1. $PbAc_2$棉花的作用：如果反应产生的AsH_3气体中混有H_2S气体，并直接进入吸收液中，则会形成Ag_2S黑色沉淀，干扰红色胶态物的颜色，影响测定结果，所以反应产生的AsH_3气体必须经过$PbAc_2$棉花，使其中混有的H_2S气体与$PbAc_2$反应后，再进入吸收液中。

2. 反应温度与时间：反应温度应保持在25～30℃为好，作用时间以1h为宜。如果温度偏低或偏高，则应该适当延长或减少反应时间。

3. 锌粒的影响：锌的粒度和用量，会直接影响显色深浅，不同形状和规格的锌粒，由于表面积不同，将影响测定结果。锌粒较大时，要适当多加并延长反应时间。一般情况下，在反应中，蜂窝锌粒加3g，大颗锌粒则需加5g。

六、思考题

1. 用化学方程式表述实验原理。
2. 在锥形瓶反应液中加入KI溶液和$SnCl_2$溶液时，颜色有何变化？为什么？
3. 为什么在反应过程中会产生H_2S气体？

（撰写人：黄艳春）

实验1-3 硼氢化物还原比色法测定蔬菜中总砷含量

一、实验目的

掌握硼氢化物还原比色法测定食品中总砷含量的原理和方法。

二、实验原理

蔬菜样品经消化后，砷以五价形式存在。当溶液中氢离子浓度大于1.0mol/L时，加入KI-CH_4N_2S（硫脲）并加热，能将五价砷还原为三价砷。在酸性条件下，KBH_4（硼氢化钾）能将三价砷还原为负三价，形成AsH_3气体，导入$AgNO_3$-聚乙烯醇吸收液，生成在400nm处有吸收峰的黄色溶液，其A_{400nm}值与砷含量成正比，与标准品比较可实现定量分析。

三、仪器与试材

1. 仪器与器材

测砷装置（见图1-9）、植物组织捣碎机、分光光度计、可调电炉、压片机等。

2. 试剂

除特别注明外，实验所用试剂均为分析纯，水为去离子水。

（1）常规试剂：$HClO_4$、HNO_3、H_2SO_4、NaOH、KI、KBH_4、NaCl、CH_4N_2S（硫脲）、

$AgNO_3$、柠檬酸、柠檬酸铵、抗坏血酸、95%乙醇。

（2）常规溶液：H_2SO_4 溶液（1+1，体积比）、NaOH 溶液（400g/L、100g/L）、KI 溶液（500g/L）、CH_4N_2S 溶液（50g/L）、KI-CH_4N_2S 溶液（等体积的 KI 溶液与 CH_4N_2S 溶液混合）、$AgNO_3$ 溶液（8g/L，称取 4.0g $AgNO_3$ 加适量水溶解后，加入 30mL HNO_3，定容至 500mL，储于棕色瓶中）、柠檬酸（$C_6H_8O_7$）-柠檬酸铵（$C_6H_{17}N_3O_7$）缓冲溶液（1.0mol/L，称取 192g 柠檬酸、243g 柠檬酸铵，用水溶解并定容至 1000mL）、甲基红指示剂（2g/L，溶于 95%乙醇）。

（3）聚乙烯醇溶液（4g/L）：称取 0.4g 聚乙烯醇（聚合度 1500～1800）于 250mL 烧杯中，加入 100mL 水，沸水浴中加热，搅拌至溶解，保温 10min，冷却，备用。

（4）$AgNO_3$-聚乙烯醇吸收液：将等体积的 $AgNO_3$ 溶液和聚乙烯醇溶液混匀后，再加入 2 倍体积的 95%乙醇，混匀。现配现用。

（5）$PbAc_2$ 棉花：其准备同本章实验 1-1。

（6）KBH_4 片：将 KBH_4 与 NaCl 按 1∶4（质量比）混合磨细，充分混匀后在压片机上制成直径 10mm、厚 4mm 的片剂，每片 0.5g。

（7）砷标准储备液（0.10mg/mL）：称取经 105℃干燥 1h 并置干燥器中冷却至室温的 As_2O_3 0.1320g 于 100mL 烧杯中，加入 10mL NaOH 溶液（100g/L），待溶解后加入 5mL $HClO_4$、5mL H_2SO_4，置电炉上加热至冒白烟，冷却后，转入 1000mL 容量瓶中，并用水稀释定容至刻度。

（8）砷标准使用液（1.0μg/mL）：吸取 1.0mL 砷标准储备液于 100mL 容量瓶中，加水稀释至刻度。

3. 实验材料

1～2 种新鲜大白菜、辣椒、豆角，各 250g。

四、实验步骤

1. 样品处理

（1）称取 150g 实验试样，切碎后，用植物组织捣碎机破碎。

（2）称取 10.00g 破碎样品，置于 250mL 锥形烧瓶中，加入 3mL $HClO_4$、20mL HNO_3、2.5mL H_2SO_4 溶液，放置过夜。

（3）将样品置于电炉上加热消化，若溶液为棕色，应补加 HNO_3 使有机物分解完全至溶液澄清透明或呈浅黄色，自然冷却。加 15mL 水，再加热至冒白烟，自然冷却。

（4）将冷却后的溶液移入 100mL 容量瓶中，用水洗涤锥形瓶数次，洗液并入容量瓶中，加水至刻度。

（5）取与消化试样相同量的 $HClO_4$、HNO_3 和 H_2SO_4 溶液，按上述方法做试剂空白试验。

2. 标准曲线的绘制

（1）取 6 个 100mL 锥形瓶，依次加入砷标准使用液 0、0.25mL、0.5mL、1.0mL、2.0mL、3.0mL（相当于 0、0.25μg、0.5μg、1.0μg、2.0μg、3.0μg 砷），补水至 3mL，加 2.0mL H_2SO_4 溶液。

（2）各加 0.1g 抗坏血酸、2.0mL KI-CH_4N_2S 溶液，混匀后，置沸水浴中加热 5min（瓶内溶液温度不得超过 80℃），取出，冷却。

（3）加甲基红指示剂 1 滴，加 NaOH 溶液（400g/L）约 3.5mL 后，再以 NaOH 溶液（100g/L）调至溶液刚呈黄色。

（4）加入 1.5mL 柠檬酸-柠檬酸铵缓冲溶液后，补加水至 40mL，加入一粒 KBH_4 片剂，立即通过塞有 $PbAc_2$ 棉花的导管与盛有 4.0mL 吸收液的吸收管相连接（见图 1-9），不时轻摇锥形瓶，反应约 5min 后，再加入一粒 KBH_4 片剂，继续反应 5min。

（5）取下吸收管，于 400nm 波长，以砷浓度为 0 的溶液调零，测定 A_{400nm} 值。

（6）以砷浓度为横坐标，A_{400nm} 为纵坐标，绘制标准曲线。

3. 样品测定

（1）取 5mL 样品消化液和试剂空白液，分别加入 100mL 锥形瓶中。

（2）按照“标准曲线的绘制”中（2）～（5）进行操作。

（3）根据 A_{400nm} 从标准曲线上查出消化液中砷的浓度。

4. 计算

样品中总砷含量按下式计算：

$$x=\frac{m_1-m_2}{m\times V_2/V_1}$$

式中，x 为试样中砷的含量，mg/kg；m_1 为测定用试样消化液中砷的质量，μg；m_2 为试剂空白液中砷的质量，μg；m 为试样的质量，g；V_1 为试样消化液的总体积，mL；V_2 为测定用试样消化液的体积，mL。

五、注意事项

1. 在配制聚乙烯醇溶液时，需要在沸水浴中加热，以促进聚乙烯醇的溶解。

2. 由于 KBH_4 吸水性很强，所以应避免在潮湿天气压制 KBH_4 片。

六、思考题

1. 简述 KI-硫脲溶液将五价砷还原为三价砷的原理，并写出反应方程式。

2. 为什么 AsH_3 气体导入吸收液后呈黄色？

（撰写人：黄艳春）

实验 1-4 氢化物-原子荧光分光光度法测定茶叶中的总砷

一、实验目的

掌握原子荧光分光光度法测定茶叶中总砷含量的原理和方法。

二、实验原理

样品经灰化后，加入 CH_4N_2S（硫脲）使五价砷还原为三价砷，再加入 $NaBH_4$（硼氢化钠）使之还原生成 AsH_3 气体。以氩气作载气，将 AsH_3 导入石英原子化器中，使其原子化，在砷空心阴极灯发射光的激发下，As 原子产生能量跃迁处于激发态，当其返回基态时发出荧光，通过测定荧光强度，并与标准系列比较，可测定样品中砷的含量。

三、仪器与试材

1. 仪器与器材

原子荧光分光光度计、灰化炉、电炉、坩埚等。

2. 试剂

除特别注明外，实验所用试剂均为分析纯，水为去离子水。

（1）常规试剂：H_2SO_4、HCl、KOH、$Mg(NO_3)_2\cdot 6H_2O$、$MgCl_2$、CH_4N_2S（硫脲）、$NaBH_4$、NaOH、MgO。

（2）常规溶液：H_2SO_4 溶液（1＋9，体积比）、HCl 溶液（1＋1，体积比）、KOH 溶液（100g/L）、$Mg(NO_3)_2\cdot 6H_2O$ 溶液（150g/L）、CH_4N_2S 溶液（50g/L）、$NaBH_4$ 溶液（10g/L，4℃可保存 10d，取出后应当天使用）。

（3）砷标准储备液（0.10mg/mL）：称取于 100℃干燥 2h 以上的 As_2O_3 0.1320g，加 10mL KOH 溶液，以适量水转入 1000mL 容量瓶中，加 25mL H_2SO_4 溶液混匀后，以水定容至刻度。

（4）砷标准使用液（1.0μg/mL）：吸取 1.00mL 砷标准储备液于 100mL 容量瓶中，用水稀释至刻度（现配现用）。

3. 实验材料

2～3 种绿茶、花茶，各 20g。

四、实验步骤

1. 样品处理

（1）称取 2.50g 茶叶样品于 100mL 坩埚中，加 10mL $Mg(NO_3)_2\cdot 6H_2O$ 溶液，混匀，低温

蒸干。

(2) 将1g MgO仔细覆盖在上述干渣上，于电炉上炭化至无黑烟后，移入550℃高温炉灰化4h，冷却。

(3) 加入10mL HCl溶液，中和MgO并溶解灰分后，转入25mL容量瓶或比色管中。

(4) 加入2.5mL CH_4N_2S溶液于容量瓶或比色管中，以H_2SO_4溶液分数次涮洗坩埚，洗液合并，定容至25mL，混匀。

(5) 除不加样品外，按上述实验步骤加入等量的各种试剂进行试剂空白实验。

2. 标准测定液的制备

取25mL容量瓶或比色管6支，依次加入砷标准使用液0、0.05mL、0.2mL、0.5mL、2.0mL、5.0mL，各加12.5mL H_2SO_4溶液、2.5mL CH_4N_2S溶液、混匀后，补水至刻度（各相当于砷浓度0、2.0ng/mL、8.0ng/mL、20.0ng/mL、80.0ng/mL、200.0ng/mL），混匀备用。

3. 测定

(1) 浓度测量方式：仪器开机预热20min后，设定测定参数［见(3)］。测定时首先进入空白值测量状态，连续用标准系列的“0”管进样，待读数稳定后，按空档键记录下空白值（即让仪器自动扣底）后，即可开始测量。先依次测标准系列（可不再测“0”管）。标准系列测完后应仔细清洗进样器（或更换一支），并再用“0”管测试使读数基本回零后，才能测试剂空白和试样。测不同试样前，应清洗进样器，记录（或打印）下测量数据。

(2) 自动直读方式：利用仪器提供的软件可进行浓度自动直读方式测定砷的含量。在开机、设定条件和预热后，输入必要的参数，如试样量（g或mL）、稀释体积（mL）、进样体积（mL）等。然后进入空白值测量状态，连续用标准系列的“0”管进样，以获得稳定的空白值并执行自动扣底后，再依次测标准系列（此时“0”管需再测一次）。在测样液前，需再进入空白值测量状态，先用标准系列“0”管测试使读数复原并稳定后，再用试剂空白进样，扣除空白值，随后即可依次测试样。测定完毕后，退回主菜单，打印测定结果。

(3) 参考测定条件：光电倍增管电压为400V；砷空心阴极灯电流为35mA；原子化器温度为820～850℃，高度为7mm；载气流速为600mL/min；测量方式为荧光强度或浓度直读；读数方式为峰面积；读数延迟时间为1s；读数时间为15s；$NaBH_4$溶液加入时间为5s；标液或样液加入体积为2mL。

4. 计算

如果采用荧光强度测量方式，则需先对标准系列的结果进行回归运算（由于测量时“0”管强制为0，故零点值应该输入以占据一个点位），然后根据回归方程求出试剂空白液和试样被测液的砷浓度，再按下式计算试样的砷含量。

$$x=\frac{c_1-c_0}{m}\times\frac{25}{1000}$$

式中，x为试样的砷含量，mg/kg；c_1为试样被测液的浓度，ng/mL；c_0为试剂空白液的浓度，ng/mL；25为被测试样的体积，mL；m为试样的质量，g。

五、注意事项

1. 以上测定过程和测定条件仅供参考，在实际测定中，应根据不同原子荧光分光光度计的型号，依据仪器使用说明书选择适合的测定参数。

2. $NaBH_4$浓度的选择：在酸性介质中，试样溶液中的砷与$NaBH_4$在氢化物发生系统中生成AsH_3。如果$NaBH_4$浓度过低，则不利于三价砷转化为AsH_3气体；反之，$NaBH_4$浓度过高，则产生大量H_2，稀释了AsH_3的浓度。

六、思考题

1. 简述你使用的原子荧光分光光度计各部件的名称及其功能。

2. 简述在样品处理过程中添加MgO的作用。

（撰写人：黄艳春）

实验1-5　氢化物-原子吸收分光光度法测定糕点中总砷含量

一、实验目的

掌握氢化物-原子吸收分光光度法测定糕点中砷含量的原理和方法。

二、实验原理

样品经消化处理后，加入还原剂 KI-CH_4N_2S（硫脲）使五价砷还原成三价砷，在酸性溶液中三价砷被 KBH_4（硼氢化钾）还原为负三价，形成气态 AsH_3，随载气导入原子吸收分光光度计的石英管中，在高温下 AsH_3 分解成原子砷和 H_2，原子砷吸收由砷空心阴极灯发射的193.7nm的共振线，吸收强度与样品中砷的含量成正比。因此，通过与标准品比较可以实现砷的定量分析。

三、仪器与试材

1. 仪器与器材

原子吸收分光光度计、可调电炉等。

2. 试剂

除特别注明外，实验所用试剂均为分析纯，水为去离子水。

(1) 常规试剂：HNO_3、$HClO_4$、HCl、NaOH、KI、CH_4N_2S（硫脲）、KBH_4。

(2) 常规溶液：HNO_3-$HClO_4$ 混合溶液（4＋1，体积比）、HCl溶液（1＋99，体积比；1mol/L）、NaOH溶液(10g/L；1mol/L)、KI溶液（50g/L）、CH_4N_2S溶液(50g/L)、KBH_4 溶液(10g/L，如果溶液不透明，则需要过滤，4℃保存，1周内稳定，也可以现配现用)。

(3) 砷标准储备液(1.0mg/mL)：称取于100℃干燥2h以上的 As_2O_3 0.1320g，溶于10mL NaOH溶液(1mol/L) 中，以HCl溶液(1mol/L) 定容至100mL。

(4) 砷标准中间溶液(20.0μg/mL)：吸取砷标准储备液2.00mL于100mL容量瓶中，加水稀释至刻度，混匀。

(5) 砷标准使用液(1.0μg/mL)：吸取砷标准中间液5.00mL于100mL容量瓶中，加水稀释至刻度，混匀。

3. 实验材料

2～3种蛋糕、饼干，各100g。

四、实验步骤

1. 样品处理

(1) 取5g样品于150mL消化瓶中，加20mL HNO_3-$HClO_4$ 混合溶液和数粒玻璃珠，盖一玻片，放置过夜。

(2) 将消化瓶置于电炉上逐渐升温加热至溶液变成棕黄色。如果消化液颜色较深，可滴加浓 HNO_3，继续加热至冒白烟，自然冷却。

(3) 加入10mL水于消化瓶中继续加热至冒白烟，溶液清澈透明为止，自然冷却后，以水分数次将消化液洗至50mL的容量瓶中，并定容。

(4) 除不加样品外，按上述样品处理过程，以等量的试剂做试剂空白试验。

2. 标准曲线的绘制

(1) 在5个50mL具塞比色管中，依次加入砷标准使用液0、0.10mL、0.20mL、0.30mL、0.40mL（相当于0、0.10μg、0.20μg、0.30μg、0.40μg砷）后，加10.0mL KI溶液、5.0mL CH_4N_2S溶液、10mL HCl，加水定容至刻度，混匀。

(2) 在沸水浴中加热10min（温度为80～90℃），冷却后，备用。也可在室温下放置4h以上，备用。

(3) 将原子吸收分光光度计的测定条件调至参考测定条件。将流动注射氢化物发生器的载液管插入HCl溶液（1＋99，体积比）中，还原剂吸管插入 KBH_4 溶液中，移动样品吸管分别测定标准系列的吸光度。

（4）以空白管调零，测定标准系列的吸光度。以吸光度为纵坐标，浓度为横坐标绘制标准曲线。

（5）参考测定条件：波长为193.7nm；狭缝宽度为0.4nm；灯电流为4mA；电热石英管调压至120V；每次测定时氢化物发生器同时自动吸入1mL KBH_4 溶液、2mL标准品溶液和5mL HCl溶液。

3. 样品测定

取5.0～25.0mL消化好的样品及空白液于50mL具塞比色管中，按“标准曲线的绘制”中（1）～（3）分别测定吸光度。

4. 计算

按下式计算样品中砷的含量：

$$x=\frac{m_1-m_2}{m\times V_2/V_1}$$

式中，x 为试样中砷的含量，mg/kg；m_1 为测定用试样消化液中砷的质量，μg；m_2 为试剂空白液中砷的质量，μg；m 为试样的质量，g；V_1 为试样消化液的总体积，mL；V_2 为测定用试样消化液的体积，mL。

五、注意事项

1. 实验步骤中的测定条件仅供参考，在实际测定中，应根据仪器型号和使用说明书选择适合的测定参数。

2. 实验所用玻璃仪器使用前必须用20％的 HNO_3 溶液浸泡24h以上，然后分别用水和去离子水冲洗干净后晾干。

六、思考题

1. 叙述你在实验中使用的原子吸收分光光度计各部件的名称及其功能。

2. 简述实验过程中各种酸的作用。

（撰写人：黄艳春）

实验1-6 水产品中无机砷含量的原子荧光分光光度法测定

一、实验目的

掌握原子荧光分光光度法测定水产品中无机砷含量的原理和方法。

二、实验原理

食品中的砷以不同的化学形式存在，包括无机砷和有机砷。无机砷在6mol/L HCl溶液中于水浴保温条件下可以氯化物形式被提取，从而实现无机砷和有机砷的分离。再在2mol/L HCl条件下测定总无机砷的含量。

三、仪器与试材

1. 仪器与器材

原子荧光光度计、组织捣碎机、恒温水浴锅等。

2. 试剂

除特别注明外，实验所用试剂均为分析纯，水为去离子水。

（1）常规试剂：HNO_3、$HClO_4$、HCl、KI、CH_4N_2S（硫脲）、KBH_4、正辛醇、As_2O_3。

（2）常规溶液：HCl溶液（1＋1，体积比）、KOH溶液（2g/L、100g/L）、KI溶液（100g/L）-CH_4N_2S溶液（50g/L）、KBH_4 溶液（7g/L，如果溶液不透明，则需要过滤，4℃保存，1周内稳定，也可以现配现用）。

（3）砷标准储备液（1.0mg/mL）：称取于100℃干燥2h以上的 As_2O_3 0.1320g，溶于1mL KOH溶液（100g/L）和少量亚沸蒸馏水中，转入100mL容量瓶中定容。

（4）砷标准中间溶液（20.0μg/mL）：吸取砷标准储备液 2.00mL 于 100mL 容量瓶中，加亚沸蒸馏水稀释至刻度，混匀。

（5）砷标准使用液（1.0μg/mL）：吸取砷标准中间液 5.00mL 于 100mL 容量瓶中，加亚沸蒸馏水稀释至刻度，混匀。

3. 实验材料

2～3 种新鲜水产品，各 200g。

四、实验步骤

1. 样品提取

（1）用组织捣碎机将 100g 样品的可食部分打成匀浆。

（2）取 5g 样品匀浆于 25mL 具塞刻度试管中，加 5mL HCl，并用 HCl 溶液稀释至刻度，混匀。

（3）将具塞刻度试管置 60℃水浴锅中水浴加热 18h，其间多次振摇，使试样充分浸提。

（4）取出具塞刻度试管冷却，补水定容至 25mL 后，用脱脂棉过滤。

（5）取 4mL 滤液于 10mL 容量瓶，加 1mL KI-CH_4N_2S 混合溶液、8 滴正辛醇，加水定容。

（6）放置 10min 后，可用于测定样品无机砷的含量。

（7）取相同量的试剂做试剂空白实验。

2. 标准曲线的绘制

（1）在 6 个 10mL 容量瓶中，依次加入砷标准使用液 0、0.05mL、0.10mL、0.25mL、0.50mL、1.00mL 后，加 4mL HCl 溶液、1mL KI-CH_4N_2S 混合溶液、8 滴正辛醇，加水定容[相当于含 As(Ⅲ)浓度为 0、5ng/mL、10ng/mL、25ng/mL、50ng/mL、100ng/mL]。

（2）将原子荧光分光光度计的测定条件调至参考测定条件。以空白管调零，测定标准系列的吸光度。以砷浓度为横坐标，吸光度为纵坐标绘制标准曲线。

（3）参考测定条件：光电倍增管负高压为 340V；灯电流为 40mA；原子化器高度为 9mm；载气流速为 600mL/min；读数延迟时间为 2s；读数时间为 12s；读数方式为峰面积；标液或试样加入体积为 0.5mL。

3. 样品测定

将样品提取液、试剂空白液分别上样至原子荧光光度计，按照“标准曲线的绘制”中的参考测定条件测定吸光度。根据吸光度从标准曲线上查出相应的砷浓度。

4. 计算

按下式计算样品中无机砷的含量：

$$x=\frac{(c_1-c_2)f}{m\times 1000}$$

式中，x 为试样中无机砷的含量，mg/kg；c_1 为试样测定液中无机砷的浓度，ng/mL；c_2 为试剂空白中无机砷的浓度，ng/mL；m 为试样的质量，g；f 为 10mL×25mL/4mL。

五、注意事项

1. 实验步骤中的测定条件仅供参考，在实际测定中，应根据仪器型号和使用说明书选择适合的测定参数。

2. 实验所用玻璃仪器使用前必须用 15% HNO_3 溶液浸泡 24h 以上，然后分别用水和去离子水冲洗干净后晾干。

3. 亚沸蒸馏水是通过石英亚沸蒸馏水器制备的。它是利用热辐射原理，保持液相温度低于沸点温度蒸发冷凝而制取的高纯水。

4. 样品放置 10min 后，液体如果浑浊，应再次过滤后进行测定。

5. 在样品处理过程中可以用“80℃水浴加热 4h”替代“60℃水浴加热 18h”。

6. 本方法的检出限为 0.04mg/kg，线性范围为 1～10μg。

六、思考题

1. 为什么以 6mol/L HCl 溶液水浴保温处理样品可以实现无机砷和有机砷的分离？

2. 试比较亚沸蒸馏水与一般蒸馏水的区别。如果实验室没有亚沸蒸馏水，如何以普通蒸馏水制备达到亚沸蒸馏水标准的蒸馏水？

（撰写人：陈福生）

实验 1-7 兽禽肉中无机砷含量的银盐比色法测定

一、实验目的

掌握银盐比色法测定兽禽肉中无机砷含量的原理和方法。

二、实验原理

样品在 6mol/L HCl 溶液中，经 70℃水浴加热后，无机砷以氯化物的形式存在，经 KI、$SnCl_2$ 还原为 As（Ⅲ），然后与 Zn 粒和酸产生的新生态氢生成 AsH_3，经银盐溶液吸收后，形成红色胶态物，与标准系列比较确定样品中无机砷的含量。

三、仪器与试材

1. 仪器与器材

分光光度计、恒温水浴锅、测砷装置（见实验 1-2 的图 1-9）等。

2. 试剂

除特别注明外，实验所用试剂均为分析纯，水为去离子水。

（1）常规试剂及其他：HCl、氯仿、KOH、KI、$SnCl_2 \cdot 2H_2O$、$PbAc_2$、As_2O_3、三乙醇胺、二乙基二硫代氨基甲酸银 [$(C_2H_5)_2NCS_2Ag$]、Zn 粒、辛醇、金属锡粒、脱脂棉。

（2）常规溶液：HCl 溶液（1＋1，体积比）、KI 溶液（150g/L）、$PbAc_2$ 溶液（100g/L）、KOH 溶液（100g/L）。

（3）酸性 $SnCl_2$ 溶液：取 40g $SnCl_2 \cdot 2H_2O$，加 HCl 溶解并稀释至 100mL，加入数粒金属锡粒。

（4）$PbAc_2$ 棉花：用 $PbAc_2$ 溶液浸透脱脂棉后，压除多余溶液，并使疏松，在 100℃以下干燥后，储存于玻璃瓶中。

（5）银盐溶液：称取 0.25g $(C_2H_5)_2NCS_2Ag$，用少量氯仿溶解，加入 1.8mL 三乙醇胺，再用氯仿稀释至 100mL，放置过夜，滤入棕色瓶中于冰箱内保存。

（6）砷标准储备液（1.0mg/mL）：称取于 100℃干燥 2h 以上的 As_2O_3 0.1320g，溶于 1mL KOH 溶液和少量亚沸蒸馏水中，转入 100mL 容量瓶中定容。

（7）砷标准中间溶液（20.0μg/mL）：吸取砷标准储备液 2.00mL 于 100mL 容量瓶中，加水稀释至刻度，混匀。

（8）砷标准使用液（1.0μg/mL）：吸取砷标准中间液 5.00mL 于 100mL 容量瓶中，加水稀释至刻度，混匀。

3. 实验材料

3～4 种新鲜的猪、牛、鸡、鸭肉，各 100g。

四、实验步骤

1. 样品提取

（1）取 50g 样品，切碎成小颗粒状。

（2）取 10g 切碎的样品于研钵中，加入少量 HCl 溶液研磨至糊状。

（3）用 30mL HCl 溶液将样品分次转入 100mL 具塞锥形瓶。

（4）将锥形瓶置 70℃水浴加热 1h 后，取出锥形瓶冷却，用脱脂棉或单层纱布过滤。

（5）用 20mL 左右的水洗涤锥形瓶及滤渣，过滤，合并滤液于测砷锥形瓶（见图 1-9）中，使总体积为 50mL 左右。

(6) 取相同量的试剂做试剂空白实验。

2. 标准曲线的绘制

(1) 在6个测砷瓶中，依次加入砷标准使用液0、1.0mL、3.0mL、5.0mL、7.0mL、9.0mL（相当于0、1.0μg、3.0μg、5.0μg、7.0μg、9.0μg砷），再加水至40mL，加入8mL HCl溶液。

(2) 于砷标准溶液中各加入3mL KI溶液、0.5mL酸性$SnCl_2$溶液，混匀，静置15min。

(3) 各加入3g Zn粒，立即分别塞上装有$PbAc_2$棉花的导气管，并使尖端插入装有5mL银盐溶液的刻度试管中的液面下，在常温下反应45min。

(4) 取下试管，加氯仿补足至5mL。

(5) 用1cm比色皿，以零管调节零点，于520nm处测吸光度。以砷质量为横坐标，A_{520nm}为纵坐标，绘制标准曲线。

3. 样品测定

(1) 于砷标准溶液和试剂空白液中，分别加入3mL KI溶液、0.5mL酸性$SnCl_2$溶液，混匀，静置15min。

(2) 加入10滴辛醇后，加入3g Zn粒，立即分别塞上装有$PbAc_2$棉花的导气管，并使尖端插入装有5mL银盐溶液的刻度试管中的液面下，在常温下反应45min。

(3) 取下试管，加氯仿补足至5mL，测A_{520nm}值。从标准曲线上查出样品提取液与试剂空白液中砷的质量。

4. 计算

按下式计算样品中无机砷的含量：

$$x=\frac{m_1-m_2}{m}$$

式中，x为试样中无机砷的含量，mg/kg；m_1为测定用试样溶液中无机砷的质量，μg；m_2为试剂空白中砷的质量，μg；m为试样的质量，g。

五、注意事项

1. Zn粒的影响：Zn的粒度和用量会直接影响显色深浅，不同形状和规格的锌粒，由于表面积不同，将影响测定结果。锌粒较大时，要适当多加并延长反应时间。一般情况下，在反应中，蜂窝Zn粒加3g，大颗Zn粒则需加5g。

2. As_2O_3有剧毒，应特别注意安全。

六、思考题

1. 以化学方程式表示实验原理。

2. 简述有机砷与无机砷对人体的危害。

（撰写人：陈福生）

第三节　食品中铅的测定

铅（lead，Pb）是一种对人体没有任何生理功能，但是对人类健康危害很大的重金属元素。铅容易在人体组织中沉积，特别是在骨骼、牙齿、肾脏和大脑中容易积累，使机体出现各种不良反应。铅通常导致慢性中毒，可引起造血、胃肠道及神经系统病变，还可引起慢性肾脏疾患，孕妇流产、死产以及早产等。慢性铅中毒的早期表现为贫血，感觉虚弱，易疲倦，注意力不集中，感情易冲动，牙齿上可出现黑色的铅线等症状。另外，铅还可以损害人体的免疫系统，导致机体抵抗力的明显下降。铅对儿童的危害更大，主要损害儿童脑组织，造成智力发育迟缓。

食品中的铅主要来源于以下几个方面：①工业污染。例如铅矿的开采及冶炼，蓄电池、交通运输、印刷、塑料、涂料、焊接、陶瓷、橡胶、农药等许多行业均使用铅及其化合物，这些工业生产中产生的含铅“三废”，以各种形式排放到环境中，污染农田，再通过农作物污染农产品和食品。②食品生产设备、管道、容器和包装材料等含有的铅在一定条件下可迁移至食品中，造成污染。例如，过去在生产酱油和食醋等发酵产品时，由于使用了铅含量较高的铁器工具，常常导致产品中铅含量偏高。后来改用不锈钢工具后，产品中铅含量显著下降。③含铅食品添加剂、加工助剂的使用。例如，过去生产松花皮蛋时使用的黄丹粉（主要成分为PbO）含铅高，很容易导致铅污染；打猎使用的铅子弹留在猎物体内，也可使猎物肉受到铅的严重污染，大量食用后很容易引起铅中毒。④含铅农药和含铅汽油在使用过程中的残留和排出的含铅废气等也容易造成铅污染，从而间接污染食品。

由于铅污染对人类健康影响很大，因此，控制食品中铅的含量并进行检测就非常重要。表1-2是我国国家标准 GB 2762—2005 和 GB 5749—2006 规定的各种食品和生活饮用水中铅的最大允许含量。

表 1-2 我国各种食品和生活饮用水中铅的最大允许含量

食品种类	最大允许含量/(mg/kg)
谷类、豆类、薯类、禽畜肉类、小水果、浆果、葡萄、鲜蛋、果酒	0.2
可食用禽畜下水、鱼类	0.5
水果、蔬菜(球茎蔬菜、叶菜、食用菌除外)	0.1
球茎蔬菜、叶菜类	0.3
鲜乳、果汁	0.05
婴儿配方乳粉(乳为原料,以冲调后乳汁计)	0.02
茶叶	5
生活饮用水	0.01mg/L

食品中铅的测定方法主要有双硫腙比色法、原子吸收分光光度法和示波极谱法。在这些测定方法中，样品的前处理非常重要，粮食、豆类等干制品应磨碎后过 20 目筛，储存于塑料瓶中备用；果蔬、鱼类、肉类及蛋类等水分含量高的新鲜样品必须先打碎成匀浆，然后再取适量样品进行消化。

（撰写人：黄艳春）

实验 1-8 双硫腙比色法测定粮食中铅的含量

一、实验目的

掌握双硫腙比色法测定稻谷、小麦、玉米等粮食中铅含量的原理和方法。

二、实验原理

稻谷、小麦、玉米等粮食样品经 HNO_3-H_2SO_4 消化后，铅离子在 pH 8.5～9.0 时，能与双硫腙（$C_{13}H_{12}N_4S$）生成红色络合物，该络合物溶于氯仿，并在 510nm 波长处产生吸收峰。A_{510nm}的大小与铅离子的浓度成正比，通过与标准品比较可以实现定量分析。

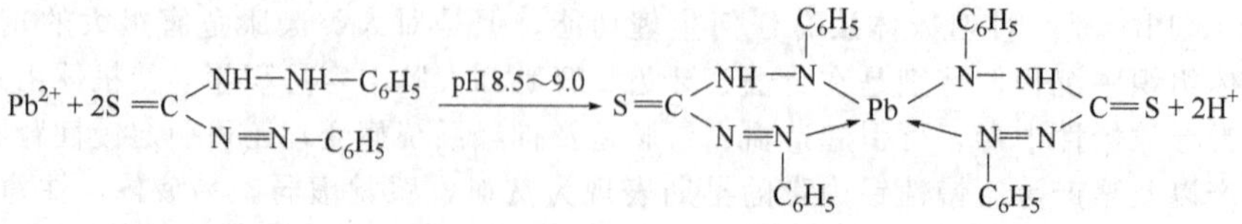

$$Pb^{2+} + 2S{=}C\begin{matrix}NH{-}NH{-}C_6H_5\\N{=}N{-}C_6H_5\end{matrix} \xrightarrow{pH\ 8.5\sim9.0} \text{红色络合物} + 2H^+$$

双硫腙　　　　红色络合物

在实验过程中，加入柠檬酸铵（$C_6H_{17}N_3O_7$）、KCN 和 $NH_2OH \cdot HCl$（盐酸羟胺）等，可以防止铁、铜、锌等离子的干扰。

三、仪器与试材

1. 仪器与器材

分光光度计、电炉等。

2. 试剂

除特别注明外，实验所用试剂均为分析纯，水为去离子水。

(1) 常规试剂：不含氧化物的氯仿（$CHCl_3$）、HNO_3、$NH_3 \cdot H_2O$、HCl、KCN、$Pb(NO_3)_2$、$C_{13}H_{12}N_4S$（双硫腙）、$NH_2OH \cdot HCl$、$C_6H_{17}N_3O_7$（柠檬酸铵）、无水乙醇、酚红（生化试剂）、可溶性淀粉。

(2) 常规溶液：$NH_3 \cdot H_2O$ 溶液（1+1，体积比）、HCl 溶液（1+1，体积比）、HNO_3 溶液（1+99，体积比）、KCN 溶液（100g/L）、酚红指示液（1g/L，称取 0.10g 酚红，用少量多次无水乙醇溶解后移入 100mL 容量瓶中，加水定容）、$C_{13}H_{12}N_4S$-$CHCl_3$ 溶液（0.05%，保存于 4℃）。

(3) 淀粉指示液（0.5%）：称取 0.5g 可溶性淀粉，加 5mL 水搅匀后，慢慢倒入 95mL 沸水中，搅拌，煮沸，冷却，备用。用时配制。

(4) $C_{13}H_{12}N_4S$ 使用液：吸取 1.0mL $C_{13}H_{12}N_4S$-$CHCl_3$ 溶液，加 $CHCl_3$ 至 10mL，混匀。用 1cm 比色皿，以 $CHCl_3$ 调节零点，于波长 510nm 处测吸光度 A。用下式计算出配制 100mL $C_{13}H_{12}N_4S$ 使用液（70%透光率）所需 $C_{13}H_{12}N_4S$-$CHCl_3$ 溶液的体积 V(mL)，然后以 $CHCl_3$ 定容至 100mL。

$$V=\frac{10\times(2-\lg 70)}{A}=\frac{1.55}{A}$$

(5) $NH_2OH \cdot HCl$ 溶液（200g/L）：称取 20.0g $NH_2OH \cdot HCl$，加水溶解至约 50mL，加 2 滴酚红指示液，加 $NH_3 \cdot H_2O$ 溶液调 pH 至 8.5～9.0（由黄变红，再多加 2 滴）。用 $C_{13}H_{12}N_4S$-$CHCl_3$ 溶液提取数次，每次10～20mL，至 $CHCl_3$ 层绿色不变为止，弃去 $CHCl_3$ 层，水层再用 $CHCl_3$ 洗两次，每次 5mL，弃去 $CHCl_3$ 层，水层滴加 HCl 溶液呈酸性后，加水定容至 100mL。

(6) $C_6H_{17}N_3O_7$ 溶液（200g/L）：称取 50g 柠檬酸铵，溶于 100mL 水中，加 2 滴酚红指示液，加 $NH_3 \cdot H_2O$ 溶液调 pH 至 8.5～9.0，用 $C_{13}H_{12}N_4S$-$CHCl_3$ 溶液提取数次，每次 10～20mL，至 $CHCl_3$ 层绿色不变为止，弃去 $CHCl_3$ 层，水层再用 $CHCl_3$ 洗两次，每次 5mL，弃去 $CHCl_3$ 层后，加水稀释至 250mL。

(7) 铅标准储备液（1.0mg/mL）：精密称取 0.1598g $Pb(NO_3)_2$，加 10mL HNO_3 溶液，全部溶解后，移入 100mL 容量瓶中，加水稀释至刻度。

(8) 铅标准使用液（10.0μg/mL）：吸取 1.0mL 铅标准储备液，置于 100mL 容量瓶中，加水稀释至刻度。

3. 实验材料

1～2 种稻谷、小麦、玉米，各 250g。

四、实验步骤

1. 样品处理

(1) 称取稻谷、小麦、玉米各 100g，粉碎后过 20 目筛。

(2) 称取 10.00g 粉碎样品，置于 500mL 消化瓶中，加少许水湿润后，加 15mL HNO_3，放置片刻后，加数粒玻璃珠，于电炉上小火缓缓加热，待作用缓和，冷却。

(3) 沿消化瓶壁加 10mL H_2SO_4，再加热，至瓶中液体开始变成棕色时，不断沿瓶壁滴加 HNO_3 至有机质分解完全。加大火力，至产生白烟，取下放冷。此时，溶液应澄清透明无色或微带黄色，冷却。（在操作过程中应注意防止暴沸或爆炸。）

(4) 加 20mL 水于消化瓶中，煮沸至产生白烟为止。如此处理两次，以除去残余 HNO_3。冷却。

(5) 将冷却的溶液移入 100mL 容量瓶中，用水洗涤消化瓶，洗液并入容量瓶中，冷却后加水至刻度，混匀。此溶液每 10mL 相当于 1g 样品。

(6) 取与消化试样相同量的 HNO_3 和 H_2SO_4，同上述方法操作，做试剂空白实验。

2. 标准曲线的绘制

(1) 吸取 0.10mL、0.20mL、0.30mL、0.40mL、0.50mL 铅标准使用液（相当于 1.0μg、2.0μg、3.0μg、4.0μg、5.0μg 铅）分别置于 125mL 分液漏斗中，补加 HNO_3 溶液至 20mL。

(2) 加 2mL 柠檬酸铵溶液、1mL $NH_2OH \cdot HCl$ 溶液和 2 滴酚红指示液，滴加 $NH_3 \cdot H_2O$ 溶液至红色，再加 2mL KCN 溶液，混匀。

(3) 加 5.0mL $C_{13}H_{12}N_4S$ 使用液，剧烈振摇 1min，静置分层后，$CHCl_3$ 层经脱脂棉过滤入 1cm 比色皿中。

(4) 以 $CHCl_3$ 调节零点，测定滤液的 A_{510nm} 值。

(5) 以铅的浓度为横坐标，A_{510nm} 值为纵坐标，绘制标准曲线。

3. 样品测定

(1) 取 10.0mL 消化液和试剂空白液，分别置于 125mL 分液漏斗中，各加水至 20mL。

(2) 按照"标准曲线的绘制"中的 (2)～(4) 进行操作。

(3) 根据 A_{510nm}，从标准曲线上查出消化液和试剂空白液中铅的浓度。

4. 计算

按下式计算样品中铅的含量：

$$x=\frac{m_1-m_2}{m\times V_2/V_1}$$

式中，x 为样品中铅的含量，mg/kg；m_1 为测定用样品消化液中铅的含量，μg；m_2 为试剂空白液中铅的含量，μg；m 为样品的质量，g；V_1 为样品消化液的总体积，mL；V_2 为测定用样品消化液的体积，mL。

五、注意事项

1. $CHCl_3$ 含氧化合物的检查与处理。①检查方法：取 10mL $CHCl_3$，加 25mL 新煮沸过的水，振摇 3min，静置分层后，取 10mL 水层，加数滴 15% KI 溶液及 0.5%淀粉指示液，振摇后应不显蓝色。如果显蓝色，则需进行处理。②处理方法：于 $CHCl_3$ 中加入 1/10～1/20 体积的 Na_2SO_4 溶液（200g/L）洗涤，再以水洗后加入少量无水 $CaCl_2$ 脱水并进行蒸馏（50℃），弃去最初及最后的 1/10 馏出液，收集中间馏出液，再按上述方法检查有无含氧化合物的存在。

2. $C_{13}H_{12}N_4S$ 溶液的纯化：称取 0.5g 研细的 $C_{13}H_{12}N_4S$，溶于 50mL $CHCl_3$ 中，如不完全溶解，以滤纸过滤于 250mL 分液漏斗中，用 $NH_3 \cdot H_2O$ 溶液（1+99，体积比）提取三次，每次 100mL，将提取液用棉花过滤至 500mL 分液漏斗中，用 6mol/L HCl 溶液调至酸性，将沉淀出的 $C_{13}H_{12}N_4S$ 用 $CHCl_3$ 提取 2～3 次，每次 20mL，合并 $CHCl_3$ 层，用等体积水洗涤两次，弃洗涤液，在 50℃水浴上蒸发去除 $CHCl_3$。精制的 $C_{13}H_{12}N_4S$ 置硫酸干燥器中，备用。或将沉淀出的 $C_{13}H_{12}N_4S$ 用 200mL、200mL、100mL $CHCl_3$ 提取三次，合并 $CHCl_3$ 层为 $C_{13}H_{12}N_4S$ 溶液。

3. 本实验所用玻璃仪器均需用 15% HNO_3 浸泡 24h 以上，用自来水反复冲洗，最后用蒸馏水冲洗干净。

六、思考题

1. 为什么加入柠檬酸铵（$C_6H_{17}N_3O_7$）、KCN 和 $NH_2OH \cdot HCl$ 可以防止铁、铜、锌等离子的干扰？

2. 本实验所采用的样品消化方法是干法还是湿法？简述这两种样品消化方法的优缺点。

3. 为什么 $CHCl_3$ 中不应有含氧化合物？

（撰写人：黄艳春）

实验 1-9 原子吸收分光光度法测定饮料及酒中铅的含量

一、实验目的

掌握火焰原子吸收分光光度法测定食品中铅含量的原理和方法。

二、实验原理

样品经处理后，铅离子在一定 pH 条件下与二乙基二硫代氨基甲酸钠（$C_5H_{10}NNaS_2$；sodium diethyldithiocarbamate，Na·DDC）形成络合物，经甲基异丁基甲酮［methyl isobutyl ketone，MIBK；又称为4-甲基-2-戊酮（4-methyl-2-pentanone)］萃取分离，导入原子吸收分光光度计，经火焰原子化后，吸收 283.3nm 的铅原子共振线，其吸收值与铅含量成正比。

三、仪器与试材

1. 仪器与器材

原子吸收分光光度计、可调电炉。

2. 试剂

除特别注明外，实验所用试剂均为分析纯或优级纯，水为去离子水。

(1) 常规试剂：MIBK、$NH_3 \cdot H_2O$、HNO_3、$HClO_4$、$(NH_4)_2SO_4$、Na·DDC、$C_6H_{17}N_3O_7$（柠檬酸铵）、溴百里酚蓝（生化试剂）、金属铅（纯度大于99.99%）。

(2) 常规溶液：HNO_3-$HClO_4$ 混合酸（4+1，体积比）、$NH_3 \cdot H_2O$ 溶液（1+1，体积比）、HNO_3溶液（1+1，体积比；1mol/L）、$(NH_4)_2SO_4$ 溶液（300g/L）、柠檬酸铵（$C_6H_{17}N_3O_7$）溶液（250g/L）、溴百里酚蓝水溶液（1g/L）、Na·DDC 溶液（50g/L）。

(3) 铅标准储备液（1.0mg/mL）：将 1.000g 金属铅分次加少量（总量不超过 37mL）HNO_3 溶液（1+1，体积比）加热溶解，移入 1000mL 容量瓶，加水至刻度。

(4) 铅标准使用液（10.0μg/mL）：吸取铅标准储备液 1.0mL 于 100mL 容量瓶中，加 HNO_3 溶液（1mol/L）至刻度。

3. 实验材料

2～3 种饮料及酒类，各 200mL。

四、实验步骤

1. 样品处理

(1) 取均匀样品 20.0g 于消化瓶中，加入几粒玻璃珠。

(2) 于电炉上以小火加热除去酒精和 CO_2 后，加入 20mL HNO_3-$HClO_4$ 溶液，于电炉上加热至溶液无色透明，冒白烟后，冷却。

(3) 加 10mL 水继续加热至冒白烟为止。冷却后转移、定容于 50mL 容量瓶中。

(4) 除不加样品外，按上述步骤以相同量的试剂做试剂空白实验。

2. 标准曲线的绘制

(1) 分别吸取铅标准使用液 0.25mL、0.50mL、1.00mL、1.50mL、2.00mL（相当于 2.5μg、5.0μg、10.0μg、15.0μg、20.0μg 铅）于 125mL 分液漏斗中，补加水至 60mL。

(2) 各加 2mL 柠檬酸铵溶液、3～5 滴溴百里酚蓝指示剂，以 $NH_3 \cdot H_2O$ 溶液调 pH 至溶液由黄变蓝后，加 10mL $(NH_4)_2SO_4$ 溶液、10mL Na·DDC 溶液，摇匀。

(3) 放置 5min 左右，加入 10.0mL MIBK，剧烈振摇 1min，静置分层后，弃水层，将 MIBK 层放入 10mL 带塞刻度管中，在原子吸收分光光度计上进样测定。

(4) 以铅浓度为横坐标，吸收值为纵坐标绘制标准曲线。

(5) 参考测定条件：空心阴极灯电流为 8mA；共振线波长为 283.3nm；狭缝为 0.4nm；空气流量为 8L/min；燃烧器高度为 6mm。

3. 样品测定

(1) 吸取 50mL 上述制备的样品消化液及试剂空白液，分别置于 125mL 分液漏斗中，补水至 60mL。

(2) 按“标准曲线的绘制”中 (2)、(3) 操作，测吸收值。

(3) 根据吸收值从标准曲线上查出样品消化液中铅的浓度。

4. 计算

样品中铅的含量按下式进行计算：

$$x=\frac{(c_1-c_2)V_1}{m\times V_3/V_2}$$

式中，x 为样品中铅的含量，mg/kg；c_1 为测定用样品液中铅的含量，μg/mL；c_2 为试剂空白液中铅的含量，μg/mL；m 为样品的质量，g；V_1 为 MIBK 萃取液的体积，mL；V_2 为试样处理液的总体积，mL；V_3 为测定用样品处理液的总体积，mL。

五、注意事项

1. 实验步骤中的测定条件仅供参考，在实际测定中，应根据仪器型号和使用说明书选择适合的测定参数。

2. 原子吸收分光光度法是一种极灵敏的分析方法，所使用的试剂纯度都应达到分析纯或优级纯，玻璃仪器应严格洗涤，用 HNO_3 溶液（1+5，体积比）浸泡过夜，用水反复冲洗，最后用去离子水冲洗干净。

3. 由于样品中 Pb 的含量通常比较低，所以应防止测定过程中污染、挥发和吸附等导致的损失。

六、思考题

1. 简述原子吸收分光光度法的工作原理，以及你在实验室所使用的仪器型号、各部件名称及功能。

2. 简述原子吸收分光光度法的原子化方法及其优缺点。

（撰写人：黄艳春、孙智达）

实验 1-10　示波极谱法测定海鱼及其制品中铅的含量

一、实验目的

掌握示波极谱法测定海鱼及其制品中铅含量的原理和方法。

二、实验原理

试样经消解后，铅以离子形式存在。在酸性介质中，Pb^{2+} 与 I^- 形成的络离子 $[PbI_4]^{2-}$ 具有电活性，能在滴汞电极上产生还原电流，峰电流与铅含量呈线性关系，所以通过与标准溶液的比较可以实现定量分析。

三、仪器与试材

1. 仪器与器材

示波极谱仪、组织捣碎机、可调电炉。

2. 试剂

除特别注明外，实验所用试剂均为分析纯或优级纯，水为去离子水。

（1）常规试剂：KI、酒石酸钾钠（$C_4H_4KNaO_6\cdot 4H_2O$）、抗坏血酸（$C_6H_8O_6$）、HCl、HNO_3、$HClO_4$、金属铅（纯度大于 99.99%）。

（2）常规溶液：HNO_3-$HClO_4$ 混合酸（4+1，体积比）、HNO_3 溶液（1+1，体积比）。

（3）底液：称取 5.0g KI、8.0g 酒石酸钾钠、0.5g 抗坏血酸于 500mL 烧杯中，加入 300mL 水溶解后，再加入 10mL HCl，移入 500mL 容量瓶中，加水至刻度（储存于 4℃，可保存两个月）。

（4）铅标准储备液（1.0mg/mL）：称取 0.1000g 金属铅于烧杯中，加 2mL HNO_3 溶液，加热溶解，冷却后，移入 100mL 容量瓶，加水至刻度，混匀。

（5）铅标准使用液（10.0μg/mL）：临用时，吸取铅标准储备液 1.00mL 于 100mL 容量瓶，加水至刻度，混匀。

3. 实验材料

2～3 种冷冻海鱼及制品，各 200g。

四、实验步骤

1. 样品处理

(1) 取解冻的海鱼和海鱼制品各100g，用组织捣碎机打碎制成匀浆。

(2) 称取2.0g匀浆于50mL消化瓶中，加入20mL HNO_3-$HClO_4$ 混合酸溶液，加盖放置过夜。

(3) 将消化瓶置可调电炉上小火加热。当消解溶液颜色逐渐加深，呈现棕黑色时，关闭电炉，冷却，补加适量 HNO_3，继续加热消解。当溶液无色透明或略带黄色，并冒白烟时，大火加热至近干驱除剩余酸，然后以小火加热得白色残渣，待用。

(4) 除不加样品外，按相同量的 HNO_3-$HClO_4$、HNO_3 进行试剂空白实验。

2. 标准曲线的绘制

(1) 取0、0.05mL、0.10mL、0.20mL、0.30mL、0.40mL铅标准使用液（相当于含0、0.5μg、1.0μg、2.0μg、3.0μg、4.0μg铅）于6支10mL比色管中，加底液至10.0mL，混匀。

(2) 将各管溶液依次移入电解池，置于三电极系统中。按下述极谱分析参考条件，分别测定并记录铅的峰电流。

(3) 以铅含量为横坐标，其对应的峰电流为纵坐标，绘制标准曲线。

(4) 极谱分析参考条件：单扫描极谱法（SSP法）；起始电位为−350mV；终止电位为−850mV；扫描速度为300mV/s；三电极；二次导数；静置时间5s及适当量程。在峰电位−470mV处，记录铅的峰电流。

3. 样品测定

(1) 于上述待测试样及试剂空白消化瓶中加入10.0mL底液，溶解残渣并移入电解池。

(2) 以下按"标准曲线的绘制"中(2)的条件进行操作。分别记录试样及试剂空白的峰电流，从标准曲线中查找样液和试剂空白液中铅的含量。

4. 计算

样品中铅的含量按下式进行计算：

$$x=\frac{m_1-m_0}{m}$$

式中，x 为试样中铅的含量，mg/kg；m_1 为样液中铅的含量，μg；m_0 为试剂空白液中铅的含量，μg；m 为样品的质量，g。

五、注意事项

1. 实验步骤中的极谱分析条件仅供参考，在实际测定中，应根据仪器型号和使用说明书选择适合的测定参数，并严格按说明书的要求进行操作。

2. 实验中使用的所有玻璃仪器均需以15% HNO_3 溶液浸泡过夜，用水反复冲洗，以蒸馏水冲洗干净后，干燥，备用。

六、思考题

1. 简述你所使用的极谱分析仪的型号、结构、各部件的功能及其工作原理。

2. 简述极谱分析法的种类和工作原理。

3. 简述原子吸收分光光度法和极谱分析法的优缺点。

（撰写人：黄艳春）

实验1-11　饮用水中铅含量的ELISA检测

一、实验目的

掌握饮用水中重金属铅的酶联免疫吸附法（enzyme linked immunosorbent assay，ELISA）测定的原理与方法。

二、实验原理

本实验采用间接竞争 ELISA 方法测定饮用水中重金属铅的含量。样品加入过量的 DTPA（二亚乙基三胺五乙酸）后，与一定浓度的抗铅-CHX-A″-DTPA-KLH（钥孔戚血蓝蛋白）单克隆抗体混合，在包被有铅-CHX-A″-DTPA-BSA（牛血清白蛋白）偶联物的酶标板微孔内，加入混合溶液，样品中的铅与包被在酶标板微孔内的铅竞争结合抗铅-CHX-A″-DTPA-KLH 单克隆抗体的结合位点，微孔内游离的其他成分被洗涤去除后，再加入酶标二抗及底物显色，并在反应终止液的作用下转化成在 450nm 处有吸收峰的黄色溶液。在一定的浓度范围内，A_{450nm} 与样品中重金属铅浓度的自然对数成反比，根据标准曲线可进行定量分析。

三、仪器与试材

1. 仪器与器材

pH 计、离心机、振荡器、酶标仪（配备 450nm 滤光片）、96 孔酶标板等。

2. 试剂

除特别说明外，实验所用试剂均为分析纯，水为去离子水。

(1) 常规试剂：NaCl、NaOH、HCl、EDTA、羟乙基哌嗪乙磺酸（HEPES）、NaH_2PO_4、Na_2HPO_4、脱脂奶粉（食品级）。

(2) 常规溶液：洗涤缓冲液（0.15mol/L，pH=7.2 的磷酸缓冲液生理盐水，简称 PBST）、HEPES 缓冲液（pH=7.2，0.1mol/L、0.01mol/L）、DTPA 溶液（5mmol/L）。

(3) ELISA 试剂：铅标准溶液（将 103.6mg 金属铅溶于 200μL 浓硝酸中，加双蒸水至 1mL，再用过量 DTPA 溶液处理）、铅-CHX-A″-DTPA-BSA、抗铅-CHX-A″-DTPA-KLH 单克隆抗体标准液、氧化物酶标记的二抗、过氧化尿素、四甲基联苯胺、反应终止液（1mol/L H_2SO_4 溶液）、各种缓冲溶液等。

3. 实验材料

2～3 种不同饮用水，各 100mL。

四、实验步骤

1. 样品提取

(1) 取 10mL 饮用水过 0.4μm 微孔滤膜。

(2) 以样品体积的 10% 加入 HEPES（0.1mol/L）缓冲溶液。若有沉淀产生，以 4000r/min 离心 10min。

(3) 在样品中加入过量的 DTPA，螯合金属。

2. 样品测定

(1) 酶标板的准备

① 于 96 孔酶标板微孔内，每孔加入 50μL 0.5μg/mL 的铅-CHX-A″-DTPA-BSA 偶联物溶液。在 37℃保温保湿 1h 或者于 4℃下过夜。恢复室温后，倾去抗体溶液，每孔加入 200μL PBST，洗涤 3 次，每次 5min，拍干。

② 每孔加入 200μL 5% 的脱脂牛奶（溶于 PBST），在 37℃保温保湿 2h。恢复至室温后，倾去脱脂牛奶溶液，洗涤 3 次，每次 5min，拍干。

(2) 测定

① 将 50μL 样品提取液或铅系列稀释的标准溶液（以 0.01mol/L HEPES 缓冲溶液稀释）与 100μL 抗铅-CHX-A″-DTPA-KLH 单克隆抗体标准液混合，取 50μL 混合液加入酶标板的微孔内，在 37℃保温 1h。做 3 个重复。

② 倾出微孔内液体后，每孔加入 200μL PBST，洗涤 3 次，每次 5min，拍干。

③ 每孔加入 50μL 1∶1500 稀释的酶标二抗，在 37℃保温 1h 后，每孔加入 200μL PBST，洗涤 5 次，每次 5min，拍干。

④ 每孔加入 50μL 反应底物溶液，避光保温 15min 后，加入 100μL 反应终止液，混匀，于 450nm 波长处测定吸光度。

3. 计算

(1) 以下式计算标准溶液和样品的相对吸光度（%）。

$$相对吸光度=\frac{B}{B_0}\times 100$$

式中，B 为标准品（或试样）溶液的 A_{450nm}；B_0 为空白（浓度为“0”的标准品溶液）的 A_{450nm}。

(2) 以相对吸光度对标准重金属铅浓度的自然对数作半对数坐标图。根据样品的相对吸光度从曲线上查出重金属铅的含量，按下式计算样品中铅的含量。

$$x=\frac{Af}{V}$$

式中，x 为试样中重金属铅的含量，μg/mL；A 为从标准曲线上查得的样品中重金属铅的质量，μg；f 为试样的稀释倍数；V 为试样的取样量，mL。

五、注意事项

1. CHX-A″-DTPA 的结构式如下：

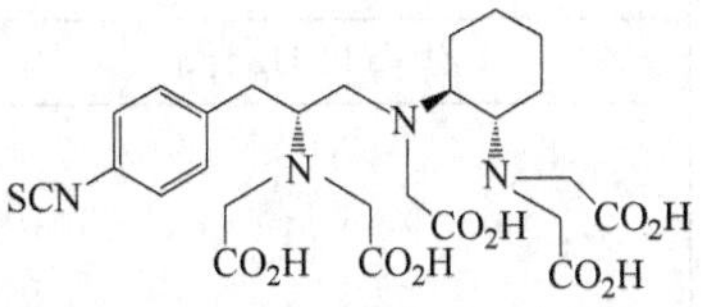

2. 实验步骤中的相关测定参数仅供参考，具体的参数应该根据抗体的具体效价及灵敏度进行调整。

3. 饮用水样品最好采集后立即进行测定。如果暂时不能测定，应在 4℃下储存于用 3mol/L HCl 洗过的容器中，但是不得超过 24h。

4. 实验中的 ELISA 试剂多为生物试剂，保存在 2～8℃的条件下，用多少取多少，取完后应立即置于冷藏条件下，否则将可能严重影响测定结果。

六、思考题

1. 简述 ELISA 的种类及其工作原理。

2. 简述 ELISA 测定食品中铅含量的优缺点。

（撰写人：陈福生）

第四节　食品中汞的测定

汞（mercury，Hg）又称水银，呈银白色，是唯一在室温下呈液态并可流动的金属，在室温下有挥发性。在自然界，汞以金属汞、无机汞和有机汞的形式存在。汞可以形成硫酸盐、卤化物和硝酸盐，它们均溶于水。汞与烷基化合物和卤素结合可以形成挥发性化合物，这些化合物具有很强的毒性，且有机汞的毒性比无机汞大。

人体对有机汞、无机汞和金属汞的吸收存在显著差别。食品中的元素汞几乎不被消化道吸收，但由于汞在室温下可挥发，因此可通过呼吸道进入人体产生危害。无机汞和金属汞在肠道中的吸收率很低，通常只有 5%～7%，因而通过食物进入人体的毒性相对较小。但是脂溶性较强的有机汞在消化道内吸收率很高，例如，甲基汞（CH_3Hg）进入消化道后，在胃酸作用下可转化为氯化甲基汞，其经肠道的吸收率达 95%～100%。人体吸收的汞可分布于全身的各种组织和器官，其中肝、肾、脑等器官中的含量最高。甲基汞在人体内的半衰期一般为 70d，但在脑组织中半衰期为 240d。甲基汞主要损伤神经系统，特别是中枢神经系统。它可以通过血-脑屏障（blood-brain barrier，指存在于血、脑之间的一种可选择性阻止某些物质由血液进入脑的“屏障”）进入大脑，并与脂质结合，从而影响大脑功能。甲基汞还可通过胎盘屏障（placental barrier，是一种将母体与胎儿血液分开的组织，是保护胎儿的一种防御性屏障，可以防止母体感染的病原体或有害物质通过胎盘进入胎儿)，影响胚胎发育，引起流产、胎儿发育不良、脑瘫痪与智力低下，甚至死亡。

汞急性中毒表现为胃肠炎和神经症状，患者迅速昏迷、抽搐、死亡。慢性中毒时出现视力障碍、听力下降、口唇麻木、言语不清、步态不稳等症状，甚至出现全身瘫痪、精神紊乱。

含汞农药的使用、污水灌溉以及用含汞废水养鱼，是汞污染食品的主要途径。鱼和贝类是容易被汞污染的主要食物种类。由于食物链的生物富集与放大作用，鱼体中甲基汞的浓度可以达到很高的水平。20 世纪 50 年代在日本发生的水俣病，就是由于含汞工业废水严重污染日本九州鹿儿岛的水俣湾，当地居民长期食用该水域捕获的鱼类而引起的甲基汞中毒。我国 20 世纪 70 年代在松花江流域也曾发生过甲基汞污染事件。

表 1-3 是我国国家标准 GB 2762—2005 和 GB 5749—2006 规定的各种食品和生活饮用水中汞的最大允许含量。

表 1-3 我国各种食品和生活饮用水中汞的最大允许含量

食品种类	最大允许含量/(mg/kg)	
	总汞(以 Hg 计)	甲基汞
粮食(成品粮)	0.02	—
薯类(土豆、白薯)、蔬菜、水果	0.01	—
鲜乳	0.01	—
肉、蛋(去壳)	0.05	—
鱼(不包括食肉鱼类)及其他水产品	—	0.5
食肉鱼类(如鲨鱼、金枪鱼及其他)	—	1.0
饮用水	0.001mg/L	—

测定食品中汞残留的方法主要有双硫腙法、原子荧光光谱法和原子吸收光谱法。

（撰写人：黄艳春）

实验 1-12 双硫腙法测定淡水鱼及其制品中汞的含量

一、实验目的

掌握双硫腙法测定淡水鱼及其制品中汞含量的原理和方法。

二、实验原理

样品经消化后，汞离子在酸性溶液中与双硫腙（$C_{13}H_{12}N_4S$）生成可溶于氯仿的橙红色络合物，该络合物在 490nm 处有吸收峰，在一定的浓度范围内，A_{490nm} 的大小与汞含量成正比，通过与标准品比较可实现定量分析。

三、仪器与试材

1. 仪器与器材

分光光度计、组织捣碎机、可调电炉等。

2. 试剂

除特别注明外，实验所用试剂均为分析纯，水为去离子水。

(1) 常规试剂：HNO_3、H_2SO_4、$NH_3 \cdot H_2O$、$CHCl_3$（不含有氧化物）、$NH_2OH \cdot HCl$（盐酸羟胺）、$HgCl_2$、$C_{13}H_{12}N_4S$（双硫腙）、无水乙醇、$KMnO_4$、溴麝香草酚蓝。

(2) 常规溶液：H_2SO_4 溶液（1＋35、1＋19，体积比）、溴麝香草酚蓝乙醇指示液(1g/L，溴麝香草酚蓝溶于无水乙醇中)、$KMnO_4$ 溶液（50g/L，配好后煮沸 10min，静置过夜，过滤，储于棕色瓶中)、$C_{13}H_{12}N_4S$-$CHCl_3$ 溶液（0.05%，用 $CHCl_3$ 配制，保存于4℃，必要时，$C_{13}H_{12}N_4S$ 需纯化)。

(3) $C_{13}H_{12}N_4S$-$CHCl_3$ 使用液：取 1.0mL $C_{13}H_{12}N_4S$-$CHCl_3$ 溶液（0.05%），加 $CHCl_3$ 至 10mL，混匀。用1cm比色皿，以 $CHCl_3$ 调节零点，于波长 510nm 处测吸光度 A，用下式计算出配制 100mL $C_{13}H_{12}N_4S$ 使用液（70%透光率）所需 $C_{13}H_{12}N_4S$-$CHCl_3$ 溶液的体积V(mL)，然后以 $CHCl_3$ 定容至 100mL。

$$V=\frac{10\times(2-\lg 70)}{A}=\frac{1.55}{A}$$

(4) $NH_2OH \cdot HCl$ 溶液（200g/L)：取 20g $NH_2OH \cdot HCl$，加水溶解至 100mL，加 5mL $C_{13}H_{12}N_4S$-$CHCl_3$ 溶液振摇洗涤，弃去 $CHCl_3$ 层，再加 10mL $CHCl_3$，洗涤至 $CHCl_3$ 层无色，弃去 $CHCl_3$ 层，备用。

(5) 汞标准储备液（1.0mg/mL)：称取 0.1354g 经干燥器干燥的 $HgCl_2$，加少量 H_2SO_4 溶液（1+35，体积比）溶解后，移入 100mL 容量瓶中，稀释至刻度。

(6) 汞标准使用液（1.0μg/mL)：吸取 1.0mL 汞标准储备液，置于 100mL 容量瓶中，加 H_2SO_4 溶液（1+35，体积比）稀释至刻度，此溶液每毫升相当于 10.0μg 汞。再吸取此液 5.0mL 于 50mL 容量瓶中，加 H_2SO_4 溶液（1+35，体积比）稀释至刻度，此溶液为汞标准使用液，每毫升相当于 1.0μg 汞。

3. 实验材料

2～3 种淡水鱼及其制品，各 250g。

四、实验步骤

1. 样品处理

(1) 取样品可食部分 100g 捣碎混匀。

(2) 取 20.00g 捣碎样品，置于消化瓶中，加玻璃珠数粒及 80mL HNO_3、15mL H_2SO_4，装上冷凝管后，小火加热，开始发泡时，停止加热，发泡停止后，继续加热回流 2h。

(3) 如果消化液为棕色，可再加 5mL HNO_3，继续回流 2h，冷却，用适量水洗涤冷凝管，洗液并入消化液中，取下消化瓶，加水定容至 125mL。

(4) 取与消化样品相同量的 HNO_3、H_2SO_4 做试剂空白试验。

(5) 分别加 20mL 水于样品消化液和试剂空白液中，煮沸 10min，除去 NO_2 等，冷却。

(6) 加适量 $KMnO_4$ 溶液于样品消化液及试剂空白液中至溶液呈紫色，再加 $NH_2OH \cdot HCl$ 溶液使紫色褪去后，加 2 滴麝香草酚蓝指示液，以 $NH_3 \cdot H_2O$ 调节 pH，使溶液由橙红色变为橙黄色（pH 1～2)。转移至 125mL 分液漏斗中。

2. 标准曲线的绘制

(1) 吸取 0、0.5mL、1.0mL、2.0mL、3.0mL、4.0mL、5.0mL、6.0mL 汞标准使用液（相当于 0、0.5μg、1.0μg、2.0μg、3.0μg、4.0μg、5.0μg、6.0μg 汞)，分别置于 125mL 分液漏斗中，加 10mL H_2SO_4 溶液（1+19，体积比)，再加水至总体积为 40mL，混匀后，加 1mL $NH_2OH \cdot HCl$ 溶液，振摇 2min。

(2) 分别加入 5.0mL $C_{13}H_{12}N_4S$-$CHCl_3$ 使用液，剧烈振摇 2min，静置分层后，经脱脂棉将 $CHCl_3$ 层滤入 1cm 比色皿中，以 $CHCl_3$ 调节零点，测定 A_{490nm} 值。

(3) 以汞的质量为横坐标，A_{490nm} 为纵坐标绘制标准曲线。

3. 样品测定

于样品消化液及试剂空白液的分液漏斗中加 5.0mL $C_{13}H_{12}N_4S$-$CHCl_3$ 使用液，随后操作同“标准曲线的绘制”(2)。根据 A_{490nm} 值从标准曲线上查出样品消化液和试剂空白液中汞的质量。

4. 计算

根据下式计算样品中汞的含量：

$$x=\frac{(m_1-m_2)f}{m}$$

式中，x 为试样中汞的含量，mg/kg；m_1 为样品消化液中汞的质量，μg；m_2 为试剂空白液中汞的质量，μg；f 为样品的稀释倍数；m 为样品的质量，g。

五、注意事项

1. 在样品消化过程中，如果样品变为棕褐色，应立即补加 HNO_3，每次 0.5mL，直到消化液透明或呈浅黄色为止。应尽量少加 HNO_3，以防残留的 HNO_3 挥发不干净时氧化$C_{13}H_{12}N_4S$。

2. $C_{13}H_{12}N_4S$ 易氧化，所以比色时操作要迅速。

六、思考题

1. 在样品消化过程中，为什么必须保证 HNO_3 适当过量？

2. 如何检测 $CHCl_3$ 中是否含有氧化物？如果 $CHCl_3$ 中含有氧化物，对实验结果将会产生什么影响？如何除去？

（撰写人：黄艳春）

实验 1-13 粮食中汞含量的原子荧光分光光度法分析

一、实验目的

掌握用原子荧光分光光度法测定粮食中汞含量的原理与方法。

二、实验原理

样品经消解后，在酸性介质中，汞被 KBH_4（硼氢化钾）还原成原子态汞，由载气氩气（argon，Ar）带入原子荧光分光光度计的原子化器中，在汞空心阴极灯照射下，基态汞原子被激发至高能态，在回到基态时，发射出特征波长的荧光，其强度与汞含量成正比，与标准品比较可实现定量分析。

三、仪器与试材

1. 仪器与器材

原子荧光光度计、聚四氟乙烯高压消解罐（容积为 100mL）、干燥箱等。

2. 试剂

除特别注明外，实验所用试剂均为分析纯，水为去离子水。

（1）常规试剂：HNO_3（优级纯）、H_2SO_4（优级纯）、30% H_2O_2、KOH、KBH_4、$HgCl_2$。

（2）常规溶液：H_2SO_4-HNO_3 混合酸水溶液（10＋10＋80，体积比）、HNO_3 溶液（1＋9，体积比）、KOH 溶液（5g/L）、KBH_4 溶液（5g/L，以 KOH 溶液配制，现配现用）。

（3）汞标准储备液（1.0mg/mL）：称取 0.1354g 于干燥器中干燥过的 $HgCl_2$，加 H_2SO_4-HNO_3 混合酸水溶液溶解后，移入 100mL 容量瓶中并定容。

（4）汞标准使用液（100ng/mL）：用移液管吸取 1mL 汞标准储备液于 100mL 容量瓶中，用 HNO_3 溶液稀释至刻度，混匀，所得溶液浓度为 10μg/mL。吸取此稀释液 1mL 于 100mL 容量瓶中，加 HNO_3 溶液至刻度混匀，所得溶液浓度为 100ng/mL。

3. 实验材料

2～3 种稻谷、小麦、玉米，各 250g。

四、实验步骤

1. 样品消解

（1）称取稻谷、小麦、玉米各 100g，粉碎后过 40 目筛。

（2）取 1.00g 上述粉碎样品，分别置于聚四氟乙烯高压消解罐内，加 5mL HNO_3，混匀后放置过夜。

（3）加 3mL H_2O_2，盖上内盖后放入不锈钢外套中，旋紧密封。将消解罐放入干燥箱中加热至 120℃，保温 3h，冷却至室温。

（4）将消解液用 HNO_3 溶液转移并定容至 25mL，摇匀。

(5) 除不加样品外，加相同体积的 HNO_3、H_2O_2 做试剂空白实验。

2. 标准曲线的绘制

(1) 标准系列的配制：分别吸取汞标准使用液 0、0.25mL、0.50mL、1.00mL、2.00mL、2.50mL 于 25mL 容量瓶中，用 HNO_3 溶液稀释至刻度，混匀，汞的浓度相当于 0、1.00ng/mL、2.00ng/mL、4.00ng/mL、8.00ng/mL、10.00ng/mL。

(2) 根据以下参考分析条件，连续用 HNO_3 溶液进样，当读数稳定并基本为零时，转入标准系列测量，以标准系列的汞浓度为横坐标，对应的荧光强度为纵坐标，绘制标准曲线。

(3) 参考分析条件：光电倍增管负高压为 240V；汞空心阴极灯电流为 30mA；原子化器温度为 300℃，高度为 8.0mm；载气（氩气）流速为 500mL/min，屏蔽气流速为 1000mL/min；测量方式为标准曲线法；读数方式为峰面积；读数延迟时间为 1.0s；读数时间为 10.0s；硼氢化钾溶液加液时间为 8.0s；标准或样液加液体积为 2mL。

3. 样品测定

(1) 标准系列测完后，在同样的条件下，进行样品测量。先用 HNO_3 溶液进样，当读数基本为零时，再分别测定试剂空白液和样品消化液。测定不同样品前应清洗进样器。

(2) 根据样品消化液和试剂空白液的荧光强度，从标准曲线上查得样品消化液中汞的浓度。

4. 计算

按下式计算样品中汞的含量：

$$x=\frac{(c-c_0)V}{m\times 1000}$$

式中，x 为样品中汞的含量，mg/kg；c 为样品消化液中汞的浓度，ng/mL；c_0 为试剂空白液中汞的浓度，ng/mL；V 为样品消化液的总体积，mL；m 为样品的质量，g。

五、注意事项

1. 实验所用全部器皿应注意不受汞的污染。玻璃瓶被汞污染后，即便用纯水、HNO_3 或热 HNO_3 清洗也不能将汞完全除去，对测定结果影响很大。

2. 用硼硅玻璃瓶保存汞的标准溶液比用聚乙烯瓶好。

六、思考题

1. 写出汞被 KBH_4 还原成原子态汞的反应方程式。

2. 样品的消解方法除本实验所述的方法外，还有微波消解法，简述微波消解法的特点。

3. 为什么保存汞的标准溶液用硼硅玻璃瓶比用聚乙烯瓶好？

（撰写人：黄艳春）

实验 1-14 冷原子吸收分光光度法测定蔬菜中汞的含量

一、实验目的

掌握冷原子吸收分光光度法测定蔬菜中汞含量的原理和方法。

二、实验原理

样品经酸消解后，汞以离子态存在，在强酸性介质中，$SnCl_2$ 可以将汞离子还原成原子态汞，以 N_2 作为载气，将原子态汞吹入汞测定仪，进行冷原子吸收测定。汞蒸气对波长为 253.7nm 的汞共振线具有强烈的吸收作用，在一定浓度范围内其吸收值与汞含量成正比，再与标准品比较可实现定量分析。

三、仪器与试材

1. 仪器与器材

原子吸收分光光度计、汞反应瓶、干燥箱、粉碎机、可调电炉、消化瓶等。

2. 试剂

除特别注明外，实验所用试剂均为分析纯，水均为去离子水。

(1) 常规试剂：V_2O_5（五氧化二钒）、HNO_3、HCl、H_2SO_4、$KMnO_4$、$NH_2OH \cdot HCl$（盐酸羟胺）、$SnCl_2$、$K_2Cr_2O_7$（重铬酸钾）、$HgCl_2$。

(2) 常规溶液：H_2SO_4 溶液（1+1，体积比；0.5mol/L）、$KMnO_4$ 溶液（50g/L，配好后煮沸10min，静置过夜，过滤，储于棕色瓶中）、$NH_2OH \cdot HCl$ 溶液（100g/L）、$SnCl_2$ 溶液（100g/L，称取10g $SnCl_2$ 溶于20mL HCl，微热使其完全溶解后，加水定容至100mL）、HNO_3-$K_2Cr_2O_7$ 溶液（称取0.5g $K_2Cr_2O_7$ 溶于水中，加入50mL HNO_3 后，用水定容至1000mL）。

(3) 汞标准储备液（0.10mg/mL）：称取0.1354g于干燥器干燥过的 $HgCl_2$，溶于1000mL HNO_3-$K_2Cr_2O_7$ 溶液中。

(4) 汞标准使用液（0.10μg/mL）：吸取1.0mL汞标准储备液，用 HNO_3-$K_2Cr_2O_7$ 溶液定容至1000mL。

3. 实验材料

1～2种新鲜蔬菜如空心菜、辣椒、长豆角等，各250g。

四、实验步骤

1. 样品处理

(1) 将样品洗净后，于70℃鼓风干燥箱内烘干至恒重，计算水分含量。

(2) 样品粉碎过20目筛后，取5g粉碎样品于100mL消化瓶内，加入50mg V_2O_5、100mL HNO_3，瓶口放一个弯颈漏斗，漏斗内放一个玻璃球，静置浸泡过夜。

(3) 将5mL H_2SO_4 加入消化瓶后，置于可调电炉上，保持微沸，至棕色气体消失，消化瓶内液体变清冒白烟为止（如液体不清亮，可再加5mL HNO_3，继续消化），冷却。

(4) 沿消化瓶加入2mL H_2SO_4 溶液冲洗瓶壁，再煮沸10min，冷却。

(5) 将消化液全部转入50mL容量瓶中，加入5mL $KMnO_4$ 溶液，摇匀，放置4h或过夜，至溶液紫色不褪为止。如果褪色，可补加适量 $KMnO_4$ 溶液，保持紫色不褪。

(6) 滴加 $NH_2OH \cdot HCl$ 溶液使紫色消褪，用水定容至50mL，作为待测溶液。

(7) 除不加样品外，按上述操作过程与参数同时做试剂空白实验。

2. 标准曲线的绘制

(1) 吸取0、0.50mL、1.0mL、2.0mL、3.0mL、4.0mL汞标准使用液，分别置于50mL容量瓶中，分别加入1.0mL H_2SO_4 溶液、1.0mL $KMnO_4$ 溶液、20mL水，混匀。

(2) 滴加 $NH_2OH \cdot HCl$ 溶液使紫色褪去，加水至刻度，混匀，溶液中汞的浓度分别为0、1.0ng/mL、2.0ng/mL、4.0ng/mL、6.0ng/mL、8.0ng/mL。

(3) 依次取10mL上述溶液于50mL汞反应瓶中，分别加入3mL $SnCl_2$ 溶液后，立即接入到冷原子吸收测汞仪上测定吸收值。

(4) 以汞含量为横坐标，吸收值为纵坐标绘制标准曲线。

3. 样品测定

分别取10mL样品溶液处理液与试剂空白液于50mL汞反应瓶中，按“标准曲线的绘制”中(3)测定吸收值，根据标准曲线查出对应汞含量。

4. 计算

按下式计算干燥样品中汞的含量（若计算新鲜样品中汞的含量，则应该考虑水分含量）：

$$x=\frac{(m_1-m_2)V_1}{mV}$$

式中，x 为样品中汞的含量，mg/kg；m_1 为测定用样品液中汞的质量，μg；m_2 为试剂空白液中汞的质量，μg；V_1 为样品处理液的总体积，mL；V 为测定时加到汞反应瓶内的待测溶液的体积，mL；m 为样品的质量，g。

五、注意事项

所有玻璃器皿使用前必须用20%的 HNO_3 浸泡24h以上，然后用水冲洗干净后晾干。

六、思考题

1. 简述在样品处理中加入 V_2O_5 的作用。

2. 简述实验中 H_2SO_4 溶液、$KMnO_4$ 溶液和 $SnCl_2$ 溶液的作用。

3. 叙述你在实验中所使用原子吸收分光光度计的型号、各部件的名称与功能，以及在实验中的测定参数。

4. 冷原子吸收光谱法与通常的原子吸收光谱法有何区别？为什么汞元素的测定可以采用冷原子吸收光谱法？

（撰写人：黄艳春）

实验 1-15 淡水鱼中甲基汞的气相色谱测定

一、实验目的

掌握气相色谱法测定淡水鱼及其制品中甲基汞含量的原理和方法。

二、实验原理

样品中的甲基汞，用 NaCl 研磨后加入含有 Cu^{2+} 的 HCl 溶液（1＋11，体积比）进行萃取，Cu^{2+} 与组织中结合的 CH_3Hg 交换，经离心后，将上清液调至一定酸度，用巯基棉吸附，再用 HCl 溶液（1＋5，体积比）洗脱，最后以苯萃取甲基汞，用带电子捕获检测器的气相色谱仪分析。

三、仪器与试材

1. 仪器与器材

气相色谱仪、组织捣碎机、酸度计、离心机、可调电炉、消化瓶、巯基棉管［内径 6mm、长 20cm，一端拉细（内径 2mm）的玻璃滴管，内装 0.15g 左右均匀填塞的巯基棉，临用时现装］等。

2. 试剂

除特别注明外，实验所用试剂均为分析纯，水均为去离子水。

（1）常规试剂：NaCl、C_6H_6（苯，色谱纯）、无水 Na_2SO_4、HCl、$CuCl_2$、NaOH、甲基橙、乙酸酐、冰醋酸、硫代乙醇酸（$HSCH_2COOH$）、H_2SO_4、CH_3ClHg（氯化甲基汞）。

（2）常规溶液：HCl 溶液（1＋11、1＋5，体积比）、$CuCl_2$ 溶液（42.5g/L）、NaOH 溶液（40g/L）、淋洗液［以 HCl 溶液（1＋11，体积比）调 pH 至 3.0～3.5 的水］、甲基橙指示液（1g/L）。

（3）巯基棉：将 35mL 乙酸酐、16mL 冰醋酸、50mL 硫代乙醇酸、0.15mL H_2SO_4、5mL H_2O 加入 250mL 具塞锥形瓶，混匀，冷却。放入 14g 脱脂棉，使棉花完全浸透，将塞盖好，37℃保温 4d。取出后水洗至近中性，除去水分后平铺于瓷盘中，于 37℃烘干，将处理后的脱脂棉放入棕色瓶中，于 4℃保存。

（4）甲基汞标准储备液（1.0mg/mL）：取 0.1252g CH_3ClHg 于 100mL 容量瓶中，用苯溶解并定容。

（5）甲基汞标准使用液（0.10μg/mL）：吸取 1.0mL 甲基汞标准储备液于 100mL 容量瓶中，用苯溶解并定容。再取此溶液 1.0mL 于 100mL 容量瓶中，用 HCl（1＋5，体积比）定容。

3. 实验材料

2～3 种淡水鱼，各 250g。

四、实验步骤

1. 样品处理

（1）取样品的可食用部分 100g，以组织捣碎机绞碎成肉糜。

(2) 取 2.00g 鱼肉糜，加入等量 NaCl，在研钵中研成糊状后，再加入 0.5mL $CuCl_2$ 溶液，研匀。

(3) 用 30mL HCl 溶液（1+11，体积比）分数次将研匀样品完全转入 100mL 具塞锥形瓶中，剧烈振摇 5min，放置 30min，样液全部转入 50mL 离心管中。

(4) 用 5mL HCl 溶液（1+11，体积比）淋洗锥形瓶，洗液与样液合并于离心管，以 2000r/min 离心 10min，上清液全部转入 100mL 分液漏斗中。

(5) 残渣以 10mL HCl 溶液（1+11，体积比）洗涤后，再离心，合并离心上清溶液。

(6) 加入与 HCl 溶液（1+11，体积比）等量的 NaOH 溶液进行中和，加 1～2 滴甲基橙指示剂，当溶液呈黄色时，再滴加 HCl 溶液（1+11，体积比）使溶液呈橙色。

(7) 将巯基棉管接在分液漏斗下面，控制流速约为 4mL/min，使溶液通过巯基棉管后，以淋洗液冲洗分液漏斗和玻璃管。

(8) 取下巯基棉管，用玻璃棒压紧巯基棉，并用洗耳球将巯基棉中的溶液尽量吹尽后，分两次，每次以 1mL HCl 溶液（1+5，体积比）洗涤巯基棉，以洗耳球将洗脱液吹尽，并收集于 10mL 具塞比色管中。

2. 样品测定

(1) 取两支 10mL 具塞比色管，各加入 2.0mL 甲基汞标准使用液。向含有试样及甲基汞标准使用液的具塞比色管中各加入 1.0mL 苯，提取振摇 2min，分层后吸出苯液，并加少许无水 Na_2SO_4，摇匀，静置，吸取一定量进行气相色谱测定，记录峰高，与标准峰高比较定量。

(2) 参考分析条件：^{63}Ni 电子捕获检测器；柱温为 185℃；检测器温度为 260℃；汽化室温度为 215℃；载气氮气流速为 60mL/min；色谱柱为内径 3mm、长 1.5m 的玻璃柱，内装有质量分数为 7%的丁二酸乙二醇聚酯（PEGS）。

3. 计算

按下式计算样品中甲基汞的含量：

$$x=\frac{m_1h_1V_1}{m_2h_2V_2}$$

式中，x 为样品中甲基汞的含量，mg/kg；m_1 为甲基汞的标准含量，μg；h_1 为试样的峰高，mm；V_1 为试样的苯萃取液的总体积，μL；m_2 为样品的质量，g；h_2 为甲基汞的标准峰高，mm；V_2 为测定用试样的体积，μL。

五、注意事项

1. 参考分析条件仅供参考，在具体的实验过程中应根据仪器设备的型号与实验条件进行调整。

2. 所有玻璃器皿在使用前必须用 20%的 HNO_3 浸泡 24h 以上，然后用水冲洗干净后晾干。

3. 巯基棉使用前应先测定巯基棉对甲基汞的吸附效率，当其大于 95%方可使用。

六、思考题

1. 简要分析巯基棉吸附甲基汞的机理。

2. 叙述你在实验中所使用的仪器设备的型号、各部件的名称及其功能。

（撰写人：陈福生）

实验 1-16 饮用水中汞含量的 ELISA 检测

一、实验目的

掌握酶联免疫吸附法（ELISA）测定饮用水中汞含量的原理与方法。

二、实验原理

本实验采用间接竞争 ELISA 方法测定饮用水中汞的含量。样品与一定浓度的抗汞-GSH（谷胱甘肽）-KLH（钥孔戚血蓝蛋白）单克隆抗体混合后，加入预先包被有汞-GSH-BSA（牛血清白蛋白）偶联物的酶标板微孔内，样品中的汞和包被在酶标板微孔内的汞竞争与抗汞-GSH-KLH单克隆抗体结合，微孔内游离的成分被洗涤去除后，再加入酶标二抗及底物显色，并在反应终止液的作用下转化成在450nm处有吸收峰的黄色溶液。在一定的浓度范围内，A_{450nm}与样品中汞浓度的自然对数成反比，根据标准曲线可进行定量分析。

三、仪器与试材

1. 仪器与器材

pH计、离心机、振荡器、酶标仪（配备450nm滤光片）、96孔酶标板等。

2. 试剂

除特别说明外，实验所用试剂均为分析纯，水为去离子水。

（1）常规试剂：NaCl、NaOH、HCl、EDTA、羟乙基哌嗪乙磺酸（HEPES）、NaH_2PO_4、Na_2HPO_4、脱脂奶粉（食品级）。

（2）常规溶液：洗涤缓冲液（0.15mol/L，pH＝7.2的磷酸缓冲液生理盐水，简称PBST）、HEPES缓冲液（pH＝7.2，0.1mol/L、0.01mol/L）。

（3）ELISA试剂：汞标准溶液（将100.3mg金属汞溶于200μL HNO_3，再以双蒸水定容至1mL）、汞-GSH-BSA、抗汞-GSH-KLH单克隆抗体标准液、氧化物酶标记的二抗、过氧化尿素、四甲基联苯胺、反应终止液（1mol/L H_2SO_4溶液）、各种缓冲溶液等。

3. 实验材料

2～3种不同饮用水，各10mL。

四、实验步骤

1. 样品提取

（1）取10mL饮用水过0.4μm微孔滤膜。

（2）按样品体积的10%加入HEPES缓冲液（0.1mol/L）。若有沉淀产生，以4000r/min离心10min。

2. 样品测定

（1）酶标板的准备

① 于96孔酶标板微孔内，每孔加入50μL 0.5μg/mL的汞-GSH-BSA偶联物溶液。在37℃保温保湿1h或者于4℃下过夜。恢复室温后，倾去抗体溶液，每孔加入200μL PBST，洗涤3次，每次5min，拍干。

② 每孔加入200μL 5%的脱脂牛奶（溶于PBST），在37℃保温保湿2h。恢复至室温后，倾去脱脂牛奶溶液，洗涤3次，每次5min，拍干。

（2）测定

① 将50μL样品提取液或汞系列稀释的标准溶液（以0.01mol/L HEPES缓冲溶液稀释）与100μL抗汞-GSH-KLH单克隆抗体标准液混合后，取50μL加入酶标板的微孔内，在37℃保温1h。做3个重复。

② 倾出微孔内液体后，每孔加入200μL PBST，洗涤3次，每次5min，拍干。

③ 每孔加入50μL 1∶1500稀释的酶标二抗，在37℃保温1h后，每孔加入200μL PBST，洗涤5次，每次5min，拍干。

④ 每孔加入50μL反应底物溶液，避光保温15min后，加入100μL反应终止液，混匀，于450nm波长处测定吸光度。

3. 计算

（1）以下式计算标准溶液和样品的相对吸光度（%）。

$$相对吸光度=\frac{B}{B_0}\times 100$$

式中，B为标准品（或试样）溶液的A_{450nm}；B_0为空白（浓度为“0”的标准品溶液）的A_{450nm}。

（2）以相对吸光度对标准汞浓度的自然对数作半对数坐标图。根据样品的相对吸光度从曲线上查出重金属汞离子的含量，按下式计算样品中汞的含量：

$$x=\frac{Af}{V}$$

式中，x 为试样中重金属汞的含量，μg/mL；A 为从标准曲线上查得的样品中汞的质量，μg；f 为试样的稀释倍数；V 为试样的取样量，mL。

五、注意事项

1. 实验步骤中的测定相关参数仅供参考，具体的参数应该根据抗体的具体效价及灵敏度通过预备实验进行调整。如果是试剂盒，应严格按照试剂盒的相关参数进行操作。

2. 饮用水样品最好采集后立即进行测定。如果暂时不能测定，应在4℃下储存于用3mol/L HCl洗过的容器中，但是不得超过24h。

3. 实验中的ELISA试剂多为生物试剂，保存在2～8℃的条件下，用多少取多少，取完后应立即置于冷藏条件下，否则将可能严重影响测定结果。

六、思考题

1. 简述ELISA测定食品中汞含量的优缺点。

2. 简要分析饮用水被汞污染的可能途径。

（撰写人：陈福生）

第五节　食品中镉的测定

镉（cadmium，Cd）是人体非必需的对人体健康威胁最大的有害元素之一。但是它不像汞、铅、砷那样为人们所熟知。在自然界中，镉多以化合态形式存在，含量很低，所以在正常情况下，它不会影响人体健康。但是，自从20世纪初发现镉以来，随着镉广泛应用于电镀工业、化学工业、电子工业和核工业等领域，相当数量的镉经废气、废水、废渣等进入环境，通过食物链和水源等进入人体，当镉的浓度达到一定程度时，就会发生镉中毒。20世纪40～60年代，日本富山县神通川流域发生的“骨痛病”（主要是全身骨骼疼痛，人们总是叫“痛、痛、痛”，因此又称之为“痛痛病”）就是因为当地的土壤和水源受到了镉污染，所生产的稻米含镉量严重超标，当地居民长期食用这种含镉量超标的所谓“镉米”，并直接饮用被镉污染的神通川的水而导致的。在我国，近年来发现，不仅在从事与镉相关的金属冶炼及工业制造的人群中容易发生镉中毒，而且有一些地方，因为工业污水和废气泄漏或不当排放，导致当地空气、水源、土壤中含有较高浓度的镉，污染蔬菜、水果、稻米等后，也出现了镉中毒的现象。

如果一次性摄入大量的镉，会出现镉急性中毒。镉急性中毒主要危害人体的肺等呼吸器官，发病者往往会咽喉干痛、流涕、干咳、胸闷、呼吸困难，还可能有头晕、乏力、关节酸痛、寒颤、发热等类似流感的表现，严重者会出现支气管肺炎、肺水肿等病症，甚至可能因呼吸循环衰竭而死亡。通过水源或食物等引起的镉中毒多为慢性中毒。镉通过损伤肾小管，造成人体内蛋白质从尿流失，久而久之形成软骨症而周身疼痛，即所谓的“痛痛病”。慢性镉中毒对人体生育能力也有所影响，它会严重损伤Y因子，使出生的婴儿多为女性。此外，镉的致畸与致癌作用（主要致前列腺癌）也被动物实验所证实，但尚未得到人群流行病学调查材料的证实。

正因为镉对人类健康威胁严重，所以联合国国际环境规划署和国际劳动卫生重金属委员会把镉列为重点研究的环境污染物之一。WHO则将其作为优先研究的食物污染物。世界各国对工业“三废”中镉的含量都作了极严格的规定，也规定了镉在食品中的最大允许含量。表1-4是GB 2762—2005和GB 5749—2006规定的各种食品和生活饮用水中镉的限量标准。食品中镉的测定方法主要是原子吸收分光光度法。

表 1-4　我国食品与饮用水中镉的限量标准

食品种类	最大允许含量/(mg/kg)	食品种类	最大允许含量/(mg/kg)
粮食		水果	0.05
大米、大豆	0.2	根茎类蔬菜(芹菜除外)	0.1
花生	0.5	叶菜、芹菜、食用菌类	0.2
面粉	0.1	其他蔬菜	0.05
杂粮(玉米、小米、高粱、薯类)	0.1		
禽畜肉类	0.1	鱼	0.1
禽畜肝脏	0.5	杂粮	0.05
禽畜肾脏	1.0	饮用水	0.005mg/L

(撰写人：刘晓宇、陈福生)

实验 1-17　比色法测定粮食中镉的含量

一、实验目的

掌握比色法测定粮食中镉含量的原理和方法。

二、实验原理

样品经消化后，在碱性溶液中，镉离子与 6-溴苯并噻唑偶氮萘酚形成红色络合物，溶于氯仿，在 585nm 产生吸收峰，在一定浓度范围内 A_{585nm} 的大小与镉含量成正比，通过与标准品比较可进行定量分析。

三、仪器与试材

1. 仪器与器材

分光光度计、可调电炉等。

2. 试剂

除特别注明外，实验所用试剂均为分析纯，水为去离子水或蒸馏水。

(1) 常规试剂：HNO_3、氯仿、$HClO_4$、HCl、酒石酸钾钠、NaOH、柠檬酸钠、金属镉(纯度 99.99%)、二甲基甲酰胺 (*N*-dimethyllformamide，DMF)。

(2) 常规溶液：HCl 溶液 (5mol/L、1mol/L)、酒石酸钾钠溶液 (40%)、NaOH 溶液 (20%)、柠檬酸钠溶液 (25%)、HNO_3-$HClO_4$ 混合酸 (3+1，体积比)。

(3) 镉试剂：将 38.4mg 6-溴苯并噻唑偶氮萘酚溶于 50mL DMF，储于棕色瓶中。

(4) 镉标准储备液 (1.0mg/mL)：称取 1.0000g 金属镉，溶于 20mL 盐酸溶液 (5mol/L) 中，加入 2 滴 HNO_3 后，移入 1000mL 容量瓶中，以水稀释至刻度，混匀。储于聚乙烯瓶中。

(5) 镉标准使用液 (1.0μg/mL)：吸取 10.0mL 镉标准储备液，置于 100mL 容量瓶中，以盐酸溶液 (1mol/L) 稀释至 100mL，混匀。如此多次稀释至每毫升相当于 1.0μg 镉。

3. 实验材料

2～3 种稻谷、小麦、高粱，各 250g。

四、实验步骤

1. 样品消化

(1) 称取稻谷、小麦、高粱各 100g，粉碎后过 40 目筛。

(2) 称取 10.0g 粉碎样品，置于 150mL 消化瓶中，加入 20mL HNO_3-$HClO_4$ 混合酸，室温放置过夜。

(3) 将消化瓶置于电炉上小火加热，待泡沫消失后，慢慢加大火力，必要时再加少量 HNO_3，直至溶液澄清无色或微带黄色，冷却至室温。

(4) 取相同量的 HNO_3-$HClO_4$ 混合酸、HNO_3 做试剂空白试验。

2. 标准曲线的绘制

(1) 吸取 0、0.5mL、1.0mL、3.0mL、5.0mL、7.0mL、10.0mL 镉标准使用液（相当于 0、0.5μg、1μg、3μg、5μg、7μg、10.0μg 镉），分别置于 125mL 分液漏斗中，再各加水至 20mL，以 NaOH 溶液调节至 pH=7。

(2) 于分液漏斗中依次加入 3mL 柠檬酸钠溶液、4mL 酒石酸钾钠溶液及 1mL NaOH 溶液，混匀。

(3) 再各加 5.0mL 氯仿及 0.2mL 镉试剂，立即振摇 2min，静置分层后，将氯仿层经脱脂棉滤于 1cm 比色皿中，以镉浓度"0"管调零，于 585nm 处测 A_{585nm}。以镉含量为横坐标，A_{585nm} 为纵坐标绘制标准曲线。

3. 样品测定

(1) 将消化好的样液及试剂空白液用 20mL 水分数次洗入 125mL 分液漏斗中，以 NaOH 溶液调节至 pH=7。

(2) 按"标准曲线的绘制"中的 (2)、(3) 测定样品消化液与试剂空白液的 A_{585nm} 值。

(3) 根据 A_{585nm} 值从标准曲线上查出样品消化液与试剂空白液中镉的含量。

4. 计算

按下式计算样品中镉的含量：

$$x=\frac{m_1-m_2}{m}$$

式中，x 为样品中镉的含量，mg/kg；m_1 为测定用样品中镉的质量，μg；m_2 为试剂空白液中镉的质量，μg；m 为样品的质量，g。

五、注意事项

为了防止非样品中镉的污染，实验中使用的所有玻璃器皿均需用 15% HNO_3 浸泡 24h 以上，并以自来水反复冲洗干净后，再用去离子水冲洗，晾干。

六、思考题

1. 以化学方程表述实验原理。
2. 为什么镉标准储备液应储于聚乙烯瓶中？
3. 简述食品中镉污染的危害。

（撰写人：刘晓宇）

实验 1-18　原子吸收分光光度法测定食用菌中镉的含量

一、实验目的

掌握以甲基异丁基酮（MIBK）为萃取剂，采用原子吸收分光光度法测定食用菌中镉含量的原理与方法。

二、实验原理

样品经消化后，在酸性溶液中镉离子与碘离子形成络合物，经 MIBK 萃取分离后，导入原子吸收分光光度计中，原子化后，吸收 228.8nm 镉共振线，其吸收值与镉含量成正比，与标准品比较后可实现定量分析。

三、仪器与试材

1. 仪器与器材

原子吸收分光光度计、干燥箱、电炉、灰化炉等。

2. 试剂

除特别注明外，实验所用试剂均为分析纯，水为去离子水。

(1) 常规试剂：HNO_3、MIBK、$HClO_4$、H_3PO_4、HCl、KI、H_2SO_4、金属镉（纯度 99.99%）。

(2) 常规溶液：H_3PO_4 溶液（1+10，体积比）、HCl 溶液（1mol/L、5mol/L）、HNO_3-

$HClO_4$ 混合酸（3+1，体积比）、H_2SO_4 溶液（1+1，体积比）、KI 溶液（25%）。

（3）镉标准储备液（1mg/mL）：称取 1.0000g 金属镉，溶于 20mL HCl 溶液（5mol/L）中，加入 2 滴 HNO_3 后，移入 1000mL 容量瓶中，以水稀释至 1000mL，混匀。储于聚乙烯瓶中。

（4）镉标准使用液（0.2μg/mL）：吸取 10.0mL 镉标准储备液，置于 100mL 容量瓶中，以 HCl 溶液（1mol/L）稀释至 100mL，混匀。如此多次稀释至每毫升相当于 0.2μg 镉。

3. 实验材料

2～3 种新鲜口蘑、平菇、金针菇，各 250g。

四、实验步骤

1. 样品消化

（1）取新鲜口蘑、平菇和金针菇各 100g，洗净，晾干或 40℃干燥，分别切碎混匀。

（2）称取 20.0g 切碎样品，置于瓷坩埚中，加 1mL H_3PO_4 溶液，电炉小火炭化。

（3）将炭化样品移入灰化炉中，于 500℃以下灰化约 16h 后，取出坩埚，冷却后，加少量 HNO_3-$HClO_4$ 混合酸，小火加热，不干涸，必要时再加少许混合酸，如此反复处理，直至残渣中无炭粒后，冷却。

（4）待坩埚稍冷，加 10mL HCl 溶液（1mol/L），溶解残渣并移入 50mL 容量瓶中，再以少量 HCl 溶液（1mol/L）反复洗涤坩埚，洗液并入容量瓶中，并以水稀释至刻度，混匀。

（5）取与处理样品相同量的混合酸和 HCl 溶液，做试剂空白实验。

2. 萃取分离

（1）吸取 25mL 上述制备的样品溶液及试剂空白液，分别置于 125mL 分液漏斗中，加 10mL H_2SO_4 溶液，再加 10mL 水，混匀。

（2）吸取 0、0.25mL、0.50mL、1.50mL、2.50mL、3.50mL、5.0mL 镉标准使用液（相当于 0、0.05μg、0.1μg、0.3μg、0.5μg、0.7μg、1.0μg 镉），分别置于 125mL 分液漏斗中，各加 HCl 溶液（1mol/L）至 25mL，再加 10mL H_2SO_4 溶液及 10mL 水，混匀。

（3）于样品溶液、试剂空白液及镉标准溶液中各加 10mL KI 溶液，混匀，静置 5min，再各加 10mL MIBK，振摇 2min，静置分层约 0.5h。

（4）弃去下层水相，以少许脱脂棉塞入分液漏斗下颈部，将 MIBK 层经脱脂棉滤至 10mL 具塞试管中。

3. 测定

（1）将上述不同浓度标准品、样品和试剂空白的萃取分离液，上样至原子吸收分光光度计，依据下述参考测定条件分别测定吸光度。

（2）以镉的浓度为横坐标，对应的吸光度为纵坐标，绘制标准曲线。同时从标准曲线上查出样品和试剂空白的萃取分离液中镉的含量。

（3）参考测定条件：灯电流为 6～7mA；波长为 228.8nm；狭缝为 0.15～0.2nm；空气流量为 5L/min；乙炔流量为 0.4L/min；灯头高度为 1mm；氘灯背景校正。

4. 计算

按下式计算样品中镉的含量：

$$x=\frac{m_1-m_2}{m\times V_2/V_1}$$

式中，x 为样品中镉的含量，mg/kg；m_1 为测定用样品液中镉的质量，μg；m_2 为试剂空白液中镉的质量，μg；m 为样品的质量，g；V_1 为样品处理液的总体积，mL；V_2 为测定用样品处理液的体积，mL。

五、注意事项

1. 实验步骤中的测定条件仅供参考，在实际测定中，应根据仪器型号和使用说明书选择适合的测定参数，并严格按说明书的要求进行操作。

2. 实验中使用的所有玻璃仪器均需以 15% HNO_3 溶液浸泡过夜，用水反复冲洗，以蒸馏水冲洗干净后，干燥，备用。

六、思考题

1. 写出你在实验中所使用的原子吸收分光光度计的型号以及各部件的名称与功能。

2. 镉离子与碘离子是如何形成络合物的？

（撰写人：刘晓宇）

实验 1-19 蔬菜样品中镉含量的原子吸收分光光度法测定

一、实验目的

掌握以双硫腙-乙酸丁酯为萃取剂，采用原子吸收分光光度法测定蔬菜样品中镉含量的原理和方法。

二、实验原理

样品经消化后，在 pH 为 6 左右的溶液中，镉离子与双硫腙（$C_{13}H_{12}N_4S$）形成络合物，经乙酸丁酯（$C_6H_{12}O_2$）萃取分离后，导入原子吸收分光光度计中，原子化以后，吸收 228.8nm 镉共振线，其吸收值与镉量成正比，与标准品比较可进行定量分析。

三、仪器与试材

1. 仪器与器材

原子吸收分光光度计、可调电炉。

2. 试剂

除特别注明外，实验所用试剂均为分析纯，水为去离子水。

(1) 常规试剂：HNO_3、HCl、$HClO_4$、$NH_3 \cdot H_2O$、乙酸丁酯（$C_6H_{12}O_2$）、双硫腙（$C_{13}H_{12}N_4S$）、氯仿、柠檬酸钠、金属镉（纯度 99.99%）。

(2) 常规溶液：HCl 溶液（5mol/L、1mol/L）、HNO_3-$HClO_4$ 混合酸（3＋1，体积比）、$C_{13}H_{12}N_4S$-$C_6H_{12}O_2$溶液（1g/L，称取 0.1g $C_{13}H_{12}N_4S$，加 10mL 氯仿溶解后，加 $C_6H_{12}O_2$ 稀释至 100mL，现配现用）、柠檬酸钠缓冲液（2mol/L，临用前用 $C_{13}H_{12}N_4S$-$C_6H_{12}O_2$ 溶液处理以降低空白值）。

(3) 镉标准储备液（1mg/mL）：称取 1.000g 金属镉溶于 20mL HCl 溶液（5mol/L）中，加入 2 滴 HNO_3，移入 1000mL 容量瓶中，以水稀释至 1000mL，混匀。储于聚乙烯瓶中。

(4) 镉标准使用液（0.2μg/mL）：吸取 10.0mL 镉标准储备液，置于 100mL 容量瓶中，以 HCl 溶液（1mol/L）稀释至 100mL，混匀。如此多次稀释至每毫升相当于 0.2μg 镉。

3. 实验材料

2～3 种新鲜空心菜、辣椒、长豆角，各 250g。

四、实验步骤

1. 样品消化

(1) 取 50g 样品洗净晾干后，切碎并充分混匀。

(2) 称取 5.0g 样品，置于 250mL 消化瓶中，加 15mL HNO_3-$HClO_4$ 混合酸，盖上表面皿，放置过夜。

(3) 将消化瓶置于电炉上加热消化。消化过程中，注意勿干涸，必要时可加少量 HNO_3，直至溶液澄清无色或微带黄色，冷却。

(4) 加 25mL 水煮沸，至产生大量白烟，除去残余酸。如此处理两次，冷却。

(5) 以 25mL 水分数次将消化瓶内容物移入 125mL 分液漏斗中。

(6) 以相同量的 HNO_3-$HClO_4$ 混合酸和 HNO_3，做试剂空白试验。

2. 萃取分离

(1) 吸取 0、0.25mL、0.50mL、1.50mL、2.50mL、3.50mL、5.0mL 镉标准使用液（相当

于0、0.05μg、0.1μg、0.3μg、0.5μg、0.7μg、1.0μg镉)，分别置于125mL分液漏斗中，各加HCl溶液(1mol/L)至25mL。

(2)将5.0mL柠檬酸钠缓冲液分别加入样品消化液、试剂空白液及镉标准溶液分液漏斗中，以$NH_3 \cdot H_2O$调节pH至5～6.4，各加水至50mL，混匀。

(3)分别加5.0mL $C_{13}H_{12}N_4S$-$C_6H_{12}O_2$溶液，振摇2min，静置分层，弃去下层水相，将有机层转入具塞试管中，备用。

3. 样品测定

(1)将上述不同浓度标准品、样品和试剂空白的萃取分离液，上样至原子吸收分光光度计，分别测定吸光度。

(2)以镉的质量为横坐标，对应的吸光度为纵坐标，绘制标准曲线。从标准曲线上查出样品与试剂空白的萃取分离液所含镉的含量。

(3)参考测定条件：灯电流为6～7mA；波长为228.8nm；狭缝为0.15～0.2nm；空气流量为5L/min；乙炔流量为0.4L/min；灯头高度为1mm；氘灯背景校正。

4. 计算

按下式计算样品中镉的含量：

$$x=\frac{m_1-m_2}{m}$$

式中，x为样品中镉的含量，mg/kg；m_1为测定用样品中镉的质量，μg；m_2为试剂空白液中镉的质量，μg；m为样品的质量，g。

五、注意事项

1. 实验步骤中的测定条件仅供参考，在实际测定中，应根据仪器型号和使用说明书选择适合的测定参数，并严格按说明书的要求进行操作。

2. 实验中使用的所有玻璃仪器均需以15% HNO_3溶液浸泡过夜，用水反复冲洗，以蒸馏水冲洗干净后，干燥，备用。

六、思考题

1. 写出你在实验中所使用的原子吸收分光光度计的型号、各部件的名称与功能。

2. 写出镉离子与双硫腙($C_{13}H_{12}N_4S$)形成的络合物的结构式。

3. 如果新鲜空心菜、辣椒、长豆角等样品中镉的含量太低，并且不在仪器的响应范围内，采取哪些措施可以准确测定样品中镉的含量？

(撰写人：刘晓宇)

实验1-20 饮用水中镉含量的ELISA检测

一、实验目的

掌握酶联免疫吸附法(ELISA)测定饮用水中重金属镉的原理与方法。

二、实验原理

本实验采用间接竞争ELISA方法测定饮用水中镉的含量。样品加入过量的EDTA(乙二胺四乙酸)络合后，与一定浓度的抗镉-ITCBE(对硫氰苄基-乙二胺四乙酸)单克隆抗体混合，然后加入包被有镉-ITCBE-蛋白偶联物的酶标板微孔内，样品中的镉与包被在酶标板微孔内的镉竞争抗镉-ITCBE单克隆抗体的结合位点，微孔内的游离成分被洗涤去除后，加入酶(氧化物酶)标二抗及底物(四甲基联苯胺)显色，并在反应终止液的作用下转化成在450nm处有吸收峰的黄色溶液。在一定的浓度范围内，A_{450nm}与样品中重金属镉浓度的自然对数成反比，与标准品比较可进行定量分析。

三、仪器与试材

1. 仪器与器材

pH 计、离心机、振荡器、酶标仪（配备 450nm 滤光片）、96 孔酶标板等。

2. 试剂

除特别说明外，实验所用试剂均为分析纯，水为去离子水。

（1）常规试剂：NaCl、NaOH、HCl、EDTA、羟乙基哌嗪乙磺酸缓冲液（HEPES）、NaH_2PO_4、Na_2HPO_4、脱脂奶粉。

（2）常规溶液：洗涤缓冲液（0.15mol/L，pH＝7.4 的磷酸缓冲液生理盐水，简称 PBST）、HEPES 缓冲液（pH＝7.2，0.1mol/L、0.01mol/L）。

（3）ELISA 试剂：镉标准溶液（过饱和 EDTA 溶液处理）、镉-ITCBE-蛋白偶联物、抗镉-EDTA 单克隆抗体标准液、氧化物酶标记的二抗、过氧化尿素、四甲基联苯胺、反应终止液（1mol/L H_2SO_4 溶液）、各种缓冲溶液等。

3. 实验材料

2～3 种不同饮用水，各 100mL。

四、实验步骤

1. 样品处理

（1）取 10mL 饮用水过 0.4μm 微孔滤膜。

（2）按样品体积的 10％加入 HEPES 缓冲液（0.1mol/L），混匀，调节样品的 pH 值。若有沉淀产生，以 4000r/min 离心 10min。

2. 测定

（1）酶标板的准备

① 于 96 孔酶标板微孔内，每孔加入 50μL 0.5μg/mL 的镉-ITCBE-蛋白偶联物溶液。在 37℃保温保湿 1h 或者于 4℃下过夜。恢复室温后，倾去抗体溶液，每孔加入 200μL PBST，洗涤 3 次，每次 5min，拍干。

② 每孔加入 200μL 5％的脱脂牛奶（溶于 PBST），在 37℃保温保湿 2h。恢复至室温后，倾去脱脂牛奶溶液，洗涤 3 次，每次 5min，拍干。

（2）测定

① 将 50μL 样品处理液或镉系列稀释的标准溶液（以 0.01mol/L HEPES 缓冲溶液稀释）与 100μL 抗镉-ITCBE 单克隆抗体标准液混合，取 50μL 混合液加入酶标板的微孔内，在 37℃保温 1h。做 3 个重复。

② 倾出微孔内液体后，每孔加入 200μL PBST，洗涤 3 次，每次 5min，拍干。

③ 每孔加入 50μL 1∶1500 稀释的酶标二抗，在 37℃保温 1h 后，每孔加入 200μL PBST，洗涤 5 次，每次 5min，拍干。

④ 每孔加入 50μL 反应底物溶液，避光保温 15min 后，加入 100μL 反应终止液，混匀，于 450nm 波长处测定吸光度。

3. 计算

（1）以下式计算相对吸光度（％）：

$$相对吸光度=\frac{B}{B_0}\times 100$$

式中，B 为标准品（或试样）溶液的 A_{450nm}；B_0 为空白（浓度为“0”的标准品溶液）的 A_{450nm}。

（2）以标准镉溶液浓度的自然对数为横坐标，相对吸光度为纵坐标，作标准品半对数曲线。根据样品的相对吸光度从曲线上查出样品处理液中镉的含量。按下式计算样品中镉的含量：

$$x=\frac{Af}{V}$$

式中，x 为试样中重金属镉的含量，μg/L；A 为从标准曲线上查得的样品处理液中镉的含量，ng；f 为试样的稀释倍数；V 为试样的取样量，mL。

五、注意事项

1. 实验步骤中的测定相关参数仅供参考，具体的参数应该根据抗体的具体效价及灵敏度进行调整。

2. 饮用水样品最好采集后立即进行测定。如果暂时不能测定，应在4℃下储存于用酸洗过的容器中，但是不得超过24h。

3. 实验中的ELISA试剂多为生物试剂，应保存在2～8℃的条件下，用多少取多少，取完后应立即置于冷藏条件下，否则将可能严重影响测定结果。

六、思考题

1. 简述ELISA的种类及其工作原理。

2. 简述ELISA测定镉含量的优缺点。

（撰写人：陈福生）

第六节　食品中钙、锌、硒的测定

食品中的微量元素，除了Pb、Hg、Cr、As和Cd对人体有害外，大多数微量元素，如Fe、Cu、Zn、Co、Mn、Se、I、Ni、F、Mo、Sn、Si、B、钒（V）、锶（Sr）、铷（Rb）等对人体是有益的。它们对维持人体正常的新陈代谢十分必要，一旦缺少，人体就会出现疾病，甚至危及生命。但是，微量元素只有在“微量”的情况下才起作用，而过量的微量元素，不但无益，反而有害。一般情况下，除了特殊的人群（如儿童、老人和孕妇等），只要保持食物的多样化，食物中的微量元素足以维持人体正常的生理需要。本节将首先简要介绍近年来研究较多并且在市场上有大量相关产品的常量元素Ca与微量元素Zn、Se的生理作用，然后叙述它们的测定方法。

钙（calcium，Ca）是人体内非常重要的一种矿物元素，约占体重的2%，属于人体内的常量元素。人体中的钙99%存在于骨骼与牙齿中，是骨骼与牙齿组成的主要成分。另外1%的钙则分散于全身各处，参与神经传导、肌肉收缩、血液凝固、心脏跳动等生理反应。成人骨骼中的钙每年都有20%被再吸收和更换。钙缺乏可导致出现佝偻病、软骨病、骨质疏松症等情况。

钙的吸收受到很多因素的影响。维生素D有利于钙质的吸收与利用，磷与钙则相互拮抗竞争，在吸收利用上会彼此影响。另外，当钙摄取不足时，食物中的蛋白质有利于钙质的吸收，不过当钙摄取充足时蛋白质就没有促进吸收的效果了，而过量的蛋白质与脂肪则会促进钙的排泄，造成钙的流失。钙摄取过量对部分人可能会造成便秘，并影响Fe、Zn等其他微量矿物质的吸收。

牛奶及其制品、豆类、花生、甘蓝类蔬菜、绿花菜、绿色叶菜、核桃、葵花子等食品中都含有丰富的钙质。

锌（zinc，Zn）是人体内非常重要的微量元素。它主要存在于人体的骨骼、头发、皮肤和血液中。锌参与人体很多生理活动。例如，锌与胰岛素的产生、分泌、储存及其活性有密切的关系，每一个胰岛素分子内都含有两个锌原子。锌与维生素A还原酶的合成及维生素A的代谢有关，锌可提高暗光视觉，改善夜间视力。锌对促进伤口愈合、提高免疫能力也有作用。锌还是维持皮肤正常生长所必需的元素。

锌是促进性器官发育的关键元素，长期缺乏锌，男子到了青春期会导致第二性功能低下，严重者可造成男性不育症；对于女性，缺锌可出现月经不调或闭经。缺锌也可使毛发色素变淡、指甲上出现白斑。孕妇缺锌可造成胎儿畸形、脑功能不全。儿童缺锌还可能导致机体免疫力低下。但是，锌过量会妨碍人体对其他微量元素如铜、铁、硒等的吸收，压抑免疫系统，减少血液中胆固醇的正常含量，影响消化系统等。GB 13106—1991规定了食品中锌含量的限量标准（见表1-5），即最大允许含量。

表 1-5 食品中锌的限量标准

食品种类	指标(以 Zn 计)/(mg/kg)	食品种类	指标(以 Zn 计)/(mg/kg)
粮食(成品粮)	50	鱼类	50
豆类及豆制品	100	鲜奶类	10
蔬菜	20	奶粉	50
水果	5	饮料	5
肉类(畜、禽)	100		

海产品、动物肝脏、牛肉、面筋和硬果中锌的含量丰富，另外，豆类及豆制品、全麦粉、粗杂粮、食用菌、藻类、绿叶菜、瘦肉和鱼等食品中锌的含量也很高。

硒（selenium，Se）是人体必需的微量元素，具有多种生理功能。硒是构成谷胱甘肽过氧化物酶的必要成分，因该酶可保护细胞膜及细胞器线粒体、微粒体和溶酶体的膜免受过氧化物损害，因此，硒在细胞抗过氧化和消除自由基等防御机制中有重要作用。硒与维生素 E 之间有重要的协同作用，硒通过维持胰腺功能来保障脂类物质的消化吸收，从而促进脂溶性维生素 E 从肠道的吸收。硒可以通过脱碘酶调节甲状腺素来影响机体全身的代谢。硒还可以明显提高机体免疫力和不同程度地抑制肿瘤细胞。

硒缺乏可以导致多种疾病。缺硒可导致谷胱甘肽过氧化物酶等酶的活性下降，从而使机体的防御功能降低。育龄妇女缺硒可出现难以受孕；孕妇缺硒，易发生流产，引起胎儿遗传基因的突变，会导致小儿先天性愚型等危害。另外，研究表明，缺硒可能也是克山病（亦称地方性心肌病，于 1935 年在我国黑龙江省克山县发现，因而命名克山病）的重要病因。但是，如果硒过量，则可能会引起恶心、腹泻和神经中毒。如果每天硒摄入量超过 0.0001g，则可以引起人中毒，直至死亡。为此，有人研究提出每人每日硒的安全摄入量为 400μg。为控制人体对硒的摄入量，我国国标 GB 2762—2005 制定了食品中硒的限量标准（见表 1-6）。

表 1-6 食品中硒的限量标准

食品种类	指标(以 Se 计)/(mg/kg)	食品种类	指标(以 Se 计)/(mg/kg)
粮食(成品粮)	0.3	鱼类	1.0
豆类及豆制品	0.3	鲜奶类	0.03
蔬菜(包括薯类)	0.1	奶粉	0.15
水果	0.05	蛋类	0.5
肉类(畜、禽)	0.5		

一般认为大蒜、芦笋、蘑菇、芝麻、大虾、金枪鱼、沙丁鱼等食品中硒的含量较高。另外，目前市场上也有通过在培养基中添加硒而培养出来的富硒酵母产品。

关于钙、锌、硒的测定方法主要包括 EDTA 滴定法、原子吸收分光光度法和原子荧光光度法等。

（撰写人：陈福生）

实验 1-21 EDTA 滴定法测定海产品中钙的含量

一、实验目的

掌握用 EDTA 滴定法测定海产品中钙含量的原理与方法。

二、实验原理

钙与钙红指示剂（又称为钙羧酸指示剂，calconcarboxylic acid）能形成紫红色的络合物。在

pH 值为 12～14 的强碱性条件下，当向络合物溶液中滴加 EDTA（乙二胺四乙酸）溶液时，EDTA 能够夺取络合物中的钙而形成另一种更加稳定的络合物，使钙红指示剂游离出来，溶液呈蓝色。根据 EDTA 的用量，可计算钙的含量。

三、仪器与试材

1. 仪器与器材

可调电炉、微量滴定管、碱式滴定管、消化瓶等。

2. 试剂

除特别注明外，实验所用试剂均为分析纯，水为去离子水。

(1) 常规试剂：HCl、HNO_3、$HClO_4$、KOH、NaCN、柠檬酸钠、氧化镧（La_2O_3，纯度大于 99.99%）、EDTA、$CaCO_3$（纯度大于 99.99%）。

(2) 常规溶液：HNO_3-$HClO_4$ 混合酸（4+1，体积比）、HNO_3 溶液（0.5mol/L）、KOH 溶液（1.25mol/L）、NaCN 溶液（10g/L）、柠檬酸钠溶液（0.05mol/L）。

(3) 氧化镧溶液（2%）：称取 20g 氧化镧（La_2O_3），以 75mL HCl 溶解后，定容至 1000mL。

(4) EDTA 溶液：称取 4.50g EDTA，以水溶解，定容至 1000mL，储存于聚乙烯瓶中，于 4℃保存。使用时稀释 10 倍。

(5) 钙标准溶液（100μg/mL）：称取 0.1248g $CaCO_3$（于 105～110℃烘干 2h），加 20mL 水及 3mL HCl 溶解，移入 500mL 容量瓶中，加水稀释至刻度，储存于聚乙烯瓶中，于 4℃保存。

(6) 钙红指示剂：称取 0.1g 钙羧酸指示剂干粉，以水溶解定容至 100mL。4℃储存可保持一个半月以上。

3. 实验材料

2～3 种海带、虾皮、紫菜，各 250g。

四、实验步骤

1. 样品消化

(1) 称取海带、虾皮、紫菜各 1.5g，分别置于 250mL 消化瓶中。

(2) 加 HNO_3-$HClO_4$ 混合酸 30mL，上盖表面皿，置于电炉上加热（先小火，后大火），消化直至溶液无色透明或微带黄色。在消化过程中，如没有消化好，可补加少量混合酸，继续加热消化。

(3) 加少量去离子水，加热以除去多余酸，待消化瓶中液体接近 2～3mL 时，自然冷却。

(4) 用去离子水洗涤并转移消化液于 10mL 刻度试管中，加 La_2O_3 溶液定容至刻度。

(5) 取与消化样品相同量的混合酸消化液，按上述操作进行处理，作为试剂空白。

2. EDTA 滴定度的测定

吸取 0.5mL 钙标准溶液于试管中，加 3 滴钙红指示剂，以稀释 10 倍的 EDTA 溶液滴定至溶液由紫红色变为蓝色为止。根据 EDTA 溶液的用量，计算出每毫升 EDTA 相当于钙的质量(mg)，即所谓 EDTA 的滴定度。

3. 试样及空白的滴定

分别吸取 0.1～0.5mL（根据钙的含量而定）试样消化液及空白于试管中，加 1 滴 NaCN 溶液、0.1mL 柠檬酸钠溶液和 1.5mL KOH 溶液，加 3 滴钙红指示剂，立即以稀释 10 倍的EDTA 溶液滴定至终点（溶液颜色由紫红色变为蓝色），计算 EDTA 溶液的用量。

4. 计算

按下式计算样品中钙的含量：

$$x=\frac{T(V-V_0)f\times 100}{m}$$

式中，x 为试样中钙的含量，mg/100g；T 为 EDTA 的滴定度，mg/mL；V 为滴定试样时所用 EDTA 量，mL；V_0 为滴定空白时所用 EDTA 量，mL；f 为试样的稀释倍数；m 为试样的质量，g。

五、注意事项

1. NaCN是剧毒品，取用和处置时必须十分谨慎，采取必要的防护。含NaCN的溶液不可酸化。

2. EDTA络合剂属于氨羧络合剂中的一种。所谓氨羧络合剂是由两个或多个羧酸基接于氨基氮上的络合剂。氨羧络合剂具有广泛而强大的络合能力，能与多种金属离子形成很稳定的络合物。最常用的氨羧络合剂有氮三乙酸（nitrilotriacetic acid）和EDTA等。

3. 钙红指示剂，又名钙红、钙指示剂、钙羧酸指示剂，化学名称为2-羟基-1-(2-羟基-4-磺酸基-1-萘基偶氮)-3-萘甲酸［2-hydroxy-1-(2-hydroxy-4-sulfo-1-naphthyiazo)-3-naphthoic acid，简称HSN］，结构式为$HO_3SC_{10}H_5(OH)N{=}NC_{10}H_5(OH)COOH$，为紫黑色结晶或粉末。微溶于水和乙醇，易溶于碱性水溶液，不稳定。在中性溶液中呈紫红色，pH值在12～14间呈蓝色。可与Ca^{2+}、Mg^{2+}、Be^{2+}等形成紫蓝色或蓝色络合物。由于钙红指示剂的水溶液和醇溶液不稳定，所以也可以用Na_2SO_4或NaCl固体与指示剂固体按100∶1碾磨均匀后直接使用。

六、思考题

1. 分别写出钙与钙红指示剂和EDTA形成的络合物的结构式。

2. 叙述在样品消化液中加入La_2O_3溶液、NaCN溶液和柠檬酸钠溶液的作用。

3. 如果在配制钙红指示剂时，指示剂溶解性不好，应该如何处理？

（撰写人：刘晓宇）

实验1-22 奶粉中钙含量的原子吸收分光光度法测定

一、实验目的

掌握火焰原子吸收分光光度法测定奶粉中钙含量的原理和方法。

二、实验原理

奶粉样品经消化后，导入原子吸收分光光度计中，经火焰原子化后，吸收422.7nm的钙共振线，其吸收值与钙含量成正比，与标准品比较可实现对钙的定量分析。

三、仪器与试材

1. 仪器与器材

原子吸收分光光度计、消化瓶（高型烧杯）、可调电炉（电热板）。

2. 试剂

除特别注明外，实验所用试剂均为分析纯，水为去离子水。

(1) 常规试剂：HCl、HNO_3、$HClO_4$、氧化镧（La_2O_3，纯度大于99.99%）、$CaCO_3$（纯度大于99.99%）。

(2) 常规溶液：HNO_3-$HClO_4$混合酸（4+1，体积比）、HNO_3溶液（0.5mol/L）。

(3) 氧化镧溶液（2%）：称取20g La_2O_3，以75mL HCl溶解后，定容至1000mL。

(4) 钙标准储备液（500μg/mL）：称取1.2480g $CaCO_3$（于105～110℃烘干2h），加50mL去离子水和适量HCl溶解后，移入1000mL容量瓶中，加La_2O_3溶液稀释至刻度，储存于聚乙烯瓶内，于4℃保存。

(5) 钙标准使用液（25μg/mL）：取钙标准储备液5mL于100mL容量瓶中，用La_2O_3溶液稀释至刻度，储存于聚乙烯瓶中，于4℃保存。

3. 实验材料

2～3种普通奶粉、脱脂奶粉、高钙奶粉，各50g。

四、实验步骤

1. 样品消化

(1) 称取普通奶粉、脱脂奶粉和高钙奶粉各1.5g于250mL消化瓶中。

(2) 加 HNO_3-$HClO_4$ 混合酸 30mL，上盖表面皿，置于电炉上加热消化。当样品未消化好时，可加少量混合酸，继续加热消化，直至消化液无色透明为止。

(3) 加少量水，加热以除去多余 HNO_3，当消化瓶中的液体接近 2～3mL 时，冷却。

(4) 用去离子水洗涤消化瓶并转移于 10mL 刻度试管中，加 La_2O_3 溶液定容至刻度。

(5) 取与消化样品相同量的混合酸消化液，按上述操作进行处理，作为试剂空白。

2. 标准曲线的绘制

(1) 分别取钙标准使用液 0、1mL、2mL、3mL、4mL、6mL，用 La_2O_3 溶液定容至 50mL，即相当于含钙 0、0.5μg/mL、1μg/mL、1.5μg/mL、2μg/mL、3μg/mL。

(2) 将上述钙标准溶液分别导入原子吸收分光光度计中，测定其吸收值。

(3) 以钙标准溶液对应的浓度为横坐标，吸收值为纵坐标，绘制标准曲线。

(4) 测定条件：根据说明书将仪器狭缝、空气及乙烯的流量、灯头高度、元素灯电流等调至最佳状态。

3. 样品测定

(1) 在上述条件下，分别将样品消化液和试剂空白液导入原子吸收分光光度计，测定其吸收值。

(2) 根据吸收值，从标准曲线上查出样品硝化液中钙的浓度。

4. 计算

按下式计算样品中钙的含量：

$$x=\frac{(c-c_0)Vf\times 100}{m\times 1000}$$

式中，x 为样品中钙的含量，mg/100g；c 为样品中钙的浓度，μg/mL；c_0 为试剂空白液中钙的浓度，μg/mL；V 为样品的定容体积，mL；f 为样品的稀释倍数；m 为样品的质量，g。

五、注意事项

1. 所用玻璃仪器均以 H_2SO_4-$K_2Cr_2O_7$ 洗液浸泡数小时，再用洗衣粉充分洗刷后用自来水反复冲洗，最后用去离子水冲洗晒干或烘干，方可使用。

2. 样品在加 HNO_3-$HClO_4$ 混合酸消化前，可以先加少量水湿润，以防止混合酸加入后立即炭化结块而延长消化时间。

六、思考题

1. 如果样品特别是高钙奶粉中，钙的含量超出线性范围，应该如何处理？

2. 简述原子吸收分光光度测定条件对分析结果的影响。

3. 比较采用 ETDA 滴定法和原子吸收分光光度法测定食品中钙含量的优缺点。

（撰写人：刘晓宇）

实验 1-23 原子吸收分光光度法测定谷物中锌的含量

一、实验目的

掌握用原子吸收分光光度法测定谷物中锌含量的原理与方法。

二、实验原理

样品经处理后，导入原子吸收分光光度计中，原子化以后，吸收 213.8nm 的锌共振线，其吸收值与锌含量成正比，与标准品比较可实现定量分析。

三、仪器与试材

1. 仪器与器材

原子吸收分光光度计、马弗炉、水浴锅、坩埚等。

2. 试剂

除特别注明外，所用试剂均为分析纯，水为去离子水。

（1）常规试剂：HNO_3、$HClO_4$、HCl、金属锌（纯度大于99.99%）。

（2）常规溶液：HNO_3-$HClO_4$ 混合酸（4＋1，体积比）、HCl 溶液（1＋11，体积比；0.1mol/L）。

（3）锌标准储备液（0.50mg/mL）：称取 0.500g 金属锌（99.99%），溶于 10mL 盐酸（0.1mol/L）中，于水浴上蒸发至近干，用少量水溶解后移入 1000mL 容量瓶中，以水稀释至刻度，储于聚乙烯瓶中。

（4）锌标准使用液（100.0μg/mL）：吸取 10.0mL 锌标准储备液，置于 50mL 容量瓶中，以 HCl 溶液（0.1mol/L）稀释至刻度。

3. 实验材料

1～2 种稻谷、高粱、玉米，各 200g。

四、实验步骤

1. 样品制备

（1）去除谷物样品中的杂物及尘土，必要时除去外壳，磨碎，过 40 目筛，混匀。

（2）称取约 10.00g 粉碎样品置于 50mL 瓷坩埚中，加 20mL HNO_3-$HClO_4$ 混合酸小火炭化至无烟后移入马弗炉中。

（3）在（500±25）℃灰化约 8h 后，取出坩埚，冷却后，加入少量混合酸，小火加热，不使干涸，必要时可再补加少许混合酸，如此反复处理，直至残渣中无炭粒。

（4）待坩埚稍冷，加 10mL HCl 溶液（1＋11，体积比），溶解残渣并移入 50mL 容量瓶中，再用 HCl 溶液反复洗涤坩埚，洗液并入容量瓶中，并稀释至刻度，混匀备用。

（5）取与样品处理相同的混合酸和 HCl 溶液，按同一操作方法做试剂空白试验。

2. 测定

（1）吸取 0、0.10mL、0.20mL、0.40mL、0.80mL 锌标准使用液，分别置于 50mL 容量瓶中，以 HCl 溶液（0.1mol/L）稀释至刻度，混匀。各容量瓶中每毫升标准溶液分别相当于 0、0.2μg、0.4μg、0.8μg、1.6μg 锌。

（2）将处理后的样液、试剂空白液和各锌标准溶液，分别导入原子吸收分光光度计，进行测定。

（3）以锌浓度对应吸收值，绘制标准曲线，并从标准曲线上查出样品消化液和空白试剂液中锌的浓度。

（4）参考测定条件：灯电流为 6mA；波长为 213.8nm；狭缝为 0.38nm；空气流量为 10L/min；乙炔流量为 2.3L/min；灯头高度为 3mm；氘灯背景校正。

3. 计算

根据下式计算样品中锌的含量：

$$x=\frac{(c_1-c_2)V}{m}$$

式中，x 为样品中锌的含量，mg/kg；c_1 为样液中锌的浓度，μg/mL；c_2 为试剂空白液中锌的浓度，μg/mL；V 为样品处理液的总体积，mL；m 为样品的质量，g。

五、注意事项

1. 实验步骤中的测定条件仅供参考，在实际测定中，应根据仪器型号和使用说明书选择适合的测定参数。

2. 原子吸收分光光度法是一种极灵敏的分析方法，所使用的试剂纯度应达到分析纯或优级纯的要求，玻璃仪器应严格洗涤，用 HNO_3（1＋5，体积比）浸泡过夜，用水反复冲洗，最后用去离子水冲洗干净。

六、思考题

1. 叙述你在实验中使用的原子吸收分光光度计的型号、各部件的名称及功能。

2. 比较双硫腙比色法和原子吸收分光光度法测定食品中锌含量的优缺点。

（撰写人：刘晓宇）

实验 1-24　荧光分光光度法测定茶叶中硒的含量

一、实验目的

掌握用荧光分光光度法测定茶叶中硒含量的原理与方法。

二、实验原理

茶叶样品经 H_2SO_4-$HClO_4$ 混合酸消化后，硒被氧化为四价无机硒（$\overset{+4}{Se}$），与 2,3-二氨基萘（2,3-diaminonaphthalene，DAN）反应生成 4,5-苯并苤硒脑（4,5-benzo piaselenol）。该物质在 376nm 激发波长下，能产生绿色荧光，荧光强度与硒的浓度在一定范围内成正比。以环己烷萃取该物质，并于激发光波长 376nm、发射光波长 520nm 处测定荧光强度，通过与硒的标准曲线比较，可以实现定量分析。

三、仪器与试材

1. 仪器与器材

荧光分光光度计、沙浴装置、不锈钢磨、水浴锅、干燥箱等。

2. 试剂

除特别注明外，实验所用试剂均为分析纯，水为去离子水。

(1) 常规试剂：H_2SO_4、环己烷（C_6H_{12}）、HNO_3、$HClO_4$、HCl、氢溴酸（HBr）、$NH_3 \cdot H_2O$、EDTA、$NH_2OH \cdot HCl$、甲酚红、2,3-二氨基萘（DAN，纯度 95%～98%）、Se（光谱纯）。

(2) 常规溶液：$NH_3 \cdot H_2O$ 溶液（1+1，体积比）、HCl 溶液（1+9，体积比；0.1mol/L）、EDTA 溶液（0.2mol/L）、$NH_2OH \cdot HCl$ 溶液（10%，质量体积浓度）、H_2SO_4-$HClO_4$ 混合酸（2+1，体积比）。

(3) 去硒 H_2SO_4 溶液（5+95，体积比）：取 200mL H_2SO_4，加于 200mL 水中，再加 30mL HBr，混匀，置沙浴上加热，蒸去硒与水分，至出现浓白烟，即为去硒 H_2SO_4，此时体积应为 200mL。取 5mL 该 H_2SO_4，稀释于 95mL 水中。

(4) 甲酚红指示剂（0.02%）：称取 50mg 甲酚红溶于水中，加氨水溶液 1 滴，待甲酚红完全溶解后，加水稀释至 250mL。

(5) EDTA 混合液：取 EDTA 溶液与 $NH_2OH \cdot HCl$ 溶液各 50mL，混匀，再加 5mL 甲酚红指示剂，用水稀释至 1000mL。

(6) 2,3-二氨基萘（DAN）溶液（0.1%）：取 200mg DAN 于一带盖锥形瓶中，加入 200mL HCl 溶液（0.1mol/L），振摇约 15min，使其全部溶解。加约 40mL 环己烷，继续振摇 5min，将此液转入分液漏斗中，待溶液分层后，弃去环己烷层，收集 DAN 层溶液。如此用环己烷纯化 DAN 直至环己烷中的荧光数值降至最低时为止（纯化次数视 DAN 纯度不同而定，一般需纯化 3～4 次）。将提纯后的 DAN 溶液储于棕色瓶中，加约 1cm 厚的环己烷覆盖于溶液表面。置 4℃ 下保存，必要时可再纯化一次。注意：配制过程需在暗室中进行。

(7) 硒标准储备液（100μg/mL）：称取 100.0mg 元素硒，溶于少量 HNO_3 中，加 2mL $HClO_4$，置沸水浴中加热 3～4h，冷却后加入 8.4mL HCl，再置沸水浴中煮 2min，冷却后移入 1000mL 容量瓶中，以 HCl 溶液（0.1mol/L）定容至刻度。

(8) 硒标准使用液（0.05μg/mL）：以 HCl 溶液（0.1mol/L）稀释硒标准储备液至硒浓度为 0.05μg/mL，于 4℃ 下保存。

3. 实验材料

2～3 种绿茶、红茶和花茶，各 50g。

四、实验步骤

1. 样品消化

(1) 将茶叶样品用水洗三次，60℃烘干至恒重，用不锈钢磨粉碎，过60目筛，备用。

(2) 称取0.5～2.0g茶叶（根据样品中硒的估计含量决定样品用量，使硒含量为0.01～0.5μg）于磨口锥形瓶内。

(3) 加10mL去硒H_2SO_4溶液，湿润样品后，加20mL H_2SO_4-$HClO_4$混合酸，放置过夜。

(4) 于沙浴上逐渐加热，当消化至溶液变无色时，继续加热至产生白烟，溶液逐渐变成淡黄色。

(5) 取与样品处理相同的混合酸和去硒H_2SO_4溶液，按同一操作方法做试剂空白试验。

2. 样品测定

(1) 准确吸取硒标准使用液0、0.2mL、1.0mL、2.0mL及4.0mL（相当于0、0.01μg、0.05μg、0.1μg、0.2μg硒），加水至5mL。

(2) 于样品消化液、空白试剂液和硒系列标准液中，加20mL EDTA混合液，以$NH_3 \cdot H_2O$溶液或HCl溶液（0.1mol/L）调至淡红橙色（pH 1.5～2.0）。

(3) 于暗室中，加3mL DAN溶液，混匀，置沸水浴中煮5min，冷却后，加3mL环己烷，振摇4min，将全部溶液移入分液漏斗。

(4) 待分层后弃水层，环己烷层转入带盖试管中，小心勿使环己烷中混入水滴。

(5) 以荧光分光光度计于激发光波长376nm、发射光波长520nm处测定荧光强度。

(6) 以硒的含量为横坐标，荧光强度为纵坐标，绘制标准曲线，并从曲线上查出样品液与空白试剂液中硒的含量。

3. 计算

按下式计算样品中硒的含量：

$$x=\frac{m_1-m_0}{m}$$

式中，x为样品中硒的含量，μg/g；m_1为样品液中硒的质量，μg；m_0为空白试剂液中硒的质量，μg；m为样品的质量，g。

五、注意事项

硒含量在0.5μg以下荧光强度与硒含量呈线性关系，同时本方法的检出限为3ng，所以在测定中一定要注意样品的用量。

六、思考题

1. 简述硒的生理作用。
2. 为什么配制DAN溶液时需要在暗室中进行？
3. 写出硒与DAN反应生成4,5-苯并苤硒脑的反应式。

（撰写人：刘晓宇）

实验1-25　原子荧光光度法测定粮食中硒的含量

一、实验目的

掌握原子荧光光度法测定粮食中硒含量的原理和方法。

二、实验原理

粮食样品加酸消化后，在HCl溶液中，六价硒（$\overset{+6}{Se}$）还原成四价硒（$\overset{+4}{Se}$），以$NaBH_4$作为还原剂，在酸性介质中，四价硒进一步还原成硒化氢（SeH_2）气体，由载气带入原子化器中进行原子化，在硒空心阴极灯照射下，基态硒原子激发至高能态，当去活化回到基态时，发射出特征波长的荧光，其强度与硒含量成正比。通过测定荧光强度，并与标准物质进行比较，就可以测定出样品中硒的含量。

三、仪器与试材

1. 仪器与器材

原子荧光光度计、干燥箱、消化瓶（高型烧杯）、电炉、不锈钢磨等。

2. 试剂

除特别注明外，实验所用试剂均为分析纯，水为去离子水。

（1）常规试剂：HNO_3（优级纯）、$HClO_4$（优级纯）、HCl（优级纯）、NaOH（优级纯）、$K_3Fe(CN)_6$、$NaBH_4$、Se（光谱纯）。

（2）常规溶液：HNO_3-$HClO_4$ 混合酸（4+1，体积比）、HCl 溶液（6mol/L）、NaOH 溶液（5g/L）、铁氰化钾［$K_3Fe(CN)_6$］溶液（100g/L）、$NaBH_4$ 溶液（8g/L，以 NaOH 溶液溶解后，加水定容）。

（3）硒标准储备液（100μg/mL）：称取 100.0mg 硒（光谱纯），溶于少量 HNO_3 中，加 2mL $HClO_4$，置沸水浴中加热 3～4h，冷却后，加 8.4mL HCl，再置沸水浴中煮 2min，准确稀释至 1000mL。

（4）硒标准使用液（1μg/mL）：吸取 1.0mL 硒标准储备液，加水定容至 100mL。

3. 实验材料

2～3 种稻谷、小麦、玉米，各 250g。

四、实验步骤

1. 样品消化

（1）将样品用水洗三次，于 60℃ 烘干，用不锈钢磨粉碎，过 60 目筛，储于塑料瓶内，备用。

（2）称取 2.0g 样品于 150mL 消化瓶内，加 10.0mL HNO_3-$HClO_4$ 混合酸及几粒玻璃珠，盖上表面皿，静置过夜。

（3）于电炉上加热消化，并及时补加混合酸，使样品消化彻底至溶液为清亮无色并伴有白烟。继续加热至溶液体积为 2mL 左右，但不可蒸干，冷却。

（4）加 5mL HCl 溶液，继续加热至溶液清亮无色并伴有白烟出现，以将六价硒完全还原成四价硒，冷却，转移定容至 50mL 容量瓶中。

（5）取与样品处理相同体积的混合酸和 HCl，按相同操作做试剂空白试验。

2. 测定

（1）分别取 10mL 样品消化液和试剂空白液于 15mL 离心管中，同时分别取 0、0.1mL、0.2mL、0.3mL、0.4mL、0.5mL 硒标准使用液（相当于 0、0.1μg、0.2μg、0.3μg、0.4μg、0.5μg 硒）于 15mL 离心管中，补水至 10mL。

（2）在各离心管中，分别加入 2mL HCl、1mL $K_3Fe(CN)_6$ 溶液，混匀。

（3）连续用标准系列的“0”管进样于原子荧光分光光度计，待读数稳定之后，转入标准系列测量，绘制标准曲线。然后转入样品测量，分别测定样品空白和样品消化液。

（4）根据标准曲线，计算出试剂空白和样品消化液（10mL）中硒的含量。

（5）参考测定条件：负高压为 340V；灯电流为 100mA；原子化温度为 800℃；炉高为 8mm；载气流速为 500mL/min；屏蔽气流速为 1000mL/min；测量方式为标准曲线法；读数方式为峰面积；延迟时间为 1s；读数时间为 15s；加液时间为 8s；进样体积为 2mL。

3. 计算

按下式计算样品中硒的含量：

$$x=\frac{m_1-m_0}{m}\times 5$$

式中，x 为样品中硒的含量，mg/kg；m_1 为样品消化液中硒的质量，μg；m_0 为试剂空白消化液中硒的质量，μg；m 为样品的质量，g。

五、注意事项

1. 实验步骤中的测定条件仅供参考，在实际测定中，应根据原子荧光光度计的型号和使用说明书选择适合的测定参数。

2. 在测定不同样品时，进样前一定要注意清洗进样器，以避免不同样品之间相互污染。

3. $NaBH_4$ 浓度的选择：在酸性介质中，试样溶液中的硒与 $NaBH_4$ 反应生成 SeH_2。如果 $NaBH_4$ 浓度过低，则不利于硒转化为气态氢化物；反之，$NaBH_4$ 浓度过高，则产生大量 H_2，稀释氢化物浓度。所以，在实际过程中，可以依据样品中硒的含量适当调整 $NaBH_4$ 的浓度。

六、思考题

1. 叙述你在试验中所使用的原子荧光光度计的型号、各部件的名称及其功能。

2. 叙述在样品消化液中加入 $K_3Fe(CN)_6$ 溶液的作用。

（撰写人：刘晓宇）

第七节　食品中多种矿物元素的同时测定

食品中矿物元素（含微量元素）的种类很多，这些元素对人体健康起着重要的作用。它们常常作为酶、激素、维生素、核酸的辅助成分，参与生命的代谢过程，是生命过程必不可少的物质。

不同的食品，其矿物元素的种类和含量是不同的，为了全面地分析和了解食品中各种矿物元素的情况，常常需要同时分析食品中的多种矿物元素。另外，随着环境污染的日益加重，食品中污染物的种类（包括重金属元素的种类）也越来越多，这也常常需要同时对食品中多种矿物元素进行分析。还有，随着科学技术的发展，原来被认为没有危害的或者没有发现危害的污染物（包括矿物元素）也不断地被发现，从而要求加强控制和监测。所有这些都要求对食品中的多种矿物元素同时进行检测。我国食品卫生标准中，一般要求同时分析食品中的 Pb、As、Hg 和 Cd 等元素的含量。

如果按照常规方法，一种一种元素进行测定，势必需要花费大量的时间、人力和物力，为此，近年来一些能够同时检测食品中多种元素的方法不断出现。特别是以电感耦合等离子体(ICP，关于 ICP 的相关概念请参阅本章第一节及其他相关书籍）为光源的原子发射分光光度法(ICP-AES)，已经在多元素同时分析中表现出非常明显的优势，并逐步得到普及。该方法是使消解的样品直接进入高温等离子体，通过多色仪观测发射线，以实现同时分析，可同时分析 70 多种元素，而且每种元素都有很高的灵敏度，均可达到 ng/mL 级，标准曲线的线性范围在 6 个数量级以上，并且干扰非常小。20 世纪 90 年代初推出的全谱直读 ICP-AES，具有同时获得谱线及其背景信息的能力，即可实现一条谱线全部信息的直接读取，这是 ICP-AES 的革命性飞跃，成为分析元素特别是同时分析多种元素的主要方法之一。

另外，多种矿物元素的同时分析方法还有电感耦合等离子质谱法（ICP-MS）。它是将被测物质用电感耦合等离子体离子化后，按离子的质荷比分离，测量各种离子谱峰强度的一种分析方法(具体内容参阅本章第一节)。此外，也有人采用毛细管离子分析法同时测定茶叶中的 Zn、Mn、Cu、Pb 和 Cd 等元素。

在样品处理方面，为了适应多种矿物元素同时分析的需要，近年来也开展了一系列研究，取得了一系列研究成果，并出现了一些新的样品消化方法。众所周知，在大多数矿物元素的分析中，样品准备时间常常远远超出分析时间。虽然通过对仪器进样装置进行改进，可以实现食品样品的固体直接分析，但很难取得好的定量结果。所以，目前最成功的方法依然是将食品样品完全消解为水溶液后进行分析，这样处理的主要优点是样品用量小、试剂用量少、消解快、污染低、能保存挥发性元素。其中，微波消解法是近年来发展比较快的方法，其消解装置是近些年来研究和应用较多的样品消化装置，它很好地解决了食品分析工作中样品处理的“瓶颈”问题。微波消解与 AAS、ICP-AES 和 ICP-MS 配套使用，可消解各种难于消解的有机和无机样品，并可同时处理多个样品，一般样品处理需 25min，冷却需 15min，共 40min 左右即可完成一个样品处理周期，从而大大地减少了样品的分析测试时间。

（撰写人：陈福生）

实验 1-26　面粉中铁、镁、锰含量的原子吸收分光光度法同时测定

一、实验目的

掌握原子吸收分光光度法同时测定面粉中铁、锰、镁含量的原理和方法。

二、实验原理

样品经消化后，导入原子吸收分光光度计中，经火焰原子化后，Fe、Mg、Mn 分别吸收 248.3nm、285.2nm、279.5nm 的共振线，其吸收值与它们的含量成正比，通过与标准品比较可实现定量分析。

三、仪器与试材

1. 仪器与器材

原子吸收分光光度计、消化瓶（高型烧杯）、可调电炉。

2. 试剂

除特别注明外，实验所用试剂均为分析纯，水为去离子水或蒸馏水。

(1) 常规试剂：HCl、HNO_3、$HClO_4$。

(2) 常规溶液：HNO_3-$HClO_4$ 混合酸（4+1，体积比）、HNO_3 溶液（0.5mol/L）。

(3) Fe、Mg、Mn 标准储备液：称取金属 Fe、Mg、Mn（纯度>99.99%）各 1.0000g，分别加 HNO_3 溶解后，移入三个 1000mL 容量瓶中，以 HNO_3 溶液稀释至刻度。储存于聚乙烯瓶内，于 4℃保存。此三种溶液每毫升各相当于 1mg Fe、Mg、Mn。

(4) Fe、Mg、Mn 标准使用液：Fe、Mg、Mn 标准使用液的配制见表 1-7。Fe、Mg、Mn 标准使用液配制后，储存于聚乙烯瓶内，于 4℃保存。

表 1-7　Fe、Mg、Mn 标准使用液的配制

元素名称	标准储备液的体积/mL	稀释体积/mL	标准使用液的浓度/(μg/mL)	稀释溶液
Fe	10.0	100	100	0.5mol/L HNO_3 溶液
Mg	5.0	100	50	
Mn	10.0	100	100	

3. 实验材料

2～3 种不同品牌的面粉，各 200g。

四、实验步骤

1. 样品消化

(1) 称取均匀样品 1.5g 于 250mL 消化瓶中，加混合酸 30mL，上盖表面皿。

(2) 将消化瓶置于电炉上加热消化。如果消化不彻底而酸液过少，可补加少许混合酸，继续加热消化，直至无色透明为止。

(3) 加少许水，加热以除去多余的 HNO_3。待消化瓶中的液体接近 2～3mL 时，冷却。

(4) 用水洗消化瓶并转移入 10mL 刻度试管中，加水定容至刻度。

(5) 取与消化试样相同量的混合酸，按上述操作做试剂空白测定。

2. 标准曲线的绘制

将 Fe、Mg、Mn 标准使用液（见表 1-7）分别配制成不同浓度系列的标准稀释液（见表 1-8）。

表 1-9 是原子吸收分光光度法测定的操作参数。其他实验条件，包括仪器狭缝、空气及乙炔的流量、灯头高度、元素灯电流等均按所使用的仪器说明调至最佳状态。

表 1-8　Fe、Mg、Mn 不同浓度系列标准稀释液的配制

元素名称	标准使用液的体积/mL	稀释体积/mL	稀释溶液	稀释液的浓度/(μg/mL)
Fe	0.5	100	0.5mol/L HNO_3 溶液	0.5
	1			1
	2			2
	3			3
	4			4
Mg	0.5	500	0.5mol/L HNO_3 溶液	0.05
	1			0.1
	2			0.2
	3			0.3
	4			0.4
Mn	0.5	200	0.5mol/L HNO_3 溶液	0.25
	1			0.5
	2			1
	3			1.5
	4			2

表 1-9　测定操作参数

元素	波长/nm	光　源	火　焰
Fe	248.3	紫外	空气-乙炔
Mg	285.2	紫外	
Mn	279.5	紫外	

将上述不同浓度系列 Fe、Mg、Mn 标准稀释液分别导入原子吸收分光光度计中，测定其吸收值。以各元素系列标准溶液的浓度与对应的吸光度绘制标准曲线。

3. 样品测定

在上述条件下，分别将样品消化液和试剂空白液导入原子吸收分光光度计，测定其吸收值。根据吸收值，从标准曲线上查出样品消化液及试剂空白液中 Fe、Mg、Mn 的浓度。

4. 计算

根据下式计算样品中各元素的含量：

$$x=\frac{(c-c_0)V\times 100}{m\times 1000}$$

式中，x 为样品中某元素的含量，mg/100g；c 为测定用样品中某元素的浓度，μg/mL；c_0 为试剂空白液中某元素的浓度，μg/mL；V 为被测试样的体积，mL；m 为样品的质量，g。

五、注意事项

1. 所用玻璃仪器应以 H_2SO_4-$K_2Cr_2O_7$ 洗液浸泡数小时，再用洗衣粉充分洗刷，然后再用水反复冲洗，最后用去离子水冲洗晒干或烘干，方可使用。

2. 微量元素分析的样品制备过程应特别注意防止各种污染。所用设备必须是不锈钢制品。所用容器必须使用玻璃或聚乙烯制品。样品取样后立即装容器密封保存，防止被空气中的灰尘和水分污染。

六、思考题

1. 叙述你在实验中使用的原子吸收分光光度计的型号、各部件的名称和功能，并写出最佳

测定条件。

2. 简述原子吸收分光光度法是如何实现多种微量元素同时测定的。

（撰写人：刘晓宇）

实验 1-27 蜂蜜中钾、磷等 17 种元素含量的 ICP-AES 法测定

一、实验目的

掌握采用电感耦合等离子体-原子发射光谱法（ICP-AES）同时测定蜂蜜中 K、P、Fe、Ca、Zn、Al、Na、Mg、B、Mn、Cu、Ba、Ti、V、Ni、Co、Cr 等 17 种元素含量的原理与方法。

二、实验原理

蜂蜜用 HNO_3-H_2O_2 在聚四氟乙烯（PTFE）消化罐内消化分解，稀释至一定体积后，将消化液喷入等离子体，并以此作光源，在等离子体光谱仪各元素相应波长处，测量其光谱强度，其强度与元素的含量成正比，通过与标准品比较可实现定量分析。

三、仪器与试材

1. 仪器与器材

电感耦合等离子体发射光谱仪、水浴锅、烘箱、聚四氟乙烯（PTFE）消化罐（内容积为 30mL，带不锈钢外套）。

2. 试剂

除特别注明外，实验所用试剂均为分析纯，水为去离子水或蒸馏水。

（1）常规试剂：HNO_3、H_2O_2。

（2）常规溶液：HNO_3 溶液（1＋3、1＋19，体积比）。

（3）17 种单元素标准溶液：按表 1-10 配制。

表 1-10 17 种单元素标准溶液的配制

序号	名称	浓度/(mg/mL)	配制方法
1	K	0.1	称取 0.191g 于 500～600℃灼烧至恒重的 KCl，溶于水，移入 1000mL 容量瓶中，稀释至刻度
2	P	0.1	称取 0.439g KH_2PO_4，溶于水，移入 1000mL 容量瓶中，稀释至刻度
3	Fe	0.1	称取 0.864g 硫酸铁铵[$NH_4Fe(SO_4)_2 \cdot 12H_2O$]，溶于水，加 10mL 硫酸溶液(25%)，移入 1000mL 容量瓶中，稀释至刻度
4	Ca	0.1	称取 0.250g 于 105～110℃干燥至恒重的 $CaCO_3$，溶于 10mL HCl 溶液(10%)，移入 1000mL 容量瓶中，稀释至刻度
5	Zn	0.1	称取 0.125g ZnO，溶于 100mL 水及 1mL H_2SO_4 中，移入 1000mL 容量瓶中，稀释至刻度
6	Al	0.1	称取 1.759g 硫酸铝钾[$KAl(SO_4)_2 \cdot 12H_2O$]，溶于水，加 10mL H_2SO_4 溶液(25%)，移入 1000mL 容量瓶中，稀释至刻度
7	Na	0.1	称取 0.254g 于 500～600℃灼烧至恒重的 NaCl，溶于水，移入 1000mL 容量瓶中，稀释至刻度。储存于聚乙烯瓶中
8	Mg	0.1	称取 0.166g 于 800℃±50℃灼烧至恒重的 $MgCl_2$，溶于 2.5mL HCl 及少量水中，移入 1000mL 容量瓶中，稀释至刻度
9	B	0.1	称取 0.572g 硼酸(H_3BO_3)，加 100mL 水，温热溶解，移入 1000mL 容量瓶中，稀释至刻度
10	Mn	0.1	称取 0.275g 于 400～500℃灼烧至恒重的无水 $MnSO_4$，溶于水，移入 1000mL 容量瓶中，稀释至刻度
11	Cu	0.1	称取 0.393g 硫酸铜($CuSO_4 \cdot 5H_2O$)，溶于水，移入 1000mL 容量瓶中，稀释至刻度
12	Ba	1	称取 0.178g 氯化钡($BaCl_2 \cdot 2H_2O$)，溶于水，移入 100mL 容量瓶中，稀释至刻度
13	Ti	1	称取 0.167g TiO_2，加 5g $(NH_4)_2SO_4$ 和 10mL H_2SO_4，加热溶解，冷却，移入 100mL 容量瓶中，稀释至刻度

续表

序号	名称	浓度/(mg/mL)	配制方法
14	V	1	称取0.230g偏钒酸铵(NH_4VO_3)，溶于水(必要时温热溶解)，移入100mL容量瓶中，稀释至刻度
15	Ni	1	称取0.673g硫酸镍铵[$NiSO_4 \cdot (NH_4)_2SO_4 \cdot 2H_2O$]，溶于水，移入100mL容量瓶中，稀释至刻度
16	Co	1	称取2.630g无水硫酸钴[用硫酸钴($CoSO_4 \cdot 7H_2O$)于500～550℃灼烧至恒重]，加150mL水，加热至溶解，冷却，移入1000mL容量瓶中，稀释至刻度
17	Cr	1	称取0.373g于105～110℃干燥1h的铬酸钾(K_2CrO_4)，溶于含有一滴NaOH溶液(100g/L)的少量水中，移入100mL容量瓶中，稀释至刻度

(4) Ti、V、Ba、Ni、Co、Cr 6种元素混合标准溶液：分别移取Ti、V、Ba、Ni、Co、Cr的单元素标准溶液1mL于100mL容量瓶中，以HNO_3溶液（1+3，体积比）稀释至刻度，转移到洁净聚乙烯瓶中备用。

(5) 16种元素混合标准溶液：此溶液以单元素标准溶液（见表1-10，钾除外）和6种元素混合标准溶液［见(4)］，按表1-11所示浓度，分别算出相当于10倍N_5的单元素标准溶液及6种元素混合标准溶液的体积，然后按计算得到的体积，分别取6种元素混合标准溶液［见(4)］和其他10种单元素标准溶液（见表1-10）于100mL容量瓶中，以HNO_3溶液（1+3，体积比）稀释至刻度，混匀，转移到洁净聚乙烯瓶中，备用。

表1-11　17种元素的标准系列溶液浓度

元素名称	标准系列溶液的浓度/(μg/mL)				
	N_1	N_2	N_3	N_4	N_5
K	0	14	28	56	70
P	0	4	8	16	20
Fe	0	1.5	3	6	7.5
Ca	0	1	2	4	5
Zn	0	1	2	4	5
Al	0	1	2	4	5
Na	0	1	2	4	5
Mg	0	1	2	4	5
B	0	0.1	0.2	0.4	0.5
Mn	0	0.1	0.2	0.4	0.5
Cu	0	0.1	0.2	0.4	0.5
Ba	0	0.01	0.02	0.04	0.05
Ti	0	0.01	0.02	0.04	0.05
V	0	0.01	0.02	0.04	0.05
Ni	0	0.01	0.02	0.04	0.05
Co	0	0.01	0.02	0.04	0.05
Cr	0	0.01	0.02	0.04	0.05

(6) 标准系列溶液：分取0、2mL、4mL、8mL、10mL 16种元素混合标准溶液［见(5)］于5个100mL容量瓶中（对应的浓度分别标为N_1～N_5），并按表1-11计算加入所需K单元素标准溶液（见表1-10）的体积于各容量瓶中，以HNO_3溶液（1+19，体积比）稀释至刻度，混匀转移到洁净聚乙烯瓶中，备用。

3. 实验材料

2～3种不同品牌的蜂蜜，各1000g。

四、实验步骤

1. 样品的准备

对无结晶的蜂蜜样品，将其搅拌均匀。对有结晶的蜂蜜样品，在密闭情况下，置于不超过60℃的水浴中温热，振荡，待样品全部融化后搅匀，迅速冷却至室温。分出500g作为试样。制备好的试样置于样品瓶中，密封，并标记。

2. 样品消化

(1) 称取1.2000g样品，置于PTFE消化罐内，加入3mL HNO_3、3mL H_2O_2，摇动消化罐混匀，放置24h以上，其间不定时摇动消化罐3～4次。

(2) 将PTFE消化罐放入不锈钢外套中，旋紧顶盖，放入烘箱中，于90℃（±5℃）恒温2h。

(3) 待消化罐冷却至室温后，取出PTFE消化罐，将溶液转入25mL容量瓶中，以HNO_3溶液（1+19，体积比）稀释至刻度，混匀，转移到聚乙烯瓶中，备用。

(4) 以相同量的HNO_3、H_2O_2按上述操作进行试剂空白实验。

3. 标准曲线的绘制

各元素的测定波长见表1-12。

表1-12　17种元素的测定波长

元素	测定波长/nm				元素	测定波长/nm			
K	766.490				Mn	257.610	260.569	293.300	
P	213.618	178.287			Cu	327.396	324.754		
Fe	259.940	240.488	271.402	238.204	Ba	455.403	493.41	230.424	233.527
Ca	317.933	393.360			Ti	337.280	334.941	368.520	323.452
Zn	213.856	206.100			V	311.071	310.230	292.40	
Al	394.401	396.152	308.202	256.8	Ni	231.604	221.649		
Na	589.592				Co	228.616	238.892		
Mg	279.553	285.213			Cr	267.716			
B	208.959	249.678	182.589						

将仪器调节至最佳工作状态，按顺序测定标准系列溶液N_1～N_5（见表1-11）的光谱强度，以净光谱强度为因变量，元素浓度（μg/mL）为自变量进行线性回归，绘制标准曲线，计算出截距（a）、斜率（b）和线性相关系数（r）。

4. 样品测定

按标准曲线绘制时的测定条件，测定样品消化液与试剂空白液中各待测元素的光谱强度，从标准曲线上查出各相应组分的浓度。对于元素含量超出标准曲线浓度范围的样品，可定量稀释后再测定。

5. 计算

按下式计算各元素的含量：

$$x=\frac{(c_L-c_0)V}{m}$$

式中，x为被测元素的含量，mg/kg；c_L为样品溶液中被测元素的浓度，μg/mL；c_0为试剂空白溶液中被测元素的浓度，μg/mL；V为被测试液的体积，mL；m为样品的质量，g。

五、注意事项

在元素标准溶液的配制过程中，应该保证称量的准确性，并注意避免相互污染。

六、思考题

1. 简述ICP的工作原理。

2. 写出你实验中所使用的电感耦合等离子体发射光谱仪的型号、各部件的名称与功能。

（撰写人：刘晓宇）

参考文献

[1] Darwish I A, Blake D A. One-step competitive immunoassay for cadmium ions: development and vali-

dation for environmental water samples. Analytical Chemistry，2001，73（8）：1889-1895.
[2] Johnson D K，Combs S M，Parsen J D，et al. Lead analysis by antichelate fluorescence polarization immunoassay. Environmental Science & Technology，2002，36：1042-1047.
[3] Khosraviani Mehraban，Pavlov A R，Flowers G C，et al. Detection of heavy metals by immunoassay：Optimization and validation of a rapid，portable assay for ionic cadmium. Environmental Science & Technology，1998，32（1）：137-142.
[4] 北京大学化学系仪器分析教学组．仪器分析教程．北京：北京大学出版社，1997.
[5] 车振明．食品安全与检测．北京：中国轻工业出版社，2007.
[6] 范衍琼，林小葵，李玉萍．流动注射氢化物发生原子吸收分光光度法测定水中砷．中国卫生检验杂志，2001，11（3）：307，315.
[7] 刘珍．化验员读本：下册：仪器分析．第4版．北京：化学工业出版社，2006.
[8] 刘志广，张华，李亚明．仪器分析．大连：大连理工大学出版社，2007.
[9] 刘清毅，梁标．砷的致突变、致癌及致畸性．中国工业医学杂志，2004，（5）：321-322.
[10] 孙毓庆．现代色谱法及其在药物分析中的应用．北京：科学出版社，2006.
[11] 钱建亚，熊强．食品安全概论．南京：东南大学出版社，2006.
[12] 舒友琴，袁道．毛细管离子分析法测定茶叶中的锌、锰、铜、铅和镉．茶叶科学，2005，25（2）：121-125.
[13] 吴莉．电感耦合等离子体-质谱/发射光谱法测定生物样品、中药及水样中的微痕量元素：[博士学位论文]．成都：四川大学，2007.
[14] 谢忠信．X射线光谱分析．北京：科学出版社，1982.
[15] 谢连宏．食品中铅的红外消解-氢化物发生-原子吸收光谱测定法．环境与健康杂志，2007，11（24）：919-920.
[16] 杨洁彬等．食品安全性．北京：中国轻工业出版社，1999.
[17] 杨祖英，马永健，常凤启．食品检验．北京：化学工业出版社，2001：3，242.
[18] 张文德．海产品中砷的形态分析现状．中国食品卫生杂志，2007，19（4）：345-350.
[19] GB 5009.15—2003 食品中镉的测定：石墨炉原子吸收光谱法．
[20] GB/T 602—2002 化学试剂杂质测定用标准溶液的制备方法．
[21] GB/T 5009.11—2003 食品中总砷及无机砷的测定．
[22] GB/T 5009.14—2003 食品中锌的测定．
[23] GB/T 5009.17—1996 食品卫生检验方法　食品中总汞及无机汞的测定．
[24] GB/T 5009.90—2003 食品中铁、镁、锰的测定．
[25] GB/T 5009.93—2003 食品中硒的测定．
[26] GB/T 5009.92—2003 食品中钙的测定．
[27] GB/T 18932.11—2002 蜂蜜中钾、磷、铁、钙、锌、铝、钠、镁、硼、锰、铜、钡、钛、钒、镍、钴、铬含量的测定方法——电感耦合等离子体原子发射光谱（ICP-AES）法．

第二章　食品中农药残留的检测

第一节　概　　述

一、农药的定义和种类

农药（pesticides）主要是指用于防治危害农、林、牧业生产中的害虫、害螨、线虫、病原菌、杂草及鼠类等有害生物和调节植物生长的化学药品或生物制品。它是现代农业生产中必不可少的重要生产资料。据统计，农药的正确使用可使粮食增产10%、棉花增产20%、水果增产40%。农药在农牧业的增产、保收和保存以及人类传染病预防和控制等方面都发挥了重要作用。

农药的种类繁多，并且发展变化很快。根据农药的化学成分、防治对象、作用机理和使用形式等的不同，可将其分成很多种类。

根据化学成分的不同，农药可以分成矿物源农药（pesticides of fossil origin）、有机合成农药（synthetic organic pesticides）和生物源农药（biogenic pesticides）。矿物源农药是指有效成分来源于矿物无机化合物和石油的农药的总称，包括砷化物、硫化物、氟化物、磷化物和石油乳剂等。有机合成农药是指由人工合成并由有机化学工业生产的一类农药。这类农药按其化学成分又可分为有机氯农药（organochlorine pesticides）、有机磷农药（organophosphorus pesticides）、氨基甲酸酯农药（carbamate pesticides）、拟除虫菊酯农药（pyrethroid pesticides）等。有机合成农药的结构复杂、种类繁多、应用广泛、药效高，是现代农药的主体。生物源农药是指直接利用生物产生的天然活性物质或生物活体开发的农药。此类农药一般具有靶标专一性强的特性，使用后对人畜和非靶标生物相对安全，且较易在环境中降解消失，所以对环境和生态的不良影响小。

根据防治对象的不同，农药可分为杀虫剂（pesticide）、杀螨剂（acaricide）、杀菌剂（fungicide）、杀线虫剂（nematocide）、杀软体动物剂（molluscide）、杀鼠剂（rodenticide）、除草剂（herbicide）、脱叶剂（defolian）、植物生长调节剂（plant growth regulator）等。顾名思义，杀虫剂的防治对象是害虫；杀螨剂的防治对象是红蜘蛛、二斑叶螨、锈壁虱等；杀菌剂的防治对象是农作物病原菌，包括真菌、细菌及病毒等；除草剂的防治对象是杂草；以此类推。其中以杀虫剂应用最广，用量最大，也是毒性较大的一类农药，其次是杀螨剂、杀菌剂和除草剂。

根据作用机理的不同，农药可以分为胃毒剂、触杀剂、熏蒸剂、内吸剂、引诱剂、驱避剂、拒食剂和不育剂等。胃毒剂是指昆虫通过摄食带药的作物，经消化器官吸收药剂后显示毒杀作用的药剂。触杀剂是指药剂接触到虫体后，经昆虫体表侵入体内而发生毒效作用的一类药剂。熏蒸剂是指药剂以气体状态分散于空气中，通过昆虫的呼吸道进入虫体而使其致死的药剂。内吸剂是指药剂被植物的根、茎、叶或种子吸收，在植物体内传导分布于各部位，当昆虫吸食这种植物的液汁时，药剂被吸入虫体内而使其中毒死亡。引诱剂指药剂能将昆虫诱集在一起，以便捕杀或用杀虫剂毒杀。驱避剂是将昆虫驱避开来，使作物或被保护对象免受其害的一类农药。拒食剂是指昆虫受药剂作用后拒绝摄食，从而饿死的一类农药。不育剂指在药剂作用下，昆虫丧失生育能力，从而降低虫口密度。

此外，农药还可以根据使用形式分为喷雾剂（spraying agent）、粉剂（dust）、颗粒剂（granule）、气剂（gas agent）、熏烟剂（smoking agent）、烟雾剂（aerosol）和糊状剂（paste）等。关于这些名词，顾名思义就可以理解，此处不再赘述。

二、农药残留及其危害

近年来，随着化学工业的发展和农药使用范围的扩大，农药的数量和品种都在不断地增加。20世纪60年代，世界农药年产量约400万吨，90年代超过3000万吨，21世纪初超过5000万吨，并有逐年增长的趋势。目前，世界各国的化学农药品种为1400多种，农药剂型上万个，进入工业化生产和实际应用的有500多种，作为基本品种使用的有40多种。根据农药对实验动物的半数致死剂量（LD_{50}），可将农药分为高毒、中毒、低毒、微毒四类（见表2-1）。

表2-1 农药的毒性分级

毒性分级	LD_{50}/(mg/kg)	对人危害剂量/g	举例及大鼠经口LD_{50}/(mg/kg)
高毒	<1～50	≤3	3911(甲拌磷,21)、1605(对硫磷,13)、1059(内吸磷,6)、狄氏剂(6～15)、赛力散(3)
中毒	50～500	3～30	三硫磷(小白鼠,69)、艾氏剂(55)、敌敌畏(80)、七氯(14～60)、砷酸铅(100)、林丹(丙体-六六六,125)、1240(乙硫磷,208)、敌百虫(450)、二二三(250)
低毒	500～5000	30～300	氯丹(457～590)、福美锌(1400)、除虫菊(1500)、马拉硫磷(1400～5000)
微毒	5000～15000	>300	代森锌(5200)、福美双(8600)

人和动物对高毒农药极少量接触就会引起中毒或死亡；中毒、低毒农药虽然毒性较低，但接触过多，或中毒后抢救不及时，也可能导致死亡。

应该说农药的发明和使用为保障和提高世界食物安全做出了巨大贡献。目前使用的农药，除了有机氯类等少数农药外，大多数都能在较短时间内降解成为无害物质，所以科学合理地使用农药是必要的，对环境的影响也是有限的。但是，不合理和超范围地使用农药，不仅可以造成农产品和食品中农药残留超标，而且也势必对江河湖海、土壤等环境产生污染。所谓农药残留（pesticide residue），指农药使用后残存在生物体、食品（农产品）和环境中的微量农药原体、有毒代谢物、降解物和杂质的总称。残留的农药具有一定的毒性，是一种重要的化学危害物，可直接或通过间接途径（大气、水、土壤）进入粮食、蔬菜、水果、鱼、虾、肉、蛋、奶中，造成食物污染，危害人畜健康和安全。

大量流行病学调查和动物实验研究结果表明，农药对人体的危害主要包括急性毒性（acute toxicity）和慢性毒性（chronic toxicity）。急性毒性是由于较大剂量地接触高毒性的农药引起的。人们在生产和使用农药的过程中，由于经常性大量接触农药，以农药为毒剂自杀或他杀，误食与误服农药，食用高农药残留的蔬菜和瓜果，或者食用因农药中毒而死亡的畜禽肉和水产品等都可能引起急性中毒。中毒后常出现神经系统功能紊乱和胃肠道症状，严重时会危及生命。引起急性中毒的农药主要是高毒类杀虫剂、杀鼠剂和杀线虫剂，尤其是高毒的有机磷和氨基甲酸酯等杀虫剂。慢性毒性主要是由于长期食用农药残留较高的食品引起的。长期食用这样的食品，农药可以在人体内逐渐蓄积，从而导致机体生理功能紊乱，损害神经系统、内分泌系统、生殖系统、肝脏和肾脏，影响机体酶活性，降低机体免疫功能，引起结膜炎、皮肤病、不育、贫血等疾病。慢性中毒的过程缓慢，症状短时间内不很明显，容易被人们所忽视，所以危害性更大。动物实验表明，有些农药还具有致癌、致畸和致突变作用，或者具有潜在的“三致”作用。表2-2是具有潜在“三致”作用的一些农药品种。

表2-2 具有潜在“三致”作用的部分农药品种

危害	农药种类		
	杀虫剂	杀菌剂	除草剂、植物生长调节剂
动物“三致”实验阳性，作用剂量大，在环境中存在少	涕灭威、双甲脒、溴硫磷、氧化乐果、硫胺、灭螨猛、甲基内吸磷、久效磷	苯菌灵、百菌清、灭菌丹、氟菌唑	甲草胺、阔叶净、西玛津、矮壮素、乙烯利
动物“三致”实验阳性，作用剂量小，在环境中存在多	甲萘威、敌敌畏、敌百虫、乐果、杀螨特	克菌丹、三环锡、代森锌、代森锰、代森锰锌、福美双、福美锌、五氯硝基苯	氟草净、2,4-D、氟乐灵、燕麦敌、拿草特、除草醚、乙氧氟草醚

三、农药残留的分析方法

应该说按照正确的方法科学合理地使用农药，农药残留的危害是能够得到很好控制的。但是，过去由于盲目追求高产，致使农药滥用，从而导致食物中农药残留严重，危及食品安全和人类健康。为此，世界各国都制定了食物中农药残留的最大允许含量，并建立了各种检测方法。

目前农药残留的分析方法包括色谱学方法（chromatographic method）、生物学方法（biological method）、酶抑制方法（enzyme inhibitory method）和免疫学方法（immunological method）。其中，色谱学分析方法包括薄层色谱法（thin layer chromatography，TLC）、气相色谱法（gas chromatography，GC）、高效液相色谱法（high performance liquid chromatography，HPLC）、超临界流体色谱法（supercritical fluid chromatography，SFC）、毛细管电泳法（capillary electrophoresis，CE）以及色质联用法等。这类方法，除了TLC外，都需要比较昂贵的仪器设备。生物学方法是基于农药残留对微生物（如发光细菌）和动物（如苍蝇、水蚤）有抑制和杀灭作用，而且农药残留量与其对生物的影响程度之间存在一定剂量关系而建立的方法。酶抑制方法是基于某些农药（如有机磷农药）对某些酶（如胆碱酯酶）的活性有抑制作用，并且存在较好的量效关系而建立的方法。而免疫学方法是基于抗原抗体反应而建立的方法。由于酶抑制方法和免疫学方法具有操作简便、检测时间短等特点，所以又称为快速检测方法。下面将对这些方法分别进行简要介绍。

（一）色谱分析法

色谱法（chromatography）是根据样品各组分在固定相和流动相间的溶解、吸附、分配、离子交换或亲和作用的差异而建立起来的分离分析方法。

1906年，俄国植物学家茨维特（Tswett）将$CaCO_3$装在竖立的玻璃柱中，从顶端倒入植物色素的石油醚提取液，并用石油醚冲洗，在柱的不同部位形成一个个带有颜色的谱带，Tswett把这些谱带叫色谱，管内填充物称为固定相（stationary phase），冲洗液称为流动相（mobile phase），这是最早的色谱学方法。典型的色谱法是利用物质在流动相与固定相之间的分配系数的差异来实现分离的。当两相相对运动时，样品各组分在两相中多次分配，分配系数大的组分迁移速率慢，分配系数小的组分迁移速率快，各组分因迁移速率不同而得到分离。

色谱学方法经过100多年的实践，已经得到了很大的发展，并衍生出很多种类。目前，用于农药残留的色谱学方法主要有薄层色谱法（TLC）、气相色谱法（GC）、高效液相色谱法（HPLC）、超临界流体色谱法（SFC）、毛细管电泳法（CE）和色谱与质谱联用法等。

1. 薄层色谱法

(1) 定义、分类和特点

薄层色谱法（thin layer chromatography，TLC）是20世纪40年代末发展起来的一种微量的色谱分析技术，因分离是在一平面薄层上进行的，故名。1938年，Izmailor和Schraiber在显微镜载玻片上涂布氧化铝薄层，将欲分离的物质点样于薄板上，用毛细管吸取展开剂垂直放于样点中心，展开剂自毛细管流出，从而成功地分离了多种植物酒精提取物中的成分。20世纪50年代，Kirchner及Miller等在前人研究的基础上，以硅胶为吸附剂、石膏为黏合剂，将硅胶涂布于玻璃板上制成薄层，并进行物质的分离，这也是现代意义上的薄层色谱法。

根据固定相的性质和分离机理的不同，TLC可分为吸附薄层法（adsorption TLC）、分配薄层法（distribution TLC）、离子交换薄层法（ion exchange TLC）等，其中，以吸附薄层法和分配薄层法的应用最为广泛。下面对它们的分离机理分别进行简要介绍。

① 吸附薄层法。把固定相（吸附剂）均匀地涂布在表面光滑的薄层板上，把待分析的试样溶液点在薄层板一端的适当位置上，这一过程称为点样，样液点称为原点。然后将薄板放在密闭的展开槽（chamber）里，将点样端浸入适宜的溶剂中，借助于薄层板上吸附剂的毛细管作用，溶剂载着被分离组分向前移动，这一过程称为展开（development），所用溶剂称为展开剂（developing solvent）。展开时，样品中各组分在固定相与展开剂之间发生连续的吸附、解吸、再吸附、再解吸。由于固定相对不同组分的吸附能力不同，易被吸附的组分相对移动得慢，而难被吸

附的组分则相对移动快，经过一段时间，当展开剂前沿到达预定位置后，取出薄层板，吸附力不同的组分在薄层板上可形成彼此分离的斑点。如果组分为无色物质，可通过物理或化学方法显色后定位。

② 分配薄层法。分配薄层法以液体为固定相。液体固定相被预先附着在载体（一种多孔的化学惰性固体物质）上，然后涂布固定相制板，点样展开，由于被分析物质各组分在固定相和展开剂之间溶解度不同，即分配系数不同，从而被展开剂携带移动的速度也不同，最终将不同组分分离。

③ 离子交换薄层法。离子交换薄层法以离子交换树脂为固定相，通常将离子交换树脂粉碎成 200～400 目，再涂布在玻璃、金属薄板等的表面制成薄层板，点样展开。被测物质的各组分与离子交换树脂进行离子交换，交换能力强的组分先交换，交换能力差的组分被展开剂带走后再交换，从而使不同组分分离。

在薄层色谱中，通常用比移值（retardation factor，R_f）来表示组分在薄层板上的保留情况。

$$R_f=\frac{\text{原点至展开斑点中心的距离}}{\text{原点至溶剂前沿的距离}}$$

若 $R_f=0$，表示组分留在原点不动，即该组分不随展开剂移动；若 $R_f=1$，表示该组分不被吸附剂保留，随展开剂迁移到溶剂前沿，故 R_f 的大小在 0～1 之间。通常适于分离的 R_f 应在 0.2～0.8 之间。

R_f 值的大小受很多因素的影响。例如，固定相的类型与含水量、薄层板的厚度、展开剂的极性、展开距离、点样量、展开时间、温度、展开槽中溶剂蒸气的饱和程度等。由于很难控制待测组分的实验条件与文献上的实验条件完全一致，因此，在实际工作中常将试样与参考物纯品（标准品）点于同一薄层板上，于完全相同的条件下进行操作和测定，根据测得的相对比移值（$R_{f,s}$）进行确证。

$$R_{f,s}=\frac{\text{原点至被测组分斑点中心的距离}}{\text{原点至参考物斑点中心的距离}}$$

从上式可知，R_f 与 $R_{f,s}$不同，$0\leqslant R_f\leqslant 1$，而 $R_{f,s}$可以大于 1，也可以小于 1。测定时，将被测样品与参考物同时展开。采用 $R_{f,s}$进行定性，可以消除一些系统误差。

TLC 作为一种成熟的、应用较广泛的微量快速检测方法，在农药残留测定中有其独特的用处。TLC 既是重要的分离手段，又是定性、定量的分析方法。它的特点是：①操作方便，仪器设备简单；②分离能力强，斑点集中，样品用量少；③可在一块薄层板上同时分析几个甚至几十个样品；④分离组分保留在薄层板上，提供重复测定和核实的机会；⑤灵敏度高（最低检出量为 0.01～0.1ng），分析速度较快。

（2）TLC 在农药残留分析中的应用

目前，TLC 广泛应用于有机磷类、氨基甲酸酯类、拟除虫菊酯类和有机氯类等杀虫剂残留的分析。

在农药中毒事件生物样品的常规法医分析中，用己烷-丙酮-甲醇（8+3+0.5，体积比）作为流动相，在硅胶上，以硫代巴比妥酸作为显色试剂，采用 TLC 可以选择性检测敌敌畏，产生的斑点为粉红色。Rawat 和 Bhardwaj 等用不同的展开剂在含有氢氧化锡的薄层板上成功分离了马拉硫磷、磷胺、毒死蜱、久效磷、乐果和甲基 1059。也有人在对市场上出售的水果进行农药残留检测时，用正己烷-乙醇-丙酮（3+1+1，体积比）与环己烷-氯仿（1+1，体积比）作为流动相，在 GF_{254} 薄层板上成功地展开了对硫磷。

在氨基甲酸酯类农药残留的检测中，用六氰高铁酸锌作为显色剂，对残杀威、甲萘威、克百威等氨基甲酸酯类农药进行薄层色谱分析，检测极限可达 1～2μg/色斑。

在拟除虫菊酯类杀虫剂残留的检测中，以正己烷-苯-丙酮（8+2+1，体积比）为展开剂，以 2-正磷酸-丹宁酸的丙酮溶液为显色剂，可以实现对氯氰菊酯、氰戊菊酯、甲氰菊酯、氯氟氰菊酯、氟氰戊菊酯与烯丙菊酯残留的分析。另外，在拟除虫菊酯类农药水解产物的薄层色谱分析中，以正己烷-乙酸乙酯（1＋1，体积比）、乙酸乙酯-石油醚（4＋6或3＋7，体积比）或乙酸乙酯-石油醚-乙酸（20＋79.9＋0.1或30＋69＋1，体积比）等为展开剂展开后，将薄板置于碘蒸气中，或以0.03%高锰酸钾溶液与1%硝酸银溶液喷雾显色，于紫外灯下观察，能实现定性和定量分析。

在有机氯农药残留分析中，以苯-氯仿-丙酮（5＋5＋1，体积比）为流动相，以5% *N*-(1-萘基)乙二胺二盐酸化物为显色剂，可以检测蜂蜜中有机氯农药残留，最小检出量达10ng。

另外，20世纪80年代诞生的高效薄层色谱法（high performance TLC，HPTLC）是在普通薄层色谱法基础上发展起来的一种更为灵敏、精细的薄层技术。以正己烷-丙酮（4＋1，体积比）、甲苯和甲醇-水（7＋3，体积比）三种不同展开剂，在GF_{254} HPTLC薄板上可分离25种常用的有机磷农药引起人类急性中毒后在血浆中的残留。其中，敌敌畏、杀螟硫磷、马拉硫磷、杀扑磷、对硫磷、敌百虫的检测限分别1.1μg/mL、0.12μg/mL、0.12μg/mL、0.05μg/mL、0.6μg/mL和0.1μg/mL。而Werner Funk等人在HPTLC板上成功展开了10种常见的有机磷农药，通过衍生化等前处理后，部分农药检测限可达10ng。目前，世界上许多国家采用自动化多通道展开技术，用HPTLC可定量检测饮水中256种农药残留。此外，TLC与HPLC、GC等的联用，已被众多研究者用来分析不同的物质。当一些介质的组成非常复杂，而其中的农药残留含量又极微量时，直接采用HPLC分析困难较大，如果将农药残留的粗提液在薄层板上进行分离与纯化后，再进行HPLC分析，可得到清晰的图谱。同样，先将样品在薄层板上分离，收集欲测组分的斑点，经洗脱衍生化后，将样品溶液注入气相色谱仪中进行分离及鉴定，也可以得到较满意的结果。

总之，随着TLC的发展，特别是HPTLC与自动化和多维展开技术的应用，使TLC在农药残留的检测中发挥着越来越重要的作用。

2. 气相色谱法

(1) 定义与分类

气相色谱法（gas chromatography，GC）是以气体为流动相的色谱法，1952年由马丁（Mattin）、辛格（Synge）以及詹姆斯（James）等首次建立。根据固定相的物质形态不同，GC可分为气固色谱法（gas-solid chromatography，GSC）和气液色谱法（gas-liquid chromatography，GLC）两类。按色谱柱的粗细和填充情况，GC可分为填充柱色谱法和开管柱色谱法两种。填充柱（packed column）是将固定相填充在内径通常为4mm的金属或玻璃管中；开管柱（open tubular column）是将固定相涂布于柱管内壁，中空，所以又称为空心柱。由于开管柱的内经通常只有0.1～0.5mm，所以又称为毛细管柱（capillary column）。按分离机制，GC可分为吸附色谱法和分配色谱法。GLC属于分配色谱法，而GSC由于固定相常用吸附剂，因此多属于吸附色谱法。

(2) 气相色谱仪的基本组成及其工作原理

气相色谱仪（gas chromatograph）包括气路系统、进样系统、分离系统、温控系统和检测系统等五大系统。气路系统是一个载气连续运行、管路密闭的系统，包括气源、气体净化器、供气控制阀门和仪表，其作用是把试样输送到色谱柱和检测器。进样系统包括进样装置和汽化室，其作用是将液体或固体试样在进入色谱柱前瞬间汽化，并快速定量地转入到色谱柱中。分离系统主要是色谱柱，它由柱管和装填在其中的固定相等所组成，其作用是将样品中各组分分离。温控系统是用来设定、控制和测量色谱柱、汽化室、检测室的温度装置。检测系统包括检测器、放大器、记录器，其作用是把经色谱柱分离后的各组分的浓度变化转变成易于测量的电信号，如电流、电压等，然后输送到记录器记录成色谱图。图2-1是气相色谱仪的结构示意图。

气相色谱仪的工作原理是被分析样品（气体或液体与固体汽化后）的蒸气在流速保持一定的惰性气体（称为载气，即流动相）的带动下进入填充有固定相的色谱柱，在色谱柱中样品被分离成一个个组分，并以一定的先后次序从色谱柱流出，进入检测器，组分的浓度被转变成电信号，经放大后，被记录器记录下来，在记录纸上得到一组曲线图，称为色谱峰，根据色谱峰的位置和

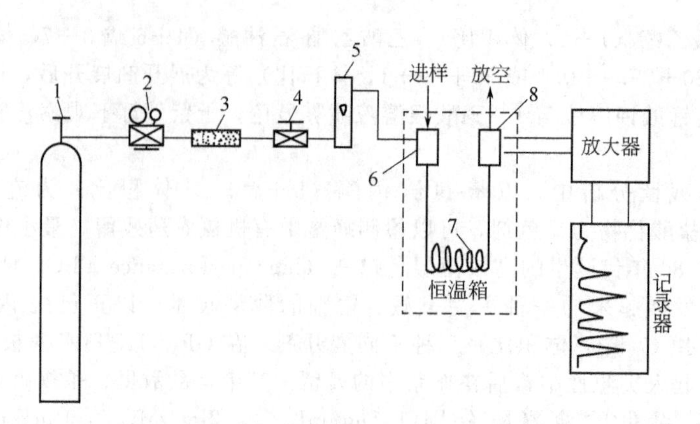

图 2-1 气相色谱仪的结构示意图

1—载气气源；2—减压阀；3—净化器；4—气流调节阀；
5—转子流速计；6—汽化室；7—色谱柱；8—检测器

峰高或峰面积，与标准品进行比较，就可以定量待测样品中各个组分的含量。下面对气相色谱仪的色谱柱和检测器分别进行简要介绍。

色谱柱（chromatographic column）是气相色谱仪的核心部件，样品的分离过程在柱内进行。如前所述，色谱柱分为填充柱和开管柱，其中开管柱由于内径小所以又称为毛细管柱。现在有的填充柱内径也可以做得与开管柱一样大小，所以被称为填充毛细管柱（packed capillary column）和微填充柱（micropacked column）。

检测器（detector）是将流出色谱柱的载气中被分离组分的浓度（或物质的量）变化转变为电信号（电压或电流）的装置。根据响应原理的不同，气相色谱检测器可分为浓度型检测器和质量型检测器两类。浓度型检测器，测量的是载气中组分瞬间浓度的变化，即检测器的响应值和流动相中组分的瞬间浓度成正比，而与载气流速无关，载气流速只影响出峰快慢，流速大出峰快，流速小出峰慢。热导检测器（thermal conductivity detector，TCD）和电子捕获检测器（electron capture detector，ECD）均属于浓度型检测器。质量型检测器，测量的是载气中组分质量比率的变化，即检测器的响应值和单位时间进入检测器的组分质量成正比，也与载气流速无关。氢火焰离子化检测器（hydrogen flame ionization detector，FID）、火焰光度检测器（flame photometric detector，FPD）和热离子检测器（thermoionic detector，TID）等均属于质量型检测器。

据统计，目前有几十种气相色谱检测器产品，下面仅对上面提到的几种常用检测器进行简要介绍。

热导池检测器（TCD）是利用被检测组分与载气热导率的差别来检测组分浓度变化的检测器。TCD是一种通用型的检测器，具有构造简单、测定范围广、稳定性好、线性范围宽、样品不被破坏等优点，但检测灵敏度低。

电子捕获检测器（ECD）是利用电负性物质（即容易捕获电子形成负离子的物质）捕获电子的能力，通过测定电子流的变化来实现检测的检测器。ECD具有灵敏度高、选择性好的优点，是一种专属型的检测器，对含卤素、硫、氧、羰基、氨基等的化合物有很高的响应，是目前分析痕量电负性有机化合物最有效的检测器，但其线性范围窄，分析重现性较差。

氢火焰离子化检测器（FID）是利用有机物在氢火焰的作用下，电离形成离子流，通过分析离子流强度实现检测的一种检测器。FID具有灵敏度高、响应快、线性范围宽等优点，是目前最常用的检测器之一。但这种检测器是专属型检测器，一般只能测定含碳有机物，而且检测时样品会被破坏。

火焰光度检测器（FPD）是把FID和光度计结合在一起的检测器。它有两个相互分开的空气-氢气火焰，下边的火焰把样品分子转化成燃烧产物，其中含有相对简单的分子，如 S_2 和 HPO（氢磷氧）；上面的火焰使它们处于激发态碎片（S_2^* 和 HPO^*）。当这些处于激发状态的物质返回基态时辐射出特定波长的光谱，通过光电倍增管可以测量其强度，光强与样品的质量流速成正比。FPD是灵敏度很高的选择性检测器，广泛地用于含硫、磷化合物的分析。

热离子检测器（TID），早期也称为碱焰离子化检测器（alkali flame ionization detector，AFID）。因为其对含氮、磷的有机物特别敏感，所以又称为氮磷检测器（nitrogen phosphorus detector，NPD）。TID与FID极为相似，不同之处是在火焰喷嘴上方有一个含有K、铷（Rb）或铯（Cs）的碱金属盐的陶瓷珠，所以TID本质上是在FID的火焰上加碱金属盐。碱金属盐的种类对检测器的可靠性和灵敏度有影响。一般地，可靠性的优劣次序是K＞Rb＞Cs，对氮气的灵敏度顺序是Rb＞K＞Cs。

(3) GC的特点及其在农药残留检测中的应用

GC的优点：①分离效率高。GC常采用内径小的毛细管色谱柱（特别是开管柱），以气体为流动相，传质速率高，能获得很高的柱效，适用于分离多组分的复杂混合物。②分析速度快。气相色谱法以气体作为流动相，黏度小，气体迁移速率高，因此分析速度快，一般几分钟即可完成一个分析周期。③灵敏度高。气相色谱采用高灵敏度的检测器，最低检测限达10^{-7}～10^{-14}g，最低检出浓度为μg/kg级，适用于痕量分析。④样品用量小。气相色谱样品用量少，一次进样量为1～100ng即可。分析样品可以是气体、液体或固体，只要在－190～500℃温度范围内有0.2～10mmHg[1]蒸气压，且热稳定的物质均可用气相色谱法分析。

GC的主要缺点是要求样品能够汽化，对沸点太高的物质（500℃以上）和热稳定性差的物质都难以应用气相色谱法进行分析。

GC于20世纪60年代初开始用于农药残留分析，由于它具有操作简便、分析速度快、分离效能高、灵敏度高、应用范围广及可以同时分离分析多种组分等优点，因此在农药残留检测中得到非常成功和广泛的应用。目前，80%以上的农药残留均可采用GC来进行分析。应用GC测定农药残留的关键是如何选择检测器。例如，ECD适用于有机氯、拟除虫菊酯等农药残留的分析；FPD适用于有机磷、有机硫、有机锡等农药残留的分析；而NPD因其对N和P具有良好的选择性，常用于有机磷和氨基甲酸酯类农药残留的分析。

3. 高效液相色谱法

(1) 定义与分类

高效液相色谱法（high performance liquid chromatography，HPLC）是基于流动相中的各组分与固定相发生作用的强弱不同以及在固定相中滞留时间不同的原理进行分离分析的方法。它是在20世纪60年代末，以经典液相色谱法为基础，引入了气相色谱的理论与实验方法而发展起来的。HPLC与经典液相色谱法的主要区别是流动相改为高压输送、采用高效固定相、实行在线检测等。HPLC具有分离效能高、分析速度快及应用范围广等特点，所以HPLC又被称为高速液相色谱法（high speed LC，SPLC）、高压液相色谱法（high pressure LC，HPLC）和高分辨液相色谱法（high resolution LC，HRLC）。当前，色谱工作者普遍采用高效液相色谱法（high performance LC，HPLC）的名称，因为它反映了该法高柱效、高灵敏度、高选择性的特点。

关于HPLC的分类，有不同的分类依据。依据固定相的状态可分为液液色谱法（liquid-liquid chromatography，LLC）和液固色谱法（liquid-solid chromatography，LSC）两大类。LLC是指流动相与固定相都是液体的色谱法。它是依据样品组分溶入固定相与流动相达到平衡后分配系数的差别来进行分离的，全称为液液分配色谱法（liquid-liquid partition chromatography，LLPC），简称液液色谱法。LSC是流动相为液体，固定相为固体吸附剂，依据样品组分吸附作用的不同而进行分离的色谱法，全称为液固吸附色谱法（liquid-solid adsorption chromatography，LSAC），简称液固色谱法。

根据分离机制的不同，HPLC可以分为液液分配色谱法（LLPC）、液固吸附色谱法（LSAC）、离子交换色谱法（ion exchange chromatography，IEC）、离子对色谱法（ion pair chro-

[1] 1mmHg＝133.322Pa，后同。

matography，IPC)、离子色谱法（ion chromatography，IC）和空间排阻色谱法（steric exclusion chromatography，SEC）等。其中，前两种色谱法在前面已经介绍了，下面仅对后面几种色谱法进行简要的叙述。

离子交换色谱法（IEC）是以离子交换剂为固定相，以缓冲溶液为流动相，借助样品中电离组分对离子交换剂亲和力的不同，达到分离离子型或可离子化的化合物的目的。IEC 中常用的离子交换剂有以交联聚苯乙烯为基体的离子交换树脂和以硅胶为基体的键合离子交换剂。流动相为含水的缓冲溶液，主要用于分离离子或可离解的化合物，如无机离子、有机酸、有机碱、氨基酸、核酸和蛋白质等。

离子对色谱法（IPC）是在固定相上涂渍或在流动相中加入与溶质分子电荷相反的离子对试剂，来分离离子型或可离子化的化合物的方法。IPC 又可分为正相 IPC 和反相 IPC，目前广泛应用的是后者。反相 IPC 是把离子对试剂（如烷基铵类、烷基磺酸类）加至极性流动相中，被分析的样品离子在流动相中与离子对试剂（反离子）生成不带电荷的中性离子对，从而增加了样品离子在非极性固定相中的溶解度，使分配系数增加，改善分离效果。IPC 适用于有机酸、碱、盐以及用 IEC 无法分离的离子和非离子混合物的分离。

离子色谱法（IC）是 20 世纪 70 年代初在 IEC 基础上发展的一种分离方法。它以离子交换树脂为固定相，电解质溶液为流动相，电导检测器为通用检测器，主要对无机离子样品进行分析。IC 可分为两种类型，一种是抑制型 IC（双柱 IC），另一种是非抑制型 IC（单柱 IC）。前者是在分离柱和检测器之间串联一个抑制柱，以消除洗脱液本底电导的影响，从而实现对多种无机离子的分析；后者用交换容量更低的离子交换树脂为分离柱的填料，使用低浓度、电导率更低的洗脱液，样品离子经分离柱分离后直接进入电导检测器检测，不需使用抑制柱。

空间排阻色谱法（SEC）是以多孔凝胶为固定相，依据凝胶空隙孔径大小与分子（高分子）体积间的相对关系而实现分离的色谱法。根据流动相的不同分为两类，当流动相为水溶液时，称为凝胶过滤色谱；当流动相为有机溶剂时，称为凝胶渗透色谱。SEC 的分离机理类似于分子筛效应，它是按分离组分的分子尺寸与凝胶的孔径大小之间的相对关系来分离待测组分的，常用于测定一些高聚物（如多糖）的分子量分布。

根据流动相的压强（柱压）不同，可将高效液相色谱法分为 HPLC 和超高效液相色谱法（ultra high performance liquid chromatography，UPLC）两大类。UPLC 是本世纪才兴起的液相色谱技术，采用小粒径（1.7μm）、窄分布的固定相及高压强的流动相，压强可高达一般液相色谱仪的 2.5 倍（103MPa），不但可缩短分析时间、降低柱体积与死体积，并能大幅提高色谱柱的分离分析性能。

（2）高效液相色谱仪的组成及其工作原理

高效液相色谱仪（high performance liquid chromatograph）通常由储液瓶、输液泵、进样器、色谱柱、检测器和数据处理系统等部分组成（见图 2-2）。储液瓶一般用玻璃、不锈钢或特种塑料聚醚酮等材料做成，用于存放流动相。高压输液泵的作用是将流动相以稳定的流速或压力输送到色谱系统。进样器的作用是将样品定量瞬间注入色谱柱的上端填料中心，使样品集中成一点。色谱柱是色谱仪的核心部件，它将试样混合物分离成单一组分。检测器用于检测被色谱柱分离的样

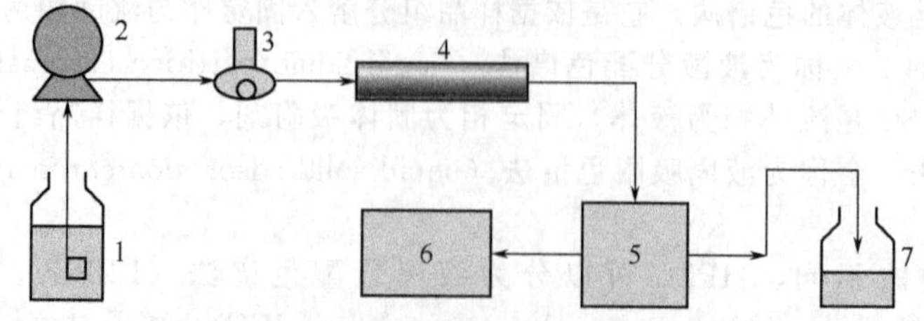

图 2-2 高效液相色谱仪的结构示意图

1—储液瓶；2—高压输液泵；3—进样器；4—色谱柱；
5—检测器；6—工作站；7—废液瓶

品组分及其含量。数据处理系统又称色谱工作站，它可对分析的全过程（分析条件、仪器状态、分析状态）进行在线显示，自动采集、处理和存储分析数据。其中，输液泵、色谱柱和检测器是高效液相色谱仪的三大关键部件，下面将分别进行简要介绍。

输液泵又称高压泵（high-pressure pump），它的作用是输送流动相通过整个色谱系统。根据输出液体的要求，输液泵可分为恒压泵和恒流泵两大类。输液泵应具备以下特点：泵体结构材料能抗化学腐蚀，无脉冲或安装有脉冲抑制器，泵流量恒定，流量可自由调节，一般流量误差RSD在2%～3%以内，耐高压，泵腔体积小，密封性能好等。

色谱柱是高效液相色谱仪的核心部件，它由柱管、接头和过滤片等零件组成，柱管内填有几个微米大小的颗粒填料，即固定相（见图2-3）。色谱柱按规格可分为分析型和制备型两类。分析型色谱柱又可分为常量柱（内径2～6mm，柱长10～30cm）、半微量柱（内径1～1.5mm，柱长10～20cm）、毛细管柱（内径0.05～1mm，柱长3～10cm）。制备型色谱柱的内径通常为20～40mm，柱长为10～30cm。为了延长分析柱内固定相的使用寿命，常常在分析柱前连接一支长为3～5cm的保护柱，其内径与分析柱的一致，填充料为粒径稍大于分析柱的同类型固定相。

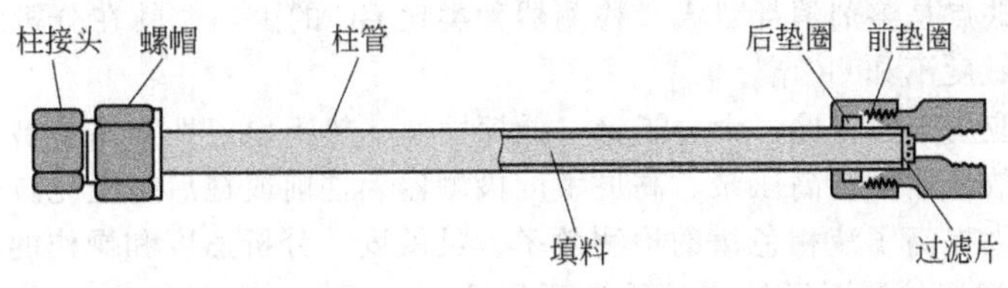

图2-3 色谱柱的结构示意图

色谱柱的分离效率，即柱效，主要取决于柱填料（固定相）的性能和装柱技术。关于这方面的内容，请参阅相关的文献。

检测器是用来检测经色谱柱分离后的流出物组成和含量变化的装置。理想的检测器应具有灵敏度高、重现性好、响应快、峰形好、线性范围宽、适用范围广、死体积小、对流动相流量和温度波动不敏感等特性。高效液相色谱仪检测器通常分为通用型检测器和选择性检测器两类。通用型检测器是指检测器响应值的大小仅与色谱柱流出液中溶质量的多少相关的检测器。例如，示差折光检测器（differential refractive index detector，DRD）、蒸发光散射检测器（evaporative light scattering detector，ELSD）等。选择性检测器是根据流动相中溶质的某种特性，如紫外、荧光等特性，专门设计的一类检测器。例如，紫外光度检测器（ultraviolet photometric detector，UPD）、荧光检测器（fluorescence detector，FD）、电化学检测器（electrochemical detector，ECD）、化学发光检测器（chemiluminescence detector，CLD）等。下面对这几种检测器的工作原理进行简要介绍。

示差折光检测器（DRD）通过连续监测参比池和测量池中溶液折射率的差异来测定物质的浓度，几乎是一种通用型浓度检测器。

蒸发光散射检测器（ELSD）是将从色谱柱流出的流动相及其中的样品组分引入雾化室中，样品组分在雾化气体作用下形成气溶胶，含溶质的微小颗粒在强光照射下产生光散射，散射光强度与组分的量成正比。该检测器主要用于糖类、高分子化合物、高级脂肪酸、磷脂、微生物、氨基酸、甘油三酯及甾体等的检测，属于新型通用检测器。

紫外光度检测器（UPD）是HPLC应用最广的检测器，它可以对那些在紫外、可见光波长下有吸收的物质进行测定，具有灵敏度高、线性范围宽、对流动相的流速和温度变化不敏感、噪声低、易于操作、不破坏样品、能与其他检测器串联等优点。

荧光检测器（FD）是利用某些溶质在受紫外光激发后，能发射可见光（荧光）的特性来实现检测的一种检测器。FD对痕量分析非常理想，主要用于多环芳烃、生物素、维生素、氨基酸和真菌毒素等的分析。

电化学检测器（ECD）是基于待检测组分在某些介质中电离后电导的变化来实现分析的检

测器。

化学发光检测器（CLD）是将从色谱柱中流出的组分与发光试剂混合后，发生化学发光反应，其光强度与组分浓度成正比的原理来实现检测的一种检测器。

（3）HPLC的特点及其在农药残留分析中的应用

HPLC的优点：①分离效能高。特别是采用新型高效填料，可以大大提高柱效和分离效率。②检测灵敏度高。例如在HPLC中广泛应用的紫外光度检测器，其最小检测量可达10^{-9}g，荧光检测器的灵敏度可达10^{-11}g。③选择性高。HPLC不仅可分析有机化合物的同分异构体，还可分析在性质上极为相似的旋光异构体。④分析速度快。HPLC由于使用了高压输液泵，输液压力可达40MPa，使流动相流速大大加快，可达1～10mL/min，完成一个样品的分析仅需几分钟至几十分钟。⑤应用范围广泛。由于HPLC适用于分析沸点高、分子量大、受热易分解的不稳定有机化合物、生物活性物质以及多种天然产物，因此其应用范围广泛，可分析约80%有机化合物。此外，HPLC流动相的可选择性范围宽，色谱柱可反复使用，流出组分溶液可以收集，集中处理，因此比较安全，对环境无影响。

HPLC的主要缺点是溶剂消耗量大，检测器种类比GC的少，尤其在分析组分比较复杂的样品时，选择性和灵敏度不如GC高。

HPLC被广泛应用于强极性、大分子量、低挥发性、热不稳定性和离子型农药及其代谢物的分析。近年来，高效色谱柱、高压泵、高灵敏度检测器、柱前或柱后衍生化技术以及计算机联用技术等的采用，大大提高了液相色谱的检测效率、灵敏度、分析速度和操作的自动化程度，从而使HPLC成为农药残留检测不可缺少的重要手段之一。目前，HPLC主要用于氨基甲酸酯类农药和部分除草剂等残留的分析。

4. 超临界流体色谱

（1）定义

超临界流体色谱（supercritical fluid chromatography，SFC）是20世纪80年代发展起来的一种崭新的色谱技术，它以超临界流体作为流动相。所谓超临界流体，是指既不是气体也不是液体的一类物质，它们的物理性质介于气体和液体之间。超临界流体的扩散系数和黏度接近于气体，因此其传质阻力小，可以获得快速高效的分离效果。另一方面，其密度与液体类似，这样就便于在较低温度下分离和分析热不稳定性、分子量大的物质。另外，超临界流体的物理化学性质，如扩散力、黏度和溶剂化能力等，都是密度的函数，因此只要改变流体的密度，就可以改变流体的性质。

在SFC中，最广泛使用的流动相是CO_2流体，它无色、无味、无毒、易获取并且价廉，对各类有机分子都是一种极好的溶剂。CO_2在紫外区是透明的，临界温度为31℃，临界压力为7.29×10^6Pa。在色谱分离中，CO_2流体允许对温度、压力有较宽的选择范围。有时还可在流体中引入1%～10%甲醇，以改进相邻两组分的分配系数。除CO_2流体外，可作SFC流动相的还有乙烷、戊烷、氨、氧化亚氮、二氯二氟甲烷、二乙基醚和四氢呋喃等。

（2）超临界流体色谱仪

1985年出现了第一台商品型的超临界流体色谱仪（supercritical fluid chromatograph），其一般工作流程类似于高效液相色谱仪（见图2-2），但有两点重要差别：①具有一根恒温的色谱柱。这一点类似于气相色谱中的色谱柱，目的是为了对流动相实施温度的精确控制。②带有一个限流器（或称反压装置）。目的是用于对色谱柱维持一个合适的压力，并且通过它使流体转换为气体后，进入检测器进行测量。图2-4是超临界流体色谱仪的工作流程图。

用于SFC的色谱柱可以是填充柱，也可以是毛细管柱。目前，毛细管超临界流体色谱（capillary supercritical fluid chromatography，CSFC）由于具有特别高的分离效率，备受人们的青睐。

SFC的检测器可以使用HPLC中常用的检测器，如紫外光度检测器和荧光检测器，也可采用GC中的氢火焰离子化检测器，从而提高对有机物测定的灵敏度。

（3）SFC的特点及其在农药残留分析中的应用

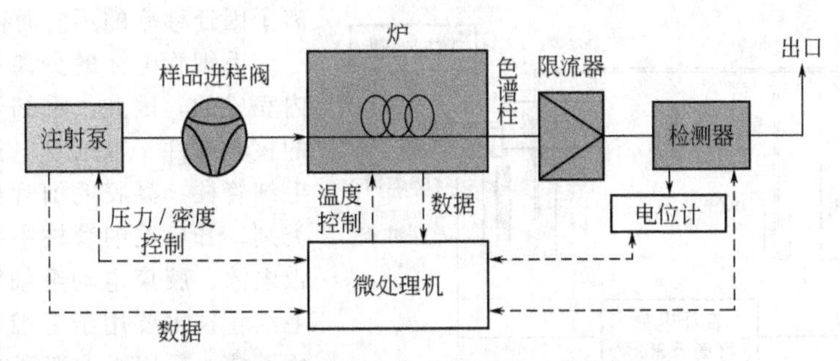

图 2-4　超临界流体色谱仪的工作流程图

SFC 作为 GC 和 HPLC 的补充，具有以下优点：①SFC 的分离温度比 GC 低，分离/分析热敏性、非挥发性样品明显优于 GC。②与 HPLC 相比，SFC 的分离速度更快、样品处理方便，并常表现出较高的选择性。③SFC 可以兼容多种检测器，实现联机在线色谱联用，极大地拓宽了其应用范围，许多在 GC 和 HPLC 中需经过衍生化才能分析的农药等物质，采用 SFC 可以直接分析。

由于 SFC 具有 GC 和 HPLC 没有的许多优点，并能分离检测 GC 和 HPLC 不能解决的一些分析对象，因此应用广泛，发展十分迅速。至今采用 GC 和 HPLC 难以分析的物质中，约有 25% 采用 SFC 都能取得较为满意的结果。

采用 SFC 分析农药残留，为真正意义上的自动化分离分析体系的建立提供了切实可行的技术基础，然而，由于 SFC 仪器设备昂贵，限制了其广泛应用。

5. 毛细管电泳法

(1) 定义与分类

毛细管电泳法（capillary electrophoresis，CE）或称高效毛细管电泳法（high performance capillary electrophoresis，HPCE），是 20 世纪末发展起来的新型分离分析方法，它以高压电场为驱动力，以毛细管为分离通道，依据样品中各组分间分配系数的不同而进行分离。

CE 包括毛细管区带电泳（capillary zone electrophoresis，CZE）、胶束电动毛细管色谱（micellar electrokinetic capillary chromatography，MECC）、毛细管凝胶电泳（capillary gel electrophoresis，CGE）、毛细管等电聚焦电泳（capillary isoelectric focusing electrophoresis，CIFE）、毛细管等速电泳（capillary isotachophoresis，CITP）以及电泳与色谱法相结合的毛细管电色谱（capillary electrochromatography，CEC）。在所有这些方法中，CZE 和 MECC 是目前应用最多的。下面仅对它们的工作原理进行简要说明，其他毛细管电泳技术的工作原理请参阅相关书籍。

毛细管区带电泳（CZE）是在充满电解质溶液的开口毛细管中，荷质比（组分的电荷数与质量或体积之比）不同的组分在电场的作用下，由于电泳分配系数不同而被分离的一种电泳。CZE 可以分离有机或无机阴、阳离子，是 CE 中使用最广泛也最简单的一种技术。

胶束电动毛细管色谱（MECC）是在缓冲溶液中加入表面活性剂，当表面活性剂的浓度超过临界浓度时，则聚结形成胶束，从而在含有胶束的电解质中进行毛细管电泳分离。MECC 具有电泳及色谱二重分离性能，可用于中性分子或中性分子与离子混合物的分离分析，是 CE 中最重要的分离模式之一。

(2) 毛细管电泳装置

毛细管电泳的基本装置由进样系统、毛细管柱系统、高压电源、检测系统及工作站等组成。其中，进样系统主要完成进样功能；毛细管柱系统包括毛细管柱、卡盒、柱温箱及缓冲溶液槽等，它是样品分离的场所；高压电源为电泳提供稳定的电源；检测系统主要完成分离成分的检测分析；工作站主要实现对电泳过程的管理和分析。图 2-5 为毛细管电泳装置的工作示意图。

毛细管电泳仪工作时，先在毛细管中充满缓冲溶液，而后将毛细管的入口端插入样品槽，吸取一定量的样品后，再移至阳极槽。在阴、阳极槽间加 20～30kV 的高压直流电，样品中各组分

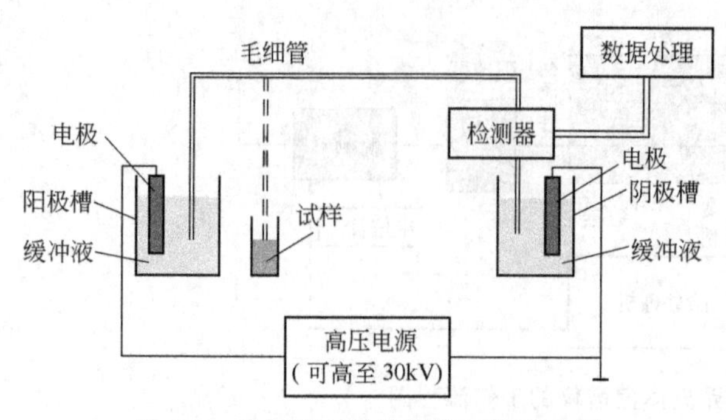

图 2-5　毛细管电泳装置的工作示意图

离子因迁移率的不同而得到分离。

毛细管电泳的分离过程是在毛细管内完成的，因此，毛细管是毛细管电泳的核心部件。毛细管电泳柱可分为开口毛细管柱、凝胶毛细管柱及电色谱柱等类别。开口毛细管柱主要用于毛细管区带电泳、胶束电动毛细管色谱等。凝胶毛细管柱主要用于毛细管凝胶电泳。电色谱柱主要用于毛细管电色谱。

目前，毛细管电泳中使用最广的两种检测器是紫外检测器和荧光检测器。其中，紫外检测器的灵敏度低一些，但是它的通用性较好；而用激光诱导的荧光检测器，灵敏度很高，但对大多数样品来说，需要进行衍生，所以操作比较麻烦。

(3) CE 的特点及其在农药残留分析中的应用

CE 具有分离性能高、分析速度快、运行成本低、应用范围广、低超微量进样和几乎没有废液等优点。它非常适合于那些用 GC 和 HPLC 难以进行分离与分析的样品。

自从 20 世纪 90 年代初，CE 作为一种高效分析方法开始进入农药残留的分析领域，并成为 GC 和 HPLC 的补充以来，CE 在农药残留分析中发挥着越来越重要的作用。在农药残留分析中应用较多的主要有 CZE 和 MECC，其检测器主要是紫外检测器。

CE 已经在敌百虫、甲基对硫磷、对硫磷、西维因等农药残留的分析中得到了较好的应用。但是，由于 CE 的紫外检测器仅能检测几个皮克 (pg)，且进样量只用几个纳升 (nL)，所以检测浓度被限制在 10^{-6}g/L (或 mL/L) 左右。研究开发灵敏度更高的检测系统是 CE 今后的重要发展方向。

6. 色谱联用技术

将两种色谱法或者色谱与光谱法 (或质谱法) 联合在一起使用的技术，称为色谱联用技术。色谱-色谱 (或光谱、质谱) 的在线 (on-line) 联用装置，称为联用仪。色谱联用技术分为色谱-色谱联用和色谱-光谱 (或质谱) 联用两大类。色谱-色谱联用主要是为了提高分辨能力，色谱-光谱 (或质谱) 联用旨在提高定性鉴定能力。在色谱-光谱 (或质谱) 联用技术中，色谱作为分离手段，光谱 (或质谱) 充当鉴定工具，两者取长补短，已成为当今分析领域中复杂成分样品分析的最重要的分离分析手段。目前最常用的色谱联用是气相色谱-质谱 (gas chromatography-mass spectrometry, GC-MS) 联用、液相色谱-质谱 (liquid chromatography-mass spectrometry, LC-MS) 联用和串联质谱 (mass spectrometry-mass spectrometry, MS-MS)。下面分别对它们进行简要的介绍，关于色谱-色谱联用、色谱-光谱 (或质谱) 联用的相关内容请参阅相关书籍。

(1) 气相色谱-质谱联用

气相色谱-质谱 (GC-MS) 联用是将气相色谱仪和质谱仪串联成为一个整机使用的检测技术。1957 年，霍姆斯 (Holmes) 和莫雷尔 (Morrell) 首次将气相色谱仪和质谱仪结合起来，成为一种快速、高效的分离分析仪器。在所有的联用技术中，GC-MS 发展最完善，应用最广泛，已成为有机分析中必不可少的工具之一。

在 GC-MS 中，利用气相色谱对混合物强有力的分离能力，将混合物分离成各个单一组分后，按时间顺序依次进入质谱仪，然后利用质谱准确鉴定各组分的结构特点，获得各组分的质谱图，确定物质的结构。

GC-MS 联用仪由气相色谱单元、接口和质谱仪单元三部分组成。气相色谱单元由进样器、色谱柱和控制色谱条件的微处理器组成，质谱仪单元相当于 GC 的检测器。接口作为连接器，是 GC-MS 联用系统的关键部件，其作用一是消除载气，将 GC 载气的气压降低 8 个数量级，从而使正压操作的色谱和负压操作的质谱能连接起来；二是进一步除去真空系统承担不了的多余载气，达到浓缩样品和减压的作用，并将被测组分尽量送到离子源。图 2-6 是 GC-MS 联用仪的组成框图。

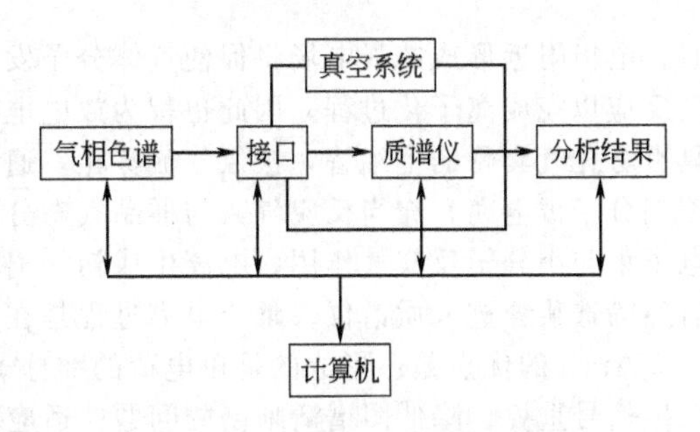

图 2-6 GC-MS 联用仪的组成框图

GC-MS 既具有 GC 的高分离性能，又具有 MS 准确鉴定化合物结构的特点，可达到快速定性、定量检测，减少干扰物影响，提高仪器灵敏度等目的，特别适合于农药代谢物、降解物的检测和多残留检测等。采用 GC-MS 可以检测蔬菜和水果中 190 多种农药残留，检测限分布在 0.02～0.2μg/mL。尽管 GC-MS 是一种公认的快速、高效的分离技术，但是由于仪器设备昂贵，且操作繁杂，所以一般不适合于农药残留的日常检测工作，主要用来对农药残留组分进行确认。

（2）液相色谱-质谱联用

液相色谱-质谱（LC-MS）联用是以 HPLC 为分离手段，以 MS 为鉴定工具的分离分析方法，其仪器称为 LC-MS 联用仪。它体现了色谱和质谱优势的互补，将色谱对复杂样品的高分离能力，与 MS 具有高选择性、高灵敏度及能够提供相对分子质量与结构信息的优点结合起来，在药物分析、食品分析和环境分析等许多领域得到了广泛的应用。

LC-MS 联用仪一般由液相色谱、接口、质谱仪、数据处理系统等组成。LC-MS 分析样品的基本过程是样品经液相色谱分离后，进入接口去除流动相分子，并将待检测物质离子化，然后再经质谱仪分析得到质谱图。

与 GC-MS 联用技术一样，LC-MS 联用技术的关键也是 LC 和 MS 之间的接口装置。液相色谱系统由于使用了高压输液泵，流动相流速大，可达 1～10mL/min。而质谱仪是通过将样品转化为气态离子并按质荷比（m/z）大小进行分离与记录其信息的分析仪器。在质谱仪中离子的形成、聚焦传输、分离和检测都必须在高真空条件下完成。所以接口装置通过分离去除流动相分子，并将样品离子化，从而实现液相色谱与质谱的对接。

LC-MS 早期曾经使用过的接口装置主要有传送带式接口技术（moving-belt interface，MB）、热喷雾接口（thermospray interface，TSP）、粒子束接口（particle-beam interface，PB）、连续流动快原子轰击（continuous-flow fast atom bombardment，CFFAB）等 20 多种。但这些接口技术因存在不同方面的限制和缺陷，因此都未能得到广泛的应用。直到 20 世纪 80 年代，大气压电离源（atmosphere pressure ionization，API）技术成熟后，LC-MS 才得到飞速发展，成为科研及日常分析的有力工具。大气压电离源又包括电喷雾电离源（electrospray ionization，ESI）和大气压化学电离源（atmospheric pressure chemical ionization，APCI）两种，其中 ESI 应用最广。下面将分别对 ESI 与 APCI 进行简要的介绍。

电喷雾电离源（ESI）的离子化原理是液相色谱分离的样品经毛细管以液体方式导入离子源，毛细管为双套管，内层是液体流动相，外层为高压、加热氮气。液体流动相在高压氮气流下雾化成小液滴。小液滴在离子源高电场 10^8V/m 条件下，库仑力克服溶剂表面的张力而使小液滴表面形成带电离子。带电离子在高压、加热氮气流作用下，表面液体进一步挥发而使电荷密度增加，在高电场条件下，离子与离子之间发生相互排斥作用而产生微爆炸，形成颗粒更小的“干”离子，完成离子化过程。

ESI 的主要优点是：离子化效率高；离子化模式多，正负离子模式均可以分析；对蛋白质分析的分子量范围高达 10^5 以上；对热不稳定化合物能够产生高丰度的分子离子峰；可与大流量的液相色谱联机使用；通过调节离子源电压可以控制离子的断裂，从而给出物质的结构信息。

大气压化学电离源（APCI）应用于 LC-MS 联用仪是由 Horning 等人于 20 世纪 70 年代初发明的，直到 20 世纪 80 年代末才真正得到突飞猛进的发展，与 ESI 的发展基本上是同步的。但是 APCI 不同于传统的化学电离接口，它是借助于电晕放电（当曲率较大的导体电极远离其他导体时，电极附近形成的强电场将促使气体分子发生电离，并引起气体放电和发光的现象）启动一系列反应以完成离子化过程，因此也称为放电电离或等离子电离。从液相色谱流出的流动相进入一具有雾化气套管的毛细管，被氮气流雾化，通过加热管时被汽化。在加热管实现电晕尖端放电，溶剂分子被电离，充当反应气，与样品气态分子碰撞，经过复杂的反应后生成准分子离子（高能电子束与小分子反应气作用，电离生成初级离子，初级离子再与样品分子反应所得的离子），然后经筛选狭缝进入质谱仪。整个电离过程是在大气压条件下完成的。

APCI的优点是：形成的是单电荷的准分子离子，不会发生ESI过程中因形成多电荷离子而发生信号重叠、降低图谱清晰度的问题；适应高流量的流动相；采用电晕放电使流动相离子化，能大大增加离子与样品分子的碰撞频率，比化学电离的灵敏度高3个数量级。

LC-MS除了可以分析气相色谱-质谱（GC-MS）所不能分析的强极性、难挥发、热不稳定性的化合物之外，还具有以下几方面的优点：①分析范围广。LC-MS几乎可以检测所有的化合物，比较容易地解决了分析热不稳定化合物的难题。②分离能力强。即使被分析混合物在色谱上没有完全分离开，通过MS的特征离子质量色谱图也能分别给出它们各自的色谱图，从而进行定性定量分析。③定性分析结果可靠。可以同时给出每一个组分的分子量和丰富的结构信息。④检测限低。LC-MS具备高灵敏度，通过选择离子检测（selected ion monitoring，SIM）方式，其检测能力还可以提高一个数量级以上。⑤分析时间快。LC-MS使用的液相色谱柱为窄径柱，缩短了分析时间，提高了分离效果。⑥自动化程度高。LC-MS具有高度的自动化。

自从20世纪80年代末，大气压电离质谱（API-MS）成功地与HPLC联用以来，LC-MS已经在农药残留分析中占据了很重要的地位，主要用于沸点较高或热不稳定的氨基甲酸酯、部分除草剂、杀虫剂等农药残留的分析。但是，由于仪器设备昂贵，所以通常LC-MS仅用于对农药残留进行确证性实验。

（3）串联质谱

串联质谱（MS-MS）是20世纪70年代初发明的质谱技术，它从复杂的一级质谱中选择一个或几个特定的母离子进行二次分裂，对产生的子离子碎片进行检测得到二级质谱图。由于二级质谱图比一级质谱图要简单得多，最大程度地排除了基体干扰，从而提高了选择性和灵敏度。

将GC与MS-MS联用的GC-MS-MS，相当于在GC-MS的基础上增加了子离子的光谱信息，增强了结构解析和定性能力。GC-MS-MS技术在分析微量农药残留和多农药残留时非常有效。采用GC-MS-MS同时测定蔬菜中的甲拌磷、二嗪农、甲基对硫磷、毒死蜱、倍硫磷、喹硫磷、杀扑磷和亚胺硫磷等8种有机磷农药，检出限为0.01～0.001μg/mL。应用GC-MS-MS同时测定水中的林丹、马拉硫磷、西维因、溴氰菊酯等4种杀虫剂，检测限低于0.15μg/L。

GC用于农药残留的检测时只能分析易挥发且不分解的物质，而液相色谱把分离范围大大拓宽了，特别是LC与高选择性、高灵敏度的MS-MS结合，可对复杂的样品进行实时分析，即使在LC难分离的情况下，只要通过一级质谱和二级质谱对目标化合物进行扫描，也可对混合物中的目标化合物进行检测。采用LC-MS-MS定量分析微量有机磷农药残留，可在2.5min内完成甲胺磷、乙酰甲胺磷、乐果、敌百虫、毒死蜱等5种常用有机磷农药的定量分析，检出限为1.0～5.0μg/kg。应用LC-MS-MS对烟草中11种氨基甲酸酯类农药进行分析，其检测限为0.16～2.0μg/kg。

近年来，色谱与串联质谱联用，如GC-MS-MS、HPLC-MS-MS，可以实现同时检测100多种农药残留，在农药残留的痕量检测和多残留检测中发挥着重要的作用。随着气相色谱-质谱（GC-MS）联用技术的快速发展及其在定性方面的优势，发达国家农药残留的监测分析方法开始呈现出以GC和GC-MS并重的趋势。例如，美国环境保护组织的《水和污水监测分析方法》（第19版）在6000种方法系列中，除规定用GC法外，还规定用GC-MS测定56种农药残留。1999年日本工业标准的监测方法中，除GC法外，主要使用GC-MS测定农药残留。

7. 样品中农药残留的提取与净化

在农药残留的分析中，特别是色谱学分析中，样品中农药残留的提取和净化是至关重要的步骤，这一过程对样品的分析结果和分析速度都产生着非常大的影响。样品提取和净化的好坏常常直接决定着分析是否能够成功，而且样品的提取和净化时间往往远远大于样品的仪器分析时间，所以关于样品分离、提取和净化技术的研究一直是热点之一。下面将就这方面的情况进行简要的叙述。

(1) 农药残留的提取

尽管农药残留的种类很多，各种农药残留的性质也不尽相同，但是一些基本的提取方法是一致的。目前，农药残留的提取方法大致有以下几种：对于固体或半固体样品，常采用索氏提取法(Soxhlet extraction，SE)、超声波提取法（ultrasonic-wave extraction，UE)、加速溶剂提取法(accelerated solvent extraction，ASE)、超临界流体萃取法（supercritical fluid extration，SFE)、微波辅助提取法（microwave-assisted extraction，MAE）和基质固相分散法（matrix solid-phase dispersion，MSPD）等；对于液体样品，提取的方法包括液液萃取法（liquid-liquid extraction，LLE)、固相萃取法（solid-phase extraction，SPE）和固相微萃取法（solid-phase microextraction，SPME）等，其中 SPME 也可以处理固体或半固体样品。

索氏提取法（SE）是一种经典萃取方法，它利用溶剂回流及虹吸原理，使固体物质连续不断地被溶剂提取。该法的特点是提取效率高，操作简便，但提取时间长，需消耗大量的溶剂。在有机氯农药残留的提取中常用 SE。

超声波提取法（UE）是 Johnson 等于 1967 年提出的。现在普遍认为 UE 的三大理论依据是空化效应（cavitation effect)、热效应（thermal effect）和机械作用（mechanical effect)。所谓空化效应是指存在于液体中的微小气泡（空化核）在超声波的作用下振动、生长并聚集声场能量，当能量达到某个阈值时，空化气泡急剧崩溃的过程。气泡崩溃时可释放出巨大能量，产生速度约为 110m/s、具有强烈冲击力的微射流，并在崩溃的瞬间产生局部高温高压（5000K，1800atm)，从而使非均相物质间均匀混合，加速物质的扩散。热效应是指超声波在介质的传播过程中，其声能不断被介质中的质点吸收，并转化为热能的现象。热能可促进介质中质点的运动，增加物质的溶解性。机械效应是超声波在传播中使质点产生振动，从而增强介质的扩散与传质能力，促成液体乳化、凝胶液化和固体分散的过程。总之，超声波通过加速分子运动，从而促进样品中各组分脱附与溶解，提高提取效率。

加速溶剂提取法（ASE）是在高温（50～200℃）及加压（102～136atm）条件下的溶剂提取方法。高温可以加快待分析物从基体中解吸出来而进入溶剂中；加压能使溶剂保持液态，从而用少量的溶剂就可快速提取固体分析物。该方法的优点是有机溶剂用量少（1g 样品仅需 1.5mL 溶剂)、快速（一般为 15min)、基质影响小、回收率高、重现性好，是目前样品前处理的最佳方式之一。本方法已经广泛用于环境、药物、食品和高聚物等样品的前处理，特别是在有机氯农药残留量分析中应用较多。

超临界流体萃取法（SFE）是利用超临界流体具有较高的扩散系数，较低的黏度，与液体密度相似的性质，以及在不同压力的超临界流体中被萃取物质的化学亲和力和溶解性的差异，通过控制超临界流体的条件，进行组分分离纯化的方法。SFE 的特点是样品用量少，样品提取在低温下进行，避免了分析目标物的损失及降解，大大提高了分析方法的可靠性。

微波辅助提取法（MAE）是 1986 年匈牙利学者 Ganzler 等首先发现的。他们利用微波作为提取过程的辅助手段，成功地萃取了土壤、食品、饲料等固体物中的有机物。对样品进行微波加热，利用极性分子可迅速吸收微波能量的特性，加热一些具有极性的溶剂与样品，达到萃取样品中目标化合物的目的。与传统的振荡提取法相比，MAE 具有高效、安全、快速、试剂用量小和易于自动化控制等优点，适用于热不稳定性物质如农药等的提取，并可同时进行多个样品的同时提取。

基质固相分散法（MSPD）是将试样直接与适量填料［一般是 C_{18}、Al_2O_3、Florisil（弗罗里硅土）和硅胶等固相萃取填料］研磨、混匀制成半固态物质，然后装柱、淋洗分离的技术。MSPD 浓缩了传统的样品前处理过程中所需要的样品均化、组织细胞破裂、提取、净化等过程，避免了样品均化、转溶、乳化、浓缩等造成的待测物的损失。MSPD自1989年提出之后，已在蔬菜、水果的农药残留分析中得到广泛的应用。

液液萃取法（LLE）是利用样品中一些农药残留（如有机氯农药残留）在互不相溶的两种溶剂中分配系数的差异而进行分离，从而达到纯化被测物质并消除基质干扰的方法。

固相萃取法（SPE）是基于液相色谱理论的一种分离、纯化方法。它利用固体吸附剂将液体样品中的目标化合物吸附，与样品的基体和干扰物分离，然后再以洗脱液或加热的方式解吸附，从而达到分离和富集目标化合物的目的。与LLE相比，SPE的优点是它不需要大量使用溶剂，处理过程不会发生乳化现象，同时所需费用也有所减少。一般来说，SPE所需的萃取时间为LLE的1/2，而费用只为LLE的1/5。其缺点是目标化合物的回收率和精密度低于LLE。

固相微萃取法（SPME）是在SPE的基础上发展起来的一种崭新的萃取分离技术。SPME是指在微量进样器的针头部分涂一层相当于GC固定液的物质或键合一层固定相，然后直接将其插入液体样品中或样品的顶空，萃取、浓缩有机化合物，最后将进样器直接插入GC等进样口加热，使被测物进入检测器从而进行分析测定。目前SPME已经广泛用于食品中残留农药的提取。

（2）农药残留的净化

净化（cleanup）是指将待测物与提取液中的干扰物质分离的过程。在现代农药残留分析技术中，样品的提取与净化常常一步完成，提取与净化的界限已十分模糊。但是对于有机氯等在样品中含量很低的待测成分，往往在完成提取后还需进一步净化，以提高分析的准确度和灵敏度。下面将简要介绍液液分配法、酸碱处理法和柱色谱法等几种样品净化方法。

液液分配法的原理与前面叙述的LLE的原理相同，是根据待纯化成分在互不相溶的两种溶剂中分配系数的不同而进行纯化的方法。该方法操作简便，但净化效果往往不理想，且要耗费大量有机溶剂。

酸碱处理法是采用酸碱处理样品，以除去脂肪、色素等杂质，从而达到净化的目的。酸碱处理只能用于酸碱条件下稳定的物质，否则将影响测定结果。例如，以浓硫酸磺化离心净化法净化有机氯杀虫剂时，会使狄氏剂、异狄氏剂等酸不稳定的有机氯杀虫剂分解，环氧七氯也会部分进入磺化层而造成回收率偏低。但是这些物质耐碱性好，因此可以用碱处理来净化。

柱色谱法是将样品提取液上样于色谱柱，提取液中各组分在吸附剂上反复进行吸附与解吸，从而达到分离与净化的目的。前面讲到的固相萃取法（SPE）是一种较好的农药残留的柱色谱净化方法。常用的吸附柱填料有Florisil、Al_2O_3、硅藻土、硅胶、C_{18}等。不同的填料适合不同的样品，例如Florisil柱适合油性样品的净化，但是在纯化脂肪含量高的样品时，Al_2O_3可以代替Florisil。

（二）农药残留的生物学测定方法

农药残留的生物学测定方法，又称为活体生物检测法（bioassay），是利用发光细菌、家蝇和大型水蚤等生物体为作用对象，通过测定农药残留对这些生物的影响程度，从而确定农药残留量的方法。利用发光细菌检测农药残留是根据农药残留与发光细菌作用后可影响细菌的发光程度，通过测定发光情况的变化，就可以分析出农药残留量。该方法的特点是快速、简便、灵敏、价廉，是检测蔬菜中有机磷农药残留的一种快速、有效的方法，也可应用于蔬菜以外的农产品如水果、稻米等样品中有机磷农药残留的分析。另外，以敏感品系的家蝇为实验对象，以待测样品喂食后，根据家蝇死亡率便可测出农药残留量，一般在4～6h可判断农药残留是否超标。

活体生物检测法虽然具有操作简单、不需要昂贵的仪器设备、结果直观等优点，但是通常检测时间较长，且无法分辨残留农药的种类，准确性也较低。

农药残留快速活体生物检测法在我国台湾地区得到了较好的应用。台湾从1966年起在蔬菜生产基地及批发市场设置农药残留生物测定站，每年可抽测样本10000余件。但是，近几十年来，由于农药种类激增，且家蝇等对毒性较低的拟除虫菊酯十分敏感，甚至超过了对人畜毒性很大的有机磷及氨基甲酸酯农药残留的敏感性，所以常常使人们对农药残留量的判断产生一定的困难，从而影响了生物学检测法的效果和应用。

（三）农药残留的快速检测方法

前面介绍的农药残留的色谱学检测方法和生物学检测方法，由于操作时间长、需要昂贵的仪器设备或需要培养生物体，因此，很难满足在蔬菜批发市场、农贸市场和蔬菜生产基地等要求快速获得检测结果的需要，同时由于需要昂贵的仪器设备或较高的生物活体培养技术，也在很大程度上影响了这些方法的推广和普及。为此，近年来，一些农药残留的快速检测方法得到了很好的研究和应用。与上述方法相比，快速检测方法具有简便、快速、经济、现场（在线）检测等优点。目前，农药残留快速检测技术已在我国（包括香港地区与台湾地区）、韩国、泰国和越南等国家得到了推广使用。我国大型果蔬批发市场和超市都先后建立了快速检测室，对农产品（食品）进行检测，有效地防止了高农药残留的农产品上市，减少了农药残留对人体健康的危害，遏制了恶性中毒事件的发生。

目前，常见的农药残留快速检测方法主要包括酶抑制法、免疫学分析法和生物传感器法等，其中生物传感器法常常与酶抑制法和免疫学分析法结合在一起，因为生物传感器法常常需要以酶和抗体为材料。下面将对酶抑制法和免疫学分析法，特别是目前在有机磷和氨基甲酸酯类农药残留分析中得到较广泛应用的酶抑制法进行介绍。关于生物传感器法请参阅其他书籍。

1. 有机磷和氨基甲酸酯类农药残留的酶抑制法测定

（1）定义、原理与分类

酶抑制法（enzyme inhibition，EI）是基于有机磷和氨基甲酸酯类农药对胆碱酯酶（或植物酯酶）活性的抑制作用，通过测定酶水解产物的吸光度、pH 值或荧光强度来反映农药残留对酶的抑制程度，从而检测农药残留量的一种快速检测方法。

根据酶来源的不同，酶抑制法可分为植物酯酶抑制法与胆碱酯酶抑制法。植物酯酶抑制法的原理是植物酯酶能水解 α-乙酸萘酯生成乙酸和 α-萘酚，α-萘酚与固蓝 β 盐作用生成紫红色的偶氮化合物。当酶受到有机磷与氨基甲酸酯类农药残留的抑制后，显色反应减弱，根据显色的变化可以判断农药残留的情况。同样，胆碱酯酶分析法也是根据有机磷和氨基甲酸酯类农药残留对胆碱酯酶活性的抑制作用而设计的方法。胆碱酯酶（cholinesterase，ChE）又分为乙酰胆碱酯酶（acetylcholinesterase，AChE）和丁酰胆碱酯酶（butyrylcholinesterase，BChE）。其中，AChE 也称为真性或特异性胆碱酯酶，能迅速水解神经传递介质乙酰胆碱（acetylcholine，ACh），保证神经信号在生物体内的正常传递。BChE 也称为假性或非特异性胆碱酯酶，它水解丁酰胆碱的速率大于水解乙酰胆碱的速率，同时还能水解许多酯类、肽类及酰胺类化合物，参与某些药物的代谢过程，促进细胞生长。

胆碱酯酶抑制法是目前我国应用比较广泛的农药残留检测方法，可分为酶片法、比色法、生物传感器法和 pH 计测量法。其中酶片法与比色法在我国的蔬菜生产基地、农产品批发市场和超市等地方得到了很好的应用与推广，为保证我国农产品安全发挥了巨大的作用。

酶片法是将乙酰胆碱酯酶以及与乙酰胆碱类似的 2,6-二氯靛酚乙酸酯底物分别固定于滤纸片上，在使用时，先将样品提取液与滤纸上的胆碱酯酶相互作用，然后再与含有底物的滤纸片结合在一起，胆碱酯酶分解底物生成靛酚（蓝色）和乙酸。如果样品中含有机磷或氨基甲酸酯类农药残留，则会抑制胆碱酯酶的活性，影响其催化靛酚乙酸酯水解的能力，即影响酶解产物靛酚蓝色物质的产生，其影响程度与农药残留量之间存在比例关系。因此，如果样品中含有机磷或氨基甲酸酯类农药残留则卡片呈浅蓝色或白色，而没有农药残留则为蓝色，通过与标准色卡比较就可以得出农药残留量。这种方法对常见有机磷和氨基甲酸酯类农药残留的检出限为 0.3～10mg/kg，检测时间为 5～20min，具有简便、快速、经济的特点。

比色法是将蔬菜、水果等农产品中农药残留的提取液与胆碱酯酶作用，以碘化硫代乙酰胆碱或碘化硫代丁酰胆碱等为底物，以 5,5′-二硫代-2,2′-二硝基苯甲酸为显色剂，当农药残留提取液与胆碱酯酶作用一段时间后，在检测体系中顺次加入底物与显色剂，反应一段时间后，在特征波长（410nm）处测定吸光度的变化。当样品提取液中含有有机磷或氨基甲酸酯类农药残留时，酶活性受到抑制，吸光度降低，降低的程度与农药残留含量成正比例关系，根据吸光度变化就可以计算判断出样品中有机磷或氨基甲酸酯类农药残留的情况。比色法具有可靠性好、灵敏性高、检测成本低、操作简单快速、自动化程度高等优点。其不足之处是酶的保存较困难，有些胆碱酯酶如丁酰胆碱酯酶与植物酯酶的专一性不够强，容易出现假阳性，而且与酶片法相比，需要分光光度计与恒温装置，不便携带。所以该方法主要用于实验室对大量样品进行筛查，对于农药残留超标样品一般还需采用色谱法进行确证。

胆碱酯酶生物传感器法是将胆碱酯酶固定在一定的载体上，如石英晶体表面，在测定过程中，随着酶反应的速率和程度的改变，电流频率发生变化，通过测定电流频率可以判断胆碱酯酶抑制的程度，从而可以分析得出样品中农药残留的含量。胆碱酯酶生物传感器的关键技术是酶源选择和酶敏感电极的制备。目前，生物传感器主要存在测定结果的稳定性与重现性差、传感器使用寿命短等问题，所以目前还未见相关商品化产品问世。

pH 计测量法是根据有机磷和氨基甲酸酯类农药残留能抑制乙酰胆碱酯酶的活性，使该酶分解乙酰胆碱成为乙酸和胆碱的速率减慢或停止，从而导致产酸量减少，反应液的 ΔpH 值与农药残留量之间存在一定的相关性，因此可以定量检测农药残留的含量。

(2) 特点

酶抑制法，特别是酶片法，具有操作简单快速、不需要昂贵仪器、检测成本低、能在短时间内检测大量样品等优点，适用于在采样现场监测和对大规模样品进行筛选分析。目前，该方法产品已经进入我国各地蔬菜生产基地、批发市场和部分超级市场，成为我国有机磷和氨基甲酸酯类农药残留 GC 和 HPLC 等仪器分析方法的重要补充。由于我国目前所使用的农药约 70%是有机磷和氨基甲酸酯类农药，所以酶抑制快速检测技术的推广和应用，在保障我国农产品安全、预防急性中毒事件的发生等方面发挥着非常重要的作用。但是酶抑制法灵敏度不高，检测精度较低，只能给出定性和半定量结果，因此只适用于对大批量样品进行筛选，对于呈阳性样品，通常还需进一步用仪器分析方法进行确证，而且有些农产品如西红柿、白萝卜、芹菜、茭白、蘑菇、大蒜等由于存在一些影响酶反应的物质，所以还不能用酶抑制法进行分析。目前这类方法的研究重点应该是提高方法的灵敏度与产品的稳定性，拓展应用范围。

2. 农药残留的免疫学分析法测定

免疫学分析法（immunoassay，IA）是基于抗体抗原反应的分析技术。它具有高灵敏度和强特异性的优点，被列为 20 世纪 90 年代优先研究、开发和利用的农药残留分析技术。世界粮农组织也向世界各国推荐此项技术，美国官方农业化学家协会（American association of official analytical chemists，AOAC）将免疫分析与 GC、HPLC 共同列为农药残留分析的支柱技术。

用于农药残留检测的免疫学方法主要包括酶免疫技术（enzyme immunoassay，EIA）、放射免疫技术（radioimmunoassay，RIA）、荧光免疫技术（fluorescence immunoassay，FIA）和化学发光免疫技术（chemiluminescent immunoassay，CLIA）等，其中以 EIA 最为常用。这些免疫分析法克服了传统色谱法费时费力的缺点，既适合于实验室检测，又可用于现场筛选，具有分析速度快，经济、简便，又能同时分析大量样品的特点。正因为如此，近些年来以免疫学方法检测农药残留的研究成为研究热点，很多农药残留的免疫学方法已经被研究。但是由于农药的种类多，抗体的制备比较困难，一种抗体通常只能检测一种农药，因此在不知道农产品（食品）中具体含有哪种农药残留的情况下，采用免疫学方法测定农药残留是非常困难的。表 2-3 是部分农药残留的免疫学分析法及其检测范围。关于上述各种免疫学方法的原理和特点等内容将在第七章进行详细介绍。

（四）农药残留分析方法的发展趋势

食品中农药残留的分析涉及化学、物理学、生物学、生物化学等多个学科，并不断地得到更新和完善。传统的理化分析方法通过与新理论和新成果结合，使得分析方法的灵敏度和选择性大大提高。生物技术与现代理化分析手段相结合，不断开发出新的分析技术。此外，在实验室进行样品分析的传统方式也将逐步被二级测试方式所取代，即先应用简便、快捷的分析方法（如生物学和免疫学分析方法）对分析样品进行现场初筛分析，然后对阳性样品进行实验室确证。在未来

表 2-3　部分农药残留的免疫学分析法及其检测范围

农　药　种　类	免疫学方法①	抗体种类②	检测范围(或 IC_{50} 或 DL 值)③
除草剂			0.2~8μg/L
草不绿	EIA	pAb	1.7~4200μg/L
杀草强	EIA	pAb	25~500ng/L
阿特拉津	CLIA	pAb	0.5~10μg/L
	EIA	pAb	0.03~1μg/L
	EIA	mAb	2~24μg/L
噻草平	EIA	pAb	0.01~1μg/L
除草定	EIA	pAb	2~250μg/L
广灭灵	EIA	pAb	0.035~3μg/L
草净津	EIA	pAb	0.5μg/L(DL)
	EIA	pAb	10~75μg/L
禾草灵	EIA	pAb	50~5000μg/L
2,4-D(2,4-dichlorophenoxyacetic acid)	EIA	pAb	0.1~10mg/L
	RIA	pAb	0.6μg/L(DL)
	PFIA	mAb	0.2~8μg/L
2,4-滴丙酸	PFIA	pAb	0.01~100μg/L
敌草隆	EIA	mAb	2μg/L(IC_{50})
	EIA	pAb	0.05~1μg/L
六嗪酮	EIA	pAb	0.22~17.6μg/L
咪草酯	EIA	pAb	0.5~32μg/L
灭草喹	EIA	pAb	0.45~25μg/L
异丙隆	EIA	pAb	0.01~10μg/L
	EIA	mAb	20~250μg/L
抑芽丹	EIA	mAb	0.01~11μg/L
4-(2-甲苯氧基-4-氯)丁酸	EIA	pAb	0.03~0.9μg/L
吡草胺	EIA	pAb	0.05~10μg/L
冬播宁	EIA	mAb	0.05~10μg/L
都尔	EIA	mAb	6μg/L(IC_{50})
	EIA	pAb	3~2000μg/L
草灭达	EIA	pAb	1~1000μg/L
达草灭	RIA	mAb	0.46~165μg/L
百草枯	PFIA	pAb	20~2000μg/L
	EIA	pAb	20~200ng/L
	EIA	pAb	20ng/L(DL)
	EIA	mAb	1~200μg/L
毒锈定	EIA	pAb	5~5000μg/L
	RIA	pAb	0.05~5mg/L
	EIA	mAb	0.02~3μg/L
扑灭津	EIA	pAb	0.1~10μg/L
西玛津	PFIA	pAb	3~1000μg/L
	EIA	mAb	0.14~10μg/L
特丁津	EIA	mAb	0.05~1μg/L
去草净	EIA	pAb	0.1~600μg/L
杀草丹	EIA	pAb	0.004~40μg/L
醚苯黄隆	EIA	mAb	0.01~1μg/L
	RIA	pAb	1~1000μg/L
2,4,5-T(2,4,5-trichlorophenoxyacetic acid)	EIA	pAb	0.1~1mg/L
氟乐灵	EIA	pAb	0.3~40μg/L
	RIA	pAb	0.7~35ng/L

续表

农药种类	免疫学方法①	抗体种类②	检测范围(或 IC_{50} 或 DL 值)③
杀虫剂			
滴灭威	EIA	mAb	0.4～20μg/L
艾氏剂	EIA	mAb	1～250μg/L
谷硫磷	EIA	pAb	0.2～28μg/L
S-反丙烯除虫菊酯	RIA	pAb	0.03～3μg/L
	EIA	pAb	50～10000μg/L
	EIA	mAb	0.02～20μg/L
右旋反除虫菊酯	EIA	pAb	0.05～10μg/L
西维因	EIA	pAb	0.056～5μg/L
	EIA	mAb	2～45μg/L
呋吧呋喃	EIA	pAb	10～100μg/L
毒死蜱	EIA	mAb	2～11nmol/L(IC_{50})
DDT	RIA	pAb	0.08～38ng/L
	EIA	pAb	0.5～15μg/L
狄氏剂	EIA	pAb	1～1000μg/L
氟脲杀	EIA	mAb	10～200μg/L
硫丹	EIA	pAb	0.1～100μg/L
杀螟松	EIA	pAb	10～1000μg/L
七氯	RIA	pAb	100μg/L(DL)
蒙 515	EIA	pAb	0.1～10μg/L
1-萘酚	EIA	mAb	10～100μg/L
对硫磷	RIA	pAb	0.2～19ng/L
	EIA	pAb	0.3～150μg/L
对氧磷	EIA	pAb	10～6000μg/L
	EIA	mAb	15～100μg/L
五氯酚	EIA	pAb	30μg/L(DL)
氯菊酯	EIA	mAb	0.25μg/L(DL)
甲基虫螨磷(3,5,6-三氯-2-吡啶醇)	EIA	mAb	0.1～1μg/L
	PFIA	pAb	0.1～10μg/L
	RIA	pAb	1.25μg/L(DL)
杀真菌剂			
苯菌灵	EIA	mAb	1～20μg/L
	EIA	pAb	1～200μg/L
	EIA	pAb	0.07μg/L(DL)
苯并咪唑	EIA	pAb	0.1～0.8μg/L
克菌丹	EIA	pAb	0.1～10mg/L
百菌清	EIA	pAb	0.06～1μg/L
丁苯吗啉	EIA	pAb	0.5～50mg/L
咪唑霉	EIA	pAb	1μg/L(DL)
甲霜灵	EIA	mAb	0.5～10μg/L
腈菌唑	EIA	pAb	2μg/L(DL)
腐霉利	EIA	pAb	10～1200μg/L

① EIA：酶免疫分析法。CLIA：化学发光免疫分析法。RIA：放射免疫分析法。PFIA：荧光偏振免疫分析法。

② pAb：多克隆抗体。mAb：单克隆抗体。

③ IC_{50}：免疫学分析时，达到50%的竞争抑制所对应的抗原浓度或检测极限（detection limit，DL）。

注：本表引自“陈福生等《食品安全检测与现代生物技术》，2004”。

15～20 年内，农药残留的分析方法将可能由传统的 GC 和 HPLC 向超临界流体色谱和免疫学分析等新的分析技术转化，而且分析方法将会更加简便、快捷、准确。就目前的情况看，农药残留分析的总体发展趋势包括以下几个方面：①应用简便、快捷的快速分析方法，进行现场快速初测，对呈阳性反应样品再进行实验室确证。②提高农药残留检测方法的灵敏度，采用内标法代替外标法。③样品前处理工作正朝省时、省力、低成本、减少溶剂消耗、降低环境污染、系统化、规范化、微型化和自动化方向发展。④各种技术在线联用，以避免样品转移损失，减少各种人为偶然误差。⑤生物技术与现代理化分析手段相结合，不断开发新的分析技术，对于极性强、难挥发、热不稳定、易分解的农药残留分析发展迅速。⑥当前化学农药的生产和使用较多，其主要成分都是分子量较小的有机物，今后随着生物农药代替或部分替代化学农药，分析重点将转向与生物组织成分很难区分的生物大分子农药的分析。

（撰写人：王小红、陈福生）

第二节 食品中有机氯农药残留的检测

1. 有机氯农药的定义和种类

有机氯类农药（organochlorine pesticides，OCP）是一类在组成上含有氯原子的有机杀虫剂和杀菌剂。有机氯类农药一般分为以苯为合成原料的氯化苯类和不以苯为原料的氯化亚甲基萘制剂两大类。前者主要有六六六［即六氯化苯（benzene hexachloride，BHC），又称为六氯环己烷（hexachlorocyclohexane）］、滴滴涕（dichlorodiphenyltrichloroethane，DDT）、六氯苯（hexachlorobenzene）和林丹（lindane）等；后者有氯丹（chlordane）、七氯（heptachlor）、艾氏剂（aldrin）、狄氏剂（dieldrin）、异狄氏剂（endrin）、硫丹（endosulfan）、碳氯特灵（isobenzan）、毒杀芬（toxaphene）、灭蚁灵（mirex）等。下面分别对它们进行简要的介绍。

六六六有 8 种同分异构体，分别称为 α-、β-、γ-、δ-、ε-、η-、θ-和 ξ-六六六。其中，α-、β-、γ-、δ-六六六又被称为甲体、乙体、丙体和丁体六六六。在这 8 种异构体中，γ-异构体杀虫效力最高，α-异构体次之，δ-异构体又次之，β-异构体的效力极低。一般工业品的组分比例为 α-异构体占 65%～70%、β-异构体占 5%～6%、γ-异构体占 13%、δ-异构体占 6%。林丹 99%以上是 γ-异构体。六氯化苯在工业上是由苯与氯气在紫外线照射下合成的。六六六过去主要用于防治蝗虫、稻螟虫、小麦吸浆虫和蚊、蝇、臭虫等。图 2-7 是 α-、β-、γ-、δ-六六六的化学结构式。

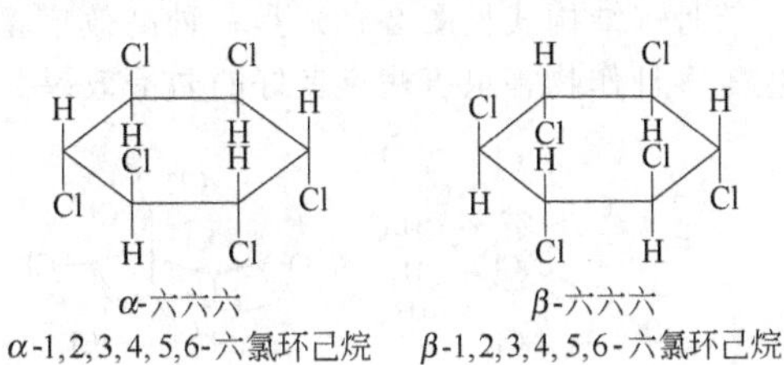

γ-六六六
γ-1,2,3,4,5,6-六氯环己烷
δ-六六六
δ-1,2,3,4,5,6-六氯环己烷

图 2-7 六六六的化学结构式

滴滴涕（DDT）是有机氯杀虫剂中最早使用的合成农药，由氯苯和三氯乙醛在浓硫酸存在下缩合而成。工业品 DDT 的主要组分为 p,p'-DDT（77.1%）、o,p'-DDT（14.9%）、p,p'-DDE（4.0%）、p,p'-DDD（0.3%）。图 2-8 是 DDT 的结构式。

六氯苯是一种无色针状固体或粉末，可用于杀死农作物根部的真菌，用作种子的处理剂和防治小麦黑穗病。农业用六氯苯成品含有 98%六氯苯、1.8%五氯苯和 0.2% 1,2,4,5-四氯苯。六氯苯不溶于水，微溶于冷酒精，易溶于苯、氯仿和醚等有机溶剂。六氯苯的化学结构式见图 2-9。

氯丹（结构式见图 2-9）为无色或淡黄色液体，工业品为有杉木气味的琥珀色液体，为广谱触杀性杀虫剂，具有一定的熏蒸作用，最早于 1948 年登记作为杀虫剂，也可作为杀螨剂和木材的防腐剂。氯丹作为一种强持久性的有机氯杀虫剂曾被广泛使用，用于蔬菜、稻谷、玉米、含油种子、土豆、甘蔗、甜菜、水果、坚果、棉花和黄麻属植物上。

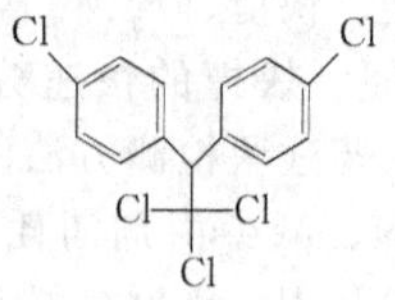

p,p'-DDE
对,对'-二氯二苯基二氯乙烯

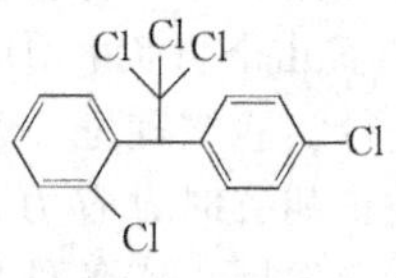

o,p'-DDT
二氯二苯基-1,1,1-三氯乙烷

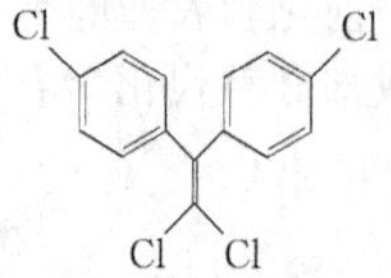

p,p'-DDT
对,对'-二氯二苯基三氯乙烷

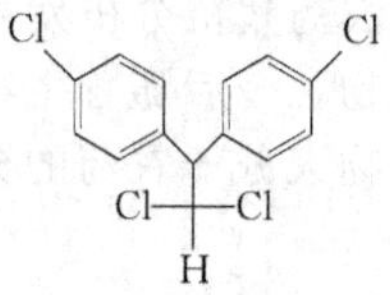

p,p'-DDD
对,对'-二氯二苯基二氯乙烷

图 2-8 DDT 的化学结构式

七氯（结构式见图 2-9）纯品为具有樟脑气味的无色晶体，挥发性较强。工业品七氯为软蜡状固体，含七氯约 72%，主要用于杀死土壤中的昆虫和白蚁，也广泛用于杀死蝗虫等农作物害虫及携带疟疾的蚊子。

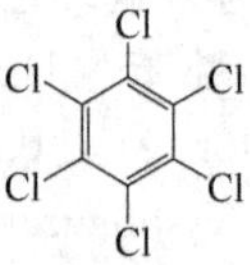

六氯苯 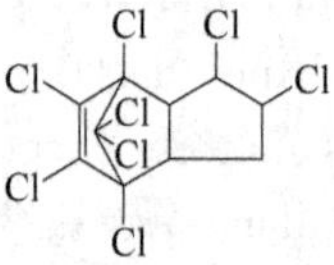　　氯丹 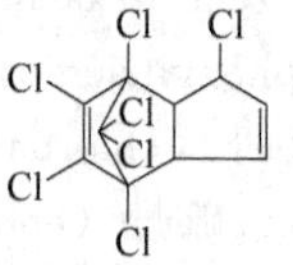　　七氯

图 2-9 六氯苯、氯丹和七氯的化学结构式

艾氏剂（结构式见图 2-10）纯品为白色无臭结晶，工业品为暗棕色固体。艾氏剂是一种高毒性的氯代环戊二烯类杀虫剂，主要用于防治地下害虫以及饲料、蔬菜和果实害虫。另外，也可用作木材防腐剂。

狄氏剂（结构式见图 2-10）主要用于防治蚊、蝇、蜚蠊、羊毛蠹虫、白蚁、蝗蝻，以及地下害虫、棉作物害虫、森林害虫等。可与其他药剂和肥料混用。

异狄氏剂为狄氏剂的异构体（结构式见图 2-10），为白色晶体，不溶于水。主要用于棉花和谷物害虫，同时也用于控制鼠类等啮齿动物。

硫丹（结构式见图 2-10）是一种高效广谱杀虫杀螨剂，对果树、蔬菜、茶树、棉花、大豆、花生等多种作物害虫害螨有良好的防治效果。

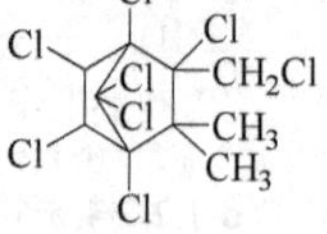

艾氏剂 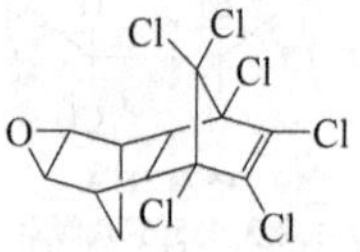　　狄氏剂 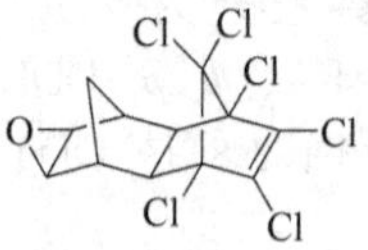　　异狄氏剂 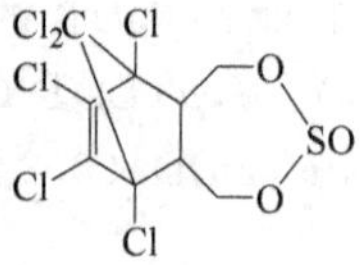　　硫丹

图 2-10 艾氏剂、狄氏剂、异狄氏剂和硫丹的化学结构式

毒杀芬是一种由超过 175～179 种组分组成的混合物，由莰烯氯化产生。毒杀芬为杀虫剂，并具有一定的杀螨作用，主要被应用于棉花作物、蔬菜、水果等的病虫害防治。

灭蚁灵为白色无味结晶体，挥发性很小，是一种高度稳定的杀虫剂。主要用作火蚁、黄蜂和西方收割蚁（westen harvest ant）的杀虫剂，也可用于塑料、橡胶、涂料、纸张和电器的阻燃膜。

2. 有机氯农药在农产品中的残留及其危害

有机氯农药具有高度的物理、化学和生物学的稳定性，在自然界中不易降解，半衰期长达数年，最长的可达 50 年，是高残留性、高生物富集性和高危害性农药，容易在环境和动植物体内大量蓄积并通过食物链进入人体。一般动物性食品中有机氯的残留量高于植物性食品，且畜肉＞

鱼类＞蛋类，而植物性食品中油脂和粮食又高于蔬菜、水果，在植物性食品中六六六的残留量依次是植物油＞粮食＞蔬菜＞水果。粮食的有机氯农药主要残留在糠皮中，水果则主要残留在果皮内，故原粮经碾磨后，可去除部分有机氯，水果削皮后，可去除大部分残留农药。如以残留有机氯农药的植物为饲料，则动物的肉、乳、蛋内均可能有农药残留。

由于有机氯农药对人、畜都有毒性，并且残留期长，慢性危害大，因此，世界各国于 20 世纪 70 年代末至 80 年代初开始禁止使用有机氯农药。2001 年 5 月 22 日，联合国环境会议通过《关于持久性有机污染物的斯德哥尔摩公约》，决定在全世界范围内禁用或严格限用 12 种有机污染物，其中 9 种为有机氯农药，分别是艾氏剂、狄氏剂、异狄氏剂、氯丹、七氯、灭蚁灵、毒杀芬、六氯苯、滴滴涕。我国于 1983 年停止生产有机氯农药，并于 1986 年在农业上全面禁止使用。但是由于我国在 20 世纪 50～70 年代，曾大量生产和广泛使用六六六和 DDT 等有机氯农药，致使我国大多数农产品中有机氯农药残留均处于 mg/kg 级水平。1984 年，我国消费者平均每天通过饮食摄入六六六的量约为 85μg/人。尽管我国自禁止生产并使用六六六和 DDT 以来，土壤、水体等环境和作物中有机氯农药的残留水平逐年下降，食品（农产品）中有机氯农药污染状况明显改善，现在其残留量基本处在 ng/kg 级水平，污染水平已基本降至安全限量之下，但其在食品中的检出率仍较高，所以加强监测和分析仍十分必要。表 2-4 是我国食品卫生标准《食品中农药最大残留限量》(GB 2763—2005) 规定的部分食品中六六六和 DDT 的最大允许残留量。

表 2-4　我国部分食品中六六六、DDT 的最大允许残留量

食品种类		最大允许残留量/(mg/kg)	
		六六六	DDT
成品粮食		0.05	0.05
蔬菜、水果		0.05	0.05
肉	脂肪含量 10%以下	0.1	0.2
	脂肪含量 10%及以上	1.0	2.0
鱼		0.1	0.5
蛋		0.1	0.1
蛋制品		按蛋折算	按蛋折算
牛乳		0.02	0.02
乳制品	脂肪含量 2%以下	0.01	0.01
	脂肪含量 2%及以上	0.5	0.5

有机氯农药残留的危害包括急性毒性和慢性毒性，并有致畸、致癌、致突变作用。有机氯农药为中等毒性农药，急性中毒症状主要是神经系统及肝脏受损，有时还出现肾脏及胃肠道损伤。表 2-5 是部分有机氯农药对大鼠经口的 LD_{50}。一般情况下，有机氯农药的急性中毒很少出现。

表 2-5　部分有机氯农药对大鼠经口的 LD_{50}

农药名称	LD_{50}/(mg/kg 体重)	农药名称	LD_{50}/(mg/kg 体重)
DDT	500～2500	五氯酚钠	78
艾氏剂	25～95	毒杀芬	60～69
狄氏剂	24～98	工业品六六六	6
氯丹	150～700	七氯	100～163

连续接触、吸入或食用较小剂量（低于急性中毒剂量）的有机氯农药残留，在人体内逐步蓄积，将引起慢性中毒。中毒者主要表现为食欲不振，上腹部和肋下疼痛，头晕、头痛、乏力、失眠、噩梦等。接触高毒性的氯丹和七氯等，还会出现肝脏肿大、肝功能异常等症状。

3. 有机氯农药残留的分析

有机氯农药残留的分析过程一般包括样品提取、净化、检测等步骤，其中提取和净化方法在本章第一节已经进行了介绍，此处不再赘述。

有机氯农药的分析方法以GC为主。国家标准GB/T 5009.19—2008规定了食品中有机氯农药多组分残留的测定方法。GB/T 9695.10—2008规定了肉与肉制品中六六六、DDT残留的测定方法。

（撰写人：王小红）

实验2-1 粮食中六六六和DDT残留量的薄层色谱法测定

一、实验目的

掌握以薄层色谱法测定粮食中六六六和DDT残留量的原理和方法。

二、实验原理

粮食中六六六和DDT残留经有机溶剂提取，并经H_2SO_4处理，除去干扰物质，浓缩，点样展开后，用$AgNO_3$显色，经紫外线照射后生成棕黑色斑点，斑点颜色的深浅与六六六和DDT残留量成比例关系。通过与标准品比较可实现定性定量分析。

三、仪器与试材

1. 仪器与器材

粉碎机、振荡器、旋转蒸发器、离心机、薄层板涂布器、玻璃板、展开槽、玻璃喷雾器、紫外灯、微量注射器等。

2. 试剂

除特别说明，实验中所用试剂均为分析纯，水为蒸馏水或去离子水。

（1）常规试剂：苯氧乙醇、H_2O_2（30%）、苯、NaCl、丙酮、正己烷、石油醚（沸程30～60℃）、浓H_2SO_4、无水Na_2SO_4、氧化铝G（薄层色谱用）。

（2）农药标准品：六六六（α-BHC、β-BHC、γ-BHC和δ-BHC，纯度＞99%）；DDT（p,p'-DDE、o,p'-DDT、p,p'-DDD和p,p'-DDT，纯度＞99%）。

（3）常规溶液：Na_2SO_4溶液（20g/L）、$AgNO_3$溶液（10g/L）、丙酮-己烷混合液（1＋99，体积比）。

（4）$AgNO_3$显色液：将0.050g $AgNO_3$溶于数滴水中，加10mL苯氧乙醇与10μL H_2O_2，混合后储于棕色瓶中，4℃保存。

（5）六六六和DDT标准储备液（100μg/L）：精密称取α-BHC、β-BHC、γ-BHC、δ-BHC、p,p'-DDE、o,p'-DDT、p,p'-DDD、p,p'-DDT各10mg，溶于苯中，分别移入100mL容量瓶中，以苯稀释至刻度，混匀，4℃保存。

（6）六六六和DDT标准工作液（20μg/mL）：各吸取六六六和DDT标准溶液2.0mL，分别移入10mL容量瓶中，各加苯至刻度，混匀。

3. 实验材料

2～3种稻谷、小麦、玉米，各250g。

四、实验步骤

1. 样品提取

（1）将100g稻谷、小麦和玉米样品分别粉碎，过40目筛。

（2）称取20.00g粉碎样品于150mL锥形瓶中，加20mL水、40mL丙酮，振荡30min后，加6g NaCl，溶解摇匀后，加30mL石油醚，再振荡30min，静置分层。

（3）取10mL上层石油醚清液于15mL离心管中，在通风橱中挥发浓缩至1mL后，加0.1mL浓H_2SO_4，盖上塞子振摇数次，打开塞子放气后，再振摇0.5min。

（4）以1600r/min离心15min，上清液供薄层色谱分析。

2. 薄层板的制备

（1）称取4.5g氧化铝G，加1mL $AgNO_3$溶液及6mL水，研磨至糊状。

(2) 立即均匀涂布于三块薄层板上，涂层厚度为0.25mm。

(3) 于100℃烘干0.5h，置于干燥器中，避光保存。

3. 薄层色谱分析

(1) 点样：离薄层板一端（底端）2cm处，用铅笔轻轻划标记线。在标记线上点10μL试样液和一定体积的六六六或DDT标准工作液，使标准液点的农药量分别为0.02μg、0.04μg、0.06μg、0.08μg。中间4点为标准溶液，两边各点两个样液点，点与点之间距离不小于1cm。

(2) 展开：在展开槽中预先加入20mL左右的丙酮-己烷混合液。将点样薄层板放入槽内展开。当溶剂前沿距离点样原点10cm时取出，自然挥干。

(3) 显色：将挥干后的薄层板置于通风橱中，将10mL $AgNO_3$ 显色液均匀喷于薄板上，干燥后距紫外灯（40W）8cm处照10min，六六六和DDT等全部显现棕黑色斑点。分别测量六六六、DDT各异构体斑点的移动距离及溶剂前沿的移动距离，计算 R_f 值。

(4) 定性分析：对照比较样液斑点与标准斑点的 R_f 值，对六六六、DDT等各个异构体进行定性分析。

4. 计算

采用目测比较法进行定量，即目测样品斑点的颜色深浅，与相应的标准农药异构体斑点相比较，找出与样品斑点颜色最接近的标准斑点，并以此标准斑点农药量作为点样样液中相应农药异构体的含量。用下式计算样品中六六六、DDT各个异构体的含量：

$$x=\frac{m_1V\times 1000}{mV_1}$$

式中，x 为样品中六六六、DDT某异构体的含量，mg/kg；m_1 为样品提取液中六六六、DDT某异构体的质量，μg；V_1 为点样体积，μL；V 为样品浓缩液的总体积，mL；m 为样品的质量，g。

最后，将六六六、DDT的不同异构体的单一含量相加，即得出样品中六六六、DDT的总残留量。

五、注意事项

1. 在空气湿度较高的情况下（相对湿度在75%以上），点样须在干燥槽中进行，避免薄层板吸收水分，影响分离效果。

2. 标准液的点样量可适当增减，使之与样品中的含量相近，以便于比较。

3. 本实验测定结果仅为半定量，如果使用薄层色谱扫描仪可实现定量分析。

六、思考题

1. 叙述 $AgNO_3$ 与六六六和DDT显色的机理。

2. 叙述在样品处理过程中加入NaCl的作用。

3. 简述薄层色谱法测定有机氯农药残留的优缺点。

4. 根据 R_f 从大到小的顺序，将 p,p'-DDE、o,p'-DDT、p,p'-DDT、α-BHC、p,p'-DDD、γ-BHC、β-BHC、δ-BHC进行排列。

（撰写人：王小红）

实验2-2 冻兔肉中六六六和DDT残留量的气相色谱法测定

一、实验目的

掌握冻兔肉中六六六和DDT残留量的提取、分离、净化方法及气相色谱分析过程。

二、实验原理

样品经消化分解去除蛋白质与脂肪等杂质，并以石油醚提取、浓硫酸磺化净化后，以标准品为对照，采用气相色谱法，可测定样品中六六六和DDT的含量。

三、仪器与试材

1. 仪器与器材

气相色谱仪（带电子捕获检测器）、旋转蒸发器、组织捣碎机等。

2. 试剂

除特别说明，实验中所用试剂均为分析纯，水为去离子水或蒸馏水。

（1）常规试剂：$HClO_4$（优级纯）、冰醋酸、无水 Na_2SO_4（600℃下干燥 4h，备用）、石油醚（优级纯）、浓 H_2SO_4。

（2）标准品：甲体-六六六（α-BHC）、乙体-六六六（β-BHC）、丙体-六六六（γ-BHC）及丁体-六六六（δ-BHC），p,p'-DDT、o,p'-DDT、p,p'-DDD 和 p,p'-DDE，纯度均大于 99%。

（3）常规溶液：$HClO_4$-冰醋酸混合酸（1+1，体积比）、Na_2SO_4 溶液（2%）。

（4）农药标准储备液（100μg/mL）：精密称取 α-BHC、β-BHC、γ-BHC 和 δ-BHC、p,p'-DDT、o,p'-DDT、p,p'-DDD 和 p,p'-DDE 各 10mg，以石油醚溶解并定容至 100mL。

（5）农药混合标准使用液（1μg/mL）：吸取 1mL 各种标准储备液加入 100mL 容量瓶中，用石油醚定容。

3. 实验材料

2～3 种冷冻兔肉，各 250g。

四、实验步骤

1. 样品处理

（1）将 100g 兔肉样品切成 $1cm^3$ 大小的小块，用组织捣碎机捣碎。

（2）称取 5.0g 捣碎的兔肉于 100mL 具塞锥形瓶中，加入 50mL $HClO_4$-冰醋酸混合酸，于 70℃恒温水浴中振荡约 2h，至固体完全消化、溶解。

（3）将消化液转移至 250mL 分液漏斗中，用 10mL 石油醚洗涤锥形瓶，洗涤液合并于分液漏斗中。

（4）用 90mL 石油醚分 3 次萃取消化液中的有机氯农药残留。石油醚萃取液合并于另一个 250mL 分液漏斗中，加入 10mL 浓 H_2SO_4，轻轻振摇 1～2 次，待溶液分层后，弃下层酸液。重复 4～5 次，直至下层酸液为无色。

（5）用 200mL Na_2SO_4 溶液分 2 次洗涤石油醚萃取液，过无水 Na_2SO_4 柱后，于 40℃下旋转蒸发至近干，通入氮气吹干，准确加入 1.0mL 石油醚，溶解后待用。

2. 标准曲线的绘制

（1）吸取农药混合标准使用液 0、0.1mL、0.2mL、0.4mL、0.8mL、1.6mL、3.2mL，分别置于 100mL 容量瓶中，以石油醚定容，浓度分别为 0、1.0ng/mL、2.0ng/mL、4.0ng/mL、8.0ng/mL、16.0ng/mL、32.0ng/mL。在气相色谱仪上，分别测定各浓度标准液的峰面积，以浓度为横坐标，峰面积为纵坐标，绘制标准曲线。

（2）参考色谱条件：色谱柱为 HP ultra-2 型石英毛细管柱（25m×0.32mm，0.52μm）；色谱柱升温程序为 80℃$\xrightarrow{15℃/min}$180℃（恒温 7min）$\xrightarrow{10℃/min}$230℃（恒温 7min）$\xrightarrow{30℃/min}$280℃；进样口温度为 240℃；检测器温度为 320℃；氮气作载气，流速为 3mL/min；进样量为 2μL。

3. 样品测定

在上述条件下，将样品提取液导入气相色谱仪中，测定各成分的保留时间和峰面积。与标准品比较进行定性和定量分析，从标准曲线上查找样品提取液中各成分的浓度。

4. 计算

按下式计算样品中各种六六六和 DDT 异构体的含量：

$$x=\frac{cV}{m}$$

式中，x 为样品中各种六六六和 DDT 异构体的含量，μg/kg；c 为样品处理液中各种六六六和DDT异构体的浓度，ng/mL；V为样液的定容体积，mL；m为样品的质量，g。

五、注意事项

1. 实验步骤中的色谱条件仅供参考，具体的分析条件应该根据所用气相色谱仪的型号，参考说明书中的条件进行。

2. 为了控制样品提取液中有机氯农药残留在标准曲线的线性范围内，可以采用适当的稀释或者浓缩方法，对样品提取液进行处理。

3. 在本实验条件下，农药标准品的出峰顺序为α-六六六、β-六六六、γ-六六六、δ-六六六、p,p'-DDE、o,p'-DDT、p,p'-DDD、p,p'-DDT。

六、思考题

1. 叙述你在实验中使用的气相色谱仪的型号、各部件的名称和功能。

2. 叙述在样品处理过程中加入$HClO_4$-冰醋酸混合酸的作用。

3. 为什么有机氯农药残留在环境中不容易被分解？

（撰写人：王小红）

实验2-3　毛细管气相色谱法测定茶叶中有机氯农药残留量

一、实验目的

掌握以超声波提取、H_2SO_4净化、毛细管气相色谱法测定茶叶中有机氯农药残留量的原理与方法。

二、实验原理

以丙酮水溶液为提取剂，采用超声法提取茶叶中残留的有机氯农药，并经浓H_2SO_4净化处理后，用毛细管气相色谱法测定茶叶中有机氯农药残留。

三、仪器与试材

1. 仪器与器材

气相色谱仪（带^{63}Ni电子捕获检测器）、旋转蒸发装置、K-D瓶、超声波发生器、离心机等。

2. 试剂

除特别说明，实验中所用试剂均为分析纯，水为蒸馏水或去离子水。

（1）常规试剂：丙酮、正己烷、CH_2Cl_2、浓H_2SO_4、无水Na_2SO_4。

（2）农药标准品：六六六（α-BHC、β-BHC、γ-BHC和δ-BHC），DDT（p,p'-DDE、o,p'-DDT、p,p'-DDD和p,p'-DDT），纯度均大于99%。

（3）农药标准储备液（100μg/mL）：精密称取α-BHC、β-BHC、γ-BHC和δ-BHC、p,p'-DDT、o,p'-DDT、p,p'-DDD和p,p'-DDE各10mg，以正己烷溶解后定容至100mL。

（4）农药混合标准使用液（1μg/mL）：吸取1mL各种标准储备液加入100mL容量瓶中，用正己烷定容。

3. 实验材料

2～3种绿茶、红茶、花茶，各50g。

四、实验步骤

1. 样品处理

（1）将茶叶于60℃干燥4h，粉碎，过100目筛。

（2）精密称取2.0g粉碎样品，置于100mL具塞锥形瓶中，加入20mL水浸泡过夜。

（3）加40mL丙酮，超声处理30min，再加6g NaCl和30mL CH_2Cl_2后，再超声处理15min。

（4）静置分层后，将有机相移入装有适量无水Na_2SO_4的100mL具塞锥形瓶中，脱水4h。

（5）取35mL有机相置于旋转蒸发瓶中，于40℃水浴中减压浓缩至近干。

（6）用适量正己烷多次溶解浓缩物并转移至10mL具塞刻度离心管中，定容至5mL。

（7）小心加入1mL浓H_2SO_4，振摇1min，以3000r/min离心10min。

（8）取2.0mL上清液至K-D瓶中，于40℃浓缩并定容至1.0mL。

2. 标准曲线的绘制

（1）取农药混合标准使用液0、0.1mL、0.2mL、0.4mL、0.8mL、1.0mL，用正己烷定容至100mL，浓度分别为0、1.0ng/mL、2.0ng/mL、4.0ng/mL、8.0ng/mL、10.0ng/mL。上样至气相色谱仪，测定各浓度标准液的峰高，以浓度为横坐标，峰高为纵坐标，绘制标准曲线。

（2）参考色谱条件：石英毛细管色谱柱（30m×0.25mm，0.52μm）；色谱柱升温程序为初始温度120℃，以10℃/min的速度升至220℃并保持1min，以8℃/min升至250℃并保持2min；进样口温度为230℃；检测器温度为300℃；高纯氮气作载气，流速为1mL/min；进样方式为分流（分流比1∶5）；进样量为1μL。

3. 样品测定

（1）在上述条件下，将样品提取液导入气相色谱仪中，测定各成分的保留时间和峰高。

（2）与标准品比较，进行定性和定量分析，从标准曲线上查找样品提取液中各成分的浓度。

4. 计算

按下式计算样品中各种六六六和DDT异构体的含量。

$$x=\frac{cV}{m}$$

式中，x为样品中各种六六六和DDT异构体的含量，μg/kg；c为样品处理液中各种六六六和DDT异构体的浓度，ng/mL；V为样液的定容体积，mL；m为样品的质量，g。

五、注意事项

1. 实验步骤中的色谱条件仅供参考，具体的分析条件应该根据所用气相色谱仪的型号，参考说明书中的条件进行。

2. 样品制备时最终浓度要适当。如果样品的浓度太高或者太低，应采用适当的稀释或者浓缩手段，以使测定时的浓度在标准曲线范围内。

六、思考题

1. 简述超声波提取法分离提取样品中有机氯农药残留的原理。

2. 简述GC中电子捕获检测器的工作原理。

3. 叙述你在实验中使用的气相色谱仪的型号、各部件的名称和功能。

4. 比较TLC、气相色谱法和毛细管气相色谱法测定农产品（食品）中有机氯农药残留的优缺点。

（撰写人：王小红）

第三节 食品中有机磷和氨基甲酸酯类农药残留的检测

1. 有机磷农药

（1）定义与分类

有机磷农药（organophosphorus pesticides，OPP）是目前我国应用最广泛的一类杀虫剂。它是一类含磷的杀虫剂，通常是含有C—P或C—O—P键的酯类或酰胺类化合物。其结构通式如下：

$$R^1-\overset{\overset{\displaystyle X}{\|}}{\underset{\underset{\displaystyle R^2}{|}}{P}}-XR^3 \qquad X=O、S$$

早在20世纪30年代，德国的Schrader在合成有机磷酸酯类化合物时，发现其中有一些化合物具有杀虫、杀螨活性。1941年世界上第一个杀虫剂八甲磷被合成，1944年对硫磷被合成。目前全世界有机磷杀虫剂的品种达100余种，常用的有50多种。我国年生产能力在万吨以上的杀虫剂共有10余种，其中大部分都是有机磷杀虫剂，包括敌百虫、敌敌畏、乐果、氧化乐果、甲基对硫磷、对硫磷、甲胺磷、辛硫磷和水胺硫磷。

有机磷农药的杀虫机理是抑制昆虫体内乙酰胆碱酶的活性，造成乙酰胆碱和羧酸酯积累，从而影响昆虫正常的神经传导而致死。这也是有机磷农药导致人畜中毒的机理。

按结构分，有机磷农药可分为磷酸酯类（如敌敌畏等）、焦磷酸酯类（如双硫磷等）和磷酰胺类（如六磷胺等）及其相应的硫代衍生物。图2-11是这几类有机磷农药的典型品种结构式。

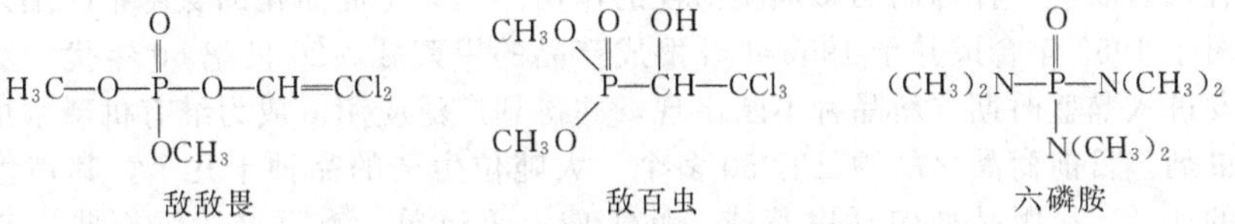

$$H_3C—O—\overset{\overset{\displaystyle O}{\|}}{\underset{\underset{\displaystyle OCH_3}{|}}{P}}—O—CH{=}CCl_2$$

敌敌畏

$$\begin{matrix}CH_3O & O & OH \\ & \backslash\ \| & | \\ & P—CH—CCl_3 & \\ & / & \\ CH_3O & & \end{matrix}$$

敌百虫

$$(CH_3)_2N—\overset{\overset{\displaystyle O}{\|}}{\underset{\underset{\displaystyle N(CH_3)_2}{|}}{P}}—N(CH_3)_2$$

六磷胺

图2-11 几种有机磷农药的结构式

根据毒性强弱分，有机磷农药可分为高毒、中毒、低毒三类。它们的大鼠经口半数致死量（LD_{50}）见表2-6。

表2-6 我国常用有机磷农药的毒性分类

毒性类别	农药名称	大鼠经口LD_{50}/(mg/kg体重)
高毒类	对硫磷	3.5～15
	内吸磷	4～10
	甲拌磷	2.1～3.7
	乙拌磷	4
	硫特普	5
	磷胺	7.5
中毒类	敌敌畏	50～110
	甲基对硫磷	14～42
	甲基内吸磷	80～130
低毒类	敌百虫	450～500
	乐果	230～450
	马拉硫磷	1800
	二溴磷	430
	杀螟松	250

目前，我国杀虫剂产量占农药总产量的70%左右，而在杀虫剂中，有机磷杀虫剂约占70%，其中高毒品种又占70%。

(2) 特点

有机磷杀虫剂具有化学性质不稳定，易水解、易氧化、加热易分解，在自然环境或动植物体内易降解；在高等动物体内无累积毒性；对害虫高效、广谱，作用方式多样；化学结构变化多，品种多；适用范围广等特点，是目前全世界应用最广泛的一类农药。但是有些有机磷农药对温血动物的毒性较高，不少品种的急性毒性也很大，所以世界各国正在逐步限制有机磷类农药的使用。例如，在美国目前登记使用的有机磷农药共有40余种，但是现在已不再接受新有机磷农药的登记申请，并且根据《食品质量保护法》的规定，有机磷农药被美国环保总局列为最先接受再登记和残留限量再评价的一类农药。在我国环境污染物的黑名单中，敌敌畏、乐果、对硫磷、甲基对硫磷、除草醚和敌百虫共6种有机磷农药被列其中。

2. 氨基甲酸酯农药

(1) 定义、杀虫机理与分类

氨基甲酸酯（carbamate）是氨基直接与甲酸酯的羰基相连的一类化合物。它除了作为农药外，也可以作为药物。例如，氨基甲酸乙酯，又名乌拉坦或尿烷，是一种抗癌药物，可用于多发性骨髓瘤和慢性白血病的治疗，也可用来生产安眠药、镇静剂及解毒药。另外，聚氨基甲酸酯、聚氨酯可用于生产塑料制品、耐磨合成橡胶制品、合成纤维、硬质和软质泡沫塑料制品、胶黏剂和涂料等。

氨基甲酸酯农药（carbamate pesticides）可以用作杀虫剂、除草剂（如灭草灵和禾草敌）和杀菌剂（如二硫代氨基甲酸盐类杀菌剂）等，但主要是用作杀虫剂。该杀虫剂是在研究毒扁豆碱（physostigmine）的生物活性与化学结构关系的基础上发展起来的。1930 年发现毒扁豆碱及其类似物具有与有机磷农药一样抑制胆碱酯酶活性的作用。第一个商品化的氨基甲酸酯杀虫剂是美国联合碳化公司于 1953 年合成并于 1956 年开发成产品的甲萘威。20 世纪 60 年代，氨基甲酸酯类杀虫剂的开发进入鼎盛时期，新品种不断出现，并得到广泛应用，成为继有机磷杀虫剂之后又一类重要的杀虫剂。目前商品化品种已有 50 多个，大吨位生产的品种十几个，其销售额约占杀虫剂销售总额的 1/4。常用品种包括甲萘威、仲丁威、杀螟单、克百威、抗蚜威、速灭威、涕灭威、异丙威、残杀威、灭多威、丙硫威、丁硫威、唑蚜威、硫双威等。

氨基甲酸酯类农药与有机磷农药一样，主要是抑制胆碱酯酶活性，使酶活性中心丝氨酸的羟基被氨基甲酰化，失去对乙酰胆碱的水解能力，从而影响昆虫的正常神经传导而使昆虫死亡。但是，有机磷杀虫剂对胆碱酯酶抑制的可逆性差，而氨基甲酸酯杀虫剂对胆碱酯酶的抑制是可逆的，被氨基甲酸酯抑制的胆碱酯酶的半恢复时间为 20～60min，完全恢复活性的时间为数天；而有机磷杀虫剂的半恢复时间一般为 80～500min，全恢复时间长达几个月，个别品种则完全不能恢复。所以氨基甲酸酯农药的毒性较有机磷农药的轻，对人类等温血生物毒性较低。近 10 多年来，通过在 *N*-甲基氨基甲酸酯或 *N*-甲基氨基甲酸肟酯类的高效高毒母体化合物的 N 原子上引入含硫基团或其他取代基，结果既保留了母体化合物对害虫高效杀灭的特点，又降低了对哺乳动物的毒性。例如，丁硫克百威、硫双灭多威、丙硫克百威、棉铃威等就属于这类改造产品。

氨基甲酸酯杀虫剂分为五大类：①萘基氨基甲酸酯类，如甲萘威（又称西维因）；②苯基氨基甲酸酯类，如叶蝉散；③氨基甲酸肟酯类，如涕灭威；④杂环甲基氨基甲酸酯类，如呋喃丹；⑤杂环二甲基氨基甲酸酯类，如异索威。部分氨基甲酸酯杀虫剂的结构式如图 2-12 所示。

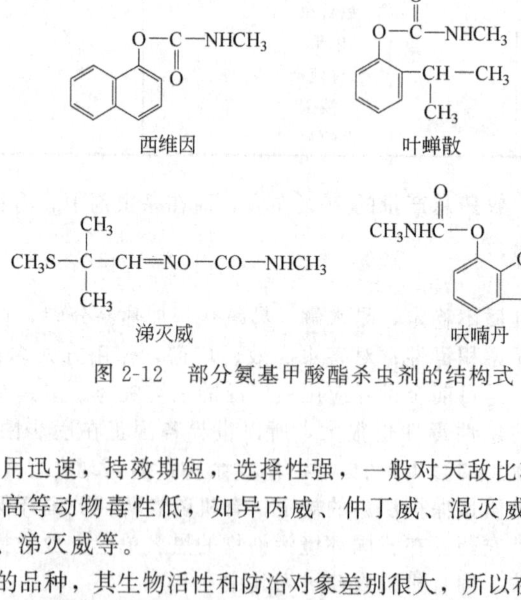

西维因　　叶蝉散

$CH_3S-C(CH_3)_2-CH{=}NO-CO-NHCH_3$

涕灭威　　呋喃丹

图 2-12　部分氨基甲酸酯杀虫剂的结构式

(2) 特点

① 大多数品种作用迅速，持效期短，选择性强，一般对天敌比较安全。

② 大多数品种对高等动物毒性低，如异丙威、仲丁威、混灭威、速灭威等，但少数品种为剧毒农药，如克百威、涕灭威等。

③ 不同结构类型的品种，其生物活性和防治对象差别很大，所以在使用这类农药时应注意选择。

④ 多数对拟除虫菊酯杀虫剂有增效作用的增效剂，如芝麻油、芝麻素、氧化胡椒基丁醚等，对氨基甲酸酯杀虫剂亦有增效作用。例如，胡椒基丁醚能使甲萘威对家蝇的毒力提高 15 倍。另外，不同结构类型氨基甲酸酯杀虫剂品种混合使用，对抗药性害虫有增效作用。还有，氨基甲酸酯杀虫剂也可作为某些有机磷杀虫剂的增效剂。

3. 有机磷和氨基甲酸酯类农药残留的危害

虽然有机磷和氨基甲酸酯类农药具有降解快、毒性相对较低的优点，但是由于这两类农药的使用量大，导致其大量进入土壤、水、大气及植物体内，通过生物富集和食物链造成在生物体内出现较高残留。随着农药残留积累的增加，病虫的抗药性也越来越强，从而使农药的使用量越来越大，造成环境污染日益加重，形成了积重难返的恶性循环。

有机磷和氨基甲酸酯类农药残留的中毒可分为急性和慢性。短时间内摄入、吸入或皮肤接触大量这类农药，可经消化道、呼吸道侵入人体，也可经皮肤、黏膜缓慢吸收，从而出现急性中毒症状。主要表现为毒蕈碱样症状（即恶心、呕吐、腹痛、腹泻、多汗、流涎、视觉模糊、呼吸困难）、烟碱样症状（即肌纤维颤动，以后发展为全身抽搐、呼吸麻痹而死亡）和中枢神经系统症状（即头痛、头昏、乏力、嗜睡、抽搐、昏迷、中枢性呼吸衰竭而死亡）。长期少量接触这类农药也会出现慢性中毒症状。主要表现为神经衰弱综合征，即头痛、头昏、乏力、恶心、食欲不振、视觉模糊，亦可导致神经紊乱，如焦虑、抑郁、狂躁等。有研究表明，长期与农药接触，还可能导致骨髓瘤、唇癌、胃癌、皮肤癌等。所以，世界各国对食品中有机磷和氨基甲酸酯农药的残留量限制非常严格，尤其是对蔬菜水果这类易受农药污染而且人们会短期内大量食用，易造成急性农药中毒的农产品。表 2-7 是我国农业行业标准 NY 1500.13.3～4—2008 和 NY 1500.31.1～49.2—2008 中规定的蔬菜、水果中甲胺磷等 20 种农药的最大残留限量。

表 2-7　我国果蔬中有机磷和氨基甲酸酯类农药残留的限量标准

农药名称	食品名称	最大残留限量/(mg/kg)	农药名称	食品名称	最大残留限量/(mg/kg)
甲拌磷	水果	0.01	克百威	水果	0.02
	蔬菜	0.01		蔬菜	0.02
甲胺磷	水果	0.05	涕灭威	水果	0.02
	蔬菜	不得检出		蔬菜	0.02
甲基对硫磷	水果	0.02	灭线磷	水果	0.02
	蔬菜	0.02		蔬菜	0.02
久效磷	水果	0.03	硫环磷	水果	0.03
	蔬菜	0.03		蔬菜	0.03
磷胺	水果	0.05	蝇毒磷	水果	0.05
	蔬菜	0.05		蔬菜	0.05
甲基异柳磷	水果	0.01	地虫硫磷	水果	0.01
	蔬菜	0.01		蔬菜	0.01
特丁硫磷	水果	0.01	氯唑磷	水果	0.01
	蔬菜	0.01		蔬菜	0.01
甲基硫环磷	水果	0.03	苯线磷	水果	0.02
	蔬菜	0.03		蔬菜	0.02
治螟磷	水果	0.01	杀虫脒	水果	0.01
	蔬菜	0.01		蔬菜	0.01
内吸磷	水果	0.02	氧乐果	水果	0.02
	蔬菜	0.02		蔬菜	0.02

（撰写人：路磊、陈福生）

实验 2-4　蔬菜中有机磷农药残留的分光光度法测定

一、实验目的

掌握分光光度法测定蔬菜中有机磷农药残留的原理和方法。

二、实验原理

样品经酸消化后，磷在酸性条件下与钼酸铵结合生成磷钼酸铵后，经对苯二酚、亚硫酸钠还原成在 660nm 波长处有吸收峰的蓝色化合物——钼蓝，吸光度的大小与样品中磷的含量成正比。

三、仪器与试材

1. 仪器与器材

分光光度计、植物组织捣碎机、可调电炉、消化瓶等。

2. 试剂

除特别注明外，实验中所用试剂均为分析纯，水为去离子水或蒸馏水。

（1）常规试剂：$HClO_4$、HNO_3、H_2SO_4、钼酸铵［$(NH_4)_6Mo_7O_{24} \cdot 4H_2O$］、对苯二酚、$Na_2SO_3$、$KH_2PO_4$（优级纯）。

（2）常规溶液：$HClO_4$-HNO_3 混合酸（1＋4，体积比）、H_2SO_4 溶液（15%，体积分数）、对苯二酚溶液（0.5%，在溶液中加入一滴 H_2SO_4 以减缓氧化作用）、钼酸铵溶液（0.5%，以 H_2SO_4 溶液配制）、Na_2SO_3 溶液（20%，现配现用，否则可能使钼蓝溶液发生浑浊）。

（3）磷标准储备液（100μg/mL）：称取 0.4394g 在 105℃下干燥的 KH_2PO_4，置于 1000mL 容量瓶中，加水溶解并稀释至刻度。

（4）磷标准使用液（10μg/mL）：吸取 10mL 磷标准储备液，置于 100mL 容量瓶中，稀释至刻度，混匀。

3. 实验材料

2～3 种新鲜小白菜、长豆角，各 200g。

四、实验步骤

1. 样品消化

（1）取 100g 样品于植物组织捣碎机中捣碎。

（2）称取 5g 捣碎样品于 100mL 消化瓶中，加入 3mL H_2SO_4 溶液和 3mL $HClO_4$-HNO_3 混合酸，置于电炉上消化至溶液为无色或微带黄色的清亮溶液。

（3）待溶液冷却后，加入 20mL 水，转移至 100mL 容量瓶中，并用水洗涤消化瓶数次，洗液合并倒入容量瓶内，加水至刻度，混匀，备用。此溶液为样品测定液。

（4）取与消化样品同量的 H_2SO_4、$HClO_4$-HNO_3 混合酸，按相同方法做试剂空白试验。

2. 标准曲线的绘制

（1）吸取磷标准使用液 0、0.5mL、1.0mL、2.0mL、3.0mL、4.0mL、5.0mL（相当于含磷 0、5μg、10μg、20μg、30μg、40μg、50μg），分别置于 20mL 具塞试管中，分别加入 2mL 钼酸铵溶液摇匀，静置几秒钟。

（2）加入 1mL Na_2SO_3 溶液、1mL 对苯二酚溶液摇匀后，加水至 20mL，混匀。

（3）静置 0.5h 以后，于 660nm 处测定吸光度。以吸光度对磷含量绘制标准曲线。

3. 样品测定

（1）吸取 2mL 样品测定液和试剂空白试验溶液，分别置于 20mL 具塞试管中，加入 2mL 钼酸铵溶液摇匀，静置几秒钟，然后按照“标准曲线的绘制”（2）、（3）的操作进行，测定 A_{660nm}。

（2）根据 A_{660nm} 值，从标准曲线上查得样品测定液和试剂空白试验液中磷的含量。

4. 计算

按下式计算样品中磷（有机磷农药残留）的含量：

$$x=\frac{(m_1-m_2)V_1}{mV_2\times 1000}\times 100$$

式中，x 为样品中磷的含量，mg/100g；m_1 为样品测定液中磷的质量，μg；m_2 为试剂空白液中磷的质量，μg；V_1 为样品消化液的定容总体积，mL；V_2 为测定用样品消化液的体积，mL；m 为样品的质量，g。

五、注意事项

1. 本方法的最低检出限为 2μg。

2. 在测定过程中，很多试剂包括样品本身都可能含有磷，因此在测定过程一定要注意消除这些磷对实验结果的干扰。

六、思考题

1. 写出在酸性条件下磷与钼酸铵结合生成磷钼酸铵的反应式。

2. 除通过试剂空白试验消除试剂中磷对测定结果的影响外，如何减少或消除食品组成成分中磷对实验结果的影响？

（撰写人：刘军）

实验 2-5 西红柿中甲萘威残留量的气相色谱法测定

一、实验目的

掌握气相色谱法测定西红柿中甲萘威残留的原理和方法。

二、实验原理

甲萘威，学名 1-萘基-*N*-甲基氨基甲酸酯，又名西维因，是第一个人工合成的氨基甲酸酯杀虫剂，其结构式如图 2-12 所示。

样品中甲萘威残留经有机溶剂提取，液液分配、微型柱净化除去干扰物质后，上样于气相色谱仪，以氮磷检测器检测。与标准品比较，根据色谱峰的保留时间进行定性，以外标法进行定量。

三、仪器与试材

1. 仪器

气相色谱仪（附氮磷检测器）、组织捣碎机、离心机、超声波清洗器、旋转蒸发仪。

2. 试剂

除特别注明外，实验中所用试剂均为分析纯，水为去离子水或蒸馏水。

(1) 常规试剂：丙酮、CH_2Cl_2、乙酸乙酯、甲醇、正己烷、H_3PO_4、NaCl、无水 Na_2SO_4（120℃干燥 4h）、NH_4Cl、硅胶（60～80 目，130℃烘 2h，以 5%水失活）、助滤剂 celite 545。

(2) 常规溶液：正己烷-CH_2Cl_2 混合液（9+1，体积比）、正己烷-丙酮混合液（7+3，体积比）、丙酮-乙酸乙酯混合液（1+1，体积比）、丙酮-甲醇混合液（1+1，体积比）。

(3) 凝结液：称取 5g NH_4Cl，加 10mL H_3PO_4 和 100mL 水溶解，用前稀释 5 倍。

(4) 甲萘威标准溶液：准确称取甲萘威标准品，以丙酮为溶剂，配制成 1mg/mL 标准储备液，储于冰箱中。使用时再根据农药在气相色谱仪上的响应情况，吸取不同量的标准储备液，用丙酮稀释配制成标准使用液。

3. 实验材料

2～3 种西红柿，各 200g。

四、实验步骤

1. 样品提取

(1) 取 100g 样品以组织捣碎机捣碎后，测定样品中的水分含量。

(2) 称取 5.00g 捣碎样品，根据样品含水量补加与样品含水量之和为 5.00g 的水和 10mL 丙酮。

(3) 将离心管置于超声波清洗器中，超声提取 10min。

(4) 以 5000r/min 离心 10min，吸上清液 10mL 至 125mL 分液漏斗中。

2. 样品净化

(1) 向分液漏斗中分别加入 40mL 凝结液和 1g 助滤剂 celite 545，轻摇后放置 5min。

(2) 将分液漏斗中的溶液经附两层滤纸的布氏漏斗抽滤，并用少量凝结液洗涤分液漏斗和布氏漏斗。

(3) 将滤液转移至另一 125mL 的分液漏斗中，加入 3g NaCl 溶解后，依次以 50mL、50mL、

30mL CH_2Cl_2 萃取 3 次，合并 CH_2Cl_2 萃取液。

（4）萃取液经无水 Na_2SO_4 漏斗过滤至浓缩瓶中，在 35℃水浴的旋转蒸发仪上浓缩至少量，用氮气吹干，取下浓缩瓶，加入少量正己烷溶解残留物。

（5）以少许棉花塞住 5mL 医用注射器出口，用 1g 硅胶以正己烷湿法装柱，敲实，将浓缩瓶中的浓缩液上柱，并以少量正己烷-CH_2Cl_2 混合液洗涤浓缩瓶，一并倒入柱中。

（6）依次以 4mL 正己烷-丙酮混合液、4mL 乙酸乙酯、8mL 丙酮-乙酸乙酯混合液、4mL 丙酮-甲醇混合液洗柱。

（7）收集全部滤液于旋转蒸发仪上，于 45℃水浴中浓缩近干，用乙酸乙酯定容至 1mL。

3. 测定

（1）量取 1μL 标准溶液及样品净化液注入色谱仪中，以保留时间定性，以峰高或峰面积与标准品比较进行定量。

（2）色谱参考条件：色谱柱为 BP5 或 OV-101［25m×0.32mm（内径）］石英弹性毛细管柱；气体流速，氮气（载气）为 50mL/min，尾吹气（氮气）为 30mL/min，氢气为 0.5kgf/cm²[1]，空气为 0.3kgf/cm²；色谱柱升温程序 140℃ $\xrightarrow{50℃/min}$ 185℃（恒温 2min）$\xrightarrow{2℃/min}$ 195℃ $\xrightarrow{10℃/min}$ 235℃（恒温 1min）；进样口温度为 240℃；检测器为氮磷检测器。

4. 计算

按下式计算样品中甲萘威的含量：

$$x=\frac{hm_s}{h_s mf\times 1000}$$

式中，x 为西红柿样品中甲萘威的含量，mg/kg；h 为样品提取液中甲萘威残留的峰高或峰面积；h_s 为标准品溶液中甲萘威的峰高或峰面积；m_s 为标准品溶液中甲萘威的质量，ng；m 为样品的质量，g；f 为换算系数，西红柿为 2/3。

五、注意事项

1. 样品的用量可以根据样品农药残留的含量来确定，可以大于 5.00g，也可以少于 5.00g。
2. 旋转蒸发时不能将样品完全蒸干，否则将影响分析结果。
3. 色谱柱净化时，应注意各洗涤液之间的连贯性。

六、思考题

1. 简述气相色谱中氮磷检测器的工作原理。
2. 在旋转蒸发时，如果样液蒸发过度而完全挥发干了，对实验结果将产生什么影响？为什么？

（撰写人：刘军）

实验 2-6 黄瓜中甲胺磷和乙酰甲胺磷残留量的气相色谱法测定

一、实验目的

掌握气相色谱法测定黄瓜中甲胺磷和乙酰甲胺磷农药残留的原理和方法。

二、实验原理

样品中甲胺磷和乙酰甲胺磷农药残留经提取、净化后，再经气相色谱分离，于富氢火焰上燃烧，以氢磷氧（HPO）碎片的形式发射波长为 526nm 的特征光。该特征光通过滤光片选择过滤后，由光电倍增管接收转换成电信号，经微电流放大器放大后被记录下来。以样品的峰高与标准品的峰高比较，可以进行定量分析，根据保留时间可实现定性分析。

[1] 1kgf/cm² = 98.0665kPa，后同。

三、仪器与试材

1. 仪器与器材

气相色谱仪（带火焰光度检测器）、振荡器、旋转蒸发仪、离心机等。

2. 试剂

除特别注明外，实验中所用试剂均为分析纯，水为去离子水或蒸馏水。

(1) 常规试剂与溶液：丙酮、CH_2Cl_2（重蒸）、无水 Na_2SO_4、HCl 溶液（3mol/L）。

(2) 活性炭：用 HCl 溶液浸泡过夜，抽滤，用水洗至中性，在 120℃下烘干备用。

(3) 甲胺磷、乙酰甲胺磷标准溶液（100μg/mL）：分别称取甲胺磷标准品（纯度≥99%）、乙酰甲胺磷标准品（纯度≥99%）各 10.0mg 于 100mL 容量瓶中，以丙酮溶解并定容。使用时，根据仪器灵敏度用丙酮稀释配制成单一品种的标准使用液和混合标准工作液，4℃保存。

3. 实验材料

2～3 种黄瓜，各 200g。

四、实验步骤

1. 样品提取

取 10.00g 黄瓜，用 70g 无水 Na_2SO_4 研磨呈干粉状，倒入具塞锥形瓶中，加入 0.4g 活性炭及 80mL 丙酮，振摇 0.5h，以快速滤纸过滤，滤液以旋转蒸发仪浓缩至近干，浓缩液用丙酮定容至 5mL，作为样品提取液。

2. 测定

(1) 将样品提取液与甲胺磷、乙酰甲胺磷单一标准使用液和混合标准工作液分别上样于气相色谱仪，根据农药标准品的出峰时间对样品中农药残留进行定性。以甲胺磷和乙酰甲胺磷浓度已知的标准溶液作外标物，按峰高进行定量。

(2) 参考色谱条件：色谱柱为玻璃柱，内径 3mm，长 0.5m，内装 2% DEGS/Chromosorb WAWDM-CS（80～100 目）；气体流速，氮气（载气）为 70mL/min，空气为 0.7kgf/cm²，氢气为 1.2kgf/cm²；进样口温度为 200℃；柱温为 180℃。

3. 计算

按下式计算样品中有机磷农药残留量：

$$x = \frac{hm_sV_1}{h_sV_2m}$$

式中，x 为样品中甲胺磷或乙酰甲胺磷的含量，mg/kg；m_s 为标准品溶液中甲胺磷或乙酰甲胺磷的质量，ng；h 为试样的峰高，mm；h_s 为标准品溶液中甲胺磷或乙酰甲胺磷组分的峰高，mm；V_1 为样品提取液的体积，mL；V_2 为注入色谱中试样的体积，μL；m 为样品的质量，g。

五、注意事项

实验步骤中的色谱条件仅供参考，具体的分析条件应该根据所用气相色谱仪的型号，参考说明书中的条件进行。

六、思考题

1. 简述食品样品中常见有机磷农药残留的种类及其提取方法。
2. 根据甲胺磷和乙酰甲胺磷的理化性质，说明样品含水量对提取效果的影响。

（撰写人：刘军）

实验 2-7 HPLC 法测定鸡蛋中呋喃丹的残留量

一、实验目的

掌握高效液相色谱法测定鸡蛋中呋喃丹残留量的原理与方法。

二、实验原理

样品经提取、净化、浓缩、定容，微孔滤膜过滤后，采用反相高效液相色谱分离，紫外检测器检测，根据色谱峰的保留时间定性，外标法定量。

三、仪器与试材

1. 仪器与器材

高效液相色谱仪（附紫外检测器）、旋转蒸发仪、振荡器。

2. 试剂

除特别注明外，实验中所用试剂均为分析纯，水为去离子水或蒸馏水。

（1）常规试剂与溶液：甲醇、丙酮、乙酸乙酯、环己烷、NaCl、CH_2Cl_2、无水 Na_2SO_4（120℃干燥 4h）、Bio-Beads S-X_3 凝胶（200～400 目）、乙酸乙酯-环己烷混合液（1＋1，体积比）。

（2）呋喃丹标准品溶液：称取一定量的呋喃丹标准品（纯度大于99%），用甲醇配制成一定浓度的标准储备液，置于 4℃保存，使用前用甲醇稀释成 5.0μg/mL 的使用液。

3. 实验材料

2～3 种新鲜鸡蛋，各 200g。

四、实验步骤

1. 样品提取

（1）称取经去壳、匀浆的鸡蛋液 20.00g，置于 100mL 具塞锥形瓶中，加水 5mL 左右（控制总水量约 20g。通常鲜蛋的水分含量约 75%，所以加水 5mL 即可）。

（2）加 40mL 丙酮，振摇 30min，加 NaCl 6g，充分摇匀溶解后，再加 30mL CH_2Cl_2，振摇 30min 后，静置。

（3）取 35mL 上清液，经无水 Na_2SO_4 滤于旋转蒸发瓶中，于 40℃浓缩至约 1mL。

（4）加 2mL 乙酸乙酯-环己烷混合液，摇匀后再浓缩，如此重复 3 次，最后浓缩至约 1mL。

2. 样品净化

（1）取长 50cm、内径 2.5cm 的带活塞玻璃色谱柱一根，柱底垫少量玻璃棉，将乙酸乙酯-环己烷混合液浸泡过夜的凝胶以湿法装入柱中，柱床高约 40cm。注意确保柱床始终保持在混合液中。

（2）将提取浓缩液经凝胶柱，以乙酸乙酯-环己烷混合液洗脱，弃去 0～35mL 流分，收集 35～70mL 流分。

（3）将收集到的流分，于 40℃旋转蒸发浓缩至约 1mL，再过凝胶柱净化，以乙酸乙酯-环己烷混合液洗脱，收集 35～70mL 流分，旋转蒸发浓缩至约 2mL 后，以氮气吹至约 1mL，以乙酸乙酯定容至 1mL，备用。

3. 测定

（1）分别将 5μL 标准品溶液及试样净化液注入色谱仪中，以保留时间定性，以试样峰高或峰面积与标准比较定量。

（2）参考色谱条件：色谱柱为 Altima C_{18} 柱（4.6mm×25cm）；流动相为甲醇-水（60＋40，体积比），流速为 0.5mL/min；柱温为 30℃；紫外检测波长为 210nm。

4. 计算

按下式计算样品中呋喃丹的含量：

$$x=\frac{mV_2}{m_0V_1}$$

式中，x 为样品中呋喃丹的含量，mg/kg；m 为被测样液中呋喃丹的质量，ng；m_0 为样品的质量，g；V_1 为试样液的进样体积，μL；V_2 为试样最后的定容体积，mL。

五、注意事项

1. 实验步骤中的色谱条件仅供参考，具体的分析条件应该根据所用气相色谱仪的型号，参考说明书中的条件进行。

2. 实验中 NaCl 的用量可根据试样含水量的多少调整，确保提取液盐析过程处于过饱和状态。

3. 盐析过程要充分，无水 Na_2SO_4 的量要足够，确保上清液中无水，否则影响净化效果。

六、思考题

1. 本方法是否适用于鸡蛋以外其他动物性食品中呋喃丹残留的检测？为什么？
2. 简述凝胶柱净化的原理。
3. 为什么在样品提取过程中最后要加以乙酸乙酯-环己烷混合液溶解浓缩 3 次？

（撰写人：刘军）

实验 2-8　HPLC 法测定大米中甲萘威的残留量

一、实验目的

掌握 HPLC 测定大米中甲萘威残留量的原理与方法。

二、实验原理

大米中的甲萘威残留经提取、净化、浓缩、定容后，以高效液相色谱仪分离，紫外检测器于 280nm 处检测吸光度。与标准品比较，根据保留时间定性，以峰高定量。

三、仪器与试材

1. 仪器与器材

高效液相色谱仪（带紫外检测器）、粉碎机、振荡器、超声波发生器、旋转蒸发仪。

2. 试剂

除特别注明外，实验中所用试剂均为分析纯，水为去离子水或蒸馏水。

（1）常规试剂：苯、乙腈、甲醇、CH_2Cl_2、无水 Na_2SO_4（120℃干燥 4h）

（2）弗罗里硅土：于 120℃干燥 4h，加入弗罗里硅土质量 6%的水，摇匀，过夜后使用。

（3）甲萘威标准溶液：称取甲萘威标准品（纯度大于 99%），以甲醇溶解并配制成 10.0mg/mL 的标准储备液，保存于 4℃冰箱中。使用时以甲醇稀释成 10μg/mL 的标准使用液。

3. 实验材料

2～3 种大米，各 200g。

四、实验步骤

1. 样品提取

（1）取 100g 大米样品，粉碎后过 20 目筛。

（2）称取 20.0g 米粉于 250mL 具塞锥形瓶中，加入 50mL 苯，浸泡过夜。

（3）振荡 1h 后，过滤，滤液以苯定容至 50mL。

2. 样品净化

（1）取直径为 1.5cm 色谱柱，先装脱脂棉少许。柱两头装高 2cm 的无水 Na_2SO_4，中间装 6g 弗罗里硅土。

（2）装好的柱先用 20mL CH_2Cl_2 预洗，弃去预洗液，然后将 5mL 样品提取液倒入色谱柱中。

（3）用 70mL CH_2Cl_2 少量多次淋洗，收集全部淋洗液，于 30℃水浴中浓缩至近干，以甲醇溶解残余物，并定容至 5mL。

3. 测定

（1）取 10μL 经 0.45μm 滤膜过滤后的样品净化液和标准使用液，分别注入高效液相色谱仪中进行分离、检测。

（2）以标准使用液的农药质量为横坐标，峰高为纵坐标，绘制标准曲线。从标准曲线上查出样品提取液中农药残留的质量。

（3）参考色谱条件：色谱柱为 μ-Bondpak C_{18} 不锈钢柱（3.9mm×30cm）；检测器为紫外检测器（检测波长为 280nm，灵敏度为 0.01～0.02）；流动相为乙腈-水混合溶液（55＋45，体积比）溶液，流速为 1mL/min；柱温为室温。

4. 计算

大米样品中甲萘威的含量按下式计算：

$$x=\frac{mV_1}{m_0V_2}$$

式中，x 为大米样品中甲萘威的含量，mg/kg；m 为样品提取液中甲萘威的含量，μg；V_1 为样品提取液的体积，mL；V_2 为色谱进样的体积，mL；m_0 为样品的质量，g。

五、注意事项

1. 实验步骤中的色谱条件仅供参考，具体的分析条件应该根据所用气相色谱仪的型号，参考说明书中的条件进行。

2. 样品净化过程中，上样于净化柱中的样品提取液的体积可以根据样品中农药残留量进行调整，5～10mL 均可。

六、思考题

1. 试比较采用 HPLC 和 GC 测定食品中甲萘威残留量的优缺点。

2. 叙述你在实验中采用的 HPLC 仪的型号、各部件的名称和功能。

（撰写人：刘军）

实验 2-9 酶抑制比色法测定蔬菜中有机磷和氨基甲酸酯农药残留

一、实验目的

掌握胆碱酯酶抑制比色法快速测定蔬菜中有机磷和氨基甲酸酯农药残留的原理和方法。

二、实验原理

有机磷和氨基甲酸酯农药能抑制昆虫中枢和周围神经系统中乙酰胆碱酶的活性，造成神经传导介质乙酰胆碱的积累，影响正常传导，从而使昆虫中毒致死。胆碱酯酶抑制比色法快速测定有机磷或氨基甲酸酯农药残留就是根据这一原理进行设计的。

在一定条件下，有机磷和氨基甲酸酯农药对胆碱酯酶的活性有抑制作用，其抑制率与农药的浓度成正相关。正常情况下，酶催化乙酰胆碱水解，其水解产物与显色剂反应，产生黄色物质，用分光光度计于 412nm 处测定吸光度随时间的变化值，可计算出抑制率。通过抑制率可以判断出样品中是否存在有机磷和氨基甲酸酯农药残留。

三、仪器与试材

1. 仪器与器材

农残速测仪、蔬菜取样器（ϕ10cm）、剪刀等。

2. 试剂

除特别注明外，实验中所用试剂均为分析纯，水为去离子水或蒸馏水。

（1）常规试剂：K_2HPO_4、KH_2PO_4、二硫代二硝基苯甲酸、$NaHCO_3$、硫代乙酰胆碱。

（2）常规溶液：pH＝7.5 的磷酸缓冲溶液（称取 11.9g K_2HPO_4、3.2g KH_2PO_4，溶解定容至 1000mL)、显色剂（称取 160mg 二硫代二硝基苯甲酸和 15.6mg $NaHCO_3$，溶于 20mL 磷酸缓冲溶液，4℃保存)、底物溶液（称取 25mg 硫代乙酰胆碱，溶于 3.0mL 水中，4℃保存。保存期不超过两周)。

（3）乙酰胆碱酯酶：根据酶活性，用磷酸缓冲溶液溶解、稀释，4℃保存。保存期不超过 4d。酶的用量以测定酶活时 3min 的吸光度变化值 ΔA 应大于 0.3 为准。

3. 实验材料

2～3 种白菜，各 200g。

四、实验步骤

1. 样品提取

（1）以取样器取来自 8～10 片菜叶样本 2.0g，置于 50mL 锥形瓶中。

（2）加入 5.0mL 磷酸缓冲溶液，振摇 2min，倒出提取液，静置 3min，备用。

2. 检测

（1）对照溶液测试：于 15mm×150mm 试管中加入 2.5mL 磷酸缓冲溶液、0.1mL 酶液、0.1mL 显色剂，摇匀，于37℃水浴锅中预反应 15min 后，加入 0.1mL 底物溶液摇匀，立即倒入比色皿中，用农残速测仪于 412nm 处比色。记录反应 3min 的吸光度变化值 ΔA_0。

（2）样品测试：于试管中加入 2.5mL 样品提取液，其他操作与对照溶液测试相同。记录反应 3min 的吸光度变化值 ΔA_t。

3. 计算

按下式计算抑制率（%）：

$$抑制率=\frac{\Delta A_0-\Delta A_t}{\Delta A_t}\times 100$$

式中，ΔA_0 为对照溶液反应 3min 吸光度的变化值；ΔA_t 为样品溶液反应 3min 吸光度的变化值。

4. 结果判定

当样品提取液对酶的抑制率≥50%时，表示蔬菜中存在有机磷或氨基甲酸酯类农药残留。

五、注意事项

1. 本方法除用于白菜中有机磷或氨基甲酸酯农药残留的测定外，也可用于其他蔬菜的测定，但是葱、蒜、萝卜、韭菜、芹菜、香菜、茭白、蘑菇及番茄的汁液中，由于含有色素和胆碱酯酶抑制物等影响测定结果的物质，容易产生假阳性。处理这类样品时，可采取整株（体）蔬菜浸提或采用表面测定法，避免蔬菜破碎后汁液中的物质影响实验结果。

2. 胆碱酯酶对农药非常敏感，测定时如果测试环境附近喷洒过农药或使用过卫生杀虫剂，以及操作者和器具沾有微量农药，都有可能造成测定结果的假阳性，所以农药标准样品应在通风橱中配制，且应远离样品检测地点。

3. 在实验中可以选购商品化的成套试剂盒进行分析，这时应严格按照说明书进行操作，并且应特别注意酶的浓度，以确保测定酶活时，3min 的 ΔA 值大于 0.3。

4. 酶抑制比色法对部分农药的参考检出限量如表 2-8 所示。

表 2-8　酶抑制比色法对部分农药的检出限

农药名称	检出限/(mg/kg)	农药名称	检出限/(mg/kg)	农药名称	检出限/(mg/kg)
敌敌畏	0.01	马拉硫磷	4.0	灭多威	0.1
对硫磷	0.1	乐果	1.0	敌百虫	0.2
辛硫磷	0.3	氧乐果	0.8	克百威	0.002
甲胺磷	1.5	甲基异柳磷	5.0		

5. 结果判定时，测定抑制率≥50%的样品需要重复检验 2 次以上，也可用其他方法进一步确定具体农药残留的种类与含量。

六、思考题

1. 简述胆碱酯酶的性质。

2. 有机磷和氨基甲酸酯农药残留常见的快速现场检测方法有哪些？

（撰写人：路磊）

实验 2-10　酶片法快速检测蔬菜中有机磷与氨基甲酸酯农药残留

一、实验目的

了解胆碱酯酶抑制法快速测定蔬菜中有机磷及氨基甲酸酯农药残留的原理，掌握农药速测卡的使用方法。

二、实验原理

有机磷或氨基甲酸酯农药可以通过共价键与胆碱酯酶（cholinesterase，ChE）活性中心的丝氨酸残基结合，不可逆地抑制ChE酶活性，从而造成动物神经递质聚集，导致神经的传导功能紊乱，出现包括交感神经、副交感神经、运动神经及中枢神经系统方面的毒效应。这是有机磷及氨基甲酸酯农药杀虫和危害其他动物（包括人）的机理。ChE可催化红色的2,6-二氯靛酚乙酸酯水解成为蓝色的2,6-二氯靛酚和乙酸。当ChE的活性被有机磷或氨基甲酸酯农药抑制时，这一反应过程将受到抑制，从而阻止或延缓颜色变化过程，所以依据颜色变化就可以判断出样品中是否含有或含有多少有机磷或氨基甲酸酯农药残留。

三、仪器与试材

1. 仪器与器材

农残速测仪、蔬菜取样器、剪刀等。

2. 试剂

除特别注明外，实验中所用试剂均为分析纯，水为去离子水或蒸馏水。

（1）常规试剂与溶液：pH=7.5的磷酸缓冲溶液（称取11.9g K_2HPO_4、3.2g KH_2PO_4，溶解定容至1000mL）、速测卡（包括酶片和底物片，其示意图见图2-13）。

（2）甲胺磷农药标准液（50.0μg/mL）：取1.00g 80%甲胺磷乳油于1000mL烧杯中，加入500mL水，搅拌均匀；取该溶液10.0mL于500mL烧杯中，加入310mL水，搅拌均匀，备用。

（3）敌敌畏农药标准液（1.0μg/mL）：取1.00g 80%敌敌畏乳油于1000mL烧杯中，加入500mL水，搅拌均匀；取该溶液200μL于500mL烧杯中，加入320mL水，搅拌均匀，备用。

3. 实验材料

2～3种大白菜，各200g。

四、实验步骤

1. 样品提取

（1）以取样器取来自8～10片菜叶样本2.0g，置于50mL锥形瓶中。

（2）加入10.0mL磷酸缓冲溶液，充分振摇1min，静置备用。

2. 测定

（1）仪器准备：开启农残速测仪（见图2-13），使温度恒定为40℃。除去速测卡保护膜，对折后，插入速测仪加热槽，使白色的酶片置于加热端，备用。

（2）分别吸取甲胺磷标准溶液20μL、60μL、100μL和140μL于4只小试管中，再分别加入980μL、940μL、900μL和860μL的磷酸缓冲溶液，振摇混匀，甲胺磷浓度分别为1.0mg/L、3.0mg/L、5.0mg/L和7.0mg/L。

（3）分别吸取敌敌畏标准溶液10μL、50μL、200μL和400μL于4只小试管中，再分别加入990μL、950μL、800μL和600μL的磷酸缓冲溶液，振摇混匀，敌敌畏浓度分别为0.01mg/L、0.05mg/L、0.2mg/L和0.4mg/L。

（4）取上述不同浓度的农药标准溶液和样品提取液各70μL于速测卡的酶片上，40℃保温10min后，合上农残速测仪上盖，使红色底物片与酶片重合，反应3min后，观察酶片的颜色变化。同时，用70μL的磷酸缓冲溶液做空白对照。

3. 结果判定

（1）与空白对照卡比较，白色酶片不变色（仍为白色）或略有浅蓝色均为阳性结果。不变色（仍为白色）的为强阳性结果，说明农药残留量较高；显浅蓝色的为弱阳性结果，说明农药残留量相对较低。如果白色酶片变为天蓝色或与空白对照卡相同，为阴性结果，说明无有机磷和氨基甲酸酯农药残留，或残留量低于本法检出限。

（2）分析不同浓度甲胺磷和敌敌畏标准溶液的实验结果，即酶片的显色情况，可以判断速测卡（主要是酶片）是否变质失效。如果对不同浓度的标准品溶液，酶片的显色没有差异，那么表明速测卡已经变质。同时，通过分析不同浓度酶片的显色差异，也可以分析速测卡的检出限。还有，将农药标准溶液的测定结果与样品的测定结果进行比较，可以知道样品中农药残留量相当于多少浓度的标准农药。

五、注意事项

1. 目前市场上已有多种商品化的酶片法快速检测蔬菜中有机磷及氨基甲酸酯农药残留的试剂盒（箱），这些产品尽管在形式上有一定的差异，但是它们的核心部件都包括由酶片和底物片组成的速测卡片和供加热保温用的农残速测仪。其中，速测卡片是将底物和酶分别固定在滤纸条上两端一定区域内的滤纸片（见图 2-13）。

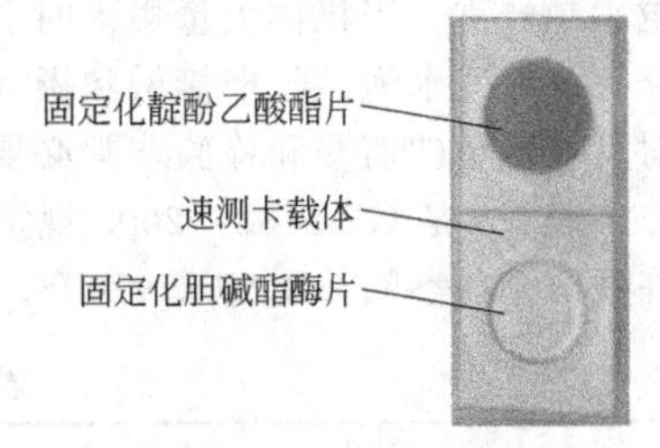

图 2-13　速测卡和农药残留速测仪的结构图

2. 本方法除用于白菜的测定外，也可用于其他蔬菜中有机磷或氨基甲酸酯农药残留的测定，但是葱、蒜、萝卜、韭菜、芹菜、香菜、茭白、蘑菇及番茄的汁液中，由于含有色素和胆碱酯酶抑制物等影响测定结果的物质，容易产生假阳性。处理这类样品时，可采取整株（体）蔬菜浸提或采用表面测定法，避免蔬菜破碎后汁液中的物质影响实验结果。

3. 速测卡对农药非常敏感，测定时如果附近刚刚喷洒农药或使用过卫生杀虫剂，以及操作者和器具沾有微量农药，都会造成对照和测定药片不变蓝，所以农药样品要在通风橱中配制，且应远离样品检测地点。

4. 红色底物片与白色酶片叠合反应的时间以 3min 为准，3min 后蓝色会逐渐加深，影响结果判定。

六、思考题

1. 写出乙酰胆碱酯酶催化 2,6-二氯靛酚乙酸酯水解成为蓝色的 2,6-二氯靛酚和乙酸的化学反应式。

2. 比较 GC、HPLC 和各种快速检测方法检测食品（农产品）中有机磷农药残留的优缺点。

3. 如何分析茭白、蘑菇及番茄等蔬菜汁液中影响实验结果的物质？

（撰写人：路磊）

第四节　食品中拟除虫菊酯和除草剂残留的分析

1. 拟除虫菊酯的杀虫机理、残留与检测

(1) 定义与杀虫机理

拟除虫菊酯（pyrethroids）是根据天然植物除虫菊（pyrethrum）中除虫菊素的化学结构，人工合成的一类杀虫剂，因为是模拟天然除虫菊酯合成的杀虫剂，故名。

1948 年美国开始进行拟除虫菊酯的人工合成研究，1950 年第一个拟除虫菊酯杀虫剂——丙烯菊酯在美国碳素化学公司试产。随后各种拟除虫菊酯杀虫剂不断出现，并作为有机氯农药等剧毒长残留杀虫剂的替代品种，迅速得到推广和应用，目前其品种数和使用量仅次于有机磷农药。当前在生产上推广应用的品种包括溴氰菊酯、氰戊菊酯、顺式氰戊菊酯、甲氰菊酯、氯菊酯、氯氰菊酯、顺式氯氰菊酯、高效氯氰菊酯、高效氟氯氰菊酯、联苯菊酯、氟氯氰菊酯、顺式氟氯氰菊酯、溴氟菊酯、乙氰菊酯、戊菊酯、醚菊酯、四溴氰菊酯等二十多种。

拟除虫菊酯与有机磷和氨基甲酸酯农药一样都属于神经毒剂，但是它们的杀虫机理不同。拟除虫菊酯的作用机理主要是改变神经细胞膜钠离子通道的功能，使神经传导受阻，从而杀死昆虫。而有机磷和氨基甲酸酯农药是通过抑制胆碱酯酶的活性，导致神经传导受阻，从而使昆虫死亡。

拟除虫菊酯杀虫剂的生物活性或毒性与其结构密切相关。这类农药的共同特点之一是分子结构中均含有数个不对称的碳原子，因而包含多个光学异构体和立体异构体。这些异构体具有不同的生物活性，即使同一种拟除虫菊酯，总酯含量相同，若包含的异构体的比例不同，杀虫效果也大不相同。

（2）拟除虫菊酯的残留与检测

尽管从总体上，拟除虫菊酯类杀虫剂属于高效、广谱、安全的农药，具有降解快、残留低、对人类毒性较低等特点，但是随着其在农业生产和卫生杀虫中的广泛使用，导致在食品中的残留越来越严重。当机体大量摄入时会引起哮喘、气短、流鼻涕及鼻塞等症状。皮肤接触可引起皮疹、皮痒或水泡。长期接触和摄入能导致机体内分泌失调以及影响人类神经系统功能。因此加强对其残留量的监测和检验非常必要。

表 2-9 是 GB 2763—2005 规定的食品中溴氰菊酯的残留限量。其他更多拟除虫菊酯的最大允许残留量请参阅 GB 2763—2005。

表 2-9 食品中溴氰菊酯的残留限量

食　物	最大残留限量/(mg/kg)	食　物	最大残留限量/(mg/kg)
原粮	0.5	柑橘类水果	0.05
小麦粉	0.2	热带及亚热带水果(皮不可食)	0.05
叶菜类蔬菜	0.5	油菜籽	0.1
甘蓝类蔬菜	0.5	棉籽	0.1
果菜类蔬菜	0.2	茶叶	10
梨果类水果	0.1		

关于拟除虫菊酯的检测，通常采用 GC、HPLC 和免疫学方法进行分析。由于这类农药的极性较低，所以常用正己烷、苯、丙酮-正己烷、正己烷-异丙醇或石油醚-乙醚等作为提取溶剂，然后再采用液液萃取法、固相萃取法、凝胶渗透色谱法等方法进行净化。但是，针对不同的样品还需采用不同的辅助提取方法。例如，对谷物样品中该类农药残留的提取，常需要结合超声波或机械振动辅助提取，提取液过滤并经无水 Na_2SO_4 脱水后，可供进一步净化或直接进样分析；对于含水量低的茶叶、烟草等样品，一般先用水溶性溶剂或蒸馏水湿润或浸泡后再进行提取；而对于含水量高的果蔬样品，常先加入粒状无水 Na_2SO_4，或采用冷冻干燥的方式除去水分后，再进行提取；对于脂肪含量高的动物性样品，一般在粒状无水 Na_2SO_4 存在下，用二元溶剂（如丙酮-正己烷或石油醚-乙醚）提取；牛奶样品则用丙酮-正己烷或正己烷提取；饮用水中拟除虫菊酯的残留，加入 NaCl 后，再以正己烷提取。

2. 除草剂的作用机理、分类、残留与检测

（1）定义与作用机理

除草剂（herbicide，weed killer）是一大类用以杀死杂草的化学药剂，其中也包括一些常用的植物生长调节剂。目前世界各国使用的除草剂有 100 多种。

除草剂是通过干扰与抑制杂草的生理代谢而使杂草死亡，包括干扰与抑制光合作用、细胞分裂、蛋白质及脂类合成等。这些生理过程往往由不同的酶系统控制，除草剂通过对靶标酶的抑制，干扰杂草的生理作用，导致杂草死亡。

（2）除草剂的分类

除草剂可以根据作用方式、使用方法及化学结构等来进行分类。

依据除草剂的作用方式不同，可将除草剂分为选择性除草剂和灭生性除草剂。选择性除草剂在不同的植物间具有选择性，即能毒害或杀死杂草而不伤害作物，甚至只毒杀某种或某类杂草，而不损害作物和其他杂草，如 2-甲-4-氯钠(盐)、苯达松、敌稗、喹禾灵等。而灭生性除草剂对植物没有选择性或选择性较小，通常能杀死所有的绿色植物，如草甘膦和百草枯等。

根据除草剂在植物体内的输导性能的差异，可以将除草剂分为触杀型和传导型。触杀型除草剂接触植物后不在植物体内传导，只对接触部位产生作用，如百草枯，所以在应用这类除草剂时

应注意喷施均匀，否则将影响除草效果。而传导型除草剂能被植物茎叶或根部吸收，在植物体内传导，将药剂输送到其他部位，甚至遍及整个植株，如2,4-滴丁酯、草净津等。

按使用方法的不同，除草剂可以分为土壤处理剂和茎叶处理剂。土壤处理剂，是把药剂喷洒于土壤表层，或通过翻土把药剂拌入土壤一定深度，建立一个相对封闭的药土层，以杀死萌发的杂草。这类药剂通过杂草的根、芽鞘或下胚轴等部位吸收而产生毒杀作用，常用的品种有甲草胺、乙草胺、氟乐灵等。茎叶处理剂，即是通过把除草剂稀释于一定量的水或其他惰性填料中，喷洒于植物表面，通过茎叶吸收而产生毒效，如2,4-滴丁酯、草甘膦、喹禾灵等。

按化学结构的不同，除草剂可分为酰胺类（amides）、均三氮苯类（triazines）、磺酰脲类（sulfonylureas）、二苯醚类（diphenyl ethers）、脲类（ureas）、苯基氨基甲酸酯类（phenyl carbamates）、硫代氨基甲酸酯类（thiocarbamates）、苯氧羧酸类（phenoxy carboxylic acid）、苯甲酸类（benzoic acid）等。

（3）除草剂的残留与检测

随着农业机械化程度的提高，除草剂的用量越来越大，其在环境中的残留量越来越高，并通过生物富集而逐级浓缩，进入人类的食物链。在牛奶中已检测出阿特拉津的残留，这表明作物的籽粒和秸秆中已不同程度地含有从土壤中吸收的阿特拉津除草剂，并通过它们富集于牛奶中。另外，在生马铃薯和熟马铃薯中均检测到氯苯胺灵及其代谢物。

报道表明2,4,5-涕、灭草隆、敌草隆、伏草隆等除草剂对实验动物有致癌作用，除草醚、西玛津、氟乐灵有诱突变作用。除草剂2,4-滴、2,4,5-涕以及五氯酚钠中的杂质四氯二苯二噁英是强致癌剂和致畸剂。在越南战争中，美国空军撒下的橙色剂就含有2,4-滴和2,4,5-涕除草剂成分，其残留已引起越南居民中畸形儿明显增加。另外，有些除草剂还含有致癌的亚硝胺类，例如，在氟乐灵中就含二甲基亚硝胺。

由于潜在的积累和毒副作用，食品中除草剂残留量的限量与检测已引起公众的广泛关注。GB 2763—2005《食品中农药最大残留限量》中对多种除草剂的最大残留限量作出了规定，其中，2,4-滴在小麦、大白菜和果菜类蔬菜中的允许残留分别为0.5mg/kg、0.2mg/kg和0.1mg/kg。其他更多除草剂的最大允许残留量请查阅GB 2763—2005。

与其他农药残留的分析一样，对于除草剂残留的检测，在分析之前，首先需要从待检样品中提取除草剂残留，并进行净化。对于水果汁等样品，常采用有机溶剂液液分配或固相萃取技术来提取。对于固体样品，提取方式取决于除草剂极性及样品特征。从粮食中提取残留除草剂时，丙酮、乙腈、乙酸乙酯、甲醇是最常用的有机溶剂。溶剂提取方法的缺点是需要大量的有机溶剂和玻璃器皿，耗时耗力。最近几年来，一些新型的提取技术和方法不断用于食品中除草剂残留的提取。这些方法包括固相萃取法、基质固相分散提取法、加速溶剂提取法、固相微萃取法和超临界流体萃取法等。它们具有节省有机溶剂和制样时间、减少分析工作者与有毒溶剂接触和降低有毒物质的处理量等优点。

样品提取液在进行分析之前，一般还需要净化，常常采用的净化方法是液液分配法。该方法在操作中常常容易形成较浓的乳浊液，分层困难，此时需加入盐、甲醇或通过离心促其分层。另外，固相萃取技术和凝胶渗透色谱技术也常用于样品净化，采用该方法可以减少溶剂的用量和分析时间。关于样品提取与净化的详细叙述请阅读本章第一节及其他书籍。

检测除草剂残留常用的仪器分析方法有GC、GC-MS、HPLC、HPLC-MS。此外，毛细管电泳技术（CE）也正在快速发展之中，此法灵敏度高，但由于样品的进样量小而仅限于水和马铃薯等样品中杀草快及百草枯残留、水果和蔬菜中草甘膦残留及其主要代谢物等的分析。另外，超临界流体色谱法（SFC）也可用于环境中除草剂残留的分析。最近几年，一些公司还开发了许多用于除草剂等农药分析的酶免疫试剂盒。这些试剂盒适合于大批量样品的筛选分析，具有灵敏度高、特异性强、分析速度快、花费小等优点。

（撰写人：黄艳春）

实验 2-11 蔬菜中氯氰菊酯、氰戊菊酯和溴氰菊酯残留的气相色谱测定

一、实验目的

掌握蔬菜中拟除虫菊酯类农药氯氰菊酯、氰戊菊酯和溴氰菊酯残留的提取、净化技术，以及气相色谱测定的原理和方法。

二、实验原理

样品中残留的氯氰菊酯、氰戊菊酯和溴氰菊酯等拟除虫菊酯类农药经丙酮-石油醚提取、色谱柱净化、浓缩后，经气相色谱柱分离，进入到电子捕获检测器中检测。根据保留时间和峰高，与标准品比较实现定性和定量分析。

三、仪器与试材

1. 仪器与器材

气相色谱仪（附电子捕获检测器）、组织捣碎机、振荡器、可调电炉、恒温水浴锅等。

2. 试剂

除特别说明外，实验中所用试剂均为分析纯，水为去离子水或蒸馏水。

（1）常规试剂：石油醚（沸程 30～60℃，重蒸）、丙酮（重蒸）、无水 Na_2SO_4（550℃灼烧 4h）、色谱用中性氧化铝（550℃灼烧 4h 后，用前于 140℃烘烤 1h，加 3%水脱活）、色谱用活性炭（550℃灼烧 4h）、脱脂棉（经正己烷洗涤后，干燥）。

（2）农药标准品：氯氰菊酯（cypermethrin，纯度≥96%）、氰戊菊酯（fenvalerate，纯度≥94.4%）；溴氰菊酯（deltamethrin，纯度≥97.5%）。

（3）标准储备液：用重蒸石油醚或丙酮分别配制 0.2μg/mL 氯氰菊酯、0.4μg/mL 氰戊菊酯、0.1μg/mL 溴氰菊酯的标准储备液。

（4）标准使用液：吸取 10mL 氯氰菊酯、10mL 氰戊菊酯、5mL 溴氰菊酯的标准储备液于 25mL 容量瓶中，加石油醚或丙酮至刻度，摇匀，得到浓度分别为 0.08μg/mL、0.16μg/mL 和 0.02μg/mL 的氯氰菊酯、氰戊菊酯和溴氰菊酯的标准使用液。

3. 实验材料

1～2 种新鲜小白菜、萝卜、辣椒，各 250g。

四、实验步骤

1. 样品提取

（1）称取 100g 切碎的小白菜、萝卜和辣椒，以组织捣碎机分别捣碎匀浆。

（2）取 20.00g 捣碎样品于 250mL 具塞锥形瓶中，加丙酮和石油醚各 40mL 摇匀，振荡 30min，静置分层后，取出上清液 4mL 用于净化。

2. 样品净化

（1）将内径 1.5cm、长 15cm 的玻璃色谱柱垂直固定，玻璃色谱柱底端铺垫少量脱脂棉后，依次加 1cm 高的无水 Na_2SO_4、3cm 高的中性氧化铝、0.03g 色谱用活性炭、2cm 高的无水 Na_2SO_4。

（2）以 35mL 石油醚淋洗柱子，弃去淋洗液，待石油醚层下降至上层的无水 Na_2SO_4 时，迅速将试样提取液加入，待其进入无水 Na_2SO_4 层时，以 30mL 左右的石油醚淋洗液淋洗。

（3）收集淋洗液于尖底定容瓶中，以氮气流吹干、浓缩至 1mL，待测。

3. 测定

（1）分别取 2μL 标准使用液和样品浓缩液于气相色谱仪中进行分析。

（2）通过与标准品的出峰时间和峰高进行比较，确定样品中拟除虫菊酯残留的种类和含量。

（3）参考色谱条件：色谱柱为玻璃柱［3mm（内径）×1.5m 或 2m］，内填充 3% OV-101/

Chromosorb W（AWDMC S），80～100 目；柱温为 245℃，进样口和检测器温度为 260℃；高纯氮气为载气，流速为 140mL/min。

4. 计算

按下式计算样品中拟除虫菊酯类农药残留的含量：

$$x=\frac{h'cV}{hm}$$

式中，x 为试样中某种拟除虫菊酯农药残留的含量，mg/kg；h 为标准品的峰高，mm；h' 为样品液的峰高，mm；c 为标准溶液的浓度，μg/mL；V 为试样的最终定容体积，mL；m 为试样的质量，g。

五、注意事项

实验步骤中的色谱条件仅作参考，具体条件应该根据气相色谱仪的品牌和型号，依据说明书，通过预备实验进行确定。

六、思考题

1. 简述拟除虫菊酯残留对人体的危害。

2. 请分别说明色谱柱中无水 Na_2SO_4、中性氧化铝和活性炭的作用。

（撰写人：黄艳春）

实验 2-12　大米中禾草敌残留的气相色谱测定

一、实验目的

掌握大米中禾草敌残留的提取、净化方法，以及气相色谱测定的原理与方法。

二、实验原理

禾草敌（molinate），化学名称为 *N*,*N*-六亚甲基硫代氨基甲酸-*S*-乙酯，是我国广泛使用的一种防治稻田稗草的除草剂。大米样品以丙酮水溶液提取，提取液酸化（pH 3.0～3.5）后，以石油醚萃取，硅镁吸附剂进行净化与浓缩，用带有火焰光度检测器的气相色谱仪测定，通过与标准品比较保留时间和峰高可进行定性和定量分析。

三、仪器与试材

1. 仪器与器材

气相色谱仪（带有火焰光度检测器）、振荡器、粉碎机、旋转蒸发器等。

2. 试剂

除特别说明外，实验中所用试剂均为分析纯，水为去离子水或蒸馏水。

（1）常规试剂：丙酮（40℃重蒸）、石油醚（沸程 30～60℃，重蒸）、乙醚、无水 Na_2SO_4、硅镁吸附剂（100～200 目）。

（2）常规溶液：HCl 溶液（0.05mol/L）、丙酮水溶液（1＋1，体积比）、乙醚-石油醚（1＋1，体积比）。

（3）禾草敌标准溶液：取一定浓度的禾草敌标准品，用丙酮配成 1mg/mL 的标准储备液，储存于 4℃，使用时用丙酮稀释成 1.0μg/mL 的标准使用液。

3. 实验材料

2～3 种大米，各 250g。

四、实验步骤

1. 样品提取

（1）取 100g 大米样品，粉碎后过 40 目筛。

（2）称取 20.00g 粉碎样品，置于 250mL 具塞锥形瓶中，加 100mL 丙酮溶液，振摇提取 30min，用铺有玻璃纤维滤纸的布氏漏斗抽滤，以 100mL 丙酮水溶液洗涤残渣 3～4 次，抽滤。

（3）合并滤液转入500mL分液漏斗中，加入3mL HCl溶液，用石油醚萃取3次，每次20mL，振摇1min，合并石油醚萃取液。

（4）萃取液经5g无水Na_2SO_4脱水后，于(45±1)℃减压旋转蒸发、浓缩至5mL左右。

2. 样品净化

（1）将少许玻璃棉装入10mm×250mm的色谱柱中，加2g无水Na_2SO_4于柱底部，然后将5g硅镁吸附剂以20mL石油醚湿法装柱，并铺上2g无水Na_2SO_4。

（2）在装柱过程中，当石油醚进入上层无水Na_2SO_4时，将上述提取浓缩液小心转入色谱柱中。用50mL乙醚-石油醚洗脱，洗脱速度为1mL/min，收集洗脱液。

（3）用旋转蒸发器在(45±1)℃减压浓缩、定容至5.00mL，浓缩液置于冰水浴中，备用。

3. 标准曲线的绘制

（1）分别吸取0、0.10mL、0.20mL、0.40mL、0.60mL、0.80mL、1.00mL禾草敌标准使用液，补加丙酮至1mL（相当于0、0.10μg、0.20μg、0.40μg、0.60μg、0.80μg、1.00μg禾草敌），分别取2.0μL注入气相色谱仪，测定峰高。以禾草敌标准溶液浓度的平方为横坐标，以色谱峰高为纵坐标，绘制标准曲线。

（2）参考色谱条件：色谱柱为2m×3mm的玻璃柱，内装涂有3% OV-17的Gas Chrom Q载体；柱温为100℃；汽化室和检测器的温度为220℃；氮气流速为40mL/min，氢气流速为65mL/min，空气流速为300mL/min；进样量2.0μL。

4. 样品测定

将净化后的样品溶液2.0μL注入气相色谱仪，与标准品比较，以保留时间定性，以峰高从标准曲线上查找并计算出样品液中禾草敌的浓度。

5. 计算

按下式计算样品中禾草敌的含量：

$$x=\frac{cV}{m}$$

式中，x为试样中禾草敌的含量，mg/kg；c为待测试样溶液的浓度，μg/mL；V为待测试样溶液的体积，mL；m为试样的质量，g。

五、注意事项

1. 硅镁吸附剂在使用前应进行如下处理：在550℃灼烧3h，储存于干燥器内。临用前取100g加2mL蒸馏水减活化，平衡过夜，混匀备用。若放置时间超过2d，用前应于130℃烘5h，再按上述比例加水减活化后使用。

2. 实验步骤中的色谱条件仅作参考，具体条件应该根据气相色谱仪的品牌和型号，依据说明书，通过预备实验进行确定。

3. 本方法的检出限为0.1ng；对于20.00g大米样品，检出浓度为0.01mg/kg；线性范围为0.10～1.00μg/mL。

4. 火焰光度检测器在394nm处对硫的响应与浓度不呈线性关系，但与禾草敌中所含硫浓度的平方成正比，所以在绘制标准曲线时以禾草敌标准溶液浓度的平方对色谱峰高作图。

六、思考题

1. 简述除草剂的除草机理与分类。

2. 禾草敌残留除以气相色谱法测定外，还可以用什么方法分析？说明分析原理。

（撰写人：黄艳春）

第五节　食品中生物和仿生农药残留的分析

1. 生物农药

（1）定义和分类

所谓生物农药（biopesticides）通常是指来自于微生物、植物和动物体的具有农药效应的物质。

应该说，化学农药（chemical pesticides）的广泛使用，在防治作物虫害和病害、确保农业丰收等方面起到了重要的作用。但是，化学农药的长期大量使用，特别是滥用，导致的污染环境、病虫抗药性增强、杀伤天敌和生态失衡等问题也日益显现。而生物农药由于来自微生物、植物和动物等生物体，具有对人畜毒性小、环境兼容性好、对有害生物不易产生抗性、不杀伤天敌、对生态链的影响小等优点，符合现代社会对农业生产和农药的要求，所以已成为全球农药发展的新趋势。目前，全世界生物农药产品已经超过100多种。

通常生物农药是指来自微生物和动植物的天然产物，包括微生物源生物农药（biopesticides of microbial origin）、植物源生物农药（botanical pesticides）、动物源生物农药（zoological pesticides）等。其中，90%以上的生物农药属于微生物类的杀虫剂。最近，也有人将能产生抗有害生物成分的转基因的作物种子（如抗虫棉）也称为生物农药。

所谓微生物源生物农药，包括具有杀虫或抗菌作用的细菌、病毒和真菌的菌体以及它们的代谢产物，例如农用抗生素就属于微生物的次生代谢产物。关于微生物源的生物农药的种类将在以下的叙述中作更加详细的说明。

植物源生物农药是指从植物体中提取的具有抗菌、抗病毒、杀虫或除草效果的成分。例如，除虫菊、鱼藤、烟草都是已被应用数百年的植物杀虫剂。据报道，全球有杀虫植物2400多种，杀菌植物2000多种。我国早在20世纪30年代开始，就进行了植物源生物农药的研究，至今，登记注册的植物源生物农药有40多种。例如，菊科（compositae）的除虫菊，其分泌的菊酯对菜青虫、蚜虫、蚊蝇等多种昆虫有毒杀作用，最早的除虫菊酯就是从除虫菊中提取的。万寿菊的提取物对豆蚜、菜青虫等具有毒杀或驱避作用。楝科（meliaceae）中的印楝、苦楝和川楝等的提取物，对果树害虫和蔬菜害虫具有驱避和拒食作用，而对人畜无害。卫矛科（celastraceae）中的苦皮藤提取物——苦皮藤素，对水稻、玉米和蔬菜害虫有良好的防治功效。另外，柏科（cupressaceae）植物中的沙地柏、瑞香科植物中的瑞香狼毒等植物，也是难得的植物农药资源。

动物源生物农药是指由动物产生的毒素或激素与信息素，它们对害虫有毒杀效果，或者抑制干扰昆虫的生长发育与新陈代谢，从而控制害虫对农作物、森林和果树的危害。常见的动物毒素有蜘蛛毒素、黄蜂毒素、沙蚕毒素等。目前，国际上已有40多种动物源性的杀虫剂注册、生产和应用。另外，包括脑激素、保幼激素、蜕皮激素、集合信息素、性信息素等在内的昆虫激素和昆虫信息素也属于动物源生物农药。其中，蜕皮激素和保幼激素能使昆虫提早或推迟蜕皮，从而导致昆虫难以适应外界环境以至无法觅食和交配而死亡；而集合信息素和性信息素可使昆虫聚集，从而有效地歼灭之。生产上应用最多的是性信息素，广泛用于害虫测报和防治。

抗虫抗病的转基因作物由于自身能生物合成治虫防病的有效成分，所以这些抗虫抗病的转基因作物可称为生物农药。它们体内合成的治虫防病的成分相当于在作物体外施用的杀虫防病的农药制剂，而且产生抗药性的机理也相似。

（2）微生物源生物农药

生物农药在我国已有50多年的生产和应用历史，到2004年为止，登记在册的生物农药活性成分品种140种，占我国农药总有效成分品种的15%；产品411个，占注册登记农药产品的8%；年产量12万～13万吨制剂，约占农药总产量的12%；年产值约3亿美元，占农药总产值的10%左右；使用面积约4亿多亩次。但是，从综合产业化规模与其研究深度上分析，微生物源生物农药井冈霉素、阿维菌素、赤霉素、苏云金杆菌制剂4个品种是我国生物农药产业中的领军品种，而农用链霉素、农抗120、多抗霉素和中生菌素等产业化品种是我国生物农药产业的中坚力量。上述这些微生物源生物农药品种的市场规模已占到生物农药的90%左右。目前，我国已成为世界上最大的井冈霉素、阿维菌素和赤霉素的生产国。井冈霉素、阿维菌素也已成为我国农药杀菌剂和杀虫剂销售和使用量名列前茅的品种。下面将对井冈霉素、阿维菌素、赤霉素和苏云金杆菌制剂分别进行简要介绍。

① 井冈霉素。井冈霉素（Jinggongmycin）是1973年由上海市农药研究所在江西井冈山地区的土壤中分离获得的吸水链霉菌井冈变种（*Streptomyces hygroscopicus var Jinggongensis* Yen）产生的水溶性抗生素，共有A、B、C、D、E、F六个组分。其主要活性物质为井冈霉素A，其次为井冈霉素B，A组分的活性最强，含量最高，是控制水稻纹枯病（sheath blight）的主要有效成分。井冈霉素是内吸性（能被作物吸收的特性）很强的农用抗生素，当井冈霉素接触到水稻纹枯病菌［*Thanatephorus cucumeris*（Frank）Donk］菌丝后，能很快被菌体细胞吸收并在菌体内传导，干扰和抑制病原菌生长和发育，使菌丝体顶端产生异常分枝，进而停止生长。井冈霉素除了用于防治水稻纹枯病外，也可以用于防止小麦纹枯病、稻曲病、玉米大斑病、蔬菜立枯病与根腐病以及棉花、豆类、人参的立枯病等，是我国农用抗生素产品的当家品种之一。

② 阿维菌素。阿维菌素（avermectin）是一种高效、广谱，具有杀虫、杀螨、杀线虫活性的抗生素。1975年，日本北里研究所从日本静冈县土壤中分离得到阿维链霉菌（*Streptomyces avermitili*）。阿维菌素就是由阿维链霉菌所产生的。它含有8个结构相似的组分，编号分别为A1a、A2a、A1b、A2b、B1a、B1b、B2a和B2b，其中以B1组分的杀虫活性最高，毒性最小。阿维菌素的作用靶点是昆虫外周神经系统内的γ-氨基丁酸受体。它能促进γ-氨基丁酸从神经末梢释放，增强γ-氨基丁酸与细胞膜上受体的结合，使细胞膜超极化，导致神经信号传递受抑。但是，阿维菌素对许多害虫的卵没有活性，无内吸性，并且对某些害虫会产生抗性。为此，除了提高菌种的产素能力以及通过改进生产工艺等来提高其活性外，对其母体结构的衍生化改造可能更有意义。目前，已经合成了上千种阿维菌素的衍生物，它们既克服了原母体阿维菌素的某些不足，在防治范围、杀虫活性和对人畜及环境毒性等方面也得到了很大的改善。

③ 赤霉素。1926年日本病理学家在水稻恶苗病的研究中发现，水稻植株发生徒长是由赤霉菌（*Gibberella fujikuroi*）的分泌物引起的。当水稻感染了赤霉菌后，会出现植株疯长的现象，病株往往比正常植株高50%以上，而且结实率大大降低，因而称之为“恶苗病”。1935年日本科学家从诱发恶苗病的赤霉菌培养物中分离得到了能促进植物生长的非结晶固体，并称之为赤霉素（gibberellic acid，GA）。1958年麦克仑（Macmillan）等人从豆科植物未成熟的种子中分离出GA，并证明GA是高等植物中所含的植物激素。到目前为止，已经从高等植物和微生物中分离出70余种赤霉素。

赤霉素都是以赤霉素烷（gibberellane）为骨架的双萜类衍生物，由四个异戊二烯单位组成，共有A、B、C、D四个环，它们对其活性都是必要的，环上各基团的不同就形成了各种不同的赤霉素，但是所有具有活性的赤霉素的第7位碳均为羧基，这也是为什么赤霉素又称为赤霉酸的原因（见图2-14）。根据赤霉素分子中碳原子的多少，可分为C_{19}-赤霉素和C_{20}-赤霉素（见图2-14）。其中，C_{19}-赤霉素的种类比C_{20}-赤霉素的多，且活性高。

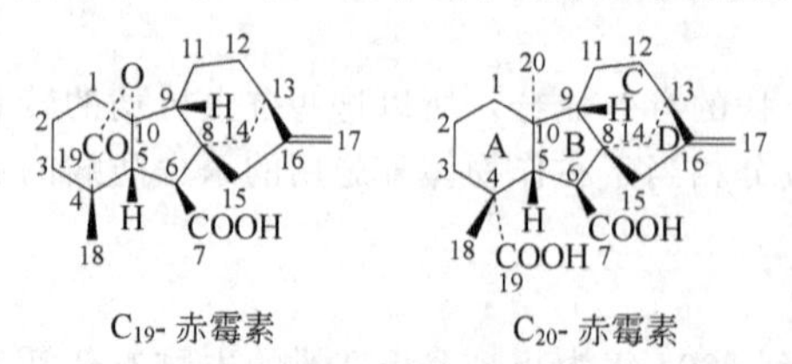

图2-14 C_{19}-和C_{20}-赤霉素的结构式

赤霉素具有调节植物生长和发育的作用，极低浓度就有效果。外源赤霉素进入植物体内后，与植物自身产生的内源赤霉素一样，促使细胞延长，导致植物茎伸长和叶片扩大。同时，还可以打破种子休眠，改变雌雄花比例，影响开花时间，减少花和果脱落等。

④ 苏云金芽孢杆菌。苏云金芽孢杆菌（*Bacillus thuringiensis*，Bt）简称苏云金杆菌，1901年在日本被发现，1911年由柏林纳从地中海粉螟的患病幼虫中分离出来，并依其发现地点德国苏云金省而命名。苏云金杆菌是一种分布极广的、内生芽孢的革兰阳性土壤细菌。对其杀虫机理已作了大量的研究，现已证明其杀死宿主昆虫主要靠其芽孢和毒素。

苏云金杆菌所产生的毒素主要有δ-内毒素（delta-endotoxin）和β-外毒素（bata-exotoxin）。δ-内毒素是在芽孢形成过程中，在菌体内的一端或两端形成一个或多个形状一致或不同的伴孢晶体（parasporal crystal）的主要成分，是具有杀虫活性的蛋白质，故又称为杀虫晶体蛋白（insecticidal crystal proteins）。δ-内毒素是所有苏云金杆菌菌株共有的毒素，是最主要的杀虫成分。伴孢晶体属于一种毒性蛋白，它不溶于水和有机溶剂，可溶于碱性溶液，具有一定的耐热性，100℃下处理30min仍能保持毒性。当昆虫吞食苏云金杆菌的芽孢后，晶体蛋白在碱性的昆虫中肠液内溶解（鳞翅目昆虫中肠液pH为8.0～9.9），δ-内毒素被分解成为小分子毒性多肽，从而使昆虫死亡。

β-外毒素是一种腺嘌呤核苷酸衍生物，是苏云金杆菌在一定培养条件下所产生的细胞外毒素，可溶于水，热稳定性好，经高温高压处理后仍能保持毒性。β-外毒素作为RNA聚合酶的竞争抑制剂，也可干扰有关激素的合成，从而导致幼虫发育畸形或不能正常化蛹。

苏云金杆菌很早就被人们用作生物杀虫剂。1938年，第一个商品制剂Sporeine在法国问世。目前，苏云金杆菌产品被广泛用于粮食、经济作物、蔬菜、林果害虫以及卫生害虫的防治。世界市场上各类苏云金杆菌制剂的产值接近2亿美元，我国苏云金杆菌制剂的产量已超过2万吨，每年应用面积可达6000万亩，主要防治对象包括棉铃虫、小菜蛾、菜青虫、玉米螟、水稻三化螟、大豆天蛾、茶毛虫、苹果巢蛾、马尾松毛虫、油桐尺蠖等。

尽管苏云金杆菌具有很多优势，但是在应用过程中也暴露了一些局限性。例如，药效慢、毒力不强、杀虫谱窄、药效期短、会产生抗药性以及在某些特定的环境条件下（如植物根部、茎内或水体中）难以发挥作用等。为此，科学家借助基因重组和异源表达等技术，通过构建工程菌和培育转基因抗虫植物，从而可以达到扩大杀虫谱、延长药效期并改善释放性能和提高毒力等目的。另外，通过转基因技术，采用不同的苏云金杆菌毒素蛋白基因，已经获得了50多种不同的抗虫转基因植物。例如，从1995年起，苏云金杆菌转基因抗虫玉米、棉花和马铃薯已商品化，到1997年，全世界已发放苏云金杆菌转基因抗虫玉米品种11个，棉花和马铃薯品种各5个，主要种植于美国、加拿大、日本、南非、澳大利亚、阿根廷、墨西哥和中国等国家。

除了上述几种微生物源生物农药外，利用昆虫的病原微生物活体直接作为生物农药的还有：①真菌杀虫剂。它是以白僵菌（*Beauveria* spp.）、绿僵菌（*Metarhizium* spp.）、拟青霉菌（*Paecilomyces* spp.）等昆虫病原真菌为菌种生产的。②细菌杀虫剂。除前述的苏云金杆菌外，目前已被开发成产品投入实际应用的还有日本金龟子芽孢杆菌（*Bacillus popilliae*）、球形芽孢杆菌（*Bacillus sphaericus*）和缓病芽孢杆菌（*Bacillus lentimorbus*）。③病毒杀虫剂。生产上应用最大的是核型多角体病毒（nuclear polyhedrosis viruses，NPV）和颗粒体病毒（granulosis virus，GV），这两种病毒均以鳞翅目害虫为特异性寄主，安全性高，可长期保存，易于生产，并与化学杀虫剂具有相似的施用方法。④微孢子虫杀虫剂。例如，防治蝗虫的微孢子虫制剂，已有商品化应用。⑤利用对昆虫无专一性寄生的线虫开发杀虫剂研究正进入实用性阶段。⑥真菌除草剂。例如，我国开发的“鲁保一号”就属于真菌除草剂。⑦细菌杀菌剂。如地衣芽孢杆菌（*Bacillus licheniformis*）、蜡状芽孢杆菌（*Bacillus cereus*）、假单胞菌（*Pseudomonas* spp.）、枯草芽孢杆菌（*Bacillus subtilis*）等均可能开发成杀菌剂。

(3) 生物农药的不足

尽管生物农药克服了传统化学农药污染环境、危害人畜、易产生抗性等缺点，具有选择性强、使用安全、原料简单等优点，但是也存在一些不足。

① 通常生物农药的防治谱较窄，应用范围相对有限。例如，苏云金杆菌制剂通常仅对某些鳞翅目害虫有效；井冈霉素对水稻纹枯病、小麦纹枯病高效，而对其他许多病害的效果很差，甚至根本无效。

② 生物农药对靶标生物作用时间长，防治效果缓慢。例如，苏云金杆菌制剂防治小菜蛾，施药后1d基本上不表现防治效果，往往要3d后才表现出明显的防治效果。因为无毒的晶体蛋白

在昆虫肠道内水解成小分子毒性多肽，需要较长时间。而对于病毒杀虫制剂及真菌杀虫制剂，它们的病毒或真菌孢子需要首先侵染寄主，并在寄主体内大量繁殖后，才能使害虫死亡，这常常需要3～5d。生物农药的这种缓效性，在遇到有害生物大量发生、迅速蔓延时往往不能及时控制危害。

③ 产品质量不稳、药效易受环境因素的影响也是生物农药的致命不足。许多生物农药的有效成分为活体微生物，其生物活性下降很快，产品质量不稳定，要使产品制剂化尤其是形成高质量的制剂较为困难。此外，活体生物农药对病虫害的防治效果与环境及气候因素关系密切，因为生态环境中的各种因素都有可能影响生物农药的有效成分发挥作用。例如，真菌杀虫制剂的真菌孢子侵染寄主和在寄主体内大量繁殖都需要一定的环境条件。

④ 使用生物农药可能带来的一些副作用，也引起人们的广泛关注。例如，在西欧的一些发达国家，至今对抗生素和微生物在农业上的使用保持谨慎态度，他们担心残留物进入人体，会给肠道疾病的防治带来困难，同时也担心造成环境微生物群落失衡而引起难以整治的环境污染。有些生物农药对环境生物的危害也很大，例如，鱼藤、烟草碱制成的生物农药对鸟、蜜蜂、蚕的毒性比较高，可能造成生态失衡，不仅会对宝贵的生态资源造成损害，最终对人的危害也在所难免。

2. 仿生农药

如前所述，有些生物农药存在药效慢、药效低、不稳定、不耐储存等不足。另外，植物源生物农药和动物源生物农药（尤其是后者）由于资源有限，生长地域不同，采集时期不一，活性成分也可能存在差别。为了克服这些不足，仿生农药（bionic pesticides）应运而生。所谓仿生农药是指采用人工有机合成的方法，仿照某种（些）生物源的杀虫和抗菌物质的分子结构而合成的化学合成农药。与生物农药相比，仿生农药一般具有成本低、药效高、稳定性好等特点，有时也可以降低毒性、减缓抗药性的产生。

氨基甲酸酯、拟除虫菊酯和沙蚕毒素杀虫剂都属于仿生农药。它们分别是天然毒扁豆碱、除虫菊素、沙蚕毒素的仿生产品。其中，氨基甲酸酯农药与有机磷农药一样是我国重要的农药品种。由于它们具有相同的杀虫机理（通过抑制乙酰胆碱酯酶的活性而杀死害虫），所以常常将它们放在一起进行介绍，相关的内容已经在本章第三节进行了阐述。

与天然的除虫菊素（酯）具有相同杀虫机制的烯丙菊酯、氯菊酯、氰戊菊酯、醚菊酯等拟除虫菊酯类农药，克服了天然除虫菊酯效果差、易分解、对光等不稳定等诸多不足，安全性和防虫效果远远高于天然除虫菊酯，从而使拟除虫菊酯农药得到广泛的推广和应用，成为目前重要的农药品种之一。这也是使日本停止了大面积种植除虫菊花的原因。有关拟除虫菊酯类农药的特性、杀虫机理和残留等已经在本章第四节进行了介绍。

沙蚕毒素（nereistoxin）是一种在日本和我国海域分布较广的海洋生物异足索蚕（*Lumbriconereis heteropoda*，又称为沙蚕）产生的一种有毒活性物质。根据沙蚕产生的沙蚕毒素的化学结构衍生合成开发的沙蚕毒素杀虫剂，是另一类非常重要并已经大量生产和应用的仿生农药，如巴丹、杀虫环、杀螟丹、杀虫双、杀虫单等都属于仿沙蚕毒素杀虫剂。这些杀虫剂具有广谱、高效、低毒等特点，而且作用方式多样，除了具有很强的胃毒作用外，还有触杀、拒食和内吸作用，对鳞翅目、鞘翅目和双翅目的多种害虫有较好的防治效果，现已被广泛用于防治水稻、蔬菜和果树等多种农作物害虫。

另外，近年来仿生合成的农药还有由烟碱仿生出的吡虫啉高效杀虫剂，由桉树脑（风油精的主要成分）仿生出来的环庚草醚，人工合成的苯甲酸脲类昆虫几丁质合成抑制剂（如灭幼脲）、链烯基羧酸酯类拟保幼激素（如烯虫酯），以及目前还处于研究阶段的仿蝎毒素和河豚毒素等杀虫剂。

由于生物农药具有安全、高效和低残留等特点，所以目前还没有规定食品中的最大残留限量。但是，随着生物农药的推广和普及，其可能的残留问题已引起人们关注，特别是由转基因作物产生的抗虫抗菌成分在农产品和食品中的残留问题尤其值得关注。关于食品中转基因成分的分析检测方法，将在本书的第八章进行介绍。而仿生农药，作为化学农药的一类，其在农产品和食品中的残留，已经是主要控制和分析指标之一。关于它们在食品（农产品）中的最大允许限量，请参阅 GB 2763—2005。仿生农药残留的检测方法，与其他化学农药残留的相同，已经在本章第一节进行了介绍。

（撰写人：黄艳春）

实验 2-13　大米中杀虫双残留量的气相色谱测定

一、实验目的

掌握气相色谱法测定大米中杀虫双残留的原理和方法。

二、实验原理

大米样品经盐酸处理后，在碱性溶液中，杀虫双残留转化成沙蚕毒素。以氯仿提取沙蚕毒素后，蒸发除去氯仿，以甲醇溶解并定容，最后以气相色谱（带火焰光度检测器）测定沙蚕毒素的含量，并换算成杀虫双的含量。

三、仪器与试材

1. 仪器与器材

气相色谱仪（带火焰光度检测器）、粉碎机、振荡器、离心机、旋转蒸发器等。

2. 试剂

除特别说明外，实验中所用试剂均为分析纯，水为去离子水或蒸馏水。

(1) 常规试剂：甲醇（重蒸）、无水乙醇、氯仿（重蒸后，加适量无水乙醇，使其含量为1%)、无水 Na_2SO_4。

(2) 常规溶液：HCl 溶液（0.1mol/L)、NaOH 溶液（0.1mol/L)、Na_2SO_4 溶液（0.1mol/L)。

(3) 沙蚕毒素标准溶液（100μg/mL)：称取沙蚕毒素草酸盐 0.0160g，以甲醇溶解并稀释至 100mL。根据需要，以甲醇稀释配制成一定浓度的标准使用液。

3. 实验材料

2～3 种大米，各 250g。

四、实验步骤

1. 样品提取

(1) 取大米样品 100g 粉碎，过 40 目筛。

(2) 取 5.00g 大米粉于 100mL 锥形瓶中，加 10mL HCl 溶液，振荡 30min，以 1600r/min 离心 10min。

(3) 将上清液倒于带盖量筒中，再以 10mL HCl 溶液洗涤沉淀，如此重复三次。合并洗涤液，以 NaOH 溶液调节至 pH 为 8.5～9，加 Na_2SO_4 溶液 2mL，混匀后，放置过夜。

(4) 加 2 倍体积的氯仿与上述溶液混合，置于分液漏斗中，剧烈振摇 1min，静置分层。

(5) 氯仿层经无水 Na_2SO_4 滤纸过滤，滤液于旋转蒸发器中于 45℃浓缩至干，以甲醇溶解干燥物，定容至 1mL，即为样品提取液。

2. 标准曲线的绘制

(1) 各取 2μL 相当于 0.50ng、1.0ng、2.0ng、3.0ng、4.0ng、5.0ng 的沙蚕毒素标准使用液，分别注入色谱仪中，测定保留时间和峰高。

(2) 以沙蚕毒素质量为横坐标，峰高为纵坐标，在双对数坐标纸上绘制标准曲线。

(3) 色谱参考条件：色谱柱为 3mm（内径)×2m 的玻璃柱，填装涂有 1.5% OV-17 Chromosorb W 载体；柱温为 160℃；汽化室温度为 200℃；检测器温度为 170℃；载气（氮气）流速为 70mL/min，氢气流速为 150mL/min，空气流速为 50mL/min。

3. 样品测定

取样品提取液 2μL，按“标准曲线的绘制”中所述的条件，测定样品提取液中沙蚕毒素成分的峰高，根据标准曲线查出提取液中沙蚕毒素的含量。

4. 计算

按下式计算大米样品中杀虫双的含量：

$$x=\frac{BV}{Am}\times 2.38$$

式中，x 为样品中杀虫双的含量，mg/kg；B 为样品提取液中沙蚕毒素的质量，ng；V 为样品提取液的定容体积，mL；A 为进样量，μL；m 为试样的质量，g；2.38 为换算系数。

杀虫双的相对分子质量为 355，沙蚕毒素的相对分子质量为 149，所以将沙蚕毒素含量乘以 2.38，即为杀虫双含量。

五、注意事项

1. 本实验提供的色谱条件仅作参考，在实验中应根据仪器的型号和实验条件，参照说明书对色谱条件进行调整。

2. 本实验的检出限为 0.1ng，对应的样品检出浓度为 0.002mg/kg。

六、思考题

1. 杀虫双在碱性条件下如何转化为沙蚕毒素？请写出化学反应式。

2. 由于本方法不是直接测定杀虫双，而是测定杀虫双的转化物沙蚕毒素，所以测定结果是大米中杀虫双和沙蚕毒素残留之和。假设现在需要分别测定样品中杀虫双和沙蚕毒素残留的含量，请设计一个实验方案。

（撰写人：黄艳春）

第六节　食品中农药多残留检测

在生产实践中，人们发现将两种或两种以上农药交替或混配使用，可以提高药效，延缓昆虫、病菌和杂草的抗药性。例如，有机磷农药可以增强拟除虫菊酯类农药的药效，氨基甲酸酯农药与有机磷农药混配使用，杀虫效果提高。所以在实践中，常常将多种农药联合使用。另外，由于农药的广泛和大量使用，特别是滥用，导致土壤、水体等环境中农药残留的种类越来越多、含量越来越高，这些残留通过植物的生理作用和食物链，进入或积累于食用农产品和食品中。所有这些都可以导致多种农药残留，即所谓的农药多残留（multi-residue of pesticides）同时出现在食品中。

为此，一些发达国家不断增加进口农产品中农药残留的检测种类。这也已经成为发达国家控制发展中国家农产品出口的主要技术壁垒之一。例如，欧盟对从我国进口的茶叶的检测指标从原来的 72 项增加到现在的 134 项，限制使用的农药种类从原来的 29 种增加到 62 种，对残留的允许含量也大大降低。2006 年 5 月 29 日，日本启动“肯定列表制度”（positive list system），全称“食品中残留农业化学品肯定列表制度”。它是日本为加强食品（包括可食用农产品）中农业化学品（包括农药、兽药和饲料添加剂）残留管理而制定的一项新制度。在该制度中把农业化学品分为暂定标准、一律标准、禁用药物、豁免物质 4 大类 800 多种。在暂定标准中，对 734 种农业化学品制定了 51392 个指标，其中与水产品有关的农业化学品约 119 种。禁用药物规定了 15 种农业化学品不得检出。豁免物质包括维生素、矿物质、氨基酸、虾青素、卵磷脂等 68 种。而一律标准是指上述药物以外的任何药物残留，其残留量全部规定为不得超过 0.01mg/kg。与过去的标准相比，“肯定列表制度”对食品中农业化学品残留限量的要求更加全面、系统和严格，是到目前为止，世界上最全面、涉及面最广、项目最多，并且上升到法律层面上的农、兽药残留标准，也可以说是目前世界上最苛刻的残留限量标准。2007 年 7 月 1 日在我国实施的 GB 5749—2006《生活饮用水卫生标准》中将饮用水的水质指标由原标准（GB 5749—1985）的 35 项增至 106 项，增加了 71 项。其中，就增加了一些农药残留指标。

从发展角度讲，加强环境治理，减少化学农药的使用量，规范农药的使用方法，从源头控制农药对食品的污染是最根本的措施。但是这还需要一个比较漫长的过程，为此加强食品中农药、兽药等多残留的监督与检测，研究和建立相应的检测方法非常必要。因此，以仪器分析方法为基础的多残留检测技术已成为目前一个重要的研究和发展领域。

同常规的残留检测分析技术一样，多残留检测技术也包括样品前处理和分析检测两部分内容。不同的是，为了实现多种农药残留的同时分析，常常需要在选择性和灵敏度之间寻求一种平衡，这就要求多残留检测技术在样品前处理及检测手段的通用性方面加强研究。

多残留分析技术在样品提取、净化方面沿袭了常规的残留分析技术，大体包括液液萃取、索氏提取、蒸馏、结晶等经典的提取技术，还采用了固相（微）萃取、超临界流体萃取和基质固相分散萃取等技术。其中，基质固相分散萃取技术不需要进行组织匀浆、沉淀、离心、pH 调节和样品转移等步骤，而直接将固相萃取材料与动植物组织样品一起研磨，得到半干状态的混合物后，将其作为填料装柱，然后用不同的溶液淋洗柱子，将各种待测物质洗脱下来。此法适用于农药的多残留分析，特别适合于对一类农药残留的分析。此外，分子印迹、免疫亲和色谱、膜分离技术、制备色谱法等样品制备技术在多残留检测中也有应用。关于这些样品制备方法的原理、过程与优缺点等详细内容，请参阅其他相关书籍。

在多残留的分析方面，常用的分析仪器为 GC 和 HPLC，以及它们与质谱（MS）或串联质谱（MS-MS）的联用。其中，GC-MS 联用特别适合于多残留分析，能在多种残留物同时存在的情况下对其进行定性定量分析。因为 MS 相当于一种“万能”的检测器，一般只需一次进样就可以实现多种成分的同时分析。对部分极性大、沸点高、低挥发度、分子量高或热不稳定，无法采用 GC-MS 进行分析的农药，常采用 LC-MS 对它们进行分析。

（撰写人：黄艳春）

实验 2-14 蔬菜中有机磷和氨基甲酸酯农药多种残留的测定

一、实验目的

掌握采用气相色谱同时分析蔬菜中甲胺磷等 16 种有机磷及甲萘威等 4 种氨基甲酸酯农药残留的方法。

二、实验原理

有机磷和氨基甲酸酯农药是当前我国使用量最大的两类杀虫剂，品种多，多种残留同时存在的概率高。首先以有机溶剂提取蔬菜样品中的有机磷和氨基甲酸酯农药残留，再以液液分配、微型柱净化等方法除去干扰物质，经气相色谱柱分离后，以氮磷检测器检测，根据色谱峰的保留时间定性确定 20 种农药（见表 2-10）的残留，并采用外标法定量。

表 2-10 20 种农药标准品的名称与纯度

农药名称	英文名称	纯度	农药名称	英文名称	纯度
乙酰甲胺磷	acephate	≥99%	甲基对硫磷	parathion-methyl	≥99%
敌百虫	dipterex	≥99%	马拉氧磷	malathior	≥96.1%
甲胺磷	MTMC	≥99%	毒死蜱	chtorpyrifos	≥99%
异丙威(叶蝉散)	isoprocarb	≥99%	甲基嘧啶磷	pirirniphos	≥99%
仲丁威	BPMC	≥99%	倍硫磷	fenthion	≥99%
甲基内吸磷	demeton-methyl	≥98%	马拉硫磷	malathion	≥99%
甲拌磷	phorate	≥99%	对硫磷	parathion	≥98%
久效磷	monocrotphos	≥99%	杀扑磷	mathidathion	≥99%
乐果	dimethoate	≥98%	克线磷	phenamiphos	≥99%
甲萘威(西维因)	carbaryl	≥99%	乙硫磷	ethion	≥99%

三、仪器与试材

1. 仪器与器材

气相色谱仪（附氮磷检测器）、组织捣碎机、离心机、超声波清洗器、旋转蒸发仪等。

2. 试剂

除特别说明外，实验中所用试剂均为分析纯，水为去离子水或蒸馏水。

（1）常规试剂：丙酮（重蒸）、CH_2Cl_2（重蒸）、乙酸乙酯（重蒸）、甲醇（重蒸）、正己烷（重蒸）、H_3PO_4、NaCl、无水 Na_2SO_4、NH_4Cl、硅胶（60～80 目，130℃烘 2h，以 5%水失活）、助滤剂 celite 545、正己烷-CH_2Cl_2 混合液（9+1，体积比）。

（2）常规溶液：凝结液（5g NH_4Cl+10mL H_3PO_4+100mL 水，用前稀释 5 倍）、正己烷-丙酮混合液（7+3，体积比）、丙酮-乙酸乙酯混合液（1+1，体积比）、丙酮-甲醇混合液（1+1，体积比）。

（3）农药标准品：见表 2-10，共 20 种。

（4）农药标准溶液：分别称取一定量的标准品，用丙酮为溶剂，分别配制成 1mg/mL 的标准储备液，储于 4℃。使用时，根据各农药在仪器上的响应情况，吸取不同量的标准储备液，用丙酮稀释成混合标准使用液。

3. 实验材料

1～2 种小白菜、辣椒、白萝卜，各 250g。

四、实验步骤

1. 样品提取

（1）将蔬菜样品擦去表层泥土和水露，分别取 100g，以组织捣碎机捣碎成匀浆。同时测定样品的水分含量。

（2）提取（两种提取方法，任选一种）

① 方法一：称取 10.00g 样品匀浆于 150mL 锥形瓶中，加入与样品含水量之和为 10g 的水和 20mL 丙酮。振荡 30min，抽滤，取 20mL 滤液于分液漏斗中。

② 方法二：称取 5.00g 样品匀浆（称样量可视样品中农药残留量进行调整），置于 50mL 离心管中，加入与样品含水量之和为 5g 的水和 10mL 丙酮。置于超声波清洗器中，超声提取 10min。以 5000r/min 离心，吸 10mL 上清液于分液漏斗中。

2. 样品净化

（1）向方法一提取液的分液漏斗中加入 40mL 凝结液和 1g 助滤剂 celite 545，或向方法二提取液的分液漏斗中分别加入 20mL 凝结液和 1g 助滤剂 celite 545，轻摇后放置 5min，用铺两层滤纸的布氏漏斗抽滤，并用少量凝结液洗涤布氏漏斗和分液漏斗。

（2）将滤液转移至分液漏斗中，加入 3g NaCl，依次用 50mL、50mL、30mL CH_2Cl_2 提取，合并三次提取液，经无水 Na_2SO_4 过滤至浓缩瓶中，在 35℃水浴中于旋转蒸发仪上浓缩至少量后，用氮气吹干，以少量正己烷溶解干燥物。

（3）将溶液转移至硅胶柱（5mL 医用注射器垂直固定，底部垫少量脱脂棉，正己烷湿法装柱 1g 硅胶），再以少量正己烷-CH_2Cl_2 混合液洗涤浓缩瓶，倒入柱中。

（4）依次以 4mL 正己烷-丙酮混合液、4mL 乙酸乙酯、8mL 丙酮-乙酸乙酯混合液、4mL 丙酮-甲醇混合液洗柱。

（5）合并全部流出液，以旋转蒸发仪于 45℃水浴中浓缩近干，以丙酮定容至 1mL。

3. 测定

（1）取 1μL 混合标准使用液及样品净化液，分别注入色谱仪中，以保留时间定性，以样品峰高与标准品比较计算含量。

（2）参考色谱条件：色谱柱为 BP5 或 OV-101 石英弹性毛细管柱 [25m×0.32mm（内径）]；气体流速，氮气为 50mL/min，尾吹气（氮气）为 30mL/min，氢气为 0.5kgf/cm^2，空气为 0.3kgf/cm^2；

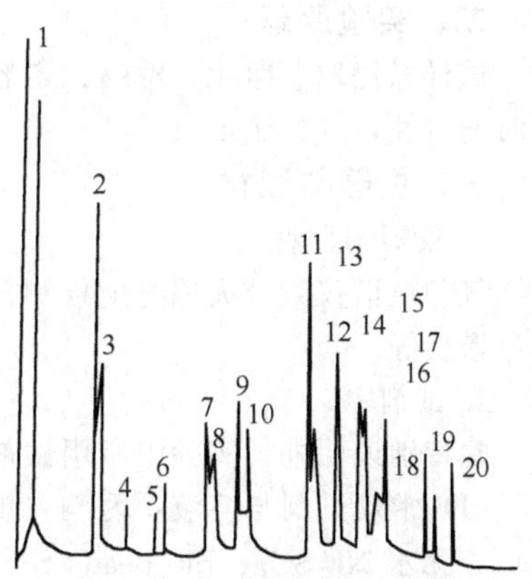

图 2-15　20 种农药的色谱图与它们的出峰时间（单位：min）

1—甲胺磷（2.062）；2—乙酰甲胺磷（3.775）；3—敌百虫（4.097）；4—异丙威（5.058）；5—仲丁威（6.163）；6—甲基内吸磷（6.5）；7—甲拌磷（7.688）；8—久效磷（7.797）；9—乐果（8.41）；10—甲基对硫磷（8.575）；11—马拉氧磷（12.288）；12—毒死蜱（12.745）；13—甲萘威（13.367）；14—甲基嘧啶磷（14.18）；15—倍硫磷（14.353）；16—马拉硫磷（14.827）；17—对硫磷（15.027）；18—杀扑磷（18.28）；19—乙硫磷（19.412）；20—克线磷（21.293）

检测器为氮磷检测器；色谱柱升温程序为 140℃ $\xrightarrow{50℃/min}$ 185℃（恒温 2min）$\xrightarrow{2℃/min}$ 195℃ $\xrightarrow{10℃/min}$ 235℃（恒温 1min）；进样口温度为 240℃。

4. 计算

样品中农药残留的含量按下式计算：

$$x_i = \frac{h_i m_{si}}{h_{si} m f \times 1000}$$

式中，x_i 为 i 组分农药残留的含量，mg/kg；h_i 为试样中 i 组分的峰高；h_{si} 为标样中 i 组分的峰高；m_{si} 为标样中 i 组分的质量，ng；m 为样品的质量，g；f 为换算系数，粮食为 1/2，蔬菜为 2/3。

五、注意事项

1. 实验步骤中的色谱条件仅作参考，在具体的测定过程中，应根据仪器的型号和实验条件，参照说明书进行调整。

2. 本实验中各种农药的检出限见表 2-11。

3. 在本实验条件下，各种农药的出峰时间与色谱图见图 2-15。

六、思考题

1. 简述凝结液的作用。

2. 在样品的净化阶段，为什么需要用不同溶剂依次洗涤硅胶柱？

3. 将表 2-11 中的检出限与农药残留限量的国家标准进行比较，说明本方法是否可以达到国家标准要求。

表 2-11　各种农药的检出限

农药名称	最小检出浓度/(μg/kg)	农药名称	最小检出浓度/(μg/kg)
乙酰甲胺磷	2	甲基对硫磷	2
敌百虫	3	马拉氧磷	8
甲胺磷	8	毒死蜱	8
异丙威	4	甲基嘧啶磷	8
仲丁威	15	倍硫磷	6
甲基内吸磷	4	马拉硫磷	6
甲拌磷	2	对硫磷	8
久效磷	10	杀扑磷	10
乐果	2	克线磷	10
甲萘威	4	乙硫磷	14

（撰写人：黄艳春）

实验 2-15　家畜肉中 13 种有机磷农药残留的测定

一、实验目的

掌握采用气相色谱法分析家畜肉中甲胺磷、敌敌畏、乙酰甲胺磷、久效磷、乐果、乙拌磷、甲基对硫磷、杀螟硫磷、甲基嘧啶磷、马拉硫磷、倍硫磷、对硫磷、乙硫磷共 13 种常用有机磷农药残留的样品提取、净化和测定方法。

二、实验原理

试样经提取、净化、浓缩、定容后，用毛细管柱气相色谱分离，火焰光度检测器检测，以保留时间定性，外标法定量。

三、仪器与试材

1. 仪器与器材

气相色谱仪（带火焰光度检测器、毛细管色谱柱）、组织捣碎机、振动器、旋转蒸发仪、玻璃色谱柱等。

2. 试剂

除特别说明外，实验中所用试剂均为分析纯，水为去离子水或蒸馏水。

（1）常规试剂与溶液：丙酮（重蒸）、CH_2Cl_2（重蒸）、乙酸乙酯（重蒸）、环己烷（重蒸）、NaCl、无水 Na_2SO_4、Bio-Beads S-X_3 凝胶（200～400 目）、乙酸乙酯-环己烷混合液（1+1，体积比）。

（2）农药标准品：见表 2-12。

表 2-12　本实验中使用的有机磷农药标准品的名称与纯度

农药名称	英文名称	纯度	农药名称	英文名称	纯度
甲胺磷	methamidophos	≥99%	杀螟硫磷	fenitrothion	≥99%
敌敌畏	dichlorvos	≥99%	甲基嘧啶磷	pirimiphos methyl	≥99%
乙酰甲胺磷	acephate	≥99%	马拉硫磷	malathion	≥99%
久效磷	monocrotophos	≥99%	倍硫磷	fenthion	≥99%
乐果	dimethoate	≥99%	对硫磷	parathion	≥99%
乙拌磷	disulfoton	≥99%	乙硫磷	ethion	≥99%
甲基对硫磷	methyl-parathion	≥99%			

（3）有机磷农药标准储备液（400μg/mL）：称取各有机磷农药标准品 0.0100g，分别置于 25mL 容量瓶中，用乙酸乙酯溶解并定容。

（4）混合有机磷农药标准使用液：测定前，取不同体积的各有机磷农药储备液于 10mL 容量瓶中，用氮气吹尽溶剂后，以乙酸乙酯溶解并定容，使混合标准使用液中各有机磷农药的浓度（μg/mL）分别为甲胺磷 16、敌敌畏 80、乙酰甲胺磷 24、久效磷 80、乐果 16、乙拌磷 24、甲基对硫磷 16、杀螟硫磷 16、甲基嘧啶磷 16、马拉硫磷 16、倍硫磷 24、对硫磷 16、乙硫磷 8。

3. 实验材料

1～2 种新鲜猪肉、牛肉和兔肉，各 250g。

四、实验步骤

1. 样品提取

（1）分别取 150g 样品去筋后，切成大小 $1cm^3$ 左右的小块，以组织捣碎机制成肉糜。同时测定水分含量。

（2）称取样品糜 20.00g 于 250mL 具塞锥形瓶中，加入与样品含水量之和为 20g 的水和 40mL 丙酮，振摇 30min，加 6g NaCl，充分摇匀后，再加 30mL CH_2Cl_2，振摇 30min，静置 10min。

（3）取 35mL 上清液，经无水 Na_2SO_4 滤于旋转蒸发瓶中，于 45℃水浴中浓缩至约 1mL 后，加 2mL 乙酸乙酯-环己烷混合液萃取后再浓缩，如此重复 3 次，最后浓缩至约 1mL。

2. 样品净化

（1）色谱柱的准备：取长 30cm、内径 2.5cm 的具活塞玻璃色谱柱，垂直固定，柱底垫少许玻璃棉。将以乙酸乙酯-环己烷混合液浸泡的 Bio-Beads S-X_3 凝胶湿法装入柱中，控制装填量至柱床高约 26cm。注意确保凝胶床始终保持在溶剂中。

(2) 将样品浓缩液经凝胶柱，以乙酸乙酯-环己烷混合液洗脱，收集 35～70mL 流分，于 45℃水浴中旋转蒸发浓缩至约 1mL。

(3) 再将浓缩液上凝胶柱，以乙酸乙酯-环己烷混合液洗脱，收集 35～70mL 流分，旋转蒸发浓缩至近干，以氮气吹至约 1mL，以乙酸乙酯定容至 1mL。

3. 测定

(1) 分别取 1μL 混合标准使用液与样品净化液注入色谱仪中，以保留时间定性，比较样品和标准品的峰高定量。

(2) 参考色谱条件：色谱柱为涂以 SE-54 0.25μm、30m×0.32mm（内径）的石英弹性毛细管柱；进样口温度为 270℃；检测器为火焰光度检测器；气体流速，氮气（载气）为 1mL/min，尾吹气为 50mL/min，氢气为 50mL/min，空气为 500mL/min；色谱柱升温程序为 60℃（恒温 1min）$\xrightarrow{40℃/min}$110℃$\xrightarrow{5℃/min}$235℃$\xrightarrow{40℃/min}$265℃。

4. 计算

样品中有机磷农药残留的含量按下式计算：

$$x_i = \frac{m_i V_2}{m V_1}$$

式中，x_i 为样品中 i 组分农药残留的含量，mg/kg；m_i 为样品提取液中 i 农药残留的质量，ng；m 为样品的质量，g；V_1 为样液的进样体积，μL；V_2 为试样的最后定容体积，mL。

五、注意事项

1. 实验步骤中的色谱条件仅作参考，在具体的实验过程中应根据仪器型号和实验条件进行调整。

2. 在本实验条件下，13 种农药残留的出峰顺序依次是甲胺磷、敌敌畏、乙酰甲胺磷、久效磷、乐果、乙拌磷、甲基对硫磷、杀螟硫磷、甲基嘧啶磷、马拉硫磷、倍硫磷、对硫磷和乙硫磷。它们的检出限（μg/kg）分别是 5.7、3.5、10.0、12.0、2.6、1.2、2.6、2.9、2.5、2.8、2.1、2.6、1.7。

六、思考题

1. 简述样品净化的重要性以及净化过程中各种溶剂的作用。

2. 在配制混合有机磷农药标准使用液时，为什么各种标准品的浓度应不同？

（撰写人：黄艳春）

实验 2-16 水果中 16 种有机磷农药残留的测定

一、实验目的

掌握水果中敌敌畏、速灭磷、久效磷、甲拌磷、巴胺磷、二嗪农、乙嘧硫磷、甲基嘧啶硫磷、甲基对硫磷、稻瘟净、水胺硫磷、氧化喹硫磷、稻丰散、甲喹硫磷、克线磷、乙硫磷等 20 种常见有机磷农药残留的气相色谱测定原理与方法。

二、实验原理

水果中残留的有机磷农药经有机溶剂提取、净化、浓缩后，注入气相色谱仪，汽化后在载气携带下于色谱柱中分离，当有机磷农药残留在火焰光度检测器的富氢焰上燃烧时，以氢氧磷（HPO）碎片的形式放射出波长为 526nm 的特征光。这种光通过检测器的单色器（滤光片）将非特征光谱滤除后，由光电倍增管接收，转换成电信号，信号强度（峰高或峰面积）与农药残留的含量成正比。通过与标准品的峰面积或峰高比较，可以对样品中各有机磷农药残留实现定量分析。

三、仪器与试材

1. 仪器与器材

气相色谱仪（带火焰光度检测器）、组织捣碎机、旋转蒸发仪等。

2. 试剂

除特别说明外，实验中所用试剂均为分析纯，水为去离子水或蒸馏水。

（1）常规试剂：丙酮、CH_2Cl_2、NaCl、无水 Na_2SO_4、助滤剂 celite 545。

（2）有机磷农药标准品：敌敌畏（纯度≥99%）、速灭磷（顺式，纯度≥60%；反式，纯度≥40%）、久效磷（纯度≥99%）、甲拌磷（纯度≥98%）、巴胺磷（纯度≥99%）、二嗪农（纯度≥98%）、乙嘧硫磷（纯度≥97%）、甲基嘧啶硫磷（纯度≥99%）、甲基对硫磷（纯度≥99%）、稻瘟净（纯度≥99%）、水胺硫磷（纯度≥99%）、氧化喹硫磷（纯度≥99%）、稻丰散（纯度≥99.6%）、甲喹硫磷（纯度≥99.6%）、克线磷（纯度≥99.9%）、乙硫磷（纯度≥95%），共16种。

（3）有机磷农药标准储备液：分别称取各标准品，以 CH_2Cl_2 为溶剂分别配制成 1.0mg/mL 的标准储备液，储于4℃。

（4）混合有机磷农药标准使用液：根据各农药品种的仪器响应情况，吸取不同量的标准储备液，用 CH_2Cl_2 稀释成混合标准使用液。

3. 实验材料

1～2种苹果、葡萄、梨，各250g。

四、实验步骤

1. 样品提取

（1）将样品擦净，去除不可食部分，切成 $1cm^3$ 大小的小块后，取 50.00g，置于 300mL 烧杯中，加入 50mL 水和 100mL 丙酮，置于组织捣碎机中，捣碎成匀浆。

（2）经铺有两层滤纸和约 10g 助滤剂 celite 545 的布氏漏斗减压抽滤，取滤液 100mL 移至 500mL 分液漏斗中。

2. 样品净化

（1）向滤液中加入 15g 左右 NaCl，使溶液中 NaCl 处于饱和状态，剧烈振摇 2～3min，静置 10min，使丙酮从水相中盐析出来。

（2）水相以 50mL CH_2Cl_2 振摇 2min，再静置分层。将丙酮与 CH_2Cl_2 提取液合并，经装有 30g 无水 Na_2SO_4 的玻璃漏斗滤入 250mL 圆底烧瓶中，再以约 40mL CH_2Cl_2 分数次洗涤容器和无水 Na_2SO_4。

（3）洗涤液合并入烧瓶中，于45℃旋转蒸发浓缩至约 2mL，浓缩液转移至 25mL 容量瓶中，加 CH_2Cl_2 定容至刻度。

3. 测定

（1）吸取 2μL 混合标准液及样品净化液分别注入色谱仪中，以保留时间定性，以试样的峰高或峰面积与标准比较定量。

（2）参考色谱条件：色谱柱为玻璃柱[2.6m×3mm（内径）]；气体流速，氮气为 50mL/min，氢气为 100mL/min，空气为 50mL/min（氮气、氢气和空气之比可按仪器型号不同进行调整）；柱温为 240℃；汽化室温度为 260℃；检测器温度为 270℃。

4. 计算

样品中有机磷农药残留的含量按下式计算：

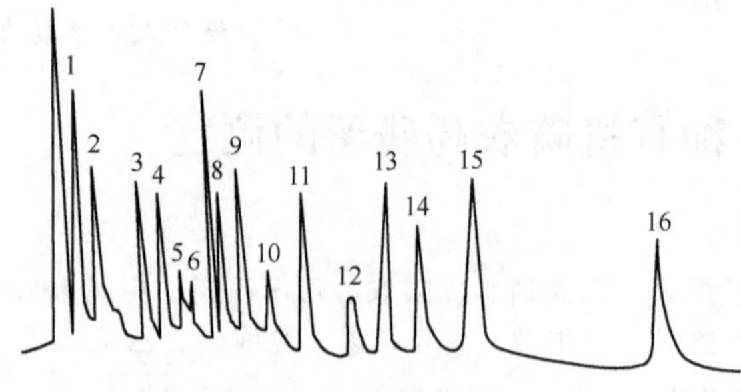

图 2-16　16 种农药残留的出峰顺序与检测限（最低检测浓度）

1—敌敌畏（0.005mg/kg）；2—速灭磷（0.004mg/kg）；3—久效磷（0.014mg/kg）；4—甲拌磷（0.004mg/kg）；5—巴胺磷（0.011mg/kg）；6—二嗪农（0.003mg/kg）；7—乙嘧硫磷（0.003mg/kg）；8—甲基嘧啶硫磷（0.004mg/kg）；9—甲基对硫磷（0.004mg/kg）；10—稻瘟净（0.004mg/kg）；11—水胺硫磷（0.005mg/kg）；12—氧化喹硫磷（0.025 mg/kg）；13—稻丰散（0.017mg/kg）；14—甲喹硫磷（0.014mg/kg）；15—克线磷（0.009mg/kg）；16—乙硫磷（0.014mg/kg）

$$x_i=\frac{A_iV_1V_3m_{si}}{A_{si}V_2V_4m}$$

式中，x_i为i组分有机磷农药的含量，mg/kg；A_i为试样中i组分的峰面积；A_{si}为混合标准液中i组分的峰面积；V_1为样品提取液的总体积，mL；V_2为净化用提取液的总体积，mL；V_3为浓缩后的定容体积，mL；V_4为进样体积，μL；m_{si}为注入色谱仪中的i标准组分的质量，ng；m为样品的质量，g。

五、注意事项

1. 实验步骤中的色谱条件仅作参考，实验时应根据仪器种类与型号以及实验条件进行预备实验，以确定最佳色谱条件。

2. 本法采用毒性较小且价格较为便宜的CH_2Cl_2作为提取试剂，国际上多用乙腈作为有机磷农药残留的提取试剂及净化试剂，但其毒性较大。

3. 在本实验条件下，16种农药残留的出峰顺序与检测限（此处给出最低检测浓度）见图2-16。

六、思考题

1. 简述电子捕获检测器及火焰光度检测器的工作原理及适用范围。

2. 如何检验和提高实验方法的准确度？

3. 说明样品净化过程中加入NaCl的作用。

（撰写人：黄艳春）

实验2-17　粮食中多种有机氯农药残留的测定

一、实验目的

掌握粮食中有机氯农药多种残留分析的原理和方法。

二、实验原理

样品中的有机氯农药残留以有机溶剂提取，经液液分配及柱色谱净化除去干扰物质后，经气相毛细管色谱柱分离，以电子捕获检测器检测，根据色谱峰的保留时间定性，外标法定量。

三、仪器与试材

1. 仪器与器材

气相色谱仪（带电子捕获检测器）、组织捣碎机、振荡器、旋转蒸发仪、布氏漏斗、抽滤瓶、具塞锥形瓶、分液漏斗、色谱柱等。

2. 试剂

除特别说明，实验中所用试剂均为分析纯，水为蒸馏水或去离子水。

（1）常规试剂与溶液：石油醚（沸程60～90℃，重蒸）、苯（重蒸）、丙酮（重蒸）、乙酸乙酯（重蒸）、无水Na_2SO_4、石油醚-乙酸乙酯混合液（95+5，体积比）。

（2）弗罗里硅土：色谱分离用，于620℃灼烧4h后备用，用前于140℃烘2h，趁热加5%水灭活。

（3）农药标准品：见表2-13，共10种。

（4）标准溶液：分别称取表2-13中的标准品，用苯溶解并配成1mg/mL的储备液。使用时，根据各农药品种在仪器上的响应情况，吸取不同量的标准储备液，用石油醚稀释成混合标准使用液。

3. 实验材料

1～2种稻谷、小麦、玉米，各250g。

四、实验步骤

1. 样品提取

（1）取样品100g粉碎，过40目筛。

表 2-13　本实验中所用农药标准品的名称与纯度

农药名称	英文名称	纯度
α-六六六	α-HCH	≥99%
β-六六六	β-HCH	≥99%
γ-六六六	γ-HCH	≥99%
δ-六六六	δ-HCH	≥99%
p,p′-滴滴涕	p,p′-DDT	≥99%
p,p′-滴滴滴	p,p′-DDD	≥99%
p,p′-滴滴伊	p,p′-DDE	≥99%
o,p′-滴滴涕	o,p′-DDT	≥99%
七氯	heptachlor	≥99%
艾氏剂	aldrin	≥99%

(2) 取 10.00g 样品粉末，置于 100mL 具塞锥形瓶中，加入 20mL 石油醚，振荡 0.5h，过滤，得滤液。

2. 样品净化

(1) 净化柱的制备：垂直固定玻璃色谱柱，先加入 1cm 高的无水 Na_2SO_4，再加入 5g 水灭活的弗罗里硅土，最后加入 1cm 高的无水 Na_2SO_4，轻轻敲实，用 20mL 左右的石油醚淋洗净化柱。注意应确保色谱柱填料始终浸泡于石油醚中。

(2) 准确吸取提取液 2mL，加入净化柱，用 100mL 石油醚-乙酸乙酯混合液洗脱，收集洗脱液于蒸馏瓶中，在旋转蒸发仪上于 45℃浓缩至近干，用少量石油醚分数次溶解残渣于刻度离心管中，定容至 1.0mL，以 5000r/min 离心 15min。

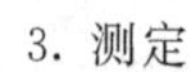
3. 测定

(1) 吸取 1μL 混合标准使用液进样于色谱仪，记录色谱峰的保留时间和峰高。再吸取 1μL 样品净化液注入气相色谱仪，记录色谱峰的保留时间和峰高。将各组分在色谱图上的出峰时间与标准组分比较进行定性，用外标法定量。

(2) 参考色谱条件：色谱柱为石英弹性毛细管柱［0.25mm（内径）×15m，内涂有 OV-101 固定液］；气体流速，氮气为 40mL/min，尾吹气为 60mL/min，分流比为 1∶50；柱温自 180℃升至 230℃并保持 30min；检测器、进样口温度均为 250℃。

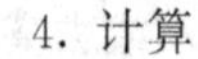
4. 计算

样品中各有机氯农药残留的含量按下式计算：

$$x_i=\frac{h_i m_{si} V_2}{h_{si} V_1 m}$$

式中，x_i 为样品中 i 农药残留的含量，mg/kg；m_{si} 为标准品中 i 组分农药的质量，ng；V_1 为样品的进样体积，μL；V_2 为样品净化液的最后定容体积，mL；h_{si} 为标准品中 i 组分农药的峰高；h_i 为试样中 i 组分农药的峰高；m 为样品的质量，g。

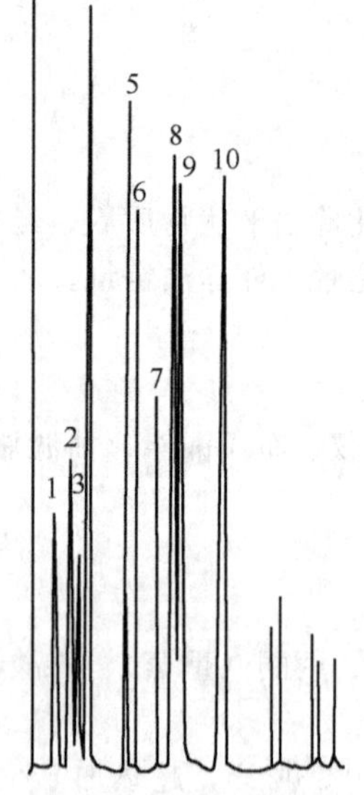

图 2-17　各种有机氯农药的出峰顺序及检出限（μg/kg）
1—α-六六六（0.1）；2—β-六六六（0.2）；3—γ-六六六（0.6）；4—δ-六六六（0.6）；5—七氯（0.8）；6—艾氏剂（0.8）；7—p,p′-滴滴伊（0.8）；8—o,p′-滴滴涕（1.0）；9—p,p′-滴滴滴（1.0）；10—p,p′-滴滴涕（1.0）

五、注意事项

1. 实验步骤中的色谱条件仅作参考，实验时应根据仪器种类与型号以及实验条件进行预备实验，以确定最佳色谱条件。

2. 石油醚非常容易挥发，因此实验操作应迅速，并确保实验室通风状态良好。

3. 在本实验条件下，各种有机氯农药的出峰顺序及检出限见图 2-17。

六、思考题

1. 写出你在实验中使用的气相色谱仪的型号以及各部件的名称与功能。

2. 样品中农药残留的提取和净化是非常重要和必要的，如何考察样品中各种农药残留的提取效率？

（撰写人：黄艳春）

实验 2-18 兔肉中有机氯和拟除虫菊酯农药多残留测定

一、实验目的

掌握兔肉等动物性食品中 α-HCH、β-HCH、γ-HCH、五氯硝基苯、δ-HCH、七氯、艾氏剂、除螨酯、环氧七氯、杀螨酯、狄氏剂、p,p'-DDE、p,p'-DDD、o,p'-DDT 和 p,p'-DDT 等 15 种有机氯残留和胺菊酯、氯菊酯、氯氰菊酯、α-氰戊菊酯、溴氰菊酯等 5 种拟除虫菊酯类农药残留的提取与净化方法，以及它们的气相色谱分析原理和方法。

二、实验原理

试样经提取、净化、浓缩、定容后，以毛细管柱气相色谱分离，电子捕获检测器检测，以保留时间定性，外标法定量。

三、仪器与试材

1. 仪器与器材

气相色谱仪（带电子捕获检测器、毛细管色谱柱）、组织捣碎机、旋转蒸发仪、玻璃色谱柱（长 30cm，内径 2.5cm）。

2. 试剂

除特别说明，实验中所用试剂均为分析纯，水为蒸馏水或去离子水。

（1）常规试剂与溶液：丙酮（重蒸）、CH_2Cl_2（重蒸）、乙酸乙酯（重蒸）、环已烷（重蒸）、正已烷（重蒸）、石油醚（沸程 30～60℃，重蒸）、NaCl、无水 Na_2SO_4、Bio-Beads S-X_3 凝胶（200～400 目）、乙酸乙酯-环已烷混合液（1+1，体积比）。

（2）农药标准品：α-HCH、β-HCH、γ-HCH、δ-HCH、p,p'-DDT、o,p'-DDT、p,p'-DDE、p,p'-DDD、五氯硝基苯、七氯、环氧七氯、艾氏剂、狄氏剂、除螨酯、杀螨酯、胺菊酯、氯菊酯、氯氰菊酯、α-氰戊菊酯、溴氰菊酯，共 20 种，纯度均大于 99%。

（3）标准溶液的配制：分别称取上述标准品，用少量苯溶解，再以正已烷稀释成一定浓度的储备液。根据各农药在仪器上的响应情况，以正已烷配制混合标准使用液。

3. 实验材料

2～3 种冷冻兔肉，各 250g。

四、实验步骤

1. 样品提取

（1）称取 150g 兔肉解冻，剔除筋骨后，切成 $1cm^3$ 大小的小块，以组织捣碎机捣碎制成肉糜。同时测定兔肉的含水量。

（2）取肉糜 20.00g 于 100mL 具塞锥形瓶中，加水 6mL 左右（视样品水分含量加水，使总水量约 20g。通常鲜肉水分含量约 70%，所以加水 6mL 即可）和 40mL 丙酮，振摇 30min。

（3）加 6g NaCl，充分摇匀，再加 30mL 石油醚，振摇 30min，静置 10min。

（4）取 35mL 上清液，经无水 Na_2SO_4 滤于旋转蒸发瓶中，于 45℃ 水浴中真空浓缩至约 1mL，加 2mL 乙酸乙酯-环已烷混合液，再浓缩，如此重复 3 次，最后浓缩至约 1mL。

2. 样品净化

（1）色谱柱的制备：将色谱柱垂直固定，柱底垫少许玻璃棉，将乙酸乙酯-环已烷混合液浸泡的凝胶 Bio-Beads S-X_3 湿法装入柱中，使柱床高约 26cm。注意确保凝胶始终保持在乙酸乙酯-环己烷混合液中。

（2）将上述浓缩液经凝胶柱以乙酸乙酯-环己烷混合液洗脱，收集 35～70mL 流分。

（3）将收集的流分于 45℃水浴中旋转蒸发浓缩至约 1mL，再经凝胶柱净化，收集 35～70mL 流分，蒸发浓缩，用氮气吹除溶剂，最后以石油醚定容至 1mL。

3. 测定

（1）分别取 1μL 混合标准使用液及样品净化液注入气相色谱仪中，以保留时间定性，以试样和标准品的峰高或峰面积比较定量。

（2）参考色谱条件：色谱柱为石英弹性毛细管柱，涂以 OV-101 0.25μm，30m×0.32mm（内径）；进样口温度为 270℃；检测器为电子捕获检测器；检测器温度为 300℃；载气流速，氮气为 1mL/min，尾吹气为 50mL/min；色谱柱升温程序为 60℃（恒温 1min）$\xrightarrow{40℃/min}$ 170℃ $\xrightarrow{2℃/min}$ 235℃ $\xrightarrow{40℃/min}$ 280℃（恒温 10min）。

4. 计算

样品中各农药残留的含量按下式计算：

$$x_i=\frac{m_i V_2}{m V_1}$$

式中，x_i 为试样中各农药残留的含量，mg/kg；m_i 为被测样液中 i 农药的质量，ng；m 为试样的质量，g；V_1 为样液的进样体积，μL；V_2 为样液的最后定容体积，mL。

五、注意事项

1. 实验步骤中的色谱条件仅作参考，实验时应根据仪器的种类与型号以及实验条件进行预备实验，以确定最佳色谱条件。

2. 在本实验条件下，各农药组分的出峰顺序为 α-HCH、β-HCH、γ-HCH、五氯硝基苯、δ-HCH、七氯、艾氏剂、除螨酯、环氧七氯、杀螨酯、狄氏剂、p,p'-DDE、p,p'-DDD、o,p'-DDT、p,p'-DDT、胺菊酯、氯菊酯、氯氰菊酯、α-氰戊菊酯、溴氰菊酯，检测限（μg/kg）分别为 0.25、0.50、0.25、0.25、0.25、0.50、0.25、1.25、0.50、1.25、0.50、0.60、0.75、0.50、0.50、12.50、7.50、2.00、2.50、2.50。

六、思考题

1. 写出你在实验中所使用仪器的型号、各部件名称及功能。

2. 六六六等有机氯农药在我国已经停用多年了，为什么在肉及其制品中还时常可以测定到它们的残留？

（撰写人：黄艳春）

参考文献

[1] Fillion J. Multi-pesticide residue analysis utilizing SIM-GC-MS. Journal of AOAC International，1995，78（5）：1252-1266.

[2] Rane K D，Mali B D，Garad M V，et al. Selective detection of dichlorvos by thin-layer chromatography. Journal of. Planar Chromatography-Mod. TLC，1998，11：74-76.

[3] Funk Werner，Luise Cleres，Hoiger Pitzer，et al. Organophosphorus insecticides-quantitative HPTLC determination and characterization. Journal of Planner Chromatography，1989，641：285-288.

[4] Futagami K，Chie N，Yasufumi K，et al. Application of high-performance thin-layer chromatography for the detection of organophosphorus insecticides in human serum after acute poisoning. Journal of Chromatography B，1997，704：53-58.

[5] Jennifer H G，Caroline A K，Wesley L S，et al. Evidence of multiple mechanisms of avermectin resistance in *Haemonchus contortus-comparison* of selection protocols. International Journal for Parasitology，

1998，28（5）：783-789.
[6] Kempe G，Schumann U，Speer K. Recent advances in thin-layer chromatography of pesticides Dtsch. Lebensm-Rundsch，1999，95：231-234.
[7] Rawat J P，Bhardwaj M T. Layer chromatographic behavior of organophosphate pesticides on hydrated stannic oxide layers. Oriental Journal of Chemistry，2000，16（1）：53-58.
[8] Takahashi Y，Matsumoto A，Seino A. *Streptomyces avermectinius* sp. nov. an avermectin producting strain. International Journal of Systematic and Evolutionary Microbiology，2002，52（6）：2163-2168.
[9] Yao，H B. Pesticide residues in fruits at market. Nongyao Kexue yu Guanli，1998，19：9-10.
[10] 安琼，董元华，倪俊等. 气相色谱法测定禽蛋中微量有机氯农药及多氯联苯的残留. 色谱，2002，20（2）：167-171.
[11] 车振明. 食品安全与检测. 北京：中国轻工业出版社，2007.
[12] 陈福生，高志贤，王建华. 食品安全检测与现代生物技术. 北京：化学工业出版社，2004.
[13] 陈嘉，周志俊，顾祖维. 乙酰胆碱酯酶研究进展对更新有机磷毒作用机理的认识. 劳动医学，2001，18（1）：55-57.
[14] 陈章发，罗赫荣，魏昌贵等. 果蔬中有机磷等化学农药残留的快速检测技术研究. 湖南农业科学，2000，（2）：31-32.
[15] 邓立新. 生物农药苏云金芽孢杆菌杀虫剂及其增效剂. 化学教学，2004，（3）：31-33.
[16] 董国伟. 间接竞争性 ELISA 检测甲胺磷残留. 华中农业大学学报，2001，20（5）：434-437.
[17] 费新平. 毛细管电泳-安培检测法对甲基对硫磷、对硫磷、西维因和速灭威农药残留的测定研究. 分析测试学报，2004，23（5）：70-73.
[18] 付广云，韩长秀. 有机磷农药及其危害. 化学教育，2005，（1）：9-10.
[19] 葛世玫. 高效薄层色谱法（HPTLC）分析农药残留：[硕士学位论文]. 合肥：安徽农业大学，2003.
[20] 龚炜. 烟草中农药残留的液相色谱-串联质谱分析方法研究：[硕士学位论文]. 郑州：郑州大学，2007.
[21] 郭红卫. 营养与食品安全. 上海：复旦大学出版社，2005.
[22] 黄宝美，郑妍鹏，李学谦等. 毛细管电泳法测定青菜中敌百虫的残留量. 分析试验室，2004，23（3）：1-3.
[23] 韩丽君. 有机磷农药的酶免疫化学研究：[博士学位论文]. 北京：中国农业大学，2003.
[24] 韩雅珊. 食品化学实验指导. 北京：中国农业大学出版社，1991.
[25] 洪海林，胡宇舟. 农药在生态环境中的残留与控制综述. 湖北植保，2001，（6）：35-36.
[26] 黄伯俊，黄毓麟. 农药毒理学. 北京：人民军医出版社，2004.
[27] 候芳菲. 有机磷及氨基甲酸酯类农药残留检测方法研究进展. 农业工程技术（农产品加工），2008，（2）：32-35.
[28] 黎源倩，孙长颢，叶蔚云等. 食品理化检验. 北京：人民卫生出版社，2006.
[29] 李顺，纪淑娟，孙焕. 酶抑制法快速检测蔬菜中有机磷和氨基甲酸酯类农药残留的研究现状及展望. 食品与药品，2006，8（7）：29-30.
[30] 刘莹雯. 高效液相色谱-串联质谱法测定烟草中有机磷农药的残留量. 色谱，2006，24（2）：174-176.
[31] 刘慧，闫树刚，朱力. 食品中农药残留快速检测方法的研究. 中国农学通报，2003，19（4）：138-141.
[32] 刘珍，黄沛成，于世林等. 化验员读本：仪器分析. 第 4 版. 北京：化学工业出版社，2006.
[33] 刘云国，汪东风，李八方等. 食品中农药及药物残留检测技术研究进展. 海洋水产研究，2004，5（2）：83-87.
[34] 刘永杰，张金振，曹明章等. 酶抑制法快速检测农产品农药残留的研究与应用. 现代农药，2004，3（2）：25-28.
[35] 刘正礼. 我国农药行业综述. 河北化工，2007，30（1）：1-2.

[36] 楼迎华. 青岛地区大气气溶胶中有机氯农药的研究：[硕士学位论文]. 青岛：青岛大学，2005.
[37] 罗添，周志荣，林少彬. GC-MS-MS 法测定水中林丹、马拉硫磷、西维因、溴氰菊酯杀虫剂. 中国卫生检验杂志，2007，17 (3)：402-403.
[38] 罗春元. 胆碱酯酶结构与功能及磷酰化酶重活化机理. 生物化学与生物物理进展，1996，23 (4)：329-333.
[39] 吕桂芸，骆天祐. 薄层层析-溴化法测定水胺硫磷. 农药，1995，34 (4)：29-31.
[40] 孟玲，翁霞，刘长江. 利用植物酯酶快速检测有机磷农药残留的研究进展. 农药，2006，45 (5)：305-307.
[41] 孟庆杰，王光全. 植物激素及其在农业生产中的应用. 河南农业科学，2006，(4)：9-12.
[42] 庞国芳. 农药兽药残留现代分析技术. 北京：科学出版社，2007.
[43] 钱立立. 农药残留的快速检测和前处理技术的研究：[博士学位论文]. 合肥：中国科学技术大学，2007.
[44] 秦雪峰，孔凡彬. 生物农药的应用现状及前景. 安徽农业科学，2006，34 (16)：4024-4057.
[45] 宋淑玲，李重九，马晓东. 蔬菜农药多残留分析中基质共提物净化方法的研究. 分析测试学报，2008，27 (8)：795-799.
[46] 沈寅初，张一宾. 生物农药. 北京：化学工业出版社，2000.
[47] 沈燕华. 食品中有机氯杀虫剂分析方法研究：[硕士学位论文]. 北京：北京化工大学，2005.
[48] 史贤明. 食品安全与卫生学. 北京：中国农业出版社，2003.
[49] 孙毓庆. 现代色谱法及其在药物分析中的应用. 北京：科学出版社，2006.
[50] 唐除痴，李煜昶，陈彬等. 农药化学. 天津：南开大学出版社，2000.
[51] 唐洪元，石鑫，冯文煦. 农药使用技术大全——除草剂. 北京：化学工业出版社，1993.
[52] 王大宁，董益阳，邹明强. 农药残留检测与监控技术. 北京：化学工业出版社，2006.
[53] 王建，林秋萍，雷郑莉等. 气相色谱-质谱法测定蔬菜中有机磷杀虫剂和克百威的残留量. 分析试验室，2002，21 (2)：27-30.
[54] 王建华，张艺兵，林黎明等. 毛细管气相色谱法同时测定水产品中的多氯联苯和有机氯农药残留量. 化学分析计量，2003，12 (3)：13-15.
[55] 王秀敏等. 毛细管气相色谱法测定栽培黄芩中有机氯农药残留量. 沈阳药科大学学报，2006，23 (3)：156-158.
[56] 汪雨. 土壤和水中有机氯农药的分析方法研究：[硕士学位论文]. 长春：吉林农业大学，2006.
[57] 万益群，陈燕清，谢明勇. 气相色谱法测定芝麻中有机氯农药残留量. 分析科学学报，2005，21 (6)：697-698.
[58] 王塞妮. 我国农药使用现状、影响及对策. 现代预防医学，2007，34 (20)：3853-3855.
[59] 王敏，叶非. 凝胶渗透色谱在农药残留分析前处理中的应用进展. 农药科学与管理，2008，29 (6)：9-13.
[60] 王芬. "肯定列表制度" 对我国农产品、食品出口贸易的影响分析. 生产力研究，2007，11：19-21.
[61] 吴谋成，孙智达. 食品分析与感官评定. 北京：中国农业出版社，2002.
[62] 吴谋成，孙智达. 仪器分析. 北京：中国农业出版社，2000.
[63] 吴永宁，江桂彬. 重要有机污染物痕量与超痕量检测技术. 北京：化学工业出版社，2007.
[64] 吴文君. 农药学原理. 北京：中国农业出版社，2000.
[65] 肖文，姜红石. MS-MS 的原理和 GC-MS-MS 在环境分析中的应用. 环境科学与技术，2004，27 (5)：26-30.
[66] 许牡丹，毛跟年. 食品安全性与分析检测. 北京：化学工业出版社，2003.
[67] 杨云，栾伟，李攻科. 微波辅助萃取气相色谱-质谱联用测定蔬菜中的扑草净. 分析试验室，2003，22 (4)：75-77.
[68] 姚江. 苏云金芽孢杆菌及其在害虫防治上的应用. 连云港师范高等专科学校学报，2002，(3)：36-41.
[69] 袁兆岭，宋兴良，朱化雨. 食品中有机磷农药残留分析研究进展. 食品研究与开发，2006，27 (5)：

161-164.
[70] 赵丽丽，陈宁，张克旭．果菜中有机磷农药快速检测方法的研究．食品科学，2001，22（6）：54-57.
[71] 赵晓萌，于同泉等．GC/MS分析方法在食品农残检测中的应用．中国农学通报，2004，20（6）：60-62.
[72] 张友军，张文吉．乙酰胆碱酯酶分子生物学研究．昆虫知识，1997，34（4）：32-35.
[73] 张根生，赵全，岳晓霞．食品中有害化学物质的危害与检测．北京：中国计量出版社，2006.
[74] 张玉聚等．除草剂安全使用与要害诊断原色图谱．北京：金盾出版社，2002.
[75] 张大弟，张晓红．农药污染与防治．北京：化学工业出版社，2001.
[76] 张晓冬．畜产品质量安全及其检测技术．北京：化学工业出版社，2006.
[77] 张军成，李修平．我国农产品出口面临日本"肯定列表制度"的挑战．商场现代化，2007，(27)：10.
[78] 周卫东．再谈生物农药．生物学教学，2007，32（5）：73-75.
[79] 周珊．GC-MS-MS测定蔬菜中八种有机磷农药．环境化学，2006，25（6）：683-687.
[80] 朱美财．乙酰胆碱酯酶的结构与功能研究进展．生物化学与生物物理进展，1992，19（5）：338-342.
[81] 左英，李莉．浅析我国生物农药产业现状及发展趋势．商场现代化，2007，(11)：276.
[82] 曾理．我国农产品出口如何应对日本《肯定列表制度》的实施．中国市场，2007，31：24-25.
[83] GB 2763—2005 食品中农药的最大残留限量.
[84] GB/T 5009.19—2008 食品中有机氯农药多组分残留的测定.
[85] GB/T 9695.10—2008 肉与肉制品六六六、DDT残留的测定方法.
[86] GB/T 5009.20—2003 食品中有机磷农药残留量的测定.
[87] GB/T 5009.21—2003 粮、油、菜中甲萘威残留量的测定.
[88] GB/T 5009.103—2003 植物性食品中甲胺磷和乙酰甲胺磷农药残留量的测定.
[89] GB/T 5009.104—2003 植物性食品中氨基甲酸酯类农药残留量的测定.
[90] GB/T 5009.110—2003 植物性食品中氯氰菊酯、氰戊菊酯和溴氰菊酯残留量的测定.
[91] GB/T 5009.114—2003 大米中杀虫双残留量的测定.
[92] GB/T 5009.134—2003 大米中禾草敌残留量的测定.
[93] GB/T 5009.145—2003 植物性食品中有机磷和氨基甲酸酯类农药多种残留的测定.
[94] GB/T 5009.146—2008 植物性食品中有机氯和拟除虫菊酯类农药多种残留的测定.
[95] GB/T 5009.161—2003 动物性食品中有机磷农药多组分残留量的测定.
[96] GB/T 5009.162—2008 动物性食品中有机氯农药和拟除虫菊酯农药多组分残留量的测定.
[97] GB/T 5009.163—2003 动物性食品中氨基甲酸酯类农药多组分残留高效液相色谱测定.
[98] GB/T 5009.199—2003 蔬菜中有机磷和氨基甲酸酯类农药残留量的快速检测.
[99] SN 0134—92 出口粮谷中甲萘威、克百威残留量检验方法.
[100] SN 0149—92 出口水果中甲萘威残留量检验方法.
[101] NY 1500.31.1～49.2—2008 蔬菜、水果中甲胺磷等20种农药最大残留限量的测定.
[102] NY 1500.13.3～4—2008 蔬菜、水果中甲胺磷等20种农药最大残留限量的测定.
[103] NY/T 448—2001 蔬菜上有机磷和氨基甲酸酯类农药残毒快速检测方法.
[104] NY/T 761—2008 蔬菜和水果中有机磷、有机氯、拟除虫菊酯和氨基甲酸酯类农药多残留的测定.
[105] NY/T 761—2004 蔬菜和水果中有机磷、有机氯、拟除虫菊醋和氨基甲酸酯类农药多残留检测方法.
[106] NY/T 1380—2007 蔬菜、水果中51种农药多残留的测定（气相色谱-质谱法）.

第三章　食品中抗生素残留的检测

第一节　概　　述

一、抗生素的定义和分类

抗生素（antibiotics），从狭义上讲是指微生物在代谢过程中产生的，在低浓度下能抑制他种微生物的生长和活动，甚至杀死他种微生物的化学物质。过去，抗生素来源于微生物，作用对象也是微生物，所以抗生素又被称为抗菌素。如今，抗生素不仅对细菌、霉菌、病毒、螺旋体、藻类等微生物有抑杀（抑制和杀灭）作用，而且对原虫、寄生虫和恶性肿瘤也有良好的抑杀作用。另外，抗生素除了来源于微生物外，还可以完全人工合成或部分人工合成（称为半合成抗生素）。所以，目前关于抗生素的外延有很大的拓展，种类也很多，估计有几千种。

抗生素根据其应用对象的不同，可以分为用于农作物疾病防治的农用抗生素、用于家禽和家畜疾病预防与治疗的兽用抗生素以及用于人类疾病控制的医用抗生素等三大类。其中，农用抗生素和医用抗生素在食品中残留不常见，在食品中残留较多的是兽用抗生素（兽用抗生素和医用抗生素在种类和质量方面有很大不同，而且兽用抗生素通常不能用作医用，但是很多医用抗生素可以用作兽药）。目前，世界各国在食品中经常检测其残留的抗生素主要包括β-内酰胺类（β-lactams）、氨基糖苷类（aminoglycosides）、四环素类（tetracyclines）、氯霉素类（chloramphenicols）、大环内酯类（macrolides）和磺胺类（sulfonamides）等六大类抗生素。下面分别对它们进行简要介绍。

（1）β-内酰胺类抗生素　是一类分子结构中含有β-内酰胺环的抗生素。至今已有9类β-内酰胺类抗生素被确认，少数被用作兽药，并在牛奶和肉及其制品中出现残留。食品，特别是牛奶和肉制品中常见的β-内酰胺类抗生素主要有青霉素类（penicillins）、头孢菌素类（cephalosporins）、硫霉素类（thienamycins）、单内酰胺类（monobactams）、β-内酰酶抑制剂（β-lactamadeinhibitors）、甲氧青霉素类（methoxypiniciuins）等。

（2）氨基糖苷类抗生素　是由氨基糖分子和非糖部分的苷元结合而成的。包括庆大霉素（gentamicin）、卡那霉素（kanamycin）、链霉素（streptomycin）、新霉素（neomycin）、妥布霉素（tobramycin）、壮观霉素（spectinomycin）、核糖霉素（ribostamycin）等。牛奶和肉制品中最常见的氨基糖苷类抗生素是链霉素、庆大霉素、新霉素和卡那霉素等。

（3）四环素类抗生素　是由链霉菌（*Streptomyces* spp.）产生或经半合成生成的一类碱性广谱抗生素，属于四并苯衍生物，具有相似的化学性质和抗菌特性，能抑制多种革兰细菌蛋白质的合成。

目前，常用的四环素类抗生素有金霉素（chlorotetracycline）、土霉素（oxytetracycline）、四环素（tetracycline）、强力霉素（doxycycline）、去甲金霉素（demeclocycline）、多西环素（doxycycline）和米诺环素（minocycline）等。这些抗生素在牛奶、蜂蜜、水产品中的残留比较严重。

（4）氯霉素类抗生素　是一类1-苯基-2-氨基-1-丙醇的二乙酰胺衍生物，属广谱抗生素。主要包括氯霉素（chloramphenicol）、甲砜霉素（thiamphenicol）和氟苯尼考（florfenicol）等。常用于动物各种传染性疾病的治疗，对多种病原菌有较强的抑制作用。其中氯霉素、甲砜霉素和氟苯尼考可以作为兽药使用，甲砜霉素和氟苯尼考也可作为鱼药使用。氯霉素在水产品和蜂蜜中残留比较明显。

（5）大环内酯类抗生素　是由链霉菌（*Streptomyces* spp.）产生的弱碱性抗生素，因分子中含有一个内酯结构的14或16元环而得名，包括红霉素（erythromycin）、竹桃霉素（oleandomycin）、螺旋霉素（spiramycin）、西地霉素（sedecamycin）、麦迪霉素（medemycin）、吉他霉素（kitasamycin）和交沙霉素（josamycin）等。其中红霉素是本类药物最典型的代表。大环内酯类抗生素容易残留于牛奶和动物的肌肉、肝脏和肾脏等组织中。

（6）磺胺类抗生素　是20世纪30年代发现的能有效防治全身性细菌性感染的第一类药物，

包括磺胺嘧啶、磺胺甲基嘧啶、磺胺二甲基嘧啶、磺胺甲氧哒嗪、磺胺甲基异噁唑、磺胺间甲氧嘧啶、磺胺间二甲氧嘧啶和磺胺喹噁啉等。目前在临床上，大部分磺胺类药物已经被其他抗生素及喹酮类药物取代，但由于磺胺药对某些感染性疾病（如流脑和鼠疫）具有疗效良好、使用方便、性质稳定、价格低廉等优点，故在抗感染的药物中仍占有一定地位。磺胺类抗生素被广泛用作饲料添加剂，在肉及其制品中的残留严重。图 3-1 是部分抗生素的结构式。

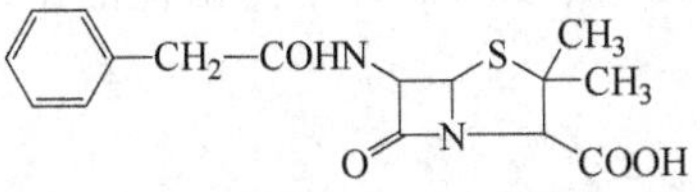

青霉素 G 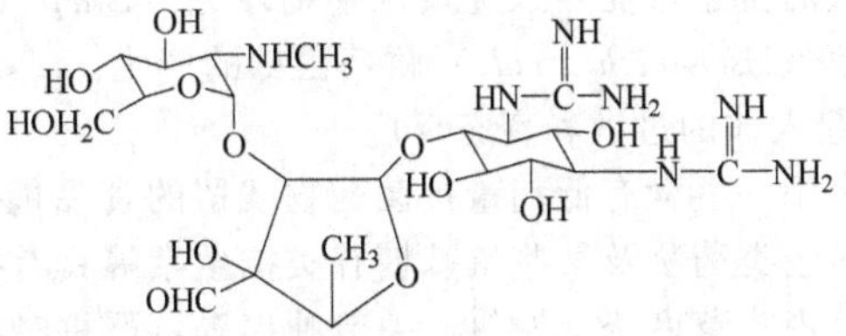　　链霉素

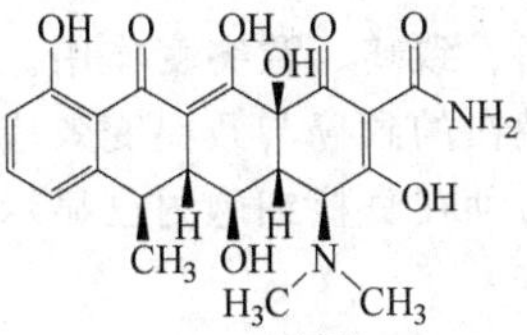

四环素 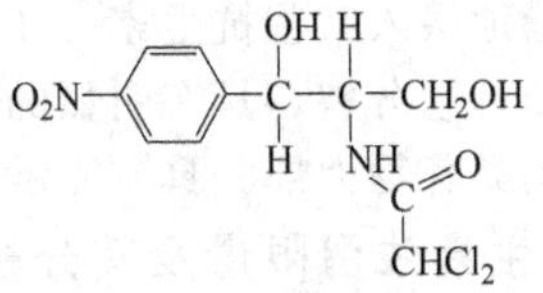　　氯霉素

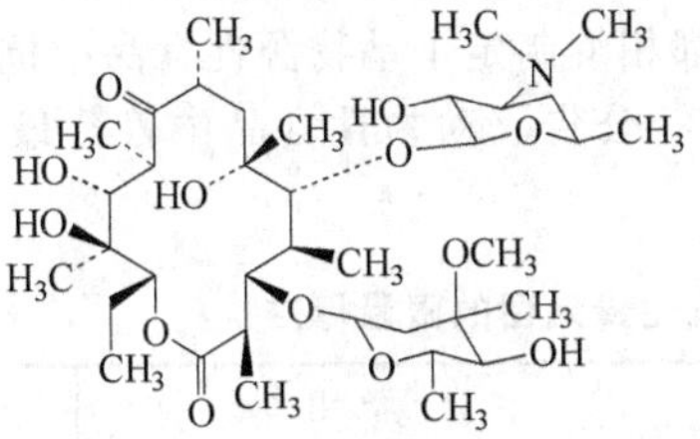

红霉素 A 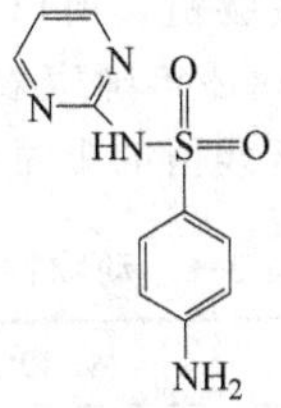　　磺胺嘧啶

图 3-1　部分抗生素的结构式

二、食品中抗生素残留的危害

自从 20 世纪 50 年代人们发现将青霉素发酵残渣加入饲料中喂养动物能大幅度提高畜禽的生长速度以来，抗生素对动物生长的促进作用及其带来的经济效益得到了充分验证，因此，抗生素被广泛用作畜禽的饲料添加剂。同时，抗生素还以口服或注射的方式被大量用于动物疾病的治疗，为饲料业及其发展起到了积极的促进作用。但是抗生素在食品，特别是肉及其制品中的残留与危害也日渐显露。

食品中残留的抗生素，有些经过加热可以破坏，但对于性质稳定的抗生素，如链霉素、新霉素等，经过加热等烹饪过程也不能被破坏。人们长期食用抗生素残留超标的食品后，抗生素残留就可以转移到人体内，造成危害。目前已经知道抗生素残留对人体的危害主要包括以下几个方面。

1. 毒性作用

人长期食用含抗生素残留的动物性食品后，药物不断在体内蓄积，对人体产生毒性作用。例如，氯霉素能导致严重的再生障碍性贫血；链霉素、庆大霉素和卡那霉素等氨基糖苷类抗生素，可以损害前庭和耳蜗神经，导致眩晕和听力减退；四环素类药物能够与骨骼中的钙结合，抑制骨骼和牙齿的发育；磺胺类抗生素可引起肾脏器官损害，特别是乙酰磺胺在酸性尿中溶解度很低，可在肾小管、肾盂、输尿管等处析出结晶，损害肾脏。

2. 导致人体肠道内正常菌群失调和紊乱

在正常情况下，人体肠道内的微生物菌群之间维持着共生平衡，对人体健康产生有益作用。但是，如果长期食用抗生素残留超标的动物性食品，就可能会抑制或杀灭某些敏感菌，而耐药菌或条件性致病菌大量繁殖，导致微生物平衡破坏，从而使人与动物易发感染性疾病，并影响某些有益菌群合成人体所需的B族维生素和维生素K。因此，长期摄食抗生素残留超标食品，可以导致人体有益菌群平衡失调，造成长期腹泻或某些维生素缺乏。

3. 增加细菌的耐药性

长期食用含有抗生素残留的动物性食品，容易诱导耐药菌株的出现，使抗生素失去治疗疾病的价值，给人类疾病的治疗带来困难，甚至可能出现一些药物无法控制的细菌感染。研究表明，长期低剂量的抗生素能导致金黄色葡萄球菌（*Staphylococcus aureus*）耐药菌株的出现，也能引起大肠杆菌（*Escherichia coli*）耐药菌株的产生。

4. 引起人体的过敏和变态反应

经常食用一些含有低剂量抗菌药物残留的食品能使易感人体出现过敏反应。例如，青霉素、四环素、磺胺类药物及某些氨基糖苷类抗生素等具有抗原性，能刺激机体产生抗体，造成过敏反应，轻者表现为荨麻疹、发热、关节肿痛等，严重时出现过敏性休克，甚至危及生命。

5. “三致”作用

人体长期低剂量地摄入某些抗生素，还可以产生致癌、致畸、致突变作用。例如，苯丙咪唑类药物能干扰细胞的有丝分裂，具有明显的致畸作用和潜在的致癌与致突变效应；磺胺类药物有致肿瘤倾向；喹诺酮类药物大部分具有光敏作用，个别品种在真核细胞内已显示了致突变作用。

三、食品中抗生素残留限量及其分析方法

鉴于食品，特别是动物性食品中抗生素残留的危害，同时在目前的生产力水平下又不可能完全杜绝抗生素残留进入人类食物链，所以，各国都相继制定了动物源性食品中抗生素的最高残留标准和检测方法。表3-1是2002年国家农业部235公告《动物性食品中兽药最高残留限量》规定的我国动物性食品中抗生素残留的限量标准。

表3-1　动物性食品中抗生素残留的限量标准

药　物	动物品种	靶组织	MRL①/(μg/kg)
阿莫西林	所有食品动物	肌肉	50
		肝	50
		肾	50
		奶	10
头孢氨苄	牛	肌肉	200
		肝	200
		肾	1000
		奶	100
双氢链霉素	牛/羊	奶	200
	牛/羊/猪/禽	肌肉	500
		脂肪	500
		肝	500
		肾	1000
庆大霉素	牛	奶	100
新霉素	牛/羊	奶	500
	牛/羊/猪/鸡/火鸡/鸭	肌肉	500
		脂肪	500
		肝	500
		肾	5000
壮观霉素	牛	奶	200
	牛/猪/家禽	肌肉	300
		脂肪	500
		肝	2000
		肾	5000

续表

药　物	动物品种	靶组织	MRL①/(μg/kg)
螺旋霉素	牛	肌肉	200
		脂肪	300
		肝	300
		肾	300
		奶	200
	猪	肌肉	300
		脂肪	200
		肝	600
		肾	300
	鸡	肌肉	200
		皮＋脂	300
		肝	400
链霉素	牛/羊	奶	200
	牛/羊/猪/禽	肌肉	500
		脂肪	500
		肝	500
		肾	1000
四环素	牛/羊/猪/禽	肾	600
		肝脏	300
		肌肉	100
	禽	蛋	200
	牛	奶	100
氯霉素	所有食品动物	所有靶组织	不得检出
红霉素	所有食品动物	肌肉	200
		肝	200
		肾	200
		奶	40
		蛋	150
吉他霉素	猪/禽	肌肉	200
		肝	200
		肾	200
替米考星	猪	肌肉	100
		肝	1500
		肾	1000
泰乐菌素	鸡/火鸡/猪/牛	肌肉	200
		肝	200
		肾	200
	牛	奶	50
	鸡	蛋	200
磺胺二甲基嘧啶	所有食品动物	肌肉	100
		肝	100
		肾	100
	牛	奶	20

① MRL即最高残留限量（maxium residue limit）的缩写。

关于抗生素残留的分析方法，根据分析原理不同，大体上可分为微生物检测方法、仪器分析方法和免疫学分析方法三类。

(一) 微生物检测方法

微生物检测法（microbiological detection methods）是抗生素残留检测的传统方法，应用最早和最广泛。其测定原理是根据抗生素对微生物生理机能与代谢的抑制作用，定性或定量分析样品中抗微生物药物的残留量。微生物检测法的优点是结果可靠，检测成本低，可以对大批样品进行快速筛选，对仪器设备要求不高。不足之处是操作过程复杂，检测时间长，由肉眼辨别结果，易产生误差等。

微生物检测方法又包括微生物抑制实验、氯化三苯四氮唑法和微生物受体检测法三种，下面分别进行介绍。

1. 微生物抑制实验

微生物抑制实验（microorganism inhibitory test，MIT）是依据抗生素能够抑制微生物的生长繁殖特性而设计的。如果食品中存在抗生素残留，则其抗生素残留提取液可以抑制微生物的生长，抗生素残留的多少可以根据对微生物的抑制程度来判断；如果没有抗生素的残留存在，则微生物的生长不会受到抑制。其基本的操作过程是将一定量的食品样品提取液以小圆滤纸片或牛津杯（是一种内径为0.5cm左右、高为1cm左右的不锈钢圈）点接在含有特定微生物的平板培养基上，然后在适宜的条件下培养，观察滤纸片或牛津杯周围是否出现抑菌圈。如果有抑菌圈，则表明食品中存在抗生素残留，抑菌圈的大小与抗生素的浓度相关。

尽管MIT法存在测定时间长、分析结果误差较大等不足，但是由于该方法具有简便、经济等优点，所以仍被广泛应用。该法又可分为杯碟法、纸片法、戴尔沃检测法和棉拭法等。

(1) 杯碟法

杯碟法（cylinder plate method）是Foster和Wood Ruff于1944年创建的。其基本操作过程是在含有特定实验菌种的琼脂平板上放置一系列的牛津杯，在牛津杯中加一定量的不同浓度的抗生素标准溶液和待测样品的抗生素残留提取液，保温培养后，在抗生素标准溶液的牛津杯周围出现抑菌圈，抑菌圈的大小与抗生素的浓度呈比例关系。如果在待测样品提取液的牛津杯周围也出现抑菌圈，则表明样品中含有抗生素残留，通过与标准液抑菌圈的大小比较，就可以知道样品提取液中抗生素残留的含量。

1958年，美国FDA将藤黄八迭球菌（*Sarcina lutea*）杯碟法作为法定的方法，检测青霉素的敏感度为0.01U/mL。采用不同的实验菌种，可检测不同的抗生素，用蜡样芽孢杆菌（*Bacillus cereus*）可检测四环素类抗生素的残留，最低检出量为0.05mg/kg；检测青霉素用金黄色葡萄球菌（*Staphylococcus aureus*）；检测链霉素或双氢链霉素用枯草杆菌（*Bacillus subtilis*）。

(2) 纸片法

纸片法（paper disk method）是先将一定量抗生素标准液和样品抗生素残留提取液置于一定大小的小圆滤纸片上，然后将滤纸片放在含有特定实验菌种的琼脂平板上，保温培养。如果样品中存在抑菌物质，在纸片周围形成抑菌圈；如不含有抑菌物质，则无透明圈。抑菌圈的大小决定于抑菌物质的种类和浓度。通过与抗生素标准溶液比较，就可以得出样品中抗生素残留的浓度。纸片法是杯碟法的一种衍生方法，它不用牛津杯，操作更简便。

常用的纸片检测法包括嗜热脂肪芽孢杆菌（*Bacillus stearothermophilus*）纸片法和枯草杆菌（*Bacillus subtilis*）纸片法。其中，嗜热脂肪芽孢杆菌纸片法是1977年由Kaufman提出的，1981年得到美国FDA认可，并于1982年起作为法定方法。这两种方法主要用来检测牛奶中的β-内酰胺类抗生素，其操作过程基本相同，只是实验菌种不同。采用枯草杆菌纸片法时，容易出现假阳性结果，所以常采用一些措施进行验证。例如，在检测牛奶中的青霉素残留时，对阳性结果样品以青霉素酶处理，使青霉素分解，然后再进行测定，如果此时仍为阳性结果，则表明是青霉素残留的假阳性，反之则为阳性。该方法的检测限可达0.01U/mL。嗜热脂肪芽孢杆菌纸片法不仅用于检测奶样中β-内酰胺类抗生素，还能检测其他多种常用抗生素，如氨苄青霉素、头孢菌素、邻氯青霉素和四环素等，且不受消毒剂的干扰，检测限可达0.008U/mL，一般在4h内即可获得结果。因此，在实践中，嗜热脂肪芽孢杆菌纸片法比枯草杆菌纸片法应用更为广泛。

(3) 戴尔沃检测法

戴尔沃检测法（delvotest-SP）是20世纪70年代由荷兰Gist-brocades BV公司开发的，用于检测β-内酰胺类抗生素残留的方法。该方法是利用嗜热脂肪芽孢杆菌（*Bacillus stearothermophilus*）在64℃条件下培养2.5～3h后能产酸，引起溴甲酚紫（bromcresol purple）指示剂由紫色变为黄色的原理进行设计的。若待检样品不含抗生素，则培养后培养液呈黄色；如果样品中含有抗生素，则嗜热芽孢杆菌生长受到抑制而不产酸，培养液不变色。

delvotest-SP产品有两种形式，一种是安瓿瓶形式，当待检样品数量比较少时用；另一种是微孔板形式，可同时测定96个样品。利用戴尔沃检测法检测牛乳中青霉素残留时，把含有营养物和溴甲酚紫的片剂放入含有嗜热脂肪芽孢杆菌的琼脂安瓿瓶中，加入0.1mL待检牛乳后，置于63～66℃培养2.5h。如果牛乳中青霉素残留小于等于0.002U/mL，则培养基为黄色，青霉素残留呈阴性；如果青霉素残留大于等于0.005U/mL时，培养基为紫色，青霉素残留呈阳性；介于0.003～0.004U/mL时，培养基为黄紫色，青霉素残留可疑。delvotest-SP除了可以检测青霉素残留外，还可以检测多种抗生素残留，主要包括青霉素-G、氨苄青霉素、头孢噻林、新霉素、土霉素、阿莫西林、螺旋霉素、磺胺二甲嘧啶、磺胺嘧啶、四环素、金霉素、红霉素、庆大霉素、卡那霉素、林可霉素、氯霉素、泰乐菌素和甲氧苄氨嘧啶等。20世纪80年代，delvotest-SP法曾在我国香港和广东被广泛应用，其灵敏度为青霉素3ng/mL、链霉素300ng/mL、庆大霉素400ng/mL、卡那霉素2500ng/mL。

(4) 棉拭法

棉拭法（swab test on premises，STOP），又称现场拭子法，是检测动物体中抗生素残留的现场试验方法。该法自1979年由美国农业部食品安全和检验署研究开发以来，世界各国普遍采用，目前在加拿大和美国已有商品化的试剂出售。该方法是用棉签（拭子）采取动物体内的组织液，然后将其放置于涂布有枯草杆菌的培养基中，保温培养过夜。观察在拭子周围是否出现抑菌环，若有，即表明组织液中有抗生素存在。该法在几分钟内即可完成取样操作，16～18h即可获得结果，是简便易行而又有一定准确性的检测方法，比较适合基层现场筛选检测。但是该检测法灵敏度较差，检出限较高，多在μg/g级，特异性差，一般抗生素类药物都有此类反应，而且不能定量。

2. 氯化三苯四氮唑法

氯化三苯四氮唑（triphenyltetrazolium chloride，TTC）法是依据抗生素残留对微生物新陈代谢的影响而设计的。这是目前我国食品卫生标准中规定的检测牛乳中抗生素残留的方法。该方法以嗜热链球菌（*Streptococcus thermophilus*）为指示菌，TTC为指示剂（TTC的氧化态无色，还原态为红色）。当食品中没有抗生素残留的存在时，样品提取液不影响指示菌的新陈代谢，从而能使无色氧化态的TTC还原为红色还原态的TTC，培养液从无色变为红色；相反，当食品中有抗生素残留的存在时，则其提取液抑制指示菌的新陈代谢，培养液不发生颜色变化。这样，培养液颜色不变的为阳性，变为红色的为阴性。该方法检测青霉素、链霉素、庆大霉素和卡那霉素的检测限分别为0.004IU/mL、0.5IU/mL、0.4IU/mL和5IU/mL。

3. 微生物受体检测法

微生物受体检测法（microbial receptor assay，MRA）是根据微生物细胞上存在抗生素的受体位点（如微生物细胞表面的某种酶）而设计的。这些受体位点通常可以和一类抗生素的共有结构（如β-内酰胺类抗生素的β-内酰胺环）进行特异性结合。在检测过程中，以同位素、胶体金或酶标记的抗生素为竞争物与样品或样品提取液中的抗生素残留竞争受体位点，当样品中抗生素残留量少时，则微生物细胞受体位点上结合的标记抗生素就多，反之，细胞结合位点上结合的标记抗生素就少，这样通过测定微生物细胞上标记抗生素的多少就可以计算出样品中抗生素的残留量。

在抗生素残留检测中应用的MRA产品主要是美国CHARM Science公司研制生产的检测氯霉素残留的试剂盒CHARM Ⅱ。在检测时，将抗体溶于水后，加入含氯霉素的样品中，在一定的孵育温度下，样品中的氯霉素与受体位点结合，再加入同位素标记的氯霉素抗原与多余的受体位点结合，孵育一段时间后离心沉淀，取沉淀物加闪烁液，用闪烁计数仪（CHARM Ⅱ分析仪）测定荧光强度，样品中氯霉素残留量与荧光强度成反比。该方法对于鱼组织中氯霉素残留量的检出限可达0.15μg/kg，但存在假阳性的问题。

从总体上讲，微生物检测方法在抗生素残留检测中一般用于样品筛选，检测成本低廉，操作简便，不需要昂贵的仪器设备，非常适合基层单位使用。

（二）仪器分析方法

食品中抗生素残留的仪器分析方法主要包括气相色谱（GC）、高效液相色谱（HPLC）、气质联用（GC-MS）或液质联用（HPLC-MS）等。鉴于GC、HPLC、GC-MS和HPLC-MS的工作原理、结构和特点等在本书的第二章已经进行了比较详细的阐述，所以下面仅就它们在抗生素残留检测中的应用进行简要介绍。

1. 气相色谱法

气相色谱法（gas chromatography，GC）用于食品中抗生素残留的检测具有分离效果好、分析速度快、灵敏度高、应用范围广、检出限低等特点。常见的抗生素残留大多数可以采用GC进行分析，对少数极性强、挥发性差，不能直接用GC测定的抗生素，通过适当的化学处理后，也可以进行分析。例如，GC法分析青霉素时，需先将青霉素进行重氮甲烷衍生化，使其形成易挥发的青霉素甲酯，采用石英毛细管柱分离，氮磷检测器检测；分析磺胺药时，主要采用气相色谱-电子捕获检测器方法（GC/ECD），样品经提取和净化后，通过重氮甲烷甲基化以增加挥发性，减小极性；GC检测氨基糖苷类抗生素时，样品经脱蛋白和脱水后，经三甲基硅咪唑和七氟丁酰咪唑分两步衍生化，采用电子捕获检测器可以实现分析；氯霉素类药物为高极性、难挥发的化合物，必须对它们的极性官能团进行酯化、硅烷化或酰化，生成热稳定和易挥发的衍生物后，才能用GC/ECD法进行测定。但是，对于β-内酰胺类抗生素，GC仅可用于分析β-内酰胺类抗生素中一些中性侧链的青霉素类药物，对于两性的β-内酰胺类抗生素无法测定。

GC用于高极性或高沸点抗生素残留的检测时，由于样品的衍生化过程非常繁杂，因而在很大程度上限制了GC的推广和应用，特别是20世纪80年代后，由于HPLC发展迅速，所以相当数量的抗生素残留采用或改用HPLC进行分析。

2. 高效液相色谱法

高效液相色谱法（high performance liquid chromatography，HPLC）具有灵敏度高、分离速度快、对抗生素残留能够准确定性和定量的特点，在β-内酰胺类、四环素类、磺胺类和氨基糖苷类抗生素残留的检测方面发挥着重要的作用，是目前广泛应用的一种抗生素残留检测方法。

由于β-内酰胺类抗生素在结构上都含有羧酸基团，故早期采用阴离子交换柱来测定这类抗生素。但是所用流动相的pH往往低于维持抗生素残留稳定的pH，从而常常导致分离效果不理想，因此现在大都采用反相HPLC，常用的分析柱填料为ODS C_{18}，检测器为紫外检测器和荧光检测器。用反相HPLC检测时，由于多数青霉素化合物没有专一的紫外发色基团，其最大吸收一般在200～235nm，选择性差，背景干扰严重，因此可在咪唑或1,2,3-三唑催化下，使青霉素形成青霉烷酸硫醇汞衍生物，通过柱前衍生化，以提高紫外检测的灵敏度。此外，电化学检测器也可用于β-内酰胺类抗生素的检测。

HPLC是四环素类抗生素残留分析最常用的方法。但采用硅胶基质的色谱柱时，由于四环素类抗生素可与色谱系统中的金属离子形成螯合物，影响色谱行为；另外，四环素类抗生素可与固定相发生吸附，造成峰形不对称，使灵敏度下降。前者可通过在流动相中加入EDTA解决，后者可通过对柱填料进行硅烷化或加入季铵盐等硅醇阻断剂来解决。四环素类抗生素在酸性水溶液中，在350～370nm波长范围内有强的紫外吸收，因此可采用紫外检测器检测，检测灵敏度达μg/kg水平。由于四环素分子中含有两个共轭双键，因此在紫外光照下能产生荧光，它们的降解产物也具有荧光性质，因此，也可采用荧光检测器检测。但是用于四环素类抗生素的荧光检测器更多的是用于柱后荧光衍生化测定。例如，以二氯化氧锆（$ZrOCl_2$，又称为氧氯化锆）作为荧光衍生剂，柱后荧光检测动物组织中四环素类抗生素残留，灵敏度可达 pg 水平，具有很高的灵敏度和很好的选择性。

20 世纪 70 年代初期，曾有人采用离子交换色谱、正相色谱或氧化铝吸附色谱分析磺胺类抗生素及其分解产物。20 世纪 80 年代后，人们普遍采用反相 HPLC，使用 C_{18}（应用最广）、C_8 和苯基柱，以甲醇（或乙腈）-水(-冰醋酸或偏磷酸）为流动相，分离检测磺胺类抗生素及其分解产物。HPLC 的洗脱方式，一般采用等度洗脱，也可采用梯度洗脱，通过改变流动相流速和配比，实现对多种磺胺类抗生素及其分解产物的分离。对于一般色谱柱难以分离的磺胺类抗生素，可使用 β-环糊精化学键合固定相进行分离。由于磺胺类抗生素在 250～290nm 之间有强的紫外吸收，因此一般可以采用紫外检测器。为了提高检测灵敏度，也可以采用对二甲氨基苯甲醛进行柱后衍生，于 450nm 处进行紫外-可见光检测。磺胺类抗生素本身具有弱的荧光特性，当采用荧光检测时还需要荧光衍生化，常用的荧光衍生剂有邻苯二甲醛、苯胺和巯基乙醇等。

氨基糖苷类抗生素具有水溶性好、极性强和分子量大的特点，因此，这类化合物特别适合于用反相色谱或离子对色谱系统进行分析。由于氨基糖苷类抗生素各组分分子结构的差异小，且分子中无紫外发色团或荧光团，因此可以利用其结构中的活泼基团（如氨基、羰基）与衍生化试剂形成有紫外吸收或有荧光的物质，以便于紫外检测或荧光检测。衍生化方法可采用柱前衍生或柱后衍生。常用的柱前衍生化试剂有邻苯二甲醛、2,4-二硝基氟苯、2,4,6-三硝基苯磺酸和 3,5-二硝基苯甲酰氯等，其中前三种衍生剂的衍生产物适用于紫外检测器，而后一种衍生剂的产物适用于荧光检测器。柱前衍生化方法的特点是较简单，不需要特殊的设备。柱后衍生化则采用在线技术，便于实现自动化测定，但需要有特殊的衍生化反应装置，因此目前常采用柱前衍生。

3. 液相色谱-质谱联用法

HPLC 具有分离能力高、分析速度快等优点，是分离复杂混合物的主要方法之一。质谱（MS）是通过对样品离子质量和强度的测定来进行定量分析的一种技术手段，可以检测多种样品，具有很高的灵敏度，可以获得不同于常规 HPLC 检测器的大量而丰富的结构信息。液相色谱-质谱联用法（liquid chromatography-mass spectrometry，LC-MS）由于结合了两者的长处，应用于抗生素残留分析，大大提高了检测灵敏度、准确性和可靠性，缩短了分析时间，是目前检测复杂机体组织痕量抗生素残留方法中发展最迅速的分析手段之一。研究人员已经建立了牛奶样品中 10 种四环素类抗生素多残留的 LC-MS 确证方法。随着 LC-MS 技术的发展和成熟，高效液相色谱配合多级质谱技术（LC-MS^n）越来越多地被应用于蜂产品、畜禽肉类及内脏类产品和海产品中痕量抗生素的检测。

4. 气相色谱-质谱联用法

气相色谱-质谱联用法（gas chromatography-mass spectrometry，GC-MS）由于实现了高效色谱分离和检测联机，以微电脑控制色谱条件、程序和数据处理，特异性、灵敏度和重复性好，并可一次同时完成同一样本中多种药物及其代谢物的检测，所以在抗生素残留检测中表现出很好的应用前景。例如，在牛奶青霉素类抗生素残留的分析中，质谱作为一种检测器已获得广泛应用，使用电子轰击离子化、化学电离、快原子轰击、热喷雾电离、等离子体喷雾、粒子束电离、大气压化学电离和电喷雾电离技术，对不同 MS 离子源条件下青霉素类药物分子碎片类型的特征已经作了大量的研究工作。但由于一般的抗生素为非挥发性化合物，在分离前须先进行衍生化，若衍生化反应不完全，则会影响灵敏度。另外，气相色谱柱的出峰时间较液相柱长，因此 GC-MS 并不很适合于进行批量样品的分析。

（三）免疫学分析方法

免疫学分析方法（immunological assay，IA）是以抗原与抗体的特异可逆结合反应为基础的分析技术。它集高灵敏性和强特异性于一体，20 世纪 90 年代开始应用于抗生素残留的检测中。IA 主要包括酶联免疫吸附法（enzyme-linked immunosorbent asssy，ELISA）、放射免疫分析法

（radio immunological assay，RIA）和荧光免疫分析法（fluorescence immunological assay，FIA）等。目前，应用于抗生素残留分析的主要是 ELISA。IA 具有特异性强，灵敏度高，操作简便、快速，能同时筛选大量的样品，检测费用低，不需要昂贵的仪器设备，适合推广应用等优点。但同时也存在假阳性和假阴性偏多，提取液中杂质成分对检测结果干扰大，通常一次实验仅能检测一种抗生素残留等不足。关于 IA 的更多内容，请参阅本书第七章。

目前，IA 已用于 β-内酰胺类、氨基糖苷类、氯霉素类、四环素类和磺胺类抗生素残留的检测中。用氨苄青霉素作为半抗原通过戊二醛法合成免疫抗原，免疫兔子后获得多克隆抗体，可用于检测牛奶中青霉素类药物残留。应用商品化的 CHARM Ⅱ 放射免疫系统可检测动物血清、尿液和组织中青霉素类抗生素残留。应用 ELISA 检测牛奶和肾脏样品中新霉素、庆大霉素和链霉素残留，其回收率大于 80%。以牛血清白蛋白为载体蛋白合成磺胺甲基嘧啶人工抗原，免疫兔子获得多克隆抗体后，以 ELISA 可检测乳中磺胺甲基嘧啶残留，检测限为 24ng/mL。

今后，抗生素残留免疫学检测技术的发展方向，至少包括以下几个方面：①需要进一步规范抗生素残留免疫检测方法的操作步骤以及实现试剂的标准化。②将免疫检测方法与其他常规方法相结合，发挥各自的优势。例如，先用免疫分析法对大量样品进行粗筛，再用 HPLC 等方法确证，或首先采用免疫亲和色谱柱对样品进行提取与净化，然后再进行仪器分析，这样可以大大减少分析的时间。③利用抗体蛋白质芯片技术或通用抗体技术实现抗生素多残留的同时分析。④采用基因工程技术制备人工抗体。

（撰写人：王小红）

第二节　食品中 β-内酰胺类抗生素残留的分析

1. 定义、分类与作用机理

β-内酰胺类抗生素（β-lactam antibiotics）是指化学结构式中具有 β-内酰胺环的一大类抗生素。β-内酰胺类抗生素的分子中均含有一个由四原子形成的环，即 β-内酰胺环，其中 N 原子位于羰基的 β 位，并与其形成酰胺键（见图 3-2）。β-内酰胺环为该类抗生素发挥生物活性的必需基团。

根据 β-内酰胺环是否连接有其他杂环以及所连接杂环的化学结构，β-内酰胺类抗生素又可以分为青霉素类、头孢菌素类以及非典型的 β-内酰胺抗生素类。非典型的 β-内酰胺抗生素主要有碳青霉烯、青霉烯、氧青霉烷和单环 β-内酰胺（见图 3-2）。

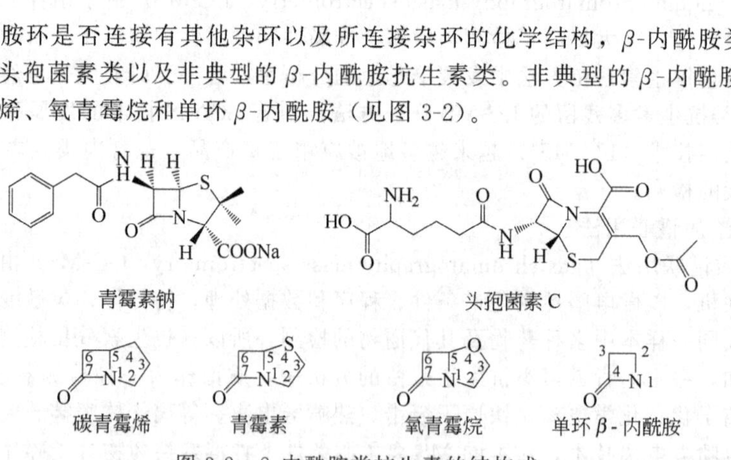

青霉素钠　头孢菌素 C

碳青霉烯　青霉素　氧青霉烷　单环 β-内酰胺

图 3-2　β-内酰胺类抗生素的结构式

β-内酰胺类抗生素的杀菌机制是抑制黏肽转肽酶的活性，从而阻碍细胞壁黏肽网络结构的形成，导致细菌死亡。细胞壁是包裹在微生物细胞外面的一层刚性结构，它决定着微生物细胞的形状，保护其不因内部高渗透压而破裂。细菌细胞壁的主要成分之一黏肽（peptidoglycan），在黏肽转肽酶［peptidoglyan transpeptidase，位于细菌胞浆膜上的特殊蛋白，又称为青霉素结合蛋白（penicillin binding protein）］的催化下，形成网状结构的含糖多肽，以维持细菌细胞壁的刚性和韧性，防止细胞的破裂。

2. 残留、危害与分析

在动物饲养中，β-内酰胺类抗生素常被用作治疗药剂以口服或注射等方式进入动物机体。特别是在奶牛业中，治疗奶牛乳腺炎的主要方法就是大剂量肌肉注射或乳房灌注青霉素 G 等药物，所以，如果不严格遵守休药期规定，就可能导致牛奶中残留大量青霉素等抗生素。还有一些奶农为了延长原料乳的保质期，人为向乳中添加青霉素等抗生素，从而造成严重的残留问题。

β-内酰胺类抗生素本身对机体没有很强的毒性，但是青霉素类抗生素残留可能会使原来对抗生素不起过敏反应的个体致敏。这样即使食用了含有极微量抗生素的食品也会导致过敏反应，轻者出现荨麻疹，严重者产生十分剧烈的过敏反应，在很短的时间内出现血压下降、皮疹、喉咙水肿、呼吸困难等症状，甚至死亡。因此，对 β-内酰胺类药物，尤其是青霉素 G 残留的管理要求十分严格。

随着抗菌药物的不断使用，细菌中的耐药菌株数量也在不断增加。例如，美国在 1969～1974 年期间，鼠伤寒沙门菌（*Salmonella typhimurium*）的青霉素耐药菌株由 23.4%上升到 36.9%。在某些情况下，动物体内的耐药菌株又可通过动物性食品传播给人，当人体发病时，会给治疗带来一定的困难，延误正常的治疗过程。长期食用含抗生素的食品，还会导致人体肠道的菌群失调、肌体免疫能力降低等不良反应。

有研究表明，当食品中抗生素残留超标的总体发生率持续较低时，β-内酰胺类抗生素是牛奶和组织中检出残留的报道中最多的。因此，许多国家包括我国对动物使用这类药物及其残留实行了严格的监控和管理。我国国家标准中规定青霉素在动物肝、肾和肌肉中的最高残留量为 0.05mg/kg，在牛乳中为 0.004mg/kg。

目前，检测食品（主要是乳及其制品与肉及其制品）中 β-内酰胺类抗生素残留的方法主要有微生物抑制法、氯化三苯四氮唑法（TTC 法）、HPLC-MS 法以及酶联免疫法等。

（撰写人：黄艳春）

实验 3-1　牛乳及其制品中青霉素残留的纸片法测定

一、实验目的

掌握微生物抑制法测定牛乳及其制品中 β-内酰胺类抗生素残留的原理和方法。

二、实验原理

微生物抑制实验（MIT）是根据抗生素对微生物生长、繁殖与代谢具有抑制作用来定性或定量分析样品中抗生素残留的方法。

嗜热脂肪芽孢杆菌（*Bacillus stearothermophilus*）具有嗜热、生长迅速、对青霉素类抗生素敏感等特性。将含有青霉素标准品及样品提取液的滤纸片分别同置于接种有该菌的同一琼脂平板表面，在特定温度下培养一定时间后，根据各纸片周围抑菌圈的情况，判定被检样品中是否含有青霉素残留。

三、仪器与试材

1. 仪器与器材

生化培养箱、离心机、游标卡尺等。

2. 菌种与培养基

（1）嗜热脂肪芽孢杆菌。

（2）菌种培养基（琼脂培养基 M）：胰消化酪蛋白 15.0g、番木瓜蛋白酶消化大豆 5.0g、NaCl 5.0g、琼脂 15.0g、蒸馏水 1000mL，pH 7.3±0.2。将以上成分加热溶解，分装于 500mL 锥形瓶，于 121℃灭菌 15min。

（3）增菌培养基（肉汤培养基 D）：胰消化酪蛋白 17.0g、番木瓜蛋白酶消化大豆 3.0g、NaCl 5.0g、K_2HPO_4 15.0g、蒸馏水 1000mL，pH 7.3±0.2。将以上成分加热溶解，分装于 500mL 锥形瓶，于 121℃灭菌 15min。

(4) 检测培养基(琼脂培养基 B):胰消化明胶 6.0g、酵母膏 3.0g、牛肉膏 1.5g、葡萄糖 1.0g、琼脂 15.0g、蒸馏水 1000mL,pH 6.5～6.6。将以上成分加热溶解,分装于 500mL 锥形瓶,于 121℃灭菌 15min。

3. 试剂与溶液

(1) 青霉素 G 标准液:在相对湿度≤50%的环境中称量 30mg 青霉素 G 钾盐或钠盐标准品,溶解于一定量的 0.1mol/L pH=6 的磷酸盐缓冲液中,以得到浓度为 100～1000U/mL 的标准液,避光于 4℃保存,不超过 48h。使用时,可根据需要适当稀释。

(2) 对照阳性滤片:吸附 50μL 含 0.008U/mL 青霉素 G 标准的牛乳的滤纸片(ϕ13mm,具有良好的吸水性能),实验中应产生明显的抑菌圈(ϕ17～20mm)。

(3) 青霉素酶(β-内酰胺酶):应有足够的酶活性,以确保在实验条件下能使样品中的青霉素完全失活。

4. 实验材料

1～2 种鲜牛奶,各 250mL;1～2 种奶粉,各 50g。

四、实验步骤

1. 样品处理

新鲜牛乳可直接使用,奶粉需用灭菌蒸馏水适度稀释。

2. 芽孢悬液的制备

(1) 先将嗜热脂肪芽孢杆菌在肉汤培养基 D 中于 (55±2)℃增菌 24～28h,再移植于琼脂培养基 M 的斜面上于 (55±2)℃培养过夜,室温避光保存,每周转接一次,以保持菌种的活力。

(2) 从新鲜培养斜面挑取菌体,接种到盛有 150mL 肉汤培养基 D 的锥形瓶中,于 (55±2)℃培养 48～72h。通过芽孢染色观察芽孢形成情况,当芽孢形成率达到 80%时(一般培养时间小于 72h),停止培养。

(3) 取培养液,以 5000r/min 离心 15min,沉淀(芽孢)以无菌生理盐水反复洗涤、离心 3～4 次后,悬浮于 30mL 无菌生理盐水中,于 4℃避光储存。一般可保存 6～8 个月,通过测定芽孢的发芽率定期检查芽孢的活力。

3. 测定平皿的制备

(1) 将芽孢悬液适当稀释后,取一定量接种于 55℃琼脂培养基 B 中,于 (55±2)℃培养3～4h。芽孢接种量以青霉素阳性对照滤纸片出现明显的抑菌圈(ϕ17～20mm)为宜。

(2) 将上述接种芽孢的培养基 B 倾入平皿(ϕ90mm,15mL/皿)中,水平放置,凝固后,于 4℃储藏,5d 内使用有效,最好是当天倒平板当天使用。

4. 筛选实验

(1) 以无菌镊子夹持一张干燥的无菌滤纸片,使其一侧接触已充分混匀的待检奶样之表面,利用虹吸作用,以整个纸片均吸收有样品为度。如吸附过多,可将纸片轻触样品容器内壁以去除多余的液体。

(2) 迅速将滤纸片放置于已接种嗜热芽孢菌的琼脂平板上,轻轻加压使纸片能紧贴平板表面,切勿使纸片移动。一般以滤纸片距平板中心 2.5cm 为宜(可事先在皿底做好标记)。

(3) 以同法将阳性对照滤纸片也安放于同一平板上,标记不同滤片的位置。做三个重复。滤纸片之间相距应大于 3cm。如在同一平板中安放检测样品较多时,可用同一个对照,但各滤纸片中心点与平板中心点连线形成的夹角两两之间不应小于 60°,以免影响实验结果的观察。

(4) 翻转平皿,并于皿底分别做好标记后,置于 (55±2)℃培养,直至阳性对照滤纸片出现明显的抑菌圈(ϕ17～20mm)为止,一般为 4h 左右。

(5) 取出平皿观察被测样品的滤纸片周围是否有抑菌圈,并以游标卡尺测定抑菌圈直径(ϕ)大小。如果待测样品滤纸片的抑菌圈 $\phi\leqslant$14mm,说明样品中不含抑菌物质,结果为阴性;若 $\phi\geqslant$14mm,则提示抑菌物质阳性,需进行下面的实验。

5. 确证实验

(1) 将被检样品在80℃至少加热处理2min后，迅速冷却至室温。按照4中(1)的方法制备待测样品滤纸片。

(2) 以无菌操作取待测样品5mL于灭菌试管中，加入0.5mL青霉素酶溶液，混匀。按照4中(1)的方法制备青霉素酶滤纸片。

(3) 按照4中(2)和(3)的操作方法和要求，分别将待测样品滤纸片、青霉素酶滤纸片、阳性对照滤纸片放置于同一个已接种嗜热脂肪芽孢杆菌的琼脂平板表面，于(55±2)℃培养3～4h至阳性对照滤片出现确定抑菌圈。

(4) 取出平皿观察抑菌圈，并测定抑菌圈的大小。如被检样品抑菌圈 $\phi \leqslant 14mm$，为阴性；若其 $\phi \geqslant 14mm$，则为阳性，提示含有抑菌物质，故应结合青霉素酶滤纸片的抑菌圈情况进一步确证该抑菌物质是否为青霉素。①如果青霉素酶滤纸片周围没有抑菌圈，则表明待检样品的抑菌圈确为青霉素所致，即β-内酰胺类抗生素残留阳性；②如果青霉素酶滤纸片周围有抑菌圈，但其 $\phi \leqslant 14mm$，则提示样品中不仅存在着β-内酰胺类抗生素，还存在着其他抑菌物质；③如果青霉素酶滤纸片周围抑菌圈的 $\phi \geqslant 14mm$，则可确证样品中存在着β-内酰胺类抗生素以外的其他抑菌物质。

6. 结果报告

综合上述实验结果，报告所测乳品中是否含有β-内酰胺类抗生素，以及是否存在着β-内酰胺类以外的抑菌物质。

五、注意事项

1. 在嗜热脂肪芽孢杆菌的培养中，除了可以在(55±2)℃培养外，也可以在(64±2)℃下培养。

2. 实验所用的滤纸片一定要质地均一、大小一致、洁净、干燥，否则由于滤纸片吸收的液体体积不一致而影响实验结果。也可吸收一定量(如50μL)的液体于滤纸片上。

六、思考题

1. 简述嗜热脂肪芽孢杆菌的分类、地位和生理特性。

2. 为什么在确证实验中被检样品应在80℃至少加热处理2min?

3. 在测定平皿的制备中，当芽孢悬液接种于55℃琼脂培养基B后，为什么需要在(55±2)℃培养3～4h?

(撰写人：黄艳春)

实验3-2 鲜乳中β-内酰胺类抗生素残留的TTC法分析

一、实验目的

掌握氯化三苯四氮唑(TTC)法测定牛乳中抗生素残留的原理和方法。

二、实验原理

本法以氯化三苯四氮唑(TTC)作为抗生素残留量测定的指示剂。当乳中加入嗜热链球菌(*Streptococcus thermophilus*)后，如果乳中不含抗生素，则嗜热链球菌生长繁殖，可将无色的氧化型TTC变为红色的还原型TTC，所以乳变红色。相反，如果乳中有抗生素存在，则嗜热链球菌不能生长繁殖或生长繁殖受到抑制，无色氧化型的TTC不能转化成红色还原型的TTC，乳不变色。

三、仪器与试材

1. 仪器与器材

恒温培养箱、恒温水浴锅等。

2. 菌种

嗜热乳酸链球菌(*Streptococcus thermophilus*)。

3. 试剂与溶液

TTC 溶液（4%）：称取 1g TTC，溶于 5mL 灭菌蒸馏水中，装入褐色无菌瓶内于 4℃避光保存，临用时用无菌蒸馏水稀释 5 倍。如遇溶液变为黄色或淡褐色，则不能再用，需重新配制。

4. 实验材料

2～3 种鲜乳，各 50mL。

四、实验步骤

1. 菌液的制备

将菌种接种于灭菌脱脂乳（113℃无菌 20min）中，于（36±1）℃培养 15h 后，以灭菌脱脂乳 1∶1 稀释，待用。

2. 样品测定

（1）取鲜乳液样品 9mL 置于试管（18mm×180mm）中，80℃水浴加热 5min，取出冷却至 36℃。

（2）加入菌液 1mL 于乳液中，于（36±1）℃水浴培养 2h 后，再加 0.3mL TTC 溶液，（36±1）℃水浴培养 30min 后，观察颜色变化。

（3）如果样品变为红色，则表明抗生素残留为阴性；如果样品颜色不变，则应于水浴中保温继续培养 30min 后，观察，仍不变色者，则为阳性。

（4）在实验过程中，可以做阴性和阳性对照各一份。阳性对照管以 8mL 无抗生素的乳，添加 1mL 一定浓度的抗生素（如青霉素、庆大霉素）溶液、菌液和 TTC 溶液；阴性对照管为 9mL 无抗生素乳、菌液和 TTC 溶液。

3. 结果报告

综合上述测定结果，并与对照管进行比较，分析样品中抗生素是否超标。

五、注意事项

1. 嗜热乳酸链球菌菌种在脱脂乳培养基或在 10%脱脂乳粉培养基中保存，并且不得含抗生素，每次转接间隔时间不能超过 20d，否则可能会绝种。

2. 在观察结果时，应该迅速并避免长时间光照。

3. TTC 法对几种抗生素的检出限见表 3-2。

表 3-2 TTC 法对几种 β-内酰胺类抗生素残留的检出限

抗生素名称	最低检出量/U	抗生素名称	最低检出量/U
青霉素	0.004	庆大霉素	0.4
链霉素	0.5	卡那霉素	5

六、思考题

1. 简述嗜热链球菌的分类、地位和生理特性。

2. 简述 TTC 法检测鲜乳中 β-内酰胺类抗生素残留的不足，并提出改进措施。

（撰写人：黄艳春）

实验 3-3 鸡肉中 9 种青霉素类抗生素残留的 LC-MS 测定

一、实验目的

了解 LC-MS 仪的基本结构和工作原理，掌握动物性食品中青霉素类药物残留的提取、净化和 LC-MS 分析方法。

二、实验原理

样品中残留的阿莫西林、氨苄西林、哌拉西林、青霉素 G、青霉素 V、苯唑西林、氯唑西林、萘夫西林、双氯西林，共 9 种青霉素类药物，以 0.15mol/L pH=8.5 的磷酸缓冲液提取和固相萃取柱净化后，用 LC-MS 仪测定，外标法定量。

三、仪器与试材

1. 仪器与器材

液相色谱-串联四级杆质谱仪（配有电喷雾离子源）、食物调理机、振荡器、离心机等。

2. 试剂与溶液

除特别说明外，实验中所用试剂均为分析纯，水为去离子水或蒸馏水。

（1）常规试剂：CH_3OH（色谱纯）、乙腈（色谱纯）、NaH_2PO_4（优级纯）、NaOH（优级纯）、HAc（优级纯）。

（2）常规溶液：乙腈-水溶液（1＋1，体积比）、NaOH 溶液（5mol/L）、磷酸缓冲溶液（0.15mol/L，pH＝8.5）。

（3）BUND ELUT C_{18} 固相萃取柱：使用前分别用 5mL CH_3OH、5mL 水和 10mL 磷酸缓冲溶液预处理，保持柱体湿润。

（4）青霉素标准品：阿莫西林、氨苄西林、哌拉西林、青霉素 G、青霉素 V、苯唑西林、氯唑西林、萘夫西林、双氯西林，纯度均≥99%。

（5）标准储备液：取适量的各标准品，分别用水配制成浓度为 1.0mg/mL 的标准储备液，储存于－18℃。

（6）标准工作液：根据需要吸取适量的各种青霉素标准储备液，用空白样品提取液稀释成一定浓度的基质混合标准工作液。

3. 实验材料

2～3 种冷冻鸡肉，各 250g。

四、实验步骤

1. 样品提取

（1）取 100g 鸡肉解冻，剔除筋骨后，切成小块，用食物调理机绞成均匀糜状。

（2）称取 3.00g 鸡肉糜于 50mL 具塞离心管中，加入 25mL 磷酸缓冲溶液，于振荡器上振荡 10min 后，以 4000r/min 离心 10min。

（3）将上清液移至下接有 BUND ELUT C_{18} 固相萃取柱的储液器中，以 3mL/min 的流速通过萃取柱后，用 2mL 水洗柱，弃去全部流出液。

（4）以 3mL 乙腈-水溶液洗柱，收集洗脱液于刻度样品管中，以乙腈-水溶液定容至 3mL，摇匀后，过 0.2μm 滤膜，滤液供 LC-MS 测定。

（5）以确定不含抗生素的鸡肉替代样品，按照上述操作步骤制备空白样品提取液。

2. 测定

（1）LC-MS 测定

① 定性测定。选择每种待测物质的一个母离子、两个以上子离子，在相同条件下，样品中待测物质的保留时间与基质标准溶液中对应物质的保留时间（见表 3-3）偏差在±2.5%之内；样品色谱图中各定性离子的相对丰度与浓度接近的基质标准溶液的色谱图中离子的相对丰度相比，若偏差不超过表 3-4 规定的范围，则可判定为样品中存在对应的待测物。

表 3-3　9 种青霉素的参考保留时间

青霉素名称	保留时间/min	青霉素名称	保留时间/min	青霉素名称	保留时间/min
阿莫西林	2.50	青霉素 G	12.71	氯唑西林	15.22
氨苄西林	9.82	青霉素 V	13.48	萘夫西林	15.45
哌拉西林	11.79	苯唑西林	14.18	双氯西林	17.30

表 3-4　定性确证时相对离子丰度的最大允许偏差

相对离子丰度	＞50	＞20～50	＞10～20	≤10
最大允许偏差/%	±20	±25	±30	±50

② 定量测定。用9种青霉素标准储备液配成的不同浓度的基质混合标准工作液分别进样，以标准工作液的浓度为横坐标，以峰面积为纵坐标，绘制标准曲线。用标准曲线对样品进行定量，样品溶液中9种青霉素的响应值均应在仪器测定的线性范围内。

（2）参考测定条件

① 液相色谱条件：色谱柱为SunFire™ C_{18}柱［3.5μm，150mm×2.1mm（内径）］或相当者；流动相梯度洗脱程序见表3-5；柱温为30℃；流速为200μL/min；进样量为20μL。

表 3-5　流动相梯度洗脱程序

时间/min	水(含 0.3% HAc)/%	乙腈(含 0.3% HAc)/%
0.00	95.0	5.0
3.00	95.0	5.0
3.01	50.0	50.0
13.00	50.0	50.0
13.01	25.0	75.0
18.00	25.0	75.0
18.01	95.0	5.0
25.00	95.0	5.0

② 质谱条件：电喷雾离子源；扫描方式为正离子模式；检测方式为多反应检测；电喷雾电压为5500V；雾化气压力为0.055MPa；气帘气压力为0.079MPa；辅助气流速为6L/min；离子源温度为400℃；定性离子对、定量离子对和去簇电压（DP）、聚焦电压（FP）、碰撞气能量（CE）及碰撞室出口电压（CXP）见表3-6。

表 3-6　9种青霉素的定性离子对、定量离子对、DP、FP、CE 及 CXP

名称	定性离子对(m/z)	定量离子对(m/z)	CE/V	DP/V	FP/V	CXP/V
阿莫西林	366/114 366/208	366/208	30 19	21	90	10
氨苄西林	350/192 350/160	350/160	23 20	20	90	10
哌拉西林	518/160 518/143	518/143	35 35	27 25	90	10
青霉素 G	335/160 335/176	335/160	20 20	23	90	10
青霉素 V	351/160 351/192	351/160	20 15	40	90	10
苯唑西林	402/160 402/243	402/160	20 20	23	90	10
氯唑西林	436/160 436/277	436/160	21 22	20	90	10
萘夫西林	415/199 415/171	415/199	23 52	23	90	10
双氯西林	470/160 470/311	470/160	20 22	20	90	10

3. 平行试验

按上述步骤，对同一试样进行平行测定。

4. 空白试验

除不称取试样外，均按上述分析步骤进行。

5. 计算

样品中各种青霉素的残留量按下式计算：

$$x_i=\frac{c_iV}{m}$$

式中，x_i 为试样中 i 种青霉素的残留量，μg/kg；c_i 为试样溶液中 i 种青霉素的浓度，ng/mL；V 为试样溶液的定容体积，mL；m 为最终试样溶液所代表的试样质量，g。

五、注意事项

实验步骤中的测定条件仅供参考，实际测定条件应根据 LC-MS 仪的型号，依据说明书，通过预备实验来确定。

六、思考题

1. 什么是待测物质的母离子和子离子？
2. 写出你在实验中使用的 LC-MS 仪的型号、各部件的名称与功能。

（撰写人：黄艳春）

实验 3-4 金标免疫试纸法检测牛奶中的青霉素残留

一、实验目的

掌握金标免疫试纸法检测牛奶样品中青霉素残留的原理与方法。

二、实验原理

金标免疫试剂法是免疫学方法中的一种，它是抗原抗体特异性反应与色谱技术有机结合的产物。金标试纸条一般由样品垫、连接垫、滤膜（结合垫）、吸收垫和垫板等几部分组成（见图3-3）。样品垫通常为纸质，附着于连接垫，样品垫上有加样孔。连接垫上包含有干燥金标（本试纸条上是胶体金标记的抗青霉素抗体和抗二抗金标抗体）的金标垫。滤膜（结合垫）由检测线（T 线）和质控线（C 线）组成，T 线结合有青霉素-蛋白质偶联物（如牛血清白蛋白的偶联物），C 线结合有二抗。

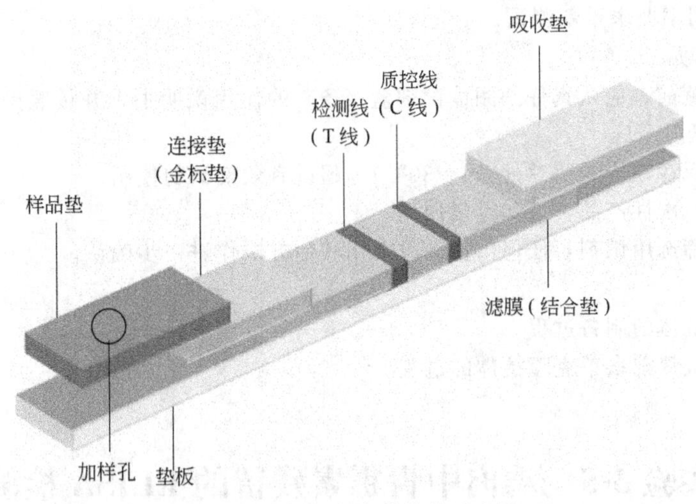

图 3-3 金标试纸条的结构示意图

在测试时，将一定量的样品提取液滴入试纸条加样孔内，如果青霉素在样品中浓度低于5ng/mL，胶体金标记的抗青霉素抗体不能与青霉素全部结合，剩余胶体金标记的抗青霉素抗体，通过色谱分离到达固定有青霉素与蛋白质偶联物的测定区（T 线），并与之结合，出现（紫）红色条带。如果青霉素在样品中浓度高于 5ng/mL，胶体金标记的抗青霉素抗体全部与青霉素结合，在测试区（T 线）不出现（紫）红色条带。另外，由于抗二抗金标抗体与二抗结合富集，显红色，因此，无论青霉素是否存在于样品中，一条（紫）红色条带都会出现在质控区（C 线）内（见图 3-3）。

三、仪器与试材

1. 仪器与器材

冰箱、烧杯等。

2. 试剂

青霉素金标试纸条（试剂盒）：附带样品稀释液和滴管等。

3. 实验材料

2～3 种新鲜牛奶，各 50g。

四、实验步骤

1. 样品的制备

取新鲜牛奶放在洁净、干燥的玻璃烧杯内，然后加样品稀释液按 1∶1 稀释，充分摇匀后，待用。

2. 检测

（1）从冰箱中取出冷藏的试纸条，放置恢复至室温。

（2）从包装袋中取出试纸条，平放在桌面上（尽量在 1h 内使用）。

（3）用滴管吸取待检样品溶液，缓慢而准确地滴加 3 滴（或以加样管加 100μL）于试剂条的加样孔内（注意不要产生气泡），计时。

（4）在 5～10min 内观察结果。

3. 结果判定

（1）当位置 C 显示出红色线条，而位置 T 不显色时，或者当位置 C 显示出红色线条，位置 T 显示颜色浅于 C 时，判为阳性，即样品中青霉素含量超过 5ng/mL。

（2）当位置 C 显示出红色线条，位置 T 同时显示出红色线条，且 T 线颜色接近 C 线或者深于 C 线时，判为阴性，即样品中青霉素含量低于 5ng/mL。

（3）当位置 C 不显示出红色线条，则无论位置 T 显示出红色线条与否，判为无效。应使用新的试纸卡按说明书要求重新测试。

五、注意事项

1. 在进行检测前，应认真仔细阅读试剂盒（条）的使用说明书，并按照操作步骤进行测试，操作时勿触摸试纸显示区。

2. 试纸条应保存在干燥阴凉处（4～30℃），超过有效期请勿使用。

3. 试纸条为一次性产品，请勿重复使用。

4. 试纸条为筛选用试剂，任何阳性结果需用其他方法作进一步确认。

六、思考题

1. 简述金标抗体的制备过程。

2. 简述制备抗青霉素单克隆抗体的过程。

（撰写人：黄艳春）

实验 3-5　鸡肉中青霉素残留的 ELISA 检测

一、实验目的

掌握 ELISA 的工作原理，以及采用 ELISA 试剂盒检测鸡肉中青霉素残留的方法。

二、实验原理

ELISA 的种类很多，本实验将介绍一种测定鸡肉中青霉素残留的间接竞争 ELISA。在预包被青霉素与蛋白质（如牛血清白蛋白）偶联的抗原（固定抗原）的酶标板微孔内，同时加入样品提取液与抗青霉素抗体，样品中青霉素残留（游离抗原）与微孔内固定抗原竞争抗青霉素抗体的结合位点，洗涤去除为未结合物后，加酶标二抗和底物显色，测定吸光度。吸光度与样品中青霉素的含量成负相关，与标准曲线比较即可得出样品中青霉素残留的含量。

三、仪器与试材

1. 仪器与器材

酶标仪、食物调理机、振荡器、离心机、恒温箱、微量移液器等。

2. 试剂

除特别说明外，实验中所有试剂均为分析纯，水为去离子水或蒸馏水。

（1）常规试剂与溶液：正己烷、PBST缓冲液（取5.2g $Na_2HPO_4 \cdot 12H_2O$、0.88g $NaH_2PO_4 \cdot 2H_2O$、9g NaCl、1mL Tween-20，加去离子水1000mL溶解并定容）。

（2）青霉素酶联免疫试剂盒：包括酶标板、标准品、酶标抗体、抗青霉素抗体、底物液（A与B）、终止液、浓缩洗涤液、浓缩复溶液。

3. 实验材料

2～3种冷冻鸡肉，各250g。

四、实验步骤

1. 溶液的配制

按照试剂盒说明书的说明，对浓缩洗涤液、浓缩复溶液、酶标抗体、抗青霉素抗体和标准品溶液等进行适当稀释。

2. 样品处理

（1）取50g冷冻鸡肉解冻，去除脂肪后，切碎，用食物调理机粉碎成均匀糜状。

（2）取2.00g鸡肉糜于20mL离心管中，加入8mL PBST缓冲液，于振荡器上混合5min。

（3）加入正己烷5mL，于振荡器上充分混合10min，静置1h。

（4）以3000g[1]离心15min后，用微量移液器取中间层溶液1mL于10mL离心管中，加入1mL正己烷，于振荡器中充分振荡5min，以3000g离心15min。

（5）弃去上层，取下层50μL，加入450μL浓缩复溶液充分混合，取50μL水相进行测定。

3. 检测

（1）取出需要数量的已包被抗原的ELISA微孔板及框架，将不用的微孔板重新密封，立即重新保存于2～8℃。将样品和标准品对应微孔按序编号，每个样品和标准品均需做3孔重复。

（2）将标准品系列稀释液和样品提取液各50μL加入酶标板微孔中，然后加入抗青霉素抗体工作液50μL，充分混匀后，用盖板膜封板，于37℃恒温箱中反应30min。

（3）取出酶标板，倒出孔中液体，将酶标板倒置在吸水纸上拍打，去除孔中液体。每孔加入250μL洗涤液，30s后倒出孔中液体，用吸水纸拍干，重复洗板5次。

（4）加入100μL酶标记物，用盖板膜封板，于37℃恒温箱中反应30min后，洗板5次。

（5）每孔加入A、B底物液各50μL，轻轻振荡混匀，于37℃避光显色15min。

（6）每孔加入终止液50μL，轻轻振荡混匀后，于酶标仪上测定吸光度。

4. 结果判定

（1）结果的粗略判定：以样品的平均吸光度与标准系列的平均吸光度比较得出样品中抗生素残留的浓度范围（μg/L）。假设样品1的平均吸光度为0.6，样品2的吸光度为1.0，系列标准液吸光度分别为：0μg/L，1.500；0.5μg/L，1.380；1.5μg/L，1.200；4.5μg/L，0.900；13.5μg/L，0.700；40.5μg/L，0.400。则样品1的浓度范围是13.5～40.5μg/L，样品2的浓度范围是1.5～4.5μg/L。

（2）定量方法：将各个浓度标准溶液和样本提取液的平均吸光度（A）除以标准液浓度为0的平均吸光度（A_0）再乘以100，即百分吸光度。以青霉素标准品浓度（μg/L）的半对数为横坐标，各浓度标准品的百分吸光度为纵坐标，绘制标准曲线。从标准曲线中查出样本提取液中青霉

[1] g为重力加速度，$g=9.8m/s^2$，后同。

素的浓度，乘以对应的稀释倍数即为样本中青霉素的实际浓度。

五、注意事项

1. 将试剂盒从冷藏环境中取出，将所需试剂从试剂盒中取出，置室温（20～24℃）平衡30min以上，否则可能导致所有标准的吸光度值偏低。

2. 注意每种液体试剂使用前均须摇匀。

3. 在洗板过程中如果出现板孔干燥的情况，则会出现标准曲线不成线性，重复性不好等现象，所以洗板拍干后应立即进行下一步操作。

4. 反应终止液一般为2mol/L的H_2SO_4，避免接触皮肤。

5. 试剂盒应在有效日期内使用，并且不同厂家和不同批号试剂盒中的试剂不能混用。

6. 试剂盒一般需要保存于2～8℃，所以不用的酶标板微孔板重新密封后，应立即放回冷藏环境。

7. 在加入底物液A和B后，一般显色时间为10～15min即可。若颜色较浅，可延长反应时间到20min（或更长），但不得超过30min。反之，则减短反应时间。

8. 通常试剂盒的最佳反应温度为37℃，温度过高或过低将导致检测吸光度和灵敏度发生变化。

9. 通常标准物质和发色剂对光敏感，因此要避免直接暴露在光线下。

10. 发色剂应该无色，显任何颜色都表明发色剂变质，应当弃之。

11. 应严格按照试剂盒说明书，进行实验操作和对各种试剂进行处理。

12. 测定吸光度的波长范围因酶的种类不同而不同，应该根据试剂盒的说明进行选择。

六、思考题

1. 简述ELISA的种类和原理。

2. 简述ELISA中常用的酶及其反应底物的种类和特性。

（撰写人：黄艳春）

第三节 食品中氨基糖苷类抗生素残留的分析

1. 定义、种类与作用机理

氨基糖苷类（aminoglycosides）是由氨基糖与氨基环醇通过氧桥连接而成的苷类抗生素。它由链霉菌（*Streptomyces* spp.）或小单孢菌（*Microsporum* spp.）发酵产生或以一些天然大分子物质为原料半合成。主要包括链霉素（streptomycin）、双氢链霉素（dihydrostreptomycin）、新霉素（neomycin）、庆大霉素（gentamicin）、卡那霉素（kanamycin）、妥布霉素（tobramycin）以及阿米卡星（amikacin）、奈替米星（netilmicin）等。图3-4是链霉素和双氢链霉素的化学结构式。

氨基糖苷类抗生素属于碱性化合物，极性高，易溶于水，能与无机酸或有机酸生成盐。其硫酸盐为白色或近白色结晶性粉末，具有吸湿性，易溶于水，但难溶于多数有机溶剂中。

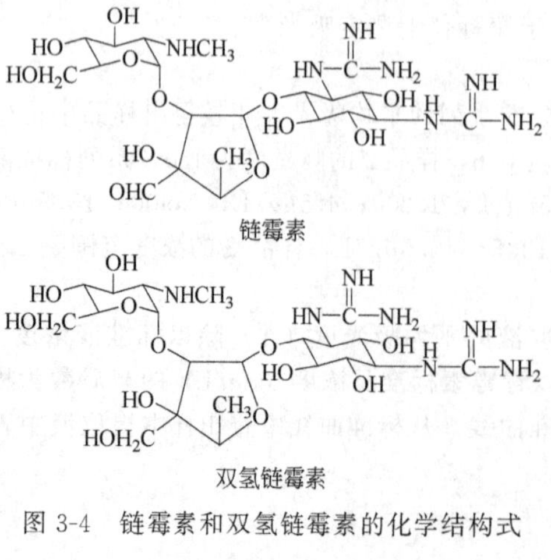

氨基糖苷类抗生素的作用机制主要是抑制细菌体30s核蛋白的合成，具体作用过程如下：首先抑制70s核蛋白复合物的形成，然后选择性地与30s亚基上的靶蛋白结合，使mRNA上的密码错译，导致异常和无功能蛋白质的合成，并阻碍终止因子与核蛋白体结合，使已合成的肽链不能释放并阻止70s核蛋白体的解离，造成菌体内核蛋白体的耗竭。同时，通过离子吸附作用附着于细菌体表面，造成细胞膜缺损，使细胞膜通透性增加，细胞内钾离子、腺嘌呤核苷酸、酶等重要物质外漏，从而导致细菌死亡。

链霉素

双氢链霉素

图3-4 链霉素和双氢链霉素的化学结构式

2. 残留与危害

氨基糖苷类抗生素是比较常用的人用和兽用抗生素，容易出现在食品特别是动物性食品中，导致抗生素残留超标，产生各种危害。其危害主要包括：①耳毒性。由于药物在耳内蓄积，从而使感觉细胞发生暂时性和永久性改变，包括对前庭神经功能的损伤，从而导致头昏、视力减弱、眼球震颤、眩晕、恶心和呕吐等。各类氨基糖苷类抗生素导致这些症状发生的频率大小依次为新霉素＞卡那霉素＞链霉素＞西索米星＞阿米卡星≥庆大霉素≥妥布霉素＞奈替米星。另一方面，氨基糖苷类抗生素对耳蜗听神经也有损伤，表现为耳鸣、听力减退和永久性耳聋。②肾毒性。氨基糖苷类抗生素主要经肾排泄，尿液中药物浓度很高，并可在肾内蓄积，损害肾小管上皮细胞，表现为蛋白尿、血尿、肾衰。③神经肌肉阻断作用，氨基糖苷类抗生素能与神经突触前膜的钙结合部位结合，抑制乙酰胆碱释放，从而发生肌肉麻痹，呼吸暂停。④过敏反应。偶尔引起皮疹、血管神经性水肿、发热等，也可引起过敏性休克，尤其是链霉素。

针对氨基糖苷类抗生素残留的危害，许多国家都规定了氨基糖苷类抗生素在食品，特别是在动物性食品中的最大残留限量（maximum residue limits，MRL）。2002 年国家农业部 235 公告《动物性食品中兽药最高残留限量》中规定了我国动物性食品中氨基糖苷类抗生素双氢链霉素、庆大霉素、新霉素、壮观霉素、螺旋霉素、链霉素的最高残留限量见表 3-1。

（撰写人：王小红）

实验 3-6　HPLC 测定蜂蜜中链霉素残留量

一、实验目的

掌握 HPLC 法检测蜂蜜中的链霉素残留量的原理与方法。

二、实验原理

蜂蜜样品中的链霉素残留以磷酸溶液提取，阳离子交换柱和 C_{18} 固相萃取柱净化，旋转蒸发浓缩后，以庚烷磺酸钠溶液溶解，经高效液相色谱分离、柱后衍生后，通过荧光检测器测定，与标准品比较，实现定性和定量分析。

三、仪器与试材

1. 仪器与器材

高效液相色谱仪（配柱后衍生装置和荧光检测器）、水浴锅、液体混匀器、旋转蒸发器、真空固相萃取装置、微量进样器等。

2. 试剂

除特别说明外，实验中所有试剂均为分析纯，水为去离子水或蒸馏水。

（1）常规试剂：甲醇、乙腈、正已烷、HAc、H_3PO_4、K_2HPO_4、KH_2PO_4、庚烷磺酸钠 $[CH_3(CH_2)_6SO_3 \cdot Na]$、1,2-萘醌-4-磺酸钠（$C_{10}H_5NaO_5S$）、叔丁基甲醚 $[CH_3OC(CH_3)_3]$、苯磺酸型阳离子交换柱（500mg，3mL）、C_{18} 固相萃取柱（500mg，3mL）、玻璃棉（磷酸浸泡，备用）。

（2）标准品：链霉素（纯度≥95％）。

（3）常规溶液：H_3PO_4 溶液（0.1％，体积分数，pH＝2）、磷酸缓冲溶液（pH＝8，0.2mol/L）、NaOH 溶液（0.2mol/L）、庚烷磺酸钠溶液（0.5mol/L）、pH ＝ 3.3 的庚烷磺酸钠溶液（0.01mol/L，以 HAc 调 pH 值）、叔丁基甲醚-正已烷混合溶液（4＋1，体积比）

（4）链霉素标准储备溶液（0.40mg/mL）：储存于 4℃冰箱中。

（5）链霉素标准工作溶液：用 pH＝3.3 的庚烷磺酸钠溶液将链霉素标准储备溶液稀释成 0、0.02mL/L、0.04mL/L、0.06mL/L、0.08mL/L、0.1mL/L、0.2mg/L 的标准工作溶液。

3. 实验材料

2～3 种蜂蜜，各 250g。

四、实验步骤

1. 样品提取

(1) 对无结晶的蜂蜜样品，将其搅拌均匀备用；对有结晶的蜂蜜样品，在密闭情况下，置于不超过60℃的水浴中温热，振荡，待样品全部融化后搅匀，迅速冷却至室温，备用。

(2) 取10.00g蜂蜜置于150mL锥形瓶中，加入25mL H_3PO_4 溶液，在液体混匀器上高速混合5min，使试样完全溶解，即为样品提取液。

2. 净化

(1) 将苯磺酸阳离子交换柱先用5mL甲醇和10mL水预洗并保持柱体湿润。

(2) 在真空固相萃取装置上，将样品提取液以1.5mL/min的流速通过苯磺酸阳离子交换柱。

(3) 分别用5mL H_3PO_4 溶液和10mL水淋洗阳离子交换柱，弃去全部淋洗液。

(4) 用30mL磷酸缓冲溶液以1.5mL/min的流速洗脱离子交换柱上的链霉素，收集洗脱液。

(5) 在洗脱液中加入3mL庚烷磺酸钠溶液，摇匀，再用磷酸调节pH至2，备用。

(6) 在真空固相萃取装置上，将洗脱液以1.5mL/min的流速，通过 C_{18} 固相萃取柱（以5mL甲醇和10mL水预洗并保持柱体湿润）。

(7) 用5mL H_3PO_4 溶液淋洗 C_{18} 固相萃取柱，在真空泵65kPa负压情况下，减压抽干5min。

(8) 以4mL叔丁基甲醚-正己烷混合溶液淋洗 C_{18} 固相萃取柱，再减压抽干5min，弃去全部淋出液。以10mL甲醇以1.5mL/min的流速通过 C_{18} 固相萃取柱，洗脱链霉素。

(9) 收集洗脱液，于旋转蒸发器45℃水浴中减压蒸发至干。以1.0mL庚烷磺酸钠溶液溶解残渣，供液相色谱测定。

3. 测定

(1) 分别取80μL标准工作溶液和样品溶液，上样至HPLC仪，以色谱峰高对标准溶液中组分的绝对量绘制标准曲线，求出样品提取液中链霉素的含量。

(2) 参考色谱条件：色谱柱为Hypersil C_{18} 柱（150mm×4.6mm，5μm）；流动相为将1.10g庚烷磺酸钠、0.052g 1,2-萘醌-4-磺酸钠溶于500mL乙腈-水溶液（27＋73，体积比）中，以HAc调节pH至3.3；流动相流速为1.0mL/min；检测器波长，激发波长为263nm，发射波长为435nm；色谱柱温度为50℃；衍生管为10m×0.25mm（内径）不锈钢衍生管，衍生剂为NaOH溶液，衍生管温度为50℃，衍生剂流速为0.4mL/min；进样量为80μL。

4. 计算

按下式计算样品中链霉素的含量：

$$x=\frac{cV}{m}$$

式中，x 为样品中链霉素的残留含量，mg/kg；c 为样品净化液中链霉素的浓度，μg/mL；V 为样品溶液的最终定容体积，mL；m 为净化液代表样品的质量，g。

五、注意事项

1. 实验步骤中的色谱条件仅供参考，在实验中应根据仪器的型号和实验条件，通过预备实验来确定最佳的色谱条件。

2. 在本实验色谱条件下，链霉素的保留时间约为9min，也可以通过调整洗脱液中乙腈的比例，来控制链霉素的出峰时间。

3. 本实验方法链霉素的检出限为0.010mg/kg。

六、思考题

1. 试比较HPLC分析中，柱前衍生与柱后衍生的优缺点。

2. 试分析流动相中庚烷磺酸钠和1,2-萘醌-4-磺酸钠的作用。

（撰写人：王小红）

实验3-7 牛奶中链霉素残留的间接竞争ELISA检测

一、实验目的

掌握间接竞争ELISA检测牛奶中链霉素残留量的原理与方法。

二、实验原理

间接竞争ELISA是ELISA中的一种，在检测过程中，在预先包被有链霉素-蛋白质偶联物的酶标板微孔内，同时加入抗链霉素抗体和标准链霉素溶液（或待测样品的链霉素提取液），微孔内与蛋白质偶联的链霉素（也称为固定链霉素）与添加的链霉素标准品或样品提取液中的链霉素（也称为游离链霉素）竞争抗链霉素抗体的结合位点。游离链霉素量越多，抗体与固定链霉素结合越少，反之结合越多。待反应达平衡后，洗涤未结合的物质，并加酶标二抗和底物显色，测定吸光度。以链霉素标准溶液中链霉素浓度的对数为横坐标，对应的吸光度和链霉素浓度为零时吸光度的比值的百分数为纵坐标，绘制ELISA竞争抑制曲线。根据样品提取液的吸光度，利用竞争抑制曲线，计算样品中链霉素的含量。

三、仪器与试材

1. 仪器与器材

酶联免疫检测仪、磁力搅拌器、水浴恒温振荡器、离心机、酶标板、移液器等。

2. 试剂

(1) 常规试剂：卵清蛋白-链霉素（OVA-SM）偶联物（包被抗原）、抗链霉素单克隆抗体（anti-SM-BSA-McAb）、羊抗鼠酶标二抗（goat anti-mouse IgG-HRP）、Tween（吐温）-20、邻苯二胺、脱脂奶粉、$NaHCO_3$、Na_2CO_3、KH_2PO_4、Na_2HPO_4、NaOH、KCl、过氧化氢（H_2O_2）、H_2SO_4 等。

(2) 标准品：链霉素，(纯度≥95%)。

(3) 常规溶液：0.36mol/L $K_3[Fe(CN)_6]$（铁氰化钾）溶液、1.04mol/L $ZnSO_4$ 溶液、磷酸盐缓冲液生理盐水（pH=7.2，0.1mol/L，简称PBS)、pH=9.5的0.1mol/L碳酸盐缓冲液(ELISA包被液，简称CBS)、5%的脱脂牛奶（溶于ELISA洗涤液)、pH=5.0的0.1mol/L柠檬酸-0.2mol/L Na_2HPO_4 缓冲液（底物缓冲溶液)、2mol/L H_2SO_4 溶液（ELISA终止液)。

(4) ELISA洗涤液（简称PBST)：取 $Na_2HPO_4 \cdot 12H_2O$ 2.9g、KH_2PO_4 0.2g、NaCl 8.0g、KCl 0.2g、Tween-20 0.5mL，溶于1000mL蒸馏水中。

(5) 底物溶液：将4mg邻苯二胺溶于10mL底物缓冲溶液，加入150μL H_2O_2，现配现用。

3. 实验材料

2～3种新鲜牛奶，各50mL。

四、实验步骤

1. 样品处理

(1) 取新鲜牛奶5mL，于4℃以5000r/min离心20min，弃去上层脂肪，取下层清液。

(2) 加入0.5mL铁氰化钾溶液，摇匀后再加入0.5mL $ZnSO_4$ 溶液，迅速摇匀。

(3) 以5000r/min离心15min，上清液以PBS按1∶4稀释，稀释液供ELISA分析。

2. 标准曲线的绘制

(1) 抗原包被：将100μL包被抗原溶液（OVA-SM溶于CBS中，浓度为10μg/mL）加入96孔酶标板的微孔内，于4℃静置过夜。取出酶标板，恢复至室温，倾去包被液，用PBST满孔洗涤3次，每次5min，扣干。

(2) 封阻：每孔200μL 5%的脱脂牛奶（溶于PBST）作为封阻液，于37℃保温保湿2h。取出酶标板，倾去封阻液，用PBST满孔洗涤3次，每次5min，扣干。

(3) 竞争抗原抗体反应：每孔加入以PBST适当稀释的抗链霉素单克隆抗体90μL，同时分别加入不同浓度的链霉素标准溶液10μL，使添加标准溶液的微孔中链霉素反应浓度分别为0、50ng/mL、100ng/mL、200ng/mL、500ng/mL、1000ng/mL，混匀，每个浓度做3个平行；于37℃保温保湿1h。同样以PBST满孔洗涤3次，扣干。

(4) 酶标二抗反应：每孔加入100μL的羊抗鼠IgG-HRP溶液（酶标二抗，1∶1000稀释)，于37℃保温保湿1h。以PBST满孔洗涤5次，扣干。

(5) 底物显色：每孔加底物溶液100μL，于37℃保温保湿，避光反应30min。

(6) 吸光度测定：每孔加 50μL 2mol/L H_2SO_4 终止反应，5min 后，以空白孔调零，测定 A_{490nm}。

(7) 标准曲线的绘制：以链霉素浓度的对数为横坐标，对应的吸光度与链霉素浓度为零时吸光度的比值的百分数为纵坐标，绘制链霉素标准竞争曲线。

3. 样品测定

(1) 除了在“标准曲线的绘制”(3) 竞争抗原抗体反应中，以 10μL 样品提取液替代链霉素标准品溶液外，其他操作过程同“标准曲线的绘制”的 (1)～(6)。

(2) 根据样品提取液的 A_{490nm} 值与链霉素浓度为零时吸光度比值的百分数，从标准曲线上查找并计算样品提取液中链霉素的浓度。

4. 计算

按下式计算样品中链霉素的浓度：

$$x=\frac{cV\times1000}{m}$$

式中，x 为样品中链霉素的残留含量，ng/kg；c 为从标准曲线上查得的样品提取液中链霉素的浓度，ng/mL；V 为样品提取液的体积，mL；m 为样品的质量，g。

五、注意事项

1. 实验中的操作条件仅供参考，具体参数应该根据抗原、抗体，特别是抗体的灵敏度和特异性进行调整，也可以采用商品试剂盒进行试验，但必须严格按说明书进行操作。

2. 由于 ELISA 的灵敏度较高，各步反应体系的体积稍有变化，即可影响实验结果，因此在所有的加样过程中，溶液应加到微孔底部，避免溅出。

3. ELISA 的主要试剂为具有生物活性的蛋白质，在操作过程中容易产生气泡，由于气泡液膜表面具有较大的表面张力，可能破坏蛋白质的空间结构，进而破坏其生物活性，因此在操作过程中注意应防止气泡的产生。

六、思考题

1. 简述间接竞争 ELISA 的原理。

2. 在本实验中，为什么吸光度越低，样品中链霉素含量越高？

（撰写人：王小红）

第四节　食品中四环素类抗生素残留的分析

1. 定义、分类与作用机理

四环素类抗生素（tetracycline antibiotics）是放线菌（*Actinomyces* spp.）产生的一类广谱抗生素，具有十二氢化并四苯基本结构，即苯并蒽环结构（见图 3-5）。该类抗生素有共同的 A、B、C、D 四个环的母核，仅在 5、6、7 位上有不同的取代基。主要包括金霉素（chlorotetracycline）、土霉素（oxytetracycline）和四环素（tetracycline）等天然产品，以及米诺环素（minocycline）、盐酸多西环素（doxycycline hydrochloride）和盐酸美他环素（metacycline hydrochloride）等半合成产品。

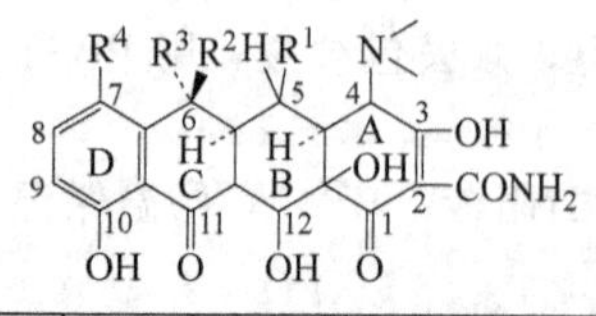

药物	R^1	R^2	R^3	R^4
金霉素	Cl	CH_3	OH	H
强力霉素	H	CH_3	H	OH
四环素	H	CH_3	OH	H
土霉素	H	CH_3	OH	OH

图 3-5　四环素类抗生素的基本结构式

四环素类抗生素属快速抑菌剂，常规浓度时有抑菌作用，高浓度时对某些细菌呈杀菌作用。其抗菌机制主要是通过与细菌核蛋白体结合，抑制肽链延长和蛋白质的合成。另外，还能引起细菌细胞膜通透性增加，使细菌细胞内核苷酸和其他重要物质外泄，从而抑制细菌 DNA 的复制。

2. 残留与危害

目前，许多饲料及饲料添加剂的产品配方中都添加有四环素类抗生素，以达到预防疾病及促进生长的作用。在饲喂过程中，如果不严格按添加剂的剂量使用，那么四环素类抗生素被动物机体吸收后分布全身，残留于乳或肉中。此外，在预防或治疗动物疾病过程中，四环素类抗生素通过口服或注射等方式进入动物机体造成残留。在养蜂业中，经常大量地使用该类药物预防和治疗病虫害，致使蜂蜜中药物残留超标。

四环素类药物作饲料添加剂时，由于剂量少，所以一般不会在组织中残留，但是超过20mg/kg的添加量时，则可能在组织中残留。一般食用组织中该类抗生素的残留水平为1mg/kg时，不会对人引起毒性反应；若达到5～7mg/kg水平，则可能引起毒性反应。四环素类抗生素的毒性反应主要包括过敏反应、胃肠道毒性反应和肝损害等。此类药物除对肠道有刺激作用外，还可引起肠道内菌群平衡失调和维生素缺乏等反应。此外，四环素可与牙齿和骨骼的钙质结合，出现黄染，并可能影响儿童发育。

基于四环素类抗生素残留的危害，世界各国都规定了食品中该类抗生素残留的最大允许剂量，我国规定四环素类药物在动物肾、肝脏、肌肉组织中的最高允许含量分别为0.6mg/kg、0.3mg/kg和0.1mg/kg；在禽蛋和牛乳中的最高允许含量分别为0.2mg/kg和0.1mg/kg。四环素类抗生素残留的检测方法主要包括HPLC、TLC、微生物杯碟法、微生物管碟法和免疫学方法。

（撰写人：黄艳春）

实验3-8 肉及其制品中四环素类抗生素残留的杯碟法测定

一、实验目的

掌握杯碟法测定肉及其制品中四环素类抗生素残留的原理和方法。

二、实验原理

四环素、土霉素、金霉素等四环素类抗生素是目前常用的一类抗生素，在动物疾病的预防和治疗中发挥了重要的作用，但是它们在肉及其制品中的残留也不容忽视。四环素类抗生素对蜡样芽孢杆菌（*Bacillus cereus*）等微生物的生长有很强的抑制作用。将肉及其制品中四环素类抗生素残留的提取液，加入到含有蜡样芽孢杆菌琼脂平板上的牛津杯中，以四环素标准品为对照，通过比较牛津杯周围抑菌圈的大小，可以计算出样品中四环素类抗生素的残留量。

三、仪器与试材

1. 仪器与器材

生化培养箱、灭菌锅、离心机、恒温水浴锅、均质器、不锈钢牛津杯（内径6mm、外径8mm、高度10mm）、游标卡尺等。

2. 菌种与培养基

（1）菌种：蜡样芽孢杆菌（*B. cereus*）ATCC 11778，保存于营养琼脂斜面。

（2）菌种培养基：胰蛋白胨10.0g、牛肉膏5.0g、NaCl 2.5g、琼脂15.0g、蒸馏水1000mL，调pH＝6.5。将以上成分加热溶解后，分装于500mL茄子瓶（每瓶200mL）和试管中，于121℃灭菌15min。用于菌种培养和活化。

（3）检测培养基：胰蛋白胨6.0g、牛肉膏1.5g、酵母膏3.0g、琼脂15.0g、蒸馏水1000mL，调pH＝5.8。将以上成分加热溶解后，分装于500mL锥形瓶（每瓶200mL），于121℃灭菌15min。

3. 试剂与溶液

（1）常规溶液：磷酸缓冲液（0.1mol/L，pH＝4.5）、生理盐水（0.85% NaCl）、HCl溶液（0.1mol/L）。

（2）四环素标准液（50μg/mL）：称取四环素50mg，用1mL HCl溶液溶解，以蒸馏水定容至 1000mL，于 4℃可保存 1 周。

4. 实验材料

新鲜猪肉、牛肉、羊肉以及火腿肠，各 250g。

四、实验步骤

1. 样品处理

（1）取样品 50g，切碎成 $1cm^3$ 大小的颗粒，混匀。

（2）称取 10.0g 样品颗粒，加入 20mL 磷酸缓冲液，搅匀后放置 60min，于均质器中均质 1min，以 4000r/min 离心 10min，上清液为样品提取液。

2. 芽孢悬液和平板的制备

（1）将菌种接种于菌种培养基试管斜面，于 30℃培养 3d，转接 3 次，使菌株活化。

（2）将活化菌种接种于茄子瓶斜面，于 30℃培养，镜检。当芽孢数达到 85%以上（一般需要 5～7d）时，每个茄子瓶以 25mL 无菌生理盐水洗涤，收集芽孢悬液。

（3）芽孢悬液于 65℃水浴中保温 30min 后，以 2000r/min 离心 20min，弃去上清液。芽孢沉淀以无菌生理盐水离心洗涤三次后，以 50mL 无菌生理盐水制成芽孢悬液，并于 65℃水浴中保温 30min 后，冷却，计数，于 4℃可保存 1 个月。

（4）将芽孢悬液系列稀释后，以混菌法分别制备检测培养基平板，以 0.05μg/L 浓度的四环素溶液可产生 12mm 以上清晰、完整的抑菌圈的芽孢浓度作为芽孢最适用量。依据芽孢最适用量，以混菌法制备测定平板。

3. 标准曲线的绘制

（1）取四环素标准液，稀释成 0.025μg/mL、0.050μg/mL、0.100μg/mL、0.200μg/mL、0.400μg/mL、0.800μg/mL 的标准系列溶液。

（2）取 18 个测定平板，分为Ⅰ、Ⅱ、Ⅲ、Ⅳ、Ⅴ、Ⅵ共 6 组，每组 3 个平板（做重复实验），在每个平板上用无菌镊子均匀放置 6 个无菌牛津杯，使之互成 60°的角间距。共需要 108 个牛津杯。

（3）于第Ⅰ组每个平板的牛津杯中分别加满（约 300μL）标准溶液作为阴性对照组。

（4）于Ⅱ～Ⅵ组每个平板上的 6 个牛津杯中，间隔（共 3 个牛津杯）加满四环素标准液作为参考浓度。各组余下的牛津杯（每个平板 3 个），根据组别顺序依次加满 0.050μg/mL、0.100μg/mL、0.200μg/mL、0.400μg/mL、0.800μg/mL 的标准溶液。其中 0.200μg/mL 参考浓度的标准液将得到 45 个抑菌圈直径的数值，而其他标准液分别得到 9 个抑菌圈直径的数值。

（5）置于 30℃培养（17±1)h 后，以游标卡尺精确测量各个浓度产生的抑菌圈的直径（精确到 0.1mm），求平均值，再求出 0.200μg/mL 参考浓度 45 个抑菌圈直径的平均值。

（6）求各组平板的校正值（mm）。校正值等于Ⅱ～Ⅵ组参考浓度（0.200μg/mL）的抑菌圈直径的总平均值与各组平板参考浓度的抑菌圈直径平均值之差。用此校正值分别校正 0.050μg/mL、0.100μg/mL、0.200μg/mL、0.400μg/mL、0.800μg/mL 标准溶液的抑菌圈直径平均值。

（7）将校正值用下列公式分别计算出 L 和 H 值。在半对数坐标纸上，以抑菌圈直径为横坐标，抗生素浓度对数为纵坐标，通过 L 和 H 点连成一直线，即为标准曲线。

$$L=\frac{3a+2b+c-e}{5} \qquad H=\frac{3e+2d+c-a}{5}$$

式中，L 为标准曲线的最低浓度（0.050μg/mL）的抑菌圈直径，mm；H 为标准曲线的最高浓度（0.800μg/mL）的抑菌圈直径，mm；a、b、d、e 为相应浓度分别为 0.050μg/mL、0.100μg/mL、0.400μg/mL 和 0.800μg/mL 的抑菌圈经校正后的平均值，mm；c 为参考浓度 0.200μg/mL 的 45 个抑菌圈直径的平均值，mm。

4. 样品测定

（1）每个样品取 3 个测定平板，均匀放置 6 个牛津杯，间隔加满 0.200μg/mL 四环素标准溶液作为参考浓度。在其他牛津杯中加满样品提取液，于30℃培养（17±1)h。

（2）精确测量产生的抑菌圈直径（精确到0.1mm）。分别求出参考浓度和样品抑菌圈直径数值校正值，从四环素标准曲线上查出样品中抗生素的残留含量。

5. 计算和表述

如样品提取液抑菌圈的直径<12mm，即报告为阴性。

如样品提取液抑菌圈的直径≥12mm，求出每组3个检定平板上样液和参考浓度标准工作液抑菌圈直径的平均值，经校正后，从标准曲线上查出相应的浓度，通过下式计算样品中四环素类抗生素的残留量。

$$x=\frac{c}{m}$$

式中，x为样品中四环素类抗生素的残留量，mg/kg；c为从标准曲线上查出的样液中四环素类抗生素的浓度，μg/mL；m为每毫升最终样液所代表的样品质量，g/mL。

五、注意事项

1. 整个实验过程必须严格进行无菌操作，所用到的器皿（包括培养皿、牛津杯和镊子等）和溶液（生理盐水和磷酸缓冲溶液）在使用前均应该灭菌。必要时也可以对四环素标准溶液进行膜（孔径0.22μm）过滤除菌。

2. 为了防止溶液从牛津杯中溢出，加完溶液后可放置2～3h，再平稳地移入培养箱中。

3. 由于芽孢浓度可以影响抑菌圈的大小，所以应对芽孢悬液的用量进行分析，一般每100mL测定培养基中加入0.5～1.0mL芽孢浓度为10^6/mL的芽孢悬液比较合适。

六、思考题

1. 简述四环素类抗生素常见的种类及其特性。

2. 为什么蜡样芽孢杆菌的芽孢浓度可以影响抑菌圈的大小？

3. 除了蜡样芽孢杆菌外，还有什么微生物可以用于食品中四环素类抗生素残留的测定？简述它们的特点。

（撰写人：黄艳春）

实验3-9 蜂蜜中四环素类抗生素残留的微生物杯碟法测定

一、实验目的

掌握微生物杯碟法测定蜂蜜中四环素类抗生素残留量的原理和方法。

二、实验原理

样品中四环素类抗生素经McIlvaine缓冲液提取、SEP-PAK C_{18}柱纯化后，四环素、土霉素、金霉素等残留以薄层色谱和生物检测法相结合进行分离和定性，以蜡样芽孢杆菌（*Bacillus cereus*）为实验菌株，采用微生物杯碟法进行定量。

三、仪器与试材

1. 仪器与器材

生化培养箱、灭菌锅、恒温水浴锅、旋转蒸发器、离心机、展开槽（内长20cm、宽15cm、高30cm)、长方形培养皿（高×宽×长，1.5cm×8cm×23cm)、色谱用纸（7cm×22cm)、微量注射器、游标卡尺、不锈钢牛津杯（内径6mm、外径8mm、高度10mm)。

2. 菌种与培养基

（1）菌种：蜡样芽孢杆菌（*Bacillus cereus var. mycoides*)，菌号63301。

（2）菌种培养基：胰蛋白胨10.0g、牛肉膏5.0g、NaCl 2.5g、琼脂15.0g、蒸馏水1000mL。将以上成分加热溶解后，调pH为7.2～7.4，分装于茄子瓶与试管中，于121℃灭菌15min。用于菌种培养和活化。

(3) 检测培养基：胰蛋白胨 5.0g、牛肉膏 3.0g、K_2HPO_4 3.0g、琼脂 15.0g、蒸馏水 1000mL。将以上成分加热溶解后，调 pH 为 6.5±0.1，分装于锥形瓶（每瓶 200mL），于 121℃ 灭菌 15min。

3. 试剂与溶液

(1) 常规溶液：HCl 溶液（0.01mol/L）、Mcllvaine 缓冲液［pH＝4，将 27.6g $Na_2HPO_4 \cdot 12H_2O$、12.9g 柠檬酸（$C_6H_8O_7 \cdot H_2O$）、37.2g EDTA 二钠加水溶解后定容至 1000mL］、磷酸缓冲液（0.1mol/L，pH＝4.5，灭菌后，于 4℃ 保存）、EDTA 二钠水溶液（50g/L）、展开剂［正丁醇-乙酸-水（4＋1＋5，体积比）］。

(2) Waters SEP-PAK C_{18} 柱（或国产 PT-C_{18} 柱）：使用时，先用 10mL CH_3OH 滤过活化，再用 10mL 蒸馏水置换，然后用 10mL EDTA 二钠溶液洗柱。

(3) 抗生素标准溶液（1000μg/mL）：称取四环素、土霉素、金霉素标准品适量（按效价进行换算），以 HCl 溶液溶解并定容。4℃保存，7d 内稳定。

4. 实验材料

2～3 种蜂蜜，各 100g。

四、实验步骤

1. 样品提取

(1) 定量分析用样品提取液的制备：称取混匀的蜂蜜 10.0g，加入 30mL Mcllvaine 缓冲液，搅拌均匀溶解后，过滤，滤液以 SEP-PAK C_{18} 柱滤过后，以 50mL 水洗柱，再以 10mL 甲醇洗脱，洗脱液经 40℃减压浓缩蒸干后，以磷酸盐缓冲液溶解并定容至 5mL。

(2) 定性分析用样品提取液的制备：称取蜂蜜 5.0g，按步骤（1）处理，甲醇洗脱液经 40℃ 减压浓缩蒸干后，用 0.1mL 甲醇溶解。

2. 芽孢悬液和平板的准备

(1) 将菌种移种于茄子瓶培养基斜面，于 37℃ 培养 5～7d，当芽孢率达 85%，以 10mL 无菌水洗下菌苔，离心、洗涤 2 次后，以 10mL 灭菌水悬浮芽孢，于 65℃恒温水浴中保温 30min。芽孢液于室温下放置 24h 后，再于 65℃恒温水浴中保温 30min，冷却，4℃保存。

(2) 将芽孢液系列稀释后，定量加入检测培养基中混匀，以 0.25μg/mL 的四环素标准液检测芽孢的用量。当该浓度四环素标准液产生 15mm 以上清晰、完整的抑菌圈时，芽孢悬液的浓度为适合浓度。

(3) 将适当稀释后的芽孢液加到 55～60℃ 的检测培养基中，混匀后，倒平板，凝固后，在每个平板（ϕ9cm）半径 2.3cm 的圆周上均匀放置 6 个牛津杯，牛津杯与牛津杯之间成 60°角。

3. 定性测定

(1) 将色谱用纸均匀喷上磷酸缓冲液，于空气中晾干，备用。

(2) 在距色谱用纸底边 2.5cm 起始线上，分别滴加 10μL 2μg/mL 四环素、土霉素及 1μg/mL 金霉素标准稀释液与定性样品液（各样点内距应大于 1cm），将色谱用纸悬挂于盛有展开剂的展开槽中，以上行法展开，待溶剂前沿展至 10cm 左右处时，将色谱用纸取出，于空气中晾干。

(3) 将晾干的色谱用纸紧贴于事先加有 60mL 含有实验用菌的检测培养基的长方形培养皿中，30min 后移去色谱用纸，在 37℃±1℃ 培养 16h。

(4) 对比样品提取液与标准品溶液抑菌圈的位置，分析样品中所含四环素类抗生素的种类。

4. 定量测定

(1) 取标准原液按 1∶0.8 比例，以磷酸缓冲液稀释，使四环素、土霉素系列标准液的浓度为 0.16μg/mL、0.21μg/mL、0.26μg/mL、0.32μg/mL、0.40μg/mL、0.50μg/mL，参考浓度为 0.25μg/mL；金霉素系列标准液的浓度为 0.033μg/mL、0.041μg/mL、0.051μg/mL、0.064μg/mL、0.080μg/mL、0.100μg/mL，参考浓度为 0.050μg/mL。

(2) 以 3 个检定用平板为一组，每一种抗生素 6 个标准液浓度需要 6 组 18 个平板，3 种抗生素共需要 54 个平板。在每组各个检定用平板的 3 个间隔牛津杯内注满一种抗生素的标准品参考浓度液，在另3个牛津杯内注满该抗生素的一个标准浓度液，于37℃±1℃培养16h，然后测量参考浓度和标准液浓度的抑菌圈直径，求得各自9个数值的平均值，并计算出各组内标准液浓度与参考浓度抑菌圈直径平均值的差值 F，以 F 值为横坐标，以标准液浓度对数为纵坐标，在半对数坐标纸上绘制标准曲线。

(3) 同样，取3个检定用平板，在每个平板上3个间隔的牛津杯内注满0.25μg/mL四环素参考浓度液（或0.25μg/mL土霉素或0.050μg/mL金霉素，可以根据上述定性结果，确定抗生素种类），另3个牛津杯内注满被检样品液，于37℃±1℃培养16h，测量参考浓度和被检样液的抑菌圈直径，求得各自9个数值的平均值，并计算出各组内标准液浓度与参考浓度抑菌圈直径平均值的差值 F_t。

(4) 根据被检试样液与参考浓度抑菌圈直径平均值的差值 F_t，从该种抗生素标准曲线上查出抗生素的浓度 c_t（μg/mL）。样品中若同时存在两种以上四环素类抗生素时，除了四环素、金霉素共存以金霉素表示结果外，其余情况均以土霉素表示结果。试样中四环素类抗生素残留量按下式计算：

$$x_i=\frac{c_t V}{m}$$

式中，x_i 为试样中四环素类抗生素的残留量，mg/kg；c_t 为样品提取液中四环素类抗生素的浓度，μg/mL；V 为待检测样品提取液的体积，mL；m 为样品的质量，g。

五、注意事项

1. 整个实验过程必须严格进行无菌操作，必要时抗生素标准溶液也可以进行膜（0.22μm）过滤除菌。

2. 蜡样芽孢杆菌（*Bacillus cereus* var. *mycoides*）63301，可从中国药品生物制品检定所购买。

3. 在定性测定中，从展开槽中取出的色谱用纸一定要使展开剂挥发干净（可以用电吹风机的冷风加速展开剂的挥发），否则将可能影响随后进行的抑菌实验结果。

4. 为了防止溶液从牛津杯中溢出，加完溶液放置2～3h后，再平稳地移入培养箱中。也可以在牛津杯中加入定量的比牛津杯容积稍小体积的溶液，这样就可以避免牛津杯中溶液的溢出。

5. 由于芽孢浓度可以影响抑菌圈的大小，所以应对芽孢悬液的用量进行分析，一般每100mL测定培养基中加入0.5～1.0mL芽孢浓度为 10^6/mL的芽孢悬液比较合适。

6. 在重复性条件下，获得的两次独立测定结果的绝对差值不应超过算术平均值的10%，否则应该重做实验。

六、思考题

1. 在提取过程中，定性用样品提取液和定量用样品提取液为什么不同？如果现在只有定性用样液，那么能否用该样液直接进行定量分析，为什么？如果一定要用该溶液进行定量分析，应该如何处理？

2. 试比较本实验与实验3-8在绘制标准曲线方面的差异。

（撰写人：黄艳春）

实验3-10　HPLC测定畜禽肉中土霉素、四环素、金霉素的残留量

一、实验目的

掌握采用高效液相色谱测定禽肉中土霉素、四环素和金霉素残留的原理与方法。

二、实验原理

土霉素、四环素和金霉素是常见的四环素类抗生素，在预防和治疗畜禽疾病中被广泛使用，在动物肌肉、蛋、奶、脏器组织中的残留比较常见。HPLC是分析畜禽肉中四环素类抗生素残留

的主要方法之一。畜禽样品中的抗生素残留经提取、微孔滤膜过滤后，进入高效液相色谱仪，经过色谱柱分离，紫外检测器检测，并与标准品比较可实现定性和定量分析。

三、仪器与试材

1. 仪器与器材

高效液相色谱仪（附带紫外检测器）、组织捣碎机、振荡器、离心机等。

2. 试剂

除特别说明外，实验中所用试剂均为分析纯，水为去离子水或蒸馏水。

（1）常规试剂与溶液：乙腈（色谱纯）、$HClO_4$ 溶液（5%）、NaH_2PO_4 溶液（0.01mol/L，以30% HNO_3 溶液调 pH 至2.5，0.45μm 膜过滤）、HCl 溶液（0.1mol/L、0.01mol/L）。

（2）标准溶液：1mg/mL 土霉素标准溶液（用0.1mol/L HCl 溶液溶解并定容）、1mg/mL 四环素标准溶液（用0.01mol/L HCl 溶液溶解并定容）、1mg/mL 金霉素标准溶液（用蒸馏水溶解并定容）。于4℃保存，1周内稳定。

（3）标准混合溶液：取1.00mL 土霉素和四环素标准溶液、2.00mL 金霉素标准溶液，置于10mL 容量瓶中，加蒸馏水至刻度，得到抗生素标准混合溶液。此溶液每毫升含土霉素、四环素均为0.1mg、金霉素0.2mg。

3. 实验材料

新鲜猪肉、牛肉、鸡肉和鸭肉，各250g。

四、实验步骤

1. 样品提取

（1）取100.00g 样品，割除脂肪和筋骨后，切碎成 $1cm^3$ 左右的小颗粒，然后以组织捣碎机捣碎。

（2）称取5.00g 捣碎样品，置于50mL 锥形瓶中，加入25.0mL $HClO_4$ 溶液，于振荡器上振荡10min，以2000r/min 离心3min，取上清液，以0.45μm 膜过滤，收集滤液，备用。

2. 标准曲线的绘制

（1）取标准混合溶液0、25μL、50μL、100μL、150μL、200μL、250μL（含土霉素、四环素各为0、2.5μg、5.0μg、10.0μg、15.0μg、20.0μg、25.0μg，含金霉素0、5.0μg、10.0μg、20.0μg、30.0μg、40.0μg、50.0μg），分别加水定容至250μL，混匀后，取10μL 进样 HPLC 仪分析。

（2）以抗生素含量为横坐标，峰高为纵坐标，绘制标准曲线。

（3）参考色谱条件：色谱柱为 ODS C_{18} 柱（6.2mm×15cm，45μm）；柱温为室温；流动相为乙腈-NaH_2PO_4 溶液（35＋65，体积比），流速为1.0mL/min；进样量为10μL；紫外检测器，检测波长为355nm，灵敏度为0.002AUFS。

3. 样品测定

（1）取样品提取液10μL 于上述色谱条件下进行分析。

（2）根据保留时间对抗生素残留定性，并依据色谱峰高值从标准曲线上查出样品提取液中抗生素的含量。

4. 计算

根据下式计算样品中抗生素的残留含量：

$$x=\frac{m_0}{m}$$

式中，x 为样品中抗生素的残留含量，mg/kg；m_0 为样品提取液中抗生素的质量，μg；m 为样品的质量，g。

五、注意事项

1. 在本实验条件下，HPLC 对畜禽肉中土霉素、四环素和金霉素残留量的最低检出浓度分别为0.15mg/kg、0.20mg/kg 和0.65mg/kg。

2. 实验步骤中的色谱条件仅供参考，在实际的测定过程中，应根据仪器的型号和实验条件，依据说明书，通过预备实验进行确定。

六、思考题

1. 论述色谱分析条件对分析结果的影响。

2. 在绘制标准曲线时，常常需要在标准品溶液中添加无抗生素的样品提取液，为什么？

（撰写人：黄艳春）

实验 3-11　HPLC 测定蜂蜜中土霉素、四环素、金霉素、强力霉素的残留

一、实验目的

掌握采用 HPLC 法检测蜂蜜中土霉素、四环素、金霉素、强力霉素等四环素类抗生素残留的原理与方法。

二、实验原理

样品中四环素类抗生素残留以 Na_2EDTA-Mcllvaine 缓冲溶液提取，经 Oasis HLB 固相萃取柱和阴离子交换柱净化后，以高效液相色谱分离，紫外检测器检测，与标准品比较实现定性和定量分析。

三、仪器与试材

1. 仪器与器材

高效液相色谱仪（配有紫外检测器）、液体混匀器、固相萃取真空装置、pH 计等。

2. 试剂

除特别说明外，实验中所用试剂均为分析纯，水为去离子水或蒸馏水。

（1）常规试剂：甲醇、乙腈、乙酸乙酯、Na_2HPO_4、柠檬酸、Na_2EDTA、草酸。

（2）常规溶液：Na_2HPO_4 溶液（0.2mol/L）、柠檬酸溶液（0.1mol/L）、Mcllvaine 缓冲溶液（将 1000mL 柠檬酸溶液与 625mL Na_2HPO_4 溶液混合，pH＝4.0）、Na_2EDTA-Mcllvaine 缓冲溶液（将 60.5g Na_2EDTA 加入 625mL Mcllvaine 缓冲溶液中，溶解，摇匀）、甲醇水溶液（1＋19，体积比）。

（3）净化柱：Oasis HLB 固相萃取柱（500mg，6mL，使用前分别用 5mL 甲醇和 10mL 水预处理，保持柱体湿润）、阴离子交换柱（羧酸型，500mg，3mL，使用前用 5mL 乙酸乙酯预处理，保持柱体湿润）。

（4）标准溶液：称取适量的土霉素、四环素、金霉素、强力霉素标准物质（纯度≥95％），分别用甲醇配制 0.1mg/mL 的标准储备液，于－18℃储存。根据需要，以流动相逐级稀释成适当浓度的混合标准工作溶液，4℃保存，3d 内稳定。

3. 实验材料

2～3 种蜂蜜，各 50g。

四、实验步骤

1. 样品提取

称取 6.00g 充分混匀的蜂蜜样品，于 150mL 锥形瓶中，加入 30mL Na_2EDTA-Mcllvaine 缓冲溶液，于液体混匀器上快速混合 1min，使试样完全溶解后，以 3000r/min 离心 5min。上清液用于净化。

2. 样品净化

（1）上清液以小于等于 3mL/min 的流速通过 Oasis HLB 固相萃取柱后，以 5mL 甲醇水溶液洗涤，弃全部流出液，并在 65kPa 的负压下减压抽干 20min。

（2）以 15mL 乙酸乙酯洗脱，收集洗脱液。

（3）将洗脱液以小于等于 3mL/min 的流速完全通过阴离子交换柱后，以 5mL 甲醇洗柱，并在 65kPa 负压下抽干 5min。

（4）以 4mL 流动相洗脱，收集洗脱液于 5mL 样品管中，定容至 4mL，供液相色谱仪测定。

3. 测定

（1）根据样品溶液中土霉素、四环素、金霉素、强力霉素含量的情况，选定峰高相近的标准工作溶液。控制标准工作溶液和样品溶液中土霉素、四环素、金霉素、强力霉素的响应值在仪器测定线性范围内。

（2）参考色谱条件：色谱柱为 μBondapak C_{18} 柱（10μm，300mm×3.9mm）或相当者；流动相为乙腈-甲醇-0.01mol/L 草酸溶液（20＋10＋70，体积比），流速为 1.5mL/min；柱温为 25℃；检测波长为 350nm；进样量为 100μL。

（3）同时进行平行试验和空白试验（除不称取试样外，均按上述步骤进行）。

4. 计算

根据下式计算待测样品中被测组分的含量：

$$x=\frac{hc_sV}{h_sm}$$

式中，x 为试样中被测组分的残留量，mg/kg；h 为样品溶液中被测组分的峰高，mm；c_s 为标准工作溶液中被测组分的浓度，μg/mL；V 为样品溶液的定容体积，mL；h_s 为标准工作溶液中被测组分的峰高，mm；m 为所称样品的质量，g。

五、注意事项

1. 实验步骤中的色谱条件仅供参考，在实际的测定过程中，应根据仪器的型号和实验条件，依据说明书，通过预备实验确定。

2. 在本实验的参考色谱条件下，土霉素、四环素、金霉素、强力霉素的保留时间分别是 4.0min、4.8min、9.6min、14.0min。

六、思考题

1. 在 HPLC 分析中，各组分的保留时间与哪些因素有关？

2. 试比较四环素类抗生素残留的不同测定方法的优缺点。

（撰写人：黄艳春）

第五节　食品中氯霉素类抗生素残留的分析

1. 定义、种类与作用机理

氯霉素类抗生素（chloramphenicols）是一类 1-苯基-2-氨基-1-丙醇的二乙酰胺衍生物，属酰胺醇类广谱抗生素。主要包括氯霉素（chloramphenicol）、甲砜霉素（thiamphenicol）和氟苯尼考（florfenicol）等，其中后两者为氯霉素的衍生物。图 3-6 是这几种氯霉素类抗生素的结构式。

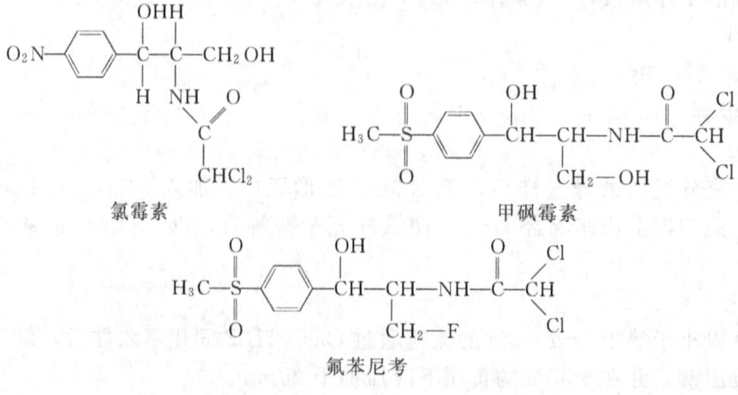

氯霉素　　甲砜霉素

氟苯尼考

图 3-6　氯霉素类抗生素结构式

氯霉素为白色或微黄色的针状、长片状结晶或结晶性粉末，味苦，易溶于甲醇、乙醇、丙酮或丙二醇中，微溶于水。氯霉素是20世纪40年代继青霉素、链霉素、金霉素之后，第四个得到临床应用的抗生素。它最早是由委内瑞拉链霉菌（*Streptomyces venezuelae*）产生的，现在已经能够大规模地进行化学合成。

甲砜霉素又名甲砜氯霉素、硫霉素，是氯霉素类的第二代广谱抗菌药，20世纪80年代在欧洲作为新的化学治疗剂，得到广泛应用，20世纪90年代开始在我国用于兽医临床。其抗菌作用、抗菌机理及抗菌活性与氯霉素基本相似，体内抗菌作用比氯霉素强，与氯霉素相比，具有更高的水溶性和稳定性。另外，某些对氯霉素耐药的菌株对甲砜霉素敏感。

氟苯尼考又名氟甲砜霉素，是氯霉素类的第三代广谱抗菌药。由美国先灵-葆雅（Schering-Plough）公司研制，抗菌谱与抗菌活性优于氯霉素和甲砜霉素。抗菌效果是氯霉素的5～10倍，对革兰阳性菌及阴性菌都有强大的杀灭作用，尤其对多杀性巴氏杆菌（*Pasteurella multocida*）、胸膜肺炎放线菌（*Actinobacillus pleuropneumoniae*）、肺炎霉形体（*Mycoplasma hyopneumoniae*）和链球菌（*Streptococcus* spp.）的作用效果更好。对厌氧革兰阳性菌及阴性菌、螺旋体、立克次体、阿米巴原虫等均有较强的抗菌作用，能透过血脑屏障，对动物细菌性脑膜炎的治疗效果是其他抗菌药不能比的。氟苯尼考的吸收性良好、体内分布广泛，在体内无残留或残留量较低，特别是不像氯霉素那样，有潜在致再生障碍性贫血作用。

氯霉素类抗生素的主要作用机理是其结构与5′-磷酸尿嘧啶相类似，可作用于细菌核糖核蛋白体的50s亚基，抑制转肽酶所催化的反应，致使核蛋白体变形，导致氨基酰tRNA与肽酰tRNA不能与转移酶结合，使氨基酸不能与肽链结合，抑制肽链的生成，从而阻碍蛋白质的合成，导致细菌死亡。

2. 残留与危害

氯霉素类药物的抗菌谱广，具有良好的抗菌和药理特性，被广泛应用于各类家禽、家畜、水生动物（鱼、虾等）及蜜蜂等动物的各种传染病的防治。但是，氯霉素类抗生素残留对人有严重的副作用。

氯霉素能抑制人体骨髓的造血功能，引起再生障碍性贫血、粒状白细胞缺乏症、新生儿与早产儿灰色综合征等疾病，低浓度的药物残留还会诱发致病菌的耐药性。由于氯霉素导致人体再生障碍性贫血的毒性作用与剂量和疗程无关，因此引起人们的高度关注。美国仅允许氯霉素用于非食用动物，在动物性食品中不得检出；欧盟不允许氯霉素用于产奶母牛和产蛋鸡，在其他大型动物中的使用也受到限制。我国农业部于2002年发布的《食品动物禁用的兽药及其他化合物清单》中，明文禁止在所有食品动物中使用氯霉素。

甲砜霉素具有血液系统毒性，但不及氯霉素毒性强，主要表现为可逆性的红细胞生成抑制，但未见再生障碍性贫血的报道。甲砜霉素具有较强的免疫抑制作用，约比氯霉素强6倍，对疫苗接种期间的动物或免疫功能严重缺损的动物应禁用，欧盟和美国均禁用于食用动物。

氟苯尼考在结构中以—CH_3SO_2取代氯霉素上与抑制骨髓造血功能有关的—NO_2（见图3-6），极大降低了对动物和人体的毒性，无潜在致再生障碍性贫血的危险。据文献报道，氟苯尼考没有致畸、致癌和致突变作用。氟苯尼考不会引起染色体结构性或数量上的畸变，但是繁殖毒性试验表明，氟苯尼考具有胚胎毒性，可使F1代雄性大鼠附睾重量明显减轻，F2代存活率低，因此妊娠动物禁用。

（撰写人：王小红）

实验3-12 LC-MS测定鳗鱼中氯霉素残留量

一、实验目的

掌握LC-MS检测鳗鱼中氯霉素残留量的原理与方法。

二、实验原理

样品中氯霉素以乙酸乙酯提取，提取液经浓缩后，以水溶解，Oasis HLB 固相萃取柱净化，然后以 LC-MS 仪测定，根据保留时间定性，外标法定量。

三、仪器与试材

1. 仪器与器材

液相色谱-串联四级杆质谱仪（配有电喷雾离子源）、液体混匀器、固相萃取真空装置、自动浓缩仪、氮气吹干仪、振荡器、组织匀浆器、离心机等。

2. 试剂

除特别说明外，实验中所用试剂均为分析纯，水为去离子水或蒸馏水。

(1) 常规试剂与溶液：乙酸乙酯、甲醇、乙腈、乙腈-水溶液（1+7、1+4，体积比）。

(2) Oasis HLB 固相萃取柱（60mg，3mL）：使用前分别用 3mL 甲醇和 5mL 水预处理，保持柱体湿润。

(3) 氯霉素标准储备溶液（0.1mg/mL）：称取适量的氯霉素标准物质（纯度≥99%），以甲醇配制，于 4℃储存，可使用两个月。

(4) 氯霉素标准工作溶液：用空白样品提取液将氯霉素标准储备溶液分别配成氯霉素浓度为 0.5ng/mL、1.0ng/mL、5.0ng/mL、10ng/mL、50ng/mL 和 100ng/mL 的标准工作溶液，于 4℃保存，可使用 1 周。

3. 实验材料

2～3 种鳗鱼，各 250g。

四、实验步骤

1. 样品提取

(1) 将 100g 鳗鱼样品去皮、去骨，切碎后匀浆，置于－20℃保存。

(2) 取 5.00g 匀浆样品于 50mL 聚丙烯具塞离心管中，加入 5mL 水，于液体混匀器上快速混合 1min。准确加入 15mL 乙酸乙酯，在振荡器上振荡 10min 后，以 3000r/min 离心 5min，吸取上层乙酸乙酯 12mL 转入自动浓缩仪的蒸发管中，用自动浓缩仪在 55℃减压蒸干后，以 5mL 水溶解残渣，用于净化。

2. 样品净化

(1) 样品提取液以小于等于 3mL/min 的流速通过 Oasis HLB 固相萃取柱，待溶液完全流出后，用 10mL 水分两次洗蒸发管和储液器并过柱，再用 5mL 乙腈-水溶液（1+7，体积比）洗柱，弃去全部淋出液，在 65kPa 的负压下减压抽干 5min。

(2) 以 5mL 乙酸乙酯洗脱，收集洗脱液于 10mL 刻度离心管中。于 50℃用氮气吹干仪吹干，用乙腈-水溶液（1+4，体积比）定容至 0.8mL，供液相色谱-串联质谱仪测定用。

3. 测定

(1) 将氯霉素标准溶液在 LC-MS 联用仪上分析，以溶液浓度为横坐标，峰面积为纵坐标，绘制标准工作曲线。

(2) 同时，对样品净化液进行分析，并根据标准曲线查出样品净化液中氯霉素残留的浓度。

(3) 参考色谱条件：色谱柱为 Pinnacle Ⅱ C_{18} 柱（150mm×2.1mm，5μm）；流动相为乙腈-水溶液（1+4，体积比），流速为 0.2mL/min；柱温为 30℃；进样量为 40μL。

(4) 参考质谱条件：电喷雾离子源；负离子扫描；多反应监测；电喷雾电压为 4500V；雾化气压力为 0.069MPa；气帘气压力为 0.069MPa；辅助气流速为 6L/min；离子源温度为 450℃；去簇电压为 55V。定性离子对、定量离子对和碰撞气能量如表 3-7 所示。

(5) 平行试验和空白试验（除不称取试样外，均按上述步骤进行）。

4. 计算

按下式计算样品中氯霉素的残留量：

$$x=\frac{cV}{m}$$

式中，x 为样品中氯霉素的残留量，μg/kg；c 为样品净化液中氯霉素的浓度，ng/mL；V 为样品净化液的定容体积，mL；m 为净化液代表样品的质量，g。

表 3-7　定性离子对、定量离子对和碰撞气能量

定性离子对(m/z)	定量离子对(m/z)	碰撞气能量/V
321/176	321/152	−21
321/152		−23
321/194		−20

五、注意事项

1. 计算结果应扣除空白值。

2. 在用标准曲线对样品进行定量时，样品溶液中氯霉素的响应值均应在仪器测定的线性范围内，否则应对样品溶液进行稀释或浓缩。

3. 实验步骤中的色谱与质谱条件仅供参考，实际分析过程中应根据仪器的型号和实验条件，依据说明书，通过预备实验进行调整。

4. 在本实验的参考色谱条件下，氯霉素的保留时间为 12.31min。

六、思考题

1. 简述采用 HPLC 与 LC-MS 测定抗生素的异同。

2. 简述质谱分析中定性离子对和定量离子对的含义，并说明它们是如何产生的。

（撰写人：王小红）

实验 3-13　GC-MS 测定蜂蜜中氯霉素残留量

一、实验目的

掌握 GC-MS 检测蜂蜜中氯霉素残留量的原理和方法。

二、实验原理

蜂蜜样品用水溶解后，用乙酸乙酯提取样品中残留的氯霉素，提取液浓缩后再用水溶解，经 Oasis HLB 固相萃取柱净化并硅烷化后，以 GC-MS 仪测定，外标法定量。

三、仪器与试材

1. 仪器与器材

气相色谱-质谱仪（配有化学源）、固相萃取装置、自动浓缩仪、氮气吹干仪、振荡器、液体混匀器、真空泵（真空度应达到 80kPa）、离心机等。

2. 试剂

除特别注明外，实验中所用试剂均为分析纯，水为去离子水或蒸馏水。

（1）常规试剂与溶液：甲醇、吡啶、乙腈、乙酸乙酯、正己烷、六甲基二硅氮烷、三甲基氯硅烷、乙腈-水溶液（1+7，体积比）。

（2）Oasis HLB 固相萃取柱（60mg，3mL）：使用前分别用 3mL 甲醇和 5mL 水预处理，保持柱体湿润。

（3）硅烷化试剂：将 9 份吡啶、3 份六甲基二硅氮烷和 1 份三甲基氯硅烷混合。

（4）氯霉素标准储备溶液（0.1mg/mL）：称取适量的氯霉素标准物质（纯度≥99%），以甲醇配制，于 4℃储存，可使用两个月。

（5）氯霉素标准工作溶液：用空白样品提取液将氯霉素标准储备溶液分别配成氯霉素浓度为 0.5ng/mL、1.0ng/mL、5.0ng/mL、10ng/mL、50ng/mL 和 100ng/mL 的标准工作溶液，于 4℃保存，可使用 1 周。

3. 实验材料

2～3 种蜂蜜，各 100g。

四、实验步骤

1. 样品提取

（1）取 5.00g 蜂蜜样品，置于 50mL 具塞离心管中，加入 5mL 水，于液体混匀器上快速混合 1min，使蜂蜜完全溶解。

（2）加入 15mL 乙酸乙酯，在振荡器上振荡 10min，以 3000r/min 离心 10min，吸取上层乙酸乙酯 12mL，转入自动浓缩仪的蒸发管中，用自动浓缩仪在 55℃减压蒸干，加入 5mL 水溶解残渣，得样品提取液。

2. 样品净化

（1）将样品提取液以小于等于 3mL/min 的流速通过 Oasis HLB 固相萃取柱，待溶液完全流出后，用 10mL 水分两次洗蒸发管和储液器并过柱，再用 5mL 乙腈-水溶液洗柱，弃去全部淋出液，在 65kPa 的负压下减压抽干 5min。

（2）再以 5mL 乙酸乙酯洗脱，收集洗脱液于 10mL 刻度离心管中。于 50℃用氮气吹干仪吹干，待硅烷化。

3. 硅烷化处理

加 50μL 硅烷化试剂于上述净化样品中，混合 0.5～1min，立即用正己烷定容至 1mL。

4. 测定

（1）将氯霉素标准工作溶液硅烷化处理后，于 GC-MS 仪上分析，以 m/z 466 为定量离子（见表 3-8），以工作溶液浓度为横坐标，峰面积为纵坐标，绘制标准工作曲线。

（2）同时，对样品净化液进行分析，并根据标准曲线查出样品净化液中氯霉素的浓度。

（3）参考气相色谱-质谱条件：色谱柱为 DB-5MS 石英毛细管柱（30m×0.25mm，0.25μm）；载气为氮气，纯度≥99.999%；流速为 1.0mL/min；柱温，初始温度为 70℃，然后以 25℃/min 程序升温至 250℃，保持 5min；进样量为 1μL；进样方式为无分流进样；进样口温度为 280℃；接口温度为 280℃；负化学源为 150eV；离子源温度为 150℃；反应气为甲烷，纯度≥9.99%；反应气流量为 40%；检测离子如表 3-8 所示。

表 3-8 选择离子检测

检测离子(m/z)	离子比/%	允许相对偏差/%
466	10	
468	80	±20
470	21	±25
376	18	±30

（4）平行试验和空白试验（除不称取试样外，均按上述步骤进行）。

5. 计算

按下式计算样品中氯霉素的残留量：

$$x=\frac{cV}{m}$$

式中，x 为样品中氯霉素的残留量，μg/kg；c 为样品净化液中氯霉素的浓度，ng/mL；V 为样品净化液的定容体积，mL；m 为样品净化液所代表样品的质量，g。

五、注意事项

1. 计算结果应扣除空白值。

2. 在用标准工作曲线对样品进行定量时，样品溶液中氯霉素的响应值均应在仪器测定的线性范围内，否则应对样品溶液进行稀释或浓缩。

3. 实验步骤中的色谱-质谱条件仅供参考，实际分析过程中应根据仪器的型号和实验条件，依据说明书，通过预备实验进行调整。

4. 在本实验的参考色谱条件下，氯霉素衍生物的保留时间为12.31min。

六、思考题

1. 叙述你在实验中使用的GC-MS联用仪的型号、各部件的名称与功能。

2. 比较不同食品中氯霉素的提取净化方法。

（撰写人：王小红）

实验3-14 蜂蜜中氯霉素残留量的直接竞争ELISA检测

一、实验目的

掌握蜂蜜中氯霉素残留的直接竞争ELISA检测的原理和方法。

二、实验原理

直接竞争ELISA是ELISA的一种。样品中残留的氯霉素与氯霉素酶标记物共同竞争包被于酶标板微孔内的氯霉素抗体，形成的酶标记抗原抗体复合物被吸附于微孔内，加底物显色后，于450nm处测定吸光度，吸光度大小与样品中氯霉素的残留量成反比。以标准品为对照，根据吸光度计算出样品中氯霉素的残留量。

三、仪器与试材

1. 仪器与器材

酶标仪、各种规格的移液器、离心机、氮气吹干仪、液体混匀器、振荡器等。

2. 试剂

除特别注明外，实验中所用试剂均为分析纯，水为去离子水或蒸馏水。

(1) ELISA试剂盒：包含包被有抗氯霉素抗体的96孔酶标板、氯霉素标准溶液、氯霉素酶标记物溶液、酶底物、发色剂、反应终止液、缓冲溶液等。

(2) 试剂：乙酸乙酯（重蒸馏）。

3. 实验材料

2～3种蜂蜜，各1000g。

四、实验步骤

1. 样品的预处理

对无结晶的实验室样品，将其搅拌均匀。对有结晶的实验室样品，在密闭的情况下，置于不超过60℃的水浴中加热、振荡，待样品全部融化后搅匀，冷却至室温。取500g作为实验样品。制备好的试样置于样品瓶中，密封，并加以标识，于室温下保存。

2. 样品提取

取2.00g样品，置于25mL具塞离心管中，加4mL水和4mL乙酸乙酯，于液体混匀器上充分混匀2min，使试样完全溶解。在振荡器上振荡10min，以4000r/min离心10min。吸取上层乙酸乙酯1mL于10mL具塞试管中，用氮气吹干仪在50℃吹干。加0.5mL缓冲溶液溶解残渣，得样品提取液。

3. 测定

(1) 标准曲线的绘制

① 分别吸取50μL系列稀释的氯霉素标准溶液与适当稀释的酶标记氯霉素，加入酶标板微孔内，重复数为3，混匀后，于37℃避光保温1h。以稀释缓冲溶液洗酶标板5次，每次3min，扣干。

② 加50μL酶底物与50μL发色剂于微孔内，混匀，于37℃避光保温30min。

③ 迅速加100μL反应终止液于微孔内，混匀后，于450nm处测吸光度。

④ 以氯霉素浓度的对数为横坐标，不同浓度氯霉素微孔吸光度与氯霉素浓度为零的微孔的

吸光度的比值的百分数为纵坐标，绘制标准曲线。

（2）样品测定

将 50μL 样品提取液替代氯霉素标准溶液加入微孔内，其他操作同“标准曲线的绘制”中的①～③。根据吸光度与氯霉素浓度为零的微孔的吸光度的比值从标准曲线上查出样品提取液中氯霉素的含量。

4. 计算

$$x=\frac{cV}{m}$$

式中，x 为样品中氯霉素的残留量，μg/kg；c 为样品提取液中氯霉素的浓度，ng/mL；V 为样品提取液的定容体积，mL；m 为样品提取液所代表的样品质量，g。

五、注意事项

实验步骤中的实验操作参数仅供参考，具体的操作条件与过程应严格按照实验中所使用的试剂盒的说明进行。

六、思考题

1. 简述 ELISA 的分类。
2. 与仪器分析方法相比，以 ELISA 检测样品中氯霉素的含量有哪些优点？

（撰写人：王小红）

第六节 食品中大环内酯类抗生素残留的分析

1. 定义、种类与作用机理

大环内酯类（macrolides）是一类具有 14 或 16 元大环内酯结构的弱碱性抗生素。其结构特征是含有一个被高度取代的 14 元或 16 元内酯环配糖体，内酯环通过糖苷键与 1 个或 2 个糖链连接（见图 3-7）。这类抗生素的分子量较大，易溶于酸性水溶液和极性溶剂，如甲醇、乙腈、乙酸乙酯、氯仿和乙醚等，其水溶液的稳定性较差。

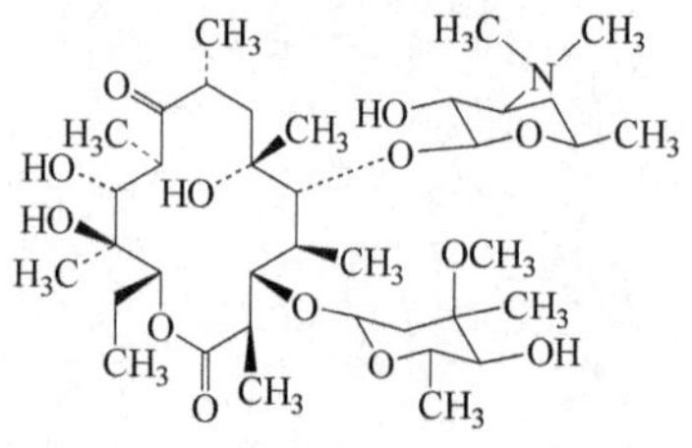

图 3-7 红霉素 A 的化学结构式

自从 1952 年大环内酯类抗生素的代表品种红霉素（erythromycin）发现以来，已陆续有竹桃霉素（oleandomycin）、螺旋霉素（spiramycin）、交沙霉素（josamycin）、吉他霉素（kitasamycin）、麦迪霉素（medemycin，midecamycin）以及它们的衍生物等多种大环内酯类抗生素问世，并出现动物专用的泰乐菌素（tylosin）和替米考星（tilmicosin）等抗生素品种。

红霉素是由红霉素链霉菌（*Streptomyces erythreus*）产生的，包括 A、B、C、D、E 等组分。红霉素 A 的化学结构是红霉素家族的基本结构（见图 3-7）。红霉素的抗菌谱与青霉素的近似，对革兰阳性菌，如葡萄球菌（*Staphylococcus* spp.）、化脓性链球菌（*Streptococcus pyogenes*）、草绿色链球菌（*Streptococcus viridans*）、肺炎链球菌（*Streptococcus pneumoniae*）、粪链球菌（*Streptococcus faecalis*）、梭状芽孢杆菌（*Clostridium* spp.）、白喉杆菌（*Corynebacterium diphtheriae*）等有较强的抑制作用；对革兰阴性菌，如淋球菌（*Neisseria gonorrhoeae*）、螺旋杆菌（*Helicobacter* spp.）、百日咳杆菌（*Bordetella pertussis*）、布鲁杆菌（*Brucella* spp.）、军团菌（*Legionella* spp.）以及流感嗜血杆菌（*Haemophilus influenzae*）与拟杆菌（*Bacteroides* spp.）也有相当的抑制作用。此外，对支原体（*Mycoplasma* spp.）、放线菌（*Actinomyces* spp.）、螺旋体（*Spirochaeta* spp.）、立克次体（*Rickettsia* spp.）、衣原体（*Chlamydia* spp.）、奴卡菌（*Nocardia* spp.）、少数分枝杆菌（*Mycobacterium* spp.）和阿米巴原虫（amebic protozoa）均有抑制作用，但是金黄色葡萄球菌（*Staphylococcus aureus*）对红霉素易产生耐药性。近年来，红霉素衍生物阿奇霉素（azithromycin）、罗红霉素（roxithromycin）和克拉霉素（clarithromycin）等先

后上市。它们在体外的抗菌作用与红霉素相似，但在体内抗菌作用比红霉素强1～4倍。

竹桃霉素是由抗生链霉菌（*Streptomyces antibioticus*）产生的广谱大环内酯类抗生素，它的抗菌谱和红霉素类似。

螺旋霉素由生二素链霉菌（*Streptomyces ambofaciens*）产生，由三种主要的紧密相关的物质（螺旋霉素Ⅰ、Ⅱ、Ⅲ）和其他一些次要物质组成，主要是用于兽药。其中螺旋霉素Ⅰ是主要物质，占混合物的63%，螺旋霉素Ⅱ和Ⅲ各占24%和13%。

交沙霉素，即白霉素 A_3，是大环内酯类抗生素白霉素（kitasamycin）家族中的一员。它是由那波链霉菌交沙霉素变种（*Streptomyces narbonensis var. josamyceticus*）产生的，可以用于治疗人类的革兰阳性菌感染或是作为兽药。白霉素家族中还有罗他霉素（rokitamycin），即白霉素 A_5 的酯衍生物，以及吉他霉素（kitasamycin），即各种白霉素的混合物。

泰乐菌素也是由一系列大环内酯类化合物组成的，其中泰乐菌素A是主要成分。其他组分包括泰乐菌素B（又称脱碳霉糖泰乐菌素）、泰乐菌素C（又称大菌素）、泰乐菌素D（又称雷洛霉素）等组分。泰乐菌素可由以费氏链霉菌（*Streptomyces fradiae*）、龟裂链霉菌（*S. rimosas*）和吸水链霉菌（*S. hydroscopicus*）等菌种发酵获得，主要作为兽药使用。

大环内酯类抗生素作为重要的一类抗菌剂不仅可抑制常见的细菌，而且对衣原体、支原体（*Mycoplasma* spp.）、幽门螺旋杆菌（*Helicobacter pylori*）、鸟型结核杆菌（*Mycobacterium tuberculosis*）等也有一定的抑制作用。其作用机制主要是与细菌50s核糖体亚单位的23s RNA结合，抑制肽酰基转移酶活性，影响核糖核蛋白体的移位过程，阻碍肽链延长，在核糖体水平抑制细菌蛋白质的合成。研究表明，所有大环内酯类抗生素都能与核糖体50s亚单位蛋白质结合，在肽链延长阶段促使肽酰tRNA从核糖体解离，从而抑制蛋白质合成，达到抑菌目的。

2. 残留与危害

大环内酯类抗生素的作用相似，细菌对此类抗生素易产生耐药性。造成大环内酯类抗生素残留的原因主要是不遵守休药期规定，未正确使用抗生素，以及饲料和畜产品在加工、生产过程中受到抗生素污染。这类抗生素残留在体内蓄积达到一定的浓度，可造成前庭和耳蜗神经损害，导致眩晕和听力减退，还可以造成肝肾损害。经常食用含低剂量此类抗生素残留的食品能使易感个体出现药热、皮疹等过敏性反应，严重者可引起过敏性休克，甚至危及生命。

因此，世界各国包括我国对大环内酯类抗生素在食品中的残留限量作出了规定，并制定了相应的残留监控措施。2002年我国农业部发布了《动物性食品中兽药最高残留限量》的公告，其中规定了我国部分动物性食品中替米考星、泰乐菌素、红霉素和吉他霉素的最高残留限量（见表3-1）。

（撰写人：王小红）

实验3-15　牛奶中罗红霉素残留的紫外分光光度法测定

一、实验目的

掌握紫外分光光度法检测牛奶样品中罗红霉素残留量的原理与方法。

二、实验原理

罗红霉素是红霉素的一种衍生产品，它在冰醋酸中被浓HCl降解后，可与对二甲氨基苯甲醛形成在486nm波长处有最大吸收的有色物质，与标准品比较，通过比色可以实现定量分析。

三、仪器与试材

1. 仪器与器材

紫外分光光度计、离心机、超声波清洗器等。

2. 试剂

除特别注明外，实验中所用试剂均为分析纯，水为去离子水或蒸馏水。

(1) 常规试剂与溶液：冰醋酸、HCl、95%乙醇、对二甲氨基苯甲醛、HCl-冰醋酸混合液

(2+1，体积比)。

(2) 显色剂 (0.5%)：适量对二甲氨基苯甲醛，以冰醋酸配制。

(3) 罗红霉素标准溶液 (0.8mg/mL)：称取罗红霉素标准品 (纯度≥99%) 适量，以 95%乙醇配制。

3. 实验材料

2～3 种新鲜牛奶，各 50mL。

四、实验步骤

1. 样品提取

称取 1.00g 样品于 100mL 具塞锥形瓶中，加入 95%乙醇 10mL，振摇使之分散均匀，超声提取 20min，以 4000r/min 离心 10min，上清液为样品提取液。

2. 测定

(1) 取罗红霉素标准溶液 0、0.5mL、1.0mL、1.5mL、2.0mL、2.5mL，分别置于 50mL 容量瓶中，加冰醋酸 20mL、显色剂 5.0mL，再加 HCl-冰醋酸混合液至刻度，摇匀，对应的罗红霉素的浓度分别为 0、8μg/mL、16μg/mL、24μg/mL、32μg/mL、40μg/mL。

(2) 于 25～35℃放置 15min 后，于 486nm 波长处分别测定 A_{486nm}。以浓度为横坐标，A_{486nm} 为纵坐标，绘制标准曲线。

(3) 取样品提取液 2mL，按 (1)、(2) 所述方法，测定样品提取液的 A_{486nm}。根据标准曲线，查得提取液中罗红霉素的浓度。同时做试剂空白。

3. 计算

按下式计算样品中罗红霉素的含量：

$$x=\frac{cV}{m}$$

式中，x 为样品中罗红霉素的含量，mg/kg；c 为样品提取液中罗红霉素的浓度，μg/mL；m 为样品的质量，g；V 为样品提取液的体积，mL。

五、注意事项

在测定过程中，应根据样品中罗红霉素的含量，确定样品提取液的使用量。

六、思考题

1. 罗红霉素是红霉素的一种衍生物，请写出它的结构式，并对红霉素与罗红霉素在抗菌谱和作用机理等方面的异同进行比较。

2. 写出罗红霉素在冰醋酸中被浓 HCl 降解，并与对二甲氨基苯甲醛形成的有色物质的化学反应式。

3. 如果样品中还含有其他大环内酯类抗生素，它们是否会对实验结果产生影响？为什么？

(撰写人：王小红)

实验 3-16　鲢鱼中泰乐菌素 A 残留量的 HPLC 测定

一、实验目的

掌握 HPLC 测定鲢鱼中泰乐菌素 A 残留量的原理和方法。

二、实验原理

样品中泰乐菌素 A 在碱性条件下用乙酸乙酯提取后，以正己烷脱脂，然后以反相色谱柱分离，紫外检测器检测，采用外标法进行定量分析。

三、仪器与试材

1. 仪器与器材

组织捣碎机、均质机、离心机、旋转蒸发器、旋涡混匀器、高效液相色谱仪 (配紫外检测器) 等。

2. 试剂

除特别注明外，实验中所用试剂均为分析纯，水为去离子水或蒸馏水。

(1) 常规试剂与溶液：正己烷、乙酸乙酯、乙腈、H_3PO_4（85%）、KH_2PO_4、K_2HPO_4、磷酸盐缓冲液（0.01mol/L，pH=2.5；0.1mol/L，pH=8.0）。

(2) 泰乐菌素A标准储备液（100mg/L）：称取适量的泰乐菌素A标准品（纯度>98%），用乙腈配制标准储备液。于4℃避光保存，保存期为一个月。

(3) 泰乐菌素A标准工作液：将泰乐菌素A标准储备液用磷酸盐缓冲液（0.01mol/L，pH=2.5）稀释成浓度分别为0.10mg/L、0.50mg/L、1.00mg/L、2.00mg/L、5.00mg/L的标准溶液，现配现用。

3. 实验材料

2～3种鲑鱼，各200g。

四、实验步骤

1. 样品提取

(1) 将鲑鱼去鳞、去皮后，沿背脊取50.00g肌肉，用组织捣碎机捣碎后，放置于-18℃冷冻储存，备用。

(2) 取10.00g上述捣碎样品，于50mL聚丙烯离心管中，加入5mL磷酸盐缓冲溶液（0.1mol/L，pH=8.0），均质30s，再加入25mL乙酸乙酯均质30s，以6000r/min离心5min，取乙酸乙酯层移入250mL旋转蒸发瓶中。

(3) 加入25mL乙酸乙酯于步骤（2）的离心管中，重复提取1次，合并乙酸乙酯层于250mL旋转蒸发瓶中。

2. 样品净化

(1) 将上述乙酸乙酯提取液于40℃水浴中旋转蒸发至近干，加入1mL乙腈溶解残渣后，移入10mL聚丙烯离心管中。

(2) 加入2mL正己烷于离心管中，涡旋振荡15s萃取脱脂，以7000r/min离心5min，弃正己烷层，下层液体经0.45μm微孔滤膜过滤，得滤液为样品净化液。

3. 测定

(1) 标准曲线的绘制：分别取泰乐菌素A标准工作液（0.10mg/L、0.50mg/L、1.00mg/L、2.00mg/L和5.00mg/L）20μL进样，以标准样品中泰乐菌素A的含量为横坐标，峰面积为纵坐标，绘制标准曲线。

(2) 样品测定：取样品净化液20μL进样，记录峰面积，从标准曲线上查得样品提取液中泰乐菌素A的含量。

(3) 参考色谱条件：色谱柱为ODS C_{18}柱（5μm，4.6mm×250mm或同类型号）；柱温为35℃；流动相为乙腈-0.01mol/L pH=2.5的磷酸盐缓冲液（40+60，体积比）；流速为1.0mL/min；进样量为20μL；检测器波长为280nm。

4. 计算

按下式计算样品中泰乐菌素A的含量：

$$x=\frac{cV}{m}$$

式中，x为样品中泰乐菌素A的含量，μg/g；c为样品净化液中泰乐菌素A的浓度，μg/mL；m为样品的质量，g；V为样品净化液的体积，mL。

五、注意事项

1. 如果样品测定液浓度超过线性范围，用乙腈稀释后再进行测试。

2. 在本实验的参考色谱条件下，泰乐菌素A的保留时间为5.2min。

六、思考题

1. 简述泰乐菌素的性质及其常见的检测方法。

2. 简述泰乐菌素的危害及其污染食品的途径。

（撰写人：王小红）

第七节　食品中磺胺类抗生素残留的分析

1. 定义、种类与作用机理

磺胺类抗生素（sulfonamides）是指具有对氨基苯磺酰胺结构的一类抗生素的总称，广泛应用于防治人和动物的多种细菌性疾病。临床上常用的磺胺类抗生素主要包括磺胺嘧啶（sulfadiazine）、磺胺间二甲嘧啶（sulfadimethoxine）、磺胺对甲氧嘧啶（sulfamethoxydiazine）、磺胺甲基嘧啶（sulfamerazine）、磺胺二甲基嘧啶（sulfamethazine）、磺胺喹噁啉（sulfaquinoxalinum）和磺胺胍（sulfaguanidine）等。图 3-8 是几种磺胺类抗生素的化学结构式。

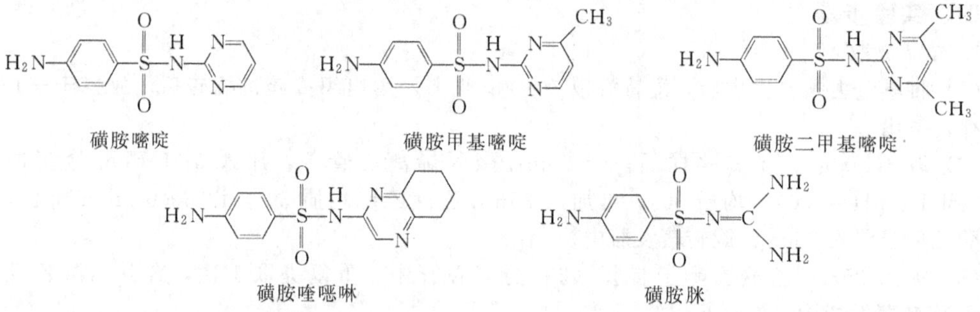

图 3-8　几种磺胺类抗生素的化学结构式

磺胺类抗生素一般为白色或微黄色结晶粉末，无臭，基本无味，多具有芳伯氨基，长久暴露于日光下，颜色会逐渐变黄。一般相当稳定，如果保存得当，可保存数年。其相对分子质量为 170～300，微溶于水，易溶于乙醇和丙酮，在氯仿和乙醚中几乎不溶解。除磺胺胍为碱性外，其他磺胺类抗生素因为含有伯氨基和磺酰胺基而呈酸碱两性，可溶解于酸、碱溶液中。大部分磺胺类抗生素的 pK_a 为 5～8，等电点为 3～5。因其结构中带有苯环，所以各种磺胺类抗生素均具有紫外吸收的特性。

磺胺类抗生素的作用机理是通过干扰敏感细菌的叶酸（微生物生长的必要物质）代谢而抑制其生长繁殖，其抑菌作用机理如图 3-9 所示。一般认为，对磺胺药敏感的细菌，在其生长繁殖过程中，必须利用一种称为对氨基苯甲酸的物质，它同二氢喋啶及 L-谷氨酸在菌体内二氢叶酸合成酶的作用下合成二氢叶酸，再通过菌体内二氢叶酸还原酶的作用生成四氢叶酸，并进一步形成四氢叶酸的甲酰衍生物 N^{10}-甲酰四氢叶酸和 N^5,N^{10}-亚甲酰四氢叶酸。这些衍生物是一碳基团转移酶的辅酶，能传递甲基、甲酰基和亚甲基等一碳基团，参与嘌呤和嘧啶核苷酸的合成。由于磺胺药的化学结构与对氨基苯甲酸的极为相似，因此能与其竞争二氢叶酸合成酶，从而抑制二氢叶酸的合成，进而阻断四氢叶酸的合成，使核酸合成受阻，抑制细菌的生长繁殖。

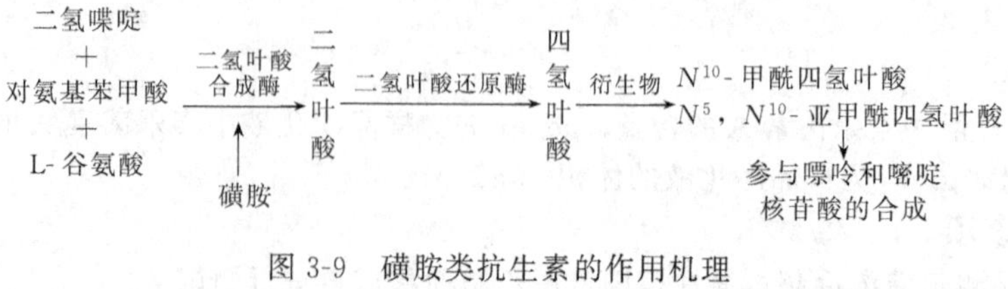

图 3-9　磺胺类抗生素的作用机理

2. 残留与危害

磺胺类抗生素是一类具有广谱抗菌活性的化学药物，被广泛用作兽药。因为其能被迅速吸收，所以在 24h 内均能检查出其在肌肉中的残留。磺胺类药物可在肉、蛋、乳中残留，但其主要残留于猪肉中，其次是残留于小牛肉和禽肉中。磺胺类药物大部分以原形态从机体排出，且在自然环境中不易被生物降解，从而容易导致再污染，引起残留超标。按治疗剂量给药，磺胺在体内残留时间一般为5～10d。磺胺在肝、肾中的残留量通常大于在肌肉和脂肪中的残留量，而进入乳中的浓度一般为血液浓度的1/10～1/2。

磺胺类药物可引起急性和慢性毒性。急性中毒多见于静脉注射，速度过快或剂量过大时，主要症状表现为神经兴奋、痉挛性麻痹、呕吐、昏迷、食欲降低和腹泻等，严重者迅速死亡。慢性中毒的主要症状为：泌尿系统损伤；消化系统障碍，表现呕吐、食欲不振、腹泻、草食动物的多发性肠炎；造血机能损伤，出现溶血性贫血、凝血时间延长和毛细血管渗血；幼畜及幼禽免疫系统抑制、免疫器官出血及萎缩；家禽增重减慢，蛋鸡产蛋率下降，蛋破损率和软蛋率增加。

为了保障食动物性食品后的安全性，2002年我国修订的《动物性食品中兽药最高残留限量》中制定了部分动物性食品中磺胺药的最高残留限量（见表3-9）。

表3-9　动物性食品中磺胺药的最高残留限量

食　　品	最高残留限量/(mg/kg)	计算残留量的标示物
肉、肝、肾、脂肪	100	磺胺二甲基嘧啶
奶(牛)	25	磺胺二甲基嘧啶

（撰写人：王小红）

实验3-17　蜂蜜中16种磺胺类抗生素残留的LC-MS分析

一、实验目的

掌握采用LC-MS联用方法检测蜂蜜中磺胺醋酰、磺胺甲噻二唑、磺胺二甲异噁唑、磺胺氯哒嗪、磺胺嘧啶、磺胺甲基异噁唑、磺胺噻唑、磺胺-6-甲氧嘧啶、磺胺甲基嘧啶、磺胺邻二甲氧嘧啶、磺胺吡啶、磺胺对甲氧嘧啶、磺胺甲氧哒嗪、磺胺二甲嘧啶、磺胺苯吡唑、磺胺间二甲氧嘧啶等16种磺胺类抗生素残留量的原理与方法。

二、实验原理

蜂蜜中磺胺类药物残留经磷酸溶液提取，阳离子交换柱和固相萃取柱净化，浓缩蒸干后，以乙腈-NH_4Ac溶液溶解，用LC-MS仪测定，外标法定量。

三、仪器与试材

1. 仪器与器材

LC-MS仪（配有电喷雾离子源）、固相萃取真空装置、旋转蒸发器、液体混匀器、pH计等。

2. 试剂

除特别注明外，实验中所用试剂均为分析纯，水为去离子水或蒸馏水。

(1) 常规试剂：甲醇、乙腈、H_3PO_4、庚烷磺酸钠、NH_4Ac、KH_2PO_4、K_2HPO_4。

(2) 磺胺类抗生素标准品：磺胺醋酰、磺胺甲噻二唑、磺胺二甲异噁唑、磺胺氯哒嗪、磺胺嘧啶、磺胺甲基异噁唑、磺胺噻唑、磺胺-6-甲氧嘧啶、磺胺甲基嘧啶、磺胺邻二甲氧嘧啶、磺胺吡啶、磺胺对甲氧嘧啶、磺胺甲氧哒嗪、磺胺二甲嘧啶、磺胺苯吡唑、磺胺间二甲氧嘧啶，共16种，纯度均≥99%。

(3) 常规溶液：H_3PO_4溶液（0.1%，pH=2）、磷酸缓冲溶液（0.2mol/L，pH=8）、庚烷磺酸钠溶液（0.5mol/L）、乙腈-0.01mol/L NH_4Ac溶液（12+88，体积比，洗脱液）。

(4) 净化柱：苯磺酸型阳离子交换柱（500mg，3mL）、C_{18}固相萃取柱（500mg，3mL）。

(5) 16种磺胺标准储备溶液（0.1mg/mL）：称取适量的每种磺胺标准品物质，用甲醇配成标准储备溶液，于4℃保存，可使用两个月。

(6) 磺胺混合标准工作溶液：根据每种磺胺的灵敏度和仪器线性范围，用空白样品提取液配成不同浓度（ng/mL）的混合标准工作溶液，于4℃保存，可使用1周。

3. 实验材料

2～3种蜂蜜，各250g。

四、实验步骤

1. 样品处理

（1）对有结晶的蜂蜜样品，在密闭情况下，置于不超过60℃的水浴中温热，振荡，待样品全部融化后搅匀，迅速冷却至室温备用；对无结晶蜂蜜样品，将其搅拌均匀备用。

（2）称取5.00g搅拌均匀的样品，置于150mL锥形瓶中。加入25mL H_3PO_4 溶液，在液体混匀器上高速混合5min，使试样完全溶解。

2. 样品净化

（1）将苯磺酸型阳离子交换柱先用5mL甲醇和10mL水预洗并保持柱体湿润。

（2）在减压情况下，使样品液以小于等于3mL/min的流速通过苯磺酸型阳离子交换柱，待样液完全流出后，分别用5mL H_3PO_4 溶液和5mL水洗柱，弃全部流出液。

（3）以40mL磷酸缓冲溶液洗脱，收集洗脱液于100mL平底烧瓶中，加1.5mL庚烷磺酸钠溶液，以 H_3PO_4 调pH至6。

（4）将 C_{18} 固相萃取柱净化，用5mL甲醇和10mL水预洗并保持柱体湿润，备用。

（5）将（3）的洗脱液过 C_{18} 固相萃取柱，调节流速小于等于3mL/min，待洗脱液完全流出后，用3mL水洗柱，弃全部流出液。

（6）在65kPa的负压下减压抽干5min，以10mL甲醇洗脱，收集洗脱液，于旋转蒸发器上于45℃减压蒸发至干。以1.0mL乙腈-0.01mol/L NH_4Ac 流动相溶解残渣，供液相色谱-质谱联用仪测定用。

3. 测定

（1）将混合标准工作溶液进样于LC-MS仪进行测定，以工作溶液的浓度为横坐标，峰面积为纵坐标，绘制标准工作曲线。

（2）同时，对样品净化液进行分析，根据保留时间定性，以峰面积定量。

（3）参考色谱条件：色谱柱为Lichrospher R100RP-18柱（250mm×4.6mm，5μm）；流动相为乙腈-0.01mol/L NH_4Ac 溶液，流速为0.8mL/min；柱温为35℃；进样量为40μL；分流比为1∶3。

（4）参考质谱条件：电喷雾离子源；正离子扫描；多反应监测；电喷雾电压为5500V；雾化气压力为0.076MPa；气帘气压力为0.069MPa；辅助气流速为6L/min；离子源温度为350℃；去簇电压为55V。

（5）在上述条件下，16种磺胺的保留时间见表3-10，定性离子对、定量离子对、碰撞气能量和去簇电压见表3-11。

表3-10 16种磺胺的保留时间

药物名称	保留时间/min	药物名称	保留时间/min
磺胺醋酰	2.61	磺胺甲基嘧啶	9.93
磺胺甲噻二唑	4.54	磺胺邻二甲氧嘧啶	11.29
磺胺二甲异噁唑	4.91	磺胺吡啶	11.62
磺胺氯哒嗪	5.20	磺胺对甲氧嘧啶	12.66
磺胺嘧啶	6.54	磺胺甲氧哒嗪	17.28
磺胺甲基异噁唑	8.41	磺胺二甲嘧啶	17.95
磺胺噻唑	9.13	磺胺苯吡唑	22.29
磺胺-6-甲氧嘧啶	9.48	磺胺间二甲氧嘧啶	28.97

表 3-11 16 种磺胺的定性离子对、定量离子对、碰撞气能量和去簇电压

名称	定性离子对(m/z)	定量离子对(m/z)	碰撞气能量/V	去簇电压/V
磺胺醋酰	215/156 215/108	215/156	18 28	40 45
磺胺甲噻二唑	271/156 271/107	271/156	20 32	50 50
磺胺二甲异噁唑	268/156 268/113	268/156	20 23	45 45
磺胺氯哒嗪	285/156 285/108	285/156	23 35	50 50
磺胺嘧啶	251/156 251/185	251/156	23 27	55 50
磺胺甲基异噁唑	254/156 254/147	254/156	23 22	50 45
磺胺噻唑	256/156 256/107	256/156	22 32	55 47
磺胺-6-甲氧嘧啶	281/156 281/215	281/156	25 25	65 50
磺胺甲基嘧啶	265/156 265/172	265/156	25 24	50 60
磺胺邻二甲氧嘧啶	311/156 311/108	311/156	31 35	70 55
磺胺吡啶	250/156 250/184	250/156	25 25	50 60
磺胺对甲氧嘧啶	281/156 281/215	281/156	25 25	65 50
磺胺甲氧哒嗪	281/156 281/215	281/156	25 25	65 50
磺胺二甲嘧啶	279/156 279/204	279/156	22 20	55 60
磺胺苯吡唑	315/156 315/160	315/156	32 35	55 55
磺胺间二甲氧嘧啶	311/156 311/218	311/156	31 27	70 70

(6) 平行试验与空白试验（除不称取试样外，均按上述步骤进行）。

4. 计算

按下式计算待测试样中磺胺类抗生素的残留量（计算结果应扣除空白值）：

$$x_i=\frac{c_iV}{m}$$

式中，x_i 为样品中 i 种磺胺的残留量，μg/kg；c_i 为样品净化液中 i 种磺胺的浓度，ng/mL；V 为样品液的定容体积，mL；m 为样品净化液代表的样品质量，g。

五、注意事项

实验步骤中的色谱条件和质谱条件仅供参考，在实际分析中，应根据仪器的型号和实验条件，依据说明书，通过预备实验确定。

六、思考题

1. 简述在 LC-MS 中样品净化的必要性。
2. 什么叫定性离子对、定量离子对？它们是如何产生的？

（撰写人：王小红）

实验 3-18　鸡肉中磺胺嘧啶残留的直接竞争 ELISA 检测

一、实验目的

掌握直接竞争 ELISA 测定鸡肉中磺胺嘧啶（sulfadiazine，SD）残留量的原理和方法。

二、实验原理

直接竞争酶联免疫吸附（direct competitive enzyme linked immunosorbent assay）是 ELISA 中的一种。首先将抗磺胺嘧啶特异性抗体吸附（固定）于酶标板微孔内，然后同时加入酶标抗原和待测抗原，竞争微孔内固定的抗体结合位点，保温洗涤后，加底物显色，颜色深浅与待测抗原的量成反比。

三、仪器与试材

1. 仪器与器材

酶联免疫检测仪、匀浆机、高速离心机、移液器等。

2. 试剂

（1）常规试剂：乙腈、乙酸乙酯、$NaHCO_3$、Na_2CO_3、KH_2PO_4、Na_2HPO_4、NaCl、KCl、H_2SO_4 等。

（2）标准品与 ELISA 试剂：磺胺嘧啶标准品（纯度≥99%）、兔抗磺胺嘧啶抗体、酶标抗原（SD-HRP，辣根过氧化物酶标记的磺胺嘧啶）、吐温-20、显色剂 TMB（四甲基联苯胺）、过氧化氢脲、脱脂奶粉。

（3）常规溶液：86%乙腈溶液、磷酸盐缓冲液生理盐水（pH=7.2，0.1mol/L，简称 PBS）、pH=9.5 的 0.1mol/L 碳酸盐缓冲液（ELISA 包被液，简称 CBS）、5%的脱脂牛奶（溶于 ELISA 洗涤液）、pH=5.0 的 0.1mol/L 柠檬酸-0.2mol/L Na_2HPO_4 缓冲液（底物缓冲溶液）、2mol/L H_2SO_4 溶液（终止液）。

（4）ELISA 洗涤液（PBST）：将 $Na_2HPO_4 \cdot 12H_2O$ 2.9g、KH_2PO_4 0.2g、NaCl 8.0g、KCl 0.2g、Tween-20 0.5mL 溶于 1000mL 蒸馏水中。

3. 实验材料

2～3 种鸡肉，各 250g。

四、实验步骤

1. 样品提取

（1）取 50g 剔除皮与筋骨的鸡肉，切碎后，于组织匀浆机中搅碎。

（2）取 5.00g 匀浆样品，加 20mL 乙腈溶液，振摇 10min，以 3000r/min 离心 10min。

（3）取上清液 3mL 与 3mL 水混合后，再加 4.5mL 乙酸乙酯抽提 10min，以 3000r/min 离心 10min。

（4）上层乙酸乙酯提取液吹干后，加 1.5mL PBS 溶解，备用。

2. 标准曲线的绘制

（1）包被：在 96 孔酶标板的微孔内，每孔加 100μL 溶于 CBS 中的抗磺胺嘧啶抗体（浓度为 1ng/mL），于 4℃过夜。取出酶标板，恢复至室温，倾去包被液，用 PBST 满孔洗涤 3 次，每次 5min，扣干。

（2）封阻：每孔加 200μL 5%的脱脂牛奶（溶于 PBST）作为封阻液，于 37℃保温保湿 2h。取出酶标板，倾去封阻液，用 PBST 满孔洗涤 3 次，每次 5min，扣干。

（3）抗原抗体竞争反应：每孔加入以 PBST 适当稀释的酶标磺胺嘧啶 50μL，同时分别加入不同浓度的磺胺嘧啶标准溶液 50μL，使添加标准溶液的微孔中磺胺嘧啶的终浓度分别为 0、0.1ng/mL、0.3ng/mL、0.9ng/mL、2.7ng/mL 和 8.1ng/mL。混匀，每个浓度做 3 个平行。于 37℃保温保湿 1h 后，以 PBST 满孔洗涤 3 次，扣干。

（4）显色：每孔加入显色剂 TMB 和过氧化氢脲各 50μL，于室温条件下避光反应 15min。

（5）测定：每孔加入 40μL 2mol/L 的 H_2SO_4 溶液终止反应，5min 后，以空白孔调零，在酶标仪上于 450nm 波长处读取吸光度。

（6）标准曲线的绘制：以磺胺嘧啶浓度的对数为横坐标，竞争抑制率（各微孔吸光度与磺胺嘧啶浓度为 0 的微孔的吸光度的比值的百分数）为纵坐标，绘制标准曲线。

3. 样品测定

（1）除了在“标准曲线的绘制”中（3）所述的抗原抗体竞争反应中，以 50μL 样品提取液替代磺胺嘧啶标准溶液外，其他操作过程同“标准曲线的绘制”中（1）～（5）。

（2）根据样品提取液的竞争抑制率，从标准曲线上查找并计算样品提取液中磺胺嘧啶的浓度。

4. 计算

按下式计算样品中磺胺嘧啶的含量：

$$x=c\times\frac{V_1}{V_2}\times\frac{1}{m}$$

式中，x 为样品中磺胺嘧啶的残留含量，μg/kg；c 为样品提取液中磺胺嘧啶的质量，ng；V_1 为样品提取液的体积，mL；V_2 为测定用提取液的体积，mL；m 为样品的质量，g。

五、注意事项

1. 在 ELISA 中，洗涤是决定实验成败的关键步骤之一。因为在 ELISA 过程中，除了抗原抗体的特异性结合外，还存在多种非特异性吸附，洗涤可以消除这些非特异性吸附，从而避免假阳性结果的出现，所以洗涤一定要按照要求进行，不得随意减少洗涤的次数。

2. 在底物显色过程中，温度和时间是主要影响因素。通常情况下，在一定时间和温度下，阴性对照孔（不加抗原和酶标抗原的孔）可保持无色，而阳性对照孔（标准品浓度为 0 的孔）则随时间的延长而呈色加强。但是，如果时间过长或温度过高，阴性对照孔也可能产生颜色，从而影响分析结果。因此，应根据阳性对照孔和阴性对照孔的显色情况适当缩短或延长显色时间。

3. ELISA 检测操作过程复杂，影响因素较多，为了确保实验的准确性，样品的测定条件必须与标准曲线的绘制条件保持一致，最好在同一酶标板内完成。

六、思考题

1. 简述直接竞争 ELISA 的原理。
2. 在 ELISA 中，如何确定抗原抗体反应的最适浓度？

（撰写人：王小红）

参考文献

［1］ Angelika S, Ewald U, et al. Improved enzyme immunoassay for group-specific determination of penicillins in milk. Food and Agricultural Immunology, 2003, 152: 135-143.

［2］ Mashaiko T, Shigeki D, Taketoshi N. Determination of chloramphenicol residues in fish meats by liquid chromatography-atmospheric pressure photonization mass spectrometry. Journal of Chromatography A, 2003, 1011 (1-2): 67-75.

［3］ 车振明. 食品安全与检测. 北京：中国轻工业出版社，2007.

［4］ 陈振桂. 水产品中磺胺类和氯霉素类兽药残留分析方法研究：［硕士学位论文］. 南昌：南昌大学，2007.

［5］ 丁志刚，王静，高红梅. 抗生素残留检测技术的研究进展. 食品与发酵工业，2005，31（6）：112-116.

［6］ 杜子荣，叶基倩. 罗红霉素颗粒剂的紫外分光光度测定. 中国医药工业杂志，2000，31（6）：273-275.

［7］ 范晋勇. 一种新型大环内酯类抗生素的分离纯化研究：［硕士学位论文］. 天津：天津大学，2004.

［8］ 关嵘，顾鸣，魏万贵等. 酶联免疫法检测动物组织中磺胺嘧啶残留方法的建立. 检验检疫科学，2004，14（1）：9-11.

[9] 河南农业大学. 动物性食品检验学. 北京：中国农业科学技术出版社，2003.
[10] 河南农业大学. 食品微生物检验学. 北京：中国科学技术出版社，1991.
[11] 华维一. 药物化学. 北京：高等教育出版社，2004.
[12] 黄伟坤等. 食品检验与分析. 北京：中国轻工业出版社，1997.
[13] 姜莉，赵守成. 柱后衍生-荧光检测高效液相色谱法快速测定鲜牛奶中链霉素残留量. 分子科学学报，2005，21 (1)：20-24.
[14] 江苏省地方标准（DB33/T 673—007）水产品中泰乐菌素A残留量的测定——高效液相色谱法.
[15] 李定刚. 氨基糖苷类抗生素的研究应用概述. 北方牧业，2008，(2)：27.
[16] 李岩. 液相色谱-电喷雾质谱法测定动物源食品中残留大环内酯类抗生素：[硕士学位论文]. 大连：大连交通大学，2006.
[17] 李诚. 抗菌药物残留检测方法研究动态. 肉品卫生，1993，10：23-25.
[18] 李俊锁. 兽药残留分析研究进展. 中国农业科学，1997，30 (5)：81-87.
[19] 刘利东，袁建新等. 酶联免疫检测试剂盒应用于牛奶中四环素残留的测定. 乳业科学与技术，2004，(2)：52-54.
[20] 芦金荣，周萍. 化学药物. 南京：东南大学出版社，2006.
[21] 陆彦，吴国娟. 畜产品中青霉素类药物残留检测方法研究进展. 动物医学进展，2006，27 (7)：34-37.
[22] 孟昭赫. 食品卫生检验方法注解：微生物学部分. 北京：人民卫生出版社，1990.
[23] 鲁映青，贡沁燕. 药理学. 上海：复旦大学出版社，2003.
[24] 农业部235公告. 动物性食品中兽药最高残留限量，2002.
[25] 庞国芳. 农药兽药残留现代分析技术. 北京：科学出版社，2007.
[26] 彭会建. 磺胺对甲氧嘧啶单克隆抗体的制备及应用：[硕士学位论文]. 扬州：扬州大学，2003.
[27] 秦燕，鲍伦军，朱柳明. 不同基质中青霉素族抗生素残留的放射免疫分析. 分析测试学报，2003，22 (5)：60-63.
[28] 沈崇钮，丁涛，陈惠兰. 高效液相色谱-电喷雾多级质谱联用测定蜂产品中氯霉素残留. 检验检疫科学，2003，3 (6)：26-25.
[29] 沈红. 抗磺胺药抗体的制备与免疫分析法的研究：[博士学位论文]. 北京：中国农业大学，2005.
[30] 唐娜. 牛乳中链霉素残留检测ELISA试剂盒的研制：[硕士学位论文]. 扬州：扬州大学，2006.
[31] 王立，林洪，曹立民. 动物性食品中氨基糖苷类抗生素的检测方法研究进展. 南方水产，2006，2 (1)：76-79.
[32] 王覃. 动物组织中痕量四环素类抗生素分析方法的研究：[硕士学位论文]. 北京：北京化工大学，2006.
[33] 王华. 牛奶中抗生素残留的检测与分析：[硕士学位论文]. 西安：西北农林科技大学，2005.
[34] 王晶，王林，黄晓蓉. 食品安全快速检测技术. 北京：化学工业出版社，2000.
[35] 王秉栋. 食品卫生检验手册. 上海：上海科学技术出版社，2003.
[36] 吴定，张羽航，姚汝华. 乳中磺胺甲基嘧啶残留酶联免疫测定. 食品科学，1998，19 (6)：42-45.
[37] 岳振峰，邱月明，林秀云等. 高效液相色谱串联质谱法测定牛奶中四环素类抗生素及其代谢产物. 分析化学，2006，(9)：1255-1259.
[38] 叶兴乾，刘东红，陈健初. 牛奶抗生素残留快速检测技术进展及应用现状. 农业工程学报，2005，21 (4)：181-185.
[39] 余奇飞，陈翠莲，孙莉娜等. 牛奶中抗生素残留检测方法的研究进展. 农产品加工，2005，11：72-75.
[40] 尤启冬. 药物化学. 第2版. 北京：化学工业出版社，2008.
[41] 张洪泉，顾振纶，胡刚. 药理学. 南京：东南大学出版社，1999.
[42] 张晶，张德强，尹秀玲等. 氨基糖苷类药物分子作用机制及钝化酶抑制剂的研究进展. 兽药与饲料添加剂，2008，13 (1)：11-13.
[43] GB/T 5009.95—2003 蜂蜜中四环素族抗生素残留量测定.

[44]　GB/T 5009.116—2003 畜、禽肉中土霉素、四环素、金霉素残留量的测定.
[45]　GB/T 9695.16—88 肉与肉制品中四环素族抗生素残留量检验.
[46]　GB/T 18932.3—2002 蜂蜜中链霉素残留量的测量方法——液相色谱法.
[47]　GB/T 18932.17—2003 蜂蜜中 16 种磺胺残留量的测定方法（LC-MS 法）.
[48]　GB/T 18932.19—2003 蜂蜜中氯霉素残留量的测定方法（液相色谱-串联质谱法）.
[49]　GB/T 18932.20—2003 蜂蜜中氯霉素残留量的测定方法（气相色谱-质谱法）.
[50]　GB/T 18932.21—2003 蜂蜜中氯霉素残留量的测定方法（酶联免疫法）.
[51]　GB/T 18932.23—2002 蜂蜜中土霉素、四环素、金霉素、强力霉素残留量的测定方法.
[52]　GB/T 20755—2006 畜禽肉中九种青霉素类药物残留量的测定　液相色谱-串联质谱法.

第四章　食品中添加剂的测定

第一节　概　述

一、食品添加剂的定义与种类

食品添加剂（food additives）是指为改善食品质地、色、香、味，以及为了防腐和满足加工工艺需要而添加到食品中的化学或天然物质，还包括营养强化剂、食品用香料、胶基糖果中的基础剂物质和食品工业用加工助剂。

目前，全世界共有14000多种各类食品添加剂，截止到2006年底，不包括复合食品添加剂，我国允许使用的食品添加剂共有1812种。

食品添加剂按其来源不同，通常可分为三大类。一是天然提取物，是从天然动植物中提取获得的。例如，甜菜红是从甜菜中提取的色素；辣椒红素是从辣椒中提取的色素。二是用发酵等方法制备的物质，通常是微生物的发酵产物，也可以通过培养动植物细胞获得。例如，柠檬酸是黑曲霉（*Aspergillus niger*）等微生物的发酵产物；红曲色素是红曲菌（*Monascus* spp.）的发酵产物。三是化学合成物。例如，苯甲酸钠、山梨酸钾、苋菜红和胭脂红等均是人工合成的化学物质。目前，食品添加剂还是以化学合成的物质为主，少数为天然提取物和微生物发酵产物。

新修订颁布的GB 2760—2007《食品添加剂使用卫生标准》将食品添加剂按功能和用途划分为如下22大类。

（1）酸度调节剂（acidity regulator）　维持或改变食品酸碱度的物质。

（2）抗结剂（anticaking agents）　防止颗粒或粉状食品聚集结块，保持其松散或自由流动的物质。

（3）消泡剂（antifoaming agents）　在食品加工过程中可降低表面张力，消除泡沫的物质。

（4）抗氧化剂（antioxidants）　能防止或延缓食品成分氧化变质的物质。

（5）漂白剂（bleaching agents）　能够破坏、抑制食品的发色因素，使其褪色或使食品免于褐变的物质。

（6）膨松剂（bulking agents）　在食品加工过程中加入的，能使面胚发起形成致密多孔组织，从而使制品具有膨松、柔软或酥脆的物质。

（7）胶姆糖基础剂（chewing gum bases）　是赋予胶姆糖起泡、增塑、耐咀嚼等作用的物质。

（8）着色剂（colorant）　使食品着色和改善食品色泽的物质。

（9）护色剂（color fixatives）　能与肉及肉制品中的呈色物质作用，使之在食品加工、保藏等过程中不被分解、破坏，并呈现良好色泽的物质。

（10）乳化剂（emulsifiers）　能改善乳化体中各种构成相之间的表面张力，形成均匀分散体或乳化体的物质。

（11）酶制剂（enzyme preparations）　从生物中提取的具有生物催化能力的物质，辅以其他成分，用于加速食品加工过程和提高食品产品质量的物质。

（12）增味剂（flavour enhancers）　补充或增强食品原有风味的物质。

（13）面粉处理剂（flour treatment agents）　使面粉增白和提高焙烤制品质量的物质。

（14）被膜剂（coating agents）　涂抹于食品外表，起保质、保鲜、上光、防止水分蒸发等作用的物质。

（15）水分保持剂（humectants）　有助于保持食品中水分而加入的物质。

（16）营养强化剂（nutrition enhancers）　为增强营养成分而加入食品中的天然的或者人工合成的属于天然营养素范围的物质。

（17）防腐剂（preservatives）　防止食品腐败变质，延长食品储藏期的物质。

(18) 稳定剂和凝固剂（stabilizers and coagulators）　使食品结构稳定或食品组织结构不变，增强黏性固形物的物质。

(19) 甜味剂（sweeteners）　赋予食品以甜味的物质。

(20) 增稠剂（thickeners）　可以提高食品的黏稠度或形成凝胶，从而改变食品的物理性状，赋予食品黏润与适宜的口感，并兼有乳化、稳定或使呈悬浮状态作用的物质。

(21) 食品香料（flavouring agents）　能够用于调配食品香精，并使食品增香的物质。

(22) 食品工业用加工助剂（food processing aids）　指保证食品加工能顺利进行的各种物质，与食品本身无关。包括助滤剂、澄清剂、吸附剂、润滑剂、脱模剂、脱色剂、脱皮剂、提取剂、发酵用营养物质等。

食品添加剂是食品工业重要的基础原料，对食品的生产工艺、产品质量、安全卫生等都起到至关重要的作用。但是违禁、滥用食品添加剂以及超范围、超标准使用添加剂，都会给食品质量、安全卫生以及消费者的健康带来巨大的损害。随着食品工业与添加剂工业的发展，食品添加剂的种类和数量越来越多，它们对人们健康的影响也就越来越大。加之随着毒理学研究方法的不断改进和发展，原来认为无害的某些食品添加剂，近年来发现可能存在致癌、致畸和致突变等各种潜在的危害，因而关于食品添加剂的潜在危害更加不容忽视。为了尽可能地将食品添加剂潜在的危害降低到最低限度，保证食品质量，保障消费者健康与安全，除了食品加工企业必须严格遵照执行食品添加剂的卫生标准，加强食品添加剂的卫生管理，规范、合理、安全地使用添加剂外，对食品中食品添加剂进行分析与检测也是非常必要的，这对规范食品添加剂的使用将起到监督、保障和促进作用。

二、食品添加剂的分析检测方法

（一）检测方法的特殊性

由于食品具有种类繁多、成分复杂、加工工艺各异等特点，所以在研究食品添加剂的检测方法与分析食品添加剂的含量时，必须注意以下一些独特的特点。

1. 基质成分复杂

虽然食品添加剂的基质——食品，都含有丰富的营养成分，一般每一种食品中都含有多种蛋白质、碳水化合物、脂肪、无机盐和维生素等，只是比例不同而已，但是，由于食品本身物理和化学性质的不同，所以同一种食品添加剂在不同食品中的检测方法也有很大差异。

2. 在食品中的含量少

食品添加剂在食品中的使用量不像食品原料和辅料那么多，也不能随意添加和扩大其使用量，必须严格执行GB 2760—2007《食品添加剂使用卫生标准》的规定。GB 2760—2007对一些可能对人体造成危害的食品添加剂，如防腐剂、漂白剂、面粉处理剂、膨松剂、护色剂、着色剂等，在经过严格食品安全性毒理学评价程序试验后，严格规定了其最大使用量（或残留量）。最大使用量（以g/kg表示）是食品中添加剂使用量的重要依据。例如，苯甲酸在胶基糖果中的最大使用量为1.5g/kg，在碳酸饮料中的最大使用量为0.2g/kg；姜黄素在糕点中的最大使用量为0.01g/kg。因此，可以看出添加剂在食品中的使用量是非常少的，即使少数不法商家为了掩盖食品的本质而成倍超量使用，食品添加剂在食品中的含量还是很少，所以食品添加剂的检测方法应具有较高的灵敏度。

3. 品种多

食品添加剂是为改善食品品质、色、香、味，以及防腐和满足加工工艺的需要而加入食品中的化学合成或天然物质。从添加剂的作用可以看出，一种食品中常常同时存在多种食品添加剂。例如，肉制品中常常同时使用发色剂（护色剂）、水分保持剂、增稠剂、防腐剂、着色剂等5类食品添加剂；GB 2760—2007规定在碳酸饮料中允许使用包括防腐剂、着色剂、酸度调节剂、抗氧化剂等在内的27种食品添加剂。所以，如果需要同时检测这么多食品添加剂，其困难程度是可以想象的。

4. 组成及化学结构复杂

食品添加剂不等于化学试剂，高纯度的化学试剂主要服务于化学实验，由于实验本身对于精度的要求等因素，其产品质量标准主要是注重试剂的纯度，而食品添加剂的特殊性在于它需要与食品一起进入人体，与人体健康、安全等息息相关，因此它的重点不仅是产品的纯度，更需要保证产品的食用安全性以及对人体的无危害性。食品添加剂是加入食品中的化学合成或天然物质，大多结构复杂，尤其是天然物质，组成和结构更复杂。例如，天然着色剂葡萄皮红的主要成分包括锦葵素、芍药素、翠雀素、花青素配糖体等。食品添加剂组成结构的复杂性给食品添加剂检测工作带来了相当的难度。

5. 检测的准确性要求高

食品添加剂对食品的品质有很大作用，但是有些食品添加剂具有一定的毒性，应尽可能少用或不用，必须使用时应严格控制其使用范围或使用量。在食品添加剂使用中，目前存在的主要安全问题是超标使用、超范围使用、违规使用以及加工不当引起添加剂的不良变化。为保证食品安全，保护消费者健康，对食品添加剂的安全监控水平必须提高，这就需要建立各种定性定量分析方法，准确分析食品中添加剂的实际使用量。

6. 分析费用高

由于食品添加剂的特殊性，其分析方法较一般食品成分的分析方法繁杂，从而要求检测仪器有高的灵敏度，同时，为了得到准确的结果，样品还要经过复杂的前处理。通常，食品添加剂的分析包括样品预处理、样品制备和萃取等复杂的前处理过程，并采用气相色谱（GC）、高效液相色谱（HPLC）、气相色谱-质谱联用（GC-MS）、液相色谱-质谱联用（LC-MS）、离子色谱、毛细管电泳（CE）和极谱分析等现代分析技术。这些分析技术要求仪器设备有很高的灵敏度、精确度和稳定性，一般的国产仪器不能满足需求，所以常常需要使用昂贵的进口仪器设备。复杂的样品前处理和昂贵的仪器设备使得食品添加剂的分析费用偏高。

（二）分析检测方法

食品添加剂的分析与检测，与食品中其他很多物质如抗生素残留和农药残留的分析方法一样，首先应针对待分析物质的结构和理化性质，选择适当方法将它们从食品这种复杂的混合体系中分离提取出来，以利于进一步的分析和检测。关于分离提取的原理和方法与其他物质的一样，请参考本书的其他章节。检测食品添加剂含量的分析方法主要包括滴定法（容量法）、比色法和仪器分析方法。其中，滴定法和比色法尽管仍然常常用到，但是，近年来随着灵敏度高、重复性好的各种现代仪器分析方法和快速、特异、经济的各种快速检测方法的出现，它们正逐渐被其他方法所取代。目前，仪器分析方法正成为食品添加剂检测的主要方法。所谓仪器分析方法是指借助精密仪器，通过测量物质的某些理化性质以确定其化学组成、含量及化学结构的一类分析方法。近年来，随着计算机技术的引入与仪器联用技术的发展，仪器分析方法正迅速发展成为更加快速、灵敏和准确以及自动化程度更高的现代仪器分析方法。

当前，现代仪器分析方法在食品分析中所占的比重越来越大，并成为现代食品分析的重要支柱之一，尤其是在食品的微量或痕量成分的分析方面，现代仪器分析方法表现出很大的优势。而食品添加剂在食品中的含量很低，并且与复杂的食品成分混合在一起，所以现代仪器分析方法在鉴定和分析食品中食品添加剂的种类和含量等方面正发挥着越来越重要的作用。下面将对食品添加剂几类常用的检测方法进行简要的介绍。关于这些方法更详细的分析原理和过程等内容，请参阅本书的其他章节和其他相关书籍。

1. 电化学分析法

电化学分析法（electrochemical analysis method）是建立在溶液电化学基础上的一类分析方法，它利用物质在化学能与电能转化的过程中，化学组分与电物理量（如电压、电流、电量或电导等）间的定量关系来确定物质的组分和含量。电化学分析法具有仪器简单、操作方便、分析速度快等特点，但是由于电极的品种主要局限于一些低价离子（主要是阳离子），因此在实际应用中还受到一定的限制；另一方面，电极电位值的重现性受实验条件的影响较大，其标准曲线不如分光光度法的稳定。

尽管电化学分析法存在一些不足，但是在食品添加剂的检测中仍得到了较好的应用。例如，以伏安法测定食品中的没食子酸酯，检出限为0.54mg/L；以极谱法测定食品中的叔丁基羟基茴香醚，检测限为0.19mg/mL，在0.5～15.0mg/mL范围内线性关系良好；以差示脉冲伏安法可以测定食品中亚硝酸盐的含量。

2. 分光光度法

分光光度法（spectrophotometry）是基于物质对光的选择性吸收而建立的分析方法。它是目前食品添加剂分析检测中应用最多的方法之一。此方法具有简单易行、无需昂贵的仪器设备等特点。

分光光度法在我国食品添加剂国家标准检测方法中常常采用。例如，油脂中没食子酸丙酯的测定；护色剂亚硝酸盐的测定；食品中甜味剂环己基氨基磺酸钠的测定；蔬菜、水果及其制品中总抗坏血酸的测定等国家标准中都采用分光光度法。

3. 色谱分析法

所谓色谱分析法（chromatography）是利用不同的分析组分在固定相和流动相间分配系数的差异而实现分离、分析的方法，属于物理或物理化学的分离、分析方法。色谱法的种类很多。在食品添加剂的检测中，目前主要应用液相色谱法（HPLC）、气相色谱法（GC）和毛细管电泳法（CE）对其进行定性定量检测和同时检测多食品添加剂。

（1）GC在食品添加剂分析中的应用

凡在气相色谱仪操作许可的温度下，能直接或间接汽化的食品添加剂均可采用GC进行分析。例如，采用毛细管气相色谱内标法可一次性同时测定食品中的丙酸、山梨酸、脱氧乙酸、苯甲酸、对羟基苯甲酸甲酯、对羟基苯甲酸乙酯、对羟基苯甲酸丙酯和对羟基苯甲酸丁酯等8种食品防腐剂，检出限分别为1.5mg/L、1.0mg/L、1.5mg/L、1.0mg/L、2.0mg/L、2.0mg/L、2.0mg/L、2.0mg/L。又如，采用毛细管气相色谱还可以快速测定油脂及其加工食品中抗氧化剂叔丁基羟基茴香醚、2,6-二叔丁基对甲基苯酚、叔丁基对苯二酚的含量，它们的加标回收率均在94.6%～109.1%之间，相对偏差均小于5.2%，检测线性范围为10～500μg/mL，相关系数均大于0.999，最低检测浓度均小于0.5μg/mL。

（2）HPLC在食品添加剂分析中的应用

HPLC是食品分析的重要手段，特别是在食品组分（如维生素等）及部分外来物分析中，有着其他方法不可替代的优势。目前已经报道的HPLC在食品添加剂分析中的应用主要集中在食品中防腐剂、甜味剂、着色剂、抗氧化剂等的检测以及多种添加剂的同时检测。例如，采用HPLC同时检测食品中的苯甲酸、山梨酸、对羟基甲酯和对羟基丙酯时，以甲醇-醋酸缓冲液为提取溶剂，检测波长为254nm，23min内就可以完成这四种物质的分析。又如，采用带有二极管阵列检测器的HPLC测定人工合成色素柠檬黄、苋菜红、胭脂红及日落黄，根据各组分的出峰顺序，在不同时间段可分别用各组分的最佳检测波长进行检测。此法不仅灵敏度高，还能克服梯度洗脱时的基线漂移，减少共存物的干扰。再如，利用高效液相色谱荧光检测法（HPLC-FLD），可同时测定食用油中没食子酸丙酯、正二氢愈创酸、叔丁基羟基茴香醚、叔丁基对苯二酚、没食子酸辛酯等5种抗氧化剂，标准样品的平均加标回收率可达到72.1%～99.6%，正二氢愈创酸、叔丁基羟基茴香醚、叔丁基对苯二酚的检测限为1μg/g，没食子酸丙酯和没食子酸辛酯的检测限为10μg/g。

（3）CE在食品添加剂分析中的应用

CE是20世纪末发展起来的新型分离分析方法，它以高压电场为驱动力，以毛细管为分离通道，依据样品中各组分之间分配系数的不同进行分离。

CE被用于检测糖果、冰激凌、苏打饮料、果冻和牛奶饮料中的色素，可分析汽水、番茄沙司、蜜饯中的山梨酸、苯甲酸和糖精含量，还可用于测定防腐剂苯甲酸、山梨酸和脱氢醋酸的含量。

由于食品添加剂品种繁多，食品的成分和性质存在差异，所以同一种食品添加剂在不同的食品中，有时需要采用不同的分析方法。另外，随着食品检测技术的发展，食品添加剂残留量的检验方法越来越多，同一种食品添加剂在同一种食品中有时也可采用多种分析方法。因此，对于食品中食品添加剂的检测，应该根据实验室条件和对实验结果的要求，选择适合的分析检测方法。

（撰写人：黄文）

第二节　食品中常见防腐剂的分析

1. 定义、种类和作用机理

防腐剂（preservatives）是一种能够抑制食品中微生物生长和繁殖的化学物质。它必须满足以下四个条件：一是对人体无毒、无害、无副作用；二是长期食用添加防腐剂的食品，不应使机体组织产生任何病变，更不能影响第二代的生长和发育；三是加入防腐剂后，对食品的质量不能有任何影响和降低；四是食品加入防腐剂后，不能掩蔽劣质食品的质量问题或改变任何感官性状。

目前，我国允许使用的防腐剂主要包括苯甲酸（benzoic acid）及其钠盐、山梨酸（sorbic acid）及其钾盐、对羟基苯甲酸乙酯（ethyl *p*-hydroxybenzoate）及丙酯等。其中，前两种应用最为广泛。苯甲酸又名安息香酸，为白色有丝光的鳞片或针状结晶，熔点为122℃，沸点为249.2℃，100℃开始升华。在酸性条件下可随水蒸气蒸馏，微溶于水，易溶于氯仿、丙酮、乙醇、乙醚等有机溶剂，化学性质较稳定。苯甲酸钠易溶于水和乙醇，难溶于有机溶剂，与酸作用生成苯甲酸。山梨酸为无色、无臭的针状结晶，熔点为134℃，沸点为228℃。山梨酸难溶于水，易溶于乙醇、乙醚、氯仿等有机溶剂，在酸性条件下可随水蒸气蒸馏，化学性质稳定。山梨酸钾易溶于水，难溶于有机溶剂，与酸作用生成山梨酸。苯甲酸与山梨酸主要用于酸性食品的防腐。

苯甲酸的抑菌机理是其活性分子能抑制微生物细胞呼吸酶系统的活性，特别是对乙酰辅酶的缩合反应有很强的抑制作用。苯甲酸以未被解离的分子态存在时才有防腐效果，所以在高酸性食品中的杀菌效力为微碱性食品中的100倍。苯甲酸对酵母菌的影响大于霉菌，对细菌效力较弱。

山梨酸也是以未解离的分子形态起防腐作用，能损伤微生物细胞的脱氢酶系统，使分子中的共轭双键氧化，产生分解和重排。主要目标菌是霉菌、酵母菌及其他好气性细菌，但不能抑制厌氧菌、嗜酸乳杆菌和细菌芽孢的形成。

2. 残留、危害和检测

按照GB 2760—2007《食品添加剂使用卫生标准》规定的范围和剂量使用，食品防腐剂可以防止食品腐败变质，延长保存时间，也不会对食用者产生危害。但是，如果超量超范围使用，就可能带来危害，而且这种危害常常是慢性的，可能引起癌症等慢性疾病。

基于防腐剂残留的潜在危害，世界各国都规定了其在食品中的使用范围与剂量。我国国家标准规定，苯甲酸及其盐类的使用范围包括酱油、醋、果汁类、果酱类、葡萄酒、罐头，最大使用剂量为1g/kg；汽酒、汽水、低盐酱菜、面酱类、蜜饯类、山楂糕、果味露，最大使用量为0.5g/kg。山梨酸及其盐类在酱油、醋、果酱类中的最大允许使用量为1g/kg；在低盐酱菜类、面酱类、蜜饯类等中的最大使用量为0.5g/kg。

为了有效地控制食品防腐剂的超量和超范围使用，加强对食品中防腐剂的分析和检测是非常重要和必要的。像食品中其他残留物的分析一样，防腐剂的分析，首先也需要从样品中提取待测物质。由于大多数防腐剂都溶于水，所以提取时常用水为提取溶剂，而对于基质较为复杂的酱油、果奶型饮料、肉制品等样品，以水提取后，还需对蛋白质进行沉淀等，以对样品进行净化。对于对羟基苯甲酸酯等防腐剂，往往用有机溶剂甲醇、乙腈、乙酸乙酯、乙醚等作为提取剂，以比色法、分光光度法、HPLC或GC等方法进行分析。

目前，国家标准中关于食品中防腐剂的测定方法有：食品中山梨酸和苯甲酸的测定方法（GB/T 5009.29—2003）、食品中丙酸钠和丙酸钙的测定方法（GB/T 5009.120—2003）、食品中脱氢乙酸的测定方法（GB/T 5009.121—2003）、水果中乙氧基喹残留量的测定方法（GB/T

5009.129—2003）和食品中对羟基苯甲酸酯类的测定方法（GB/T 5009.31—2003）等。

（撰写人：黄文）

实验 4-1　配制酒中山梨酸含量的薄层色谱法测定

一、实验目的

掌握薄层色谱法测定配制酒中山梨酸及其钾盐含量的原理与方法。

二、实验原理

配制酒是以发酵酒、蒸馏酒或食用酒精为酒基，以中草药或其他动植物可食用部分（叶、花、果等）采用浸泡、煮沸、复蒸等工艺，辅以呈色、呈香及呈味等食品添加剂，加工调配而成的改变了原酒基风格的酒。GB 2760—2007 规定配制酒中山梨酸及其钾盐的最大使用量（以山梨酸计）为 0.2g/kg，且不得使用其他防腐剂。

样品经酸化后，用乙醚提取山梨酸，提取液经浓缩后，点于聚酰胺薄层板上，展开，经溴甲酚紫显色后，与山梨酸标准品对照，进行定性和定量分析。

三、仪器与试材

1. 仪器与器材

展开槽、薄层色谱用玻璃板、薄板涂布器、微量注射器、喷雾器等。

2. 试剂

除特别说明外，实验中所用试剂均为分析纯，水为去离子水或蒸馏水。

（1）常规试剂与溶液：无水 Na_2SO_4、异丙醇、正丁醇、石油醚（沸程为 30～60℃）、乙醚（不含过氧化物）、氨水、无水乙醇、溴甲酚紫（生化试剂）、聚酰胺粉（200 目）、可溶性淀粉、乙醇溶液（50%，体积分数）、NaOH 溶液（4g/L）、HCl 溶液（1+1，体积比）、NaCl 酸性溶液（40g/L，加少量 HCl 溶液酸化）。

（2）展开剂：正丁醇-氨水-无水乙醇（7+1+2，体积比）、异丙醇-氨水-无水乙醇（7+1+2，体积比）。

（3）溴甲酚紫显色剂（0.4g/L）：称取 0.04g 溴甲酚紫，以乙醇溶液溶解后，用 NaOH 溶液调 pH 至 8，并定容至 100mL。

（4）山梨酸标准溶液（2.0mg/mL）：称取 0.2000g 山梨酸，用少量无水乙醇溶解后移入 100mL 容量瓶中，以无水乙醇稀释至刻度。

3. 实验材料

2～3 种配制酒，各 50mL。

四、实验步骤

1. 样品提取

（1）将酒样充分混匀后，取 2.50g 置于 25mL 带塞量筒中，加 0.5mL HCl 溶液酸化。

（2）以 15mL 和 10mL 乙醚分别萃取两次，振摇 1min，将上层醚萃取液吸入另一个 25mL 带塞量筒中。

（3）以 3mL NaCl 酸性溶液洗涤乙醚萃取液两次，静置 15min 后，将乙醚层通过无水 Na_2SO_4 滤入 25mL 容量瓶中，加乙醚至刻度，混匀。

（4）吸取 10.0mL 乙醚萃取液，分两次置于 10mL 带塞离心管中，于 40℃水浴中挥干冷却后，以 0.10mL 无水乙醇溶解残渣，作为样品提取液。

2. 测定

（1）薄层板的制备：取 1.6g 聚酰胺粉，加 0.4g 可溶性淀粉，加 15mL 左右的水，于研钵中研磨 3～5min，立即倒入薄板涂布器内制成 10cm×18cm、厚度为 0.3mm 的薄层板两块，室温干燥后，于 80℃干燥 1h，取出，置于干燥器中保存。

（2）点样：在薄层板一端 2cm 处以铅笔划一基线，用微量注射器分别点 1μL、2μL 样品液和山梨酸标准溶液于基线上，每个样点间隔 1cm 以上，用电吹风机以冷风吹干。

(3) 展开与显色：将点样后的薄层板放入预先盛有展开剂（正丁醇-氨水-无水乙醇或异丙醇-氨水-无水乙醇）、周围贴有滤纸的展开槽内，展开。待溶剂前沿上展至 10cm 左右时，取出挥干。均匀喷显色剂显色。

3. 结果判定与计算

通过与标准品的 R_f 值比较，判定样品中是否含有山梨酸。同时，由于斑点颜色深浅与山梨酸的含量成正比关系，所以通过与标准品比较斑点颜色深浅，可估算样品提取液中山梨酸的含量，并可根据下式计算样品中山梨酸的含量。

$$x=\frac{m_0}{m\times\frac{10}{25}\times\frac{V_2}{V_1}}$$

式中，x 为配制酒中山梨酸的含量，g/kg；m_0 为样品提取液中山梨酸的质量，mg；V_1 为样品提取液的体积，mL；V_2 为点样体积，mL；m 为样品的质量，g；10 为挥发浓缩用样品乙醚提取液的体积，mL；25 为样品乙醚提取液的总体积，mL。

五、注意事项

1. 乙醚是挥发性很强的试剂，因此操作过程应在通风橱进行。
2. 本方法还可以同时测定糖精钠的含量。
3. 在本实验条件下，山梨酸的 R_f 值约为 0.82，斑点呈黄色，背景为蓝色。

六、思考题

1. 为什么在样品提取时，需要进行酸化？
2. 简述以 NaCl 酸性溶液洗涤乙醚萃取液的作用。
3. 简述溴甲酚紫显色剂的显色机理。

（撰写人：陈福生）

实验 4-2 酱油中山梨酸和苯甲酸含量的气相色谱法测定

一、实验目的

掌握气相色谱法测定酱油中山梨酸和苯甲酸含量的原理与方法。

二、实验原理

酱油样品经酸化后，用乙醚为溶剂提取山梨酸和苯甲酸，以带有氢火焰离子化检测器的气相色谱仪进行分离与测定，通过与标准品比较，实现定性和定量分析。

三、仪器与试材

1. 仪器与器材

气相色谱仪（附带氢火焰离子化检测器）、分析天平、水浴锅等。

2. 试剂

除特别说明外，实验中所用试剂均为分析纯，水为去离子水或蒸馏水。

(1) 常规试剂：乙醚（不含过氧化物）、石油醚（沸程 30～60℃）、HCl、无水 Na_2SO_4。

(2) 常规溶液：HCl 溶液（1＋1，体积比）、NaCl 酸性溶液（40g/L，加少量盐酸溶液酸化）、石油醚-乙醚混合溶液（3＋1，体积比）。

(3) 山梨酸、苯甲酸标准储备液（2.0mg/mL）：取山梨酸、苯甲酸各 0.2000g，置于 100mL 容量瓶中，用石油醚-乙醚混合溶液溶解，并稀释至刻度。

(4) 山梨酸、苯甲酸标准使用液：吸取适量的山梨酸、苯甲酸标准储备液，以石油醚-乙醚混合溶液稀释至含 50μg/mL、100μg/mL、150μg/mL、200μg/mL、250μg/mL 山梨酸或苯甲酸。

3. 实验材料

2～3 种酱油，各 50mL。

四、实验步骤

1. 样品处理

(1) 取 2.50g 酱油样品，置于 25mL 带塞量筒中，加 0.5mL 盐酸溶液酸化。

(2) 以 15mL 和 10mL 乙醚分两次对样品进行萃取，振摇 1min，吸出上层乙醚萃取液，合并后置于另一个 25mL 带塞量筒中。

(3) 用 3mL NaCl 酸性溶液洗涤乙醚萃取液两次，静置 15min 后，乙醚层通过无水 Na_2SO_4 滤入 25mL 容量瓶中，加乙醚至刻度，混匀。

(4) 准确吸取 5mL 乙醚提取液于带塞刻度试管中，置于 40℃水浴，在通风橱中挥干后，准确加入 2mL 石油醚-乙醚混合溶液溶解，备用。

2. 标准曲线的绘制

(1) 将浓度分别为 0、50μg/mL、100μg/mL、150μg/mL、200μg/mL、250μg/mL 的山梨酸和苯甲酸标准使用液，分别进样至气相色谱仪中，以标准品浓度为横坐标，各浓度对应峰高为纵坐标，绘制标准曲线。

(2) 参考色谱条件：色谱柱为 HP-5 毛细管柱（内径 0.32mm，长 30.0m，内层涂以 5% phenyl methylsiloxane，涂层厚度为 0.25μm）；载气为氮气，流速为 2.4mL/min；柱温升温程序为 170℃保持 2min 后进样，以 30℃/min 速度升温至 200℃，保持 5min 后结束。

3. 样品测定

(1) 在上述相同的色谱条件下，将样品提取液进样至气相色谱仪中，得色谱图。

(2) 通过与标准品图谱比较，分析样品色谱峰的保留时间，确定样品防腐剂的种类，并依据峰高值从标准曲线上查得样品提取液中苯甲酸或/和山梨酸的浓度。

4. 计算

酱油中苯甲酸或/和山梨酸的含量按下式计算：

$$x=\frac{m_0}{m\times\frac{5}{25}\times\frac{V_2}{V_1}}$$

式中，x 为样品中山梨酸或苯甲酸的含量，mg/kg；m_0 为样品提取液中山梨酸或苯甲酸的质量，μg；V_1 为加入石油醚-乙醚混合溶液的体积，mL；V_2 为测定时的进样体积，mL；m 为样品的质量，g；5 为测定时吸取乙醚提取液的体积，mL；25 为样品乙醚提取液的总体积，mL。

五、注意事项

1. 实验步骤中的色谱条件仅作参考，在实验中，应根据仪器的种类和实验条件进行调整。

2. 石油醚和乙醚等是挥发性很强的试剂，因此操作过程应在通风橱中进行。

3. 在相同条件下，两次测定结果之差的绝对值不得超过其算术平均值的 10%，否则应该调整实验条件进行重做。

六、思考题

1. 分析本实验误差的主要来源。

2. 简述氢火焰离子化检测器的优缺点。

（撰写人：黄文）

实验 4-3　高效液相色谱法测定果汁中山梨酸与苯甲酸的含量

一、实验目的

掌握高效液相色谱法测定果汁中山梨酸和苯甲酸含量的原理与方法。

二、实验原理

苯甲酸和山梨酸都是果汁常用的防腐剂，国家标准规定它们在浓缩果蔬汁（浆）中的最大使用量均为 2.0g/kg，在果蔬汁（肉）饮料中的最大使用量分别为 1.0g/kg、0.5g/kg。

果汁样品以氨水调 pH 至近中性后，过滤，滤液经反相高效液相色谱分离后，以紫外检测器测定，通过与标准品比较，根据保留时间和峰面积实现定性和定量分析。

三、仪器与试材

1. 仪器与器材

高效液相色谱仪（带紫外检测器）。

2. 试剂

除特别说明外，实验中所用试剂均为分析纯，水为去离子水或蒸馏水。

（1）常规试剂与溶液：甲醇（0.45μm 膜过滤）、氨水、NH_4Ac、$NaHCO_3$、氨水溶液（1+1，体积比）、NH_4Ac 溶液（0.02mol/L，0.45μm 膜过滤）、$NaHCO_3$ 溶液（20g/L）。

（2）苯甲酸标准储备溶液（1mg/mL）：称取 0.1000g 苯甲酸，加 $NaHCO_3$ 溶液 5mL，加热溶解后，移入 100mL 容量瓶中，加水定容至 100mL。

（3）山梨酸标准储备溶液（1mg/mL）：称取 0.1000g 山梨酸，加 $NaHCO_3$ 溶液 5mL，加热溶解后，移入 100mL 容量瓶中，加水定容至 100mL。

（4）苯甲酸、山梨酸标准混合使用溶液：取苯甲酸、山梨酸标准储备溶液各 10.0mL，置于 100mL 容量瓶中，加水至刻度。此溶液含苯甲酸、山梨酸各 0.1mg/mL。以膜（0.45μm）过滤，备用。

3. 实验材料

2～3 种浓缩果汁或果汁饮料，各 50mL。

四、实验步骤

1. 样品处理

取 10.00g 样品，用氨水溶液调 pH 至 7 后，加水定容至 50mL，以 4000r/min 离心 10min，上清液经滤膜（0.45μm）过滤，滤液作为样品稀释液，备用。

2. 测定

（1）分别将苯甲酸、山梨酸标准混合使用溶液和样品稀释液进样至色谱仪，得色谱图。通过与标准品图谱比较，分析样品色谱图峰的保留时间，确定样品中防腐剂的种类，并依据峰高值计算样品中苯甲酸或/和山梨酸的浓度。

（2）参考色谱条件：色谱柱为 YWG-C_{18} 不锈钢柱（4.6mm×250mm，10μm）；流动相为甲醇-NH_4Ac 溶液（5+95，体积比），流速为 1mL/min；进样量为 10μL；紫外检测器，波长为 230nm，灵敏度为 0.2AUFS。根据保留时间定性，外标峰面积法定量。

3. 计算

果汁中苯甲酸或/和山梨酸的含量按下式计算：

$$x=\frac{m_0}{m\times\frac{V_2}{V_1}}$$

式中，x 为样品中苯甲酸或山梨酸的含量，g/kg；m_0 为样品稀释液中苯甲酸或山梨酸的质量，mg；V_2 为进样体积，mL；V_1 为样品稀释液的总体积，mL；m 为样品的质量，g。

五、注意事项

1. 实验步骤中的色谱条件仅作参考，在实际的实验过程中应该根据仪器种类和实验室条件进行调整。

2. 在样品的处理过程中，样品的稀释倍数应通过预备实验，根据样品中苯甲酸或山梨酸的含量进行调整。

六、思考题

1. 为什么在样品的处理过程中，要以稀氨水调 pH 至 7，而不是对样品进行酸化？

2. 假设需要测定碳酸饮料及配制酒中苯甲酸或山梨酸含量，样品应怎样进行前处理？

3. 比较气相色谱法、高效液相色谱法及薄层色谱法测定食品中山梨酸含量的优缺点。

（撰写人：黄文）

第三节　食品中护色剂和着色剂的分析

1. 食品护色剂的定义、作用机理和最大允许用量

护色剂（color fixatives）又称发色剂，是指在肉制品加工过程中，能与肉中的呈色物质作用，使之在食品加工、保藏等过程中不被分解、破坏，并呈现良好色泽的物质。根据GB 2760—2007的规定，仅有硝酸盐（钠和钾）和亚硝酸盐（钠和钾）可以作为护色剂使用，而且仅能用于部分肉制品中。

硝酸盐的呈色机理是硝酸盐在细菌硝酸盐还原酶的作用下，还原成亚硝酸盐，亚硝酸盐在酸性条件下生成亚硝酸，并进一步产生亚硝基（NO），与肌红蛋白反应生成稳定、鲜艳、亮红色的亚硝化肌红蛋白，因此可以使肉保持稳定的鲜艳色泽。在硝酸盐和亚硝酸盐的使用过程中，还常常使用异抗坏血酸及其钠盐作为发色助剂，因为它作为还原性物质能防止肌红蛋白氧化，且可把氧化型的褐色高铁肌红蛋白还原为红色的还原型肌红蛋白。但是，亚硝酸盐的急性毒性较强，小鼠经口LD_{50}为200mg/kg，人中毒剂量为0.3～0.5g，致死量为3g，它可以使血红蛋白变成高铁血红蛋白，失去携带氧的能力，导致组织缺氧；其次，亚硝酸盐为亚硝基化合物的前体物，其致癌性也引起了广泛关注。在这种情况下，红曲色素作为亚硝酸盐替代品受到了广泛关注。红曲色素的原理是直接染色，它具有与硝酸盐或亚硝酸盐相似的赋予肉制品良好的外观色泽和风味，抑制有害微生物的生长，延长保存期和防止食物中毒等功能，并且能赋予肉制品特有的“肉红色”，使产品的颜色更自然。在腌制类肉产品中添加红曲色素后，可减少60%～70%亚硝酸盐的用量，而其感观特性和可储藏性不受影响。亚硝酸盐用量的大幅度减少，可使产品中亚硝基残留导致的亚硝胺类致癌物出现概率大大下降，对消费者的健康更有利。

但是由于着色机理的不同，红曲色素并不能完全替代亚硝酸盐，更重要的是亚硝酸盐除了有发色功能外，还对肉毒梭状芽孢杆菌（*Clostridium botulinum*）有很强的抑制作用，所以目前在肉制品中一般是将红曲色素与硝酸盐和/或亚硝酸盐同时使用。为了控制硝酸盐残留危害，目前世界各国都规定了硝酸盐在肉制品中的最大使用量，并对其残留量有严格要求。FAO/WHO联合食品添加剂专家委员会（Joint FAO/WHO Expert Committee on Food Additives）建议肉制品中亚硝酸盐的残留量不得大于0.125g/kg，日本规定肉制品中最大残留量为0.07g/kg，我国规定的残留量为0.03～0.07g/kg，低于日本及国际上规定的残留限量。

2. 食品着色剂的定义、分类与最大允许用量

食品着色剂（colorant）又称食用色素，是使食品着色和改善食品色泽的物质。食用色素按其性质和来源，可分为合成色素和天然色素两大类。

合成色素（synthetic pigment）是通过化学反应人工合成的化学物质。它具有色彩鲜艳、性质稳定、着色力强而牢固、可调配任意色彩、成本低、使用方便等特点。合成色素多为含有R—N═N—R键的苯环或氧杂蒽结构的化合物，它们对人体存在一定的不安全性。研究发现，某些食用合成色素可能与人类的膀胱癌、脾肉瘤、肝癌、淋巴瘤以及哺乳类动物细胞染色体异常相关联。某些合成色素还可损伤人体的亚细胞结构，干扰多种酶的正常功能，引起腹胀、腹痛、消化不良等症状。例如，柠檬黄等可引起支气管哮喘、荨麻疹、血管性浮肿。为此，合成食用色素需要进行严格的毒理学评价，主要包括：①分析色素的化学结构、理化性质、纯度、食品中存在的形式以及降解过程和降解产物；②分析随同食品被机体吸收后，在组织器官内的分布、代谢转变和排泄状况；③色素本身及其代谢产物在机体内引起的生物学变化，及其对机体可能造成的毒害作用与其作用机理，包括急性毒性、慢性毒性、对生育繁殖的影响、胚胎毒性、致畸性、致突变性、致癌性、致敏性等。

目前，我国允许使用的合成色素有苋菜红、胭脂红、赤藓红（樱桃红）、新红、诱惑红、柠檬黄、日落黄、亮蓝、靛蓝和它们各自的铝色淀，以及化学合成的β-胡萝卜素、叶绿素铜钠和二氧化钛等。不同食品着色剂在不同食品品种中的最大使用量，详见GB 2760—2007《食品添加

剂使用卫生标准》。

天然色素（natural pigment）是从动植物组织中提取，或通过微生物发酵产生的呈色物质。其中，大多数是从动植物组织中提取的，由微生物产生的食用色素很少，只有红曲色素和微生物发酵法生产的β-胡萝卜素。目前我国批准使用的食用天然色素有β-胡萝卜素（发酵法）、甜菜红、姜黄、红花黄、虫胶红、越橘红、辣椒红、辣椒橙、焦糖色（普通法）、焦糖色（亚硫酸铵法）、焦糖色（加氨生产）、红米红、栀子黄、菊花黄浸膏、黑豆红、高粱红、玉米黄、萝卜红、可可壳色、红曲米、红曲红、落葵红、黑加仑红、栀子蓝、沙棘黄、玫瑰茄红、橡子壳棕、NP红、多穗柯棕、桑葚红、天然苋菜红、金樱子棕、姜黄素、酸枣色、花生衣红、葡萄皮红、蓝锭果红、藻蓝、植物炭黑、蜜蒙黄、紫草红、茶黄素、茶绿素、柑橘黄和胭脂树橙（红木素）。

从总体上说，天然色素是安全的，所以一般都没有规定其在食品中的最大使用量，只是规定了其使用范围。但是，由于天然色素的结构复杂，提取过程繁琐，因此，在提取过程中，可能导致化学结构发生变化，产生一些副产物。另外，在生产过程中还可能被其他物质污染，故不能认为天然色素就一定是绝对安全的。

3. 食品中护色剂与着色剂含量的分析

与食品中其他残留物质的分析一样，对食品中护色剂和着色剂的分析，首先也必须对样品进行前处理。目前常用的前处理技术主要包括聚酰胺吸附法、液液分配法、阴离子交换分离法、溶剂分离与柱色谱组合法、季铵滤柱法、基质固相分散法、蛋白酶-固相萃取法、助滤剂柱色谱法和阴离子交换树脂液液分配法等。其中，在我国使用最广泛的是聚酰胺吸附法，它是在加热的样品溶液中加入聚酰胺粉，搅拌均匀后，加柠檬酸溶液调节 pH 至 4，过滤，水洗去除水溶性杂质，甲醇和甲酸洗涤除去天然色素。当水洗至中性后，以氨水-乙醇解吸色素，溶液蒸发除去氨后定容，进行色谱分析。此方法对酸性含有单偶氮结构的合成色素日落黄、柠檬黄、胭脂红、苋菜红、新红、诱惑红、三苯甲烷族的亮蓝、靛族的靛蓝有较强的吸附能力，但对氧杂蒽结构的赤藓红吸附后，用甲醇-甲酸洗涤除去天然色素杂质时，赤藓红会损失约 40%，所以应特别注意。

亚硝酸盐的测定方法主要有分光光度法、荧光光度法、化学发光法、离子色谱分析法、高效液相色谱法。另外，近年来也产生了一些新方法，例如，共振光散射法、气相色谱-质谱联用法、毛细管电泳法和流动注射-毛细管电泳紫外法等。食品着色剂最常用的检测技术是色谱技术，色谱技术最早发现时就是用于色素的分离分析的。迄今为止，除使用方便的纸色谱（目前通常也被称为平面色谱）仍在被广泛使用外，薄层色谱和高效液相色谱也大量被采用，其中高效液相色谱由于具有分离能力强、检测波长可以调整等特点，所以具有更强的针对性。此外，尚有卡尔曼滤波光度分析法、导数光度法、示波极谱法等。

关于上述样品前处理与分析方法的详细说明及其他更多方法请参阅本书第二章和其他相关书籍。

国家标准中食品着色剂和护色剂的检测方法包括：食品中合成着色剂的测定（GB/T 5009.35—2003）、食品中栀子黄的测定（GB/T 5009.149—2003）、食品中红曲色素的测定（GB/T 5009.150—2003）、食品中诱惑红的测定（GB/T 5009.141—2003）、肉制品胭脂红着色剂的测定（GB/T 9695.6—2008）和食品中硝酸盐与亚硝酸盐的测定（GB/T 5009.33—2003）。

（撰写人：黄文）

实验 4-4 肉制品中亚硝酸盐含量的比色法测定

一、实验目的

掌握比色法测定肉制品中亚硝酸盐含量的原理与方法。

二、实验原理

样品经沉淀蛋白质、除去脂肪后，在弱酸性条件下亚硝酸盐与对氨基苯磺酸重氮化，生成重氮化合物，再与盐酸萘乙二胺偶联成在 538nm 波长处有吸收峰的紫红色重氮染料，其颜色的深浅与亚硝酸根含量成正比。测定 A_{538} 值，与标准品比较可实现定量分析。

三、仪器与试材

1. 仪器与器材

分光光度计、小型绞肉机、水浴锅等。

2. 试剂

除特别说明外，实验中所用试剂均为分析纯，水为去离子水或蒸馏水。

(1) 常规试剂：HCl、$ZnAc_2$、$NaNO_2$、冰 HAc、$K_4[Fe(CN)_6]$、硼砂、盐酸萘乙二胺、对氨基苯磺酸。

(2) 常规溶液：HCl 溶液（20%）、对氨基苯磺酸溶液（0.4%，以 HCl 溶液溶解，避光保存）、盐酸萘乙二胺溶液（0.2%，避光保存）、$K_4[Fe(CN)_6]$ 溶液 {称取 106.0g $K_4[Fe(CN)_6]\cdot 3H_2O$，以水溶解，并定容至 1L}、$ZnAc_2$ 溶液（称取 220.0g $ZnAc_2\cdot 2H_2O$，以 30mL 冰醋酸溶解后，加水定容至 1L）、饱和硼砂溶液（称取 5.0g $Na_2B_4O_7\cdot 10H_2O$，溶于 100mL 热水中，冷却）。

(3) $NaNO_2$ 标准储备液（200μg/mL）：取 0.1000g 于硅胶干燥器中干燥 24h 的 $NaNO_2$，加水溶解定容至 500mL。

(4) $NaNO_2$ 标准使用液（5μg/mL）：临用前，吸取 $NaNO_2$ 标准储备液 5.00mL，置于 200mL 容量瓶中，加水稀释至刻度。

3. 实验材料

3～5 种不同的肉制品，各 150g。

四、实验步骤

1. 样品提取

(1) 取 100g 肉制品，切成 $1cm^3$ 大小的颗粒后，以小型绞肉机捣碎。

(2) 取 5.0g 捣碎样品，置于 50mL 烧杯中，加 12.5mL 饱和硼砂溶液，搅拌均匀，以约 300mL 70℃左右的水将样品全部洗入 500mL 容量瓶中。

(3) 置沸水浴中加热 15min，取出后冷却至室温，然后一边摇动一边加入 5mL $K_4[Fe(CN)_6]$ 溶液后，再加入 5mL $ZnAc_2$ 溶液以沉淀蛋白质，加水至刻度，混匀，放置 0.5h。

(4) 除去上层脂肪，清液用滤纸过滤并弃 30mL 初滤液后，滤液作为样品提取液。

2. 测定

(1) 吸取 40mL 样品提取液于 50mL 比色管中，另吸取 0、0.20mL、0.40mL、0.60mL、0.80mL、1.00mL、1.50mL、2.00mL、2.50mL $NaNO_2$ 标准使用液，分别置于 50mL 比色管中。

(2) 于各比色管中加入 2mL 对氨基苯磺酸溶液，混匀，静置 3～5min 后，再加入 1mL 盐酸萘乙二胺溶液，加水至刻度，混匀，静置 15min。

(3) 以 2cm 比色皿，于波长 538nm 处测吸光度。以标准溶液中 $NaNO_2$ 的质量为横坐标，对应的 A_{538nm} 为纵坐标绘制标准曲线，并根据样品提取液的 A_{538nm}，从标准曲线上查出样品提取液中 $NaNO_2$ 的含量。

3. 计算

根据下式计算出样品中 $NaNO_2$ 的含量：

$$x=\frac{m_0}{m\times\frac{40}{500}\times 1000}$$

式中，x 为样品中 $NaNO_2$ 的含量，g/kg；m_0 为测定用样液中亚硝酸盐的质量，μg；m 为样品的质量，g；40 为用于测定的样品提取液的体积，mL；500 为样品提取液的总体积，mL。

五、注意事项

样品提取液的用量可以根据样品中 $NaNO_2$ 的含量进行调整。

六、思考题

1. 在弱酸性条件下亚硝酸盐与对氨基苯磺酸重氮化，生成重氮化合物，再与盐酸萘乙二胺偶联生成紫红色的重氮染料。请写出上述过程的化学反应式。

2. 叙述饱和硼砂溶液在样品提取中的作用。

（撰写人：黄文）

实验 4-5　火腿肠中红曲色素的 TLC 定性测定

一、实验目的

了解薄层色谱法（TLC）的原理，掌握火腿肠中红曲色素的 TLC 定性测定方法。

二、实验原理

红曲色素作为食品着色剂已经被批准用于食品中，由于其为天然色素，具有安全、无毒副作用的特点，所以可以按生产需要适量使用。在肉制品加工中，使用红曲色素后，可以减少亚硝酸盐的使用量，所以近年来红曲色素在肉制品中的应用比较普遍。

样品中的红曲色素经提取、净化、TLC 分离后，与标准品比较可以实现定性分析。

三、仪器与试材

1. 仪器与器材

展开槽（25cm×6cm×4cm）、真空旋转浓缩装置、紫外分析仪等。

2. 试剂

除特别说明外，实验中所用试剂均为分析纯，水为去离子水或蒸馏水。

（1）常规试剂：HCl、钨酸钠、正己烷、乙酸乙酯、甲醇、氯仿、石油醚（沸程 60～90℃）、硅胶（柱色谱用，120～180 目）、市售预制硅胶 GF_{254} 薄板（4cm×20cm）。

（2）常规溶液：HCl 溶液（1＋10，体积比）、钨酸钠溶液（100g/L）、正己烷-乙酸乙酯-甲醇展开剂（5＋3＋2，体积比）、氯仿-甲醇展开剂（8＋3，体积比）。

（3）海砂：以 HCl 溶液煮沸 15min，用水洗至中性，再于 105℃ 干燥，储于具塞的玻璃瓶中，备用。

（4）红曲色素标准储备液（1mg/mL）：取 1g 红曲色素，加入 30mL 甲醇溶解，然后加入 5g 硅胶，拌匀，湿法装柱于色谱柱中。以甲醇洗脱至洗出的甲醇无色为止，洗脱液于 50℃ 真空浓缩至膏状，60～70℃ 烘干后，以甲醇溶解并定容至 1000mL。

（5）红曲色素标准使用液（0.1mg/mL）：临用时，吸取红曲色素标准储备液 5.0mL，置于 50mL 容量瓶中，加甲醇稀释至刻度。

3. 实验材料

2～3 种市售火腿肠，各 100g。

四、实验步骤

1. 样品提取

（1）称取去除肠衣、切碎的火腿肠 30.00g 于研钵中，加少许海砂研碎，混匀。

（2）以 50mL 石油醚提取脂肪，共提取三次，每次 45min，过滤，去滤液，残渣于通风橱中用吹风机吹干。

（3）残渣以 50mL 甲醇提取 30min，共 3 次，过滤，合并滤液。

（4）加 3mL 钨酸钠溶液沉淀蛋白，以 4000r/min 离心 20min，上清液真空浓缩蒸干后，以甲醇溶解并定容至 10mL，作为样品提取液。

2. 测定

（1）取市售硅胶 GF_{254} 薄板两块，分别于离底边 2cm 处，点上述样品提取液 10μL，同时，在右边点 2μL 红曲色素标准使用液，样点间隔大于 1cm。

（2）将点样后的两块薄板分别放入正己烷-乙酸乙酯-甲醇展开剂和氯仿-甲醇展开剂中展开，当展开剂前沿至距离点样点约15cm时，取出，放入通风橱，晾干。

（3）于紫外分析仪中，在254nm波长下观察，在正己烷-乙酸乙酯-甲醇展开剂中展开的薄板应有4个荧光点，R_f 值应分别为0.86、0.71、0.54、0.38；在氯仿-甲醇展开剂中展开的薄板应有3个荧光点，R_f 值应分别为0.86、0.69、0.57。如果样品提取液的荧光斑点与标准品斑点的 R_f 值一致，就表明样品中含有红曲色素。

五、注意事项

红曲色素在254nm波长下荧光斑点的个数和 R_f 值的大小，与展开剂以及薄层板有密切关系。在具体的实验过程中，应根据具体实验条件，以色素标准品为对照进行分析。另外，红曲色素产品的不同，也有可能导致荧光点的个数和 R_f 值的不同，在实验结果的判定中应具体情况具体分析。

六、思考题

1. 简述红曲色素的主要组分及其结构特性。
2. 与合成色素相比，红曲色素存在哪些不足？
3. 请设计一个实验，分析红曲色素在火腿肠中的最佳用量。

（撰写人：黄文）

实验4-6　HPLC测定肉制品中胭脂红的含量

一、实验目的

掌握肉制品中胭脂红含量的HPLC定性和定量测定方法。

二、实验原理

样品经脱脂、碱性溶液提取、蛋白质沉淀、聚酰胺粉吸附与洗脱后，以高效液相色谱仪测定。根据保留时间定性，外标法定量。

三、仪器与试材

1. 仪器与器材

高效液相色谱仪（配有紫外检测器或二极管阵列检测器）、电吹风机、水浴锅、G_3 砂芯漏斗等。

2. 试剂

除特别说明外，实验中所用试剂均为分析纯，水为去离子水或蒸馏水。

（1）常规试剂：HCl、NaOH、H_2SO_4、氨水、甲醇（色谱纯）、甲酸、石油醚（沸程为30～60℃）、无水乙醇、钨酸钠、柠檬酸、NH_4Ac、聚酰胺粉（过200目筛）。

（2）常规溶液：HCl溶液（1＋10，体积比）、NaOH溶液（50g/L）、H_2SO_4 溶液（1＋9，体积比）、钨酸钠溶液（100g/L）、NH_4Ac 溶液（0.02mol/L，经0.45μm滤膜过滤）、柠檬酸溶液（200g/L）、甲醇-甲酸混合液（3＋2，体积比）、无水乙醇-氨水-水溶液（7＋2＋1，体积比）、pH＝5的水（取100mL水，用柠檬酸溶液调pH至5）。

（3）海砂：先用HCl溶液煮沸15min，用水洗至中性，再用NaOH溶液煮15min，用水洗至中性，于105℃干燥，储于具塞瓶中。

（4）胭脂红标准储备液（1mg/mL）：取按其纯度折算为100%质量的胭脂红标准品（含量≥95%）0.100g，置于100mL容量瓶中，以pH＝5的水溶解并稀释至刻度。

（5）胭脂红标准工作液：临用时，将胭脂红标准储备液用水稀释至所需浓度，经0.45μm滤膜过滤后，备用。

3. 实验材料

2～3种火腿肠，各100g。

四、实验步骤

1. 样品提取

(1) 称取去除肠衣、切碎的火腿肠 10.0g 于研钵中，加少许海砂捣碎，研磨混匀，以电吹风的冷风使试样略微干燥。

(2) 以 50mL 石油醚提取脂肪，共提取 3 次，每次提取 45min，过滤，去滤液，残渣于通风橱中用吹风机吹干。

(3) 残渣以 50mL 左右的无水乙醇-氨水-水溶液多次反复提取至提取液无色，以砂芯漏斗抽滤提取液。收集全部提取液于 250mL 锥形瓶中。

(4) 于 70℃水浴上浓缩提取液至 10mL 以下后，依次加入 1.0mL H_2SO_4 溶液和 1.0mL 钨酸钠溶液，混匀，继续在 70℃水浴中加热 5min，沉淀蛋白质。冷却至室温后，以滤纸过滤，用少量水洗涤，收集滤液作为样品提取液。

2. 样品纯化

(1) 将上述样品提取液加热至 70℃，将 1.5g 聚酰胺粉加少量水调成粥状后，倒入样品提取液中，使色素完全被吸附。

(2) 将吸附色素的聚酰胺粉全部转移到布氏漏斗中，抽滤，用 70℃柠檬酸溶液洗涤 3～5 次，然后用甲醇-甲酸混合液洗涤 5 次，至洗出液无色为止，再用水洗至流出液呈中性后抽干。为了提高洗涤效果，在洗涤过程中应不断搅拌。

(3) 用无水乙醇-氨水-水溶液洗涤聚酰胺粉 3～5 次，每次 5mL，收集洗涤液，于 70℃蒸发至近干，加水溶解并定容至 10mL，过 0.45μm 滤膜，滤液为样品净化液。

3. 测定

(1) 分别将待测样品净化液和标准工作液用高效液相色谱仪测定，根据保留时间定性；根据试样溶液中胭脂红的含量情况，选定峰面积相近的标准工作液，以外标法定量。

(2) 参考色谱条件：色谱柱为 C_{18} 柱 [150mm × 6mm(内径)，5μm]；流动相为甲醇和 0.02mol/L NH_4Ac 溶液，梯度洗脱（参数见表 4-1），流速为 1.0mL/min；柱温为 30℃；检测波长为 508nm；进样量为 20μL。

表 4-1 流动相梯度洗脱参数

时间/min	甲醇/%	0.02mol/L NH_4Ac 溶液/%
0	22	78
5	35	65
20	85	15
21	22	78
25	22	78

4. 计算

按下式计算试样中胭脂红着色剂的含量：

$$x=\frac{cAV}{A_s m}$$

式中，x 为样品中胭脂红的含量，mg/kg；c 为标准工作液中胭脂红的浓度，μg/mL；A 为样品净化液中胭脂红的峰面积；V 为样品净化液的体积，mL；A_s 为标准工作液中胭脂红的峰面积；m 为样品净化液相当于样品的质量，g。

五、注意事项

1. 实验步骤中的色谱条件仅作参考，在实际的实验中，应根据仪器类型和实验条件进行调整。

2. 在本实验的参考色谱条件下，胭脂红的保留时间为 9.35min。

六、思考题

1. 简述胭脂红着色剂的化学性质。

2. 如果肉制品中同时存在红曲色素与胭脂红，如何分别测定它们的含量?

（撰写人：王小红）

第四节　食品中漂白剂的分析

1. 定义、分类与作用机理

漂白剂（bleaching agents）是指能够破坏、抑制食品的发色因素，使其褪色或使食品免于褐变的物质。漂白剂按作用机理分为氧化漂白剂和还原漂白剂两大类。氧化漂白剂（oxidative bleaching agents）是具有很强氧化漂白能力的漂白剂，它常常会破坏食品中的营养成分，残留也较大。这种漂白剂种类不多，主要包括高锰酸钾（$KMnO_4$）、二氧化氯（ClO_2）、过氧化丙酮（$C_3H_7O_2$）、过氧化苯甲酰（$C_{14}H_{10}O_4$）等。还原漂白剂（reductive bleaching agents）应用较广，作用比较缓和，使用最多的是亚硫酸及其盐类，它们在自身被氧化的同时将有色物质还原，而呈现漂白作用。Na_2SO_3、低亚硫酸钠（$Na_2S_2O_4$，保险粉）、焦亚硫酸钠（$Na_2S_2O_5$）、$NaHSO_3$、硫黄、SO_2 等都属于还原漂白剂。亚硫酸及其盐类还原漂白剂除了漂白作用外，还可与葡萄糖等反应，阻断糖氨的非酶褐变，也可抑制氧化酶的活性，防止酶促褐变，并且亚硫酸盐还具有防腐作用。

关于漂白剂的漂白机理，氧化漂白剂本身就是一种强氧化剂，它可以将有色物质内部的生色基团破坏而失去原有的颜色，这种漂白是彻底的、不可逆的。例如，上述的 ClO_2 就属于这类漂白剂。而还原漂白剂是通过与有机色质内部的生色基团发生反应，使有机色质失去原有的颜色，但是在加热或其他因素的作用下，漂白剂可以脱离出来，从而恢复原有颜色，这种漂白是可逆、不彻底的。例如，SO_2 就是这类漂白剂的典型代表。

2. 残留危害与限量标准

由于还原漂白剂亚硫酸及其盐类应用广泛，所以常常导致在食品中出现较高的残留，从而危害人体健康。亚硫酸及其盐类能破坏维生素 B_1，从而影响人体的生长发育，导致多发性神经炎，出现骨髓萎缩等症状。如果长期食用含亚硫酸盐严重超标的食品，会造成肠道功能紊乱，引发剧烈的腹泻，严重危害人体消化系统健康，影响营养物质的吸收。亚硫酸盐还会引发支气管痉挛，食用过量还可能造成呼吸困难、呕吐、腹泻等症状。气喘患者食入过量，易产生过敏反应，还可能引发哮喘。

由于亚硫酸及其盐类残留的危害，世界各国都规定了食品中的最大允许使用量。根据我国 GB 2760—2007《食品添加剂使用卫生标准》的规定，使用 SO_2、焦亚硫酸钾、焦亚硫酸钠、亚硫酸钠、亚硫酸氢钠和低亚硫酸钠作为漂白剂后，各种食品中的最大残留允许量（以 SO_2 计，g/kg）见表 4-2。

表 4-2　食品中 SO_2 的最大残留允许量

食品名称	SO_2 的最大残留允许量/(g/kg)
啤酒和麦芽饮料	0.01
食用淀粉	0.03
表面处理的鲜水果、盐渍蔬菜、罐头(竹笋、酸菜与蘑菇)、果蔬汁(浆)、葡萄酒、果酒	0.05
水果干、粉丝、粉条、饼干、食糖、可可制品、巧克力、巧克力制品、糖果	0.1
腐竹、油皮、干制蔬菜、淀粉糖(果糖、葡萄糖、饴糖、转化糖、糖蜜等)	0.2
蜜饯凉果	0.35
脱水马铃薯	0.4

目前，测定亚硫酸及其盐类常用的方法包括比色法、碘量法和 HPLC 等。

（撰写人：李小定、陈福生）

实验 4-7　盐酸副玫瑰苯胺比色法测定白糖中 SO_2 的含量

一、实验目的

掌握盐酸副玫瑰苯胺比色法测定白糖中 SO_2 含量的原理和方法。

二、实验原理

亚硫酸盐与四氯汞钠反应生成稳定的络合物后，与甲醛及盐酸副玫瑰苯胺作用生成在 550nm 波长处有吸收峰的紫红色络合物，其 A_{550nm} 值与亚硫酸盐的浓度成正比，与标准品比较可实现定量分析。

三、仪器与试材

1. 仪器与器材

分光光度计、碘量瓶等。

2. 试剂

除特别说明外，实验中所用试剂均为分析纯，水为去离子水或蒸馏水。

（1）常规试剂：$NaHSO_3$、冰醋酸、HCl、氨基磺酸铵（$NH_2SO_3NH_4$）、可溶性淀粉、碘、$Na_2S_2O_3$、NaOH、H_2SO_4、NaCl、$HgCl_2$、甲醛（36%）、盐酸副玫瑰苯胺（$C_{19}H_{18}N_2Cl \cdot 4H_2O$）。

（2）常规溶液：HCl 溶液（1+1，体积比）、氨基磺酸铵溶液（12g/L）、淀粉指示液（0.1g/L）、碘溶液（0.1mol/L）、$Na_2S_2O_3$ 溶液（0.1mol/L）、NaOH 溶液（20g/L）、H_2SO_4 溶液（1+71，体积比）、甲醛溶液（2g/L）。

（3）四氯汞钠吸收液：称取 13.6g $HgCl_2$ 和 6.0g NaCl，以水溶解并定容至 1000mL，放置过夜，过滤，备用。

（4）盐酸副玫瑰苯胺溶液：取 0.1g $C_{19}H_{18}N_2Cl \cdot 4H_2O$ 于研钵中，加少量水研磨使溶解并稀释至 100mL。取出 20mL，置于 100mL 容量瓶中，加 HCl 溶液，至溶液由红变黄，充分摇匀。如果溶液不变黄，再滴加少量浓 HCl 至出现黄色为止，加水稀释至刻度，混匀，备用。

（5）SO_2 标准溶液：取 0.5g $NaHSO_3$，溶于 200mL 四氯汞钠吸收液中，放置过夜，上清液以定量滤纸过滤后，备用。其标定方法为：取 10.0mL SO_2 标准溶液于 250mL 碘量瓶中，加 100mL 水、20.0mL 碘溶液、5mL 冰醋酸，摇匀，避光 2min 后，迅速以 $Na_2S_2O_3$ 溶液滴定至淡黄色，加 0.5mL 淀粉指示液，继续滴定至无色。另以 100mL 水做试剂空白试验。SO_2 标准溶液的浓度按下式计算：

$$x=\frac{(V_2-V_1)c\times 32.03}{10}$$

式中，x 为 SO_2 标准溶液的浓度，mg/mL；V_1 为 SO_2 标准溶液消耗 $Na_2S_2O_3$ 标准溶液的体积，mL；V_2 为试剂空白消耗 $Na_2S_2O_3$ 标准溶液的体积，mL；c 为 $Na_2S_2O_3$ 溶液的浓度，mol/L；32.03 为与 1mL 1mol/L $Na_2S_2O_3$ 溶液相当的 SO_2 的质量，mg/mmol；10 为用于标定的 SO_2 标准溶液的体积，mL。

（6）SO_2 标准使用液（2μg/mL）：临用前，将 SO_2 标准溶液以四氯汞钠吸收液稀释。

3. 实验材料

2～3 种不同白糖，各 50g。

四、实验步骤

1. 样品处理

（1）取 10.00g 白糖，以少量水溶解，置于 100mL 容量瓶中，加入 4mL NaOH 溶液，摇匀。

（2）静置 5min 后，加入 4mL H_2SO_4 溶液与 20mL 四氯汞钠吸收液，以水稀释至刻度。过滤，备用。

2. 标准曲线的绘制

（1）分别吸取 0、0.20mL、0.40mL、0.60mL、0.80mL、1.00mL、1.50mL、2.00mL SO_2 标准使用液（相当于 0、0.4μg、0.8μg、1.2μg、1.6μg、2.0μg、3.0μg、4.0μg SO_2），分别置于 25mL 带塞比色管中。

（2）于各比色管中，分别加入四氯汞钠吸收液至 10mL，然后加入 1mL 氨基磺酸铵溶液、1mL 甲醛溶液和 1mL 盐酸副玫瑰苯胺溶液，摇匀后，放置 20min。

（3）在 550nm 处，以 SO_2 为 0 的比色管溶液调零，测定 A_{550nm}。

（4）以 SO_2 的量为横坐标，A_{550nm} 为纵坐标绘制标准曲线。

3. 样品测定

（1）分别取 0、0.50mL、1.00mL、2.00mL、3.00mL、4.00mL、5.00mL 样品处理液，置于 25mL 带塞比色管中。

（2）按"标准曲线的绘制"中（2）、（3）进行操作，分别测定 A_{550nm}。

（3）根据 A_{550nm} 从标准曲线上查找对应的浓度。

4. 计算

样品中 SO_2 的含量按下式计算：

$$x=\frac{m_0}{m\times(V/100)}$$

式中，x 为测试样中 SO_2 的含量，mg/kg；m_0 为测定用样液中 SO_2 的质量，μg；m 为试样的质量，g；V 为测定用样液的体积，mL。

五、注意事项

1. 盐酸副玫瑰苯胺法对亚硫酸盐的最低检出浓度为 1mg/kg。

2. 如果没有盐酸副玫瑰苯胺，可用盐酸品红代替。

3. 如果盐酸副玫瑰苯胺不纯，可以按以下方法进行精制：将 20g 盐酸副玫瑰苯胺置于 400mL 水中，以 50mL HCl 溶液（1＋5，体积比）酸化后，边搅拌边加入 5g 粉末状活性炭，加热煮沸 2min。将混合物倒入漏斗，趁热过滤（必要时用保温漏斗）。滤液放置过夜，出现结晶后，以布氏漏斗抽滤，结晶悬浮于 1000mL 乙醚-乙醇（10＋1，体积比）混合液中，振摇3～5min 洗涤后，以布氏漏斗抽滤，反复洗涤至醚层无色为止。最后将晶体置于 H_2SO_4 干燥器中干燥，研细后储于棕色瓶中。

六、思考题

1. 写出实验原理中"亚硫酸盐与四氯汞钠反应生成稳定的络合物后，与甲醛及盐酸副玫瑰苯胺作用生成紫红色络合物"的化学反应式。

2. 简述在测定过程中加入氨基磺酸铵溶液的作用。

3. 为什么在样品测定过程中，要分别取 0、0.50mL、1.00mL、2.00mL、3.00mL、4.00mL、5.00mL 不同体积的样品处理液？

（撰写人：李小定、陈福生）

实验 4-8　蒸馏法测定果脯中 SO_2 的含量

一、实验目的

掌握蒸馏法测定果脯中 SO_2 含量的原理与方法。

二、实验原理

在密闭容器中对样品进行酸化并加热蒸馏，释放出的 SO_2，以 $PbAc_2$ 溶液吸收，以浓 HCl 酸化后，以碘标准溶液滴定，根据所消耗的碘标准溶液量可计算出样品中 SO_2 的含量。

三、仪器与试材

1. 仪器与器材

蒸馏装置和碘量瓶等。

2. 试剂

除特别说明外，实验中所用试剂均为分析纯，水为去离子水或蒸馏水。

(1) 常规试剂与溶液：浓 HCl、$PbAc_2$（醋酸铅）、I_2、KI、可溶性淀粉、HCl 溶液(1+1，体积比)、$PbAc_2$ 溶液（20g/L）、淀粉指示液（10g/L）。

(2) 碘标准溶液（0.1mol/L）：取 13g 碘及 35g KI，于玻璃研钵中，加少量水研磨溶解，用水稀释至 1000mL，保存于棕色瓶中。

(3) 碘标准滴定溶液（0.01mol/L）：将碘标准溶液以水稀释 10 倍。

3. 实验材料

2～3 种不同的果脯，各 50g。

四、实验步骤

1. 样品处理

将果脯样品用刀切或剪刀剪成碎末后混匀。

2. 测定

(1) 取 5.00g 左右（样品量可视 SO_2 含量高低而定）样品置入圆底蒸馏烧瓶中，加入 250mL 水，装上冷凝装置，冷凝管下端插入碘量瓶中的 25mL $PbAc_2$ 吸收液中，于蒸馏瓶中加入 10mL HCl 溶液后，立即盖塞，加热蒸馏。

(2) 当蒸馏液约 100mL 时，使冷凝管下端高出液面，再蒸馏 1min。用少量水冲洗插入 $PbAc_2$溶液的冷凝管。同时，做试剂空白试验。

(3) 在碘量瓶中依次加入 10mL 浓 HCl、1mL 淀粉指示液，摇匀，用碘标准滴定溶液滴定至变蓝且在 30s 内不褪色为止。记录碘标准滴定溶液的用量。

3. 计算

样品中 SO_2 的含量按下式进行计算：

$$x=\frac{(V_1-V_2)\times 0.01\times 32\times 1000}{m}$$

式中，x 为样品中 SO_2 的含量，mg/kg；V_1 为滴定样品所用碘标准滴定溶液的体积，mL；V_2 为滴定试剂空白所用碘标准滴定溶液的体积，mL；m 为样品的质量，g；32 为消耗 1mL 1mol/L 碘标准溶液相当于 SO_2 的质量，mg/mmol；0.01 为碘标准滴定溶液的浓度，mol/L。

五、注意事项

本法除用于果脯中 SO_2 含量的测定外，也适用于葡萄糖糖浆中 SO_2 含量的测定。

六、思考题

1. 以化学反应式的形式，写出实验原理的化学反应过程。
2. 叙述蒸馏法测定 SO_2 含量的优缺点。

（撰写人：李小定、陈福生）

实验 4-9 直接碘量法测定果酒中 SO_2 的含量

一、实验目的

掌握直接碘量法测定果酒中 SO_2 的原理和方法。

二、实验原理

在碱性条件下，样品中结合态 SO_2 被解离出来，利用碘可以与 SO_2 发生氧化还原反应的特性，用碘标准溶液作为滴定溶液，以淀粉为指示液，可以测定样品中 SO_2 的含量。

三、仪器与试材

1. 仪器与器材

滴定管、碘量瓶等。

2. 试剂

除特别说明外，实验中所用试剂均为分析纯，水为去离子水或蒸馏水。

(1) 常规试剂与溶液：NaOH、可溶性淀粉、H_2SO_4、I_2、KI、NaOH 溶液（100g/L）、淀粉指示液（10g/L，将 1g 可溶性淀粉与 5mL 水制成糊状，搅拌下将糊状物加入 100mL 水中，煮沸几分钟后冷却，可使用两周）、H_2SO_4 溶液（1+3，体积比）。

(2) 碘标准溶液（0.1mol/L）：称取 13g 碘及 35g KI，于玻璃研钵中，加少量水研磨溶解，用水稀释至 1000mL，保存于具塞棕色瓶中。

(3) 碘标准滴定溶液（0.02mol/L）：将碘标准溶液用水稀释 5 倍。

3. 实验材料

2～3 种葡萄酒，各 100mL。

四、实验步骤

取 25.00mL NaOH 溶液于 250mL 碘量瓶中，再准确吸取 25.00mL 20℃样品，并以吸管尖插入 NaOH 溶液的方式，加入到碘量瓶中，摇匀，盖塞，静置 15min 后，再加入少量碎冰块、1mL 淀粉指示液、10mL H_2SO_4 溶液，轻轻摇匀，用碘标准溶液迅速滴定至淡蓝色，30s 内不变即为终点，记下消耗碘标准溶液的体积。

以水代替样品，做空白试验，操作同上。

根据下式计算样品中 SO_2 的含量：

$$x=\frac{c(V-V_0)\times 32}{25}\times 1000$$

式中，x 为样品中游离 SO_2 的含量，mg/L；c 为碘标准溶液的浓度，mol/L；V 为样品消耗碘标准滴定溶液的体积，mL；V_0 为空白试验消耗碘标准滴定溶液的体积，mL；32 为与 1.00mL 碘标准滴定溶液 $\left[c\left(\frac{1}{2}I_2\right)=1.00\text{mol/L}\right]$ 相当的以 mg 表示的 SO_2 质量；25 为取样体积，mL。

五、注意事项

在实验过程中，加入 H_2SO_4 溶液后应立即滴定，且不可用力摇动，否则将影响实验结果。

六、思考题

1. 以化学方程式的形式，写出实验原理的化学反应过程。
2. 为什么配制碘标准溶液时要加入 KI?

（撰写人：李小定）

实验 4-10 HPLC 测定葡萄酒中总亚硫酸盐含量

一、实验目的

掌握 HPLC 测定葡萄酒中总亚硫酸盐含量的原理和方法。

二、实验原理

样品中亚硫酸盐可与 N-(9-吖啶基) 马来酰亚胺反应生成一种荧光较强的络合物，经 HPLC 分离后，以荧光检测器检测，根据保留时间和峰面积，与标准品比较，可进行定性和定量分析。

三、仪器与试材

1. 仪器与器材

高效液相色谱仪（带荧光检测器）等。

2. 试剂

除特别注明外，实验中所用试剂均为分析纯，水为去离子水或蒸馏水。

(1) 常规试剂：乙腈（色谱纯）、EDTA・2Na、NH_4Ac、$NaHSO_3$、Na_2CO_3、KCl、硼酸、丙酮、N-(9-吖啶基) 马来酰亚胺($C_{17}H_{10}N_2O_2$，NAM)。

(2) 常规溶液：EDTA・2Na 溶液（20mmol/L）、NAM 溶液（0.91mmol/L，以丙酮为溶

剂)、NH_4Ac 溶液 (0.1mol/L)。

(3) 缓冲溶液 (pH=10.0): 取 3.1g 硼酸、3.7g KCl 和 0.74g EDTA・2Na 溶解于 100mL 水中作为 A 液; 取 5.3g Na_2CO_3 和 0.74g EDTA・2Na 溶解于 100mL 水中作为 B 液。将溶液 B 逐渐加入溶液 A 中至 pH 值为 10.0。

(4) 亚硫酸盐标准溶液: 取 0.5g $NaHSO_3$ 溶于 200mL EDTA・2Na 溶液中, 放置过夜后, 按实验 4-7 中 "仪器与试材" 2 (5) 的方法对 SO_2 进行标定。以此溶液作为标准储备液, 临用时以 20mmol/L EDTA・2Na 溶液稀释成 0.25mg/L、0.50mg/L、1.00mg/L、2.00mg/L、3.00mg/L、4.00mg/L 标准使用液 (以 SO_2 计)。

3. 实验材料

2～3 种葡萄酒, 各 50mL。

四、实验步骤

1. 样品处理

取 1.00mL 葡萄酒至 50mL 容量瓶中, 以 20mmol/L EDTA・2Na 溶液稀释至刻度, 作为样品处理液。

2. 测定

(1) 分别取 50μL 相当于 SO_2 浓度为 0.25mg/L、0.50mg/L、1.00mg/L、2.00mg/L、3.00mg/L、4.00mg/L 的亚硫酸盐标准使用液和样品处理液于试管中。

(2) 于各试管中, 加入 150μL pH=10 的缓冲溶液和 50μL NAM 溶液, 混匀, 于 50℃ 水浴中反应 30min, 取出, 冷却至室温。

(3) 样品处理液经 0.45μm 滤膜过滤后与标准溶液一起, 分别上样于 HPLC 仪进行分析。

(4) 以标准溶液中 SO_2 的浓度为横坐标, 峰高为纵坐标, 绘制标准曲线, 并从标准曲线上查出样品处理液中 SO_2 的浓度。

(5) 参考色谱条件: 色谱柱为 Nucleosil C_{18} 柱 [200mm×5mm (内径), 7μm]; 流动相为乙腈-NH_4Ac 溶液 (25+75, 体积比), 流速为 1mL/min; 柱温为室温; 荧光检测器, 激发波长为 365nm, 发射波长为 455nm; 进样量为 10μL。以保留时间定性, 峰面积外标法定量。

3. 计算

依据下式计算出样品中亚硫酸盐的含量 (以 SO_2 计):

$$x=\frac{A\times(50/1000)}{B}\times 100$$

式中, x 为葡萄酒中 SO_2 的浓度, mg/100mL; A 为样品处理液中 SO_2 的浓度, mg/mL; B 为 50μL 样品处理液相当于葡萄酒样品的量, mL。

五、注意事项

实验步骤中的色谱条件仅作参考, 在实际的实验中, 应根据仪器的类型和实验条件进行调整。

六、思考题

写出实验原理中 "亚硫酸盐可与 N-(9-吖啶基) 马来酰亚胺反应生成一种荧光较强的络合物" 的化学反应式。

(撰写人: 李小定)

第五节　食品中甜味剂的分析

1. 定义与分类

甜味剂 (sweeteners) 是指能赋予食品甜味, 满足人们嗜好, 改进食品可口性及其加工工艺特性的食品添加剂。

甜味剂包括人工合成的非营养甜味剂、糖醇类甜味剂与非糖天然甜味剂三类。至于葡萄糖、果糖、麦芽糖、乳糖等物质虽然也是甜味物质，由于人们长期食用它们，而且又是主要的营养物质，所以通常被称为食品原料，而不属于食品添加剂的范畴。

人工合成的非营养甜味剂是指人工经化学处理得到的没有营养的甜味物质，是目前比较常用的甜味剂，主要包括糖精钠、甜蜜素、安赛蜜和阿斯巴甜。近年新开发的三氯蔗糖、阿力甜和纽甜也属于非营养甜味剂。

糖醇类甜味剂是一类由糖类物质经催化加氢反应制得的有甜味的多元醇类物质。虽然各种多元醇的性质有许多相似之处，但是每一种又有其独特的性质，因而具有独特用途。目前常见的多元醇甜味剂主要包括山梨糖醇、甘露糖醇、异麦芽糖醇、乳糖醇、木糖醇、麦芽糖醇以及氢化的淀粉水解物。这些多元醇均是由它们相应的糖经氢化后得到的。

非糖天然甜味剂指从植物中提取的甜味物质，它们一般多由当地人长期食用，后经一些天然产物化学家或从事甜味剂生产的公司大规模提取开发而来，如甜菊苷、罗汉果甜苷等。

人工合成的非营养甜味剂是目前食品工业（乳制品、饮料、糖果等）中应用最广泛的甜味剂，而糖醇类甜味剂和非糖天然甜味剂因为甜度低且成本高，目前主要用于保健食品中。表 4-3 是部分甜味剂的每日允许摄入量（acceptable daily intake，ADI）和甜味特性。

表 4-3 部分甜味剂的 ADI 值及其主要性质

甜味剂名称	ADI/(mg/kg)	甜度①/倍	甜味性质
甜菊苷	5.5	180～200	带有轻微苦味和涩味
糖精	5.0	2000～2500	具有金属味和后苦味
甜蜜素	11	30	呈味慢，甜味持久
阿斯巴甜	40/50(FDA)	180～200	具有清凉感，味道好
纽甜	制定中	6000～10000	甜味纯正，风味良好
三氯蔗糖	15	400～800	甜味纯正，无不良后味
阿力甜	1	2000～2900	有清凉感，无不良后味

① 甜度是以蔗糖为基准计算得到的值。

2. 最大允许使用量与分析方法

正确使用人工合成甜味剂对于改善食品品质、开发新食品、改善食品加工工艺及降低产品生产成本等都有着极为重要的作用。但是，合成甜味剂毕竟不是天然产物，在规定的剂量范围内使用对人无害，假如无限量地使用，也可能引起各种形式的毒性表现。例如，短时间内摄入大量糖精，会引起血小板减少，导致急性大出血；大量摄入阿斯巴甜，会使人产生严重的智力障碍。

表 4-4 是 GB 2760—2007 规定的糖精钠（以糖精计）在不同食品中的最大允许使用量。

表 4-4 糖精钠在不同食品中的最大允许使用量

食品名称	最大允许使用量/(g/kg)
冷冻饮品、面包、糕点、饼干、复合调味料、饮料类、配制酒、酱渍蔬菜、盐渍蔬菜	0.15
水果干类(芒果和无花果干除外)、蜜饯凉果、熟制五香豆与炒豆、脱壳烘焙/炒制坚果与籽类	1.0
带壳烘焙/炒制坚果与籽类	1.2
芒果和无花果干、凉果类、甘草制品、果丹(饼)类	5.0

为了控制甜味剂的最大使用量，保障消费者健康，加强甜味剂的检测是非常必要和重要的。为此，各种检测甜味剂的方法不断出现，目前已经报道的食品中甜味剂的检测方法主要有 HPLC、GC、离子色谱法以及 LC-MS 等。

HPLC 是食品中甜味剂含量测定的常用方法。根据文献报道，HPLC 可以测定的甜味剂包括安赛蜜、阿斯巴甜、甜蜜素、纽甜、糖精、甜菊苷、阿力甜、山梨糖醇、木糖醇和三氯蔗糖等。

利用甜蜜素在硫酸介质中与亚硝酸反应后生成环己醇亚硝酸酯，用正己烷提取后，利用 GC 法测定，在 0.25～1.25μg 范围内有良好线性，加标回收率可达到 83%。

由于甜味素（天冬酰苯丙氨酸甲酯）及其分解产物天冬氨酸和苯丙氨酸的分子结构中都含有

一个—NH_2，因而可以采用离子色谱法分离，以积分安培法检测。

在甜味剂的分析检测中，采用LC-MS法可以同时分析食品中乙酰磺胺酸钾（安赛蜜）、三氯蔗糖、糖精、环己基氨基磺酸盐、阿斯巴甜、甘素、甘草酸、甜菊苷等多种甜味剂的含量。

对于三氯蔗糖，由于没有化学活泼基团，对检测器要求较严格，目前国际上多采用带有示差折光检测器、脉冲安培检测器、选择离子扫描和选择反应扫描等的HPLC对其含量进行测定。也可以将样品以Na_2CO_3溶液固定后，进行灰化，以$AgNO_3$标准溶液滴定，通过分析氯的含量推测三氯蔗糖的含量。

我国国家标准中关于食品中甜味剂的检测方法包括：食品中糖精钠的测定（GB/T 5009.28—2003）、食品中环己基氨基磺酸钠（甜蜜素）的测定（GB/T 5009.97—2003）和饮料中乙酰磺胺酸钾（安赛蜜）的测定（GB/T 5009.140—2003）等。

（撰写人：黄文、陈福生）

实验4-11 酱油中糖精钠的薄层色谱法测定

一、实验目的

掌握以薄层色谱法（TLC）测定酱油中糖精钠（$C_6H_4CONNaSO_2$）含量的原理与方法。

二、实验原理

在酸性条件下，食品中的糖精钠经乙醚提取、浓缩、薄层色谱分离、显色后，与标准品比较，可实现定性与半定量分析。

三、仪器与试材

1. 仪器与器材

展开槽、薄层板（10cm×20cm）、玻璃喷雾器、微量注射器等。

2. 试剂

除特别说明外，实验中所用试剂均为分析纯，水为去离子水或蒸馏水。

（1）常规试剂：乙醚（不含过氧化物）、HCl、NaOH、$CuSO_4 \cdot 5H_2O$、正丁醇、氨水、异丙醇、无水Na_2SO_4、无水乙醇、95%乙醇、聚酰胺粉（200目）、可溶性淀粉、溴甲酚紫。

（2）常规溶液：HCl溶液（1+1，体积比）、NaOH溶液（40g/L）、乙醇溶液（50%，体积分数）、$CuSO_4$溶液（100g/L，将10g $CuSO_4 \cdot 5H_2O$以水溶解并定容至100mL）、正丁醇-氨水-无水乙醇展开剂（7+1+2，体积比）、异丙醇-氨水-无水乙醇展开剂（7+1+2，体积比）。

（3）溴甲酚紫显色剂（0.4g/L）：称取0.04g溴甲酚紫，以乙醇溶液溶解后，用NaOH溶液调节pH为8，定容至100mL。

（4）糖精钠标准溶液（1mg/mL）：取0.0851g经120℃干燥4h后的糖精钠，以95%乙醇溶解，移入100mL容量瓶中，再以95%乙醇稀释至刻度。

3. 实验材料

2～3种酱油，各250mL。

四、实验步骤

1. 样品提取

（1）取20.0mL酱油，置于100mL容量瓶中，加水至约60mL后，加20mL $CuSO_4$溶液，混匀，再加4.4mL NaOH溶液，加水至刻度，混匀，静置30min，过滤。

（2）取50mL滤液置于150mL分液漏斗中，加2mL HCl溶液，用30mL、20mL、20mL乙醚分三次提取，合并乙醚提取液。

（3）以5mL HCl酸化的水洗涤乙醚提取液，弃水层。乙醚层以无水Na_2SO_4脱水后，使乙醚挥发，加2.0mL乙醇溶解残留物，密封保存，备用。

2. 薄层板的制备

（1）称取1.6g聚酰胺粉，加0.4g可溶性淀粉，加约7.0mL水，研磨3～5min。

（2）立即涂成 0.25～0.30mm 厚的 10cm×20cm 的薄层板，室温干燥后，在 80℃下干燥 1h。置于干燥器中保存，备用。

3. 测定

（1）在薄层板纵向的一端（这一端称为下端，另一端称为上端）2cm 处，用微量注射器分别点 10μL、20μL 样品提取液，同时点 3.0μL、5.0μL、7.0μL、10.0μL 糖精钠标准溶液，各点间距大于 1.0cm。

（2）将点好的薄层板放入盛有展开剂（两种展开剂任选一种，展开剂液层约 0.5cm，薄层板下端朝下）并预先已达到饱和状态的展开槽中，展开至 10cm 左右后，取出，挥干。

（3）均匀喷雾显色剂于薄层板上，糖精钠斑点显黄色。根据样品点和标准点的 R_f 值进行定性，根据斑点颜色深浅进行半定量。

4. 计算

根据下式计算样品中糖精钠的含量：

$$x=\frac{m_0}{V\times\frac{V_2}{V_1}}$$

式中，x 为样品中糖精钠的含量，g/L；m_0 为测定用样液中糖精钠的质量，mg；V 为样品的体积，mL；V_1 为样品提取液残留物加入乙醇的体积，mL；V_2 为点板液的体积，mL。

五、注意事项

本方法可以同时分析酱油中苯甲酸钠的含量。

六、思考题

1. 在样品提取过程中，为什么需要加 $CuSO_4$ 溶液？

2. 为什么实验中所使用的乙醚不能含有过氧化物？如果含有，对实验结果有何影响？如何去除乙醚中的过氧化物？

3. 简述溴甲酚紫对糖精钠的显色机理。

（撰写人：黄文）

实验 4-12 糕点中糖精钠的紫外分光光度法测定

一、实验目的

掌握紫外分光光度法测定糕点中糖精钠的原理与方法。

二、实验原理

在酸性条件下，以乙醚提取样品中的糖精钠（$C_6H_4CONNaSO_2$），经薄层色谱分离后，溶于 $NaHCO_3$ 溶液中，该溶液在 270nm 处有吸收峰，测 A_{270nm} 值，与标准品比较，可实现定量分析。

三、仪器与试材

1. 仪器与器材

紫外分光光度计、紫外分析仪、透析用玻璃纸、薄层板（10cm×20cm）、展开槽、微量注射器等。

2. 试剂

除特别说明外，实验中所用试剂均为分析纯，水为去离子水或蒸馏水。

（1）常规试剂：无水 Na_2SO_4、硅胶 GF_{254}、乙醚（不含过氧化物）、HAc、$NaHCO_3$、NaOH、HCl、$CuSO_4\cdot5H_2O$、苯、乙酸乙酯、95%乙醇、羧甲基纤维素钠溶液（CMC-Na）、溴甲酚紫。

（2）常规溶液：乙醇溶液（1+1，体积比）、CMC-Na（0.5%）、$NaHCO_3$ 溶液（2%，质量分数）、NaOH 溶液（0.8g/L、40g/L）、HCl 溶液（1+1，体积比）、$CuSO_4$ 溶液（100g/L，将 10g $CuSO_4\cdot5H_2O$ 以水溶解并稀释至 100mL）、苯-乙酸乙酯-乙酸展开剂（12+7+3，体积比）。

（3）溴甲酚紫显色剂（0.4g/L）：取0.04g溴甲酚紫，以乙醇溶液溶解后，用NaOH溶液调pH至8，并定容至100mL。

（4）糖精钠标准溶液（1mg/mL）：称取0.0851g经120℃干燥4h后的糖精钠，加95%乙醇溶解，移入100mL容量瓶中，加乙醇稀释至刻度。

3. 实验材料

2～3种糕点，各50g。

四、实验步骤

1. 样品提取

（1）称取25.0g混合均匀的糕点样品，置于透析用玻璃纸上，放入大小适当的烧杯内，加50mL NaOH溶液（0.8g/L），调成糊状，将玻璃纸口扎紧，放入盛有200mL NaOH溶液（0.8g/L）的烧杯中，盖上表面皿，透析过夜。

（2）量取125mL透析液（相当于12.5g样品），加约0.4mL HCl溶液调pH至中性，加20mL $CuSO_4$溶液，混匀，再加4.4mL NaOH溶液（40g/L），混匀，静置30min，过滤。

（3）取120mL滤液（相当于10g样品），置于250mL分液漏斗中，加2mL HCl溶液，以30mL、20mL、20mL乙醚分别提取三次，合并乙醚提取液，用5mL经HCl酸化的水洗涤一次，弃水层。

（4）乙醚层通过无水Na_2SO_4脱水后，挥发乙醚，加2.0mL乙醇溶液溶解残留物，密封保存，备用。

2. 薄层展开

（1）称取1.4g硅胶GF_{254}，加4.5mL CMC-Na溶液于小研钵中研匀，倒在薄层色谱用玻璃板上，涂成0.25～0.30mm厚的薄层板，晾干后，于110℃下活化1h，取出后置于干燥器内，备用。

（2）在薄层板纵向的一端（这一端称为下端，另一端称为上端）2cm处中间，用微量注射器点样，将200～400μL样液点成一横条状，再在点样条右侧1.5cm处，点10μL糖精钠标准溶液，使成一个小圆点。

（3）将点好的薄层板（下端朝下）放入盛有展开剂液层约0.5cm并预先已达到饱和状态的展开槽中，展开至10cm左右，取出，挥干。

（4）将薄层板置于紫外分析仪254nm波长下，与标样比较，观察糖精钠的荧光条状斑。把斑点连同硅胶刮入小烧杯中，同时在空白薄层板（除了不点样外，其他处理过程同样品薄层板）上刮一条与样品条状大小相同的硅胶，置于另一烧杯中，作为试剂空白。

（5）各加5.0mL $NaHCO_3$溶液，于50℃水浴中保温30min后，以3000r/min离心20min，取上清液，备用。

3. 测定

（1）吸取0、2.0mL、4.0mL、6.0mL、8.0mL、10.0mL糖精钠标准溶液，分别置于100mL容量瓶中，各以$NaHCO_3$溶液定容，于270nm波长处测定吸光度，绘制标准曲线。

（2）将经薄层展开分离的样品糖精钠提取液及试剂空白液于270nm处测定吸光度，从标准曲线上查出相应浓度。

4. 计算

根据下式计算样品中糖精钠的含量（g/kg）：

$$\text{糖精钠的含量}=\frac{(c_1-c_0)V_3V_1}{mV_2}$$

式中，c_1为测定用样液中糖精钠的含量，mg/mL；c_0为空白液中糖精钠的含量，mg/mL；V_1为溶解样品残留物时加入的乙醇的体积，mL；V_2为点样用样品提取液的体积，mL；V_3为溶解刮下的糖精钠时所用2% $NaHCO_3$溶液的体积，mL；m为与提取过程中样品残留物相当的原样品的质量，g。

五、注意事项

1. 对富含脂肪的样品，为防止乙醚萃取时发生乳化，可先在碱性条件下用乙醚萃取脂肪，然后酸化，以乙醚提取糖精。

2. 样品在薄层板上的点样量，应控制其中的糖精含量为0.1～0.5mg。

3. 在刮取样品的条状糖精斑点时，可以先用铅笔在紫外分析仪中，轻轻勾出斑点的轮廓，然后在紫外分析仪外，小心将斑点硅胶刮入小烧杯中。同时刮一块与样品斑点条状大小相同的空白板硅胶。

4. 硅胶 GF_{254} 薄层板亦可用聚酰胺薄层板替代。具体参考条件如下：1.6g 聚酰胺，加 0.4g 可溶性淀粉，加约 15mL 水，研磨 3～5min，使其均匀地涂成 0.25～0.30mm 厚的 10cm×20cm 薄层板，室温下干燥，在 80℃烘箱中干燥 1h，置干燥器内备用。展开剂为正丁醇-浓氨水-无水乙醇（7+1+2，体积比）。

六、思考题

1. 为什么在分析过程中需要刮一块与样品斑点条状大小相同的空白板硅胶？如果不设计这个空白对照，对实验结果有什么影响？为什么？

2. 如果糖精钠的检测波长未知，如何确定检测波长？

（撰写人：黄文）

实验 4-13　固体果汁粉中糖精钠含量的比色法测定

一、实验目的

掌握酚磺酞比色法测定固体果汁粉中糖精钠含量的原理与方法。

二、实验原理

在酸性条件下，样品中的糖精钠用乙醚提取分离后与苯酚和 H_2SO_4 于 175℃条件下生成酚磺酞，并与 NaOH 反应产生红色溶液，该溶液在 558nm 处有吸收峰，测定 A_{558nm} 值，与标准品对照，可进行定量分析。

三、仪器与试材

1. 仪器与器材

分光光度计、油浴锅（175℃±2℃）、色谱柱等。

2. 试剂

除特别说明外，实验中所用试剂均为分析纯，水为去离子水或蒸馏水。

（1）常规试剂：碱性氧化铝（色谱用）、液体石蜡（油浴用）、乙醚（不含过氧化物）、无水 Na_2SO_4、苯酚、H_2SO_4、HCl、NaOH、$CuSO_4 \cdot 5H_2O$。

（2）常规溶液：苯酚-H_2SO_4 混合液（1+1，体积比）、HCl 溶液（1+1，体积比）、NaOH 溶液（40g/L、200g/L）、$CuSO_4$ 溶液（将 10g $CuSO_4 \cdot 5H_2O$ 以水溶解并定容至 100mL）。

（3）糖精钠标准溶液（1mg/mL）：精密称取未风化的糖精钠 0.1000g，加 20mL 水溶解后转入 125mL 分液漏斗中，加 HCl 溶液使其呈酸性，以 30mL、20mL、20mL 乙醚分别振摇提取三次，每次振摇 2min。将三次乙醚提取液合并后，经滤纸上装有 10g 无水 Na_2SO_4 的漏斗脱水，滤液以乙醚定容至 100mL。

3. 实验材料

2～3 种固体果汁粉，各 50g。

四、实验步骤

1. 样品提取

（1）称取 20.00g 均匀样品，置于 250mL 烧杯中，加 100mL 水，加温溶解后，冷却。

（2）将溶液置于 250mL 分液漏斗中，加 2mL HCl 溶液，用 30mL、20mL、20mL 乙醚提取

三次，合并乙醚提取液，用5mL HCl酸化的水洗涤一次，弃水层。

（3）乙醚层经无水 Na_2SO_4 脱水后，作为样品提取液，密封保存，备用。

2. 标准曲线的绘制

（1）取糖精钠标准溶液0、0.2mL、0.4mL、0.6mL、0.8mL（相当于0、0.2mg、0.4mg、0.6mg、0.8mg糖精钠），分别置于100mL比色管中，于40℃水浴中使乙醚挥干。另取1mL乙醚，置于100mL比色管中，水浴挥干，作为试剂空白。

（2）将比色管于100℃干燥箱中干燥20min后，加入5.0mL苯酚-H_2SO_4 混合液，旋转使混合液与管壁充分接触，于175℃的油浴中保温2h，取出，冷却。

（3）加20mL水于比色管，摇匀后，加10mL NaOH溶液（200g/L），补水至100mL，混匀。

（4）经5.0g碱性氧化铝色谱柱后，流出液以1cm比色皿于波长558nm处测定 A_{558nm}。

（5）以糖精钠的质量为横坐标，对应的 A_{558nm} 为纵坐标，以乙醚空白管调零，绘制标准曲线。

3. 测定

（1）取适量（控制糖精钠含量为0.2～0.6mg）的样品乙醚提取液，置于蒸发皿中，于40℃水浴中将乙醚蒸发至约10mL后，转入100mL比色管中。

（2）依据“标准曲线的绘制”中的（2）～（4）进行操作，测定 A_{558nm}，并从标准曲线上查找出样品提取液中糖精钠的含量。

4. 计算

按下式计算样品中糖精钠的含量：

$$x=\frac{m_1-m_2}{m\times V_2/V_1}$$

式中，x 为样品中糖精钠的含量，g/kg；m_1 为测定用溶液中糖精钠的质量，mg；m_2 为空白溶液中糖精钠的质量，mg；m 为样品的质量，g；V_1 为样品乙醚提取液的总体积，mL；V_2 为比色用样品乙醚提取液的总体积，mL。

五、注意事项

1. 如果不具备油浴条件，也可以在干燥箱中进行175℃保温。

2. 由于苯甲酸等有机物对测定结果有干扰，故需要通过碱性氧化铝色谱柱以排除干扰。

3. 本法受温度影响较大，糖精钠与苯酚和 H_2SO_4 反应时，应严格控制温度和时间。

六、思考题

1. 写出实验原理的化学反应式。

2. 叙述碱性氧化铝色谱柱除去苯甲酸等有机物的原理。如果不除去，苯甲酸对糖精钠的测定结果有什么影响？为什么？

3. 什么叫糖精钠的风化？

（撰写人：黄文）

实验4-14 果冻中甜蜜素含量的比色法测定

一、实验目的

掌握比色法测定果冻中甜蜜素即环己基氨基磺酸钠（sodium cyclamate）含量的原理与方法。

二、实验原理

在 H_2SO_4 酸性介质中甜蜜素与 $NaNO_2$ 反应，生成环己醇亚硝酸酯，与磺胺重氮化后，再与盐酸萘乙二胺偶合生成在550nm波长处有吸收峰的红色染料，测 A_{550nm} 值，与标准比较可实现定量分析。

三、仪器与试材

1. 仪器与器材

分光光度计、离心机、剪刀、透析用玻璃纸等。

2. 试剂

除特别说明外，实验中所用试剂均为分析纯，水为去离子水或蒸馏水。

(1) 常规试剂：氯仿、甲醇、NaCl、$NaNO_2$、H_2SO_4、尿素、HCl、盐酸萘乙二胺、$HgCl_2$和磺胺（$C_6H_8O_2N_2S$）等。

(2) 常规溶液：$NaNO_2$溶液（10g/L）、H_2SO_4溶液（100g/L）、尿素溶液（100g/L，现用现配或于4℃保存）、HCl溶液（0.01mol/L、100g/L）、盐酸萘乙二胺溶液（1g/L）。

(3) 透析剂：取0.5g $HgCl_2$和12.5g NaCl于烧杯中，以HCl溶液（0.01mol/L）溶解并定容至100mL。

(4) 磺胺溶液（10g/L）：取1g磺胺溶于HCl溶液（100g/L）中，并定容至100mL。

(5) 甜蜜素标准溶液（1mg/mL）：取0.1000g环己基氨基磺酸钠，加水溶解并定容至100mL。临用时，稀释10倍。

3. 实验材料

2～3种果冻，各200g。

四、实验步骤

1. 样品提取

(1) 将果冻以剪刀剪碎成小颗粒后，称取10.00g于玻璃透析纸中，加10mL透析剂。

(2) 将透析纸口扎紧，放入盛有100mL水的200mL广口瓶内，加盖，透析20～24h得样品透析液，备用。

2. 测定

(1) 于2支50mL带塞比色管中，分别加入10mL样品透析液和10mL甜蜜素标准液，于0～3℃冰浴中，加入1mL $NaNO_2$溶液和1mL H_2SO_4溶液，摇匀，冰浴1h，并不断摇匀。

(2) 加15mL氯仿，振动1min，静置，除去上层液；再加15mL水，振动1min，静置，除去上层液。

(3) 加10mL尿素溶液和2mL HCl溶液（100g/L），振动5min，除去上层液；加15mL水，振动1min，再除去上层液。

(4) 分别从比色管中，吸取5mL氯仿溶液于2支25mL比色管中。同时，取另一支比色管以5mL氯仿作参比。

(5) 于各管中加入15mL甲醇、1mL磺胺溶液，冰水浴15min后，取出恢复至室温。

(6) 加1mL盐酸萘乙二胺溶液混匀后，加甲醇至刻度（25mL），在30℃下放置20min后，于波长550nm处，以参比调零，测得样品透析液和标准液的吸光度，分别记作A及A_s。

(7) 另取2支50mL带塞比色管，分别加入10mL水和10mL透析液，除不加$NaNO_2$溶液外，其他按“(1)～(6)”进行操作，吸光度分别记作A_{s0}及A_0。

3. 计算

样品中甜蜜素的含量按下式计算：

$$x=\frac{c}{m}\times\frac{A-A_0}{A_s-A_{s0}}\times\frac{100+10}{V}$$

式中，x为样品中甜蜜素的含量，g/kg；m为样品的质量，g；V为测定时透析液的用量，mL；c为标准管甜蜜素的质量，mg；A_s为标准液的吸光度；A_{s0}为水的吸光度；A为样品透析液的吸光度；A_0为不添加$NaNO_2$溶液的样品透析液的吸光度。

五、注意事项

本方法也可以用于其他食品样品中甜蜜素含量的分析，但是不适用于白酒中甜蜜素的测定，因为白酒中环己醇及环己基的类似物质与$NaNO_2$反应后，也生成环己醇亚硝酸酯，与甜蜜素（环己基氨基磺酸钠）和$NaNO_2$的反应产物类似，容易出现假阳性。

六、思考题

1. 以化学方程式写出实验原理的化学反应过程。

2. 简述透析剂的作用。

3. 如果需要分析可乐中的甜蜜素含量是否超标，样品应怎样处理？为什么？

（撰写人：黄文）

实验 4-15 HPLC 测定果汁饮料中糖精钠的含量

一、实验目的

掌握 HPLC 分析果汁饮料中糖精钠含量的原理与方法。

二、实验原理

果汁样品以氨水调 pH 至近中性后，取滤液经高效液相色谱柱分离后，以紫外检测器测定，根据保留时间和峰高，与标准品比较，进行定性和定量分析。

三、仪器与试材

1. 仪器与器材

高效液相色谱仪（附带紫外检测器）。

2. 试剂

除特别说明外，实验中所用试剂均为分析纯，水为去离子水或蒸馏水。

（1）常规试剂：甲醇（以 0.45μm 滤膜过滤）、NH_4Ac、浓氨水。

（2）常规溶液：氨水（1+1，体积比）、NH_4Ac 溶液（0.02mol/L，以 0.45μm 滤膜过滤）、$CH_3OH\text{-}NH_4Ac$ 溶液（5+95，体积比）。

（3）糖精钠标准储备液（1.0mg/mL）：取 0.0851g 经 120℃ 烘干 4h 后的糖精钠（$C_6H_4CONNaSO_2$），加水溶解并定容至 100mL。

（4）糖精钠标准使用溶液（0.10mg/mL）：取糖精钠标准储备液 10.0mL 放入 100mL 容量瓶中，加水至刻度，经 0.45μm 滤膜过滤。

3. 实验材料

2～3 种不同的果汁饮料，各 50mL。

四、实验步骤

1. 样品处理

称取 10.00g 果汁饮料，以氨水调 pH 至 7，加水定容至 100mL，以 4000r/min 离心 10min，上清液过滤（0.45μm 滤膜），备用。

2. 标准曲线的绘制

（1）配制浓度为 10μg/mL、20μg/mL、40μg/mL、60μg/mL、80μg/mL、100μg/mL 的系列标准溶液，供 HPLC 分析。

（2）以浓度为横坐标，相应峰高值为纵坐标，绘制标准曲线。

（3）参考色谱条件：YWG-C_{18} 不锈钢色谱柱（4.6mm × 250mm，10μm）；流动相为 $CH_3OH\text{-}NH_4Ac$ 溶液，流速为 1mL/min；紫外检测器，波长为 230nm，灵敏度为 0.2AUFS；进样量为 10μL。

3. 样品测定

（1）在上述色谱条件下，将样品处理液注入高效液相色谱仪，记录色谱图。

（2）与标准品色谱图比较，根据保留时间进行定性，根据峰高从标准曲线上查出样品处理液中糖精钠的浓度。

4. 计算

根据下式计算样品中糖精钠的浓度：

$$x=\frac{m_0}{m\times\frac{V_2}{V_1}}$$

式中，x 为样品中糖精钠的含量，g/kg；m_0 为进样体积中糖精钠的质量，mg；V_2 为进样体积，mL；V_1 为样品稀释液的总体积，mL；m 为样品的质量，g。

五、注意事项

1. 实验步骤中的色谱条件仅作参考，在实际实验过程中应该根据仪器型号和实验室条件进行调整。

2. 两次重复实验结果误差的绝对值不得超过其算术平均值的10%，否则应该调整实验条件，重新实验。

3. 在本实验条件下，可以同时测定饮料中的苯甲酸、山梨酸和糖精钠的含量。

六、思考题

1. 为什么需要将样品溶液调成中性？

2. 叙述检测器灵敏度对色谱图的影响。

（撰写人：黄文）

第六节　食品中抗氧化剂的分析

1. 定义、种类与作用机理

氧化是引起食品变质的主要原因之一，它能导致油脂酸败、食品色泽改变、维生素和不饱和物质破坏，从而使食品的营养价值下降，食用这种食品还可能引起食物中毒。抗氧化剂（antioxidants）是一种能够阻止或推迟食品氧化变质、提高食品稳定性和延长储存期的食品添加剂。这些添加剂加入食品后，能与氧反应，从而有效防止食品中脂类物质被氧化。

抗氧化剂按其溶解性不同可分为脂溶性和水溶性两类，前者包括叔丁基羟基茴香醚（butylated hydroxyanisol，BHA）、2,6-二叔丁基-4-甲基苯酚（butylated hydroxytoluene，BHT）和没食子酸丙酯（propyl gallate，PG）等，后者包括抗坏血酸及其盐、异抗坏血酸及其盐、亚硫酸盐类等。根据来源不同，抗氧化剂分为天然的和人工合成的两类，例如维生素E和茶多酚属于天然抗氧化剂，而BHA、BHT、PG和亚硫酸盐类属于人工合成的抗氧化剂。目前我国允许使用的人工合成抗氧化剂有BHA、BHT、PG和亚硫酸盐类等。其中，亚硫酸盐类也属于护色剂。

各种抗氧化剂的作用原理不尽相同，大致分为下述三种情况。①抗氧化剂本身极易被氧化，从而降低介质中氧的含量，延缓食品成分被氧化，常用的有抗坏血酸及其衍生物、异抗坏血酸及其盐。②抗氧化剂能抑制或减弱氧化酶类的活性，预防氧化酶的催化作用，如亚硫酸盐类、二氧化硫及各种含硫化合物。③抗氧化剂本身可释放出氢原子，可与油脂氧化反应产生的过氧化物结合，使之不能继续被分解成醛或酮类等低分子物质，如BHA、BHT和PG等就属于这类抗氧化剂。

2. 残留危害与最大允许使用量

食品抗氧化剂总体上讲是比较安全的，但是化学合成的BHA、BHT和PG等被证明对人体有一定的毒副作用和致癌作用。例如，BHA可引起慢性过敏反应和代谢紊乱，还可以造成试验动物胃肠道上皮细胞的损伤。BHT的急性毒性比BHA稍大，且具有致癌性，还可能抑制人体呼吸酶的活性。因此，为了保证食品的卫生与安全，对于这类抗氧化剂，规定了它们的使用范围和最大使用量。

GB 2760—2007《食品添加剂使用卫生标准》规定，BHA和BHT在各类食品中最大使用量为脂肪、油、乳化脂肪制品、坚果与籽类罐头、谷物（包括碾轧燕麦片）、方便米面制品、饼干、腌腊肉制品类（如咸肉、腊肉、板鸭、中式火腿、腊肠等）、干制（风干、烘干、压干等）水产品等均为0.2g/kg，胶基糖果为0.4g/kg。而PG在上述食品中最大使用量除胶基糖果为0.4g/kg外，其他均为0.1g/kg。在GB 2760—2007中，还规定了抗坏血酸、异抗坏血酸及其钠盐、维生素E在食品中的最大使用量。

检测食品中BHA、BHT和PG的方法主要有HPLC、GC、TLC和分光光度法等。其中，

HPLC和GC灵敏快速，可实现多种抗氧化剂的同时测定；TLC和分光光度法操作过程简单，对实验条件要求不高，但灵敏度和准确度较差。

（撰写人：李小定）

实验4-16 植物油中BHA和BHT含量的薄层色谱法测定

一、实验目的

掌握薄层色谱法（TLC）分离测定植物油中BHA和BHT含量的原理和方法。

二、实验原理

用甲醇提取植物油中的BHA和BHT，以正己烷-二氧六环-乙酸或异辛烷-丙酮-乙酸为展开剂，在硅胶G薄层板上将样品提取液中的BHA和BHT分离，以2,6-二氯醌-氯亚胺为显色剂显色后，与标准品对比进行定性和定量分析。

三、仪器与试材

1. 仪器与器材

真空旋转蒸发仪、离心机、展开槽（高×长×宽，25cm×13cm×8cm）、薄层色谱用玻璃板（长×宽，20cm×10cm）和微量注射器等。

2. 试剂

除特别说明外，实验中所用试剂均为分析纯，水为去离子水或蒸馏水。

（1）常规试剂：甲醇、石油醚（沸程30～60℃）、异辛烷、丙酮、冰醋酸、正己烷、二氧六环、无水乙醇、硅胶G、可溶性淀粉、正己烷-二氧六环-乙酸展开剂（42+6+3，体积比）、异辛烷-丙酮-乙酸展开剂（70+5+12，体积比）。

（2）显色剂（2g/L）：2,6-二氯醌-氯亚胺的乙醇溶液，于棕色瓶中保存。

（3）BHT和BHA标准溶液（1.0mg/mL）：称取BHT、BHA（纯度为99.9%以上）各10mg，分别置于10mL容量瓶中，以丙酮溶解并定容至刻度。

（4）BHT和BHA混合标准溶液：取BHT标准溶液1.0mL、BHA标准溶液0.3mL置于5mL的容量瓶中，用丙酮稀释并定容至刻度。此溶液BHT浓度为0.20mg/mL，BHA浓度为0.06mg/mL。

3. 实验材料

花生油、豆油、菜籽油、芝麻油，各50mL。

四、实验步骤

1. 样品提取

（1）称取5.00g植物油样品，置于10mL具塞离心管中，加入5.0mL甲醇，振摇5min，放置2min后，以4000r/min离心5min，吸取上层甲醇溶液，置于25mL容量瓶中。如此重复提取5次，以甲醇稀释至刻度。

（2）吸取5.0mL甲醇提取液，置于浓缩瓶中，于40℃水浴上减压浓缩至0.5mL，作为样品提取液。

2. 薄层板的制备

称取4g硅胶G置玻璃乳钵中，加10mL水，研磨至黏稠状，铺薄层板两块，置空气中干燥后，于80℃烘1h，存放于干燥器中。

3. 薄层分析

（1）取两块薄板，分别为A板和B板，按纵向方向标出上、下端。在A板距下端2.5cm处等间距分别点混合标准溶液5.0μL、样品提取液10.0μL、样品提取液10.0μL加混合标准溶液5.0μL；在B板上分别点混合标准溶液5.0μL、样品提取液5.0μL、样品提取液5.0μL加混合标准溶液5.0μL。

（2）将点好样的薄层板（下端向下）置于事先以正己烷-二氧六环-乙酸展开剂或异辛烷-丙

酮-乙酸展开剂饱和的展开槽内，展开至展开剂前沿距薄板上端2.5cm左右时，停止展开。

(3) 将薄板取出，置于通风橱中，用电吹风机的冷风吹干溶剂后，均匀喷显色剂，于110℃烘箱中保温显色10min。

(4) 根据薄板色斑的 R_f 值和颜色深浅，与标准品比较进行定性和定量分析。

4. 结果判定

(1) 定性判定：比较样品显色点与标准品显色点的 R_f 值。如果样液点显示检出某种抗氧化剂，则样品中该抗氧化剂的斑点应与加入的内标抗氧化剂斑点重叠。

(2) 定量分析：将薄层板上样液点抗氧化剂的色斑颜色与标准抗氧化剂的色斑颜色比较，估计样品提取液中对应抗氧化剂的含量，并按下式计算样品中抗氧化剂的含量。

$$x=\frac{m_1 f}{m_2\times\frac{V_2}{V_1}\times 1000}$$

式中，x 为样品中抗氧化剂BHA、BHT的含量，g/kg；m_1 为薄层板上测得样品点抗氧化剂的质量，μg；V_1 为供薄层展开用点样液定容后的体积，mL；V_2 为点样体积，mL；f 为样液的稀释倍数；m_2 为定容后的薄层展开用样液相当于样品的质量，g。

五、注意事项

1. 如果样品色斑颜色较标准点深，可稀释后重新点样，展开后，再估算含量；同样，如果样品色斑颜色太浅，则可以适当增加点样量。

2. 显色剂见光易变质，因此配制后应存于棕色瓶中，最好现配现用。

3. 若点样量较大，可采取边点样边用电吹风机的冷风吹干，点上一滴吹干后再继续点，以免点样量过大，影响展开结果。

4. 当点样量较多时，由于杂质的干扰，样品中抗氧化剂的 R_f 值可能会略低于标准品的 R_f 值。

5. 在本实验条件下，BHT与BHA在TLC薄层板上的 R_f 值、最低检出量和斑点颜色见表4-5。

表4-5 BHT与BHA的 R_f 值、最低检出量与斑点颜色

抗氧化剂名称	硅胶G板结果		
	R_f值	最低检出量/μg	色斑颜色
BHT	0.73	1.00	橘红→紫红
BHA	0.37	0.30	紫红→蓝紫

6. 本方法可同时测定样品中的PG，其 R_f 值为0.04。

六、思考题

1. 假设分析样品为猪油，应该如何对样品进行处理？

2. 叙述BHA和BHT与显色剂2,6-二氯醌-氯亚胺的显色机理。

（撰写人：李小定）

实验4-17 比色法测定糕点中BHA和BHT的含量

一、实验目的

掌握比色法测定BHA和BHT的原理和方法。

二、实验原理

以石油醚提取糕点中的BHA和BHT，以硅胶柱分离BHA和BHT后，BHA与2,6-二氯醌-氯亚胺-硼砂溶液反应生成一种稳定的蓝色化合物，BHT与 α,α'-联吡啶-氯化铁溶液生成橘红色物质，它们分别在520nm和620nm处有吸收峰，测定 A_{520nm} 和 A_{620nm}，并与标准品比较，可实现定量分析。

三、仪器与试材

1. 仪器与器材

分光光度计、组织捣碎机、色谱柱。

2. 试剂

除特别说明外，实验中所用试剂均为分析纯，水为去离子水或蒸馏水。

(1) 常规试剂：石油醚（沸程30～60℃）、无水乙醇、2,6-二氯醌-氯亚胺、KCl、NaOH、无水Na_2SO_4、$FeCl_3$、硅胶（柱色谱用）、氧化铝（柱色谱用）、硼砂、α,α'-联吡啶。

(2) 常规溶液：2,6-二氯醌-氯亚胺溶液（0.01%，以无水乙醇为溶剂，存于棕色瓶中，4℃可保存3d）、硼砂缓冲溶液（取0.6g硼砂、0.7g KCl、0.26g NaOH，加无水乙醇至500mL，放置过夜，使其溶解，必要时过滤）、$FeCl_3$溶液（0.2%，24h内稳定）、乙醇溶液（30%，体积分数）、α,α'-联吡啶溶液（0.2%，先以少量乙醇溶解，再加水定容）。

(3) BHA标准溶液（10μg/mL）：称0.0500g BHA，加少量无水乙醇溶解后，转移至100mL棕色容量瓶中，用无水乙醇定容，避光保存。临用时取1mL于50mL容量瓶，加无水乙醇定容。

(4) BHT标准溶液（10μg/mL）：称0.1000g BHT，以无水乙醇溶解并定容至100mL。临用时取1mL定容至100mL（用无水乙醇定容）。

3. 实验材料

2～3种糕点，各200g。

四、实验步骤

1. 提取分离

(1) 取100.0g糕点以组织捣碎机捣碎均匀。

(2) 取10.00g捣碎样品于具塞锥形瓶中，加石油醚50mL，振摇20min后，静置5min。

(3) 取上层液25mL，通过硅胶柱（硅胶柱内径为25mm，长250mm，内装13g硅胶、7g氧化铝，并在上下两端加少量的无水Na_2SO_4），用石油醚淋洗。弃去50mL淋洗液后，收集100mL淋洗液作为BHT组分液。

(4) 将2mL BHT组分液置于蒸发皿中自然挥干后，以2mL乙醇溶液溶解残渣。如有沉淀，用滤纸过滤，以6mL乙醇溶液分三次洗涤滤纸，滤液与洗液合并于25mL比色管，并以乙醇溶液定容至8mL，供BHT测定。

(5) 用无水乙醇继续淋洗硅胶柱，至淋洗液为100mL，供BHA测定。

2. 测定

(1) BHT测定

① BHT标准曲线的绘制：分别取BHT标准溶液0、0.5mL、1.0mL、1.5mL、2.0mL、2.5mL（相当于0、5μg、10μg、15μg、20μg、25μg BHT）于25mL比色管中，加入无水乙醇溶液至8mL。分别加入1mL α,α'-联吡啶溶液，摇匀，在暗室中迅速加入1mL $FeCl_3$溶液，摇匀放置60min后，测定A_{520nm}值。以BHT的含量为横坐标，A_{520nm}为纵坐标，绘制标准曲线。

② 样品测定：按照"BHT标准曲线的绘制"中的方法，测定样品提取液（8mL）的A_{520nm}，并从标准曲线上查出样品提取液中BHT的含量。

(2) BHA测定（整个过程需避光进行）

① BHA标准曲线的绘制：分别取BHA标准溶液0、0.5mL、1.0mL、1.5mL、2.0mL、2.5mL（相当于0、5μg、10μg、15μg、20μg、25μg BHA）于25mL比色管中，加入无水乙醇溶解至8mL，混匀。各加入1mL 2,6-二氯醌-氯亚胺乙醇溶液，充分混匀后，各加入2mL硼砂缓冲溶液，混匀，静置20min后于620nm测定吸光度。以BHA的含量为横坐标，A_{620nm}为纵坐标，绘制标准曲线。

② 样品测定：取4mL样品BHA提取液于25mL比色管，用无水乙醇溶解稀释至8mL，混匀。以下同"BHA标准曲线的绘制"的实验方法，测定A_{620nm}，并从标准曲线上查出样品提取

液中 BHA 的含量。

3. 计算

样品中抗氧化剂的含量按下式进行计算：

$$x=\frac{m_0 V V_2}{m V_1 V_3}$$

式中，x 为样品中 BHA 或 BHT 的含量，mg/kg；m_0 为测定用样液中 BHA 或 BHT 的质量，μg；V 为 BHA 或 BHT 混合时的总体积，mL；V_1 为 BHA 或 BHT 分离时的体积，mL；V_2 为 BHA 或 BHT 分离后的定容体积，mL；V_3 为 BHA 或 BHT 分离后的测定用量，mL；m 为样品的质量，g。

五、注意事项

1. 抗氧化剂本身会被氧化，样品随着存放时间的延长含量会下降，所以样品进入实验室后应尽快分析，否则分析结果可能偏低。

2. 抗氧化剂 BHA 稳定性较差，易受光与热的影响，操作时应避光。

3. 以色谱柱分离含油脂多的食品样品时，容易受到温度的影响。温度低时，流速慢，分离效果差，所以温度应控制在 20℃ 以上。

六、思考题

1. 写出实验原理的化学反应方程式。

2. 简述 BHA 与 BHT 的性质与提取分离原理。

（撰写人：李小定）

实验 4-18 植物油中没食子酸丙酯含量的分光光度法测定

一、实验目的

掌握分光光度法测定植物油中没食子酸丙酯（PG）的原理和方法。

二、实验原理

植物油以石油醚溶解后，以 NH_4Ac 溶液提取其中的没食子酸丙酯（PG），PG 能与酒石酸亚铁盐发生反应，生成在 540nm 处有吸收峰的有色物质，A_{540nm} 的大小与 PG 含量成正比。与标准品比较，可定量分析样品中 PG 的含量。

三、仪器与试材

1. 仪器与器材

分光光度计。

2. 试剂

除特别说明外，实验中所用试剂均为分析纯，水为去离子水或蒸馏水。

（1）常规试剂与溶液：石油醚（沸程 30～60℃）、酒石酸钾钠（$NaKC_4H_4O_6 \cdot 4H_2O$）、NH_4Ac、$FeSO_4 \cdot 7H_2O$、NH_4Ac 溶液（10%、1.67%）。

（2）显色剂：取 0.100g $FeSO_4 \cdot 7H_2O$ 和 0.500g 酒石酸钾钠，加水溶解并定容至 100mL。现配现用。

（3）标准溶液（50μg/mL）：取 0.0100g PG，以水溶解并定容至 200mL。

3. 实验材料

2～3 种植物油，各 100mL。

四、实验步骤

1. 样品提取

（1）称取 10.00g 样品，以 100mL 石油醚溶解后，移入 250mL 分液漏斗中，加 20mL NH_4Ac 溶液（1.67%）振摇 2min，静置分层。

（2）将水相层放入 125mL 分液漏斗中（如出现乳化，连同乳化层一起放入），石油醚层再用

20mL NH_4Ac 溶液（1.67%）重复提取两次，合并水相层于125mL分液漏斗中。

（3）石油醚层用水再振摇洗涤两次，每次15mL，水洗液并入125mL分液漏斗中，振摇、静置。

（4）溶液经滤纸过滤后，滤液置于100mL容量瓶中，用少量水洗涤滤纸，加入2.5mL NH_4Ac 溶液（10%），并补水至刻度，摇匀。将此溶液用滤纸过滤，弃去20mL初滤液后，收集滤液作为样品提取液，供比色用。

2. 测定

（1）标准曲线的绘制：取0、1.0mL、2.0mL、4.0mL、6.0mL、8.0mL、10mL PG标准溶液（相当0、50μg、100μg、200μg、300μg、400μg、500μg PG），分别置于25mL具塞比色管中，加入2.5mL NH_4Ac 溶液（10%），准确加水至24mL，加入1mL显色剂，摇匀，于540nm处测定吸光度。以PG的含量为横坐标，A_{540nm} 为纵坐标，绘制标准曲线。

（2）样品测定：吸取20mL样品提取液于25mL具塞比色管中，加入1mL显色剂，加4mL水，摇匀，测定 A_{540nm}，从标准曲线上查出测定用样品提取液中的PG量。

3. 计算

样品中PG的含量按下式计算：

$$x=\frac{m_0}{m \times V_2/V_1 \times 1000}$$

式中，x 为样品中PG的含量，g/kg；m_0 为样品提取液中PG的质量，μg；m 为样品的质量，g；V_1 为样品提取液的总体积，mL；V_2 为测定用样品提取液的体积，mL。

五、注意事项

由于抗氧化剂PG本身易被氧化，随着存放时间的延长，PG含量逐渐下降，故样品要及时分析，以免影响实验结果。

六、思考题

1. 写出实验原理中"没食子酸丙酯（PG）与酒石酸亚铁盐发生反应，生成有色物质"的化学反应方程式。

2. 简述 NH_4Ac 溶液提取PG的原理。

（撰写人：李小定）

实验4-19 油脂中BHA与BHT含量的GC测定

一、实验目的

掌握GC测定油脂中抗氧化剂BHA与BHT含量的原理和方法。

二、实验原理

利用BHA、BHT易溶于甲醇，而油脂难溶于甲醇的特性，直接在样品中加甲醇将BHA、BHT从油脂中提取出来后，在GC仪上测定，与标准品比较，进行定性和定量分析。

三、仪器与试材

1. 仪器与器材

气相色谱仪（附带FID检测器）、漩涡混匀器等。

2. 试剂

除特别注明外，实验中所用试剂均为分析纯，水为去离子水或蒸馏水。

（1）常规试剂：甲醇、石油醚（沸程30～60℃）。

（2）混合标准溶液（10mg/mL）：取BHA、BHT标准品（纯度>99%）各1.000g，以甲醇溶解并定容至100mL，于4℃避光保存。

（3）混合标准使用溶液（1mg/mL）：取混合标准溶液10.0mL于100mL容量瓶中，以甲醇定容。

3. 实验材料

2～3 种植物油，各 50mL。

四、实验步骤

1. 标准曲线的绘制

（1）取 5 支 10mL 具塞比色管，各加入 2.00g 不含 BHA 和 BHT 的棕榈油后，准确加入 0、0.10mL、0.20mL、0.40mL、0.50mL BHA 与 BHT 混合标准使用溶液，混合。

（2）于各比色管中加入 2.00mL、1.90mL、1.80mL、1.60mL、1.50mL 甲醇，涡旋混匀，静置分层。

（3）吸出甲醇层于 10mL 离心管内，以 2500r/min 离心 5min，上清液中混合标准品浓度分别为 0、50μg/mL、100μg/mL、200μg/mL、250μg/mL。

（4）将上清液注入 GC 仪进行测定，以浓度为横坐标，峰面积为纵坐标，绘制标准曲线。

（5）参考色谱条件：色谱柱为 HP-5 柱（30.0mm×320mm，0.5μm）；柱温升温程序为 100℃，以 5℃/min 升至 150℃，恒温 8min 后，以 30℃/min 升至 250℃；进样口温度为 220℃；检测器温度为 250℃，柱前压为 40kPa；气体流速，氮气为 30mL/min，氢气为40mL/min，空气为 450mL/min；进样方式为不分流进样；进样量为 1.0μL。

2. 样品分析

取样品 2.00g 于 10mL 具塞比色管中，加 2.0mL 甲醇，涡旋振荡混匀，以下按“标准曲线的绘制”进行。根据峰面积查出样品甲醇提取液中 BHA 和 BHT 的浓度。

3. 计算

按下式计算样品中 BHA 或 BHT 的含量：

$$x=\frac{cV}{m\times 1000}$$

式中，x 为样品中 BHA 或 BHT 的含量，g/kg；c 为样品甲醇提取液中 BHA 或 BHT 的浓度，μg/mL；V 为样品甲醇提取液的体积，mL；m 为油脂的质量，g。

五、注意事项

实验步骤中的色谱条件仅作参考，在实际的实验过程中应该根据仪器的型号和实验条件进行调整。

六、思考题

1. 为什么在“标准曲线的绘制”过程中，需要将混合标准使用溶液添加至不含 BHA 和 BHT 的棕榈油中后，再以甲醇提取？

2. 试比较不同方法测定食品中 BHA 和 BHT 含量的优缺点。

（撰写人：李小定）

第七节 食品中增味剂的分析

1. 定义与种类

增味剂（flavour enhancers）亦称鲜味剂，或风味增强剂，是补充或增强食品原有风味的食品添加剂。食品增味剂是一类重要的食品添加剂，在现代食品工业的新品研发中具有不可替代的作用。增味剂与酸、甜、苦、咸 4 种基本味的味感不同，它不影响其他味觉的刺激作用，只增强各自的风味特征，从而改进食品的可口性。因而，对各种蔬菜、肉、禽、乳类、水产类乃至酒类都起着良好的增味作用。

目前，我国批准许可使用的食品增味剂主要有 L-谷氨酸钠、5′-鸟苷酸二钠、5′-肌苷酸二钠、5′-呈味核苷酸二钠、琥珀酸二钠、L-丙氨酸、甘氨酸、水解动物蛋白（hydrolyzed animal protein，HAP）、水解植物蛋白（hydrolyzed vegetable protein，HVP）、酵母抽提物（yeast extracts）等 40多种，而且还处于不断发展之中，但是对其分类还没有统一的标准。一般可根据其来源和化学成分进行分类。根据来源，可分为动物性、植物性、微生物和化学合成的增味剂。根据化学成分，可分为氨基酸类、核苷酸类、有机酸类和复合增味剂等四大类。根据来源分类，顾名思义比较好理解，下面仅对化学成分分类进行简要阐述。

化学组成为氨基酸及其盐类的食品增味剂统称为氨基酸类增味剂。在天然的氨基酸中，L-谷氨酸、L-天冬氨酸及其钠盐和酰胺都是具有鲜味的物质。谷氨酸是1846年从小麦面筋中分离出来的，所以称之为谷氨酸（glutamic acid）。谷氨酸有D型和L型两种，其中D型无味。L-谷氨酸单钠（monosodium glutamate，MSG）是谷氨酸的一种钠盐，俗称味精，味觉阈值为0.014%，是目前世界消费量最多的一种增味剂。此外，氨基酸类增味剂还有L-丙氨酸（L-alanine）、甘氨酸（glycine）、L-天冬氨酸钠（sodium aspartate）及蛋氨酸（methionine）等。

核苷酸类鲜味剂主要有5′-肌苷酸二钠（inosine 5′-monophosphate disodium salt，IMP）、5′-鸟苷酸二钠（guanosine 5′-monophosphate disodium salt，GMP）。核苷酸类增味剂通常与谷氨酸钠配合使用。5′-肌苷酸在水溶液中的浓度为0.012%～0.025%就有呈味作用。市场上的5′-呈味核苷酸通常是IMP与GMP各50%的混合物。

已知可作为食品增味剂的有机酸类有琥珀酸和琥珀酸二钠，其味觉阈值为0.03%。水解动植物蛋白液和酵母抽提物中含有大量的氨基酸和核苷酸，均属于复合鲜味剂。

2. 关于食品增味剂安全性的争议

味精在我国的食用非常普遍，是几乎每家必备的烹调增鲜剂，更是饭店餐馆必不可少的调味品，炒菜做汤，只要加一点点，就可以大大增加鲜味。然而关于食用味精安全性问题的争论却从来没有停息过。1968年，有人在《新英格兰医学杂志》上发表了一篇文章，描述在进食中国餐之后，出现后颈麻木，并扩散到双臂和后背，由此引发了人们对于味精安全性的恐慌。1987年，在海牙召开的FAO/WHO食品添加剂专家联合委员第19次会议上，宣布取消对味精的食用限量及对未满12周岁婴幼儿食用味精的限制，从而使关于味精安全性的讨论告一段落。

味精是以大米、玉米或糖蜜等淀粉质和糖为原料，经微生物发酵生产的。味精的主要成分谷氨酸广泛存在于天然食物中，消费者每天都会摄取一定量的谷氨酸。很多人不敢吃味精，主要是担心它会产生某些致癌物质。而FAO/WHO食品添加剂专家认为，在正常情况下，味精是安全的，可以放心食用，只是不要将它加热到120℃以上，否则谷氨酸钠就会失水变成焦谷氨酸钠，成为致癌物质。因此，味精应在汤、菜起锅前加入，避免长时间煎煮。然而，过多摄入味精还是会产生某些不利影响。例如，味精吃多了会感到口渴，这是因为味精中含钠的原因，与食盐的弊端相似，也可能导致血压升高。另外，哺乳期的母亲不应多吃味精。因为如果哺乳期的母亲在摄入高蛋白饮食的同时，又食用过多的味精，谷氨酸钠会通过乳汁进入婴儿体内，与婴儿血液中的锌发生特异性结合，生成不能被吸收利用的谷氨酸锌而随尿液排出体外，从而导致婴儿缺锌，出现味觉差、厌食等症状，还可能造成智力减退、生长发育迟缓、性晚熟等不良后果。因此，哺乳期母亲至少在前3个月内应少吃或不吃味精。

目前市场上比较流行的复合增味剂——鸡精，尽管成分比味精复杂，但是它的主要成分其实还是味精和盐，另外还有糖、鸡肉或鸡骨粉、香辛料、肌苷酸、鸟苷酸、鸡味香精、淀粉等物质。由于鸡精中同样含有一定的谷氨酸钠，因此它与味精的安全性是差不多的，同样应注意不要长时间高温加热。此外，由于鸡精含有较高的盐分，所以炒菜和做汤时，如果用了鸡精，就应减少食盐用量。另外，鸡精里还含有核苷酸，其代谢产物为尿酸，所以痛风患者应少吃。

我国食品添加剂卫生标准中规定，味精、5′-肌苷酸二钠、5′-鸟苷酸二钠与5′-呈味核苷酸二钠作为增鲜剂可以用于各类食品中，其使用量可以按正常需要进行，无需提出每日允许摄食量。

综上所述，只要加工方法适当，摄入量适宜，增味剂不会对人体产生毒害作用。

目前，增味剂的测定方法主要有高氯酸非水滴定法、电位滴定法、旋光法和比色法等。近年来还开发出对伪劣味精中谷氨酸钠含量进行快速测定的试剂盒。

（撰写人：黄文）

实验 4-20 高氯酸非水滴定法测定鸡精中谷氨酸钠的含量

一、实验目的

掌握高氯酸非水溶液滴定法测定鸡精中谷氨酸钠含量的原理和方法。

二、实验原理

在醋酸存在下，以高氯酸（$HClO_4$）滴定谷氨酸钠，以α-萘酚苯基甲醇为指示剂，滴定终点为绿色。

三、仪器与试材

1. 仪器与器材

恒温干燥箱、滴定管等。

2. 试剂

除特别说明外，实验中所用试剂均为分析纯，水为去离子水或蒸馏水。

（1）常规试剂：冰醋酸、甲酸、高氯酸（$HClO_4$）、乙酸酐、α-萘酚苯基甲醇。

（2）$HClO_4$ 标准溶液（0.1mol/L）：取 8.5mL $HClO_4$，在搅拌下注入 500mL 冰醋酸中，混匀。在室温下滴加 20mL 乙酸酐，搅拌均匀，冷却后，以冰醋酸定容至 1000mL，摇匀。

（3）α-萘酚苯基甲醇-醋酸指示液（2g/L）：取 0.1g α-萘酚苯基甲醇，以少量冰醋酸溶解后，以水稀释至 50mL。

3. 实验材料

2～3 种鸡精，各 50g。

四、实验步骤

1. 测定

（1）称取 0.1500g 样品于 250mL 锥形瓶中，加入 3mL 甲酸，搅拌直至完全溶解后，再加 30mL 冰醋酸与 10 滴 α-萘酚苯基甲醇-醋酸指示液。

（2）以 $HClO_4$ 标准溶液滴定至颜色变绿。记录消耗 $HClO_4$ 标准溶液的体积（V_1）。同时做空白试验，记录消耗 $HClO_4$ 标准溶液的体积（V_0）。

2. 计算

按下式计算样品中谷氨酸钠的含量：

$$x=\frac{0.09357\times(V_1-V_0)c}{m}\times100$$

式中，x 为样品中谷氨酸钠的含量，%；V_1 为样品消耗 $HClO_4$ 标准溶液的体积，mL；V_0 为空白消耗 $HClO_4$ 标准溶液的体积，mL；c 为 $HClO_4$ 标准溶液的浓度，mol/L；0.09357 为 1.00mL $HClO_4$ 标准溶液相当于谷氨酸钠的质量，g；m 为样品的质量，g。

五、注意事项

1. $HClO_4$ 与有机物接触或遇热极易引起爆炸，与乙酸酐混合时会发生剧烈反应而放出大量的热。所以在配制 $HClO_4$ 标准液时，不能将乙酸酐直接加入 $HClO_4$ 中，应先用冰醋酸将 $HClO_4$ 稀释后再在不断搅拌下缓缓滴加适量乙酸酐，以免剧烈氧化而引起爆炸。

2. $HClO_4$ 标准溶液的浓度需要进行标定。方法如下：取 0.6000g 于 105～110℃烘至恒重的基准邻苯二甲酸氢钾，置于干燥的锥形瓶中，加入 50mL HAc，搅拌溶解，加 2～3 滴结晶紫指示剂（5g/L）。用配好的 $HClO_4$ 溶液滴定至溶液由紫色变为蓝色（微带紫色）。根据下式计算 $HClO_4$ 溶液的浓度：

$$c=\frac{m}{V\times0.2042}$$

式中，c 为 $HClO_4$ 标准溶液的浓度，mol/L；V 为消耗 $HClO_4$ 溶液的体积，mL；m 为邻苯二甲酸氢钾的质量，g；0.2042 为与 1.00mL $HClO_4$ 标准溶液相当的以 g 表示的邻苯二甲酸氢钾的质量。

3. $HClO_4$ 标准溶液标定时的温度应与使用时的温度相同。如果不同，且温差超过 10℃，则须重新标定 $HClO_4$ 溶液的浓度；若不超过 10℃，则可按下式校正。

$$c_1=\frac{c_0}{1+0.0011\times(t_1-t_0)}$$

式中，c_1 为使用时 $HClO_4$ 溶液的浓度，mol/L；c_0 为标定时 $HClO_4$ 溶液的浓度，mol/L；t_1 为使用时 $HClO_4$ 溶液的温度，℃；t_0 为标定时 $HClO_4$ 溶液的温度，℃；0.0011 为 HAc 溶液的膨胀系数。

六、思考题

1. 为什么 $HClO_4$ 标准溶液标定时的温度如果不同于使用时的温度，需要重新标定或校正？

2. 写出实验原理中 $HClO_4$ 滴定谷氨酸钠的化学反应式。

（撰写人：黄文）

实验 4-21　味精中谷氨酸单钠含量的旋光法测定

一、实验目的

掌握旋光法测定谷氨酸单钠的原理，熟悉旋光法测定谷氨酸单钠含量的方法。

二、实验原理

谷氨酸单钠分子结构中含有一个不对称碳原子，具有光学活性，能使偏振光面旋转一定角度，所以，可用旋光仪测定其旋光度，并根据旋光度换算成谷氨酸单钠的含量。

三、仪器与试材

1. 仪器与器材

旋光仪（精度±0.010），带有钠光谱 D 线 589.3nm 的钠光灯。

2. 试剂

除特别说明外，实验中所用试剂均为分析纯，水为去离子水或蒸馏水。

常规试剂：HCl。

3. 实验材料

2～3 种味精（纯度大于 99%），各 50g。

四、实验步骤

1. 样品处理

(1) 称取样品 10.0000g，加少量水溶解并全部移入 100mL 容量瓶中。

(2) 加 20mL HCl，混匀，冷却至 20℃后，补加水至刻度，摇匀。

2. 测定

在 20℃恒温室中，先用标准旋光角校正仪器。然后，将上述试液置于旋光管中（注意不能产生气泡），观测其旋光度，同时记录旋光管中溶液的温度。

3. 计算

样品中谷氨酸单钠的含量按下式计算：

$$x=\frac{\dfrac{\alpha}{Lc}}{25.16+0.047\times(20-t)}\times 100$$

式中，x 为样品中谷氨酸钠的含量，%；α 为实测试液的旋光度；L 为旋光管的长度（即液层厚度），dm；c 为 1mL 试液中含谷氨酸钠的质量，g/mL；25.16 为谷氨酸钠的比旋光度 $[\alpha]_D^{20}$；t 为溶液的温度，℃；0.047 为温度校正系数。

五、思考题

如果味精中掺杂有白糖，那么会对实验结果造成什么影响？掺杂有食盐又有什么影响？以实验验证之。

（撰写人：黄文）

实验 4-22 5′-肌苷酸二钠与 5′-鸟苷酸二钠复合增味剂组成成分的分析

一、实验目的

掌握比色法测定 5′-肌苷酸二钠与 5′-鸟苷酸二钠（I+G）复合增味剂中核苷酸二钠含量的原理和方法。

二、实验原理

5′-肌苷酸二钠与 5′-鸟苷酸二钠复合增味剂是 5′-肌苷酸二钠（IMP）与 5′-鸟苷酸二钠（GMP）按 1∶1 比例的混合物，二者在紫外光区域的最大吸收波长相近，它们的吸收光谱重叠干扰严重，因此不能利用单一物质的定量分析方法来对其进行分析，只能根据双波长测定的加和性原理，在 IMP 与 GMP 适当的波长下，分别测定混合物的吸光度及等量 IMP、GMP 的吸光度，利用双波长分光光度法原理计算混合物中 IMP 和 GMP 的含量。

三、仪器与试材

1. 仪器与器材

紫外分析仪（254nm 波长）、紫外分光光度计、恒温水浴锅、微量注射器、展开槽、Ⅲ号新华滤纸（色谱用纸）等。

2. 试剂

除特别说明外，实验中所用试剂均为分析纯，水为去离子水或蒸馏水。

（1）常规试剂与溶液：$(NH_4)_2SO_4$、HCl、异丙醇、HCl 溶液（0.01mol/L）。

（2）展开剂：饱和 $(NH_4)_2SO_4$ 溶液-异丙醇-H_2O 溶液（79+2+19，体积比）。

3. 实验材料

2～3 种 5′-肌苷酸二钠与 5′-鸟苷酸二钠（I+G）复合增味剂，各 50g。

四、实验步骤

1. 分离提取

（1）称取 1.0000g 样品，用水溶解并稀释至 100mL。

（2）取 10.0μL 点样于Ⅲ号新华滤纸，于展开剂中展开 30cm 后，取出晾干。

（3）在紫外分析仪中，以铅笔勾出（两个）紫外斑点的轮廓。

（4）将斑点滤纸剪下后，分别置于两支小试管中，各加 4.0mL HCl 溶液，置于 80℃ 水浴，保温 30min，冷却，即为 IMP 或 GMP 的样品提取液。

2. IMP 与 GMP 组分的判定

分别将上述样品提取液倒入石英比色皿中，以 HCl 溶液作空白对照，以紫外分光光度仪在 240～265nm 范围内扫描，最大吸收波长为（250±2)nm 的，即为 IMP，最大吸收波长为（256±2)nm 的，即为 GMP。

3. IMP 和 GMP 含量的测定

以 HCl 溶液作空白，在 250nm、260nm 处分别测定 IMP 与 GMP 样品提取液的吸光度。根据以下两式分别计算样品中 IMP 和 GMP 的含量，两者之和即为总量。

$$x_1=\frac{400\times527\times A_1}{11.7\times10^3\times m_1}\times0.1\times100$$

式中，x_1 为 IMP 的含量，%；400 为稀释倍数；527 为 IMP 的相对分子质量；11.7×10^3 为 IMP 的摩尔吸光系数；0.1 为样品的定容体积，L；m_1 为样品的质量，g；A_1 为 IMP 在波长 250nm 处的吸光度。

$$x_2=\frac{400\times533\times A_2}{12.2\times10^3\times m_2}\times0.1\times100$$

式中，x_2 为 GMP 的含量，%；400 为稀释倍数；533 为 GMP 的相对分子质量；12.2×10^3 为 GMP 的摩尔吸光系数；0.1 为样品的定容体积，L；m_2 为样品的质量，g；A_2 为 GMP 在波长 260nm 处的吸光度。

五、思考题

如果 I+G 复合增味剂中杂质较多，用本方法是否也可以测定？为什么？如何消除杂质的干扰？

（撰写人：黄文）

参考文献

[1] AOAC Official Method 952.09. Propyl gallate in food，colorimetric method. AOAC Official Method of Analysis，2000，47.2.04：6.

[2] AOAC Official Method 973.31. Nitrite in cured meat，colorimetric method. Codex-Adopted-AOAC-Method. AOAC Official Method of Analysis，2000，39.1.21：8.

[3] Bahruddin Saad Md，Fazlul Bari. Simultanous determination of preservatives（benzoic acid，sorbic acid，methylparaben and propylparaben）in foodstuffs using high-performance liquid chromatography. J Chromatogr A，2005，1073：393-397.

[4] Mesaros S，Brunova A，Mesarosova A. Direct determination of nitrite in food samples by electrochemical biosensor. Chemical Papers-Chemicke Zvesti，1998，52（3）：156-158.

[5] Ni Y，Wang L，Kokot S. Voltammetric determination of butylated hydroxy，butylated hydroxytoluene，propyl gallate and ter-butylhydroquinone by use of chemometric approaches. Analytica Chimica Acta，2000，412：185-193.

[6] Suzuki S. Determination of synthetic food dyes by CE. J Chromatogr A，1994，680：541-547.

[7] Stover F S. Applications of capillary electrophoresis for industrial analysis. Electrophoresis，1990，(11)：750-756.

[8] Thompson C O，Trenerey V C，Kemmery B. Micellar electrokinetic capillary chromatographic determination of artificial sweeteners in low-Joule soft drinks and other foods. J Chromatogr A1，1995，694：507-514.

[9] Waldron K C，Li J. Investigation of pulsed-laser thermooptical absorbance detector for the determination of food preservatives. J Chromatogr B1，1996，638（1）：47-54.

[10] 范华锋，刘振林．铬酸钡分光光度法测定蜜饯中亚硫酸盐．现代预防医学，2002，29（4）：592.

[11] 管有根，周侃．鸡精中谷氨酸钠含量的测定．中国酿造，2004，(10)：32-33.

[12] 洪亮，张明时，伍庆．饮料中甜蜜素的气相色谱测定．贵州师范大学学报．自然科学版，2005，23（1）：106-107.

[13] 胡美珍，王文铮，张燕琴．毛细管电泳法分离测定食品中山梨酸、苯甲酸、糖精．上海师范大学学报，2004，33（2）：63-66.

[14] 黎源倩，孙长颢，叶蔚云等．食品理化检验．北京：人民卫生出版社，2006.

[15] 励建荣，蔡成岗．食品工业中甜味剂的应用．食品研究与开发，2003，24（4）：18-21.

[16] 刘奋，林奕芝，戴京晶．高效液相色谱多波长测定人工合成着色剂．现代预防医学，2001，28（1）：81-82（94）.

[17] 刘家常，李欣，李明元．LC/MS 法同时测定食品中 9 种甜味剂．口岸卫生控制，2006，11（2）：58-62.

[18] 刘树兴，唐孟忠．食品增味剂概述．食品研究与开发，2005，26（2）：18-20.

[19] 刘永军，徐金祥．生物感应法测定食品中的亚硫酸．食品工业，1994，15（3）：53-54.

[20] 刘照佳，邹旭华．剖析味精的化学成分及营养价值．中国调味品，2004，(4)：14-17.

[21]　聂晶，齐兴娟. 食用合成色素研究动态. 中国食品卫生杂志，2002，14 (1)：58-60.

[22]　鲍忠定. 毛细管气相色谱内标法同时测定食品中 8 种防腐剂. 分析化学，2004，32 (2)：270-271.

[23]　彭卫芳，凌志明，王学涛等. 亚硝酸盐测定方法的研究进展. 中国卫生检验杂志，2007，17 (8)：1535-1536.

[24]　齐竹华，屈峰，刘克纳. 离子色谱法电化学检测复合甜味剂和饮料中的甜味素. 环境化学，1999，18 (4)：380-384.

[25]　钱建亚，熊强. 食品安全概论. 南京：东南大学出版社，2006.

[26]　王仲礼. 食品鲜味剂及其在食品工业中的应用. 中国调味品，2003，(2)：3-6.

[27]　王叔淳. 食品卫生检验技术手册. 北京：化学工业出版社，2002.

[28]　夏宏宇，刘云军. 常见六种漂白剂的漂白原理及应用. 安庆师范学院学报，2007，13 (1)：114-115.

[29]　姚焕章. 食品添加剂. 北京：中国物资出版社，2001.

[30]　游飞明，翁其香. 气相色谱法快速测定油脂及加工食品中的 BHA、BHT、TBHQ. 福建分析测试，2005，14 (4)：2290-2292.

[31]　喻利娟，金明，史玉坤. 无汞吸收盐酸副玫瑰苯胺比色法测定食品中的 SO_2 含量. 交通医学，2002，16 (5)：482.

[32]　郑毅，李明. HPLC-FLD 同时测定食品中五种抗氧化剂. 口岸卫生控制，2001，8 (5)：35-36.

[33]　张根生，赵全，岳晓霞等. 食品中有害化学物质的危害与检测. 北京：中国计量出版社，2006.

[34]　张开诚. 鲜味剂的结构特征与呈味机理的探讨. 中国调味品，2001，(6)：28-32.

[35]　章钰. 食品漂白剂的安全使用. 食品添加剂，2002，17 (3)：11-13.

[36]　邹月利. 离子色谱法测定腌制大蒜中亚硫酸盐含量. 食品工业科技，2006，27 (8)：171-173.

[37]　GB/T 8967—2007　谷氨酸钠（味精）.

[38]　GB/T 8967—2000　谷氨酸钠（99%味精）.

[39]　GB/T 5009.30—2003　食品中叔丁基羟基茴香醚（BHA）与 2,6-二叔丁基对甲酚（BHT）的测定.

[40]　GB 10796—1989 食品添加剂　5′-鸟苷酸二钠.

[41]　QB 3798—1999 食品添加剂　呈味核苷酸二钠.

[42]　QB/T 2845—2007 食品添加剂　呈味核苷酸二钠.

第五章　食品中其他有毒有害物质残留的检测

第一节　概　　述

除了重金属、农药、抗生素等残留外，食品中还可能存在其他多种有害物质。例如，白酒中的甲醇和杂醇油、食品中污染的苯并［a］芘、食用油中的棉酚、动物性产品中的瘦肉精等激素残留与水产品中的孔雀石绿、通过食品包装材料迁移至食品中的各种有害物质，以及近几年来非法添加于食品中的苏丹红和三聚氰胺等非食用的外源物质。这些物质在食品中的残留对人体的危害也非常大。

白酒中的杂醇油（fusel oil）是指比乙醇碳链长的各种高级醇的总称。杂醇油超标，可以引起多种不良反应。例如，异戊醇含量过高时，可刺激饮用者的眼睛和呼吸道，使人头部充血、头痛、晕眩、恶心、呕吐、腹泻，这也是喝酒上头的主要原因之一。

苯并［a］芘（benzopyrene）是由五个苯环构成的多环芳烃类（polycyclic aromatic hydrocarbons）化合物之一，是多环芳烃中研究最多的一种重要的食品污染物。苯并［a］芘具有强致癌性，可导致胃癌和消化道癌，并可以通过胎盘传给胎儿，引起中毒与致癌。研究表明，苯并［a］芘可以通过食品的熏烤和烘烤，食品加工设备、管道和包装材料，以及被污染的大气、水源和土壤等多种渠道污染食品。

棉酚（gossypol）是棉属植物体内形成的一种黄色多酚类物质，存在于棉株的各器官中，其他一些锦葵科植物也可产生。棉酚在棉籽中的含量很高，粗制棉油（棉油是从棉籽中压榨或抽提得到的油脂）常因棉酚含量超标而引起食物中毒。它能损害人体的肝、肾、心等脏器及中枢神经，并影响生殖系统的功能。

所谓动物激素，又称为荷尔蒙，它是由人和动物体的内分泌器官直接分泌到血液中的特殊化学物质。动物激素在血液中的浓度非常低，但是却具有非常重要的生理作用，具有调节人和动物体的糖、蛋白质、脂肪、水分和盐分的代谢，控制生长发育和生殖过程等功能。动物激素在预防动物疾病、增加动物性产品产量、提高产品质量等方面发挥着非常重要的作用，但是动物激素的残留也日趋严重。特别是在饲料和动物饮用水中人为添加动物激素所造成的残留更加严重。动物激素主要残留在动物食品（牛肉、猪肉、禽肉等）、动物产品（蛋、奶等）及其制品（肉罐头制品、奶制品等）中。激素残留的危害是多种多样的。例如，盐酸克仑特罗（clenbuterol hydrochloride）是人工合成的β-肾上腺素受体兴奋剂，在畜牧养殖中使用可明显提高饲料的转化率与瘦肉率，所以俗称“瘦肉精”。食用含瘦肉精浓度高的动物性食品可以引起急性中毒，主要表现为头晕、恶心、呕吐、血压升高、心跳加快、体温升高、寒颤等中毒症状，严重时会危及生命安全。另外，有研究表明，瘦肉精对生殖也有严重影响，并可能致畸和致癌。

随着食品包装的多样化与普及化，各种包装材料特别是塑料包装材料中各种成分不断析出并渗入或影响所接触食品的问题越来越引起人们的关注。这些物质一方面可以影响食品风味，另一方面也可能危害消费者的健康与安全。研究表明，乙烯基氯、丙烯腈、亚乙烯基氯等塑料基本组成物质，以及食品包装材料中的重金属、漂白剂、有机氯化物、甲醛、防油剂以及杀菌剂等均可能迁移到食品中，从而对消费者的健康与安全产生危害。

孔雀石绿（malachite green）是一种染色剂，为绿色结晶体，可溶解于水，能高效杀灭霉菌。它作为一种化学消毒剂，因价格廉、容易得、用量少、疗效高等特点，曾被广泛用于水产养殖中的疾病防治，所以容易出现在水产品中。但是，孔雀石绿有潜在的致畸、致癌作用。因此，美国、英国、日本等许多国家已禁止将其用于水产养殖业，2002 年我国农业部也将其列为禁用药物。

苏丹红（Sudan red）是一种工业染料，为非食品添加剂，严禁添加到食品中。但是由于天然辣椒色素不稳定，经长时间光照容易褪色，而添加苏丹红后辣椒制品能长期保持鲜亮的颜色，增加产品的外观新鲜度，而且成本低廉，所以有一些不法生产商，违法将其添加到红辣椒粉和红辣酱等红色食品中，甚至添加在家禽的饲料中，增加蛋黄颜色，误导消费者。我国卫生部发布的苏丹红评估报告指出，苏丹红在体内代谢生成的各种胺类物质均为有毒的有机化合物，具有致突变性和致癌性，由此可见，苏丹红的安全隐患不容置疑。

三聚氰胺（melamine）是一种三嗪类含氮杂环有机化合物，属化工原料。由于其含氮量高达66%，且无色无味，掺杂到饲料和食品后不易被发现，所以有人将其作为“蛋白精”添加到植物蛋白粉、动物饲料和奶粉中，以增加产品的表观蛋白质含量，牟取不法利益。尽管三聚氰胺被认为毒性轻微，大鼠经口的半数致死量大于3g/kg，但是动物和人长期摄入三聚氰胺会造成生殖和泌尿系统损害，产生膀胱与肾脏结石，并可进一步诱发膀胱癌。2008年秋发生在我国的三聚氰胺婴儿奶粉事件，使近30万名儿童患病，其中5万余名患儿接受住院治疗。

关于上述有害物质的检测方法，与重金属、农药残留、抗生素残留和食品添加剂的检测一样，主要是采用GC、HPLC、GC-MS、LC-MS等仪器分析方法，以及近年来研究和发展非常迅速的免疫学方法。关于这些方法的原理以及它们的优缺点，在本书的前面几章已经进行了比较详细的叙述，在这里不再重复。

（撰写人：陈福生）

第二节　白酒中甲醇和杂醇油的测定

1. 白酒的定义与分类

白酒（liquor）是我国和东南亚一些国家对蒸馏酒（发酵后经过蒸馏的酒）的一种称谓，因为无色透明，所以叫白酒。因为白酒的酒精含量较高，所以又称为烧酒、高度酒。它是以高粱、稻谷、小麦、玉米等谷物为主要原料，以大曲、小曲或麸曲等为糖化发酵剂，经过蒸煮、糖化、发酵、蒸馏、陈酿、勾兑而制成的一种蒸馏酒。

白酒在我国有非常悠久的历史，其种类和酿造方法繁多。按酿造工艺分类，大致包括固态法白酒、液态法白酒和固液结合的半固态法白酒。所谓固态法白酒，是指采用固态糖化、固态发酵及固态蒸馏的传统工艺酿造成的白酒。这类白酒的生产工艺复杂，劳动强度大，生产周期长，但是酒的质量好。目前，我国市场销售的国产高档白酒几乎都属于这类白酒。所谓液态法白酒，是采用液态发酵、液态蒸馏工艺制成的白酒。这类白酒的生产工艺类似于酒精生产，生产周期短，机械化程度高，但是酒的风味较差。而半固态法白酒，集中了上述两种方法的优点，是采用固态培菌、糖化后，加水于半固态下进行发酵，或者培菌、糖化、发酵均在半固态下进行的白酒。这类酒常以大米为原料，典型代表是桂林的三花酒。

按酒的香型分类，我国生产的白酒主要包括酱香型白酒、浓香型白酒、清香型白酒、米香型白酒、兼香型白酒。酱香型白酒是以高粱和小麦为原料，经培菌、发酵、蒸馏、陈酿、勾兑而成，具有一种类似豆类发酵产品的酱香味的蒸馏酒。以茅台酒为代表。酱香型白酒的香气是一种复杂的复合香气，至今尚未明确其主体香气成分。浓香型白酒以谷物为原料，经固态培菌、发酵、蒸馏、陈酿、勾兑而成，是以已酸乙酯为主体的复合香气的蒸馏酒。以泸州老窖特曲、五粮液等酒为代表。目前市场上销售的大部分名酒均属于浓香型白酒。清香型白酒以谷物等为主要原料，经培菌、糖化、发酵、陈酿、勾兑而成，是以乙酸乙酯和乳酸乙酯为主体的复合香气的蒸馏酒。以汾酒为代表。米香型白酒是以大米为原料，经半固态发酵、蒸馏、陈酿、勾兑制得的，具有小曲米香特点的蒸馏酒。其主要香气成分为乙酸乙酯和β-苯乙醇，以桂林三花酒为代表。兼香型白酒是以谷物为主要原料，经培菌、发酵、蒸馏、陈酿、勾兑而成，具有浓香兼酱香独特风格的蒸馏酒。以江西四特酒、湖北黄鹤楼酒为代表。此外，还有凤香型白酒、特香型白酒、芝麻香型白酒和豉香型白酒等。

按酿造过程中所用的糖化发酵剂的不同，白酒可以分为大曲酒、小曲酒、麸曲酒等。大曲酒是以大曲为糖化发酵剂，以高粱等为主要原料，经固态发酵工艺酿造的白酒。所谓大曲是以小麦为主要原料制成的形状似砖块，经特定发酵工艺，富集有多种特定微生物和酶的块状物。大曲酒的酿造工艺极为复杂，其突出特点是混蒸和续料。所谓混蒸，是将原料（高粱等）、发酵成熟的酒醅和经过清蒸去除杂味的谷糠同时装入酒甑，加热，在原料蒸熟的同时，也进行蒸馏，将酒醅中的酒精及其他香气成分蒸馏出来。所谓续料，是指原料不是一次性加入，而是分数次陆续加入，混蒸也属于续料的一种形式。续料发酵时，每次丢弃一部分经多次发酵、蒸馏的酒糟，同时加入一定比例的新原料。经混合醅料，蒸馏蒸煮后，冷却，加入酒曲，重新送回到酒窖中继续进行发酵。在蒸馏过程中，最先蒸馏出来的酒与中间过程或最后蒸馏出来的酒，口味是不相同的。最先蒸馏出来的称为“头酒”，最后蒸馏出来的酒称为“尾酒”，这两部分酒的口味都不佳。中间过程蒸馏出来的酒口味较好，可以作为原酒，经检验，确定其等级后，经过较长时间的储存陈酿，酒的口味将变得更加协调与柔和。大曲酒具有发酵周期长、储存陈酿时间长、产品质量好、成本较高、出酒率低等特点。我国的很多名酒都是大曲酒。

小曲酒是以小曲为糖化发酵剂，以稻谷、玉米等为主要原料，采用固态或半固体发酵工艺生产的白酒。所谓小曲又名药曲，因曲胚形小而取名为小曲（常常为球形或卵圆形），是在米粉、米糠和中草药的混合物中接入隔年陈曲发酵而成的。其中的草药成分可以促进有益微生物的繁殖，抑制杂菌的生长。近年来，有不少厂家采用纯种根霉（*Rhizopus* spp.）代替小曲进行小曲酒的生产，但是酒的品质较差。小曲酒风味和质量都不如大曲酒，但是其具有用曲量小、发酵期短、工艺相对简单、出酒率较高等特点。

麸曲酒是以纯种培养的麸曲为糖化剂，酒母为发酵剂，采用固态发酵工艺生产的白酒。麸曲又名糖化曲，它是一种能使淀粉糖化的霉菌制品。它是以麸皮、酒糟及谷壳等为原辅材料，加水混匀后，经蒸汽灭菌，接入菌种培养制得的。麸曲中的糖化菌以曲霉（*Aspergillus* spp.）为主。麸曲酒的优点是发酵期短，出酒率高，但是麸曲酒的风味较差，不及大曲酒和小曲酒的品质与风味。

按酒度的高低分类，白酒可以分为高度白酒和低度白酒，一般酒精度在38度以下的称为低度白酒，而高于38度的称为高度白酒。

2. 白酒的风味与有害成分

白酒的主要成分是酒精和水，同时也包含数百种微量成分。这些微量成分虽然含量很少，但是它们对白酒的风味至关重要，正是这些微量成分，使得白酒分为不同的种类。白酒中的微量成分主要包括醇类、酯类、酸类等几大类物质。在白酒中除了乙醇外，还有甲醇、正丙醇、仲丁醇、异丁醇、正丁醇、2-戊醇、异戊醇、正戊醇、正己醇、2-甲基-1-丁醇、2,3-丁二醇、β-苯乙醇等醇类。这些醇类通过与甲酸、乙酸、丙酸、丁酸和戊酸等有机酸结合成为各种酯，共同构成不同白酒的独特风味。但是，如果甲醇、正丙醇、异丙醇、正丁醇、异丁醇、正戊醇和异戊醇等含量过高，又有一定毒性。

甲醇（methanol）俗称“木精”，是白酒中的主要有害成分之一，具有麻醉性，能与水和酒精互溶。它有酒精味，也有刺鼻的气味，主要由酿酒原料和辅料中的果胶分解产生，所以当以薯干、谷糠、野生植物等含果胶较多的原料替代谷物作为主要酿酒原料时，白酒中甲醇含量更高。甲醇毒性很强，人体经消化道吸收，摄入量达5～10mL就会发生急性中毒；一次口服15mL或两天内分次口服累计达124～164mL，可致失明；一次口服30mL即可致死。甲醇在体内不易排出，可进一步氧化为甲醛和甲酸。甲醛可使蛋白质变性，酶失活，并且使体内乳酸等有机酸积累，造成酸中毒。甲酸对中枢神经有选择性毒害作用，可使皮质细胞功能紊乱，造成一系列的精神症状，严重者可致脑水肿和脑膜出血。

杂醇油（fusel oil）是比乙醇碳链长的多种高级醇的总称。包括正丙醇、异丙醇、正丁醇、异丁醇、正戊醇、异戊醇等，以异丁醇和异戊醇为主。白酒中杂醇油是由蛋白质、氨基酸和糖在发酵过程中分解产生的。纯净的杂醇油为无色液体，具有刺鼻的气味和辛辣味。杂醇油是白酒中不可缺少的香气成分之一，它们与有机酸结合成酯，使白酒具有独特的香味。但是杂醇油具有一定的毒性，并带苦涩味，在酒中含量过高时会导致中毒，其毒性作用随分子量增加而增大。杂醇油在人体内的氧化较乙醇慢，可导致神经系统充血，引起剧烈的头痛。喝酒上头，主要是杂醇油的作用，尤其是异戊醇，它对人体的交感神经、视觉神经等神经细胞的伤害很大。

由于甲醇的沸点较低，蒸馏时主要在酒头，而杂醇油沸点比较高，主要在酒尾，因此采用“掐头去尾”的方法可以有效减少它们在白酒中的含量。尽管如此，我国生产的白酒，特别是一些小酒厂生产的白酒中杂醇油偏高的现象还比较常见。为此，我国国家标准规定，以谷类为原料酿造的白酒，高度酒中甲醇的允许含量不得大于40mg/100mL，低度酒中不得大于23～27mg/100mL；以薯干等非谷物为原料酿造的白酒，甲醇含量不得大于120mg/100mL；白酒中杂醇油（以异丁醇与异戊醇计）不得大于200mg/100mL。

测量白酒中甲醇和杂醇油常用的方法有比色法和气相色谱法。

（撰写人：黄艳春）

实验 5-1 品红亚硫酸比色法测定白酒中甲醇的含量

一、实验目的

掌握比色法测定白酒中甲醇含量的原理和方法。

二、实验原理

白酒中的甲醇在 H_3PO_4 溶液中被高锰酸钾（$KMnO_4$）氧化成甲醛，过量的 $KMnO_4$ 及在反应中产生的 MnO_2 用 H_2SO_4-草酸溶液除去后，甲醛与品红-亚硫酸溶液作用生成在 590nm 波长处有吸收峰的蓝紫色醌型色素。其 A_{590nm} 值与甲醇含量成正比，与标准品比较可实现定量分析。

三、仪器与试材

1. 仪器与器材

分光光度计、蒸馏装置、酒精比重计、容量瓶、比色管等。

2. 试剂

除特别说明外，实验所用试剂均为分析纯，水为去离子水或蒸馏水。

(1) 常规试剂：H_3PO_4（85%）、H_2SO_4、HCl、$KMnO_4$、Na_2SO_3、甲醇、乙醇、草酸、碱性品红（生化试剂）。

(2) 常规溶液：H_2SO_4 溶液（1+1，体积比）、Na_2SO_3 溶液（100g/L）、$KMnO_4$-H_3PO_4 溶液（将 3g $KMnO_4$ 加入 15mL 85% H_3PO_4 与 70mL 水的混合溶液中，溶解后，加水定容至 100mL，储于棕色瓶）、H_2SO_4-草酸溶液（将 5g 无水草酸以 H_2SO_4 溶液溶解并定容至 100mL）。

(3) 品红-亚硫酸（H_2SO_3）溶液：将 0.1g 碱性品红研细后，加入 60mL 80℃的水，边加水边研磨使其溶解，过滤于 100mL 容量瓶中，冷却后加 10mL Na_2SO_3 溶液和 1mL HCl，加水至刻度，混匀后，静置过夜。如果溶液有颜色，可加少量活性炭搅拌后过滤，储于棕色瓶中，避光保存。

(4) 甲醇标准溶液（10mg/mL）：取 1.000g 甲醇置于 100mL 容量瓶中，加水稀释至刻度，于 4℃保存。

(5) 甲醇标准使用液（0.50mg/mL）：吸取 10.0mL 甲醇标准溶液，置于 100mL 容量瓶中，加水稀释至刻度。再取 25.0mL 稀释液置于 50mL 容量瓶中，加水至刻度。

(6) 无甲醇的乙醇溶液：取 0.5mL 乙醇溶液（95%），加水至 5mL，加 2mL $KMnO_4$-H_3PO_4 溶液，混匀，放置 10min。加 2mL H_2SO_4-草酸溶液，混匀后，再加 5mL 品红-亚硫酸溶液，混匀，于 25℃静置 0.5h。检查，不应显色。如果显色，表明含有甲醇，应去除，具体方法见注意事项。

3. 实验材料

酒精度分别为 30 度、40 度、50 度和 60 度的白酒，各 250mL。

四、实验步骤

1. 标准曲线的绘制

（1）吸取 0、0.10mL、0.20mL、0.40mL、0.60mL、0.80mL、1.00mL 甲醇标准使用液（相当于 0、0.05mg、0.10mg、0.20mg、0.30mg、0.40mg、0.50mg 甲醇），分别置于 25mL 具塞比色管中。

（2）以无甲醇的乙醇溶液稀释至 1.0mL，加水至 5mL，加 2mL $KMnO_4$-H_3PO_4 溶液，混匀，放置 10min。

（3）加 2mL H_2SO_4-草酸溶液，混匀后，再加 5mL 品红-亚硫酸溶液，混匀，于 25℃ 静置 0.5h。

（4）用 2cm 比色皿，以甲醇含量为 0 的比色管中的溶液调零，于波长 590nm 处测定 A_{590nm} 值。

（5）以 A_{590nm} 为横坐标，甲醇浓度为纵坐标，绘制标准曲线。

2. 样品测定

（1）分别取酒精度为 30 度、40 度、50 度和 60 度的白酒样品各 1.0mL、0.8mL、0.6mL 和 0.5mL，置于 25mL 具塞比色管中。

（2）按“标准曲线的绘制”中（2）～（4）进行操作，分别测定 A_{590nm}。

（3）根据 A_{590nm}，从标准曲线上查找对应的甲醇量。

3. 计算

按下式计算样品中甲醇的含量：

$$x=\frac{m}{V\times 1000}\times 100$$

式中，x 为样品中甲醇的含量，g/100mL；m 为从标准曲线上查得的甲醇质量，mg；V 为样品的体积，mL。

五、注意事项

1. 本实验方法甲醇的最低检出量为 0.02g/100mL。

2. 品红-亚硫酸溶液呈红色时应重新配制，新配制的品红-亚硫酸溶液需在 4℃ 冰箱中放置 24～48h 后再用较好。

3. 白酒中醛类物质，以及除乙醇以外的其他醇类物质经 $KMnO_4$ 氧化后产生的醛类物质（如丙醛等），也可以与品红-亚硫酸作用显色，但是在 H_2SO_4 酸性溶液中容易褪色，只有甲醛与品红-亚硫酸形成的有色物质可以持久不褪色，所以，加入品红-亚硫酸溶液后一定要放置 0.5h 以上，否则测定结果会偏高，或出现假阳性。

4. 酒样和标准溶液中的乙醇浓度对比色有一定的影响，故样品与标准管中乙醇含量要大致相等。

5. 对于有颜色或浑浊的蒸馏酒或配制酒，应先蒸馏后，再进行甲醇的测定。

6. 乙醇中甲醇的去除方法：取 300mL 乙醇溶液（95%），加 $KMnO_4$ 少许，蒸馏，收集馏出液。在馏出液中加入 1g $AgNO_3$（以少量水先溶解）和 1.5g NaOH（以少量水先溶解），摇匀，取上清液蒸馏，弃去最初的 50mL 馏出液，收集中间约 200mL 馏出液，该馏出液不含甲醇。用酒精比重计测定酒精度，加水稀释成 60% 乙醇溶液。

六、思考题

1. 用化学反应式表述实验原理。

2. 为什么新配制的品红-亚硫酸溶液需在 4℃ 冰箱中放置 24～48h 后再使用比较好？

（撰写人：黄艳春）

实验 5-2　白酒中杂醇油含量的比色法测定

一、实验目的

掌握比色法测定白酒中杂醇油含量的原理与方法。

二、实验原理

杂醇油成分复杂，包括正(异)戊醇、正(异)丁醇和正(异)丙醇等，其中的异戊醇和异丁醇在H_2SO_4作用下分别生成戊烯和丁烯，再与对二甲氨基苯甲醛作用生成在520nm处有吸收峰的橙黄色物质。其A_{520nm}值与异戊醇和异丁醇的含量成正比例关系，通过与标准品比较可实现定量分析。

三、仪器与试材

1. 仪器与器材

分光光度计、容量瓶、比色管等。

2. 试剂

除特别说明外，实验所用试剂均为分析纯，水为去离子水或蒸馏水。

(1) 常规试剂与溶液：H_2SO_4、对二甲氨基苯甲醛、乙醇（95%）、对二甲氨基苯甲醛-H_2SO_4溶液（5g/L，对二甲氨基苯甲醛以H_2SO_4溶解定容）。

(2) 无杂醇油的乙醇：取0.1mL乙醇溶液（95%），按实验步骤中“标准曲线的绘制”的(2)、(3) 检查，应不显色。如果显色，表明含有杂醇油，应去除，具体方法见注意事项。

(3) 杂醇油标准溶液（1.0mg/mL）：取0.080g异戊醇和0.020g异丁醇于100mL容量瓶中，加无杂醇油的乙醇50mL，再加水稀释至刻度，低温保存。

(4) 杂醇油标准使用液（0.1mg/mL）：取杂醇油标准溶液5.0mL于50mL容量瓶中，加水稀释至刻度。

3. 实验材料

2～3种市售白酒，各250mL。

四、实验步骤

1. 标准曲线的绘制

(1) 吸取0、0.10mL、0.20mL、0.30mL、0.40mL、0.50mL杂醇油标准使用液（相当于0、0.01mg、0.02mg、0.03mg、0.04mg、0.05mg杂醇油），置于10mL比色管中，加水至1mL，摇匀。

(2) 将比色管放入冰水浴中冷却后，沿管壁缓慢加入2mL对二甲氨基苯甲醛-H_2SO_4溶液，使其沉至管底，然后将各管同时摇匀，放入沸水浴中加热15min后，取出并立即放入冰水浴中冷却，各加2mL水，混匀，冷却10min。

(3) 用1cm比色皿以杂醇油含量为“0”的比色管中的溶液调零，测定A_{520nm}。

(4) 以杂醇油含量为横坐标，A_{520nm}纵坐标，绘制标准曲线。

2. 样品测定

(1) 吸取1.00mL样品于10mL容量瓶中，加水至刻度，混匀后，吸取0.30mL，置于10mL比色管中。

(2) 按“标准曲线的绘制”中(2)、(3) 进行操作，分别测定A_{520nm}。

(3) 根据A_{520nm}，从标准曲线上查出杂醇油的含量。

3. 计算

按下式计算样品中杂醇油的含量（以异戊醇和异丁醇计）：

$$x=\frac{m}{V_1\times V_2/10\times 1000}\times 100$$

式中，x为样品中杂醇油的含量，g/100mL；m为测定样品稀释液中杂醇油的质量，mg；V_1为样品的体积，mL；V_2为测定用样品的稀释体积，mL。

五、注意事项

1. 本实验方法杂醇油的最低检出量为0.03g/100mL（以异戊醇和异丁醇计）。

2. 对二甲氨基苯甲醛-H_2SO_4显色剂应现配现用，放置时间最多不超过2d。该显色剂应沿管壁缓慢加入，否则会因温度升得太快而影响显色。

3. 乙醇中杂醇油的去除方法：取 300mL 乙醇溶液（95%），加 $KMnO_4$ 少许，蒸馏，收集馏出液，取中间馏出液，加 0.25g 盐酸间苯二胺，加热回流 2h，用分馏柱控制沸点进行蒸馏，收集中间馏出液 100mL。取 0.1mL 按实验步骤中“标准曲线的绘制”中（2）、（3）检查，如果不显色即表明杂醇油去除干净；如果显色，则取蒸馏液继续重复上述过程，直至馏出液中不含杂醇油为止。

六、思考题

1. 用化学反应方程式表示实验原理。

2. 除比色法外，还有哪些方法可以测定白酒中杂醇油的含量？

（撰写人：黄艳春）

实验 5-3　白酒中甲醇及杂醇油含量的 GC 测定

一、实验目的

掌握 GC 测定白酒中甲醇及杂醇油的原理与方法。

二、实验原理

将一定量的白酒注入气相色谱仪，其中的甲醇和杂醇油（以异丁醇和异戊醇计）在气相色谱仪中经汽化后，在载气的携带下，通过石英毛细管色谱柱时，由于样品中各组分在气液两相中具有不同的分配系数，在色谱柱中迁移速度不同，先后从色谱柱中流出，进入氢火焰离子化检测器。根据色谱图上各组分保留时间与标样对照进行定性，根据峰面积进行定量。

三、仪器与试材

1. 仪器与器材

气相色谱仪（带氢火焰离子化检测器）、毛细管色谱柱。

2. 试剂

除特别说明外，实验所用试剂均为色谱纯，水为去离子水或蒸馏水。

（1）常规试剂：甲醇、无水乙醇、异丁醇、异戊醇。

（2）标准溶液（5mg/mL）：分别准确称取甲醇、异丁醇、异戊醇各 500mg 于 100mL 容量瓶中，以 60%无甲醇和无杂醇油的乙醇水溶液稀释至刻度，混匀，于 4℃保存。

（3）标准使用液（0.5mg/mL）：吸取 10.0mL 标准溶液于 100mL 容量瓶中，用 60%无甲醇和无杂醇油的乙醇水溶液稀释至刻度，混匀，于 4℃保存。

3. 实验材料

2～3 种市售白酒，各 250mL。

四、实验步骤

1. 定性测定

以微量注射器分别吸取标准使用液和样液各 1μL，注入色谱仪内，在参考色谱条件下，分别测定保留时间，以样品与标准样品的保留时间对照，进行定性。

2. 定量测定

将 0.5μL 的标准使用液和样品分别注入气相色谱仪，分别测定各组分峰面积，计算样品中甲醇和杂醇油的含量。

3. 参考色谱条件

柱温的升温程序为在 30℃恒温 5min 后，以 10℃/min 升温至 100℃，再以 20℃/min 升温至 200℃，恒温 5min；进样口温度为 220℃；检测器温度为 300℃；氦气流速为 2.0mL/min（恒流）；氢气流速为 30mL/min；空气流速为 300mL/min；尾吹气流速为 28.0mL/min；分流比为70∶1。

4. 计算

白酒中甲醇和杂醇油各组分的含量按下式计算：

$$x=\frac{A_x V_s S}{A_s V_x \times 1000}\times 100$$

式中，x 为试样中某组分的含量，g/100mL；A_x 为试样中某组分的峰面积，mm^2；A_s 为标准溶液中某组分的峰面积，mm^2；V_x 为试样液的进样量，μL；V_s 为标准液的进样量，μL；S 为进样标准溶液中某组分的含量，mg/mL。

五、注意事项

1. 实验步骤中的色谱条件仅供参考，具体分析条件应该根据仪器的型号和实验条件进行调整。

2. 对于以浸泡中药材生产的露酒或颜色较深的酒，应先蒸馏，以减少杂质峰的干扰，也可减少样品对色谱柱的污染，延长色谱柱的使用寿命。

3. 甲醇、异丁醇、异戊醇均为有毒物质，使用时应注意安全。

六、思考题

1. 简述氢火焰离子化检测器的工作原理及其优缺点。

2. 根据国家标准的规定，除甲醇和杂醇油外，白酒中需要检测的有害成分还有哪些？简述其分析方法。

（撰写人：黄艳春）

第三节　食用油中棉酚的测定

1. 定义与分类

棉酚（gossypol）又名棉毒素或棉籽醇，是棉属植物体内形成的一种黄色多酚物质，存在于棉株的各部器官中，其他一些锦葵科植物也能产生棉酚。棉酚的分子式为 $C_{30}H_{30}O_8$，结构式见图 5-1。棉酚易溶于乙醚、甲醇、乙醇、丙酮和氯仿等有机溶剂中，不溶于水、正己烷及低沸点的石油醚。

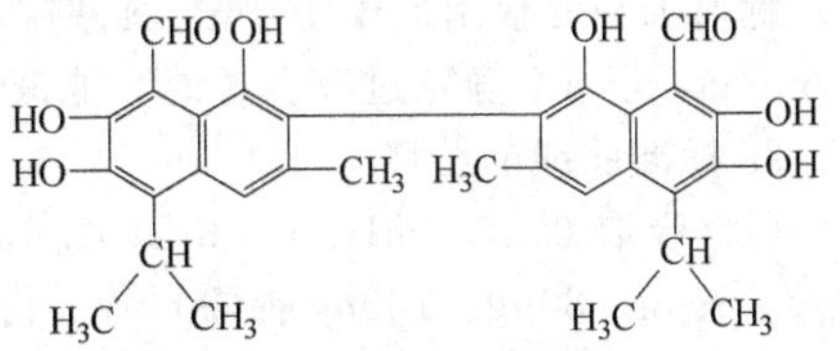

图 5-1　棉酚的化学结构式

棉酚按其存在形式可分为游离棉酚（free gossypol）和结合棉酚（bound gossypol）。其中结合棉酚是游离棉酚与蛋白质、氨基酸、磷脂等物质互相作用形成的结合物。它不具有活性，不溶于油脂中，也难以被动物消化吸收，故没有毒性。游离棉酚是指棉酚分子结构中的活性基团（醛基和羟基）未被其他物质“封闭”的棉酚，它是一种有毒化学物质。在棉籽的色素腺体中，游离棉酚的含量高达 0.15%～2.8%，是棉籽油棉酚的主要来源。

2. 残留与危害

棉酚主要存在于棉籽油，特别是在未经精炼或精炼不彻底的粗制棉籽油中。这种油的颜色乌黑而黏稠，并有明显苦味，不能食用。粗制棉籽油中含有棉籽中 70%～75%的棉酚。经精炼后的棉籽油中棉酚含量极少，是可以食用的。实验表明，当棉籽油中游离棉酚的含量为 0.02%以下时，对动物健康是无害的；当含量达到 0.05%时，对动物有明显危害；而高于 0.15%时，则可引起动物严重中毒。棉酚对心、肝、肾等器官及神经系统、血管组织、生殖系统等均有毒害作用，对胃肠黏膜的刺激性强。

棉酚急性中毒常出现皮肤和胃灼烧难忍、恶心、呕吐、腹泻、头痛，危急时下肢麻痹、昏迷、抽搐、便血，甚至会因呼吸系统衰竭而死亡。棉酚引起的慢性中毒，主要表现为皮肤灼烧难忍，无汗或少汗，伴有心慌、无力、肢体麻木，有的产棉区又称这种病为“烧热症”。长期食用高棉酚含量的棉籽油还可能引起生殖系统功能紊乱，严重影响自身和下一代的健康，导致育龄夫妇不能生育。

鉴于棉酚的危害，我国对食用棉籽油的质量作出了严格的规定，凡未经精炼加工的棉籽油或粗制棉籽油，严禁作为食用油投入市场，并规定了食用油中游离棉酚含量不应大于0.02%。

目前对食用油中棉酚的检测，主要是采用紫外分光光度法、苯胺法和液相色谱法。

（撰写人：黄艳春）

实验5-4　苯胺比色法测定食用油中游离棉酚的含量

一、实验目的

掌握苯胺比色法测定食用油中游离棉酚含量的原理与方法。

二、实验原理

样品中游离棉酚经丙酮提取后，在乙醇中与苯胺形成在445nm处有吸收峰的黄色二苯胺棉酚，其A_{445nm}值与棉酚含量成正比，通过与标准品比较，可实现定量分析。

三、仪器与试材

1. 仪器与器材

分光光度计、水浴锅、具塞锥形瓶等。

2. 试剂

除特别说明外，实验所用试剂均为分析纯，水为去离子水或蒸馏水。

(1) 常规试剂与溶液：95%乙醇溶液、苯胺、丙酮溶液（70%，体积分数）。

(2) 棉酚标准溶液（100μg/mL）：取5.0mg棉酚，以丙酮溶解并定容至50mL。

3. 实验材料

1～2种散装和桶装食用油，各50g。

四、实验步骤

1. 样品提取

称取1.00g食用油于150mL具塞锥形瓶中，加入20mL丙酮溶液和3～5颗玻璃珠，剧烈振荡60min，于4℃静置过夜。过滤，滤液为样品提取液。

2. 标准曲线的绘制

(1) 吸取0、0.2mL、0.4mL、0.6mL、0.8mL、1.0mL棉酚标准溶液（相当于0、20μg、40μg、60μg、80μg、100μg棉酚）各2份，分别置于甲、乙两组25mL具塞比色管中，补加丙酮溶液至2mL。

(2) 甲组比色管中各加入3mL苯胺，于80℃水浴中加热15min，取出冷却至室温后，加乙醇至25mL；乙组比色管中直接加乙醇至25mL。两组溶液加入乙醇后均放置15min。

(3) 以棉酚含量为0的甲组比色管为试剂空白，以棉酚含量为0的乙组比色管为溶剂空白，调零后，在波长445nm处分别测定两组的吸光度。以棉酚的质量为横坐标，甲组各浓度的A_{445nm}与乙组对应各浓度的A_{445nm}之差为纵坐标，绘制标准曲线。

3. 样品测定

(1) 分别移取2.0mL样品提取液于两支25mL具塞比色管中，以甲管为样品管，乙管为空白管。同时以另外两只比色管，分别加2.0mL的丙酮溶液作为甲管和乙管的对照。

(2) 向甲管及其对照管中加入3mL苯胺，于80℃水浴中加热15min，取出冷却至室温后，各加入乙醇至25mL；向乙管及其对照管中加入乙醇至25mL。加入乙醇后均放置15min。

(3) 分别以甲和乙对照管调零后，测定甲、乙管的A_{445nm}，以甲管与乙管的吸光度之差，从标准曲线上查出棉酚量。

4. 计算

按下式计算样品中游离棉酚的含量：

$$x=\frac{m'\times 20}{m\times 1000\times 1000\times 2}\times 100$$

式中，x为样品中游离棉酚的含量，%；m'为样品测定液中游离棉酚的质量，μg；m为样品的质量，g。

五、注意事项

1. 苯胺颜色应为无色或淡黄色，若颜色深，则需与一定量锌粉进行重蒸馏。弃去开始及最后10%的馏分后，中间馏分置于棕色玻璃瓶中，于4℃储存。

2. 苯胺是有毒易燃品，蒸馏时，必须放于通风橱内操作，并时刻有人看守，防止蒸干后使器皿爆炸及失火。

六、思考题

1. 写出棉酚与苯胺形成黄色二苯胺棉酚的化学反应式。

2. 简述如何防止棉酚混入食用油中。

（撰写人：黄艳春）

实验5-5　紫外分光光度法测定棉籽油中游离棉酚的含量

一、实验目的

掌握紫外分光光度法测定棉籽油中游离棉酚含量的原理与方法。

二、实验原理

样品中游离棉酚经丙酮提取后，在378nm波长处有最大吸收，其吸光度与棉酚量在一定范围内成正比，与标准品比较，可进行定量分析。

三、仪器与试材

1. 仪器与器材

紫外分光光度计、振荡器、具塞锥形瓶、比色管等。

2. 试剂

除特别说明外，实验所用试剂均为分析纯，水为去离子水或蒸馏水。

（1）常规溶液：丙酮溶液（70%，体积分数）。

（2）棉酚标准溶液（100μg/mL）：称取棉酚5.0mg，用丙酮溶解并定容至50mL。

3. 实验材料

3～4种棉籽油，各50g。

四、实验步骤

1. 样品提取

称取1.00g棉籽油于100mL具塞锥形瓶中，加入20mL丙酮溶液和3～5颗玻璃珠，在振荡器中振荡30min，于4℃静置过夜。取上清液过滤，滤液即为样品提取液。

2. 标准曲线的绘制

（1）分别吸取0、0.5mL、1.0mL、1.5mL、2.0mL、2.5mL棉酚标准溶液（相当于0、50μg、100μg、150μg、200μg、250μg棉酚）于10mL比色管中，用丙酮溶液稀释至刻度，摇匀，静置10min。

（2）以丙酮溶液作空白对照，以石英比色皿于378nm处测吸光度，以棉酚的质量为横坐标，A_{378nm}为纵坐标，绘制标准曲线。

3. 样品测定

取适量样品提取液于石英比色皿中，于378nm处测定A_{378nm}值，由标准曲线中查出提取液中棉酚的质量。

4. 计算

按下式计算样品中游离棉酚的含量：

$$x=\frac{m'}{m\times1000\times1000}\times100\times2$$

式中，x为样品中游离棉酚的含量，%；m'为从标准曲线中查得的样品提取液中棉酚的质量，μg；m 为样品的质量，g。

五、注意事项

实验中样品的用量应根据棉籽油的精制程度适当调整。例如，粗制棉籽油样品的用量可减少至0.20g。

六、思考题

1. 简述棉酚对人体的毒性与危害。

2. 假设在紫外范围内，游离棉酚在丙酮中的吸收波长除了378nm外，还有其他吸收波长，那么如何确定最佳的测定波长？

3. 如果棉籽油中杂质含量较高，并且可能干扰游离棉酚的测定，应如何去除？

（撰写人：黄艳春）

第四节 食品中动物激素残留的测定

1. 定义、种类和作用机理

激素（internal secretion）是由生物体产生的，对机体代谢和生理机能发挥高效调节作用的物质，包括动物激素和植物激素。

所谓动物激素，又称为荷尔蒙（hormone），也称为内分泌素。它是由人和动物体的内分泌器官直接分泌到血液中的特殊化学物质。它在血液中的浓度极低，但是却具有非常重要的生理作用，具有调节人和动物体的糖、蛋白质、脂肪、水分和盐分代谢，控制生长发育和生殖过程等功能。

动物激素的种类很多，功能各异，但是根据其化学组成主要可分成两大类，即蛋白质激素与非蛋白质激素。在蛋白质激素中又可分为糖蛋白激素、蛋白质激素和肽类激素，而非蛋白质激素则包括类固醇激素和胺类激素等（见表5-1）。

表5-1 动物激素的化学结构类别与举例

<table>
<tr><th colspan="2">化学结构类别</th><th>激素举例</th></tr>
<tr><td rowspan="3">蛋白质激素</td><td>糖蛋白激素</td><td>促甲状腺激素、卵泡刺激素、黄体生成素、抑制素、绒毛膜促性腺激素</td></tr>
<tr><td>蛋白质激素</td><td>促生长素、催乳素、甲状旁腺激素、胰岛素</td></tr>
<tr><td>肽类(寡肽或多肽)激素</td><td>促甲状腺激素释放激素、促性腺激素释放激素、生长素释放抑制激素、生长素释放激素、促肾上腺皮质激素释放激素、促黑激素释放因子、促黑激素释放抑制因子、催乳素释放因子、升压素、催产素、促肾上腺皮质激素、促黑激素、降钙素、胰高糖素、胰多肽、胃泌素、促胰酶素、促胰液素、心房利尿钠肽、胸腺激素</td></tr>
<tr><td rowspan="2">非蛋白质激素</td><td>类固醇激素</td><td>糖皮质激素、盐皮质激素、睾酮、雌二醇、雌三醇、孕酮</td></tr>
<tr><td>胺类激素</td><td>催乳素释放抑制因子、凹状腺素、三碘甲腺原氨酸、肾上腺素、去甲肾上腺素、褪黑素、胸腺激素</td></tr>
</table>

注：本表引自“张镜如《生理学》，1996”。

根据功能分类，动物激素包括性激素（sex hormone）、蛋白同化激素（anabolic hormone）和肾上腺素受体激动剂（adrenoceptor agonists）等。所谓性激素是指具有促进性器官成熟、副性征发育及维持性功能等作用的激素，属于甾体激素。包括雌性动物分泌的雌激素与孕激素等雌性激素，以及雄性动物分泌的睾酮等雄性激素。蛋白同化激素是由雄激素衍生而来的类固醇化合物，是一类外源性的以增强蛋白同化作用为主的甾体激素。肾上腺素受体激动剂属于胺类激素，对支气管哮喘、慢性支气管炎、肺气肿等呼吸系统疾病和心血管疾病有较好的疗效。按其对不同肾上腺素受体的选择性不同，肾上腺素受体激动剂又可分为α-受体激动剂、α,β-受体激动剂和β-受体激动剂。其中，β-受体激动剂常作为兽药使用。

动物激素的作用机理比较复杂，不同种类的作用机理不同。但是，一般而言，激素的分子结构愈复杂，其生理过程的专一性就愈高。这就是为什么以类固醇为基本结构的性激素可以在不同种动物间发生交叉反应，而以蛋白质为基本结构的生长激素，不会在不同种动物间发生交叉反应的化学基础。但是所有的动物激素都具有专一、高效和多层次调控等共同作用特点。

激素的专一性包括组织专一性和效应专一性。前者指激素作用于特定的靶细胞、靶组织、靶器官。后者指激素有选择地调节某一代谢过程的特定环节。例如，胰高血糖素、肾上腺素、糖皮质激素都有升高血糖的作用，但胰高血糖素主要作用于肝细胞，通过促进肝糖原分解和加强糖异生作用，直接向血液输送葡萄糖；肾上腺素主要作用于骨骼肌细胞，促进肌糖原分解，间接补充血糖；糖皮质激素则主要通过刺激骨骼肌细胞，使蛋白质和氨基酸分解，以及促进肝细胞糖异生作用来补充血糖。

高效性是指激素与受体有很高的亲和力，可以在极低浓度水平下与受体结合，引起调节效应。激素在血液中的浓度很低，一般蛋白质激素的浓度为10^{-10}～10^{-12} mol/L，其他激素为10^{-6}～10^{-9} mol/L。激素效应的强度与激素和受体复合体的数量有关，所以保持适当的激素水平和受体数量是维持机体正常功能的必要条件。例如，胰岛素分泌不足或胰岛素受体缺乏，都可引起糖尿病。

多层次调控是指激素的调控是多层次的。下丘脑是激素系统的最高中枢，它通过分泌神经激素支配其他激素的分泌。另外，在同一层次也往往是多种激素相互关联地发挥协同或拮抗作用。例如，在血糖调节中，胰高血糖素等使血糖升高，而胰岛素则使血糖下降，它们相互作用，使血糖稳定在正常水平。

尽管激素都具有上述共同的特点，但是不同类型的激素之间也存在一定的差异。例如蛋白质激素，由于其分子大而复杂，不能透过细胞膜，只能与细胞膜上的特殊受体结合，在膜结合酶和镁离子的参与下，使细胞内的环磷腺苷浓度增高，最终使信息从细胞膜传递至细胞内而引发各种生理效应。对于非蛋白质激素来说，由于其分子较小，一般可透过细胞膜直接与特异受体结合，并最终进入细胞核直接启动蛋白质合成。正是因为能直接与动物的遗传物质发生接触，一些非蛋白质激素及其衍生物有使动物致畸和致癌的作用。而蛋白质激素既不穿透细胞膜，又不会直接与动物遗传物质发生接触，所以它们不存在致畸和致癌的潜在风险。而且，由于蛋白质激素的分子量大并具有二维和三维空间构型，所以其在动物种类间的专一性也特别强，不会出现不同种动物之间的交叉反应。例如，蛋白质类的牛生长激素只能对牛起作用，而猪生长激素只能对猪起作用。

所谓植物激素是存在于植物体内对植物的新陈代谢和生长发育起着重要调节作用的物质。包括生长素、赤霉素、细胞分裂素、乙烯和脱落酸等。植物激素的概念是从动物激素借鉴而来的，它们的共同点是在极低的浓度下，具有高效调节新陈代谢和生长发育等作用，但是从作用机理以及化学结构等方面来看，两者是截然不同的物质。动物激素往往是一种激素由一种对应的特殊腺体所产生，同时亦专一地作用于某些器官，产生的影响亦是极为专一的反应。但是植物激素通常没有产生激素的特殊器官，亦不像动物激素那样专一地作用于某些器官。同一种激素往往可以在植物的各个部位引起反应，而且作用的结果亦不是绝对一致的。例如赤霉素既可以在粮食作物上使用，亦可以在园艺作物上应用。它既可以使植物茎叶某些部位的细胞吸水伸长，亦能引起细胞的分裂增殖，在高浓度时还可以抑制和延迟器官的生长。从总体上讲，植物激素仅仅是植物生长的一种生理调节素，它可以在植物体内远距离地移动，并在不同的部位产生综合的生理反应，其反应的结果是由植物不同的生长发育阶段以及不同的外界条件决定的，不同部位和（或）不同条件可以产生不同的结果。另外，植物激素的分子结构比较简单，所以比较容易人工合成，也可以利用微生物进行生产。因此，虽然植物激素要比动物激素发现晚，但是对它的研究和应用一点也不亚于动物激素。

植物激素作为农作物生长的一种调节剂，在现代农业上起着举足轻重的作用，为现代农业的发展起到了积极的推动作用。但是，近年来随着植物激素的大量使用和滥用，副作用也不断显现。例如，为了使蔬菜和水果能够提早上市或改善果蔬的外观，而使用膨大剂、增红剂和催熟剂等植物激素后，虽然果蔬的个头较大，看起来也已经熟透，但是由于氨基酸和糖分等含量不足，导致果蔬的口感较差，营养成分低。然而，到目前为止，相对而言，关于植物激素在食品中残留所造成的对人体的危害远远没有动物激素残留的大，所以本节将重点介绍动物激素的残留、危害与检测方法。关于植物激素的更多内容请参考相关书籍。

2. 残留与危害

动物激素在动物疾病预防与治疗以及增加动物产量等方面发挥着非常重要的作用，但是动物激素的残留也日趋严重。同时为了预防动物疾病，提高动物产品的产量，有些动物饲养单位向饲料中人为添加激素。还有一些不法的加工企业，为了延长产品的保藏期，在动物性产品的加工过程中添加激素和抗生素。所有这些都加剧了动物激素在动物食品（牛肉、猪肉、禽肉等）、动物产品（蛋、奶等）及其制品（肉罐头制品、奶制品等）中的残留。

动物性食品中激素残留的危害主要表现在以下几个方面。首先，动物组织中激素残留的水平通常都很低，所以这种残留主要产生慢性、蓄积毒性以及致畸、致癌和致突变作用。例如，己烯雌酚残留可引起女性早熟、子宫癌以及男性女性化。其次，食品性动物的肝、肾和激素的注射或埋植部位常有大量的残留，被人食用后可以干扰人体正常的激素作用。例如，食用含性激素比较高的动物产品，可能导致儿童早熟。另外，一次性食用含有较高激素的食品还可能导致其他很多疾病。例如，食用含有高浓度盐酸克仑特罗的动物性食品可以导致头痛、手脚颤抖、狂躁不安、心动过速和血压下降等，严重时可危及生命。

基于激素残留的上述危害，世界各国都禁止在畜禽饲料和动物饮用水中掺入激素类药物。根据 2003 年我国发布的《禁止在饲料和动物饮用水中使用的药物品种目录》，肾上腺素受体激动剂盐酸克仑特罗（clenbuterol hydrochloride），性激素己烯雌酚（diethylstibestrol）、雌二醇（estradiol）、戊酸雌二醇（estradiol valerate），蛋白同化激素碘化酪蛋白（iodinated casein）等都属于禁用之列。

由于动物性食品中激素的残留量很少，且动物性食品的成分复杂，目前检测食品中激素残留的方法主要是 HPLC 和 GC-MS 等仪器分析方法，以及基于血清学反应的快速检测方法。

（撰写人：严守雷、陈福生）

实验 5-6 猪肝中盐酸克仑特罗残留的 HPLC 测定

一、实验目的

掌握 HPLC 检测动物性食品中盐酸克仑特罗的原理与方法。

二、实验原理

盐酸克仑特罗（clenbuterol hydrochloride）是人工合成的 β-肾上腺素受体激动剂，化学名称为 2-[(叔丁氨基)甲基]-4-氨基-3,5-二氯苯甲醇盐酸盐。克仑特罗的结构式见图 5-2。

在医学上，盐酸克仑特罗常被用于防治哮喘性慢性支气管炎、肺气肿等呼吸系统疾病，又称克喘素。克仑特罗在动物体内能减慢蛋白质分解代谢，在畜牧养殖中使用可明显提高饲料转化率和瘦肉率，因而又被俗称为“瘦肉精”。但是大剂量使用，可以导致“瘦肉精”残留于动物组织中，人食用后会对肝、肾等内脏器官产生毒害，出现心悸、头痛、目眩、恶心、呕吐、心率加快、肌肉振颤等症状，严重时甚至死亡。所以，我国农业部于 1997 年发文严禁将瘦肉精作为饲料添加剂使用。

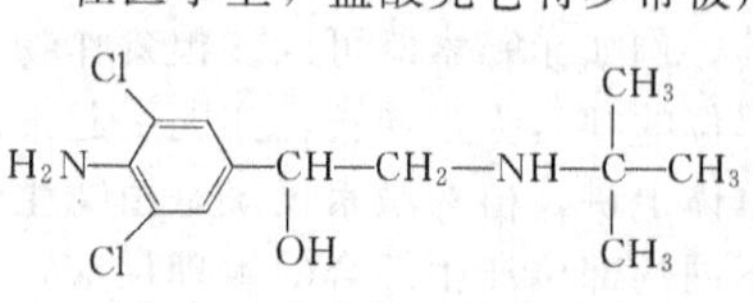

图 5-2 克仑特罗的结构式

HPLC 测定猪肝中盐酸克仑特罗的原理是：将待测样品剪碎，以 $HClO_4$ 溶液匀浆，超声波加热提取后，以异丙酮-乙酸乙酯混合液萃取，有机相浓缩后，上弱阳离子交换柱，以乙醇-浓氨水溶液洗脱，洗脱液浓缩后，以 HPLC 仪进行分析，外标法定量。

三、仪器与试材

1. 仪器与器材

高效液相色谱仪、水浴、超声波清洗器、pH计、离心机、振荡器、旋转蒸发器、N_2-蒸发器、匀浆器、比色管等。

2. 试剂

除特别说明外，实验所用试剂均为分析纯，水为去离子水或蒸馏水。

(1) 常规试剂：甲醇（HPLC级）、NaH_2PO_4、NaCl、$HClO_4$、浓氨水、异丙醇、乙酸乙酯、乙醇、弱阳离子交换柱（LC-WEC，3mL）。

(2) 常规溶液：$HClO_4$ 溶液（0.1mol/L、20mol/L）、NaOH溶液（1mol/L）、磷酸缓冲液（0.1mol/L，pH=6.0）、异丙醇-乙酸乙酯（2+3，体积比）、甲醇-浓氨水（49+1，体积比）、甲醇-水（9+11，体积比）。

(3) 克仑特罗标准液：准确称取克仑特罗（纯度≥99.5%）标准品，用甲醇溶解配成250mg/L的标准储备液，储于4℃冰箱中。使用时以甲醇稀释成0.5mg/L的克仑特罗标准使用液，进一步以甲醇-水适当稀释。

3. 实验材料

2～3种猪肝，各50g。

四、实验步骤

1. 样品提取

(1) 取猪肝10.00g，以 $HClO_4$ 溶液（20mol/L）匀浆后，置于磨口玻璃离心管中，再置于超声波清洗器中超声处理20min，于80℃水浴中加热30min，取出冷却，以4500r/min离心15min，沉淀以5mL $HClO_4$ 溶液（0.1mol/L）洗涤，再离心。将两次的上清液合并。

(2) 以NaOH溶液调节上清液pH值至9.5±0.1，若有沉淀产生，再离心（4500r/min）10min后去除。

(3) 将上清液转移至磨口玻璃离心管中，加入8g NaCl，混匀，加入25mL异丙醇-乙酸乙酯，置于振荡器上振荡提取20min后，放置5min（若有乳化层，可再离心）。

(4) 用吸管小心将上层有机相移至旋转蒸发瓶中，以20mL异丙醇-乙酸乙酯再萃取一次，合并有机相，于60℃旋转蒸发浓缩至近干。

(5) 以3mL磷酸缓冲液分三次溶解洗涤残留物，以0.4μm微孔滤膜过滤，滤液置于5mL比色管中，并用磷酸缓冲液定容至刻度。

2. 样品净化

(1) 以10mL甲醇、3mL水和3mL磷酸缓冲液依次洗涤弱阳离子交换柱后，取适量样品提取液上样于弱阳离子交换柱，弃去流出液，再分别以4mL水和4mL甲醇洗涤柱子，弃去流出液后，以6mL甲醇-浓氨水洗涤柱子，收集流出液，于 N_2-蒸发器上浓缩至干。

(2) 以100～500μL甲醇-水于混合器上充分振摇溶解残渣，并以0.45μm微孔膜过滤，滤液作为液相色谱测定用。

3. 测定

(1) 吸取20～50μL适当稀释的标准溶液及上述样品提取净化液分别注入液相色谱仪，以保留时间定性，以外标法单点或多点校准法定量。

(2) 参考色谱条件：色谱柱为BDS或ODS柱（250mm×4.6mm，5μm）；流动相为甲醇-水（9+11，体积比），流速为1mL/min；进样量为20～50μL；柱箱温度为25℃；紫外检测器，检测波长为244nm。

4. 计算

按下式计算样品中克仑特罗的含量：

$$x=\frac{Af}{m}$$

式中，x 为样品中克仑特罗的含量，μg/kg；A 为样品色谱峰与标准色谱峰的峰面积比值对应的克仑特罗的质量，ng；f 为样品稀释倍数；m 为试样的取样量，g。

五、注意事项

实验步骤中的色谱条件仅供参考，具体的色谱条件应该根据仪器的型号和实验条件进行确定。

六、思考题

1. 简述动物性食品中盐酸克仑特罗残留对人体的危害。

2. 简述弱阳离子交换柱纯化盐酸克仑特罗的原理。

（撰写人：严守雷、陈福生）

实验 5-7　牛奶中雌三醇、雌二醇和雌酮残留的 HPLC 分析

一、实验目的

掌握 HPLC 分析测定牛奶中雌三醇、雌二醇和雌酮激素残留的原理和方法。

二、实验原理

以乙腈为提取溶剂，提取牛奶中的雌三醇、雌二醇和雌酮激素残留，提取液经正己烷脱脂净化后，采用 HPLC 仪，以二极管阵列检测器对牛奶中的雌二醇、雌三醇和雌酮三种雌激素残留进行分析。

三、仪器与试材

1. 仪器与器材

高效液相色谱仪（附带二极管阵列检测器）、旋转蒸发仪、超声波发生器、蒸发仪等。

2. 试剂

除特别说明外，实验所用试剂均为分析纯，水为去离子水或蒸馏水。

(1) 常规试剂：乙腈（纯度大于 99.9%）、无水 Na_2SO_4、无水 Na_2CO_3、正己烷和甲醇。

(2) 雌二醇、雌三醇、雌酮标准溶液（20mg/L）：分别称取雌二醇、雌三醇、雌酮标准品（纯度大于 99.9%）适量，以甲醇溶解并定容。

3. 实验材料

3～4 种不同品牌的液体牛奶产品，各 50mL。

四、实验步骤

1. 样品提取

(1) 取 10.0mL 牛奶置于 50mL 带盖的塑料管中离心，加 10g 无水 Na_2SO_4、30mL 乙腈，混匀后，置于超声波发生器中，处理 30min。

(2) 以 4000r/min 离心 10min，沉淀以 10mL 乙腈洗涤离心两次，收集合并上清液。

(3) 上清液过无水 Na_2CO_3 后，于 40℃旋转蒸发浓缩至近干，以 5mL 乙腈溶解残留物，转移至浓缩管中，于 40℃水浴中挥发至近干，以甲醇溶解并定容至 1mL。

(4) 加入 2mL 正己烷，混匀，以 4000r/min 离心 5min，甲醇层以 0.45μm 的微孔滤膜过滤，滤液待用。

2. 测定

(1) 将标准溶液及试样液分别注入液相色谱仪，以保留时间定性，用外标法定量。

(2) 参考色谱条件：色谱柱为 Diamonsil 高效液相色谱柱；检测波长为 280nm；柱温为 40℃；流动相为乙腈-水，采用梯度洗脱方法，0～3min 乙腈-水（7＋13，体积比），3～7min 乙腈由 35%升至 55%，保持 10min，流速为 1.0mL/min；进样量为 10μL。

3. 计算

按下式计算牛奶中各激素的含量：

$$x=\frac{Af}{m}$$

式中，x 为试样中各激素的含量，μg/kg；A 为试样色谱峰与标准色谱峰的峰面积比值对应

的各激素的质量，ng；f 为试样稀释倍数；m 为试样的取样量，g。

五、注意事项

在本实验条件下，雌酮、雌二醇和雌三醇在 0.5～10μg/mL 范围内有良好的线性关系。

六、思考题

1. 简述雌性激素的种类及其功能。
2. 简述奶制品中雌性激素残留对人体的危害。
3. 简述二极管阵列检测器的工作原理。

（撰写人：严守雷、陈福生）

实验 5-8　动物肝脏中盐酸克仑特罗残留的 ELISA 检测

一、实验目的

掌握酶联免疫吸附法（ELISA）测定动物性食品中盐酸克仑特罗残留的原理与方法。

二、实验原理

本实验采用直接竞争 ELISA 方法测定样品中盐酸克仑特罗残留的含量。样品中盐酸克仑特罗残留提取后，在包被有抗盐酸克仑特罗抗体的酶标板微孔内，同时加入盐酸克仑特罗标准液（或样品提取液）与酶（氧化物酶）标盐酸克仑特罗，盐酸克仑特罗与酶标盐酸克仑特罗竞争抗盐酸克仑特罗抗体的结合位点。微孔内游离的盐酸克仑特罗与酶标盐酸克仑特罗被洗涤去除后，结合于微孔内的酶标盐酸克仑特罗的氧化物酶催化无色底物（过氧化尿素和四甲基联苯胺）产生蓝色的产物，并在反应终止液的作用下转化成在 450nm 处有吸收峰的黄色溶液。在一定的浓度范围内，A_{450nm} 与盐酸克仑特罗浓度的自然对数成反比，根据标准曲线可进行定量分析。

三、仪器与试材

1. 仪器与器材

超声波清洗器、pH 计、离心机、振荡器、旋转蒸发器、N_2-蒸发器、酶标仪（配备 450nm 滤光片）等。

2. 试剂

除特别说明外，实验所用试剂均为分析纯，水为去离子水或蒸馏水。

（1）常规试剂：Na_2HPO_4、NaH_2PO_4、NaCl、$HClO_4$、NaOH、异丙醇、乙酸乙酯。

（2）常规溶液：$HClO_4$ 溶液（0.1mol/L、20mol/L）、NaOH 溶液（1mol/L）、磷酸缓冲液（0.1mol/L，pH＝6.0）、异丙醇-乙酸乙酯（2＋3，体积比）。

（3）盐酸克仑特罗 ELISA 试剂盒，一般包括以下组分：包被有抗盐酸克仑特罗 IgG 抗体的 96 孔酶标板、盐酸克仑特罗系列标准液、氧化物酶标记的盐酸克仑特罗、过氧化尿素、四甲基联苯胺、反应停止液（1mol/L H_2SO_4 溶液）、各种缓冲溶液等。

3. 实验材料

2～3 种不同动物肝脏，各 50g。

四、实验步骤

1. 样品提取

（1）称取样品 10.00g，以 $HClO_4$ 溶液（20mol/L）匀浆后，置于磨口玻璃离心管中，再置于超声波清洗器中超声 20min，于 80℃ 水浴中加热 30min，取出冷却，离心（4500r/min）15min，保留上清液，沉淀以 5mL $HClO_4$ 溶液（0.1mol/L）洗涤，离心，合并上清液。

（2）以 NaOH 溶液调节上清液 pH 值至 9.5±0.1，若有沉淀产生，再离心 10min。

（3）将上清液转移至磨口玻璃离心管中，加入 8g NaCl，混匀，加入 25mL 异丙醇-乙酸乙酯，置于振荡器上振荡提取 20min 后，放置 5min（若有乳化层，再离心）。

(4) 用吸管小心将上层有机相移至旋转蒸发瓶中，以 20mL 异丙醇-乙酸乙酯再萃取 1 次，合并有机萃取液后，于 60℃旋转蒸发浓缩至近干。

(5) 以 3mL 磷酸缓冲液分三次溶解洗涤残留物，以 0.4μm 微孔滤膜过滤，滤液置于 5mL 比色管中，并以磷酸缓冲液定容至刻度。每毫升溶液相当于 2g 样品。

2. 测定

(1) 试剂的准备：根据试剂盒使用说明书的要求和待测样品的数量，取出适量抗盐酸克仑特罗酶标板、盐酸克仑特罗系列标准液、盐酸克仑特罗酶标物、酶反应底物、反应终止液和各种缓冲溶液等，经适当稀释处理后备用。

(2) 测定

① 将 20μL 盐酸克仑特罗系列标准液和样品提取液分别加入酶标板的微孔内，同时在各孔内加入 100μL 稀释的酶标记物，轻轻振荡混匀后，保温 1h。每个浓度做 3 个重复。

② 倒出孔中的液体后，将微孔板倒置于吸水纸上拍打 3～5 次，除去微孔内全部液体后，每孔加入 250μL 洗涤液，洗涤拍干 3～5 次。

③ 每孔加入 100μL 酶反应底物溶液，避光保温 15min 后，加入 100μL 反应终止液，混匀后于 450nm 波长处测定吸光度。

3. 计算

(1) 以下式计算标准溶液和样品提取液的相对吸光度（%）。

$$\text{相对吸光度}=\frac{B}{B_0}\times 100$$

式中，B 为标准品（或试样）溶液的 A_{450nm}；B_0 为空白（浓度为“0”的标准品溶液）的 A_{450nm}。

(2) 以相对吸光度对标准品盐酸克仑特罗浓度的自然对数作半对数坐标图。根据样品的相对吸光度从曲线上查出盐酸克仑特罗的残留量，按下式计算样品中盐酸克仑特罗的含量。

$$x=\frac{Af}{m}$$

式中，x 为试样中盐酸克仑特罗的含量，μg/kg；A 为从标准曲线查得的样品提取液中盐酸克仑特罗的质量，ng；f 为试样稀释倍数；m 为试样的取样量，g。

五、注意事项

1. 关于实验步骤中测定方法的相关参数，仅供参考，具体的参数应该根据试剂盒说明书的具体要求进行调整。

2. ELISA 试剂盒属于生物试剂的范畴，各种试剂应保存在 2～8℃的条件下，用多少取多少，取完后应立即置于冷藏条件下，否则将可能严重影响测定结果。

六、思考题

简述 ELISA 的种类及其工作原理。

（撰写人：严守雷、陈福生）

第五节 食品中苯并［*a*］芘、多氯联苯和氯丙醇的分析

1. 苯并［*a*］芘的残留与危害

苯并［*a*］芘（benzopyrene），又称 3,4-苯并芘，是由五个苯环构成的多环芳烃类化合物（polycyclic aromatic hydrocarbons），它是已发现的 200 多种多环芳烃中最主要的一种环境和食品污染物，其结构式见图 5-3。

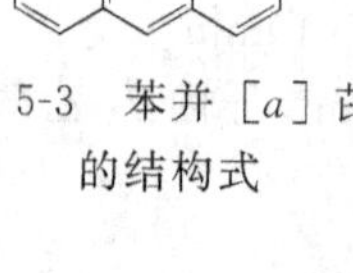

图 5-3 苯并［*a*］芘的结构式

苯并［*a*］芘可以通过多种渠道污染食品。第一，食品在熏烤和烘烤等过程中，由于煤、煤气等的不完全燃烧，以及食品中脂肪、胆固醇等成分的高温热解或热聚，从而产生苯并［*a*］芘，导致食品被污染。据研究，在烤制过程中动物食品所滴下的油滴中苯并［*a*］芘含量是动物食品本身含量

的10～70倍。当食品经烟熏或烘烤而烤焦或炭化时，苯并［a］芘生成量随着温度的上升而急剧增加。第二，有些食品加工设备、管道和包装材料中含有苯并［a］芘，在加工或包装过程中，苯并［a］芘可以转移到食品中，使食品被污染。第三，生产炭黑、炼油、炼焦、合成橡胶等行业的废水、废气中含有大量的苯并［a］芘，它们通过大气、水源和土壤，导致农作物、蔬菜、水果等被苯并［a］芘污染。第四，有些细菌、原生动物、淡水藻类和某些高等植物，可以在生物体内合成苯并［a］芘，从而直接或间接地污染食品。

苯并［a］芘是一种强烈的致癌物质，对机体各器官，如对皮肤、肺、肝、食道、胃、肠等均有致癌作用。关于苯并［a］芘的致癌机制，首先是在芳烃羟化酶作用下，苯并［a］芘被转化成为环氧化物和酚类化合物，然后在环氧水化酶作用下生成7,8-二氢二醇和9,10-二氢二醇等环氧化物。这些环氧化物与DNA内的脱氧嘌呤碱基形成复合物，再连接到鸟嘌呤或腺嘌呤的氮上，形成N^2-脱氧鸟嘌呤复合物、N^7-脱氧鸟嘌呤复合物和N^6-脱氧腺嘌呤复合物。这些复合物的数量与持续时间决定着苯并［a］芘致癌能力的强弱。此外，苯并［a］芘还具有致畸性和遗传毒性。在小鼠和家兔实验中发现，苯并［a］芘能通过胎盘传给子代，从而引发子代动物的肺肿瘤和皮肤的乳头状瘤，降低生殖能力，破坏卵母细胞。

食品中苯并［a］芘的污染已引起世界各国的广泛关注，许多国家已经制定了其在食品中的限量标准。表5-2是GB 7104—1994中规定的我国部分食品中苯并［a］芘的限量标准。

表5-2　我国部分食品中苯并［a］芘的限量标准

食品名称	限量/(μg/kg)	食品名称	限量/(μg/kg)
烧烤猪肉、鸡、鸭、鹅	5	熏红肠、香肠	5
熏鸡肉、马肉、牛肉、猪肉	5	植物油	10
叉烧、羊肉串	5	稻谷、小麦、大麦	5
火腿、板鸭	5		

2. 多氯联苯的残留与危害

多氯联苯（polychlorinated biphenyl，PCB），又称氯化联苯，是一组由一个或多个氯原子取代苯分子中的氢原子而形成的氯代芳烃类化合物，分子式为$C_{12}H_{10-n}Cl_n$，结构式见图5-4。

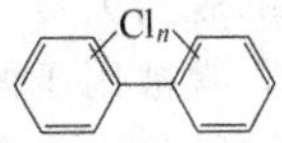

图5-4　多氯联苯的化学结构式（$1 \leqslant n < 10$）

PCB被广泛用作液压油、绝缘油、传热油和润滑油，并广泛应用于成形剂、涂料、油墨、绝缘材料、阻燃材料、墨水、无碳复印纸和杀虫剂的制造中。PCB最早是在1881年由德国科学家在实验室内合成的，1929年美国首先开始商业生产，以后许多国家相继生产。PCB对环境的影响直到20世纪60年代才受到注意。由于公众对氯代烃杀虫剂（如DDT）污染的强烈关注，同DDT化学结构相近的PCB才引起了人们的注意，通过调查人们认识到PCB对环境和食物的污染实际上比DDT还要严重。PCB在使用过程中通过泄漏、流失、废弃、蒸发、燃烧、堆放、掩埋及废水处理等环节而进入环境中，从而污染水源、大气和土壤。通常食物中PCB含量一般不超过15μg/kg。但是当水体被PCB污染后，通过食物链的富集作用，PCB非常容易集中到鱼和贝类食品中。以美国和加拿大交界的大湖地区为例，受污染湖水中的PCB含量为0.001mg/L，该湖中鱼的PCB含量达到10～24mg/kg，而捕食湖鱼的海鸥脂肪中PCB的含量高达100mg/kg，海鸥蛋中PCB的含量为40～60mg/kg。另外，有些食物油中PCB含量可达150μg/kg。这是因为在食用油精炼过程中，作为传热介质的传热油和食品加工机械的润滑油由于密封不严而渗入食用油中导致的。1978年，日本九州发生了在米糠油精炼过程中，由于加热管道内的PCB的渗漏，而使米糠油中的PCB含量超过2400mg/kg，导致14000人中毒，124人死亡的事件。

PCB具有持久性、长期残留性、生物蓄积性、半挥发性和高毒性等特征，对人类健康和环境危害严重。首先，在急性中毒方面，1978年在日本发生的米糠油中毒事件中，中毒症状表现为皮肤和指甲色素沉着、流眼泪、全身肿胀、虚弱、恶心、腹泻和体重减轻。摄入大量

PCB会使儿童生长停滞，孕妇摄入大量PCB会使胎儿的生长停滞。其次，PCB的慢性毒性表现为致畸性、致癌性和生殖毒性。PCB对胎儿的存活率、畸胎率、胎儿肝胆管和外形发育均有影响。以25mg/kg体重的PCB饲喂怀孕的雌兔21d后，可引起25%的兔子出现流产。对雌性恒河猴给予饲喂2.5～5.0mg/kg体重的PCB，可诱发妊娠问题，即使成功妊娠，幼猴的体重也相对较轻。PCB的致癌性，主要是导致肝癌和胃肠肿瘤。对日本米糠油中毒者进行长达九年的跟踪调查显示，PCB对人有致癌性。为此，世界各国规定了食品中PCB的最大允许量（见表5-3）。

表5-3　食品中PCB的最大允许量　　单位：mg/kg

食物种类	WHO	美国	日本	中国
鱼类等水产品	2.0	2.0	3.0	＜3.0
牛奶等乳制品	—	1.5	0.1～1.0	
家禽(脂肪)	0.5	3.0	—	＜1.0
蛋类	0.2	0.3	0.2	—
肉类	0.5	0.5	0.5	0.5
饲料	—	0.5	0.5	—
婴儿奶粉	0.1	0.1	0.1	0.1

注：本表引自"吴永宁等《重要有机污染物痕量与超痕量检测技术》，2007"。

3. 氯丙醇的残留与危害

氯丙醇（chloropropanols）是指甘油（丙三醇）结构中的羟基被氯原子取代后所形成的一类化合物，包括3-氯-1,2-丙二醇(3-monochloropropane-1,2-diol，3-MCPD)、2-氯-1,3-丙二醇(2-monochloropropane-1,3-diol，2-MCPD)、双氯取代的1,3-二氯-2-丙醇(1,3-dichloro-2-propanol，1,3-DCP)和2,3-二氯-1-丙醇(2,3-dichloro-1-propanol，2,3-DCP)等四种化合物。

食品中的氯丙醇主要来源于酸水解的植物蛋白液。酸水解植物蛋白液是以含有食用植物蛋白的脱脂大豆、花生粕、小麦蛋白或玉米蛋白为原料，经盐酸水解、碱中和制成的液体调味品，常被用于配制酱油、鸡精和汤料等。在植物蛋白质中，由于常伴有脂肪，在高温下脂肪（甘油三酯）水解产生甘油，并被氯化取代，形成氯丙醇，从而引起这些食品的污染。在植物蛋白的酸水解液中，3-MCPD含量较高，所以通常只需测定该成分。我国的酱油产品曾由于含有3-MCPD而在国际市场上受到很大的冲击。研究表明，天然酿造酱油中没有氯丙醇污染的问题。

另外，氯丙醇的其他来源还包括袋泡茶的包装袋、以含氯凝聚剂制成的净水剂、被包装工业称为"第三代"食品包装材料的聚3-氯-1,2-环丙烷树脂等。

氯丙醇主要损害人体的肝、肾、神经系统、血液循环系统，具有致癌性。不同的氯丙醇，毒性不一样，3-MCPD能影响肾脏及生育，还可引发癌症；1,3-DCP能引起肝、肾脏、甲状腺等的癌变；2,3-DCP对肾脏、肝脏和精子有一定毒性。

由于酸水解植物蛋白液常被用于调味食品中，从而造成氯丙醇污染，因此，各国针对酸水解植物蛋白液和酱油等制定了氯丙醇的限量要求。表5-4是部分国家或地区食品中氯丙醇的限量标准。

4. 残留检测方法

目前检测食品中苯并［*a*］芘、多氯联苯和氯丙醇残留的方法主要包括荧光分光光度法、GC和GC-MS等仪器分析方法。由于这些物质在食品中的残留极为微量，加上食品的成分又非常复杂，所以样品前处理是非常重要的，主要包括顶空萃取法、固相微萃取法、液液萃取法和微蒸汽蒸馏溶剂萃取法等，而且有时还需要进行衍生化后才能进行分析。

表 5-4　部分国家或地区食品中氯丙醇的限量标准　　单位：mg/kg

国家或地区	3-MCPD	1,3-DCP	适用产品	备　注
中国	1		HVP①	
中国台湾	1		酱油	
中国香港、加拿大	1		酱油	
	0.02		固体食品	含 HVP 食品
马来西亚	0.05		液体食品	
	1		HVP	
	0.3		酱油	
韩国	1		HVP	
泰国	1	1	含 HVP 产品	
欧盟、希腊、荷兰、葡萄牙、瑞典	0.02		HVP、酱油	以干基 40%计
英国	40		水净化絮凝剂	
德国	1	0.05	—	0.1(2,3-DCP)
美国	1	0.05	HVP	以干基计液体计算
	0.04	0.02	HVP	
日本、芬兰、奥地利、沙特阿拉伯	1		HVP	
澳大利亚、新西兰	0.2	0.005	HVP、酱油	以干基 40%计
瑞士	10		酱油	

① HVP 为酸水解植物蛋白调味液（hydrolyzed vegetable protein）。

注：本表引自"吴永宁等《重要有机污染物痕量与超痕量检测技术》，2007"。

（撰写人：王小红）

实验 5-9　荧光分光光度法测定粮食中苯并［*a*］芘的含量

一、实验目的

掌握荧光分光光度法测定粮食中苯并［*a*］芘含量的原理和方法。

二、实验原理

粮食样品经皂化、有机溶剂提取、柱色谱净化、在乙酰化滤纸上分离展开后，置于紫外灯下，可观察到苯并［*a*］芘的荧光斑点。将斑点滤纸剪下，以溶剂浸出后，通过荧光扫描，与标准品比较，分析扫描图谱可以实现定性分析，测定荧光强度，可以实现定量分析。

三、仪器与试材

1. 仪器与器材

荧光分光光度计、小型粉碎机、水浴锅、紫外分析仪、脂肪抽提装置、色谱柱和展开槽等。

2. 试剂

除特别说明外，实验所用试剂均为分析纯，水为去离子水或蒸馏水。

（1）常规试剂：CH_2Cl_2、甲醇、重蒸苯、环己烷、苯、二甲基甲酰胺、无水乙醇、95%乙醇、无水 Na_2SO_4、KOH、丙酮、色谱用中性 Al_2O_3（120℃活化 4h）。

（2）常规溶液：乙酰化混合液（180mL 苯＋130mL 乙酸酐＋0.1mL H_2SO_4）、95%乙醇-CH_2Cl_2 展开剂（2＋1，体积比）。

（3）硅镁型吸附剂：将 60～100 目硅镁吸附剂，用水洗涤四次（每次用水量为吸附剂质量的 4 倍），以布氏漏斗抽干后，以等量甲醇［甲醇的体积（mL）与吸附剂的质量（g）在数值上相等］再洗涤抽滤干，平铺于瓷盘内，于 130℃干燥 5h，装瓶，储存于干燥器内保存。临用前，加吸附剂质量 5%的水，混匀并平衡 4h 以上，最好放置过夜。

（4）乙酰化滤纸：将中速色谱用滤纸裁成 30cm×4cm 的条状，逐条放入盛有乙酰化混合液的 500mL 烧杯中，使滤纸条浸没于溶液中，于 25℃振荡 6h，再静置过夜。取出滤纸条，在通风橱内吹干，再放入无水乙醇中浸泡 4h，取出后放在垫有滤纸的干净白瓷盘上，在 25℃风干压平，备用。

（5）苯并［a］芘标准储备液（100μg/mL）：称取 10.0mg 苯并［a］芘，用苯溶解后移入 100mL 容量瓶中，定容至刻度，于 4℃保存。

（6）苯并［a］芘标准使用液：吸取 1mL 苯并［a］芘标准储备液置于 10mL 容量瓶中，用苯稀释至刻度。同理，反复用苯稀释，最后配成浓度为 1.0μg/mL 及 0.1μg/mL 的两种苯并［a］芘标准使用液，于 4℃保存。

3. 实验材料

稻谷、小麦、玉米样品，各 250g。

四、实验步骤

1. 样品提取

（1）取样品 200g，粉碎后过 40 目筛。

（2）取 50.00g 粉碎样品装入滤纸筒内，以 70mL 环己烷润湿样品。

（3）将润湿后的样品滤纸筒装入脂肪抽提器内并连接好装置，在接收瓶内装 8g KOH、100mL 95%乙醇及 80mL 环己烷，于 90℃水浴回流 6～8h。

（4）将接收瓶中的皂化液趁热倒入 500mL 分液漏斗中，用 50mL 95%乙醇分两次洗涤接收瓶，洗液合并于分液漏斗，并将样品滤纸筒中的环己烷也倒入分液漏斗中。

（5）加 100mL 水于分液漏斗中，振摇 3min，静置 20min 分层后，将下层水溶液放入第二个分液漏斗中，以 70mL 环己烷振摇提取一次，分层，弃下层水溶液后，上层环己烷层合并于第一个分液漏斗中，并用 8mL 环己烷洗涤第二个分液漏斗，洗液合并于第一个分液漏斗中。

（6）用水洗涤第一个分液漏斗中的环己烷提取液三次，每次 100mL，三次水洗液合并于上述第二个分液漏斗中，并以环己烷萃取两次，每次 30mL，振摇 0.5min，分层后弃下层水溶液，环己烷液并入第一个分液漏斗中。

（7）将环己烷提取液于 60℃水浴中减压浓缩至 40mL，加适量无水 Na_2SO_4 脱水，备用。

2. 样品净化

（1）于色谱柱（内径 10mm，长 250mm，下端有活塞）下端填入少许玻璃棉，先装入 5～6cm 高的中性 Al_2O_3，轻轻敲击管壁，使 Al_2O_3 层填实，无空隙，顶面平实，再同样装入 5～6cm 高的硅镁型吸附剂，随后装入 5～6cm 高的无水 Na_2SO_4。

（2）用 30mL 环己烷洗涤装好的色谱柱，待环己烷液面流入至无水 Na_2SO_4 层时关闭色谱柱活塞。

（3）将样品环己烷提取液注入色谱柱中，打开活塞，调节流速为 1mL/min（必要时可适当加压），待环己烷液面下降至无水 Na_2SO_4 层时，用 30mL 苯洗脱，并置于紫外分析仪中观察，当蓝紫色荧光物质完全从 Al_2O_3 层洗下时，停止洗涤。如果 30mL 苯不足以将蓝紫色荧光物质完全洗涤下来，则可以适当增加苯的用量。

（4）收集苯洗涤液，于 60℃水浴中减压浓缩至 0.1～0.5mL（可根据样品中苯并［a］芘的含量而定，应注意不可蒸干）。

3. 展开分离

（1）取乙酰化滤纸条，在一端 5cm 处，用铅笔划一横线作为起始线，将 20μL 的样品净化浓缩液，点于滤纸起始线条上，同时，点 20μL 苯并［a］芘的标准使用液（1.0μg/mL）。点样时，分多次进行，并以电吹风的冷风吹干溶剂，控制点样斑点直径不超过 3mm。

（2）将滤纸条放入盛有展开剂的展开槽中，点样端浸入展开剂中约 1cm，进行展开。

（3）当展开剂前沿距离点样点 20cm 左右时，取出滤纸条，晾干。

（4）在紫外分析仪的 365nm 或 254nm 紫外光灯下观察滤纸条，用铅笔勾画出标准苯并［a］芘斑点及与其同一位置样品斑点的轮廓。

（5）沿斑点轮廓线剪下斑点，分别置于 10mL 比色管中，加 4mL 苯后，于 50℃水浴中振摇、浸泡 15min。

4. 测定

(1) 将样品及标准斑点的苯浸出液移入石英杯中，以 365nm 为激发光波长，在 365～460nm 范围进行荧光扫描，与标准苯并 [a] 芘比较荧光光谱，进行定性分析，峰形基本一致则为阳性。

(2) 在进行样品处理的同时，按照样品分析的全过程做试剂空白。分别读取样品、标准品及试剂空白的荧光光谱图中波长 401nm、406nm 和 411nm 处的荧光强度，由下式计算相对荧光强度。

$$\text{相对荧光强度} = F_{406\text{nm}} - \frac{F_{401\text{nm}} + F_{411\text{nm}}}{2}$$

5. 计算

将计算所得的相对荧光强度代入下式，计算样品中苯并 [a] 芘的含量。

$$x = \frac{\frac{S}{F} \times (F_1 - F_2) \times 1000}{m \times \frac{V_2}{V_1}}$$

式中，x 为样品中苯并 [a] 芘的含量，μg/kg；S 为苯并 [a] 芘标准斑点的质量，μg；F 为标准品斑点浸出液的相对荧光强度；F_1 为标品斑点浸出液的相对荧光强度；F_2 为试剂空白斑点浸出液的相对荧光强度；V_1 为样品净化浓缩液的体积，mL；V_2 为样品的点样体积，mL；m 为样品的质量，g。

五、注意事项

1. 皂化液倒入分液漏斗时一定要趁热，这样比较容易倒出，否则冷却后，在皂化液表面会凝结成一层脂肪层，从而可能将苯并 [a] 芘凝结，不易洗净，造成损失。

2. 在每次转移漏斗时，一定要用溶剂把漏斗洗涤一次，防止在转移过程中造成损失。只有这样才可以最大限度地减少实验误差。

3. 环己烷应该无荧光，否则应该重蒸馏或以氧化铝柱处理。

六、思考题

1. 简述苯并 [a] 芘的性质和毒性。

2. 为什么在分离苯并 [a] 芘时，需要使用乙酰化滤纸？

3. 论述如何有效地防止苯并 [a] 芘污染食品？

(撰写人：王小红)

实验 5-10 海产品中多氯联苯的 GC 测定

一、实验目的

掌握 GC 法测定海产品中多氯联苯含量的原理与方法。

二、实验原理

以正己烷或石油醚提取海产品中的多氯联苯，经净化、硅胶柱分离和浓缩后，以带电子捕获检测器的气相色谱仪测定其含量。

三、仪器与试材

1. 仪器与器材

气相色谱仪（附带电子捕获检测器）、离心机、恒温水浴锅、K-D 浓缩器等。

2. 试剂

除特别说明外，实验所用试剂均为分析纯，水为去离子水或蒸馏水。

(1) 常规试剂：正己烷（于全玻璃蒸馏器中重蒸）、石油醚、H_2SO_4（优级纯）、无水 Na_2SO_4（优级纯，经 550℃高温灼烧，于干燥器中储存）。

(2) 硅胶：色谱用，60～100 目，于 360℃加热处理 10～12h，冷却后加 3.0%水，混匀处理 2h 后，储存于干燥器中。

(3) 多氯联苯标准溶液：称取 10.0mg PCB_3（三氯联苯）和 PCB_5（五氯联苯），分别置于两个 100mL 容量瓶中，用正己烷溶解并稀释至刻度，混匀。使用前用正己烷稀释成标准使用液，使 PCB_3 和 PCB_5 的浓度均为 0.20μg/mL。

3. 实验材料

2～3 种海产鱼，各 250g。

四、实验步骤

1. 样品提取

(1) 取 5.00g 捣碎均匀的海鱼可食部分，加 20g 左右的无水 Na_2SO_4 研磨成沙状，置于 150mL 具塞锥形瓶中。

(2) 加 40mL 正己烷，振摇 0.5h 或浸泡过夜，过滤，残渣以正己烷淋洗 2 次，每次 10mL。合并滤液于具有刻度的具塞离心管中。

(3) 将正己烷提取液浓缩至 5mL，加 5mL H_2SO_4，振摇，以 3000r/min 离心 15min，得正己烷提取液。

2. 样品净化

取 1mL 正己烷提取液，置于装有 2g 硅胶的色谱柱（湿法装柱）中，硅胶的上下层各装有 1cm 高的无水 Na_2SO_4，用 7mL 正己烷淋洗，流速以逐滴（约 30 滴/min）为宜。将洗脱液浓缩至 1.0mL，即可供色谱测定。

3. 测定

(1) 取相同体积的样品提取净化液和多氯联苯标准使用液，在同一色谱操作条件下进入色谱仪，采用 PCB_3 和 PCB_5 主要峰的峰高之和进行定量。PCB_3 至少采用一个主要峰，PCB_5 至少采用三个主要峰之和进行定量。

(2) 参考色谱条件：色谱柱为内径 3mm、长 2m 的玻璃柱；固定相，(a) 2.8% OV-210＋0.23% OV-17 Chromosorb W AW DMCS（80～100 目），(b) 3% OV-101 Chromosorb W AW DMCS（80～100 目）；柱温为 210℃；检测器温度为 250℃；汽化室温度为 230℃；载气为高纯 N_2（99.99%）。

4. 计算

根据下式计算样品中多氯联苯的含量：

$$x=\frac{h_1cV}{h_2m}$$

式中，x 为样品中多氯联苯的含量，mg/kg；h_1 为样品中多氯联苯的峰高之和，mm；h_2 为标准使用液中多氯联苯的峰高之和，mm；c 为标准使用液中多氯联苯的浓度，μg/mL；V 为样品浓缩液的体积，mL；m 为进样体积相当于样品的质量，g。

五、注意事项

1. 硅胶的品种、目数及减活后存放的时间，对吸附效果有一定影响。临用前应先用标准多氯联苯上柱，测试淋洗液的用量。硅胶量视海产品中有机氯含量的高低而定。有机氯含量高，则应该多用一些硅胶；含量少，则可以少用一些硅胶，以尽可能排除有机氯农药 DDT 等对实验结果的干扰。

2. 实验步骤中的色谱条件仅作参考，在实际的实验过程中应该根据仪器的型号和实验室条件进行调整。

六、思考题

1. 简述多氯联苯的性质和毒性。

2. 简述控制多氯联苯污染食品的措施。

（撰写人：王小红、陈福生）

实验 5-11 鸡精中 3-氯-1,2-丙二醇含量的 GC 测定

一、实验目的

掌握 GC 法测定鸡精中 3-氯-1,2-丙二醇残留的原理与方法。

二、实验原理

样品中 3-氯-1,2-丙二醇（3-MCPD）残留经柱色谱分离、净化后，与七氟丁酰咪唑衍生成 1,2-二(七氟丁酰氧基)-3-氯丙烷。该衍生物经气相色谱柱分离后，以电子捕获检测器测定，外标法定量。

三、仪器与试材

1. 仪器与器材

气相色谱仪（带电子捕获检测器）、旋转蒸发器、涡旋混合器、离心机、石英毛细管色谱柱（30m×0.32mm，0.25μm）等。

2. 试剂

除特别说明外，实验所用试剂均为分析纯，水为去离子水或蒸馏水。

(1) 常规试剂与溶液：正己烷、无水乙醚、乙酸乙酯、七氟丁酰咪唑、无水 Na_2SO_4、Extrelut® NT 硅藻土、NaCl 溶液（20%）、正己烷-无水乙醚（9+1，体积比）。

(2) 3-MCPD 标准储备液（1.0mg/mL）：称取 0.100g 3-MCPD 标准品（纯度≥99%），用乙酸乙酯溶解并定容至 100mL。

(3) 3-MCPD 标准系列溶液：用正己烷将 3-MCPD 标准储备液稀释至 0、0.01μg/mL、0.05μg/mL、0.1μg/mL、0.5μg/mL、1.00μg/mL、3.0μg/mL。

3. 实验材料

3～4 种鸡精，各 50g。

四、实验步骤

1. 样品提取与净化

(1) 称取经研细混合均匀的鸡精样品 10.00g 于 100mL 烧杯中，加入 20mL NaCl 溶液，使之完全溶解并充分混匀。

(2) 称取 5.00g 上述混匀样品于 100mL 烧杯中，加 5g Extrelut® NT 硅藻土，搅拌均匀，装入预先装有 1cm 高的无水 Na_2SO_4 和 5g Extrelut® NT 硅藻土的玻璃色谱柱中，压实后，再充填 1cm 高的无水 Na_2SO_4。

(3) 以 80mL 正己烷-无水乙醚淋洗色谱柱，流速为 3mL/min。

(4) 弃淋洗液后，以 150mL 无水乙醚洗脱，流速为 8mL/min，收集洗脱液于 250mL 圆底烧瓶中，在 40℃下用旋转蒸发器浓缩至近干（切勿蒸干）。

(5) 以正己烷将浓缩物移入 10mL 刻度离心管中，用正己烷稀释至 5.0mL。

2. 衍生

(1) 将 50μL 七氟丁酰咪唑加入离心管，塞紧试管塞，用涡旋混合器充分涡旋混合 1min 后，于 70℃恒温 30min。

(2) 冷却后，补加正己烷至原刻度，加水 3mL，塞紧试管塞，涡旋混合 1min，以 4000r/min 离心 3min。

(3) 用尖嘴吸管将水层吸掉，重复“加水、涡旋混合、离心、吸去水层”的操作一次。将溶液在 40℃下充入小股 N_2，浓缩至 1.0mL。

(4) 将浓缩液移入 2mL 样品瓶中，加入约 300mg 无水 Na_2SO_4，加塞，充分振摇 1min，静置后供气相色谱分析。

(5) 分别取 5.0mL 不同浓度的 3-MCPD 标准系列溶液于 10mL 刻度离心试管中，按同样方法进行衍生。同时准备试剂空白，除不加样品外，其他过程与样品的提取与净化和衍生过程

相同。

3. 测定

(1) 标准曲线的绘制：分别取 1μL 衍生后的标准系列溶液，注入气相色谱仪，在下述色谱条件下测定标准系列溶液的响应峰面积。以标准系列溶液的浓度为横坐标，峰面积为纵坐标，绘制标准曲线。

(2) 样品的测定：取 1μL 衍生后样品液和试剂空白液，分别注入气相色谱仪，测定试样的响应峰面积。依据峰面积，在标准曲线上查出样品中 3-MCPD 的含量。

(3) 参考色谱条件：色谱柱为石英毛细管柱；柱温的升温程序为 50℃（恒温 3min）$\xrightarrow{30℃/min}$ 100℃（恒温 1min）$\xrightarrow{5℃/min}$ 280℃（恒温 3min）；进样口温度为 280℃；检测器温度为 300℃；进样方式为不分流进样；进样体积为 1μL；载气为 N_2（纯度≥99.99%），流速为 3.0mL/min，尾吹气流速为 50mL/min。

4. 计算

按下式计算样品中 3-MCPD 的含量：

$$x=\frac{(c_1-c_2)V}{m}$$

式中，x 为样品中 3-MCPD 的含量，mg/kg；c_1 为从标准曲线上查得的样品中 3-MCPD 的含量，μg/mL；c_2 为从标准曲线上查得试剂空白中 3-MCPD 的含量，μg/mL；V 为样品最终定容的体积，mL；m 为样品的质量，g。

五、注意事项

实验步骤中的色谱条件仅作参考，在实际测定中应该根据仪器型号和实验室条件进行调整。

六、思考题

1. 写出 3-MCPD 与七氟丁酰咪唑衍生成 1,2-二(七氟丁酰氧基)-3-氯丙烷的化学反应方程式。
2. 简述现代仪器分析中，样品前处理的研究进展。

（撰写人：王小红）

实验 5-12 酱油中 3-氯-1,2-丙二醇含量的 GC 测定

一、实验目的

掌握用气相色谱-氢火焰离子化检测法测定酱油中 3-氯-1,2-丙二醇含量的原理和方法。

二、实验原理

样品中的 3-氯-1,2-丙二醇（3-MCPD）经色谱柱分离、净化后，与苯基硼酸衍生成 3-氯-1,2-丙二醇苯基硼酸酯。该衍生物经气相色谱分离后，通过氢火焰离子化检测器测定，以内标法定量。

三、仪器与试材

1. 仪器与器材

气相色谱仪（带氢火焰离子化检测器）、石英毛细管柱（25m×0.2mm，0.33μm）、超声波发生器、旋转蒸发器、玻璃色谱柱等。

2. 试剂

除特别说明外，实验所用试剂均为分析纯，水为去离子水或蒸馏水。

(1) 常规试剂：正己烷、无水乙醚、丙酮、无水 Na_2SO_4（650℃灼烧 4h，冷却后储于密闭容器中）、苯基硼酸（纯度≥97%）、Extrelut® NT 硅藻土。

(2) 常规溶液：苯基硼酸溶液（250mg/mL，称取 6.25g 苯基硼酸，加 1.25mL 水，以丙酮

溶解并定容至25mL)、NaCl溶液（120g/L、30g/L）。

（3）3-MCPD标准储备液（1mg/mL）：称取0.100g 3-MCPD（纯度≥99%）于100mL容量瓶中，用NaCl溶液（120g/L）溶解并定容。

（4）1,2-丙二醇内标溶液（1%，体积分数）：取0.5mL 1,2-丙二醇（纯度≥99%）于50mL容量瓶中，用水溶解，定容。

3. 实验材料

3～4种不同品牌的酱油，各50mL。

四、实验步骤

1. 样品提取和衍生

（1）取10.000g酱油置于底层装有1g无水Na_2SO_4、上层装有7g Extrelut® NT硅藻土的玻璃色谱柱中。打开色谱柱活塞，使酱油进入硅藻土中，关闭活塞，静置40min。

（2）以150mL无水乙醚洗涤色谱柱，流速为3mL/min，收集淋洗液于250mL具塞锥形瓶中。

（3）将淋洗液旋转蒸发浓缩至近干，以NaCl溶液（30g/L）溶解、洗涤浓缩液3次，每次1mL，溶液转移至10mL具塞比色管中。

（4）加入0.10mL内标溶液和1mL苯基硼酸溶液于比色管中，塞紧比色管塞，摇匀，于90℃保温20min后，冷却至室温。

（5）加入2mL正己烷，振摇1min，静置分层后，将上层清液移入1mL具塞样品瓶中，供测定。

2. 测定

（1）相对质量校正因子的测定：取10.000g酱油样品，添加适量的3-MCPD标准储备液后，按"样品提取和衍生"的实验步骤处理后，按下述色谱条件测定。扣除试剂本底，按下式计算3-MCPD的相对质量校正因子f。

$$f=\frac{A_{内1}}{A_1-A}\times\frac{m_1}{1036}$$

式中，$A_{内1}$为添加标准储备液后1,2-丙二醇内标物衍生物的峰面积；A_1为添加标准储备液后3-氯-1,2-丙二醇衍生物的峰面积；A为样品本底中内标物衍生物的峰面积折算成等同于$A_{内1}$时，相应的3-MCPD衍生物的峰面积；m_1为添加标准储备液的质量，μg；1036为1,2-丙二醇内标物质的质量，μg。

（2）取2μL样品提取衍生溶液，注入气相色谱仪，在下述色谱条件下进行测定。根据保留时间，确定3-MCPD和1,2-丙二醇（内标物质）衍生物响应峰的位置，并记录3-MCPD衍生物和1,2-丙二醇衍生物响应峰的面积，计算样品中3-MCPD的含量。

（3）参考色谱条件：色谱柱为石英交联毛细管色谱柱；色谱柱升温程序为120℃（恒温1min）$\xrightarrow{5℃/min}$180℃$\xrightarrow{20℃/min}$280℃（恒温15min）；进样口温度为250℃；检测器温度为300℃；氢气流速为30mL/min；空气流速为400mL/min；尾吹气流速为30mL/min；载气为高纯氮气（纯度≥99.99%），柱头压为100kPa，流速为0.46mL/min；进样方式为分流进样，分流比为20∶1。氢气、空气和尾吹气的流速可依据仪器说明书适当调整。

3. 计算

样品中3-MCPD的含量按下式计算：

$$x=\frac{A_2}{A_{内2}}\times f\times\frac{1036}{m}$$

式中，x为样品中3-氯-1,2-丙二醇（3-MCPD）的含量，mg/kg；f为3-氯-1,2-丙二醇的相对质量校正因子；$A_{内2}$为样品中1,2-丙二醇（内标物质）衍生物响应峰的面积；A_2为样品中3-氯-1,2-丙二醇衍生物响应峰的面积；1036为内标物的质量，μg；m为样品的质量，g。

五、注意事项

实验步骤中的色谱条件仅作参考，在实际实验过程中应该根据仪器型号和实验室条件进行调整。

六、思考题

1. 写出3-MCPD与苯基硼酸衍生成3-氯-1,2-丙二醇苯基硼酸酯的化学反应方程式。
2. 简述酱油中氯丙醇的来源与危害。

（撰写人：王小红）

第六节 食品中孔雀石绿、苏丹红和三聚氰胺的测定

1. 孔雀石绿的残留与危害

孔雀石绿（malachite green）为具有金属光泽的绿色结晶体，属于三苯甲烷类工业染料（其结构式见图5-5）。在水产养殖业中，孔雀石绿作为消毒杀菌剂、杀寄生虫药，对鱼类水霉病、烂鳃病、烂鳍病、寄生虫病及河蟹类等的纤毛虫病、寄生虫病等有很好的预防和治疗效果。1992年加拿大的研究表明孔雀石绿具有致畸、致癌和致突变作用，人类若进食含孔雀石绿的鱼类，可能导致肝癌，因此，孔雀石绿被该国列为第二类危险物品。目前，美国、欧盟、加拿大和日本等国家或地区都严禁用孔雀石绿为食用水产品消毒。我国于2002年5月也将孔雀石绿列入《食品动物禁用的兽药及其化合物清单》中，禁止用于所有食品动物。

但是，由于孔雀石绿在水产养殖中抗菌能力强，使用方法简单，价廉易得，不少养殖业主仍然违法使用，这导致我国出口的水产品由于被检出孔雀石绿而屡遭禁运，造成了巨大的经济损失，也严重影响了我国水产养殖业的声誉。

孔雀石绿为一种三苯甲烷类分子，相对分子质量为364.4。当孔雀石绿进入机体14h后，约80%的孔雀石绿代谢为无色孔雀石绿（leucomalachite green，其结构式见图5-5），并在体内蓄积产生毒理作用。因此，目前以无色孔雀石绿的残留量作为水产品中孔雀石绿的污染指标。

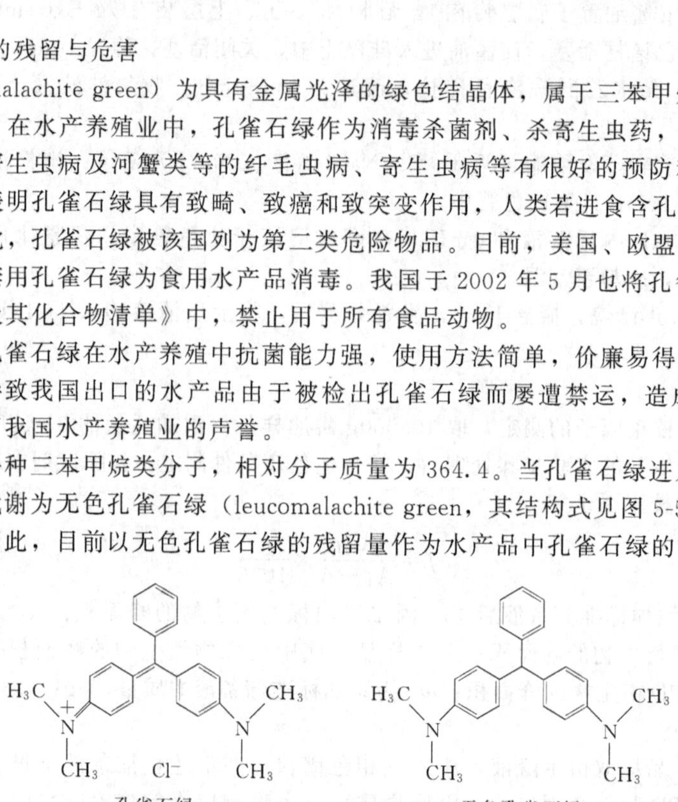

孔雀石绿　　无色孔雀石绿

图5-5 孔雀石绿与无色孔雀石绿的结构式

2. 苏丹红的残留与危害

苏丹红（Sudan red）是一种人工合成的偶氮类、脂溶性的化工染色剂，1896年科学家将其命名为苏丹红并沿用至今。苏丹红属于化工染料，非食品添加剂，严禁添加到食品中。但是由于其价格便宜，着色鲜艳，对光的敏感性不强，用于食品染色后能长期保持鲜红，不容易褪色，因此，有不少食品生产企业违法将其添加到红辣椒粉和红辣酱等红色食品中，以提高它们的色泽和着色性。甚至有人将苏丹红添加在家禽的饲料中，增加蛋黄颜色，误导消费者。

苏丹红是外观呈暗红色或深黄色的片状晶体，难溶于水，主要包括Ⅰ、Ⅱ、Ⅲ和Ⅳ四种类型（见表5-5），它们的结构式见图5-6。其中苏丹红Ⅱ号、Ⅲ号和Ⅳ号是苏丹红Ⅰ号的衍生物。

苏丹红进入人体后，主要通过胃肠道微生物还原酶、肝和肝外组织微粒体和细胞质的还原酶进行代谢，生成相应的胺类物质。在多项体外致突变实验和动物致癌实验中，发现苏丹红的致突变性和致癌性与代谢生成的胺类物质有关。随着人们对苏丹红结构及其毒性的逐步了解，国际癌症研究中心（International Agency for Research on Cancer，IARC）将苏丹红归为三类致癌物质，

表 5-5　苏丹红的分类和化学名称

苏丹红种类	化学名称
苏丹红Ⅰ号	1-苯基偶氮-2-萘酚
苏丹红Ⅱ号	1-(2,4-二甲基苯)偶氮-2-萘酚
苏丹红Ⅲ号	1-[4-(苯基偶氮)苯基]偶氮-2-萘酚
苏丹红Ⅳ号	1-{2-甲基-4-[(2-甲基苯基)偶氮]苯基}偶氮-2-萘酚

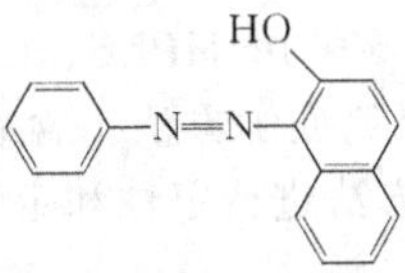

图 5-6　苏丹红的结构式

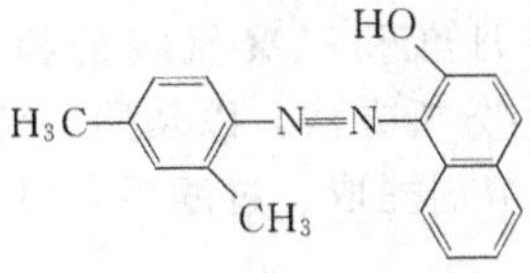

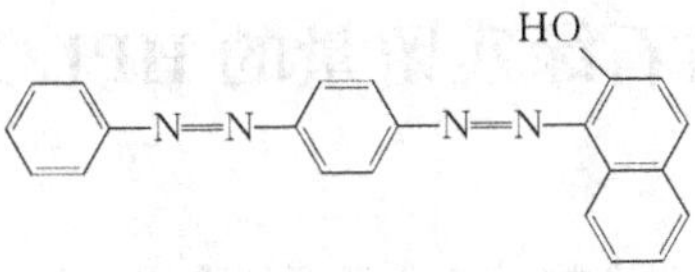

即虽然体外和动物实验表明有致癌作用，但是尚不能确定对人类是否有致癌作用。根据我国卫生部发布的苏丹红评估报告，肝脏是苏丹红Ⅰ号产生致癌性的主要靶器官，此外它还可引起膀胱、脾脏等脏器的肿瘤。遗传毒性研究显示，苏丹红Ⅰ号对伤寒沙门菌（*Salmonella typhi*）具有致突变作用。在致敏性方面，苏丹红Ⅰ号可引起人体皮炎。苏丹红的代谢产物苯胺和 1-氨基-2-萘酚均有毒，其中，苯胺在体内外均具有遗传毒性，被 IARC 列为三类致癌物；1-氨基-2-萘酚可引起鼠伤寒沙门菌（*Salmonella typhimurium*）T100 基因突变，可诱发小鼠膀胱肿瘤。苏丹红Ⅱ号和其代谢产物 2,4-二甲基苯胺均列为三类致癌物。苏丹红Ⅲ号列为三类致癌物，其初级代谢产物 4-氨基偶氮苯列为二类致癌物，即对人的可能致癌物。苏丹红Ⅳ号为三类致癌物，其初级代谢产物邻甲苯胺和邻氨基偶氮甲苯均列为二类致癌物。

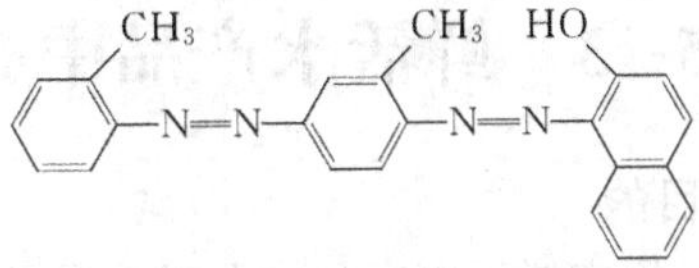

综上所述，偶然摄入含有少量苏丹红的食品，引起致癌的危险性不大，但是如果经常摄入含较高剂量苏丹红的食品就会增加致癌的危险性，特别是由于苏丹红有些代谢产物是人类可能的致癌物，目前对这些物质尚没有耐受摄入量的规定，因此应尽可能避免摄入这些物质。基于苏丹红是一种人工色素，不是食品中的天然物质，并有致癌性，因此在食品中禁用。

3. 三聚氰胺的残留与危害

三聚氰胺（melamine）是一种三嗪类含氮杂环有机化合物，其结构式见图 5-7。

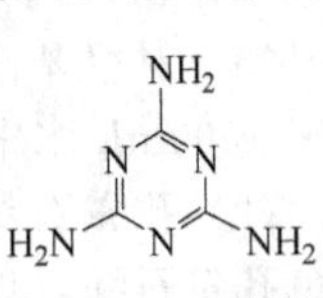

图 5-7　三聚氰胺的结构式

三聚氰胺是一种用途广泛的有机化工中间产品，最主要的用途是作为生产三聚氰胺甲醛树脂的原料。由于我国采用凯氏定氮法测定牛奶和饲料中蛋白质的含量，三聚氰胺被不法商人掺杂进食品或饲料中，以提升食品或饲料检测中的蛋白质含量，因此三聚氰胺也被人称为“蛋白精”。与蛋白质平均含氮量为 16%左右相比，三聚氰胺的含氮量高达 66%，因此，添加三聚氰胺可以使食品的蛋白质测试含量虚高，而且三聚氰胺没有气味、颜色和味道，所以掺杂后不易被发现。

三聚氰胺进入人体后，发生水解取代反应，生成三聚氰酸，三聚氰酸和三聚氰胺形成网状结构，造成结石。2008 年秋发生在我国的三聚氰胺婴儿奶粉事件，使 29.6 万名儿童患病，其中 5 万余名患儿接受住院治疗。

尽管三聚氰胺被认为毒性轻微，大鼠经口的半数致死量大于 3g/kg，但是动物和人长期摄入三聚氰胺会造成生殖、泌尿系统的损害，产生膀胱、肾脏结石，并可进一步诱发膀胱癌。为此，

2008 年 10 月我国卫生部、工业和信息化部、农业部、国家工商行政管理总局、国家质量监督检验检疫总局联合发布公告，三聚氰胺不是食品原料，也不是食品添加剂，禁止人为添加到食品中。但是考虑到低含量的三聚氰胺可从环境、食品包装材料等途径进入到食品中，为确保人体健康，保证乳与乳制品质量安全，特别制定了三聚氰胺在乳与乳制品中的临时管理限量值（不是标准）为婴幼儿配方乳粉 1mg/kg，液态奶（包括原料乳）、奶粉、其他配方乳粉 2.5mg/kg，含乳 15%以上的其他食品 2.5mg/kg。

4. 残留检测方法

食品中孔雀石绿、苏丹红和三聚氰胺的检测主要采用 HPLC、GC、GC-MS、HPLC-MS、HPLC-MS-MS 等现代仪器分析方法，以及酶联免疫等免疫学方法。含有孔雀石绿、苏丹红和三聚氰胺的待测样品经有机溶剂提取、过滤后，以上述方法进行定性和定量分析。

（撰写人：李小定、陈福生）

实验 5-13 鲜活水产品中孔雀石绿残留量的 HPLC 测定

一、实验目的

掌握 HPLC 测定鲜活水产品中孔雀石绿及其代谢产物无色孔雀石绿含量的原理和方法。

二、实验原理

孔雀石绿为一种三苯甲烷类分子，当孔雀石绿进入机体 14h 后，约 80%的孔雀石绿代谢为无色孔雀石绿，所以在测定水产品中孔雀石绿的同时，更需要测定无色孔雀石绿的残留。

试样中残留的孔雀石绿及其代谢产物无色孔雀石绿，以乙腈-乙酸盐缓冲混合液提取、乙腈再次提取后，液液分配到二氯甲烷层并浓缩，经酸性氧化铝柱净化后，用高效液相色谱-PbO_2 柱后衍生法测定，外标法定量。

三、仪器与试材

1. 仪器与器材

HPLC 仪（配紫外可见光检测器）、固相萃取装置、组织捣碎机、匀浆机、离心机。

2. 试剂

除特别说明外，实验所用试剂均为分析纯，水为去离子水或重蒸馏水。

（1）常规试剂与溶液：乙腈（色谱纯）、二氯甲烷、甲醇（色谱纯）、二甘醇、酸性氧化铝（80～120 目）、二氧化铅、硅藻土 545（色谱级）、乙酸盐缓冲液（将 4.95g 无水 NaAc 与 0.95g 对甲苯磺酸溶于 950mL 水中，用冰醋酸调节溶液 pH 到 4.5，定容至 1L）、盐酸羟胺溶液（20%）、对甲苯磺酸溶液（1.0mol/L）、NH_4Ac 缓冲溶液（50mmol/L，将 3.85g 无水 NH_4Ac 溶解于 1000mL 水中，用冰醋酸调 pH 到 4.5）。

（2）孔雀石绿、无色孔雀石绿标准溶液（1μg/mL）：称取适量纯度大于 98%的孔雀石绿、隐色孔雀石绿，以乙腈分别配制成 100μg/mL 的标准储备液，再用乙腈稀释配制成 1μg/mL 的标准溶液。于－18℃避光保存。

（3）孔雀石绿、无色孔雀石绿混合标准工作溶液：用乙腈稀释标准溶液，配制成每毫升含孔雀石绿、隐色孔雀石绿均为 20ng 的混合标准工作溶液。于－18℃避光保存。

3. 实验材料

3～4 种不同种类的鲜活水产品，各 500g 左右。

四、实验步骤

1. 样品提取

（1）称取 100g 样品于组织捣碎机中捣碎混匀。

（2）取 5.00g 捣碎样品于 50mL 离心管中，加入 1.5mL 盐酸羟胺溶液、2.5mL 对甲苯磺酸溶液、5.0mL 乙酸盐缓冲溶液，用匀浆机以 10000r/min 的速度均质 30s，加入 10mL 乙腈剧烈振摇 30s 后，再加入 5g 酸性氧化铝，再振荡 30s。

（3）以 3000r/min 离心 10min 后，将上清液转移至装有 10mL 水和 2mL 二甘醇的 100mL 离心管中。

（4）沉淀以 10mL 乙腈混匀后，以 3000r/min 离心 10min，将上清转移至另一支装有 10mL 水和 2mL 二甘醇的 100mL 离心管中。将 2 支 100mL 离心管离心后，合并乙腈层于离心管中，作为样品提取液。

2. 样品净化

（1）在离心管中加入 15mL 二氯甲烷，振荡 10s，以 3000r/min 离心 10min，将二氯甲烷层转移至 100mL 的梨形瓶中，再用 5mL 乙腈、10mL 二氯甲烷重复上述操作一次。

（2）合并二氯甲烷层于 100mL 梨形瓶中，于 45℃旋转蒸发至约 1mL，以 2.5mL 乙腈溶解残渣。

（3）将酸性氧化铝柱（1g，使用前用 5mL 乙腈活化）安装在固相萃取装置上后，将上述梨形瓶中的乙腈溶液转移到柱上，并以乙腈洗涤瓶两次，每次 2.5mL，将洗涤液依次通过柱，控制流速不超过 0.6mL/min，收集全部流出液，于 45℃旋转蒸发至近干。

（4）用 0.5mL 乙腈溶解残液，并过 0.45μm 滤膜，滤液作为样品净化液供液相色谱测定。

3. 测定

（1）测定：根据样品净化液中孔雀石绿、无色孔雀石绿的含量情况，选定峰高相近的标准工作溶液。对标准工作溶液和样液，按照以下参考色谱条件，等体积参插进样测定。同时，进行空白试验（除不加试样外，均按上述测定步骤进行）。

（2）参考色谱条件：色谱柱为 C_{18} 柱 [250mm×4.6mm（内径），粒度 5μm]，在 C_{18} 色谱柱和检测器之间连接 25% PbO_2 氧化柱 {不锈钢预柱管 [5cm×4mm（内径）]，两端附 2μm 过滤板，抽真空条件下，填装含有 25% PbO_2 的硅藻土，添加数滴甲醇压实，旋紧。临用前以甲醇冲洗}；流动相为乙腈和乙酸铵缓冲溶液，按表 5-6 所给参数进行梯度洗脱，流速为 1.0mL/min；柱温为室温；检测波长为 618nm；进样量为 50μL。

表 5-6 流动相洗脱梯度

时间/min	乙腈/%	乙酸铵缓冲溶液/%	时间/min	乙腈/%	乙酸铵缓冲溶液/%
0	60	40	17	95	5
4	80	20	17.1	60	40
15	80	20	20	60	40
15.1	95	5			

4. 计算

样品中孔雀石绿与无色孔雀石绿的残留量按下式计算，并扣除空白值。样品中孔雀石绿的残留量以两者之和表示。

$$x=\frac{cAV}{A_s m}$$

式中，x 为样品中待测组分的残留量，mg/kg；c 为待测组分标准工作液的浓度，μg/mL；A 为样品中待测组分的峰面积；A_s 为待测组分标准工作液的峰面积；V 为样液的最终定容体积，mL；m 为最终样液所代表的试样量，g。

五、注意事项

1. 实验步骤中的色谱条件仅供参考，具体条件应根据仪器设备型号和实验室条件进行调整。

2. 在本实验条件下，孔雀石绿与无色孔雀石绿的保留时间约为 6.10min 和 17.77min，检测限均为 2.0μg/kg。

3. 本实验样品中如果同时存在结晶紫及其代谢物无色结晶紫，以本实验的提取液同样可以测定，它们的保留时间分别为 7.88min 和 18.22min，检测限均为 2.0μg/kg。

六、思考题

1. 简述样品提取与净化过程中酸性氧化铝的作用。

2. 简述柱后衍生与柱前衍生的优缺点。写出本实验中以 25% PbO_2 进行柱后衍生的衍生产物。

（撰写人：李小定、陈福生）

实验 5-14　薄层色谱法检测红辣椒粉中苏丹红Ⅰ号的含量

一、实验目的

掌握薄层色谱法（TLC）检测红辣椒粉中苏丹红Ⅰ号含量的原理和方法。

二、实验原理

样品中的苏丹红Ⅰ号经正己烷萃取后，以正己烷-乙醚为展开剂，在硅胶 G 薄板上展开，与标准品比较，根据斑点的 R_f 值定性，根据斑点的大小与颜色深浅进行定量。

三、仪器与试材

1. 仪器与器材

硅胶薄板涂敷器、展开槽、微量注射器、玻璃薄层板（根据展开槽确定大小）、色谱柱（内径 1cm，高 5cm）、电吹风、旋转蒸发仪等。

2. 试剂

除特别说明外，实验所用试剂均为分析纯，水为去离子水或蒸馏水。

（1）常规试剂与溶液：丙酮、正己烷、乙醚、无水 Na_2SO_4、硅胶 G、丙酮-正己烷（1+19，体积比）、羧甲基纤维素钠溶液（CMC-Na，0.7%）、正己烷-乙醚（6+1，体积比）。

（2）色谱用 Al_2O_3（中性，100～200 目）的处理：105℃干燥 2h，于干燥器中冷却至室温，每 100g 中加入 2mL 水，混匀后，密封，放置 12h 后使用。

（3）Al_2O_3 色谱柱：在色谱柱管底部塞入一薄层脱脂棉，装入处理过的 Al_2O_3 至 3cm 高，轻轻敲击色谱柱，使 Al_2O_3 压实后，加一薄层脱脂棉，用 10mL 正己烷淋洗，洗净柱中杂质，备用。

（4）苏丹红Ⅰ号标准储备液（40μg/mL）：取苏丹红Ⅰ号 10.0mg，以少量乙醚溶解后，用正己烷定容至 250mL。

（5）苏丹红Ⅰ号标准使用液：吸取苏丹红Ⅰ号标准储备液 0、0.1mL、0.2mL、0.4mL、0.8mL、1.6mL，用正己烷定容至 25mL，此标准系列浓度为 0、0.16μg/mL、0.32μg/mL、0.64μg/mL、1.28μg/mL、2.56μg/mL。

3. 实验材料

3～4 种市售红辣椒粉样品，各 50g。

四、实验步骤

1. 样品提取

（1）称取 5.00g 混合均匀的辣椒粉样品，置于 150mL 锥形瓶中，加入 50mL 正己烷，振荡 5min，以 2000r/min 离心 10min，收集上清液。

（2）沉淀以正己烷洗涤、离心至洗出液无色为止，每次用 10mL。合并正己烷液，用旋转蒸发仪浓缩至 5mL 以下，但不能完全蒸干。

2. 样品净化

（1）将上述样品提取浓缩液上样于 Al_2O_3 色谱柱中，以正己烷洗柱至流出液无色。

（2）用 60mL 丙酮-正己烷洗脱，收集洗脱液，浓缩至干。以丙酮溶解干燥物并定容至 5mL。

3. 薄层色谱分离

（1）薄板的制备：将 CMC-Na 溶液与硅胶以 3∶1 的比例混合，在研钵中研磨均匀后，以硅胶薄板涂敷器将硅胶以 0.5mm 的厚度在玻璃板上涂布均匀，风干过夜。

(2) 点样：将 20μL 样品提取净化液点样于薄板上，同时点 20μL 不同浓度的苏丹红Ⅰ号标准使用液，以电吹风冷风吹干。

(3) 展开：将点样后的薄板置于含有正己烷-乙醚展开剂的展开槽中，饱和 10min 后，再展开至离薄板前沿 2.5cm 时，取出薄板，挥干。

(4) 观察：由于苏丹红Ⅰ号本身为红色，所以不需要任何显色剂就可以观察到它的斑点。比较样品提取净化液与标准品溶液的 R_f 值。根据 R_f 值进行定性，依据斑点大小与颜色深浅进行定量，分析样品提取净化液中苏丹红Ⅰ号的含量。

4. 计算

根据下式计算样品中苏丹红Ⅰ号的含量：

$$x=\frac{A_0V_2}{mV_1}$$

式中，x 为样品中苏丹红Ⅰ号的含量，mg/kg；A_0 为样品提取净化液中苏丹红Ⅰ号的质量，μg；m 为样品的质量，g；V_1 为样品的点样体积，mL；V_2 为定容体积，mL。

五、注意事项

1. 本实验方法中苏丹红Ⅰ号的最低检出量为 2μg。

2. 如果没有适合的色谱柱，可用大小合适的注射器管替代。在样品提取液的柱色谱净化过程中，为保证效果，应控制上样量，使 Al_2O_3 柱中色素带宽小于 0.5cm。

3. CMC-Na 溶液与硅胶一定要研磨均匀，可以用玻璃棒蘸一点混合液，当它们下滴速率大致相等时，即表示研磨均匀一致了。如果在展开剂中加入少量的 $CHCl_3$，结果更易于观察。

4. 苏丹红Ⅰ号的斑点颜色能稳定 3d 而不褪色。

5. 本方法操作简便、快速，适合快速筛选大批量样品。对于结果为阳性的样品，可以采用 HPLC 进行进一步确证。

六、思考题

1. 样品中的苋菜红和胭脂红等水溶性色素能否影响实验结果？为什么？

2. 样品提取液净化过程应该注意哪些问题？

3. 本方法是否也适合于检测红辣椒粉中其他苏丹红（Ⅱ号、Ⅲ号、Ⅳ号）的检测？为什么？

（撰写人：李小定、陈福生）

实验 5-15　红色辣酱中苏丹红Ⅰ号含量的 HPLC 测定

一、实验目的

掌握 HPLC 法检测红色辣椒酱中的苏丹红Ⅰ号含量的原理和方法。

二、实验原理

样品中的苏丹红Ⅰ号经溶剂提取、固相萃取净化后，用反相高效液相色谱-紫外可见光检测器进行分析，外标法定量。

三、仪器与试材

1. 仪器与器材

高效液相色谱仪（配有紫外可见光检测器）、旋转蒸发仪、均质机、离心机等。

2. 试剂

除特别说明外，实验所用试剂均为分析纯，水为去离子水或蒸馏水。

(1) 常规试剂与溶液：乙腈（色谱纯）、丙酮、甲酸、乙醚、正己烷、无水 Na_2SO_4、正己烷-丙酮（3+1、1+19，体积比）、0.1%甲酸水溶液-乙腈（17+3，流动相 A）、0.1%甲酸乙腈溶液-丙酮（4+1，流动相 B）。

(2) 色谱用 Al_2O_3（中性，100～200 目）：105℃干燥 2h，于干燥器中冷却至室温，每 100g

中加入 2mL 水，混匀后密封，放置 12h 后使用。

(3) Al_2O_3 色谱柱：在色谱柱管（1cm 内径×5cm 高）底部垫入一薄层脱脂棉，干法装入处理过的 Al_2O_3 至 3cm 高，轻轻敲实后加一薄层脱脂棉，用 10mL 正己烷预淋洗，洗净柱中杂质后，备用。

(4) 苏丹红Ⅰ号标准储备液（40μg/mL）：称取苏丹红Ⅰ号（纯度≥95%）10.0mg，以乙醚溶解后，用正己烷定容至 250mL。

3. 实验材料

3～4 种市售红色辣椒酱，各 50g。

四、实验步骤

1. 样品提取

(1) 称取 20.00g 样品于离心管中，加 20mL 水调成糊状。

(2) 加入 30mL 正己烷-丙酮（3+1），匀浆 5min，以 3000r/min 离心 10min。

(3) 吸出上层的正己烷提取液后，加入正己烷，再匀浆、离心 2 次，每次 20mL。合并正己烷提取液。

(4) 加入 5g 无水 Na_2SO_4 于正己烷提取液，脱水。过滤，滤液于旋转蒸发仪上蒸干并保持 5min，用 5mL 正己烷溶解残渣。

2. 样品净化

(1) 将上述样品提取浓缩液慢慢加入 Al_2O_3 色谱柱中。为保证色谱分离效果，在柱中保持正己烷液面超过 Al_2O_3 面 2mm 左右时上样，在色谱分离过程中应确保色谱柱不干涸。

(2) 用正己烷少量多次淋洗浓缩瓶，洗液一并注入色谱柱。控制 Al_2O_3 表层吸附的色素带宽小于 0.5cm。

(3) 待样液完全流出后，视样品中含油类杂质的多少用 10～30mL 正己烷洗柱，直至流出液无色。

(4) 弃去全部正己烷淋洗液，用 60mL 正己烷-丙酮（1+19）洗脱，收集、浓缩后，用丙酮转移并定容至 5mL。以 0.45μm 微孔膜过滤，待用。

3. 测定

(1) 将 10μL 适当稀释的苏丹红Ⅰ号标准储备液和样品提取净化液，分别注入 HPLC 仪，按以下色谱条件进行分析测定。

(2) 参考色谱条件：柱温为 30℃；检测波长为 478nm；进样量为 10μL；采用梯度洗脱，其条件见表 5-7；流速为 1mL/min。

表 5-7 梯度洗脱条件

时间/min	流动相/%		曲线
	A	B	
0	25	75	线性
10.0	25	75	线性
25.0	0	100	线性
32.0	0	100	线性
35.0	25	75	线性
40.0	25	75	线性

4. 计算

根据下式计算样品中苏丹红Ⅰ号的含量：

$$x=\frac{cV}{m}$$

式中，x 为样品中苏丹红Ⅰ号的含量，mg/kg；c 为由标准曲线得出的样液中苏丹红Ⅰ号的浓度，μg/mL；V为样液的定容体积，mL；m为样品的质量，g。

五、注意事项

1. 在样品的提取过程中，如果样品含有较高浓度的增稠剂，可以适当增加水量。

2. 不同厂家和不同批号 Al_2O_3 的吸附能力存在差异，应根据产品特性略作调整。以 1mL 1μg/mL 苏丹红Ⅰ号标准溶液加到柱中，用 60mL 正己烷-丙酮（1＋19）可完全洗脱为准。

3. 实验步骤中的色谱条件仅作参考，在实际的实验过程中应该根据仪器的型号和实验室条件调整。

六、思考题

1. 简述 Al_2O_3 的除杂能力。

2. 本方法是否可以同时检测食品中苏丹红Ⅱ号、Ⅲ号和Ⅳ号的含量？为什么？

（撰写人：李小定、陈福生）

实验 5-16　原料乳与乳制品中三聚氰胺的 HPLC 检测

一、实验目的

掌握 HPLC 检测乳及其制品中三聚氰胺含量的原理与方法。

二、实验原理

样品中的三聚氰胺经三氯乙酸-乙腈提取，阳离子交换固相萃取柱净化后，用高效液相色谱测定，外标法定量。

三、仪器与试材

1. 仪器与器材

高效液相色谱仪（带有紫外检测器）、离心机、超声波水浴、固相萃取装置、氮气吹干仪、涡旋混合器等。

2. 试剂

除特别说明外，实验所用试剂均为分析纯，水为去离子水或蒸馏水。

（1）常规试剂及其他：甲醇（色谱纯）、乙腈（色谱纯）、氨水（25%～28%）、三氯乙酸、柠檬酸、辛烷磺酸钠（色谱纯）、定性滤纸、海砂［化学纯，粒度为 0.65～0.85mm，二氧化硅（SiO_2）含量为 99%］、0.2μm 微孔滤膜、氮气（纯度≥99.999%）。

（2）常规溶液：甲醇水溶液（1＋1，体积比）、三氯乙酸溶液（1%）、5%氨水-甲醇（1＋19，体积比）、离子对试剂缓冲液（取 2.10g 柠檬酸和 2.16g 辛烷磺酸钠，加入约 980mL 水溶解，调节 pH 至 3.0 后，定容至 1L）。

（3）阳离子交换固相萃取柱：混合型阳离子交换固相萃取柱，基质为苯磺酸化的聚苯乙烯-二乙烯基苯高聚物，60mg，3mL，或相当者。使用前依次用 3mL 甲醇、5mL 水活化。

（4）三聚氰胺标准储备液（1mg/mL）：称取 100.0mg 三聚氰胺标准品（纯度大于 99.0%）于 100mL 容量瓶中，用甲醇水溶液溶解并定容至刻度，于 4℃避光保存。

3. 实验材料

4～5 种液态奶、奶粉、酸奶、冰激凌或奶糖，各 50g。

四、实验步骤

1. 样品提取

（1）称取 2.00g 样品于 50mL 具塞塑料离心管中，加入 15mL 三氯乙酸溶液和 5mL 乙腈，超声提取 10min，再振荡提取 10min 后，以 4000r/min 离心 10min。

（2）上清液经三氯乙酸溶液润湿的滤纸过滤后，以三氯乙酸溶液定容至 25mL。

（3）取 5mL 滤液，加入 5mL 水混匀后用作净化液。

2. 样品净化

（1）将上述待净化液转移至固相萃取柱中，依次用3mL水和3mL甲醇洗涤，抽至近干后，用6mL 5%氨水-甲醇洗脱。在整个固相萃取过程中，流速不超过1mL/min。

（2）洗脱液于50℃下用氮气吹干，残留物（相当于0.4g样品）用1mL流动相［配比见3中(3)］定容，涡旋混合1min，过0.45μm微孔滤膜后，供HPLC测定。

3. 测定

（1）标准曲线的绘制：用流动相将三聚氰胺标准储备液逐级稀释得到浓度为0.8μg/mL、2μg/mL、20μg/mL、40μg/mL、80μg/mL的标准工作液，按浓度由低到高进样检测，以峰面积-浓度作图，求标准曲线回归方程。

（2）样品测定：将样品提取净化液注入HPLC仪进行分析，根据峰面积求得三聚氰胺的含量。注意：待测样液中三聚氰胺的响应值应在标准曲线线性范围内，超过线性范围则应稀释后再进样分析。

（3）参考色谱条件：色谱柱为C_8柱［250mm×4.6mm（内径），5μm］或C_{18}柱［250mm×4.6mm（内径），5μm］；流动相，对C_8柱，采用离子对试剂缓冲液-乙腈（17+3，体积比），对C_{18}柱，采用离子对试剂缓冲液-乙腈（90+10，体积比）；流速为1.0mL/min；柱温为40℃；检测波长为240nm；进样量为20μL。

4. 计算

样品中三聚氰胺的含量按下式计算：

$$x=\frac{AcV}{A_s m}\times f$$

式中，x为样品中三聚氰胺的含量，mg/kg；A为样液中三聚氰胺的峰面积；c为标准溶液中三聚氰胺的浓度，μg/mL；V为样液的最终定容体积，mL；A_s为标准溶液中三聚氰胺的峰面积；m为样品的质量，g；f为稀释倍数。

五、注意事项

1. 实验步骤中的色谱条件仅供参考，具体的色谱条件应根据仪器设备的型号和实验条件进行调整。

2. 本方法的最低检出限量为2.0mg/kg。

3. 在实验中，应设计空白试验。空白试验除不称取样品外，其他过程均按样品处理步骤和条件进行。

六、思考题

1. 简述三聚氰胺对人体的危害。

2. 如果测试样品是奶酪、奶油和巧克力，应该如何去除油脂的干扰？

（撰写人：陈福生）

参考文献

［1］ 车振明. 食品安全检测. 北京：中国轻工业出版社，2007.

［2］ 陈发河，吴光斌. 毛细管气相色谱法测定白酒中的甲醇、乙酸乙酯和杂醇油. 食品科学，2007，28(1)：232-234.

［3］ 冯立田，邓振旭. 棉酚及其应用研究的概况和某些进展. 山东师范大学学报：自然科学版，1999，14(1)：64-66.

［4］ 傅武胜，吴永宁，赵云峰等. 稳定性同位素稀释技术结合GC-MS测定酱油中多组分氯丙醇的研究. 中国食品卫生杂志，2004，16(4)：289-294.

［5］ 黄方一，叶斌. 发酵工程. 武汉：华中师范大学出版社，2005.

［6］ 黎源倩，孙长颢，叶蔚云等. 食品理化检验. 北京：人民卫生出版社，2006.

［7］ 陆寿鹏. 白酒工艺学. 北京：中国轻工业出版社，1994.

［8］ 钱建亚，熊强. 食品安全概论. 南京：东南大学出版社，2006.

[9] 徐志祥，王硕，方国臻．苏丹红Ⅰ号及其在食品中的检测方法研究．中国调味品，2006，(9)：49-53.
[10] 吴启陆，沈清．高效液相色谱同时测定鸡蛋中4种激素残留量的方法．安徽农业科学，2005，33 (5)：852-878.
[11] 徐庭超．酒精生产中杂醇油的生产与提取．酿酒，1995，(6)：9-14.
[12] 张根生，赵全，岳晓霞．食品中有害化学物质的危害与检测．北京：中国计量出版社，2006.
[13] 张亚林，蔡世魁．控制盐酸克仑特罗残留危害刻不容缓．中国动物检疫，2007，24 (11)：19-21.
[14] 任朝辉．多氯联苯的测定方法研究及应用：[硕士学位论文]．成都：四川大学，2004.
[15] 尚瑛达．浅谈棉籽油中棉酚及其测定．粮油食品科技，2000，8 (2)：32-35.
[16] 宋治军，赵锁劳．食品营养与安全分析测试技术．杨凌：西北农林科技大学出版社，2005.
[17] 王卫华，徐锐锋，刘军等．食品中氯丙醇测定方法研究进展．化学分析计量，2007，16 (3)：74-77.
[18] 文君，缪红，王鲜俊等．HPLC法测植物油中游离棉酚．中国卫生检验杂志，2006，(8)：1017.
[19] 吴永宁，江桂彬．重要有机污染物痕量与超痕量检测技术．北京：化学工业出版社，2007.
[20] 许牡丹，毛跟年．食品安全性与分析检测．北京：化学工业出版社，2003.
[21] 杨惠芬，李明元，沈文等．食品卫生理化检验标准手册．北京：中国标准出版社，1997.
[22] 杨洁彬，王晶，王柏琴等．食品安全性．北京：中国轻工业出版社，1999：140.
[23] 杨祖英，马永健，常风启．食品检验．北京：化学工业出版社，2001：330.
[24] 余冠峰．明明白白喝白酒．中国质量技术监督，2006，(2)：20-21.
[25] 张根生．食品中有害化学物质的危害与检测．北京：中国计量出版社，2006.
[26] 张水华．食品分析实验．北京：化学工业出版社，2006.
[27] 周耀华，喻国华．告诫消费者粗制棉籽油不能食用．中国营养保健，1999，(3)：52.
[28] 周建科，岳强，宿书芳等．牛奶中雌性激素的高效液相色谱分析．中国乳品工业，2005，33 (11)：56-58.
[29] 张镜如．生理学．北京：人民卫生出版社，1996.
[30] GB 7104—1994 食品中苯并 [*a*] 芘限量卫生标准.
[31] GB/T 5009.27—2003 食品中苯并 [*a*] 芘的测定.
[32] GB/T 5009.48—2003 蒸馏酒与配制酒卫生标准的分析方法.
[33] GB/T 5009.190—2003 海产食品中多氯联苯的测定.
[34] GB/T 5009.191—2003 食品中3-氯-1,2-丙二醇的测定.
[35] GB/T 19681—2005 食品中苏丹红染料的测定（高效液相色谱法）.
[36] GB/T 22388—2008 原料乳与乳制品中三聚氰胺检测方法.
[37] NY/T 1372—2007 饲料中三聚氰胺的测定.

下篇　食品安全的微生物学检验

第六章　食品中的微生物检验

第一节　概　述

根据世界卫生组织（WHO）的定义，食源性疾病（foodborne disease）是指存在于食品中的各种致病因子（causative agent）通过摄食进入人体，从而使人体所患的各种感染性或中毒性疾病的总称。由定义可知，该疾病的特点是传播媒介为食品，致病因子存在于食品中，临床表现为中毒或感染。食源性疾病因子主要包括生物、化学和物理因素，其中生物与化学因素是主要的致病因子。例如，食品中的农药残留、兽药（抗生素）残留、环境雌激素（二噁英、生物毒素、氯丙醇、氯化联苯）和重金属等都属于化学因素，而病毒、细菌、真菌、寄生虫以及微生物与动植物毒素等均属于生物因素。关于化学致病因子及其危害在本书的第一篇已经进行了较为详细的叙述，而关于生物毒素的种类与危害将在本书的第七章进行阐述，本章将重点介绍微生物与食品安全的关系及其分析检测方法。

一、食品中的微生物

微生物种类很多，根据微生物与食品的关系，大致可以将微生物分为三大类。第一类是参与食品品质、风味、质地等产生与改良的微生物，称为有益微生物（useful microorganism）或食品发酵微生物（food fermentative microorganism）；第二类是指能够在食品中生长繁殖并导致食品腐败变质的微生物，称为食品腐败微生物（food spoilage microorganism）；第三类是指存在于食品中并能够在食品中生长繁殖，或者仅仅存在于食品，以食品作为载体但并不在食品中繁殖（如病毒），当人们食用含有一定数量微生物菌体或其代谢产物的食品后，可引起机体产生病理变化的微生物，称为食源性病原微生物（food-borne pathogenic microorganism）。下面分别对这几类微生物进行简要介绍。

1. 食品发酵微生物

食品发酵微生物最常用的有酵母菌、霉菌以及细菌中的乳酸菌（lactic acid bacteria）、醋酸菌（acetic acid bacteria）、黄短杆菌（*Flavobacterium breve*）、棒状杆菌（*Corynebacterium* spp.）等。利用这些微生物作用制成的食品主要包括：①酒精饮料，如蒸馏酒、黄酒、果酒、啤酒等；②乳制品，如酸奶、酸性奶油、马奶酒、干酪等；③豆制品，如豆腐乳、豆豉、纳豆等；④发酵蔬菜，如泡菜、酸菜等；⑤调味品，如醋、黄酱、酱油、甜味剂（如天冬甜味精）、增味剂（如5′-核苷酸）和味精等。

2. 食品腐败微生物

食品腐败微生物可引起食品发生化学或物理性质变化，从而使食品失去营养价值以及原有组织结构与色、香、味等性状。由于食品的种类、特性与加工方法的不同，引起食品腐败的微生物也各有差异，主要有细菌、霉菌和酵母。表6-1是部分食品的腐败类型及其相关的微生物。

3. 食源性病原微生物

食源性病原微生物的种类很多，它们可以是细菌与霉菌，也可以是病毒，其中细菌与霉菌可以在食品中生长与繁殖，病毒则不能，而且通过食品传播的病毒很少，而霉菌主要通过产生真菌毒素而对机体产生危害，所以通常所说的食源性病原微生物主要是指细菌。常见的食源性病原细菌主要包括沙门菌（*Salmonella* spp.）、致病性大肠杆菌（*Escherichia coli*）、金黄色葡萄球菌

表 6-1 部分食品的腐败类型与相关微生物

食品		腐败类型	主要微生物
谷物制品	面包	发黏	枯草芽孢杆菌(*Bacillus subtilis*)
		长霉	黑曲霉(*Aspergillus niger*)、好食脉孢菌(*Neurospora sitophila*)、毛霉菌(*Mucor* spp.)、扩展青霉(*Penicillium expansum*)、黑根霉(*Rhizopus stolonifer*)
		呈血色面包	黏质沙雷菌(*Serratia marcescens*)
		呈白垩状面包	扣囊拟内孢霉(*Endomycopsis fibnligera*)、可变丝孢酵母(*Trichosporon varium*)
	面粉	形成酸粉糊	芽孢杆菌(*Bacillus* spp.)
	通心粉	发生膨胀	阴沟肠杆菌(*Enterobacter cloacea*)
	糖果点心	软糖破裂	梭状芽孢杆菌(*Clostridium* spp.)
	糖浆		酵母
	废糖蜜	产生气体	接合酵母(*Zygosaccharomyces* spp.)、酪酸梭状芽孢杆菌(*Clostridiun butyricum*)、产气杆菌(*Aerobacter aerogenes*)
乳制品	生乳	变酸	乳酸链球菌(*Streptococcus lactis*)、乳酪链球菌(*Streptococcus cremoris*)、保加利亚乳杆菌(*Lactobacillus bulgaricus*)
		蛋白质发生分解	无色杆菌(*Achromobacter* spp.)、黄杆菌(*Flavobacterium* spp.)、微球菌(*Micrococcus* spp.)、假单胞菌(*Pseudomonas* spp.)、粪链球菌(*Streptococcus faecalis*)
		产气	产气杆菌(*Aerobacter aerogenes*)、多黏芽孢杆菌(*Bacillus polymyxa*)、梭状芽孢杆菌(*Clostridium* spp.)
		发黏	黏乳产碱菌(*Alcaligenes viscolactis*)
	巴氏灭菌牛乳	发酸	肠道细菌(enterobacteria)、乳微杆菌(*Microbacterium lactium*)、嗜热乳杆菌(*Lactobacillus thermophilus*)、嗜热链球菌(*Streptococcus thermophilus*)、酪酸梭状芽孢杆菌(*Clostridium butyricum*)
		蛋白质发生分解	芽孢杆菌(*Bacillus* spp.)、梭状芽孢杆菌(*Clostridium* spp.)、微杆菌(*Microbacterium* spp.)
		产气	芽孢杆菌(*Bacillus* spp.)、梭状芽孢杆菌(*Clostridium* spp.)
		发黏	黏乳产碱菌(*Alcaligenes viscolactis*)、微球菌(*Micrococcus* spp.)
	乳脂	产生蓝色荧光	荧光假单胞杆菌(*Pseudomonas fluorescent*)
	乳粉	发生凝结	凝结芽孢杆菌(*Bacillus coagulans*)
肉类	鱼肉	产生黏液	无色杆菌(*Achromobacter* spp.)、黄杆菌(*Flavobacterium* spp.)、假单胞菌(*Pseudomonas* spp.)、酵母
		产生丝状物	大毛霉(*Mucor mucedo*)
	碎鲜牛肉	发酸	乳杆菌(*Bacillus lactis*)、明串珠菌(*Leukonoid* spp.)、微球菌(*Micrococcus* spp.)、链球菌(*Streptococcus* spp.)
	烟熏火腿	发酸	无色杆菌(*Achromobacter* spp.)、巨大芽孢杆菌(*Bacillus megaterium*)、生孢梭状芽孢杆菌(*Clostridium sporogenes*)、乳杆菌(*Bacillus lactis*)、微球菌(*Micrococcus* spp.)
		变软	溶组织梭状菌(*Clostridium histolyticum*)
	咸猪肉	变绿	乳杆菌(*Bacillus lactis*)、明串珠菌(*Leukonoid* spp.)
		长霉	曲霉菌(*Aspergillus* spp.)、交链孢霉(*Alternaria* spp.)、总状毛霉(*Mucor racemosus*)、匍枝根霉(*Rhizopus stolonifer*)
	香肠	变绿	乳杆菌(*Bacillus lactis*)、明串珠菌(*Leukonoid* spp.)
		产生黏液	微球菌(*Micrococcus* spp.)
		长霉	霉菌和酵母

续表

食品		腐败类型	主要微生物
家禽和蛋	家禽	产生黏液	无色杆菌(*Achromobacter* spp.)、假单胞菌(*Pseudomonas* spp.)、产碱菌(*Alcaligenes* spp.)、黄杆菌(*Flavobacterium* spp.)
		产生酸性黏液	产碱菌(*Alcaligenes* spp.)、假单胞菌(*Pseudomonas* spp.)
	蛋	发生绿色腐败	荧光假单胞菌(*Pseudomonas fluorescent*)
		发生黑色腐败	产黑普氏菌(*Prevotella melaninogenica*)
		发生无色腐败	无色杆菌(*Achromobacter* spp.)、假单胞菌(*Pseudomonas* spp.)
		长霉	青霉菌(*Penicillium notatum*)、枝霉(*Thamnidium* spp.)、侧孢霉(*Sporotrichum* spp.)
		产生异味	无色杆菌(*Achromobacter* spp.)、恶臭假单胞菌(*Pseudomonas putida*)、假单胞菌(*Pseudomonas* spp.)
鱼	冻鱼	变味	无色杆菌(*Achromobacter* spp.)、黄杆菌(*Flavobacterium* spp.)、微球菌(*Micrococcus* spp.)、假单胞菌(*Pseudomonas* spp.)、沙雷菌(*Serratieae* spp.)
		变色	荧光假单胞菌(*Pseudomonas fluorescent*)、微杆菌(*Micrococcus* spp.)、霉菌、酵母
水生贝壳	冻虾	产生异味	无色杆菌(*Achromobacter* spp.)
	蟹、牡蛎、大螯虾	发酸	假单胞菌(*Pseudomonas* spp.)、黄杆菌(*Flavobacterium* spp.)、沙雷菌(*Serratieae* spp.)、变形菌(*Mycetozoan* spp.)
罐藏食品	番茄汁	平酸腐败	枯草芽孢杆菌(*Bacillus subtilis*)、地衣芽孢杆菌(*Bacillus licheniformis*)、矮小芽孢杆菌(*Bacillus pumilus*)
	豌豆、玉米	平酸腐败	嗜热脂肪芽孢杆菌(*Bacillus stearothermophilus*)
		产生硫化物	致黑梭状芽孢杆菌(*Clostridium nigrificans*)
	豌豆、肉	发生腐烂	生芽孢梭状芽孢杆菌(*Clostridium sporogenes*)
	蔬菜、肉	嗜热厌氧腐败	嗜热解糖梭状芽孢杆菌(*Clostridium thermosaccharolyticum*)
	水果	丁酸腐败	巴氏梭状芽孢杆菌(*Clostridium pasreurianum*)
		长霉	纯黄丝衣霉菌(*Byssochlamys fulva*)
软饮料(充气或不充气)		发生浑浊	假丝酵母(*Candida mycoderma*)、球拟酵母(*Torulopsis* spp.)
		产生黏液	明串珠菌(*Leukonoid* spp.)、芽孢杆菌(*Bacillus* spp.)、无色杆菌(*Achromobacter* spp.)
果冻、果酱		长霉	曲霉菌(*Aspergillus* spp.)、点青霉菌(*Penicillium notatum*)
调味品		产气	短乳杆菌(*Lactobacillus brevis*)、酵母

(*Staphylococcus aureus*)、单核细胞增多性李斯特菌(*Listeria monocytogenes*，简称单增李斯特菌)、副溶血性弧菌(*Vibrio parahaemolyticus*)、志贺菌(*Shigella* spp.)、肉毒梭菌(*Clostridium botlinum*)、蜡样芽孢杆菌(*Bacillus cereus*)、变形杆菌(*Proteus* spp.)、产气荚膜梭菌(*Clostridium perfringens*)、空肠弯曲杆菌(*Camylobacter jejuni*)、结核分枝杆菌(*Mycobacterium tuberculosis*)、布氏杆菌(*Brucella* spp.)、炭疽杆菌(*Bacillus antrhracis*)和多杀性巴氏杆菌(*Pasteurella multocida*)等。

食源性病原细菌对人体的危害很大，所以世界各国的食品卫生标准中都规定在食品中不得检出。食源性病原细菌既可以通过分泌于胞外的外毒素(通常为蛋白质)，也可以通过存在于细胞壁上的内毒素(通常为脂多糖)对人体产生危害，其机理比较复杂。关于上述食源性病原细菌及其致病机理请参阅本章第三节和其他相关书籍。

二、食品微生物检验方法进展

由于食品在生产、加工、储存、运输、销售等各个环节中都有微生物污染的可能，所以要完全控制微生物对食品的污染是非常困难的。为此，加强食品微生物检测是食品安全检测中的一项重要内容。

食品微生物传统的检测方法主要包括分离纯化、形态观察及生化反应等，其准确性、灵敏性均较高，但涉及的实验较多、操作步骤繁琐、检测时间长。因此，自 20 世纪 80 年代以来，国内外学者开始对传统培养方法进行改良，并将代谢产物分析技术、免疫学技术与分子生物学技术用于食品微生物，特别是食源性病原微生物的检测与分析中，一些快速、准确、特异的检测技术与方法不断涌现，并逐步向仪器化、自动化、标准化方向发展，从而大大提高了食品微生物检验工作的效率。下面将分别从改良培养法、基于微生物代谢特性的检测方法、分子生物学方法、免疫学方法和生物传感器法等几个方面对食品微生物检验方法的进展进行介绍。

(一) 改良培养法

培养计数方法是食品微生物的常规、传统与经典的检测方法。但是该方法存在操作过程麻烦、检测时间长、需要准备较多试剂与器皿等不足。针对这些不足，各种将样品制备与微生物培养、富集、计数与鉴定融为一体的改良方法不断涌现，从而大大简化了检测方法的步骤，加快了分析检测速度，提高了检测效率。下面将对螺旋平板计数法、快速测试片法、滤膜法、显色培养基法、细菌直接计数法和自动化分析鉴定系统等几种改良的培养方法进行简要介绍。

1. 螺旋平板计数法

螺旋平板计数法（spiral plate count method，SPCM）是依据阿基米德螺旋原理，使样品以螺旋线形式接种在琼脂平板上，培养后，再以专用的计数网格计算菌落总数的方法。接种时，螺旋接种仪从平板中心移至外围，接种量随着接种仪从平板中心向边缘的移动而减少，所以随半径的增加，菌落分布变得越来越少［见图 6-1(a)］，然后将平板置于计数网格上［见图 6-1(b)］，自平板外周向中央对平皿上的菌落进行计数，也可以采用激光计数器扫描平板来统计菌落数量。计数网格［见图 6-1(b)］等分为 8 的楔形，每个楔形又从外向内分成 4 段弧线区域，标记为 1、2、3 和 4，计数时仅需计算弧线网格区域内的菌落。

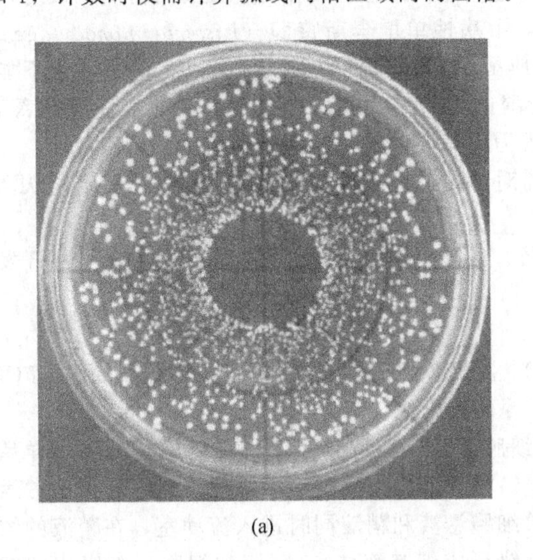

(a)

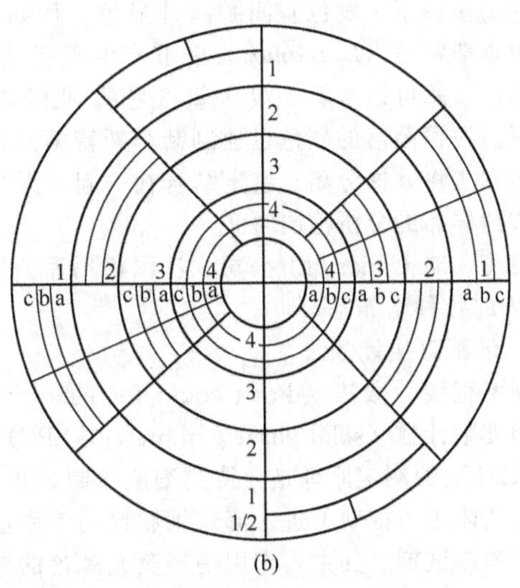

(b)

图 6-1 螺旋平板计数法的工作原理示意图

与传统的培养方法相比，SPCM 所需培养基与培养皿较少，每小时可涂布 50～60 个平板，节省了人力物力。此方法的主要缺点是食品样品中的颗粒物可能会使注射器的针头堵塞，因此，此方法只适用于牛乳等液体样品或经离心去除颗粒沉淀后的样品稀释液。该方法仅仅减少了样品的处理时间，培养时间并不能减少，同时在计数时还需要配备自动菌落计数仪，否则人工计数更麻烦。

目前，美国 Spiral Biotech 公司、英国 Don Whitley Science（DWS）公司和法国 Intersciences 公司均有 SPCM 的产品销售。

2. 快速测试片法

快速测试片法（fast paper disk method，FPDM）是指以纸片、胶片等替代培养皿作为培养基载体，将培养基和显色物质预先附着在载体上，使用时只需将样品稀释后直接涂布在培养基上，保温培养后，微生物代谢产物通过与显色物质作用，从而实现微生物快速检测的方法。FPDM无需进行培养基的准备，操作简便、快速，特别适用于生产现场和野外等环境条件下对样品进行微生物快速分析检测。

FPDM减少了制备培养基所需的时间，而且检测目标微生物通过特定的显色物质显色，可以使目标微生物菌落更加清晰可辨，从而大大地缩短检测时间。该方法最大的不足是检测产品的价格较贵，检测成本高。

目前，3M公司生产有可进行菌落、大肠菌群、霉菌和酵母计数的Petrifilm系列产品。另外，RCP Scientific Inc. 公司开发的Regdigel系列产品除上述项目外，还可以检测乳杆菌、沙门菌、葡萄球菌。其中3M公司的产品方法还被写进了我国国家标准。

3. 滤膜法

滤膜法（membrane filtration method，MFM）是以滤膜（孔径为0.45μm）为过滤介质，液体样品或样品稀释液经滤膜过滤后，微生物被富集于膜表面，然后将膜放在培养基平板或培养基吸水垫上进行培养与计数的方法。MFM特别适用于含菌数少的液体样品（如桶装水、巴氏灭菌乳等）或样品稀释液，但是该方法在抽滤过程中，如果空气的洁净度不够，有可能造成二次污染。

4. 显色培养基法

显色培养基法（chromogenic culture media method，CCMM）是在培养基中加入可被特定微生物的特异性酶水解的底物，底物被酶水解后，产生特定发光产物，通过观察菌落颜色，实现对特定微生物进行计数的方法。通常酶的底物为无色，包括发色基团和特异性酶可分解的成分，在特异性酶作用下，发色基团游离并显色。例如，致病性单增李斯特菌（*Listeria monocytogenes*）和绵羊李斯特菌（*L. iuanuii*）能够产生磷脂酰肌醇特异性磷脂酶C，而非致病李斯特菌不能产生该酶，该酶可以水解5-溴-4-氯-3-吲哚-肌醇磷酸产生5-溴-4-氯-3-吲哚，从而使菌落呈蓝绿色，因此可以根据菌落的颜色迅速判断李斯特菌是否为致病性单增李斯特菌和绵羊李斯特菌。

本方法将菌株分离、鉴定结合在一起，无需对菌株进行分离纯化和进一步生化鉴定，从而可大大节约样品的分析检测时间。

目前，瑞士Biosynth公司、法国科玛嘉公司、法国生物梅里埃公司和Merk公司等都开发有CCMM的各种培养基。

5. 细菌直接计数法

细菌直接计数法（direct count for bacteria）主要包括流式细胞仪（flow cytometry，FCM）和固相细胞计数（solid phase cytometry，SPC）等两种方法。

FCM法的测定原理是：待测细胞被制成单细胞悬液，经特异性荧光染料染色后加入样品管中，在气体压力推动下进入流式细胞仪的流动室。流动室内充满鞘液（维持流式细胞仪正常运转的主要消耗试剂。其主要作用是经荧光染色的单细胞悬液和鞘液同时进入流动室，在鞘液的约束下，细胞排成单列流入流动室喷嘴，并被鞘液包绕形成细胞液柱）。鞘液和细胞悬液组成的细胞液柱一起自流动室喷嘴口喷射出来，进入测量区，与水平方向的激光光束（为488nm的氩离子激光）垂直相交。被荧光染料染色的细胞受到强烈的激光照射后发出荧光，同时产生散射光。其中，荧光信号强度与被测细胞中细胞成分与荧光染料的结合程度有关，散射光信号强度一般与细胞体积的大小成正比。将细胞发出的荧光信号和散射光信号，通过荧光光电倍增管接收，积分放大反转换为电子信号输入电子信息接收器，通过计算机将所测数据计算出来，结合多参数分析，从而实现细胞的定量分析，估计微生物的大小、形状和数量。FCM计数具有高度的敏感性，可同时对目的菌进行定性和定量分析。目前已经建立了细菌总数、致病性沙门菌、大肠埃希菌等的FCM检验方法。常用的流式细胞仪主要有美国贝克曼库尔特公司（Beckman Coulter，Inc.）的

EPICSXL 型流式细胞仪，美国 BD Biosciences 公司的 FACS Calibur 型流式细胞仪等。

SPC 法是将经过滤截留在滤膜上的目标微生物荧光标记后，采用激光扫描仪对荧光点，即目标微生物进行计数的方法。它可以在单细胞水平上对细菌等单细胞微生物进行快速检测，尤其适合于生长缓慢、采用传统培养方法检测时间长的微生物的分析。例如，法国今日仪器股份有限公司的 AES 总菌数及快速细菌实时监测仪（型号 ChemScan RDI）可即时检测总菌数、大肠菌群、酵母等。

6. 自动化分析鉴定系统

微生物自动化分析鉴定系统（microbial automatic analytical system）是基于 20 世纪 70 年代发展起来的微量快速培养基和微量生化反应体系而建立起来的一种微生物快速分析鉴定系统。该系统的工作原理是：将分析鉴定微生物所需要的各种生化试验培养基分别置于培养板（相当于培养皿）的微孔（一般可容纳 150μL 培养基）内，接种待鉴定微生物后，将培养板放在微型化的培养器中保温培养，然后以菌落读数仪与计算机分别对结果进行判读与分析。采用这种系统可以大大节约鉴定微生物需要的各种培养基与培养器皿，特别是通过集成技术与计算机控制技术相结合，可以将各种设备集成在一起，并实现接种、培养、结果判断与分析等过程的全自动化，从而大大地节约了人力、物力，增加了分析结果的准确性与可靠性，实现微生物鉴定从生化模式到数字模式的转变。

目前，市场上有多种基于上述原理开发的微生物自动化分析鉴定系统，主要包括 Vitek 系统、Biolog 系统、Sherlock 系统、Sensititre 系统、Autosceptor 系统、BAX 系统和 Phoenix 系统等。其中，Vitek 系统已被美国 AOAC（Association of Official Agricultural Chemists，官方农业化学家协会）列为法定分析法。这些方法的基本原理与操作过程相同，只是判断结果的指标（目标物）不同。例如，Vitek 系统是由法国 biosMerieumx（生物梅里埃）公司出品的全自动微生物鉴定/药敏分析系统，它以微生物培养后培养基颜色或浊度的变化作为检测指标；美国 Biolog 公司生产的 Biolog 系统是根据微生物对不同碳源的代谢情况来鉴定菌种；美国 MIDI 公司生产的 Sherlock 系统是根据微生物的特征脂肪酸图谱来进行微生物鉴定；英国先德公司生产的 Sensititre 系统是根据目标微生物的特异性酶水解相关底物，产生荧光物质，通过测定荧光来实现对微生物的分析鉴定。

（二）基于微生物代谢特性的检测方法

微生物在生长代谢过程中能够表现出一些特定现象，产生一些特定物质，通过对它们的分析可以实现对微生物的快速检测与分析。

1. ATP 生物发光法

ATP 生物发光法（ATP bioluminescence method）是基于生物活细胞中均含有 ATP（细胞死亡 2h 后 ATP 消失），而且每个细胞中 ATP 的含量恒定为 10^{-18}～10^{-17} mol，通过测定样品中 ATP 的量就可以计算出微生物细胞（主要是细菌细胞）数量的快速检测方法。其工作原理是：当有 ATP 存在时，它与荧光素酶发生反应，产生特异性荧光，荧光强度与 ATP 含量成正比，所以通过分析荧光强度，计算样品中微生物的 ATP 量，就可以推算出总活菌数。

ATP 生物发光法作为一种快速检测方法，不仅可用于快速检测食品微生物（主要是细菌），而且在医学、环境卫生上也得到了广泛应用。该方法的测定结果与常规平板计数法结果基本一致，而检测时间通常仅需 10～25min。但是，由于 ATP 生物发光法是基于 ATP 量来计算样品中微生物含量的，一些食品特别是肉类食品中非微生物性的 ATP 会干扰测定结果，因此，在测定微生物的 ATP 之前，应先将食品中非微生物的 ATP 用物理或化学方法去除，或者将微生物从食品中分离出来后再测定。

目前，美国 Celsis、英国 Biotrace、荷兰 Promicol 等公司均有基于 ATP 生物发光法快速检测微生物的产品。

2. 阻抗测定法

阻抗测定法（impediometry）是通过测定微生物生长繁殖过程中电特性的变化来对微生物进

行定性定量分析的一种快速检测方法。微生物在培养过程中，其生理代谢作用可以使培养基中的碳水化合物、类脂、蛋白质等电惰性物质转化为各种有机酸、碱等电活性物质。随着微生物数量的增长，培养基中的电活性分子和离子逐渐取代电惰性分子，从而使导电性增强，电阻降低。研究表明，电导率随时间的变化曲线与微生物生长曲线有较好的相似性，表现为出现缓慢增长期、加速增长期、指数增长期和缓慢减少期，最后趋于稳定。微生物的起始数量不同，出现指数增长期的时间也不同，通过建立二者之间的关系，就能通过检测培养基电阻的变化推演出微生物的原始菌量。此外，不同微生物的阻抗变化曲线是不相同的，因此阻抗法也可以作为微生物鉴定的有利依据。

根据阻抗测定过程中，测量电极是否直接与培养基接触，可将其分为直接和间接阻抗测量法。直接阻抗法是将培养基装入特制的测量管中，接种微生物后将电极插入其中，直接测量培养基的电阻变化。直接法使用的培养基需要根据待测菌的特性来设计，它既要有利于被测菌的生长繁殖，又要在检测过程中能产生显著的阻抗变化。但是，对于某些微生物，因为在分离过程中，常需要在培养基中添加高浓度的 LiCl、KCl 等无机盐，这样培养基本身带有的强导电性就可能掩盖微生物在代谢过程中发生的电阻变化，因此不能用直接阻抗法进行分析，这时需要采用间接阻抗检测法。该方法是通过检测微生物生长代谢产生的 CO_2 来反映微生物的代谢活性。测试时，在阻抗测试管中加入稀 KOH 溶液，微生物培养过程中产生的 CO_2 进入测试管与 KOH 反应生成碳酸盐，使导电性降低，记录导电性变化情况即可得到待检微生物的信息。

阻抗测定法近年来已逐步用于食品检测之中，例如，法国梅里埃公司生产的 Bathometer 系统已可用于乳制品、肉类、海产品、蔬菜、冷冻食品、糖果、糕点、饮料、化妆品中的菌落总数、大肠菌群、霉菌和酵母计数以及乳酸菌和嗜热菌测试。与传统方法相比，阻抗法减少了检验时间，结果准确性也更高。

3. 微量量热法

众所周知，所有的化学、物理和生命过程都伴随着热效应。微量量热法（microcalorimetry）就是基于自动、连续监测这些变化过程的热效应而建立的热化学方法。它应用于微生物检测方面，是利用量热计测定微生物（如细菌）生长时的微小温度变化来计算微生物的数量，并对微生物进行鉴定。假设一个细菌代谢放热功率为 W，则 n 个细菌放热的功率为 nW。利用微量量热计连续测量细菌生长过程中每个时刻的放热功率，就可以绘出细菌的生长产热曲线，即热谱图。细菌生长代谢的热谱图与其生长曲线的停滞期、指数期、稳定期、衰亡期非常吻合，而且在相同的实验条件下，每一种细菌的热谱图有良好的重现性和显著的特征性，不同的细菌热谱图区别明显，因此，可利用它作为指纹图对细菌进行计数与鉴定。但是目前还未见相关商品化的产品。

4. 辐射测量法

辐射测量法（radiometry）是使用辐射线测定微生物的一种方法。其原理是微生物在代谢过程中可以产生 CO_2，如果以 ^{14}C 标记培养基中可代谢的碳水化合物或盐类，当微生物在生长繁殖过程中利用这些物质时就会有 $^{14}CO_2$ 释放出来，以放射能计数器测量 $^{14}CO_2$ 含量的增加与否，可确定标本中有无微生物的存在。根据不同微生物对各种物质利用能力的不同，放射性标志的物质也不同。常用的标志物质是 ^{14}C-葡萄糖，对于一些特殊微生物也可以使用 ^{14}C-甲酸盐或 ^{14}C-谷氨酸盐作为标志物质。

采用辐射测量法测定微生物时，通常只需 6～18h，比常规培养方法快。该方法主要用于医用微生物的检测，例如，医学上常采用 ^{13}C 尿素呼气质谱仪诊断体内幽门螺杆菌的感染情况。该方法有时也可用于食品和水中微生物的检测。但是目前还未见专门用于食品微生物检测的产品。

（三）分子生物学检测技术

众所周知，自然界中的各种生物都有其特定、高度保守的核酸（DNA 或 RNA）序列，通过对这些核酸序列进行分析，就可以对生物进行分析与鉴定。随着食品微生物，特别是食源性病原微生物核酸保守序列的陆续被发现和研究，以这些保守序列为检测标靶的分子生物学方法，正越来越成为检测食品微生物的重要手段与方法。下面对核酸分子杂交（molecule hybridization of nucleic acids）和聚合酶链式反应（polymerase chain reaction，PCR）等分子生物学技术进行简要介绍，并就它们在食品微生物分析检测中的应用进行阐述。

1. 核酸分子杂交

（1）定义

核酸分子杂交是指不同来源的两条核酸单链，由于具有一定同源序列，在一定条件下按碱基互补配对原则形成异质双链的过程。核酸分子杂交和核酸复性的机理是一致的，它是分子生物学领域中应用最为广泛的技术之一，具有灵敏度高、特异性强等优点，主要用于特异DNA与RNA的定性和定量检测及分析。作为研究核酸的有力工具，分子杂交被广泛地应用于农业、医学、军事和食品安全检测等诸多领域。

（2）原理

DNA和DNA单链、DNA和RNA单链或两条RNA链之间，只要具有一定的互补碱基序列就可以在适当的条件下相互结合形成双链。在这一过程中，如果一条链是已知的DNA或RNA片段，那么依据碱基互补配对原则就可以知道和它互补配对的另一条链的组成，这样就可以用已知的DNA或RNA片段来检测未知的DNA或RNA片段，这就是核酸分子杂交的原理，也是核酸分子杂交用于诸多分析领域的机理。其中，已知的DNA或RNA片段被称为探针（probe），与探针互补结合的DNA或RNA片段被称为探针的靶（target）。

（3）种类

根据杂交反应所处的介质不同，核酸分子杂交大致分为固相杂交（solid hybridization）和液相杂交（liquid hybridization）两大类。所谓固相杂交是将参加反应的一条核酸链先固定在固体支持物上，另一条反应核酸链则游离在溶液中；而液相杂交中参加反应的两条核酸链都游离在溶液中。

① 固相杂交。固相杂交常用的支持物有硝酸纤维素滤膜、尼龙膜、乳胶颗粒、磁珠和微孔板等。根据支持物的不同，它又可以分为膜杂交（以硝酸纤维素滤膜和尼龙膜等为支持物）、乳胶颗粒杂交、磁珠杂交和微孔板杂交等，其中以膜杂交最为常见。根据实验操作过程的不同，固相膜杂交还可以进一步分为菌落原位杂交（colony *in situ* hybridization）、Southern印迹杂交（Southern blotting hybridization）、Northern印迹杂交（Northern blotting hybridization）和固相夹心杂交（solid-phase sandwich hybridization）等。下面对它们分别进行简要说明。

a. 菌落原位杂交。其操作过程是将待检测的样品或样品的富集物稀释后涂布琼脂平板，或将已分离纯化的待检测分析的菌株点接于琼脂平板上，培养至菌落出现后，以硝酸纤维素滤膜小心覆盖在平板菌落上，将菌落从平板转移到硝酸纤维素滤膜上，然后将滤膜上的菌落裂解以释放出DNA，并通过烘干将DNA固定于膜上，再与探针杂交，检测菌落杂交信号，并与平板上的菌落对位，从而实现分析。

b. Southern印迹杂交。其操作过程是将DNA提取物用限制性内切酶消化后，采用琼脂糖凝胶电泳分离各片段，然后经碱变性、Tris缓冲液中和后，在高盐条件下，通过毛细管作用等方式将DNA从凝胶中转印至硝酸纤维素滤膜上，烘干固定即可用于杂交。凝胶中DNA片段的相对位置在DNA片段转移到滤膜的过程中继续保持着，附着在滤膜上的DNA与探针杂交后，就可以检测DNA片段的位置和大小。Southern印迹杂交是研究DNA图谱的基本技术，在遗传疾病诊断、DNA图谱分析及PCR产物分析等方面起着重要作用。

c. Northern印迹杂交。首先将RNA从琼脂糖凝胶中转印到硝酸纤维素滤膜上，然后采用与Southern印迹杂交相似的方法进行杂交。

d. 固相夹心杂交。在该杂交过程中，使用两个探针，一个是与固相支持物相连接的捕获（吸附）探针，另一个是检测探针，前者起着将待检测的靶核酸与固相支持物相连接的桥联作用，后者则与靶序列结合，并提供检测信号。两个探针都能与靶序列结合形成夹心状，所以被称为夹心杂交。在固相夹心杂交中，由于使用了双探针，所以其特异性比其他膜杂交方法强，因为只有两个探针同时与靶核酸杂交并形成夹心物，才可以完成整个杂交过程。

图 6-2 是 Diffchamb 公司生产的采用固相夹心杂交技术快速检测 *Listeria* spp. 的操作过程示意图。预先将多聚胸腺嘧啶（poly dT）包被在浸染棒（塑料小棒，一端带有对核酸有很强吸附力的微珠）上。在杂交时，将检测探针和带有多聚腺嘌呤核苷酸（poly dA）尾巴的捕获探针同时加入样品中与靶序列杂交形成夹心杂交体，随后将浸染棒放入样品溶液中，通过包被在棒上的多聚胸腺嘧啶核苷酸与多聚腺嘌呤核苷酸结合，使夹心杂交体吸附在浸染棒上，最后检测浸染棒上吸附的夹心杂交体的信号强度，就可以计算出样品中靶核酸的含量。浸染棒法具有快速、灵敏、经济等优点，目前在食源性病原菌的快速检测中正得到越来越广泛的应用。

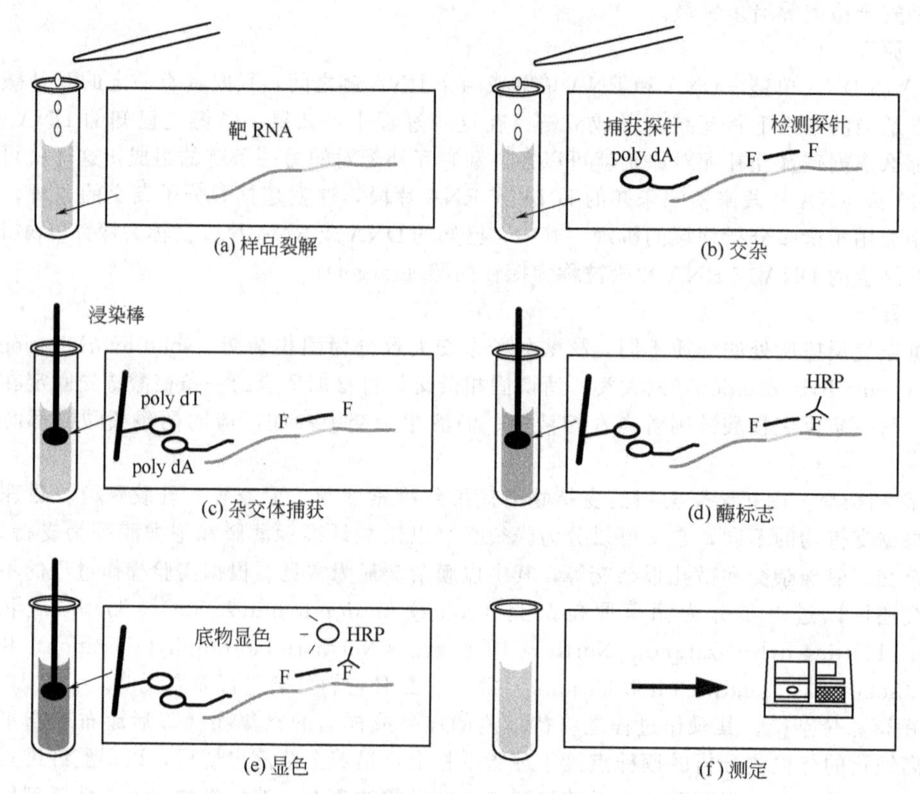

图 6-2　固相夹心杂交快速检测 *Listeria* spp. 的操作过程示意图

（引自"陈福生等《食品安全检测与现代生物技术》，2004"）

(a) 样品裂解：将样品裂解溶液加入含有 *Listeria* spp. 的试管中，使细胞破裂，释放出靶 rRNA

(b) 杂交：加入双探针，其中捕获探针的 3′末端带有多聚腺嘌呤核苷酸尾巴（poly dA），而检测探针的 3′和 5′末端都标志有异硫氰酸荧光素（fluorescein isothiocyanate），双探针与靶 rRNA 杂交形成夹心杂交体

(c) 杂交体捕获：将预先包被有多聚胸腺嘧啶核苷酸（poly dT）的浸染棒（杂交棒、浸渍棒）放入试管中，通过浸染棒上的多聚胸腺嘧啶核苷酸与夹心杂交体中捕获探针上的多聚腺嘌呤核苷酸结合，将杂交体吸附在浸染棒上，从而使杂交体从溶液中分离

(d) 酶标志：浸染棒在缓冲液中适当洗涤后，放入辣根过氧化物酶（HRP）标志的抗异硫氰酸荧光素的抗体溶液中，使酶标抗体结合在浸染棒上，即使浸染棒酶标志

(e) 显色：将浸染棒适当洗涤后，放入含有辣根过氧化物酶（无色）的底物溶液中，使底物在酶的催化下产生有色物质（显色）

(f) 测定：取出浸染棒，目测或用仪器测定溶液颜色，根据吸光度计算靶 rRNA 含量，即 *Listeria* spp. 量

② 液相杂交。所谓液相杂交是探针和靶核酸序列都存在于溶液中，不需固相支持物，杂交在溶液中完成。和固相杂交相比，液相杂交的反应条件均一，各种反应参数容易确定，反应速率快，通常是固相杂交反应速率的 5～10 倍。

液相杂交是一种研究最早且操作简便的杂交类型，但是由于液相杂交后，过量的未杂交探针

在溶液中除去较为困难和误差较高，所以不如固相杂交那样被普遍采用。近几年，由于杂交检测技术的不断改进与荧光标记探针的使用，推动了液相杂交技术的迅速发展，诞生了基于快速准确检测杂交信号的吸附液相杂交（adsorbent liquid-phase hybridization）、发光液相杂交（luminescent liquid-phase hybridization）和液相夹心杂交（liquid-phase sandwich hybridization）等。下面分别进行简要说明。

a. 吸附液相杂交。在杂交完成后，采用选择性吸附介质，将存在于液体中的杂交体进行吸附，使其与没有参与杂交的探针和其他成分分开，从而减少背景的干扰，提高灵敏度。

b. 发光液相杂交。首先将探针以荧光物质进行标志，当探针与靶核酸杂交后，通过测定荧光强度计算靶核酸的量。

c. 液相夹心杂交。与固相夹心杂交一样包括两个探针，吸附探针以生物素标志，当吸附探针和检测探针与靶核酸结合形成夹心杂交体后，将液体转移至预先经亲和素包被的试管或微孔内，这样杂交体通过生物素与亲和素的结合而结合到固相支持物上，测定检测探针的信号，就可以知道靶核酸的含量。该方法保持了固相夹心杂交的高特异性。

（4）杂交过程

由上述可知，杂交的种类较多，各种杂交方法的具体操作过程也有较大的差别，特别是液相杂交基本上没有一个固定的模式，相对而言，固相杂交的杂交过程基本一致，首先都是先将核酸（通常是靶核酸）固定在固体支持物上，然后再进行杂交。下面仅以固相膜杂交中的Southern印迹杂交为例，对杂交的基本操作过程进行介绍，有关操作中的一些具体参数请参阅相关实验指导书。

① 固相支持物——膜的选择。常用于杂交的膜是硝酸纤维素膜和尼龙膜，它们都具有多孔、表面积大等特性，核酸一旦固定在膜上，就可用杂交法进行检测。其中，硝酸纤维素膜是最常用的杂交膜，用于放射性和非放射性标记探针都很方便，产生的本底（背景）浅，与核酸结合的方式尚不是很清楚，推测为非共价键结合，经80℃烤干2h和杂交处理后，核酸仍不会脱落。另外，硝酸纤维素膜和蛋白质非特异性结合较弱。硝酸纤维素膜的缺点是结合核酸能力的大小取决于印迹条件和高盐浓度（>10×SSC），因此不适于电泳转移印迹。另外，与小片段核酸（<200bp）结合不牢，因此在同一张膜上不适宜反复进行杂交，还有，其质地脆弱（特别是经烘烤后），不易操作。尼龙膜在某些方面比硝酸纤维素膜好，它的强度大，耐用，可与小至10bp的片段共价结合，在低离子浓度缓冲液等多种条件下，它们都可与DNA单链或RNA链紧密结合，且多数膜不需烘烤。而且尼龙膜韧性好，可反复处理与杂交，而不丢失被检标本，它通过疏水键和离子键与核酸结合，结合力为350～500$\mu g/cm^2$，比硝酸纤维素膜（80～100$\mu g/cm^2$）强许多。尼龙膜的缺点是对蛋白有高亲和力，不宜用于非同位素探针，另外，杂交信号本底较高。

② 核酸的制备。通过一定的方法获得具有相当纯度和完整性的核酸是核酸分子杂交的前提。在具体的核酸提取过程中，因实验材料和实验目的的不同，应注意的问题也各不相同，但是都必须注意的问题是要尽可能地抑制DNA酶和RNA酶的活性，防止它们在提取过程中对DNA和RNA的降解。获得核酸后，进行Southern印迹杂交前，还需采用限制性内切酶彻底消化（分解）DNA，如果酶解不完全，就可能出现比实际数目更少或片段更长的杂交区带，从而导致错误的结论。

③ 电泳。采用琼脂糖凝胶电泳将待测核酸片段分离，根据核酸片段的大小，琼脂糖凝胶的浓度可以为0.5%～1.5%，大片段的核酸采用低浓度，小片段的核酸采用高浓度。例如，分离大分子DNA片段（800～12000bp）用低浓度琼脂糖（0.7%），分离小分子片段（500～1000bp）用高浓度琼脂糖（1.0%），300～5000bp的片段则用1.3%的琼脂糖凝胶。

④ 印迹。所谓印迹（blotting）就是将电泳分离后的琼脂糖凝胶中的核酸片段转移到尼龙膜或硝酸纤维素膜上的过程，转移后核酸片段保持相对位置不变。印迹方法包括虹吸印迹（siphoning blotting）、电泳印迹（electrophoric blotting）和真空印迹（vacuum blotting）等三种。所谓虹吸印迹是利用毛细管的虹吸作用由印迹缓冲液带动核酸分子从凝胶上转移到膜上。虹吸印迹装

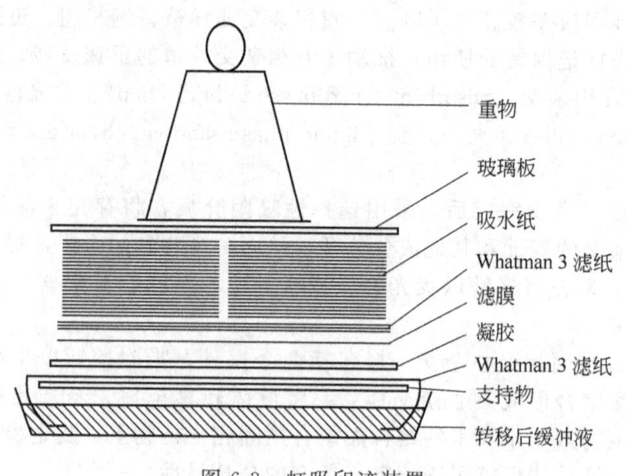

图 6-3 虹吸印迹装置
（引自“陈福生等《食品安全检测与现代生物技术》，2004”）

置见图 6-3。电泳印迹是利用电泳作用将核酸从凝胶上转移至膜上的方法，它具有快速、简单和高效等优点，特别适合于虹吸印迹转移不理想的大片段核酸的转移。图 6-4 是电泳印迹装置的纵切面示意图。真空印迹指利用真空泵将印迹缓冲液从上层容器中通过凝胶抽滤到下层真空室中，同时带动核酸分子转移至凝胶下面的膜上。真空印迹方法是近年来兴起的一种简单、快速的核酸印迹方法，图 6-5 是真空印迹的示意图。

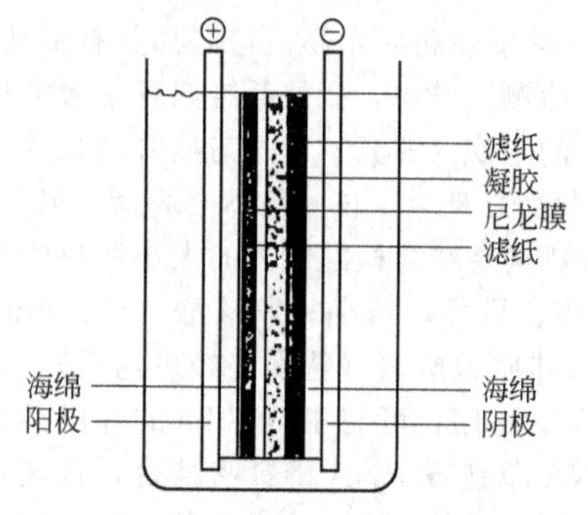

图 6-4 电泳印迹装置的纵切面示意图
（引自“陈福生等《食品安全检测与现代生物技术》，2004”）

⑤ 预杂交。所谓预杂交（prehybridization）是指为了减少非特异性的杂交反应，在杂交前应采用适当的封阻剂（blocking agent）将核酸中的非特异性位点和杂交膜上的非特异性位点进行封阻，以减少探针的非特异性吸附，从而降低非特异性吸附对杂交结果的影响的过程。常用的封阻剂有两类：一是变性的非特异性 DNA，常用的是鲑鱼精 DNA（salmon sperm DNA）或小牛胸腺 DNA（calf thymus DNA）；另一类是一些高分子化合物，多采用 Denhardt 试剂（聚蔗糖 400、聚乙烯吡咯烷酮和牛血清白蛋白），使用 Blotto 系统（脱脂奶粉）效果也很好。

⑥ 杂交。用探针和膜上的核酸进行杂交。杂交时的各种条件，如温度、时间、离子强度、探针的长度和杂交溶液体积等都会对杂交结果产生影响。因此，在实验前应充分了解它们对实验结果的影响，必要时还应做预备实验进行确定，在实验中应特别注意控制好这些条件。

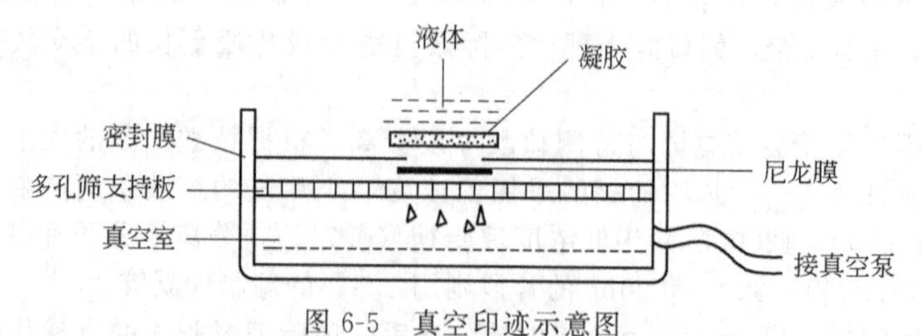

图 6-5 真空印迹示意图
（引自“陈福生等《食品安全检测与现代生物技术》，2004”）

⑦ 洗膜。杂交完成后，为了将膜上没有和核酸结合（杂交）的探针去除，需要在一定的条件下对膜进行洗涤。由于非特异性杂交形成的双链的稳定性差，解链温度（melting temperature,

T_m）低，所以在一定的温度下，一般在低于特异性杂交链 T_m 值 5～12℃进行洗脱，非特异性的杂交双链变成单链而被洗掉，而特异性的杂交双链则保留在膜上。

⑧ 检测。根据探针标志物的不同，选择放射性自显影或化学显色等方法来显示标志探针的位置和含量，从而对待测核酸片段的大小和含量等进行分析。

整个膜杂交的过程如图 6-6 所示。

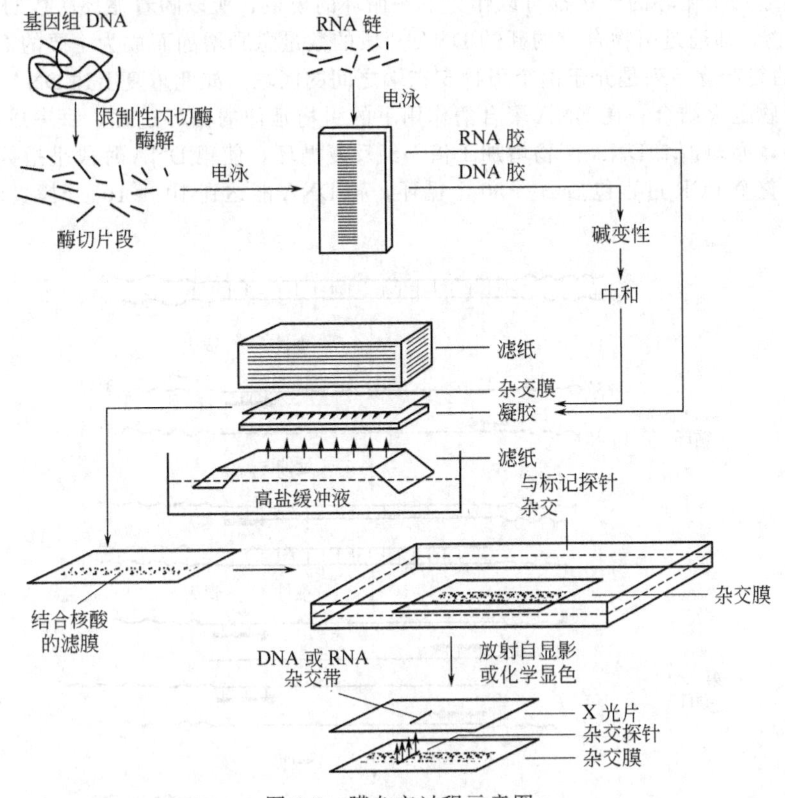

图 6-6　膜杂交过程示意图

（引自“陈福生等《食品安全检测与现代生物技术》，2004”）

2. PCR 技术

PCR 技术是 1985 年由 Mullis 等人创立的一种体外酶促扩增特异 DNA 片段的方法。PCR 技术由于可以在短时间内将极微量的靶 DNA 特异地扩增上百万倍，从而大大提高对 DNA 分子的分析和检测能力，能检测单分子 DNA 或对每 10 万个细胞中仅含 1 个靶 DNA 分子的样品进行分析，因而该方法在疾病诊断、法医判定、考古研究、食源性病原菌和食品转基因成分的检测等方面都得到了很好的应用。

(1) PCR 的原理

和天然 DNA 的复制过程一样，PCR 的 DNA 体外酶促扩增包括变性（denaturation）、退火（annealing）和延伸（extension）三个基本的过程，它们之间通过温度的改变来实现相互转换。所谓变性是指模板 DNA 在 95℃左右的高温下，双链 DNA 解链成单链 DNA，并游离于溶液中的过程；退火是指人工合成的一对引物在适合的温度下（通常是 50～65℃）分别与模板 DNA 需要扩增区域的两翼进行准确配对结合的过程；引物与模板 DNA 结合后，在适当的条件下（温度一般为 70～75℃），以四种 dNTP 为材料，通过 DNA 聚合酶的作用，单核苷酸从引物的 3′末端掺入，沿模板合成新股 DNA 链，这就是所谓的延伸。

在 PCR 过程中，首先将含有所需扩增的靶 DNA 双链经热变性处理解开为两个寡聚核苷酸单链，然后加入一对根据已知 DNA 序列由人工合成的能与所扩增的 DNA 两端邻近序列互补的寡聚核苷酸片段作为引物，即左、右引物。引物与DNA结合后，以靶DNA单链为模板，在*Taq* DNA聚合酶的作用下以4种三磷酸脱氧核苷（dNTP）为原料按5′到3′方向将引物延伸，合成新的DNA双链，这就是一个DNA复制循环。随后又开始第二次循环扩增。引物在反应中不仅起引导作用，而且起着特异性地限制扩增DNA片段范围大小的作用。新合成的DNA链含有引物的互补序列，可作为下一轮聚合反应的模板。在最初的循环阶段，主要是由模板的DNA起着模板的作用，由于每个循环的产物都可以作为下一循环的模板，所以随着循环次数的增加，循环产生的DNA产物，即通过引物合成的新的DNA片段的数量急剧增加而成为主要的DNA模板，因此PCR扩增的终产物序列是介于两个引物5′末端之间的区域。如此重复上述DNA模板加热变性双链解开—引物退火结合—在DNA聚合酶作用下的引物延伸的循环过程，每完成一次循环，模板数增加1倍，亦即扩增DNA产物增加1倍，经反复循环，使靶DNA片段呈指数增加。

一般地，整个PCR过程包括20～30个循环，靶DNA能达到10^6～10^7个拷贝。PCR原理的示意图见图6-7。

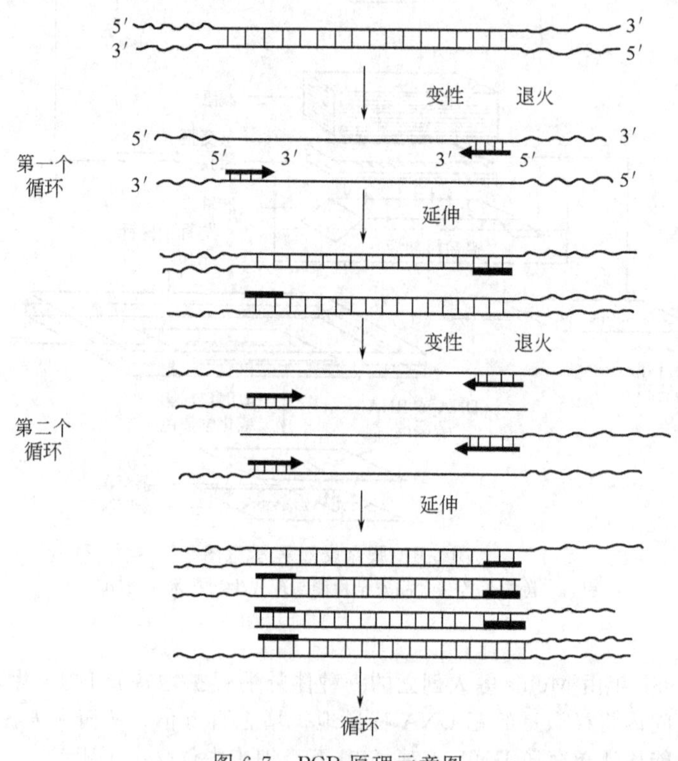

图6-7 PCR原理示意图

（引自“陈福生等《食品安全检测与现代生物技术》，2004”）

（2）PCR的操作过程

PCR技术自1985年建立以来，发展迅速、应用广泛，近些年来，基于PCR的基本原理，许多学者充分发挥创造性思维，对PCR技术进行研究和改进，使PCR技术得到了进一步的完善，并派生出了许多PCR种类。不同PCR的原理和操作过程基本相同，但是不同的PCR，其具体的操作过程和反应溶液的组成稍有差异，在此仅就标准PCR的反应过程和操作要点进行阐述。

① 反应体系准备。标准PCR的反应体积通常为20～100μL，其中含有1×PCR缓冲溶液[50mmol/L KCl、10mmol/L Tris-HCl（pH=8.3）、2mmol/L $MgCl_2$、100μg/mL明胶]、四种dNTP（各20μmol/L）、一对引物（各0.25μmol/L）、DNA模板（0.1μg左右。根据具体情况加以调整，一般需要10^2～10^5拷贝的DNA）和2单位的*Taq* DNA聚合酶。

② 操作步骤。在PCR小管中依次加入PCR的反应缓冲液、四种dNTP、引物、DNA模板与*Taq* DNA聚合酶，混匀，同时根据实验要求设计PCR仪的各种循环参数，将PCR小管置于

PCR仪中进行PCR循环。

③ 操作要点。由上述PCR反应体系的组成可以知道，PCR的反应体系主要由模板DNA、*Taq* DNA聚合酶、引物以及四种dNTP和PCR缓冲液组成。

a. 模板DNA的制备。PCR对于模板的用量和纯度的要求都很低。在模板数量方面，有时甚至2个拷贝的模板就可以进行PCR；在纯度方面，细胞的粗提液可以直接进行PCR扩增。这些也是PCR的显著特点。但是大多数情况下仍需要制备一定数量（通常为10^2～10^5拷贝的DNA）和一定纯度的模板DNA以保证扩增的效率和反应的特异性。一般的DNA制备过程包括细胞破碎、蛋白质沉淀、核酸分离与浓缩等。关于核酸制备的详细过程请参阅其他书籍。

b. DNA聚合酶的选择。DNA聚合酶的选择在PCR中至关重要，因为DNA聚合酶在PCR中起着非常重要的作用。PCR技术的发明人Mullis最初使用的DNA聚合酶是大肠杆菌DNA聚合酶Ⅰ的Klenow片段，但是该酶具有两个致命的缺点，一是Klenow酶不耐高温，90℃会变性失活，所以每次循环后都要重新加酶，这给PCR操作添了不少困难；二是引物链延伸反应在37℃下进行，容易发生模板和引物之间的碱基错配，所以PCR产物的特异性较差，合成的DNA片段不均一。1988年初，Keohanog改用T_4 DNA聚合酶进行PCR，其扩增的DNA片段很均一，真实性也较高，只含有所期望的一种DNA片段，但是由于该酶不耐热，所以每循环一次，仍需加入新酶。同年，Saiki等从温泉中分离的一株水生嗜热杆菌（*Thermus aquaticus*）中提取到一种耐热DNA聚合酶，为了与大肠杆菌多聚酶Ⅰ的Klenow片段区别，将此酶命名为*Taq* DNA多聚酶（*Taq* DNA polymerase）。该酶具有耐高温，酶活性受Mg^{2+}浓度调控，碱基错配概率低，低浓度的尿素、甲酰胺、二甲基甲酰胺和二甲基亚砜对其活性无影响等特点，因此成为目前PCR中最常用的酶。

c. 引物的设计。引物设计在PCR中同样占有十分重要的地位，引物的序列及其与模板的特异性结合是决定PCR反应特异性的关键。所谓引物，实际上就是两段与待扩增靶DNA两端序列互补的寡核苷酸片段，两引物间距离决定扩增片段的长度，即扩增产物的大小由引物限定。引物可以根据与其互补的靶DNA序列人工合成。

d. dNTP的质量与浓度。四种三磷酸脱氧核苷（dATP、dCTP、dGTP、dTTP）是DNA合成的基本原料，其质量与浓度和PCR扩增效率有密切关系。dNTP粉呈颗粒状，如保存不当易吸潮变性而失去生物学活性。dNTP溶液呈酸性，使用时应配成高浓度溶液，并以1mol/L NaOH或1mol/L Tris-HCl缓冲液将其pH调节到7.0～7.5，然后小量分装，于－20℃冰冻保存，避免多次冻融，否则会使dNTP降解。在PCR反应中，应控制好dNTP的浓度，尤其是注意4种dNTP的浓度应等物质的量（mol）配制，如其中任何一种浓度不同于其他几种时（偏高或偏低），都会引起错配。另外，如果在PCR反应中dNTP含量太低，PCR扩增产量太少、易出现假阴性，而过高浓度的dNTP容易引起错配，所以，一般将dNTP的浓度控制在50～200μmol/L。

e. 反应体系的优化。PCR操作简便，但影响因素很多，因此应该根据不同的DNA模板，摸索最适宜的条件，以获得最佳的反应结果。影响PCR的因素主要包括温度、时间、循环次数和反应体系中各种成分的浓度等。关于反应体系优化的具体过程请参阅其他书籍。

f. PCR扩增产物的检测。PCR扩增结束后，常采用琼脂糖凝胶电泳进行分析。在分析过程中，可以根据扩增片段的大小，采用适当浓度的琼脂糖制成凝胶，取PCR的扩增产物5～10μL点样于凝胶中，电泳，EB（溴化乙锭）染色，于紫外灯下观察。成功的PCR扩增可得到分子量均一的一条区带，以标准分子量谱带为对照，对PCR产物谱带进行分析。

（3）PCR的特点

① 特异性强。PCR反应的特异性主要来自于PCR反应中引物与模板DNA按照碱基配对原则进行特异性结合，以及*Taq* DNA聚合酶的耐高温特性和合成反应的忠实性。其中，引物与模板的正确结合是关键，引物与模板的结合及引物链的延伸都必须遵循碱基配对原则，从而确保了PCR的特异性。另外，*Taq* DNA聚合酶合成反应的忠实性和耐高温特性，使反应中模板与引物的结合（变性）可以在较高的温度下进行，从而使结合的特异性大大增加，被扩增的靶基因片段

也就能保持很高的正确度。

② 灵敏度高。理论上，PCR可以按 2^n（n 为PCR的循环次数）倍数使靶DNA扩增十亿倍以上，而实际应用中由于一些因素的影响，扩增效率有些降低，但是实验证实可以将极微量的靶DNA成百万倍以上地扩增到足够检测分析数量的DNA，能从100万个细胞中检出一个靶细胞，或将皮克（pg）量级的起始靶DNA扩增到微克（μg）水平。在细菌学中最小检出率可达到3个细菌。

③ 操作简便、快速。在PCR中，一次性地加好各种反应物后，即可在PCR扩增仪中自动进行变性—退火—延伸反应，一般2～4h即可完成扩增反应。扩增产物可直接进行序列分析和分子克隆，可直接从RNA或染色体DNA中或部分DNA已降解的样品中分离目的基因。

④ 对标本纯度要求低。可以不进行微生物的分离与培养；DNA粗制品及总RNA均可作为扩增模板；扩增产物用一般电泳分析即可。

（4）PCR的种类

PCR技术自其诞生以来，发展迅速，应用面广。因实验材料、实验目的和实验要求等的不同，在标准PCR的基础上，已衍生出近几十种不同类型的PCR，这些PCR和标准PCR的基本原理相同，但是由于实验目的的不同，各自的具体操作过程有些不同。下面简要介绍几种在食品微生物检测中比较常用的PCR。

① 多重PCR（multiplex PCR）。一般PCR仅应用一对引物，通过PCR扩增产生一个核酸片段，而在多重PCR（又称多重引物PCR或复合PCR）中，在同一PCR反应体系里含有两对或两对以上引物，同时扩增出多个核酸片段。所以多重PCR可以对多种食源微生物同时进行检测或鉴定。另外，也可以对同一种微生物的不同基因同时进行扩增，以增加分析检测结果的准确性。

② 增敏PCR（booster PCR）。在标准PCR中，引物的浓度一般为0.25μmol/L，当模板DNA数小于1000个拷贝时，由于引物浓度过高而容易导致引物二聚体的形成和非特异性产物竞争引物与酶，从而使PCR的目标物产量明显减少。如果分两次将引物加入则可以避免上述不足，首先采用浓度仅为数十皮摩尔每升（pmol/L）的引物，适当延长退火时间，使引物和靶DNA结合，进行20轮左右的PCR扩增后，再将引物的浓度增加至0.25μmol/L，同时适当地缩短退火时间后，再进行20轮左右的PCR扩增。由于第一次添加引物扩增后，模板DNA的浓度大大增加，所以第二次添加引物再扩增就可以大大地提高PCR的产量，从而提高检测的灵敏度。这种PCR就称为增敏或增效PCR。采用这种方法可以将食品等样品中的数十个菌甚至一个菌检测出来，这样就可以大大地缩短样品的富集时间，从而加快检测速度。

③ 免疫PCR（immuno-PCR）。免疫PCR是一种灵敏、特异的抗原检测系统。它利用抗原抗体反应的特异性和PCR扩增反应的高灵敏性来检测抗原，尤其适用于极微量抗原的检测（关于抗原、抗体的定义，抗原抗体反应等术语请参阅本书第七章）。免疫PCR试验主要包括三个步骤：第一，抗原抗体反应；第二，与嵌合连接分子结合；第三，PCR扩增嵌合连接分子中的DNA（一般为质粒DNA）。该技术的关键环节是嵌合连接分子的制备，它在免疫PCR中起桥梁作用，有两个结合位点，一个与抗原抗体复合物中的抗体结合，另一个与质粒DNA结合。例如，链霉亲和素-蛋白A复合物（streptavidin-protein A）就可以作为嵌合体，它具有双特异性结合能力，一端为链霉亲和素，可以与被生物素标志的质粒DNA结合，另一端的蛋白A可以与IgG的Fc段结合，从而可特异地把生物素化的质粒DNA分子和抗原抗体复合物连接在一起。免疫PCR具有特异性较强、敏感度高、操作简便等特点。

④ 实时荧光PCR（real-time fluorescent PCR）。PCR过程通常包括模板制备、目的基因扩增以及扩增产物检测三个基本操作过程，耗时长，操作比较复杂。实时荧光PCR是将液相杂交技术和荧光探针引入PCR中，使PCR扩增和检测相结合，从而实现对PCR扩增产物实时检测与分析的方法。准确地说，这里的“实时”是指在每一个PCR循环后就可以检测扩增产物，当扩增反应结束后，可以得到样品PCR扩增产物的变化曲线。通过分析变化曲线，不但可以得到靶目

标的定性检测结果，还可以对靶目标的数量进行精确定量。

在实时荧光 PCR 的反应体系中，除了含有一般 PCR 的各种试剂外，还含有荧光标志探针，它是实时 PCR 的核心试剂。荧光探针包括 Taqman 探针、分子信标和荧光杂交探针等。这些探针都包含两个荧光基团，其中一个是发射荧光的基团，称为发光基团（fluorophore）或荧光提供基团，另一个是接受前者产生的荧光的基团，称为猝灭基团（quencher）或荧光接受基团。它们是基于荧光共振能量迁移（fluorescence resonance energy transfer，FRET）原理而工作的，当两个荧光基团靠近时，发光基团可以将受激发产生的能量转移到相邻的猝灭基团上，这样通过测定标记在探针上的两种荧光基团所产生的荧光信号的变化就可以反映扩增产物的数量变化，从而使荧光 PCR 技术起到实时检测的目的。上述三种探针的区别见表 6-2，它们的工作原理见图 6-8。

表 6-2　Taqman 探针、分子信标和荧光杂交探针的特点比较

荧光探针类型	Taqman 探针	分子信标	荧光杂交探针
探针形式	单条探针	1 条具有发夹结构的探针	2 条相邻的探针
荧光标记	5′端标记发光基团，3′端标记猝灭基团	5′端标记发光基团，3′端标记猝灭基团	1 条探针的 3′端标记激发基团，相邻探针的 5′端标记发光基团
荧光检测原理	PCR 反应延伸时，探针被 Taq 酶切断，检测脱离于猝灭基团控制的发光基团所发出的荧光信号	探针和模板结合，发夹结构被打开，检测远离猝灭基团控制的发光基团所发出的荧光信号	2 条相邻的探针同时和模板结合，检测发光基团受相邻的激发基团激发而产生的荧光信号

注：本表引自“陈福生等《食品安全检测与现代生物技术》，2004”。

实时荧光 PCR 不仅具有一般 PCR 的高灵敏性和特异性，而且由于应用了荧光探针，还可以通过光电传导系统直接探测 PCR 扩增过程中荧光信号的变化以获得定量结果，所以还具有光谱技术的高精确性，并且克服了一般 PCR 的许多缺点。例如，一般 PCR 产物都需通过琼脂糖凝胶电泳和溴化乙锭染色紫外光观察结果或通过聚丙烯酰胺凝胶电泳和银染检测等，这不仅需要多种仪器，而且费时费力，所使用的染色剂溴化乙锭对人体还有害。另外，这些繁杂的实验过程又给污染和假阳性提供了机会。而实时荧光 PCR 只需在加样时打开一次盖子，其后的过程完全是荧光 PCR 仪自动完成，无需进行 PCR 后处理，可以快速、动态地检测 PCR 扩增产物并减少外来核酸造成的污染。

3. 分子生物学技术在食品微生物检测中的应用

分子生物学技术在食源性病毒［如肝炎病毒 A（hepatitis A virus）］、食源性真菌［如曲霉（*Aspergillus* spp.）、青霉（*Penicillium* spp.）等产毒素真菌］、食源性寄生虫［如绦虫（*Cestode*）］以及食源性细菌的分析检测与鉴定中都得到了广泛的应用，特别是在食源性病原细菌的检测与鉴定方面得到了非常好的应用，并有很多商品化的产品出售。下面将简要介绍分子生物学技术在食源性细菌检测中的应用，并将重点介绍样品前处理的方法、食品中常见病原细菌的特异性靶基因等。

（1）样品前处理

尽管 PCR 具有很高的灵敏度与特异性，对模板核酸的要求也不是很高，但是由于食品样品的多样性与组成成分的复杂性，常常对 PCR 产生影响，所以适当的样品前处理非常必要与重要。

食品样品的前处理主要包括靶细菌的富集浓缩和食品样品中 PCR 抑制剂的去除等。另外，食品中处于亚活力状态（viable but nonculturable）或死亡的靶细菌的 DNA 对检测结果的影响也是样品处理时应注意的问题。

① 靶细菌的富集。虽然有些分子生物学技术，例如增敏 PCR 能够检测出样品中很少数量甚至一个靶细菌，但是为了提高检测的灵敏度和检测结果的可靠性，往往需要对样品中的靶细菌进行富集，常用的方法有选择性培养增殖法、离心（过滤）法和免疫吸附富集法等。

选择性培养增殖法是在微生物的培养基中添加一些选择性成分，通过抑制其他微生物的生长，达到对目标微生物的富集作用。例如，在沙门菌的增菌培养基中添加孔雀绿、胆盐、煌绿和

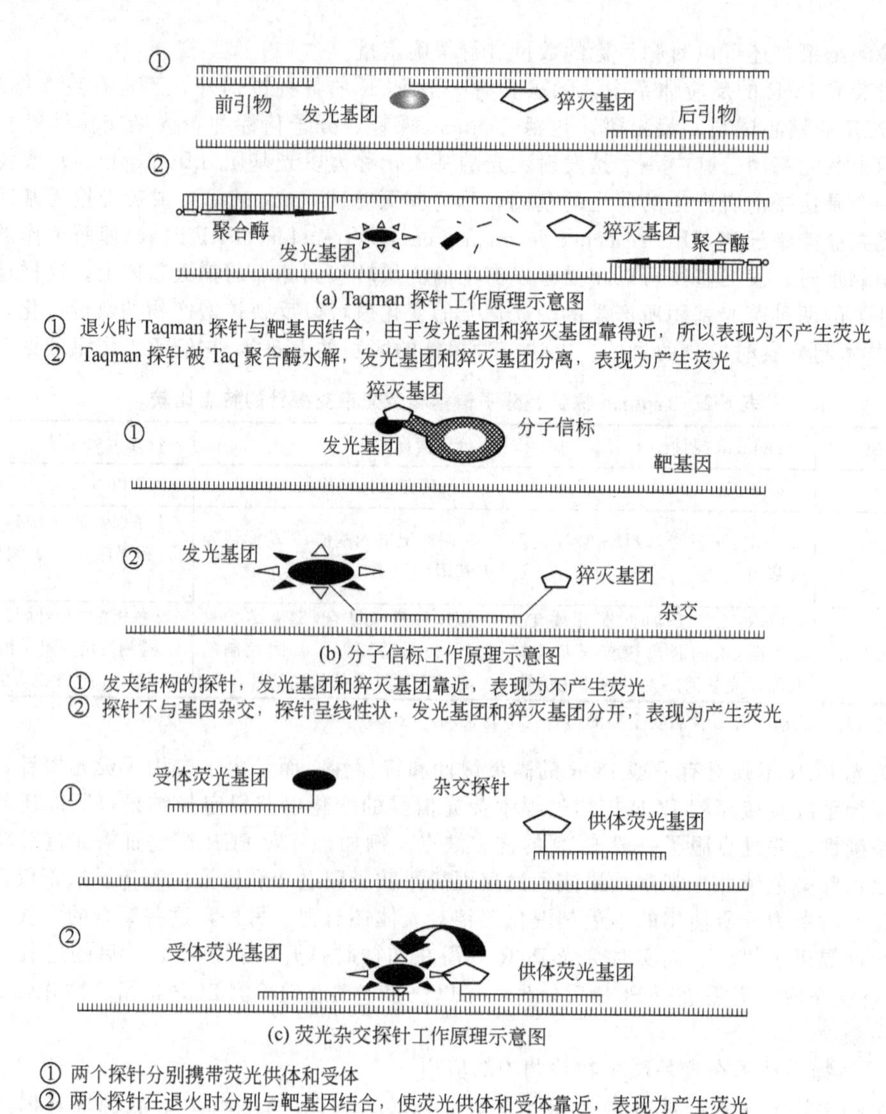

(a) Taqman 探针工作原理示意图

① 退火时 Taqman 探针与靶基因结合，由于发光基团和猝灭基团靠得近，所以表现为不产生荧光
② Taqman 探针被 Taq 聚合酶水解，发光基团和猝灭基团分离，表现为产生荧光

(b) 分子信标工作原理示意图

① 发夹结构的探针，发光基团和猝灭基团靠近，表现为不产生荧光
② 探针不与基因杂交，探针呈线性状，发光基团和猝灭基团分开，表现为产生荧光

(c) 荧光杂交探针工作原理示意图

① 两个探针分别携带荧光供体和受体
② 两个探针在退火时分别与靶基因结合，使荧光供体和受体靠近，表现为产生荧光

图 6-8　Taqman 探针、分子信标和荧光杂交探针的工作原理示意图
（引自“陈福生等《食品安全检测与现代生物技术》，2004”）

亚硒酸钠等物质中的一种或几种，可以抑制沙门菌以外的其他微生物，特别是大肠杆菌属的细菌受到抑制，而沙门菌得到增殖而富集。

离心（过滤）法是采用离心或过滤浓缩靶细菌，增加靶细菌相对数量的方法。

免疫吸附富集法将免疫学方法和分离技术结合在一起，是分离富集靶细菌的一种很好的方法。其原理是首先将抗靶细菌的抗体包被（结合）在固体微粒上，然后与样品溶液混合，样品中的靶细菌通过抗原抗体反应而吸附（结合）在固体微粒上，靶细菌随固相微粒的分离而分离。根据固相微粒的不同，免疫吸附富集方法可以分为免疫磁珠分离技术（immunomagnetic separation techniques）和免疫乳胶分离技术（immuno-latex separation techniques）等。免疫磁珠分离技术以超级顺磁（super-paramagnetic）的 Fe_3O_4 颗粒为载体，靶细菌通过包被在颗粒上的抗体而吸附在颗粒上，然后在磁场的作用下分离磁珠，具有分离迅速和无需离心等优点，是最常用的免疫富集方法。免疫乳胶分离技术以乳胶为固相载体颗粒，通过离心进行分离。

② 抑制剂的去除方法。PCR 的抑制剂是对 PCR 扩增产生抑制作用的物质。它可以来自于样品本身所含有的各种物质、DNA 提取过程所使用的各种试剂，也可以来自于 DNA 提取和扩增过

程中的各种污染物。其中，来自食品样品中的抑制物质可以是食品的各种组成成分，例如酚类化合物、糖类物质、蛋白质、脂肪和 Ca^{2+} 等，也可以是食品样品中的其他成分，例如腐殖酸、重金属离子、抗生素、洗涤剂和其他非靶微生物等。

为了消除样品中抑制物质对 PCR 检测结果的影响，可以通过改进靶细菌的破碎方法、DNA 的提取方法，采用适当 PCR 技术或采用离心和过滤等措施。例如，对于来自土壤中的微量腐殖酸对 PCR 的抑制作用，可以采用凝胶过滤的方法来去除它，目前已有各种商品化的凝胶柱出售。表 6-3 是几种常见食品中的 PCR 抑制剂及其消除方法。

表 6-3 常见食品中的 PCR 抑制剂及其消除方法

食品样品种类	靶微生物	抑制因子	消除方法
牛奶	*Listeria monocytogenes*	未知	酶处理样品
脱脂牛奶	*Staphylococcus aureus*	耐热核酸酶、蛋白质、细菌碎片	NaOH 破碎细胞、物理和化学方法相结合提取 DNA、巢 PCR
软奶酪	*Listeria monocytogenes*	变性蛋白质	酚沉淀蛋白质并过 Qiagen 柱
各种食品	*Escherichia coli* *Staphylococcus aureus*	豆芽、牡蛎肉	Magic 微处理提取 DNA
各种食品	*Escherichia coli* *Salmonella* spp.	未知	外源凝集素亲和色谱
各种脱脂牛奶	*Listeria monocytogenes Staphylococcus aureus*	耐热核酸酶、蛋白质、细菌碎片	NaOH 破碎细胞、物理和化学方法相结合提取 DNA、巢 PCR
肉	*Brochothrix thermosphacta*	胎球蛋白、肉的组成成分	外源凝集素亲和色谱
牛奶	*Listeria monocytogenes*	蛋白酶	蛋白酶抑制剂
软奶酪	*Listeria monocytogenes*	未知	PEG①-右旋糖苷提取 DNA
各种食品	*Listeria monocytogenes*	未知	富集培养、NaI-乙醇沉淀 DNA，NASBA②
新鲜牛奶	*Clostridium tyrobutyricum*	未知	化学方法提取 DNA 并离心
新鲜牛奶	*Brucella* spp.	牛奶蛋白	物理和化学方法相结合提取 DNA、巢 PCR
冷藏烟熏大马哈鱼	*Listeria monocytogenes*	食品成分、蔗糖、酚类化合物	酚和柱子过滤相结合提取 DNA，Tween20
牛肉糜	*Escherichia coli*	食品成分	富集培养

① PEG 为聚乙烯二醇（polyethylene glycol）的简称。

② NASBA 为 nucleic acid sequence-based amplification（依赖核酸序列的扩增）的简称。

注：本表引自"陈福生等《食品安全检测与现代生物技术》，2004"。

应该注意的是，同一种物质在不同的样品中对 PCR 的影响是不同的，有时表现为 PCR 抑制剂，有时表现为促进剂；同一种物质在同一样品中由于浓度的不同表现也不同，一般当浓度较高时为抑制剂，而当浓度较低时通常为促进剂。例如，非靶细菌的 DNA，通常认为它会干扰 PCR 的扩增，但是也有报道认为，它可以作为靶 DNA 的载体，在 DNA 的提取中使靶 DNA 沉淀更快和更完全，从而对 PCR 的扩增起促进作用。

③ 死亡靶细菌对 PCR 扩增结果的影响。在 PCR 扩增和分析过程中，常常出现已死亡的或处于亚活力状态的靶细菌的 DNA 对检测结果的干扰。一般地，已死亡的细菌是不会再对人类的健康造成危害的，但是有时已死亡细菌（特别是加热杀死细菌）的 DNA 常常可以作为 PCR 的模板而得到扩增，出现假阳性，影响 PCR 的分析结果。为了检验 PCR 分析结果的可靠性，即 PCR 的分析结果是由于已死亡靶细菌 DNA 产生的假阳性，还是活的靶细菌 DNA 产生的结果，可以采用培养增殖的方法进行分析。首先对样品中的靶细菌进行短时间的选择性培养增殖，然后对增殖前后的靶细菌 DNA 进行扩增，如果样品中没有活的靶细菌，那么增菌前后 DNA 的扩增结果应

该没有差别；如果有活的靶细菌存在，则培养增殖前后 DNA 的扩增结果是不同的。另一种检验 PCR 分析结果的可靠性的方法是，采用反转录 PCR（RT-PCR）分析样品中靶细菌的 mRNA，由于 mRNA 半衰期很短，微生物死亡后 mRNA 迅速分解，因此采用反转录 PCR 扩增分析的 mRNA 一般都是活菌体的，同样可以消除假阳性。

其实，在有些情况下，通过分析样品中死亡菌体的 DNA 可以间接地反映食品原料在加工之前是否曾被某种微生物污染过，从而可以推测出食品中是否可能含有由这种微生物产生的毒素。例如，通过扩增分析加热杀菌后食品样品中是否含有金黄色葡萄球菌（*Staphylococcus aureus*）的肠毒素基因，可以间接地判断出食品中是否可能含有肠毒素。如果含有肠毒素基因，那么可以认为食品原料在加热杀菌前已被金黄色葡萄球菌所污染，因此食品中可能含有肠毒素；如果没有肠毒素基因，则可以认为食品原料在加工前没有被该菌污染，所以食品可能不含有肠毒素。

④ 亚活力状态靶细菌对 PCR 检测结果的影响。样品中处于亚活力状态靶细菌的数量，也是采用分子生物学技术检测它们时值得注意的问题。一般地，处于亚活力状态的菌体不能形成菌落，用常规的微生物分离培养方法不能检测到它们，但是处于这种状态的微生物，特别是病原微生物，如沙门菌（*Salmonella* spp.），对人体同样有危害，所以在用培养法检测它们时，一般首先要用恢复培养基对它们进行恢复性培养，然后再进行富集分离。采用分子生物学技术分析检测处于这种亚活力状态的靶细菌时，有时能够直接将它们检测出来，有时则不能，这主要取决于是什么因素使它们处于亚活力状态。以单核细胞增生李斯特菌（*Listeria monocytogenes*）和产肠毒素的大肠杆菌（enterotoxigenic *Escherichia coli*）为例，如果它们处于亚活力状态是由酸或 H_2O_2 导致的，那么用 PCR 等分子生物技术是检测不出它们的；如果是由于热处理（包括 100℃煮沸或 121℃灭菌处理）或细胞处于饥饿状态而导致它们处于亚活力状态的话，那么用 PCR 就能将它们检测出来（具体的原因目前仍不十分清楚）。所以，当以分子生物技术检测处于亚活力状态的靶细菌时，应该首先弄清楚是什么因素使它们处于这种状态的，然后采用相应的措施处理后再分析检测它们。对于由酸或 H_2O_2 处理而导致的亚活力状态的靶细菌，可以通过适当的恢复和富集培养，使靶细菌恢复活力，然后再进行 PCR；如果是由于加热而导致的亚活力状态靶细菌，则可以不经过培养处理，直接进行 PCR。

（2）食品中常见病原细菌的特异性靶基因

无论是采用核酸分子杂交还是采用 PCR 检测食品中污染的病原细菌，首先都必须分析靶细菌特异性（靶细菌特有的）的靶基因或其片段，然后根据靶基因设计探针，通过核酸分子杂交分析靶细菌，或者根据靶基因设计引物，对靶基因进行 PCR 扩增，进而检测靶细菌。寻找分析细菌的靶基因，并不是一件容易的事，必须通过大量细致的科学研究才可能获得靶细菌的靶基因序列，所获的靶基因序列必须是所有靶细菌所特有而其他非靶细菌不具有的核酸序列。一般而言，对于一个属或一个种细菌特异的靶基因序列，通常存在于比较保守的 rRNA 上，而对于某一特定的病原细菌的靶基因，通常是编码致病因子的基因。

通过长期的研究和分析，到目前为止，食品中常见的病原细菌的靶基因都已清楚，表 6-4 是部分病原细菌及其靶基因。

（3）食品中常见病原细菌的分子生物学检测

前面已经讲过，用于食品中病原菌检测的分子生物学技术主要是核酸分子杂交和 PCR。

就核酸分子杂交而言，来自于食品样品分离纯化后的病原菌、食品样品的靶细菌选择性富集液、未经富集的食品样品（特别是靶细菌含量较高的样品）都可以用于分析检测。在实际检测中，通常是将样品选择富集稀释后，或将食品样品直接稀释后，涂布琼脂平板，待菌落形成后，转移到杂交膜上，融解细菌释放 DNA，与探针杂交，然后再洗膜，分析探针信号，从而判断是否有靶细菌存在和靶细菌的具体数量。整个检测过程一般为 24h 左右。

对于食品中靶细菌的 PCR 检测，一般首先也要对食品中的靶细菌进行选择性富集。虽然从理论上讲，一个靶细菌就可以通过 PCR 扩增而检测出来，但是在实际的检测中每克或每毫升样品中的靶细菌应达到 10^4 时，才能有效地检测出来。因为如果靶细菌太少，必定要增加 PCR 的循

表 6-4　食品中常见的病原细菌及其靶基因

细菌名称	主要致病因子	靶基因
亲水气单胞菌(*Aeromona hydrophila*)	细胞溶素和溶血素	aer 基因和 β-溶血素基因
蜡样芽孢杆菌(*Bacillus cereus*)	肠毒素(*enterotoxin*)	bce 基因
弯曲菌(*Campylobacter* spp.)	菌体	16S rRNA 特异性片段
空肠弯曲菌(*Campylobacter jejuni*)	毒素	flaA 和 flaB 基因间序列
肉毒梭菌(*Clostridium botulinum*)	神经毒素(*neurotoxin*)	神经毒素基因
产气荚膜梭菌(*Clostridium perfringens*)	肠毒素	肠毒素基因
大肠杆菌(*Escherichia coli*)	热稳定和热不稳定肠毒素	热稳定和热不稳定肠毒素基因
肠道致病性大肠杆菌(*enteropathogenic E. coli*)	菌体	存在于黏附因子质粒上的基因
肠道侵袭性大肠杆菌(*enteroinvasive E. coli*)	菌体	存在于侵袭质粒上的基因
产肠毒素的大肠杆菌(*enterotoxin E. coli*)	耐热肠毒素	存在于质粒上的 elt 基因
出血性大肠杆菌(*enterohemorrhagic E. coli*)	志贺菌样(*Shiga*-like)毒素	志贺菌样毒素基因
李斯特菌(*Listeria* spp.)	菌体	rRNA 特异片段
单核细胞增生李斯特菌(*L. monocytogenes*)	菌体、溶血素	溶血素基因
沙门菌(*Salmonella* spp.)	菌体	染色体或 rRNA 特异序列以及 oriC 基因
志贺菌(*Shigella* spp.)	菌体和毒素	rRNA 特异片段和毒素基因
福氏志贺菌(*Shigella flexneri*)	菌体	质粒入侵基因
金黄色葡萄球菌(*Staphylococcus aureus*)	肠毒素	肠毒素基因 A、B、C1、E 等
霍乱弧菌(*Vibrio cholerae*)	霍乱肠毒素(CT)	extAB 基因
副溶血弧菌(*Vibrio parahaemolyticus*)	耐热直接溶血素	耐热直接溶血素基因
霍利斯弧菌(*V. Vulnificus*)	细胞毒素和溶血素	细胞毒素和溶血素基因
小肠结肠炎耶尔森菌(*Yersiniaenterocolitica*)	毒素和菌体	毒性质粒 virF 基因和 ail 基因
假结核病耶尔森菌(*Y. pseudotuberculosis*)	菌体	入侵基因

注：本表引自“陈福生等《食品安全检测与现代生物技术》，2004”。

环次数，这样将可能导致非靶细菌的大量扩增，从而干扰实验结果，出现假阴性，而通过富集培养后，可以大大增加靶细菌的数量，这样可以将 PCR 的灵敏度提高至每克或每毫升样品中含 0.1 个靶细菌。所以尽管从 PCR 扩增开始到得出实验结果一般仅需 2～4h，但是加上样品富集时间，整个检测过程所需要时间也在 24h 左右。

从以上叙述可以知道，无论是采用核酸分子杂交还是 PCR，检测食品样品中的靶病原菌都只需要 24h 左右，而常规的检测方法通常都需要 1 周左右的时间，所以分子生物学方法在分析检测食品中污染的病原菌方面具有很大的优势。正因为如此，近年来食品中污染病原菌的分子生物学检测技术发展非常迅速，到目前为止，食品中常见的病原细菌几乎都有相应的分子生物学检测技术，并且很多已有商品试剂盒出售。表 6-5 是几种常见的食源性病原菌的分子生物学检测试剂盒及其生产公司。

（四）免疫学方法

早在 1896 年，Widal 就利用伤寒病人血清与伤寒杆菌（*Salmonella typhi*）发生特异性凝集的现象成功地诊断伤寒病。后来根据凝集反应的原理，又发展了各种间接凝集试验、间接凝集抑制试验与固相免疫吸附血凝试验，并结合各类标记技术（如荧光、放射、胶体金等），逐步建立了乳胶凝集法、免疫扩散法、免疫磁珠法、免疫沉淀法、酶联免疫吸附法（enzyme linked immunosorbent assay，ELISA）和免疫胶体金技术等食品微生物的免疫学检测技术。同时，这些免疫学方法也广泛用于农药与抗生素残留、真菌毒素、细菌毒素与重金属等的快速检测与分析。关于免疫学方法的相关内容请参阅本书第七章与其他相关书籍。

（五）生物传感器法

生物传感器（biosensor）是由生物识别元件（biological recognition element）、换能器（transducer）和信号处理放大系统（signal amplification system）等部分组成的分析测试仪器。其工作原理是：通过生物分子的识别作用，生物传感器中的生物敏感材料和样品中的待测物质特异性结合，并进行生物化学反应，产生离子、质子和质量变化等信号，信号的大小在一定条件下和

表 6-5 几种常见的食源性病原菌的分子生物学检测试剂盒及其生产公司

细菌名称	试剂盒名称	分子生物学技术	生产公司
Clostridium botulinum	Probelia	PCR	BioControl
Campylobacter spp.	AccuProbe	核酸分子杂交	GEN-PROBE
	GENE-TRAK	核酸分子杂交	GENE-TRAK
	SNAP	核酸分子杂交	Moloecular Biosystems
Escherichia coli	GENE-TRAK	核酸分子杂交	GENE-TRAK
E. coli O_{157} : H_7	BAX	PCR	Qualicon
	Probelia	PCR	BioControl
Listeria spp.	GENE-TRAK①	核酸分子杂交	GENE-TRAK
	AccuProbe	核酸分子杂交	GEN-PROBE
	BAX	PCR	Qualicon
	Probelia	PCR	BioControl
Salmonella spp.	GENE-TRAK①	核酸分子杂交	GENE-TRAK
	BAX	PCR	Qualicon
	Probelia	PCR	BioControl
Staphylococcus aureus	AccuProbe	核酸分子杂交	GEN-PROBE
	GENE-TRAK	核酸分子杂交	GENE-TRAK
Yersinia enterocolitica	GENE-TRAK	核酸分子杂交	GENE-TRAK

① AOAC 采纳的方法。

注：本表引自"陈福生等《食品安全检测与现代生物技术》，2004"。

样品中被测物质的量存在一定的关系，这些信号经换能器转换成电信号，电信号再经信号分析处理系统处理后输出，反映出样品中被测物质的量。图 6-9 是生物传感器的基本组成与工作原理示意图。

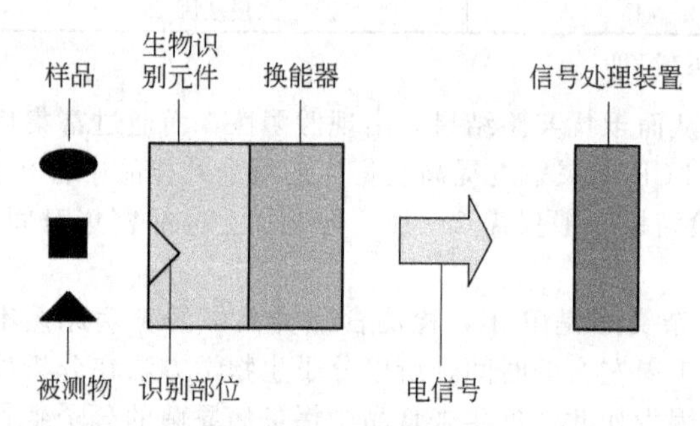

图 6-9 生物传感器的基本组成与工作原理示意图
（引自"陆兆新等《现代食品生物技术》，2002"）

生物识别元件，又称为生物敏感元件（biological sensing element），它是生物传感器中固定化的酶、微生物细胞、细胞器、抗原（体）和组织切片等对被测物质具有特异性分子识别能力的生物敏感材料，决定着生物传感器的选择性。换能器，又称为转换器，它能将识别元件上进行的生化反应中消耗或生成的化学物质，或产生的光和热等转换为电信号，并且在一定条件下，产生的电信号强度和反应中物质的变化量或（和）光、热等的强度呈现一定的比例关系，从本质讲它就是一种化学传感器，实现对信号的转换。信号处理放大系统是能将换能器产生的电信号进行处理、放大和输出的设备。

生物传感器通常是根据生物敏感材料和换能器的种类来进行分类的。根据生物敏感材料，可分为酶传感器（enzyme sensor）、微生物传感器（microbial sensor）、免疫传感器（immunological sensor）、细胞器传感器（organelle sensor）、细胞传感器（cell sensor）、组织传感器（tissue sensor）和 DNA 传感器（DNA sensor）等。根据换能器的不同，生物传感器可分为电化学生物传感器（electrochemical biosensor）、介体生物传感器（mediated biosensor）、测光型生物传感器（optical biosensor）、测热型生物传感器（calorimetric biosensor）、半导体生物传感器（semiconductor biosensor）和压电晶体生物传感器（piezoelectric biosensor）等。图 6-10 为生物传感器的分类。

以上两种分类是会相互交叉的，例如，酶传感器根据换能器的不同又可分为酶电极（enzyme electrode）、酶热敏传感器（enzyme calorimetric sensor）和酶光极（enzyme optical electrode）等。具体到某一种传感器的命名，一般是采用"功能＋结构特征"的方法，例如，葡萄糖氧化酶传感器（glucose oxidase sensor）、BOD 微生物传感器（BOD microbial sensor）和葡萄糖

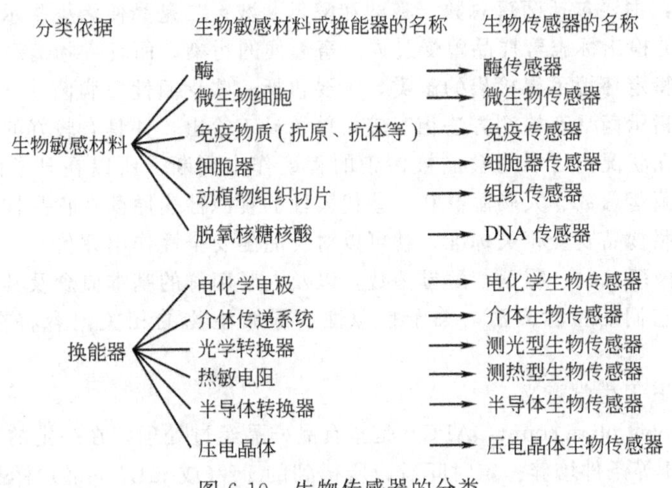

图 6-10 生物传感器的分类

氧化酶光纤传感器（glucose oxidase optical sensor）等。

和传统的分析方法相比，生物传感器检测方法具有以下优点：①由于生物传感器中生物敏感材料反应的专一性（特异性），因此在分析检测样品中的待测成分时，无需对样品进行分离、浓缩和提纯，从而大大地节约了人力和物力，缩短了检测时间，分析简便快速；②在生物传感器中，生物敏感材料是直接固定在换能器上或将生物材料固定在膜材料中后再附着在换能器上，因此它们可以重复使用，这有利于降低检测成本；③在生物传感器中，由于“分析试剂”——酶和微生物细胞等已固定在传感器上，因此在分析样品时，除了缓冲溶液外无需再添加试剂；④由于生物传感器将生物放大效应和信号的微电子放大功能结合在一起，因此灵敏度高，能对微量的样品进行分析，从而实现微量、痕量甚至超痕量的分析；⑤随着微电子技术的发展，生物传感器的体积越来越小巧，便于携带和使用，从而实现对样品的现场分析和检测，目前有些生物传感器还可以植入人体内；⑥生物传感器和计算机联用，易于实现自动化控制；⑦和大型的分析仪器相比，生物传感器的成本很低，这有利于推广和普及。

正因为生物传感器具有以上特点，所以其在医学、军事、环保、农业和食品等领域表现出良好的应用前景。在食品领域中，生物传感器主要用于食品组成成分（如氨基酸、蛋白质和多糖等）的分析、食品发酵过程的在线控制、食品中各种有毒有害残留（如农药残留和抗生素残留等）物质的分析，以及食品污染微生物和生物毒素的分析等。在检测食品微生物方面，早在 20 世纪 70 年代，Matssunage 等人就开发出一种基于微生物在代谢过程中能产生电子，电子直接在阳极上放电产生电流，通过测定电流大小从而测定微生物浓度的传感器。用该传感器能很好地检测酿酒酵母和乳酸菌等微生物的数量。用来测定病原菌的光纤生物传感器、免疫生物传感器和 DNA 生物传感器等也有报道。关于生物传感器在食品微生物检测等方面的用途，请参阅其他相关书籍。

（撰写人：王小红、王爱华、陈福生）

第二节 食品微生物学的一般检验

如前所述，食品微生物的种类较多，要对食品中的所有微生物都进行分析是不可能的，也没有必要。通常情况下，特别是在食品安全评价中，人们仅对食品中的有害微生物比较关注，而有害微生物的种类也非常繁杂，要一一进行分析也是非常困难的。所以在食品安全检验中，常常通过测定食品卫生指示菌（hygiene indicator microorganism）来反映食品的安全与卫生状况。所谓食品卫生指示菌是指在食品安全检测中，用以指示检验食品卫生状况及安全性的指示性微生物。食品卫生指示菌可分为以下三种类型：一是能反映被检样品的一般卫生质量、污染程度以及安全性的指示性微生物，主要包括菌落总数、霉菌和酵母菌数；二是粪便污染指示菌，主要指大肠菌群（coliform），它的检出标志着样品曾受过人、畜粪便的污染，而且有肠道病原微生物存在的可能性；三是在某些特定环境不得检出的菌类，主要包括一些食源性致病菌。

由于食品卫生指示菌具有检测方法相对较简单、易于检出，并具有较好的代表性，通过分析它们在食品中的存在状况，可以对食品被污染的程度作出判断，所以在日常的食品微生物检验中，主要通过检测菌落总数、大肠菌群和一些代表性的食源性病原菌在食品样品中存在与否以及数量的多少，并对照食品安全相关标准，就可以对食品的安全性作出评价。

本节首先将对菌落总数、霉菌与酵母菌数，以及大肠菌群的基本概念及其卫生学意义进行介绍，然后重点介绍它们的检验方法。关于食源性病原微生物的相关内容将在本章第三节进行阐述。

1. 菌落总数及其卫生学意义

菌落总数（aerobic plate count，APC）是指食品样品经过处理，在一定的培养基中，采用适当的培养温度和 pH 等条件培养一定时间后，所得到的 1g（或 mL、cm^2）样品中所含菌落（主要是细菌菌落）的总数。通常以 cfu/g（或 mL、cm^2）表示，cfu 指菌落形成单位（colony forming unit）。GB/T 4789.2—2008 规定，菌落总数是指在（36±1）℃培养（48±2）h 后，在平板计数琼脂上形成的菌落总数。它们是一群嗜中温需氧菌或兼性厌氧菌的菌落（主要是细菌菌落）总数。

菌落总数作为食品卫生指示菌主要有以下两方面的卫生学意义：①可以作为食品被细菌污染程度即清洁状态的标志；②可用来预测食品的耐存放程度或期限。

菌落总数作为判定食品清洁程度（被污染程度）的标记，通常越干净的食品，单位样品菌落总数越低；反之，菌落总数就越高。菌落总数的测定是以每个活细菌能克隆增殖形成一个可见的单独菌落为基础的，但是在实践中除了单个细胞形成菌落外，两个或两个以上相连的同种细胞也同样可形成菌落，所以现在均以菌落总数（而不是活细菌数）或菌落形成单位数表示。菌落总数的测定是在（36±1）℃、有氧条件下的培养结果，对于在此条件下不能生长的厌氧菌、微需氧菌、嗜冷菌和嗜热菌，以及有特殊营养要求的细菌显然没有被包括其中。因此，这种方法所得到的结果，实际上只包括一群可在普通营养琼脂中生长、嗜中温、需氧和兼性厌氧细菌的菌落总数。由于在自然界中这类细菌占大多数，其数量的多少能较好地反映出样品中微生物的总体情况，所以用该方法测定的菌落总数已得到了广泛认可，并作为食品中微生物的控制指标之一。表 6-6 列出了我国国家标准规定的部分食品中菌落总数的最大允许含量。

菌落总数作为定量的微生物指标用来衡量食品被具有一定生物学特征或相同类群的微生物的污染程度，已被普遍接受，但世界各国和一些国际组织对该项指标的名称不尽相同。其名称除了 APC 外，还有标准平板计数（standard plate count）、需氧嗜温菌（aerobic mesophilic bacteria）、需氧微生物（aerobic microorganisms）等称谓。

2. 霉菌和酵母菌数及其卫生学意义

霉菌和酵母广泛分布于自然界中，其中一些种类属于有益微生物，长期以来，被人们用来加工一些食品。例如，用霉菌加工干酪和肉，可使其味道鲜美；用酵母可生产各种饮用酒。但在某些情况下，霉菌和酵母也可造成食品腐败变质，甚至产生真菌毒素污染食品。与细菌相比，虽然霉菌和酵母生长缓慢、竞争能力不强，但是由于霉菌和酵母对酸、碱、低水分活度、热、冷等的耐受性较强，故常常出现在 pH 低、湿度低、含盐和含糖高，以及低温储藏的食品中。

霉菌和酵母污染食品后往往使食品失去色、香、味等。例如，某些酵母菌可以使果汁浑浊，产生气泡，形成薄膜，改变颜色及散发不正常的气味等；有些霉菌能合成有毒代谢产物——霉菌毒素从而污染食品。因此，与菌落总数一样，食品中霉菌和酵母也可以作为评价食品卫生质量的指示菌之一，用于评价食品的污染程度。表 6-6 是根据国家标准整理得到的我国部分食品中菌落总数与霉菌数的最大允许含量。

表 6-6 我国部分食品中菌落总数与霉菌数的最大允许含量

产品名称	相关信息	微生物项目	限量指标	备注
非发酵性豆制品	散装	菌落总数/(cfu/g)	100000	GB 2711—2003
	定型包装		750	
淀粉类制品		菌落总数/(cfu/g)	1000	GB 2713—2003
酱油		菌落总数/(cfu/mL)	30000	GB 2717—2003
食醋		菌落总数/(cfu/mL)	10000	GB 2719—2003
烧烤肉、肴肉、肉灌肠		菌落总数/(cfu/g)	50000	GB 2726—2005
酱卤肉		菌落总数/(cfu/g)	80000	
熏煮火腿、其他熟肉制品		菌落总数/(cfu/g)	30000	
肉松、油酥肉松、肉粉松		菌落总数/(cfu/g)	30000	
蛋制品	巴氏杀菌冰全蛋	菌落总数/(cfu/g)	1000	GB 2749—2003
	冰蛋黄、蛋白		1000000	
	巴氏杀菌全蛋粉		10000	
	蛋黄粉		50000	
	糟蛋		100	
	皮蛋		500	
发酵酒	生啤酒、熟啤酒	菌落总数/(cfu/mL)	50	GB 2758—2005
	黄酒		50	
	葡萄酒、果酒		50	
碳酸饮料		菌落总数/(cfu/mL)	100	GB 2759.2—2003
巴氏杀菌乳	全脂巴氏杀菌乳、部分脱脂巴氏杀菌乳、脱脂巴氏杀菌乳	菌落总数/(cfu/mL)	30000	GB 5408.1—1999
乳粉		菌落总数/(cfu/g)	50000	GB 19644—2005
奶油		菌落总数/(cfu/g)	50000	GB 19646—2005
糕点、面包	热加工	菌落总数/(cfu/g)	1500	GB 7099—2003
		霉菌计数/(cfu/g)	100	
	冷加工	菌落总数/(cfu/g)	10000	
		霉菌计数/(cfu/g)	150	
饼干	非夹心饼干	菌落总数/(cfu/g)	750	GB 7100—2003
		霉菌计数/(cfu/g)	50	
	夹心饼干	菌落总数/(cfu/g)	2000	
		霉菌计数/(cfu/g)	50	
固态饮料	蛋白型	菌落总数/(cfu/g)	30000	GB 7101—2003
		霉菌计数/(cfu/g)	50	
	普通型	菌落总数/(cfu/g)	1000	
		霉菌计数/(cfu/g)	50	

续表

产品名称	相关信息	微生物项目	限量指标	备 注
糖果	硬质糖果、抛光糖果	菌落总数/(cfu/g)	750	GB 9678.1—2003
	焦香糖果、充气糖果		20000	
	夹心糖果		2500	
	凝胶糖果		1000	
蜜饯		菌落总数/(cfu/g)	1000	GB 14884—2003
		霉菌计数/(cfu/g)	50	
蜂蜜		菌落总数/(cfu/g)	1000	GB 14963—2003
		霉菌计数/(cfu/g)	200	
鲜、冻禽产品	鲜禽产品	菌落总数/(cfu/g)	1000000	GB 16869—2005
	冻禽产品	菌落总数/(cfu/g)	500000	
油炸小食品		菌落总数/(cfu/g)	1000	GB 16565—2003
膨化食品		菌落总数/(cfu/g)	10000	GB 17401—2003

3. 大肠菌群及其卫生学意义

大肠菌群（coliform bacteria，coliform group）是指一群存在于人和动物肠道中的需氧和兼性厌氧，在35～37℃，24h能发酵乳糖产酸产气的革兰阴性无芽孢杆菌。主要包括肠杆菌科的大肠杆菌（*Escherichia coli*）、柠檬酸杆菌属（*Citrobacter* spp.）、肠杆菌属（*Enterobacter* spp.）和克雷伯菌属（*Klebsiella* spp.）等。也有人认为大肠菌群还应该包括铜绿假单胞杆菌（*Pseudomonas aeruginosa*）、巴斯德菌属（*Pasteurella* spp.）和产气杆菌（*Aerobacter aerogenes*）。大肠菌群在生化及血清学方面并非完全一致，但都主要来自人畜粪便且与肠道病原菌的生活能力接近，故可作为食品、饮水等被粪便污染的间接指标。大肠菌群作为评价食品卫生质量的重要指标之一，目前已被国内外广泛应用于食品卫生工作中。

食品中大肠菌群系以每100g（或mL）样品中大肠菌群最近似数（the most probable number，MPN）表示。表6-7是根据国家标准整理得到的我国部分食品中大肠菌群的最大允许含量。

表6-7 我国部分食品中大肠菌群的最大允许含量

产品名称	相关信息	微生物项目	限量指标	备 注
非发酵性豆制品	散装	大肠菌群/(MPN/100g)	150	GB 2711—2003
	定型包装		40	
发酵性豆制品		大肠菌群/(MPN/100g)	30	GB 2712—2003
淀粉类制品		大肠菌群/(MPN/100g)	70	GB 2713—2003
酱腌菜	散装	大肠菌群/(MPN/100g)	90	GB 2714—2003
	瓶装		30	
酱油		大肠菌群/(MPN/100mL)	30	GB 2717—2003
酱		大肠菌群/(MPN/100mL)	30	GB 2718—2003
食醋		大肠菌群/(MPN/100mL)	3	GB 2719—2003
肉灌肠		大肠菌群/(MPN/100g)	30	GB 2726—2005
烧烤肉、熏煮火腿、其他熟肉制品		大肠菌群/(MPN/100g)	90	
肴肉、酱卤肉		大肠菌群/(MPN/100g)	150	
肉松、油酥肉松、肉粉松		大肠菌群/(MPN/100g)	40	

续表

产品名称	相关信息	微生物项目	限量指标	备　注
蛋制品	巴氏杀菌冰全蛋	大肠菌群/(MPN/100g)	1000	GB 2749—2003
	冰蛋黄、蛋白		1000000	
	巴氏杀菌全蛋粉		90	
	蛋黄粉		40	
	糟蛋		30	
	皮蛋		30	
发酵酒	鲜啤酒	大肠菌群/(MPN/100mL)	3	GB 2758—2005
	生、熟啤酒		3	
	黄酒		3	
	葡萄酒、果酒		3	
碳酸饮料		大肠菌群/(MPN/100mL)	6	GB 2759.2—2003
酸牛乳		大肠菌群/(MPN/100mL)	90	GB 2746—1999
巴氏杀菌乳	全脂巴氏杀菌乳、部分脱脂巴氏杀菌乳、脱脂巴氏杀菌乳	大肠菌群/(MPN/100mL)	90	GB 5408.1—1999
乳粉		大肠菌群/(MPN/100g)	90	GB 19644—2005
奶油		大肠菌群/(MPN/100g)	90	GB 19646—2005
糕点、面包	热加工	大肠菌群/(MPN/100g)	30	GB 7099—2003
	冷加工		300	
饼干	非夹心饼干	大肠菌群/(MPN/100g)	30	GB 7100—2003
	夹心饼干		30	
固态饮料	蛋白型	大肠菌群/(MPN/100g)	90	GB 7101—2003
	普通型		40	
糖果	硬质糖果、抛光糖果	大肠菌群/(MPN/100g)	30	GB 9678.1—2003
	焦香糖果、充气糖果		440	
	夹心糖果		90	
	凝胶糖果		90	
蜜饯		大肠菌群/(MPN/100g)	30	GB 14884—2003
蜂蜜		大肠菌群/(MPN/100g)	30	GB 14963—2003
鲜、冻禽产品	鲜禽产品	大肠菌群/(MPN/100g)	10000	GB 16869—2005
	冻禽产品		5000	
油炸小食品		大肠菌群/(MPN/100g)	30	GB 16565—2003
膨化食品		大肠菌群/(MPN/100g)	90	GB 17401—2003

（撰写人：王小红、王爱华、陈福生）

实验 6-1　酱油中菌落总数的测定

一、实验目的

掌握酱油中菌落总数的测定方法。

二、实验原理

酱油样品经过稀释后，采用混菌法与平板计数琼脂培养基混匀制备平板，待琼脂凝固后，将平板置于 (36±1)℃培养 (48±2)h 后，计数。

三、仪器与试材

1. 仪器与器材

超净工作台、生化培养箱、天平、振荡器、pH 计、放大镜、培养皿（ϕ90mm）、吸管、锥形瓶、试管等。

2. 培养基与试剂

平板计数琼脂（PCA）培养基（具体配方见附录 1）、无菌生理盐水。

3. 实验材料

3～4 种不同品牌与包装的酱油，各 100mL。

四、实验步骤

1. 检验流程

酱油中菌落总数的检验流程见图 6-11。

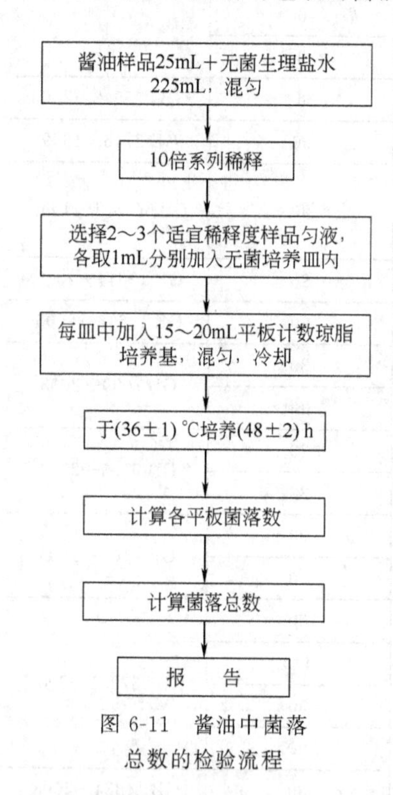

图 6-11 酱油中菌落总数的检验流程

2. 样品稀释

(1) 以无菌操作分别取 25mL 混合均匀的酱油样品，放于盛有 225mL 无菌生理盐水的 500mL 锥形瓶内（瓶内预置适量的玻璃珠），充分振荡，制成 1∶10 的稀释液。

(2) 用 1mL 无菌吸管吸取 1∶10 的样品稀释液 1mL，沿试管壁徐徐注入含有 9mL 灭菌生理盐水的试管内，振摇混匀，制成 1∶100 的稀释液。

(3) 另外，取 1mL 无菌吸管，按相同操作，制成 1∶1000 的稀释液。

(4) 如此 10 倍递增稀释至 1∶10000 的样品稀释液。每递增稀释一次必须换一支无菌吸管。

3. 制平板

(1) 根据 GB 2717—2003 的规定，酱油中菌落总数应小于等于 30000cfu/mL，所以选择 10^{-2}～10^{-4} 三个稀释度的样品稀释液 1mL 于无菌平皿中（可以在制作稀释液的同时进行），每个稀释度做 2 个平皿。

(2) 将冷却至 45～50℃ 的平板计数琼脂培养基（约 15mL）注入上述含有稀释液的平皿中，转动平皿，混合均匀后，制成平板。同时，将平板计数琼脂培养基倾入含 1mL 无菌生理盐水的两个无菌平皿中，作空白对照。

4. 培养

待琼脂凝固后，翻转平板，置 (36±1)℃培养 (48±2)h。

5. 计数

(1) 平皿菌落计数时，直接以肉眼观察，必要时用放大镜检查，以防遗漏。菌落计数以菌落形成单位（colony forming units，cfu）表示。

(2) 选取菌落数在 30～300cfu 之间的平板计数菌落总数。低于 30cfu 的平板记录具体菌落数，大于 300cfu 的可记录为“多不可计”（too numerous to count，TNTC）。每个稀释度的菌落数应采用两个平板的平均数。

6. 结果表述

(1) 若只有一个稀释度的菌落总数在 30～300cfu 之间，计算两个平板菌落数的平均值，再将平均值乘以相应的稀释倍数，作为每克（或毫升）中菌落总数结果。

（2）若所有稀释度的平均菌落数均大于300cfu，则取稀释度最高的平均菌落数乘以稀释倍数计算，其他平板可记录为“多不可计”。

（3）若所有稀释度的平均菌落数均小于30cfu，则以稀释度最低的平均菌落数乘稀释倍数计算。

（4）若所有稀释度均无菌落生长，则以小于1乘以最低稀释倍数计算。

（5）若所有稀释度的平均菌落数均不在30～300cfu之间，有的大于300cfu，有的小于30cfu时，则应以最接近300cfu或30cfu的平均菌落数乘以稀释倍数计算。

（6）若有两个连续稀释度在30～300cfu之间，则按下式计算：

$$N=\frac{\sum C}{(n_1+0.1n_2)d}$$

式中，N为样品中菌落数；$\sum C$为平板（含适宜范围菌落数的平板）菌落数之和；n_1为第一个适宜稀释度平板数；n_2为第二个适宜稀释度平板数；d为稀释因子（第一稀释度）。

例如有下列数据：

稀释度	1∶100（第一稀释度）	1∶1000（第二稀释度）
菌落数	232，244	33，35

则

$$N=\frac{\sum C}{(n_1+0.1n_2)d}=\frac{232+244+33+35}{(2+0.1\times 2)\times 10^{-2}}=\frac{544}{0.022}=24727$$

数据经“四舍五入”后，表示为25000或2.5×10^4。

（7）菌落总数报告方法：如果菌落数在1～100cfu之间，则按“四舍五入”原则修约，采用两位有效数字报告；如果大于等于100cfu，则报告前面两位有效数字，第三位数字按“四舍五入”计算，为了缩短数字后面的零数，也可以10的指数表示。

五、注意事项

1. 整个实验过程中，必须严格按无菌操作进行。

2. 每递增稀释一次必须换一支无菌吸管，否则将严重影响实验结果。

3. 本方法也适合于除酱油外的其他液体食品样品和固体食品样品，但是对于固体食品样品在加入稀释液后，最好置无菌均质器中以8000～10000r/min的速率处理1min，配制成1∶10的均匀稀释液。

4. 到达规定培养时间，应立即计数。如果不能立即计数，应将平板放置于0～4℃，但不要超过24h。

5. 在选择平板计数时，如果菌落生长成片状，且片状菌落大于平板的一半，则不宜采用；若片状菌落不到平板的一半，而其余一半中菌落分布又很均匀，可以计算半个平板后乘以2以代表整个平板的菌落数。

六、思考题

1. 简述菌落总数的卫生学意义。

2. 在样品稀释过程中，每递增稀释一次必须换一次无菌吸管，否则将严重影响实验结果。为什么？

3. 比较不同品牌与包装的酱油产品中菌落总数的差异。

（撰写人：郭爱玲、陈福生）

实验6-2　果汁饮料中菌落总数的测试片法检测

一、实验目的

掌握测试片法检测饮料中菌落总数的原理与方法。

二、实验原理

测试片法（paper disk method）是指以纸片、胶片等替代培养皿作为培养基载体，将培养基预先附着在载体上，在微生物检测时无需进行培养基准备的一种方法。其中，菌落总数的Petrifilm™测试片法作为第二法已写入 GB/T 4789.2—2008。

Petrifilm™菌落总数测试片是一种含有培养基、冷水可溶性的凝胶和氯化三苯四氮唑（2,3,5-triphenyltetrazolium chloride，TTC）指示剂的测试纸片。试验时将样品稀释液均匀涂布于试纸片上，保温培养，TTC 在细菌脱氢酶的作用下变为红色，所以菌落为红色或粉红色。

三、仪器与试材

1. 仪器与器材

生化培养箱、超净工作台、pH 计、放大镜、吸管、锥形瓶、试管等。

2. Petrifilm™测试片与溶液

3M Petrifilm™菌落总数测试片和压板、NaOH 溶液（1mol/L)、HCl 溶液（1mol/L)、无菌生理盐水。

3. 实验材料

3～4 种不同品牌的果汁饮料，各 100mL。

四、实验步骤

1. 检验流程

果汁饮料中菌落总数的检验流程见图 6-12。

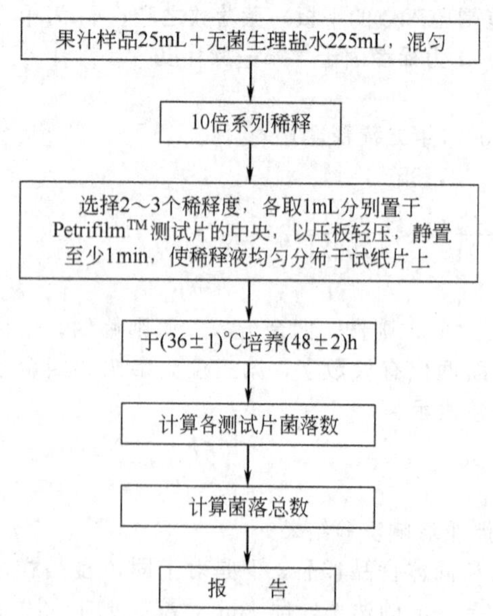

图 6-12 果汁饮料中菌落总数的检验流程

2. 样品稀释

(1) 以 NaOH 或 HCl 溶液将饮料样品的 pH 调节至 7.2。

(2) 以无菌操作分别取 25mL 混合均匀的饮料样品，放于盛有 225mL 无菌生理盐水的 500mL 锥形瓶内（瓶内预置适量的玻璃珠），充分振荡，制成 1∶10 的稀释液。

(3) 用 1mL 无菌吸管吸取 1∶10 的样品稀释液 1mL，沿试管壁徐徐注入含有 9mL 灭菌生理盐水的试管内，振摇混匀，制成 1∶100 的稀释液。

(4) 另外，取 1mL 无菌吸管，按相同操作，制成 1∶1000 的稀释液。如此稀释至 $1:10^6$ 的样品稀释液。每递增稀释一次必须换一支无菌吸管。

3. 涂布 Petrifilm™测试片

(1) 根据果汁饮料卫生标准 GB 19297—2003 的要求或对样品污染情况的估计，选择 3 个适宜稀释度的样品稀释液。

(2) 在超净工作台上，揭开测试片上层膜，用吸管吸取 1mL 稀释液，垂直滴加在测试片的中央处，然后将上层膜轻轻落下（注意不要滚动上层膜）。

(3) 将压板（凹面底朝下）放置于上层膜之上，轻轻地压下，使样液均匀分布测试片上。

(4) 拿起压板后，静置 1～2min 以使培养基凝固。每个稀释度接种 2 张测试片。

4. 培养与计数

(1) 将测试片的透明面朝上水平置于培养箱内，于（36±1)℃培养（48±2)h。

(2) 取出测试片立即计数。

5. 结果处理

(1) 不论菌落大小都应计数，对于很小的菌落可以用放大镜放大计数。

(2) 当细菌浓度很高时，整个测试片会变成红色或粉红色，将结果记录为“多不可计”。

(3) 有时当细菌浓度很高时，测试片中央可能没有可见菌落，但边缘有许多小的菌落，其结果也计为“多不可计”。此时，应对样品进一步稀释，以获得准确的计数。

(4) 有时一些微生物会液化测试片上的凝胶，造成菌落局部扩散或模糊的现象，干扰计数。此时，可以通过计数未液化面积上菌落的数量来估算整个测试片上的菌落数量。

(5) 根据实验 6-1 的计数方法，计算样品菌落总数，以 cfu/mL 为单位报告实验结果。

6. 结果表述

结果表述参照实验 6-1 中的方法进行。

五、注意事项

1. 菌落计数也可以使用 3M Petrifilm™自动判读仪。
2. 如果不能立即进行计数，可以将测试片放在－15℃条件以下，但是不能超过 7d。

六、思考题

1. 简述采用测试片法测定食品中菌落总数的优缺点。
2. 比较不同品牌果汁饮料中菌落总数的差异。

（撰写人：郭爱玲、王小红、陈福生）

实验 6-3 酱油中大肠菌群的检测

一、实验目的

了解检测大肠菌群的卫生学意义，掌握酱油等食品中大肠菌群的检测原理与方法。

二、实验原理

大肠菌群（coliform）是一群在 36℃条件下培养 48h 能发酵乳糖、产酸产气的需氧和兼性厌氧革兰阴性无芽孢杆菌。主要包括肠杆菌科的大肠杆菌（*Escherichia coli*）、柠檬酸杆菌属（*Citrobacter* spp.）、肠杆菌属（*Enterobacter* spp.）和克雷伯菌属（*Klebsiella* spp.）等。大肠菌群主要来自人畜粪便且与肠道病原菌的生活能力接近，故可作为食品、饮水等被粪便污染的间接指标，用于评价食品的卫生质量。

酱油样品经适当稀释后，以月桂基硫酸盐胰蛋白胨（lauryl sulfate tryptone，LST）肉汤与煌绿乳糖胆盐（brilliant green lactose bile，BGLB）肉汤作为选择性培养基，于 36℃好氧培养，分析产酸、产气结果，运用大肠菌群最可能数（MPN）检索表，计算大肠菌群的 MPN。

三、仪器与试材

1. 仪器与器材

超净工作台、生化培养箱、显微镜、放大镜、培养皿（ϕ90mm）、吸管、锥形瓶、试管等。

2. 培养基与溶液

月桂基硫酸盐胰蛋白胨（LST）肉汤、煌绿乳糖胆盐（BGLB）肉汤（具体配方见附录 1）、NaOH 溶液（1mol/L）、HCl 溶液（1mol/L）、无菌生理盐水。

3. 实验材料

3～4 种不同品牌的酱油，各 100mL。

四、实验步骤

1. 检验流程

酱油中大肠菌群的检验流程见图 6-13。

2. 样品稀释

（1）以无菌操作将 25mL 酱油加入含有 225mL 灭菌生理盐水的锥形瓶内，充分振荡制成1∶10 的均匀稀释液。样品匀液的 pH 应在 6.5～7.5，必要时用 NaOH 或 HCl 溶液调节。

（2）取 1mL 稀释液注入 9mL 无菌生理盐水，振摇试管混匀，制成 1∶100 的稀释液。重复以上步骤依次制成 10 倍递增稀释液至 1∶10^6。

3. 初发酵试验

（1）根据酱油的卫生标准 GB 2717—2003 或对样品污染情况的估计，选择 3 个连续稀释度的样品稀释液。

（2）取不同稀释度的样品稀释液各 1mL，分别接种于 LST 肉汤试管中，轻轻摇匀。每个稀释度做 3 个重复。

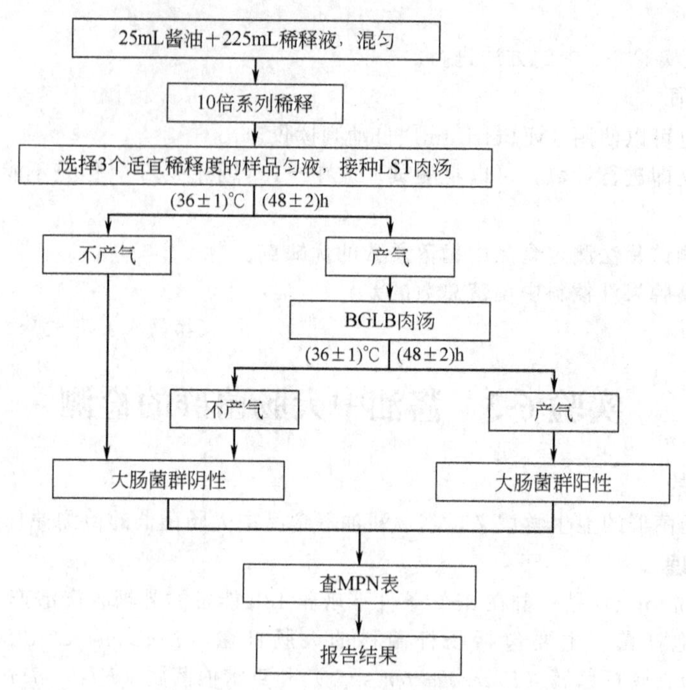

图 6-13 酱油中大肠菌群的检验流程

(3) 将接种后的 LST 肉汤试管置于 (36±1)℃培养 (24±2)h 后，观察 LST 肉汤试管中倒置小套管内是否有气泡产生。如未产气则继续培养至 (48±2)h。

(4) 记录 24h 和 48h 内产气的 LST 肉汤管数（不同稀释度分别记录）。产气者则进行复发酵试验，未产气者为大肠菌群阴性。

4. 复发酵试验

(1) 用接种环从所有在 48h 内发酵产气的 LST 肉汤管中各取培养物 1 环，分别移种于 BGLB 肉汤试管中。

(2) 将接种后的 BGLB 肉汤试管于 (36±1)℃培养 (48±2)h，观察产气情况。产气者，计为大肠菌群阳性管。

5. 报告结果

根据不同稀释度证实为大肠菌群阳性的管数，查 MPN 检索表（见表 6-8），报告每毫升酱油中大肠菌群的 MPN 值。

表 6-8 大肠菌群最可能数（MPN）检索表

不同稀释度的阳性管数			MPN	95%可信限		不同稀释度的阳性管数			MPN	95%可信限	
0.10	0.01	0.001		下限	上限	0.10	0.01	0.001		下限	上限
0	0	0	<3.0	—	9.5	2	2	0	21	4.5	42
0	0	1	3.0	0.15	9.6	2	2	1	28	8.7	94
0	1	0	3.0	0.15	11	2	2	2	35	8.7	94
0	1	1	6.1	1.2	18	2	3	0	29	8.7	94
0	2	0	6.2	1.2	18	2	3	1	36	8.7	94
0	3	0	9.4	3.6	38	3	0	0	23	4.6	94
1	0	0	3.6	0.17	18	3	0	1	38	8.7	110
1	0	1	7.2	1.3	18	3	0	2	64	17	180
1	0	2	11	3.6	38	3	1	0	43	9	180
1	1	0	7.4	1.3	20	3	1	1	75	17	200

续表

不同稀释度的阳性管数			MPN	95%可信限		不同稀释度的阳性管数			MPN	95%可信限	
0.10	0.01	0.001		下限	上限	0.10	0.01	0.001		下限	上限
1	1	1	11	3.6	38	3	1	2	120	37	420
1	2	0	11	3.6	42	3	1	3	160	40	420
1	2	1	15	4.5	42	3	2	0	93	18	420
1	3	0	16	4.5	42	3	2	1	150	37	420
2	0	0	9.2	1.4	38	3	2	2	210	40	430
2	0	1	14	3.6	42	3	2	3	290	90	1000
2	0	2	20	4.5	42	3	3	0	240	42	1000
2	1	0	15	3.7	42	3	3	1	460	90	2000
2	1	1	20	4.5	42	3	3	2	1100	180	4100
2	1	2	27	8.7	94	3	3	3	>1100	420	—

注：本表仅显示了3个稀释度分别为0.10、0.01和0.001时，大肠菌群的MPN值；如果3个稀释度分别为1、0.1和0.01，则大肠菌群的MPN值应按表内数字相应降低10倍；如果3个稀释度分别为0.01、0.001和0.0001，则大肠菌群的MPN值应按表内数字相应增加10倍，其余类推。

五、注意事项

在LST肉汤和BGLB肉汤试管中均放置有倒置的小套管，用于观察培养过程中是否产气。在接种前一定要检查并确认这些小套管内充满培养基而没有气泡。在制备培养基的过程中，可以先将培养基灌满小套管，再小心将其倒置过来后，并沿试管内壁轻轻滑入盛有LST肉汤和BGLB肉汤的试管中，这样可以避免气泡进入小套管而干扰随后的实验结果观察。对于可以控制排气方式的灭菌锅，在LST肉汤和BGLB肉汤的灭菌过程中，适当增加排冷气的速度也可以很好地消除小套管内的气泡。

六、思考题

1. 简述大肠菌群与MPN的含义。
2. 简述LST肉汤与BGLB肉汤中，月桂基硫酸盐与煌绿的作用。

（撰写人：郭爱玲、王小红、陈福生）

实验6-4　肉制品中大肠菌群的平板计数

一、实验目的

掌握肉制品中大肠菌群平板计数的原理与方法。

二、实验原理

肉制品经处理与稀释后，涂布于结晶紫中性红胆盐琼脂（violet red bile agar，VRBA）平板上，于36℃、有氧条件下培养，大肠菌群分解乳糖产酸，形成紫红色并在周围有红色胆盐沉淀环的典型菌落与可疑菌落，统计典型与可疑菌落的数量，并以煌绿乳糖胆盐（brilliant green lactose bile，BGLB）肉汤对它们进行证实。

三、仪器与试材

1. 仪器与器材

超净工作台、生化培养箱、组织捣碎机、均质机、培养皿（ϕ90mm）、吸管、锥形瓶、试管等。

2. 培养基与溶液

结晶紫中性红胆盐琼脂（VRBA）、煌绿乳糖胆盐（BGLB）肉汤（具体配方见附录1）、NaOH溶液（1mol/L）、HCl溶液（1mol/L）、无菌生理盐水。

3. 实验材料

3～4 种肉制品，各 250g。

四、实验步骤

1. 检验流程

肉及其制品中大肠菌群平板计数的流程见图 6-14。

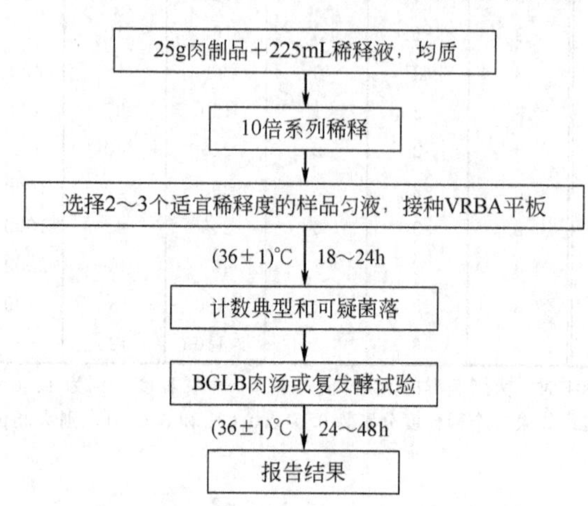

图 6-14　肉及其制品中大肠菌群平板计数的流程

2. 样品处理与稀释

（1）取 100g 肉制品，以无菌操作切碎后，以组织捣碎机捣碎。

（2）取 25g 捣碎样品，放入盛有 225mL 无菌生理盐水的均质杯内，以 8000～10000r/min 均质 1～2min，制成 1∶10 的样品均液。

（3）必要时用 NaOH 或 HCl 溶液调节样品匀液的 pH 为 6.5～7.5。

（4）取 1mL 稀释液注入 9mL 无菌生理盐水，振摇试管混匀，制成 1∶100 的稀释液。重复以上步骤依次制成 10 倍递增稀释液至1∶10^6。

3. 平板制备

（1）根据肉及其制品的卫生标准 GB 2726—2005 或对样品污染情况的估计，选择 2～3 个连续稀释度的样品稀释液。

（2）取不同稀释度的样品稀释液各 1mL 于无菌平皿中，每个稀释度做 2 个重复。同时以无菌生理盐水作对照。

（3）倾注冷至 46～50℃的 VRBA 于平皿中，旋转平皿使培养基与样液充分混匀，待琼脂凝固后，再加 3～4mL VRBA 覆盖平板表层。翻转平板，置于（36±1）℃培养 18～24h。

4. 菌落数选择与计数

选取菌落数在 30～150 之间的平板，分别统计平板上出现的典型和可疑大肠菌群菌落的数量。典型菌落为紫红色，菌落周围有红色的胆盐沉淀环，菌落直径为 0.5mm 或更大。可疑菌落指上述特征不是十分明确的菌落。

5. 证实试验

从 VRBA 平板上挑取 10 个不同类型的典型和可疑菌落，分别接种于 BGLB 肉汤管内，于(36±1)℃培养 24～48h，观察产气情况。凡 BGLB 肉汤管产气，即可报告为大肠菌群阳性，不产气者则为大肠菌群阴性，计算两者的比例。

6. 报告结果

以下式计算样品中大肠菌群的数量：

$$M=RmN$$

式中，M 为样品中大肠菌群的数量，cfu/mL；R 为证实试验中，大肠菌群阳性菌落占测试总菌落的比值；m 为典型和可疑菌落总数，cfu/mL；N 为样品稀释倍数。

五、注意事项

1. 整个实验过程，包括样品的处理过程，必须严格按无菌操作进行。

2. 如果待测样品为液体，则无需对样品进行预处理，可以直接取 25mL 样品，放入盛有 225mL 无菌生理盐水的锥形瓶中，制成 1∶10 的样品均液后，再按相同操作进行即可。

六、思考题

1. 简述大肠菌群典型菌落的形成机理。

2. 本实验测得的大肠菌群数与实验 6-3 中测得的大肠菌群 MPN 值有何异同？

（撰写人：郭爱玲、王小红、陈福生）

实验 6-5 瓶装饮用水中大肠菌群的滤膜测定法

一、实验目的

掌握饮用水中大肠菌群的滤膜测定法的原理与操作过程。

二、实验原理

用孔径 0.45μm 的微孔滤膜过滤饮用水样品，细菌被截留在滤膜上，将滤膜贴在品红亚硫酸钠选择性培养基平板上，于 36℃培养 22～24h 后，计数滤膜上大肠菌群菌落数。

三、仪器与试材

1. 仪器与器材

超净工作台、生化培养箱、显微镜、滤器、滤膜（孔径 0.45μm)、抽滤设备、无齿镊子、放大镜、培养皿（ϕ90mm)、吸管、锥形瓶、试管等。

2. 培养基

品红亚硫酸钠培养基（N/A)、乳糖蛋白胨培养液（LB)（具体配方见附录1)。

3. 实验材料

3～4 种不同品牌的瓶装水，各 250mL。

四、实验步骤

1. 滤膜与滤器灭菌

将滤膜放入烧杯中，加入蒸馏水，煮沸（每次 15min）间歇灭菌 3 次。其中，前两次煮沸后，以蒸馏水洗涤滤膜 2～3 次。滤器于 121℃灭菌 20min，备用。

2. 过滤

(1) 用无菌无齿镊子夹取灭菌滤膜边缘部分，将粗糙面向上，贴放在已灭菌滤器的滤床上，固定于滤器中，连接抽滤设备。

(2) 将 100mL 水样（如水样含菌数较多，可减少过滤水样量，或将水样稀释）注入滤器中，打开滤器阀门，在－0.5atm（负压，50.66kPa）下抽滤。

3. 培养

(1) 当水样滤完后，再抽气 5s，关上滤器阀门，取下滤器，用无菌镊子夹取滤膜边缘部分，将滤膜移放于品红亚硫酸钠培养基平板上，滤膜截留细菌面向上。

(2) 倒置平皿，于 36℃培养 22～24h 后，取出计数。

4. 结果观察

(1) 挑出符合下列特征的菌落进行革兰染色、镜检：紫红色、具有金属光泽的菌落；深红色、不带或略带金属光泽的菌落；淡红色、中心色较深的菌落。

(2) 将镜检为革兰阴性的无芽孢杆菌，再接种乳糖蛋白胨培养液中，于 36℃培养 24h，产酸产气者，则判定为大肠菌群阳性。

5. 报告结果

按下式计算样品中大肠菌群菌落数（cfu/100mL)：

$$\text{大肠菌群菌落数}=\frac{\text{大肠菌群菌落数(个)}}{\text{过滤的水样体积(mL)}}\times 100$$

五、注意事项

1. 本方法也适合其他液体样品如牛奶、自来水和环境水样中大肠菌群数的测定。

2. 在培养过程中，应保证滤膜与培养基完全贴紧，两者间不得留有气泡，否则将可能使测定结果偏低。

六、思考题

1. 简述滤膜法检测大肠菌群的优缺点。

2. 简述特征菌落的形成机理。

（撰写人：郭爱玲、王小红、陈福生）

实验 6-6　Petrifilm™测试片直接计数法同时测定鲜牛奶中大肠菌群数和大肠杆菌数

一、实验目的

了解食品中大肠菌群和大肠杆菌快速测定方法的原理，掌握采用 Petrifilm™测试片直接计数法同时测鲜牛奶中大肠菌群和大肠杆菌数的操作方法。

二、实验原理

Petrifilm™大肠杆菌/大肠菌群测试纸片（Petrifilm™ *E. coli*/coliform count plate）是一种预先制备好的培养基系统，含有结晶紫中性红胆盐（violet red bile，VRB）培养基、冷水可溶性凝胶和葡萄糖苷酶指示剂。由于绝大多数（约 97%）大肠杆菌（*Escherichia coli*）能产生β-葡萄糖苷酸酶与培养基中的指示剂反应，从而产生蓝色沉淀环，所以当培养结束后，蓝点带气泡的菌落，即为大肠杆菌，而红点带气泡和蓝点带气泡的菌落之和为大肠菌群数。

三、仪器与试材

1. 仪器与器材

生化培养箱、超净工作台、pH 计、吸管、试管、放大镜或 Petrifilm™自动判读仪等。

2. 测试片与溶液

Petrifilm™大肠菌群测试纸片和压板、NaOH 溶液（1mol/L）、HCl 溶液（1mol/L）、无菌生理盐水。

3. 实验材料

3～4 种不同品牌的鲜牛奶，各 250mL。

四、实验步骤

1. 检验流程

Petrifilm™大肠杆菌/大肠菌群测试纸片同时测定大肠杆菌数与大肠菌群数的流程见图 6-15。

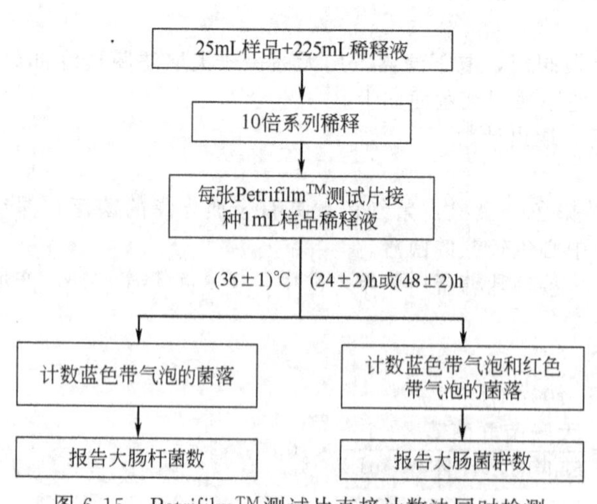

图 6-15　Petrifilm™测试片直接计数法同时检测大肠杆菌数和大肠菌群数流程

2. 样品制备

（1）取 100mL 鲜牛奶，以 NaOH 或 HCl 溶液调节样品 pH 至 7.2。

（2）取 25mL 样品，放于盛有 225mL 无菌生理盐水的锥形瓶中（瓶内预置适量的玻璃珠），充分摇匀后，配制成 1∶10 的稀释液。

（3）用 1mL 无菌吸管吸取 1∶10 的样品稀释液 1mL，沿试管壁徐徐注入含有 9mL 灭菌生理盐水的试管内，振摇混匀，制成 1∶100 的稀释液。

（4）另外，取 1mL 无菌吸管，按相同操作，制成 1∶1000 的稀释液。如此稀释至 $1:10^6$ 的样品稀释液。每递增稀释一次必须换一支无菌吸管。

3. 涂布测试片

（1）根据鲜牛奶的卫生标准要求 GB 19301—2003 或对样品污染情况的估计，选择 2～3 个适宜稀释度的样品稀释液。

（2）在超净工作台上，揭开测试片上层膜，用无菌吸管吸取 1mL 稀释液，垂直滴加在测试片的中央处，然后将上层膜轻轻落下（注意不要滚动上层膜）。

（3）将压板（凹面底朝下）放置于上层膜之上，轻轻地压下，使样液均匀分布在测试片上。

（4）拿起压板后，静置至少 1min，以使培养基凝固。

4. 培养

将测试片的透明面朝上水平置于培养箱内，堆叠片数不超过 20 片，于（36±1）℃培养(48±2)h 后，取出测试片立即计数。

5. 计数与结果报告

（1）可采用目视、放大镜或 Petrifilm™自动判读仪来计数或判读实验结果。

（2）蓝色有气泡的菌落确认为大肠杆菌。蓝色有气泡和红色有气泡的菌落数之和为大肠菌群数。

（3）培养片圆形面积边缘上及边缘以外的菌落不作计数。当出现大量气泡、不明显小菌落，培养区呈蓝点暗红时，需进一步稀释样品，以获得准确读数。

（4）选取目标菌落数在 15～150 之间的测试片，计数菌落数，乘以相对应的稀释倍数报告。

（5）如果所有稀释度测试片上的菌落数都小于 15，则计数最低稀释度的测试片上的菌落数乘以稀释倍数报告。

（6）如果所有稀释度的测试片上均无菌落生长，则以小于 1 乘以最低稀释倍数报告。

（7）如果最高稀释度的菌落数大于 150 个，则计数最高稀释度的测试片上的菌落数乘以稀释倍数报告。当计数菌落数大于 150 个的测试片时，可计数一个或两个具有代表性的方格内的菌落数，换算成单个方格内的菌落数后乘以 20 即为测试片上估算的菌落数。

（8）结果报告单位以 cfu/mL 表示。

五、注意事项

涂布 Petrifilm™测试片时，应确保测试片水平置于超净工作台面上，样液应垂直滴加在测试片的中央处，并避免上层覆盖膜直接落下，产生气泡。

六、思考题

1. 简述大肠杆菌的基本生物学特性。

2. 写出 β-葡萄糖苷酸酶与培养基中的指示剂作用的反应式。

（撰写人：郭爱玲、王小红、陈福生）

实验 6-7　粮食中霉菌和酵母菌的测定

一、实验目的

了解霉菌和酵母测定对食品卫生学评价的意义，并掌握粮食中霉菌和酵母菌的测定方法。

二、实验原理

食品中霉菌和酵母菌数量是评价食品卫生质量的重要指标。粮食样品经粉碎、稀释后，涂布于高盐察氏培养基平板，于 36℃、好氧条件下培养 48h 后，计数。

三、仪器与试材

1. 仪器与器材

超净工作台、生化培养箱、显微镜、粉碎机、培养皿（φ90mm）、吸管、锥形瓶、试管等。

2. 培养基

高盐察氏培养基（SCDX，具体配方见附录 1）。

3. 实验材料

3～4 个稻谷、小麦、玉米样品，各 250g。

四、实验步骤

1. 检验流程

粮食中霉菌和酵母菌的检验流程见图 6-16。

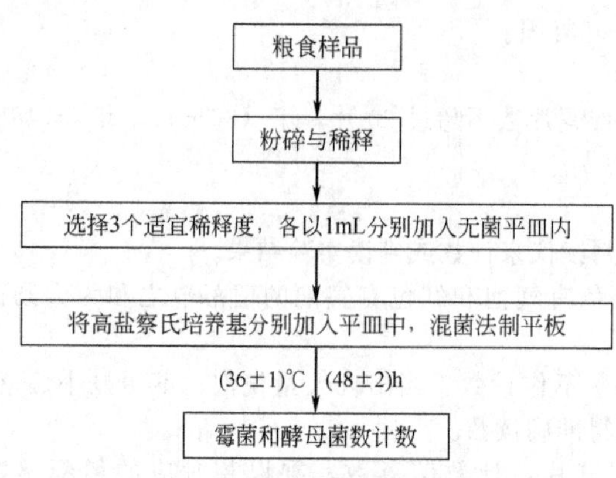

图 6-16 粮食中霉菌和酵母菌的检验流程

2. 样品处理与稀释

（1）取稻谷、小麦、玉米样品各 200g，分别粉碎后过 80 目筛。

（2）取 25g 粉碎样品，放于盛有 225mL 无菌生理盐水的锥形瓶中（瓶内预置适量的玻璃珠），充分摇匀后，配制成 1∶10 的稀释液。

（3）用 1mL 无菌吸管吸取 1∶10 的样品稀释液 1mL，沿试管壁徐徐注入含有 9mL 灭菌生理盐水的试管内，振摇混匀，制成 1∶100 的稀释液。

（4）另外，取 1mL 无菌吸管，按相同操作，制成 1∶1000 的稀释液。每递增稀释一次必须换一支无菌吸管。

3. 制平板

（1）选择 10^{-1}～10^{-3} 三个稀释度的样品稀释液 1mL 于无菌平皿中（可以在制作稀释液的同时进行），每个稀释度做 3 个平皿。

（2）将冷却至 45～50℃的高盐察氏培养基（约 15mL）注入上述含有稀释液的平皿中，转动平皿，混合均匀后，制成平板。同时，将高盐察氏培养基倾入含 1mL 无菌生理盐水的无菌平皿中，作空白对照。

4. 培养

待琼脂凝固后，翻转平板，置（36±1)℃温箱内培养（48±2)h。

5. 计数

通常选择菌落数在 30～300 之间的平皿进行计数，同稀释度的 3 个平皿的菌落平均数乘以稀释倍数，即为每克样品中所含霉菌和酵母菌数。稀释度选择及菌落报告方式可参考酱油中菌落总数的测定的计数方法。

五、注意事项

1. 整个实验过程必须严格按无菌操作进行。

2. 有条件的实验室，在制备样品时，在加入稀释液后，最好置于无菌均质器中以 8000～10000r/min 的速率处理 1min，配制成 1∶10 的均匀稀释液。

六、思考题

1. 简述检测食品中的霉菌和酵母的卫生学意义。

2. 如果样品中细菌数量很多，而且干扰到霉菌和酵母的计数，可以采取什么措施？

（撰写人：郭爱玲、王小红、陈福生）

实验 6-8 罐头食品的商业无菌检验

一、实验目的

了解罐头食品的商业无菌的概念，掌握罐头食品商业无菌的检验方法。

二、实验原理

罐头食品的商业无菌是罐头食品经过适度的热杀菌以后，不含有致病微生物，也不含有在通常温度下能在其中繁殖的非致病性微生物（但并不是不存在微生物），这种状态称作商业无菌。罐头食品商业无菌的检验适用于各种密封容器包装的，包括玻璃瓶、金属罐、软包装，经过适度的热杀菌后达到商业无菌，在常温下能较长时间保存的罐头食品。

商业无菌检验原理就是将密封完好的罐头置于一定温度下，培养一定时间后，观察是否出现胖听[1]情况，同时开启胖听罐和/或未胖听罐，与未处理罐头进行比较，分析质地变化，测定pH值，并进行微生物的接种培养与镜检观察，以判断罐头是否达到商业无菌。

三、仪器与试材

1. 仪器与器材

显微镜、生化培养箱、pH计、天平、水浴锅、开罐刀或罐头打孔器等。

2. 培养基与染料

溴甲酚紫葡萄糖肉汤（BPDB）、酸性肉汤（AB）、麦芽浸膏汤（MEB）、锰盐营养琼脂（MNA）、庖肉培养基（CMM）、卵黄琼脂培养基（EYAB）（具体配方见附录1），革兰染色法的相关染料（具体配方见附录2）。

3. 实验材料

3～4种不同种类的食品罐头，各10听。

四、实验步骤

1. 取样

取不同种类的罐头各5听。

2. 称重

用电子秤或托盘天平称重，1kg及以下的罐头精确到1g，1kg以上的罐头精确到2g，各罐头的重量减去空罐的平均重量即为该罐头净重。称重前对样品进行记录编号。

3. 保温

将罐头样品按下述分类在规定温度下按规定时间进行保温（见表6-9）。保温过程中应每天检查，如有胖听或泄漏等现象，立即剔出做开罐检查。

表6-9 样品保温时间和温度

罐头种类	温度/℃	时间/d
低酸性罐头食品	36±1	10
酸性罐头食品	30±1	10
预定要输往热带地区(40℃以上)的低酸性罐头食品	55±1	5～7

4. 开罐

（1）取保温过的全部罐头，冷却到常温后，按无菌操作进行以下开罐检验。

（2）将样罐用温水和洗涤剂洗刷干净，用自来水冲洗后擦干。放入无菌室，以紫外光杀菌灯照射30min。

（3）将样罐移置于超净工作台上，用75%酒精棉球擦拭无代号端，并点燃灭菌（胖听罐不能烧）。用灭菌的卫生开罐刀或罐头打孔器开启（带汤汁的罐头开罐前适当振摇），开罐时不能伤及卷边结构。

5. 留样

开罐后，用灭菌吸管或其他适当工具以无菌操作取出内容物10～20mL（或g），移入灭菌容器内，保存于冰箱中，待该样品检验得出结论后才可弃去。

6. pH测定

取样测定pH值，与未经处理的罐头相比，看是否有显著差异。

7. 感官检查

在光线充足、空气清洁无异味的检验室中，将罐头内容物倾入白色搪瓷盘内，对样品外观、色泽、状态和气味等进行观察和嗅闻，用餐具按压食品，鉴别食品有无腐败变质迹象。

8. 镜检

（1）涂片：对感官或pH检查结果认为可疑的，以及出现腐败但pH反应不灵敏的（如肉、

---

[1] 胖听是指铁皮罐有膨胀现象。

禽、鱼类等）罐头样品，均应进行革兰染色镜检。带汤汁的罐头样品可用接种环挑取汤汁涂于载玻片上，固态食品可以直接涂片或用少量灭菌生理盐水稀释后涂片。待干后用火焰固定。油脂性食品涂片自然干燥并火焰固定后，用二甲苯流洗，自然干燥。

（2）染色镜检：用革兰染色法染色，镜检，至少观察5个视野，记录细菌的染色反应、形态特征以及每个视野的菌数。与未经处理的样品比较，判断是否有明显的微生物增殖现象。

9. 接种培养

保温期间出现的胖听、泄漏，或开罐检查发现pH、感官质量异常、腐败变质，进一步镜检发现有异常数量细菌的样罐，均应及时进行以下微生物接种培养。

（1）低酸性罐头食品（每罐）接种培养基、管数及培养条件见表6-10。

表6-10　低酸性罐头食品的检验

培养基	管数	培养温度(条件)/℃	时间/h
庖肉培养基	2	36±1(厌氧)	96～120
庖肉培养基	2	55±1(厌氧)	24～72
溴甲酚紫葡萄糖肉汤(带倒置小套管)	2	36±1(需氧)	96～120
溴甲酚紫葡萄糖肉汤(带倒置小套管)	2	55±1(需氧)	24～72

（2）酸性罐头食品（每罐）接种培养基、管数及培养条件见表6-11。

表6-11　酸性罐头食品的检验

培养基	管数	培养温度(条件)/℃	时间/h
酸性肉汤	3	55±1(需氧)	48
酸性肉汤	3	30±1(需氧)	96
麦芽浸膏汤	3	30±1(需氧)	96

10. 微生物检验

（1）将按表6-10或表6-11接种的培养基分别放入规定温度的温箱进行培养。每天观察培养生长情况。

（2）对在36℃培养有菌生长的溴甲酚紫葡萄糖肉汤管，观察产酸产气情况，并涂片染色镜检。如果是含杆菌的混合培养物或球菌、酵母或霉菌的纯培养物，不再往下检验；如仅有芽孢杆菌，则判为嗜温性需氧芽孢杆菌；如仅有杆菌无芽孢，则为嗜温性需氧杆菌，如需进一步证实是否是芽孢杆菌，可转接于锰盐营养琼脂平板在36℃培养后再作判定。

（3）对在55℃培养有菌生长的溴甲酚紫肉汤管，观察产酸产气情况，并涂片染色镜检。如有芽孢杆菌，则判为嗜热性需氧芽孢杆菌；如仅有杆菌而无芽孢则判为嗜热性需氧杆菌。如需要进一步证实是否是芽孢杆菌，可转接于锰盐营养琼脂平板，在55℃培养后再作判定；

（4）对在36℃培养有菌生长的庖肉培养基管，涂片镜检，如为不含杆菌的混合菌相，不再往下进行；如有杆菌，带或不带芽孢，都要转接于两个血琼脂平板（或卵黄琼脂平板），在36℃分别进行需氧和厌氧培养。在需氧平板上有芽孢生长，则为嗜温性兼性厌氧芽孢杆菌，在厌氧平板上生长为一般芽孢，则为嗜温性厌氧芽孢杆菌，如为梭状芽孢杆菌，应用庖肉培养基原培养液进行肉毒梭菌及肉毒毒素检验。

（5）对在55℃培养有菌生长的庖肉培养基管，涂片染色镜检。如有芽孢，则为嗜热性厌氧芽孢杆菌或硫化腐败性芽孢杆菌；如无芽孢仅有杆菌，转接于锰盐营养琼脂平板，在55℃厌氧培养，如有芽孢，则为嗜热性厌氧芽孢杆菌，如无芽孢，则为嗜热性厌氧杆菌。

（6）对有微生物生长的酸性肉汤和麦芽浸膏汤管进行观察，并涂片染色镜检，按所发现的微生物类型判定。

11. 结果处理

（1）样品经保温试验未胖听或泄漏，保温后开罐，经感官检查、pH测定和涂片镜检，确证无微生物增殖现象，则为商业无菌。

(2) 经保温试验有一罐及一罐以上发生胖听或泄漏，或保温后开罐，经感官检查、pH 测定或涂片镜检和接种培养，确证有微生物增殖现象，则为非商业无菌。

(3) pH 测定判定：pH 计的精确度应在已知缓冲溶液的 0.1pH 单位之内，并与未处理罐头比较，分析是否有显著差异。一般 pH 增加 0.5 算显著差异。

(4) 染色镜检，判断是否有明显的微生物增殖现象。根据实践结果，有百倍增长算明显的增殖。

五、注意事项

1. 对于有条件的实验室，还可以对确定有微生物繁殖的样罐，采用相关设备进行减压或加压试漏检验。

2. 一般情况下，罐头食品经适当的热处理后足以使罐头食品达到商业无菌的程度，无需进行完全灭菌（即完全不存在活菌），因为要达到完全灭菌，需要温度高达 121℃以上并保持较长时间，这样会造成罐头的香味消散、色泽和坚实度改变以及营养成分损失。另外，在商业无菌罐头中可能存在耐高温的无毒的嗜热芽孢杆菌，在适当的加工和储藏条件下处于休眠状态（不繁殖），不会导致食品质量与安全问题。

3. 罐头的胖听是指由于罐头内微生物活动或化学作用产生气体，形成正压，使一端或两端外凸的现象。

六、思考题

合格的罐头一定不胖听，胖听的罐头一定不合格，这句话对吗？为什么？

（撰写人：齐小保）

第三节　常见的食源性病原菌检测

食源性病原菌的种类很多，主要包括沙门菌（*Salmonella* spp.）、大肠埃希菌（*Escherichia coli*）、金黄色葡萄球菌（*Staphylococcus aureus*）、单核细胞增生李斯特菌（*Listeria monocytogenes*）、副溶血性弧菌（*Vibro parahaemolyticus*）、志贺菌（*Shigella* spp.）、溶血性链球菌（*Streptococcus hemolyticus*）、小肠结肠耶尔森菌（*Yersinia enterocolitica*）、空肠弯曲菌（*Campylobacter jejuni*）、肉毒梭菌（*Clostridium botulinum*）、产气荚膜梭菌（*Clostridium perfringens*）、蜡样芽孢杆菌（*Bacillus cereus*）、假单胞菌（*Pseudomonas* spp.）和变形杆菌（*Proteus* spp.）等。下面将简要介绍食品中常见的沙门菌、大肠埃希菌、金黄色葡萄球菌、单核细胞增生李斯特菌、副溶血性弧菌、志贺菌、蜡样芽孢杆菌和肉毒梭菌等食源性病原菌的病原学特点、主要致病因子与致病机理，以及常见的污染食品、预防措施与检测方法等。关于这些菌的详细研究，特别是关于致病因子与致病机理的研究进展，请参阅其他相关书籍。

1. 沙门菌

(1) 病原学特点

沙门菌属（*Salmonella* spp.）是肠道杆菌科中最重要的病原菌，是一大群在血清学上相关的革兰阴性杆菌，无芽孢、无荚膜，周身鞭毛，能运动，需氧或兼性厌氧，是引起人类和动物发病及食物中毒的主要病原菌之一。该菌不发酵侧金盏花醇（adonitol，$C_5H_{12}O_5$）、乳糖及蔗糖，不液化明胶，不产生靛基质，不分解尿素，能发酵葡萄糖并产气。这些特性是进行沙门菌生化鉴定的主要依据。

沙门菌在环境中的生活力较强，生长繁殖的最适温度为 20～30℃，在普通水中虽不易繁殖，但可生存 2～3 周。沙门菌不发酵乳糖，能在各种选择性培养基上生成特殊形态的菌落。例如，沙门菌在麦康凯平板上大多形成无色菌落，在 SS（*Salmonella Shigella*）琼脂平板上形成黑色菌落。

目前，沙门菌至少有 67 种 O 抗原（菌体抗原）和 2300 个以上血清型，我国已发现 200 多个血清型。依据 O 抗原结构的差异，可将沙门菌分为 A、B、C_1、C_2、C_3、D、E_1、E_4、F 等血清型，其中对人类致病的沙门菌仅占少数。沙门菌的宿主特异性极弱，既可感染动物也可感染人类，极易引起人类的食物中毒。其中最常见的为鼠伤寒沙门菌（*Salmonella typhimurium*）、猪霍乱沙门菌（*Salmonella cholerae*）和肠炎沙门菌（*Salmonella enteritidis*）。

（2）致病因子与致病机理

大多数沙门菌食物中毒是沙门菌活菌对肠黏膜的侵袭而导致的感染型中毒。大量沙门菌进入人体后，在肠道内繁殖，经淋巴系统进入血液，引起全身感染。同时，部分沙门菌在小肠淋巴结和网状内皮系统中裂解而释放出内毒素，活菌和内毒素共同作用于胃肠道，使黏膜发炎、水肿、充血或出血，使消化道蠕动增强而吐泻。内毒素不仅毒力较强，还是一种致热原，可使体温升高。此外，肠炎沙门菌、鼠伤寒沙门菌还可产生外毒素——肠毒素（enterotoxin）。该肠毒素可通过对小肠黏膜细胞膜上腺苷酸环化酶的激活，使小肠黏膜细胞对 Na^+ 吸收抑制而对 Cl^- 分泌亢进，使 Na^+、Cl^-、水在肠腔潴留而致腹泻。

（3）常见的污染食品、预防措施与检测方法

通常在食品中沙门菌的含量较少，且通过食品加工使其处于濒死的状态（但是这些濒死状态的沙门菌进入机体后，能迅速恢复与繁殖，导致食品中毒）。沙门菌食物中毒多由动物性食品引起，特别是肉类（如病死牲畜肉、酱或卤肉、熟肉内脏等），也可由鱼类、禽肉类、乳类、蛋及其制品引起，豆制品和糕点有时也会引起沙门菌食物中毒，但引起者较少。

沙门菌食品中毒的预防措施主要应抓住三个环节，即防止食品被沙门菌污染、控制食品中沙门菌繁殖和彻底杀死沙门菌。

关于沙门菌的检测，除了常规的培养检测方法外，沙门菌的 PCR 检测也是重要的检测方法之一。目前，PCR 检测的靶基因主要有编码沙门菌鞭毛蛋白的基因、与沙门菌质粒毒力相关的 *spv* 基因、编码侵染上皮细胞表面蛋白 *invA* 基因、编码沙门菌脂多糖（LPS）O 抗原的基因、编码毒力抗原的 *viaB* 基因、编码菌毛的 *fimA* 基因等。

2. 大肠埃希菌

（1）病原学特点

大肠埃希菌属（*Escherichia coli*）俗称大肠杆菌属，为革兰阴性、两端钝圆的短杆菌，绝大多数菌株有周身鞭毛，能运动，周身还有菌毛，无芽孢，某些菌株有荚膜，为需氧或兼性厌氧菌。生长温度为 10～50℃，最适生长温度为 40℃。生长 pH 为 4.3～9.5，最适 pH 为 6.0～8.0。该菌在自然界中的生命力强，在土壤、水中可存活数月之久。此菌合成代谢能力强，在含无机盐、胺盐、葡萄糖的普通培养基上生长良好。在普通营养琼脂上生长表现为以下三种菌落形态：①光滑型。菌落边缘整齐，表面有光泽、湿润、光滑、呈灰色，在生理盐水中容易分散。②粗糙型。菌落扁平、干涩、边缘不整齐，易在生理盐水中自凝。③黏液型。常为含有荚膜的菌株。

大肠埃希菌的抗原结构复杂，包括菌体 O 抗原、鞭毛 H 抗原及被膜 K 抗原，K 抗原又分为 A、B 和 L 三类，致病性大肠埃希菌的 K 抗原主要为 B 类。引起食物中毒的致病性大肠埃希菌的血清型主要有 O_{157}：H_7、O_{111}：B_4、O_{55}：B_5、O_{26}：B_6、O_{86}：B_7、O_{124}：B_{17} 等。

（2）致病因子与致病机理

与人类疾病有关的大肠杆菌，根据其致病机理不同，分为以下四种类型。

① 肠产毒性大肠杆菌（Enterotoxigenic *E. coli*，ETEC）：引起婴幼儿和旅游者腹泻，出现轻度水泻，也可呈严重的霍乱样症状。腹泻常为自限性（就是发展到一定程度后能自动停止，并逐渐恢复痊愈），一般 2～3d 即愈。营养不良者可达数周，也可反复发作。致病因子是耐热肠毒素（heat-stable enterotoxin，ST）和不耐热肠毒素（heat-labile enterotoxin，LT），或两者同时出现。

② 肠致病性大肠杆菌（Enteropathogenic *E. coli*，EPEC）：是婴儿腹泻的主要病原菌，有高度传染性，严重者可致死，但成人少见。细菌侵入肠道后，主要在十二指肠、空肠和回肠上段大量繁殖。切片标本中可见细菌黏附于绒毛，导致上皮细胞排列紊乱和功能受损，造成严重腹泻。EPEC 不产生 LT 或 ST。有人报道，EPEC 可产生一种由噬菌体编码的肠毒素，因对 Vero 细胞

(绿猴肾传代细胞) 有毒性，故称 VT 毒素。VT 毒素的结构、作用与志贺毒素相似，具有神经毒素、细胞毒素和肠毒素的特性。

③ 肠侵袭性大肠杆菌 (Enteroinvasive *E. coli*，EIEC)：较少见，主要侵犯少儿和成人，所致疾病很像由志贺菌引起的细菌性痢疾，因此又称为志贺样大肠杆菌。不产生肠毒素。

④ 肠出血性大肠杆菌 (Enterohemorrhagic *E. coli*，EHEC)：引起散发性或暴发性出血性结肠炎，有较强致病性。EHEC 的主要血清型是 O_{157} ∶ H_7、O_{26} ∶ H_{11}。EHEC 侵入机体肠道后，通过菌毛紧密黏附素黏附在末端回肠、盲肠、结肠上皮细胞，然后释放 Vero 毒素 (VT)。VT 进入细胞后抑制细胞蛋白质的合成，损害结肠上皮细胞而产生出血性肠炎，损害血管内皮细胞、红细胞、血小板而导致溶血性尿毒综合征 (hemolytic uremic syndrome)。

(3) 常见的污染食品、预防措施与检测方法

大肠埃希菌引起中毒的食品基本与沙门菌相同。但不同的致病性大肠埃希菌涉及的食品有所差别：ETEC 主要污染水、奶酪、水产品；EPEC 主要污染水、猪肉、肉馅饼；EIEC 主要污染水、奶酪、土豆色拉、罐装鲑鱼；EHEC 主要污染牛肉糜、生牛奶、发酵香肠、苹果酒、未经巴氏杀菌的苹果汁、色拉油拌凉菜、水、生蔬菜、三明治。

关于对大肠埃希菌污染食品的预防，与预防沙门菌食品中毒的预防措施一样，主要采用控制其污染食品、在食品中繁殖和彻底杀死它等方法。

关于食源性大肠埃希菌的检测，既可以检测相关毒素与血清型，也可以检测相关基因。例如，大肠埃希菌 O_{157} ∶ H_7 是 EHEC 最常见的血清型，可以通过 PCR 扩增 *stx* 基因 (编码志贺样毒素)、*eae* 基因 (编码与细菌黏附作用有关的蛋白)、*hly* 基因 (编码溶血素) 和 *uidA* 基因 (编码 β-葡糖醛酸酶) 等来对其进行分析与检测。

3. 金黄色葡萄球菌

(1) 病原学特点

金黄色葡萄球菌 (*Staphylococcus aureus*) 属于葡萄球菌属，广泛存在于自然界。典型的金黄色葡萄球菌呈球形，排列成葡萄串状，在脓汁或液体培养基中，常呈双链或短链状排列。无鞭毛及芽孢，幼龄菌可见荚膜。革兰染色呈阳性；当衰老、死亡或中性粒细胞吞噬后常转为革兰阴性。

金黄色葡萄球菌营养要求不高，在普通培养基上生长良好，需氧或兼性厌氧，最适生长温度为 37℃，最适生长 pH 为 7.4，菌落有光泽、圆形凸起，直径 1～2mm。在血平板上，菌落周围可形成透明溶血环；在 Baird-Parker 琼脂平板上，菌落呈灰黑色至黑色，有光泽，常有浅色 (非白色) 的边缘，周围绕以不透明圈 (沉淀)，但从长期储存的冷冻或脱水食品中分离的菌落，其黑色常较典型菌落浅，且外观粗糙，质地较干燥。金黄色葡萄球菌有很高的耐盐性，可在含 10%～15% NaCl 的肉汤中生长。

(2) 致病因子与致病机理

金黄色葡萄球菌的致病菌株产生肠毒素 (enterotoxin)、溶血毒素 (staphylolysin)、杀白血球毒素 (leukocidin)、血浆凝固酶 (coagulase)、耐热核酸酶 (heat-stable nuclease)、透明质酸酶 (hyaluronidase) 和剥脱性毒素 (exfoliative toxin) 等多种毒素和酶。它们都是致病因子，所以致病性强。但是，金黄色葡萄球菌引起的食物中毒主要是由肠毒素引起的，其主要症状为急性胃肠炎症状。近年的研究报告表明，50%以上的金黄色葡萄球菌分离菌株在实验室条件下能够产生肠毒素，并且一个菌株能够产生两种或两种以上的肠毒素。肠毒素是结构相似的一组可溶性蛋白质，已经鉴定的葡萄球菌肠毒素有 A、B、C_1～C_3、D、E、G、H 等多种血清型。肠毒素的致病机理是由于肠毒素直接作用于胃肠黏膜而引起病变所致。这种刺激通过迷走、交感神经传达到呕吐中枢引起反射性呕吐。同时，肠毒素也可以使肠黏膜分泌水分增加而吸收水分减少，水和电解质在肠内潴留，肠蠕动增强而引起黏液性水泻。

(3) 常见的污染食品、预防措施与检测方法

金黄色葡萄球菌在自然界中无处不在，空气、水、灰尘及人和动物的排泄物中都可找到。因

而，食品受其污染的机会很多。近年来，美国疾病控制中心报告，由金黄色葡萄球菌引起的感染占细菌感染的第二位，仅次于大肠杆菌。金黄色葡萄球菌肠毒素是个世界性卫生问题，在美国由金黄色葡萄球菌肠毒素引起的食物中毒占整个细菌性食物中毒的33%，加拿大则更多，占45%，我国每年发生的此类中毒事件也非常多，主要的中毒食品有受污染的火腿、肉类加工品、乳制品、鱼贝类、生菜沙拉、便当等。

葡萄球菌性食物中毒的预防包括防止葡萄球菌污染与肠毒素形成两方面。除一般注意事项外，要特别注意食品从业人员的个人卫生和操作卫生。凡患有疖疮、化脓性疾病及上呼吸道炎症者，应禁止其直接从事食品的加工和供应工作，因为这些患者有可能是金黄色葡萄球菌产毒菌株的带菌者，经他们的手和喷嚏可污染食品而引起中毒。

金黄色葡萄球菌可以通过常规的分离、培养与生化鉴定等方法来检测，也可以采用免疫学等方法测定肠毒素，以及采用 PCR 检测耐热核酸酶 *nuc* 基因和肠毒素基因等靶基因。

4. 单核细胞增生李斯特菌

(1) 病原学特点

单核细胞增生李斯特菌（*Listeria monocytogenes*）在分类上属李斯特菌属。典型的单核细胞增生李斯特菌呈短杆状，革兰染色阳性，通常呈 V 字形或成丛排列，偶尔可见双球形，无芽孢，一般不形成荚膜。单核细胞增生李斯特菌需氧或兼性厌氧，营养要求不高，在普通培养基上生长良好，形成细小、半透明、边缘整齐、微带珠光的露水样菌落，在斜射光下，菌落呈典型的蓝绿色光泽。在血平板上培养，为灰白色、圆滑菌落。单核细胞增生李斯特菌可在 pH 4.0～9.6 范围内生长，最适生长 pH 值为中性或弱碱性，生长的温度范围为 3～45℃，最适生长温度为 37℃，在 5℃以下的低温也能增殖，具有耐低温的特性。

(2) 致病因子与致病机理

李斯特菌食物中毒发生的机制主要为大量李斯特菌的活菌侵入肠道所致，此外也与李斯特菌溶血素 O（listeriolysin O，LLO）有关。该菌经口摄入后，首先侵入肠道的上皮细胞，在细胞内和细胞间扩散，然后进入血液感染其他敏感的机体细胞。LLO 为单核细胞增生李斯特菌的主要毒力因子，由 *hlyA* 基因编码，可损伤红细胞、巨噬细胞和血小板。

(3) 常见的污染食品、预防措施与检测方法

李斯特菌引起食物中毒的食品主要有奶与奶制品、肉制品、水产品、蔬菜及水果，尤以奶制品中奶酪、冰淇淋最为重要及多见。针对李斯特菌耐热性差的特点，其预防措施主要是：动物性食品食用前要彻底加热，生食蔬菜食用前要彻底清洗，生熟食品分开放置避免交叉污染。

关于单核细胞增生李斯特菌的分析检测，除了常规的分离鉴定方法外，也可以采用 PCR 检测其产毒基因实现快速检测与分析。目前，单核细胞增生李斯特菌的已知毒力基因有 *hlyA*、*pl-cA*、*plcB*、*actA*、*prfA*、*iap*、*inl* 和 *mpl* 等。其中，编码 LLO 的 *hlyA* 是检测的主要靶基因。编码具有胞壁质水解酶和酰胺酶活性的 P60 蛋白的 *iap* 基因，以及 *prfA*、*mpl* 和 *inl* 等亦是单核细胞增生李斯特菌 PCR 检测的常用靶目标。

5. 副溶血性弧菌

(1) 病原学特点

副溶血性弧菌（*Vibrio parahemolyticus*）为革兰阴性菌，呈弧状、杆状、丝状等多种形态，无芽孢，在 30～37℃、pH 7.4～8.2、含盐 3%～4%的培养基上和食物中生长良好。在无盐条件下不生长，故也称为嗜盐菌。在液体培养基表面形成菌膜。在 35g/L NaCl 琼脂平板上呈蔓延生长，菌落边缘不整齐，凸起、光滑湿润、不透明；在硫代硫酸盐-柠檬酸盐-胆盐-蔗糖（thiosulfate citrate bile salts sucrose，TCBS）平板上，菌落为 0.5～2.0mm 大小，呈绿色或蓝绿色。副溶血性弧菌有 13 种耐热的 O 抗原，7 种不耐热的 K 抗原，845 个血清型，其中 O 抗原常用于血清学鉴定，K 抗原用于辅助血清学鉴定。

(2) 致病因子与致病机理

副溶血性弧菌的致病力可用神奈川（Kanagawa）试验来区分。神奈川试验阳性菌均表现出

很强的感染能力。所谓神奈川试验阳性菌是指能使人或家兔的红细胞发生溶血，在血琼脂培养基上出现β溶血带（β溶血又称完全溶血，菌落周围形成一个完全清晰透明的溶血环，是细菌产生的溶血素使红细胞完全溶解所致）的副溶血性弧菌。引起食物中毒的副溶血性弧菌90%为神奈川试验阳性。副溶血性弧菌食物中毒的发生机制主要是因为大量活菌侵入肠道所致。摄入一定数量的致病性副溶血性弧菌数小时后，即可表现出急性胃肠道症状。此外，副溶血性弧菌产生的溶血毒素也能导致食物中毒，但不是主要致病因子。

（3）常见的污染食品、预防措施与检测方法

副溶血性弧菌引起食物中毒的食品主要是海产食品，其中以墨鱼、带鱼、虾、蟹最为多见，如墨鱼的带菌率达93%，其次为盐渍食品。

副溶血性弧菌食物中毒的预防主要是抓住防止污染、控制繁殖和杀灭病原菌三个主要环节，其中控制繁殖和杀灭病原菌尤为重要。应采用低温储藏各种食品，尤其是海产食品及各种熟制品。鱼、虾、蟹、贝类等海产品应煮透，蒸煮时需加热至100℃并持续30min。对凉拌食物要清洗干净后置于食醋中浸泡10min或在100℃沸水中漂烫数分钟以杀灭副溶血性弧菌。

关于副溶血性弧菌的检测主要是常用常规的分离培养方法，也有关于采用PCR检测其产毒基因实现快速检测与分析的报道。目前，副溶血性弧菌的PCR检测主要是以已知的特异性基因——不耐热溶血毒素*tl*基因和直接耐热溶血素毒素*tdh*基因作为靶基因进行检测。

6. 志贺菌

（1）病原学特点

志贺菌属（*Shigella* spp.）的细菌是细菌性痢疾的病原菌，所以通称为痢疾杆菌。依据O抗原的不同，志贺菌属细菌可以分为A、B、C、D四个群，分别对应痢疾志贺菌（*S. dysenteriae*）、福志贺菌（*S. flexneri*）、鲍氏志贺菌（*S. boydii*）和宋内志贺菌（*S. sonnei*）四个种。其中，痢疾志贺菌是导致典型细菌性痢疾的病原菌，在敏感人群中很少数量的菌体就可以致病。

志贺菌属细菌的形态与一般肠道杆菌无明显区别，为革兰阴性杆菌，不形成芽孢，无荚膜，无鞭毛，有菌毛。需氧或兼性厌氧，营养要求不高，能在普通培养基上生长，最适温度为37℃，最适pH为6.4～7.8。37℃培养18～24h后菌落呈圆形、微凸、光滑湿润、无色、半透明、边缘整齐，直径约2mm。但是宋内志贺菌的菌落一般较大，较不透明，并常出现扁平的粗糙型菌落。志贺菌属细菌在液体培养基中呈均匀浑浊生长，无菌膜形成。

（2）致病因子与致病机理

志贺菌食物中毒的机制中，人们对痢疾志贺菌的毒性性质了解比较多，但对其他三种志贺菌引起的食物中毒的机制了解甚少，一般认为是大量活菌侵入肠道引起的感染型食物中毒。

（3）常见的污染食品、预防措施与检测方法

引起志贺菌食物中毒的食品主要包括色拉（土豆、金枪鱼、虾、通心粉、鸡）、生的蔬菜、奶和奶制品、禽、水果、面包制品、汉堡包和有鳍鱼类。其预防措施同其他食物中毒菌的预防一样，主要是从预防污染、控制繁殖和彻底杀灭菌体三个方面着手。

关于志贺菌的检测，除了采用常规的分离培养方法外，也可采用PCR的方法实现对该菌的快速检测与分析。目前，已知介导志贺菌入侵的基因有*IpaH*、*IpaC*、*IpaB*，它们为侵袭表型的效应分子。其中，*IpaH*同时存在于志贺菌染色体和侵袭性大质粒上，而且多拷贝分散存在（4～10个）。由于志贺菌*IpaH*的检测有较高的敏感性并且可避免基因突变、质粒丢失引起的假阴性，因此常作为检测的靶基因。

7. 蜡样芽孢杆菌

（1）病原学特点

蜡样芽孢杆菌（*Bacillus cereus*）为革兰阳性、需氧或兼性厌氧芽孢杆菌，有鞭毛，无荚膜，生长6h后即可形成芽孢；生长繁殖温度范围为28～35℃，10℃以下不能繁殖，营养体不耐热，100℃经20min可被杀死，但是芽孢耐热性强，通常需100℃经20min以上才可以杀死。pH 5以下对该菌营养体的生长繁殖有明显的抑制作用。在肉汤中生长浑浊，有菌膜或壁环产生，振摇易

乳化。在普通琼脂上生成的菌落较大，直径为3～10mm，灰白色、不透明，表面粗糙似毛玻璃状或融蜡状，边缘常呈扩展状。偶有黄绿色色素产生，在血琼脂平板上呈草绿色溶血。

（2）致病因子与致病机理

蜡样芽孢杆菌食物中毒的发生为大量活菌侵入肠道所产生的肠毒素所致。其肠毒素包括腹泻毒素和呕吐毒素。腹泻毒素为不耐热肠毒素，其相对分子质量为55000～60000，对胰蛋白酶敏感，45℃加热30min或56℃加热5min均可失去活性。几乎所有的蜡样芽孢杆菌可在多种食品中产生不耐热腹泻毒素。呕吐毒素为低分子量耐热肠毒素，其相对分子质量＜5000，对酸碱、胃蛋白酶、胰蛋白酶均不敏感，耐热，126℃加热90min不失活。呕吐毒素常出现在米饭类食品中。

（3）常见的污染食品、预防措施与检测方法

引起蜡样芽孢杆菌中毒的食品种类繁多，包括乳及乳制品、肉类制品、蔬菜、米粉、米饭等。在我国引起中毒的食品以米饭、米粉最为常见。引起蜡样芽孢杆菌食物中毒的食品，大多数无腐败变质现象，除米饭有时微黏、入口不爽或稍带异味外，大多数食品感观正常，所以常常不易被发现。其预防措施主要是：在食品加工过程中必须严格执行食品良好操作规范，以降低蜡样芽孢杆菌的污染率和菌数；剩饭及其他熟食品只能在10℃以下短时间储存，且食用前须彻底加热，一般应在100℃加热20min。

关于蜡样芽孢杆菌的分析检测，多以常用常规的分离培养方法为主，也可采用PCR的方法检测致病性蜡样芽孢杆菌溶血素*hblA*基因和*gyrB*基因（编码DNA旋转酶的B亚基，DNA旋转酶的B亚基具有高度的特异性）等靶基因。

8. 肉毒梭菌

（1）病原学特点

肉毒梭菌（*Clostridium botulinum*）属于厌氧性梭状芽孢杆菌属，革兰阳性粗大杆菌，两端钝圆，无荚膜，周身有4～8根鞭毛。28～37℃生长良好，最适pH为6～8。在20～25℃可形成椭圆形的芽孢，位于菌体次末端。当pH低于4.5或大于9.0时，或当环境温度低于15℃或高于55℃时，肉毒梭菌芽孢不能繁殖，也不产生毒素。食盐能抑制肉毒梭菌芽孢和毒素的形成，但不能破坏已形成的毒素。提高食品的酸度也能抑制该菌的生长和毒素的形成。肉毒梭菌芽孢抵抗力强，需经干热180℃、5～15min，或高压蒸气121℃、30min，或湿热100℃、5h方可致死。在固体培养基表面上，形成不正圆形、3mm左右的菌落。菌落半透明，表面呈颗粒状，边缘不整齐，界限不明显，向外扩散，呈绒毛网状，常常扩散成菌苔。在血平板上，出现与菌落几乎等大或者较大的溶血环。在乳糖卵黄牛奶平板上，菌落下培养基为乳浊态，菌落表面及周围形成彩虹薄层，不分解乳糖；分解蛋白的菌株，菌落周围出现透明环。

（2）致病因子与致病机理

肉毒梭菌食物中毒是由肉毒梭菌产生的毒素即肉毒毒素所引起的。肉毒毒素是一种强烈的神经毒素，是目前已知的化学毒物和生物毒物中毒性最强的一种，对人的致死量为10^{-9} mg/kg体重。该毒素经消化道入血后，主要作用于中枢神经系统、神经肌肉连接部和植物神经末梢，抑制神经末梢乙酰胆碱的释放，导致肌肉麻痹和神经功能不全。根据所产生毒素的抗原性，肉毒毒素分为A、B、C_a、C_b、D、E、F、G共八型，其中A、B、E、F四型可引起人类的中毒，我国报道的肉毒梭菌食物中毒多为A型，B、E型次之，F型较为少见。C、D型多引起禽、畜等动物的中毒，对人一般不致病。

（3）常见的污染食品、预防措施与检测方法

引起肉毒梭菌中毒的食品种类因地区和饮食习惯不同而异。国内以家庭自制发酵品为多见，如臭豆腐、豆酱、面酱等，其他罐头瓶装食品、腊肉、酱菜和凉拌菜等引起中毒也有报道。在国外，日本90%以上的肉毒梭菌食品中毒是由家庭自制鱼和鱼类制品引起的；欧洲各国肉毒梭菌中毒的食物多为火腿、腊肠及其他肉类制品；美国主要为家庭自制的蔬菜、水果罐头、水产品及肉、乳制品。

肉毒梭菌食物中毒的预防措施为：在食品加工过程中，对食品原料进行彻底清洁处理，以除

去泥土和粪便；生产罐头食品时，要严格执行罐头厂卫生规范，彻底灭菌；家庭制作发酵食品时还应彻底蒸煮原料，一般加热温度为100℃，加热10～20min，以破坏各型肉毒梭菌毒素；加工后的食品应迅速冷却并在低温环境储存，避免再污染和在较高温度或缺氧条件下存放，以防止毒素产生；食用前，对可疑食物进行彻底加热。

关于肉毒梭菌的检测可以通过常规的分离、培养等方法，也可以采用免疫学等方法测定肉毒梭菌毒素，以及采用PCR检测A型肉毒神经毒素基因等。

（撰写人：王小红、王爱华、陈福生）

实验6-9 肉制品中沙门菌的分离培养与鉴定

一、实验目的

了解沙门菌属的血清分型，掌握肉制品中沙门菌分离培养检验的原理、方法与操作过程。

二、实验原理

沙门菌（*Salmonella* spp.）是需氧的革兰阴性无芽孢杆菌，有周身鞭毛，能运动，不发酵侧金盏花醇、乳糖及蔗糖，不液化明胶，不产生靛基质，不分解尿素，能发酵葡萄糖并产气。通常在食品中沙门菌的含量较少，且通过食品加工使其处于濒死的状态（但是这些濒死状态的沙门菌进入机体后，能迅速恢复与繁殖，导致食品中毒）。所以，为了分离与检测食品中的沙门菌，通常需要经过前增菌处理，用无选择性的培养基使处于濒死状态的沙门菌恢复其活力，再进行选择性增菌，使沙门菌得以增殖而其他细菌受到抑制，然后采用选择性培养基结合血清学反应对沙门菌进行初步鉴定，并通过三糖铁（TSI）、靛基质、尿素、KCN、赖氨酸、山梨醇和甘露糖、ONPG（邻硝基酚β-D-半乳糖苷，o-nitrophenyl-β-D-galactopyranoside），以及血清学试验结果对沙门菌进行分析与鉴定。

三、仪器与试材

1. 仪器与器材

生化培养箱、天平、组织捣碎机、均质器、显微镜、锥形瓶、试管等。

2. 培养基与试剂

培养基主要包括缓冲蛋白胨水（BPW）、亚硒酸盐胱氨酸（SC）增菌液、三糖铁琼脂（TSI）、蛋白胨水、pH＝7.2的尿素琼脂（UA）、KCN培养基、氨基酸脱羧酶试验培养基（AADTM）、糖发酵管、ONPG培养基、亚硫酸铋（BS）琼脂、木糖赖氨酸脱氧胆碱（XLD）琼脂和四硫磺酸钠煌绿增菌液（TTB）。相关试剂主要有靛基质试剂、氧化酶试剂、革兰染色液、26种（初步分型）和57种（一般分型）沙门菌因子血清。关于这些培养基与试剂的具体配方请参阅附录1和附录2。

3. 实验材料

3～4种不同品牌的肉制品，各250g。

四、实验步骤

1. 实验流程

肉制品中沙门菌的分离培养与鉴定实验流程见图6-17。

2. 样品处理与增菌

(1) 按无菌操作要求，取100g样品切碎后，用组织捣碎机捣碎后，称取25g样品，加在装有225mL BPW的500mL广口瓶内，在均质器中以8000～10000r/min均质1min，于(36±1)℃培养8～18h。

(2) 轻轻摇动培养过的样品混合物，移取1mL，转种于10mL TTB内，于(42±1)℃培养18～24h。同时，另取1mL，转种于10mL SC内，于(36±1)℃培养18～24h。

3. 分离培养

(1) 分别用接种环取增菌液一环，划线接种于BS平板和XLD琼脂平板各一个。

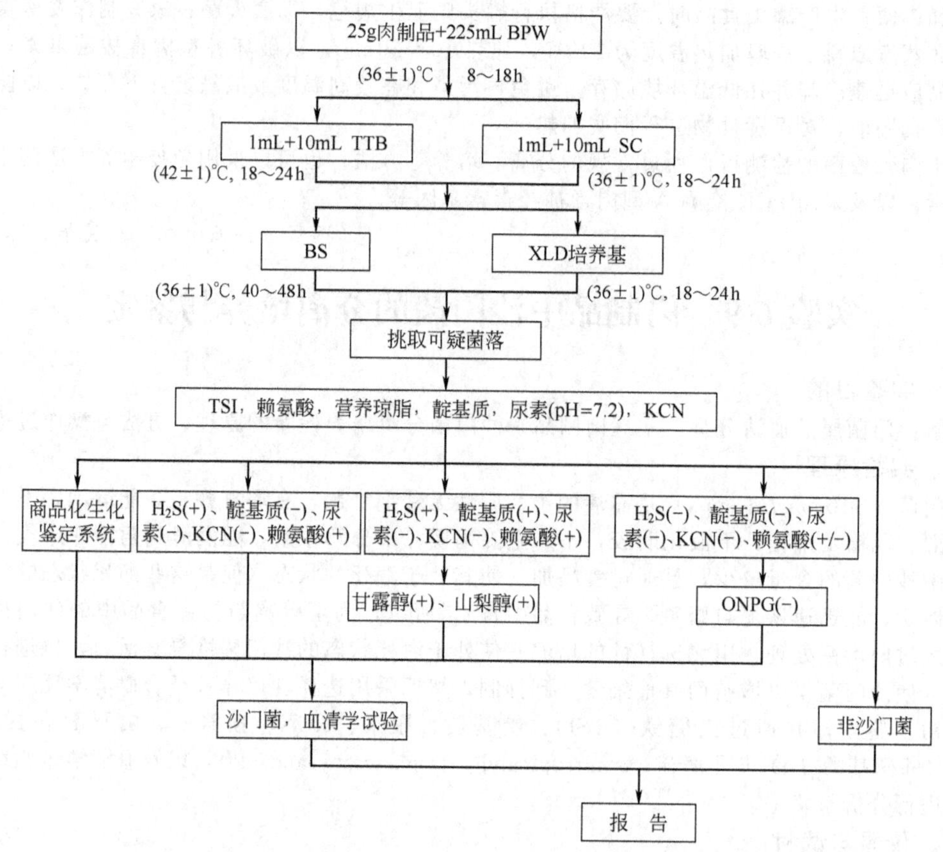

图 6-17 肉制品中沙门菌的分离培养与鉴定实验流程

（2）于（36±1）℃培养 18～24h（XLD 平板）和 40～48h（BS 平板），观察各个平板上生长的菌落。沙门菌细菌在 BS 选择性琼脂平板上的可疑菌落特征为黑色有金属光泽，菌落周围培养基为黑色，有些为灰绿色菌落，周围培养基不变。在 XLD 培养基上菌落呈粉红色，带或不带黑色中心，有些菌株可呈现大的带光泽的黑色中心，或呈现全部黑色；有些菌株为黄色菌落，带或不带黑色中心。

4. 生化鉴定

（1）TSI 初步鉴别：自选择性琼脂平板上分别挑取两个以上典型或可疑菌落，接种于 TSI，先在斜面划线，再于底层穿刺；接种针不要灭菌，直接接种赖氨酸脱羧酶试验培养基和营养琼脂平板，于(36±1)℃分别培养 18～24h，必要时可延长至 48h。根据表 6-12 初步判断是否为沙门菌。

表 6-12 沙门菌属在 TSI 和赖氨酸脱羧酶试验培养基上的结果与初步判断

TSI				赖氨酸脱羧酶试验培养基	初步判断
斜面	底层	产气	H_2S		
－	＋	＋(－)	＋(－)	＋	可疑沙门菌
－	＋	＋(－)	＋(－)	－	可疑沙门菌
＋	＋	＋(－)	＋(－)	＋	可疑沙门菌
＋	＋	＋/－	＋/－	－	非沙门菌

注：“＋”表示阳性；“－”表示阴性；“＋(－)”表示多数阳性，少数阴性；“＋/－”表示阳性或阴性。

（2）沙门菌的进一步鉴定：将可疑沙门菌分别接种含有靛基质的 BPW（供做靛基质试验）、尿素（pH＝7.2）琼脂、KCN 培养基中，于（36±1）℃培养 18～24h，必要时可延长至 48h。根据表 6-13 对沙门菌进行进一步鉴定。同时，将已挑了可疑菌落的平板置于 2～5℃或室温保留

24h，以备必要时复查。

表 6-13　沙门菌的进一步鉴定结果

序　号	H_2S	靛基质	尿素	KCN	赖氨酸脱羧酶
A_1	+	−	−	−	+
A_2	+	+	−	−	+
A_3	−	−	−	−	+/−

注："+"表示阳性；"−"表示阴性；"+/−"表示阳性或阴性。

① 出现序号 A_1 的典型结果，判定为沙门菌属。如果尿素、KCN、赖氨酸脱羧酶三项中有一项异常，按表 6-14 可判定是否为沙门菌。若有两项异常则为非沙门菌。

表 6-14　沙门菌属生化反应初步鉴定

尿　素	KCN	赖氨酸脱羧酶	判定结果
−	−	−	甲型副伤寒沙门菌(需采用血清学试验进一步鉴定)
−	+	+	沙门菌Ⅳ或Ⅴ(需按照本群生化特性进一步实验)
+	−	+	沙门菌个别变体(需采用血清学试验进一步鉴定结果)

注："+"表示阳性；"−"表示阴性。

② 出现序号 A_2 的结果，需补做甘露醇和山梨醇实验，如果实验结果均为阳性则为沙门菌，但需要结合血清学结果进一步判定。

③ 出现序号 A_3 的结果，需要补做 ONPG，如果结果为阴性则为沙门菌。

5. 血清学分型鉴定

(1) 抗原的准备：将上述经生化实验证实为沙门菌的细菌接种于营养琼脂斜面，于（36±1)℃培养 18～24h，作为实验抗原。

(2) 抗原的鉴定：用 A～F 多价 O 血清做玻片凝集试验，同时用生理盐水作对照。

① 在生理盐水中自凝者为粗糙型菌株，不能分型。

② 被 A～F 多价 O 血清凝集者，依次用 O_4、O_3、O_{10}、O_7、O_8、O_9、O_2 和 O_{11} 型沙门菌因子血清做凝集试验，根据试验结果判定 O 群。被 O_3、O_{10} 血清凝集的菌株，再用 O_{10}、O_{15}、O_{34}、O_{19} 单因子血清做凝集试验，判定 E_1、E_2、E_3、E_4 各亚群，每一个 O 抗原成分的最后确定均应根据 O 单因子血清的检查结果，没有 O 单因子血清的要用两个 O 复合因子血清进行核对。

③ 不被 A～F 多价 O 血清凝集者，先用以下 9 种多价 O 血清检查，如其中一种有血清凝集，则用这种血清所包括的 O 群血清逐一检查，以确定 O 群。9 种多价 O 血清所包括的 O 因子如下：O 多价 1 包括 A、B、C、D、E、F 群，并包括 6 与 14 群；O 多价 2 包括 13、16、17、18、21 群；O 多价 3 包括 28、30、35、38、39 群；O 多价 4 包括 40、41、42、43 群；O 多价 5 包括 44、45、47、48 群；O 多价 6 包括 50、51、52、53 群；O 多价 7 包括 55、56、57、58 群；O 多价 8 包括 59、60、61、62 群；O 多价 9 包括 63、65、66、67 群。

6. 结果分析

综合以上生化反应结果和血清学分型鉴定的结果，报告样品中是否存在沙门菌属。

五、注意事项

1. 在沙门菌的分析检测中，为了有效地扩增沙门菌数量，待检样品在以缓冲蛋白胨水进行增菌（又称为前增菌）后，常常需要采用选择性培养基对沙门菌进行选择性增菌。常用的选择性培养基包括四硫磺酸钠煌绿增菌液、亚硒酸盐胱氨酸增菌液和氯化镁孔雀绿增菌液 3 种。由于没有任何一种培养基可以保证食品等样品中各种血清型的沙门菌都得到扩增，所以往往选择其中两种选择性培养基同时进行选择性扩增。

2. 亚硫酸铋（BS）琼脂培养基不需高压灭菌。制备过程不宜过分加热，以免降低其选择性。应在临用前 1d 制备，储存于室温暗处。超过 48h 不宜使用。

3. 在生化鉴定实验中，为了节约实验时间，可以在接种 TSI 和赖氨酸脱羧酶试验培养基的同时，接种蛋白胨水（供做靛基质试验）、尿素（pH＝7.2）琼脂、KCN 培养基，然后依据表 6-13 并结合表 6-12 的结果判断是否为沙门菌。

4. 沙门菌的检测与鉴定过程非常复杂，在实验过程中一定要认真仔细，否则可能影响实验结果。

六、思考题

1. 以甲型副伤寒沙门菌为例，分析总结沙门菌的生化反应特征。
2. 沙门菌在 TSI 斜面上的培养有何特征？并分析特征产生机理。

（撰写人：王爱华、王小红、陈福生）

实验 6-10　鲜牛奶中沙门菌的 PCR 检测

一、实验目的

掌握 PCR 反应的基本原理以及应用 PCR 检测食品中沙门菌的操作。

二、实验原理

以沙门菌高度特异性的 *invA* 基因为检测靶基因，设计 PCR 特异性引物，采用 PCR 对经富集后鲜牛奶中沙门菌的靶基因进行扩增，并采用电泳对扩增后的特异性 DNA 序列进行分析，从而检测与鉴定样品中的沙门菌。

三、仪器与试材

1. 仪器与器材

PCR 仪、电泳仪、电泳槽、凝胶成像系统、台式离心机、微量移液器。

2. 菌种与引物

沙门菌（*Salmonella* spp.），*invA* 基因的上游引物 *inv*AF：5′tcctccgctctgtctactta3′与下游引物 *inv*AR：5′accgaaatattcattgacgtt3′。

3. 培养基与试剂

亚硒酸盐胱氨酸（SC）增菌液与氯化镁孔雀绿增菌液（MM）、PCR 缓冲液、脱氧核苷三磷酸（dNTP）、*Taq* DNA 聚合酶、TE 缓冲液（pH＝8.0）、溴化乙锭（EB）、琼脂糖、DNA Marker。具体配方参见附录 1。

4. 实验材料

3～4 种不同品牌的鲜牛奶，各 100mL。

四、实验步骤

1. 增菌

（1）取 10mL 牛奶，加入 90mL 亚硒酸盐胱氨酸增菌液。

（2）另取 10mL 牛奶，加入 90mL 氯化镁孔雀绿增菌液。

（3）将上述两种接种后的培养基置于 37℃恒温摇床（150r/min）上增菌培养 16h。

2. PCR 反应模板的制备

（1）取上述增菌液各 1mL（或者各取 0.5mL 混合），以 12000r/min 离心 5min，弃上清液。

（2）沉淀加 1mL TE 缓冲液，用吸管反复吹打，使之重新悬浮。

（3）以 12000r/min 离心 5min，弃上清液，加入 100μL ddH_2O[1]，于沸水中煮 15min，立即冰浴 5min，以 10000r/min 离心 3min，取 5μL 上清液作为反应模板。

3. PCR 反应

（1）反应体系。按以下配比与顺序制备反应体系（20μL）：10×PCR 缓冲液 2.5μL、dNTP（2.5mmol/L）2.0μL、上下游引物（20μmol/L）各 1.0μL、模板 2.0μL、*Taq* DNA 聚合酶

[1] ddH_2O 表示双蒸水，后同。

(2U/μL) 1.0μL、ddH_2O 10.5μL。

(2) 反应条件为：94℃ 4min热变性；94℃ 40s、60℃ 40s、72℃ 1min，35个循环；72℃延伸10min。PCR产物置4℃保存。

(3) 在冰浴上完成反应体系的制备后，混匀，并根据上述反应条件设计PCR仪，进行PCR扩增。

(4) 结果检测：取10μL PCR扩增产物加2μL溴酚蓝混匀，以DNA Marker作相对分子质量指示，在1.0%琼脂糖凝胶（含EB 0.5μg/mL）上，于80V电泳35min后，将琼脂糖凝胶置凝胶成像系统中进行观察。

4. 结果判断

沙门菌保守基因*invA*在本实验条件下，目的DNA片段大小为825bp。根据扩增产物中是否存在该片段，就可以判断鲜牛奶中是否存在沙门菌。

五、注意事项

1. 引物应采用引物设计软件进行设计，以确保其特异性。
2. 引物及PCR相关试剂应避免反复冻融。
3. PCR循环条件应根据引物的T_m值和扩增片段长度以及PCR仪的特性来设定。
4. 在配制PCR反应体系过程中，应戴手套，在冰浴上操作，且各试剂应严格按反应顺序加入。例如，*Taq* DNA聚合酶应在加入dNTP混合物后再加入，因为有些*Taq* DNA聚合酶的3′-5′外切酶活性较强，反应体系中如果不含dNTP，反应体系中的引物可能被分解。

六、思考题

1. 简述PCR引物设计的一些基本原则。
2. 分析电泳结果中出现的拖带、非特异性扩增带、无产物条带或DNA条带很弱的原因。
3. 简述PCR法与常规培养分离及鉴定法的优缺点。
4. 为什么在增菌过程中需要采用亚硒酸盐胱氨酸和氯化镁孔雀绿两种增菌液？

（撰写人：王爱华、王小红、陈福生）

实验6-11　鸡蛋中沙门菌的1-2 Test检验

一、实验目的

了解1-2 Test检验装置的结构，掌握采用1-2 Test试剂盒检测鸡蛋中沙门菌的原理与方法。

二、实验原理

沙门菌的1-2 Test检验是依据沙门菌有鞭毛、能游动的特征，结合抗原抗体免疫扩散实验而设计的一种沙门菌的快速检测方法。1-2 Test检验装置的基本结构见图6-18。该装置分为两部分，第一部分内含半固定状态的琼脂培养基，供抗原与抗体扩散和结合；第二部分内含有沙门菌的选择性增菌液——四硫磺酸钠煌绿增菌液，供沙门菌增殖。

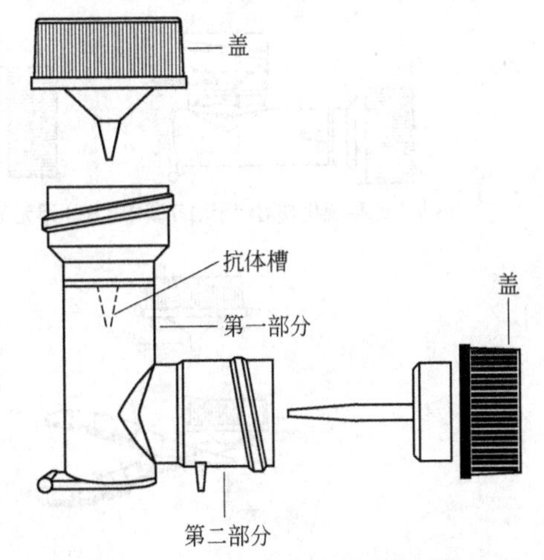

图6-18　1-2 Test检验装置结构图
（引自"陈福生等《食品安全检测与现代生物技术》，2004"）

测试时，首先将样品的沙门菌选择性增菌液接种于1-2 Test检验装置第二部分（又称培养窗）的培养基中，并将抗沙门菌鞭毛抗体加入第一部分（又称为游动窗）上部的抗体槽内，然后如图6-18所示将其垂直放置于35℃培养箱中培养14～30h。如果样品中含有沙门菌，那么经第二部分中培养基增殖后的沙门菌可以游入第一部分的琼脂中，并和其中扩散的抗体结合形成沉淀带；反之，如果没有沙门菌，则不出现沉淀带。因此，根据是否存在沉淀带就可以判断样品中是否存在沙门菌。

三、仪器与试材

1. 仪器与器材

摇床、锥形瓶、烧杯、镊子、剪刀等。

2. 培养基与试剂

亚硒酸盐胱氨酸增菌液（SC，具体配方见附录1）、1-2 Test检验装置（BioControl Systems公司生产）及相关试剂（碘-碘化物溶液、抗鞭毛抗体溶液）。

3. 实验材料

3～4种新鲜鸡蛋，各250g。

四、实验步骤

1. 选择性增菌

（1）取两枚鸡蛋，敲碎后，将蛋液放入无菌烧杯中，以无菌玻璃棒搅打均匀。

（2）按无菌操作，取10g鸡蛋液，加入90mL SC，摇匀后，于36℃恒温摇床（150r/min）上增菌培养16h。

2. 检验

（1）将1-2 Test检验装置及相关试剂从冰箱取出后，放置一定时间恢复至室温。

（2）将1-2 Test检验装置第二部分朝上，取下瓶帽（黑色），加1滴碘-碘化物溶液到第一部分（培养窗）的培养基中，盖上瓶帽，轻轻摇动，混合均匀［见图6-19(a)］。

（3）重新将1-2 Test检验装置第二部分朝上，取下瓶帽，用无菌镊子将连接第一部分与第二部分的插栓取出，丢弃［见图6-19(b)］。

（4）将0.1mL样品增菌液滴加到培养窗中，盖上瓶帽［见图6-19(c)］。

（5）将1-2 Test检验装置第一部分朝上，取下瓶帽（白色）。将凝胶空隙的顶端剪断，丢弃［见图6-19(d)］。

（6）加1滴抗鞭毛抗体溶液于抗体槽中，盖上瓶帽［见图6-19(e)］。

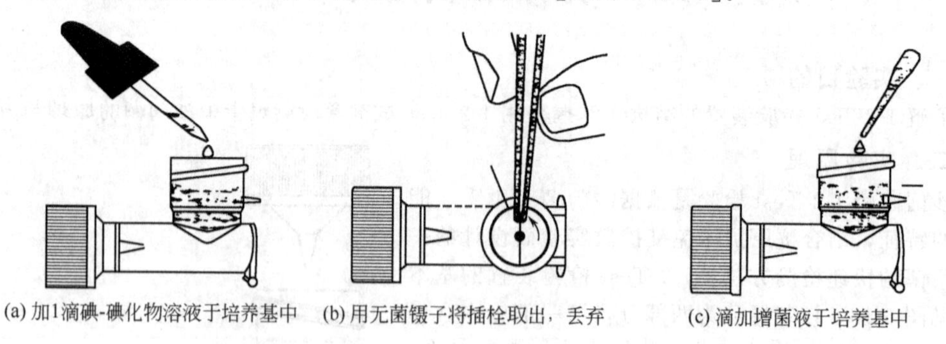

(a) 加1滴碘-碘化物溶液于培养基中　(b) 用无菌镊子将插栓取出，丢弃　(c) 滴加增菌液于培养基中

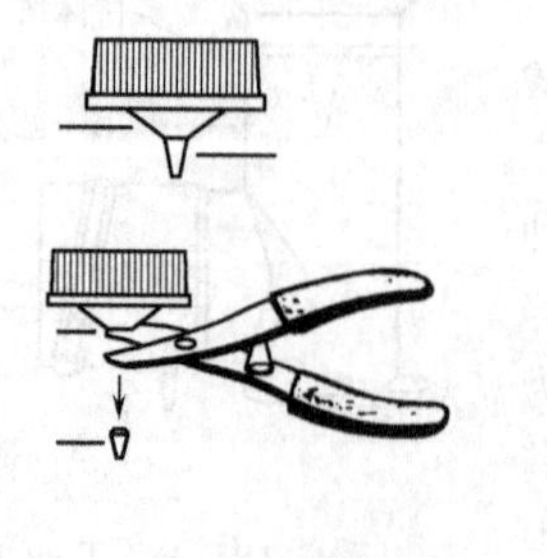

(d) 将凝胶空隙的顶端剪断，丢弃

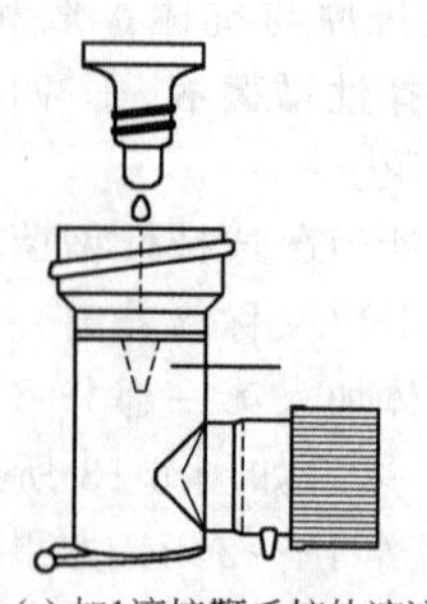

(e) 加1滴抗鞭毛抗体溶液

图6-19　1-2 Test检验操作过程

（7）将 1-2 Test 检验装置（第一部分朝上）置于 36℃培养 14～30h。

（8）检验操作过程见图 6-19。

3. 结果判定

将 1-2 Test 检验装置的第一部分朝上，对光观察在第一部分即游动窗中是否有免疫沉淀带。如果有 U 形免疫沉淀带，表明样品中可能含有沙门菌，需要进一步做确证实验。如果没有沉淀带，表明样品中不含有沙门菌。

五、注意事项

1. 本实验是以 BioControl Systems 公司生产的 1-2 Test 检验装置为例进行说明的，在具体的实验中应根据产品生产厂家与产品型号，认真阅读说明书后进行操作。

2. 本实验是根据沙门菌具有游动的特征而设计的，对少数不能游动或游动性差的沙门菌的实验效果不理想，所以也有人将本实验称为“鸡蛋中游动性沙门菌的 1-2 Test 检验”。

六、思考题

1. 简述在检验过程中，滴加碘-碘化物溶液于第一部分培养基中的作用。

2. 如果在实验结果的观察中发现，在第一部分中出现的 U 形免疫沉淀带偏上或偏下，那么如何对实验操作过程进行调整，从而使沉淀带位于中部？

（撰写人：王小红、陈福生）

实验 6-12 蛋制品中沙门菌的 Gene-Trak 试剂盒检验

一、实验目的

掌握用 Gene-Trak *Salmonella* 试剂盒检测蛋制品中沙门菌的原理与方法。

二、实验原理

Gene-Trak *Salmonella* 试剂盒是利用固相夹心杂交（solid sandwich hybridization）原理检测沙门菌的一种方法。其基本原理是预先将多聚胸腺嘧啶（poly dT）包被在浸染棒（塑料小棒，一端带有对核酸有很强吸附力的微珠）上，在杂交时，将 3′和 5′末端都标志有异硫氰酸荧光素（fluorescein isothiocyanate，FITC）的检测探针和带有多聚腺嘌呤核苷酸（poly dA）尾巴的捕获探针同时加入沙门菌的富集裂解液中，与靶序列（沙门菌特异性 rRNA 序列）杂交形成夹心杂交体，随后将浸染棒放入样品溶液中，通过包被在浸染棒上的 poly dT 与夹心杂交体的 poly dA 结合，使夹心杂交体吸附在浸染棒上，再将浸染棒放入辣根过氧化物酶（HRP）标志的抗 FITC 抗体溶液中，使 HRP 通过抗原抗体反应结合在浸染棒上，最后将检测浸染棒放入 HRP 底物溶液中，显色，测定 A_{450nm} 值。

如果吸光度 A_{450nm} 小于 0.1，则认为样品呈沙门菌阴性；如果吸光度 A_{450nm} 大于或等于 0.1，则认为呈沙门菌阳性。其检测过程的示意图同本章第一节中的图 6-2。

三、仪器与试材

1. 仪器与器材

培养箱、摇床、Gene-Trak 观测仪、移液器、锥形瓶、玻璃试管（12mm×75mm）等。

2. 培养基与试剂盒

亚硒酸盐胱氨酸增菌液（SC，具体配方见附录 1）、Gene-Trak *Salmonella* 试剂盒（内含阴性与阳性对照、裂解液、杂交液、沙门菌探针溶液、浸样棒、洗涤液、显色底物溶液、显色终止液等相关试剂）。

3. 实验材料

3～4 种蛋制品，各 250g。

四、实验步骤

1. 增菌

取10g蛋制品，加入90mL亚硒酸盐胱氨酸增菌液（SC），置于36℃恒温摇床（150r/min）上增菌培养16h。

2. 检验

（1）将0.2mL样品富集液、阴性对照和阳性对照各自加入一支玻璃试管中。

（2）每支样品管加0.1mL裂解液，振摇5s，室温保温5min。

（3）将试管置于65℃水浴中，每管分别加0.4mL杂交液与0.2mL沙门菌探针溶液。

（4）将浸样棒浸入样品管，上下5次，然后在65℃温育1h。

（5）将浸样棒置于洗涤液中于65℃洗涤1min。

（6）将浸样棒转移至装有0.75mL酶偶联物的试管中，室温（25℃）放置反应20min。

（7）室温下1min内洗涤浸样棒两次。

（8）将浸样棒转移至装有0.75mL反应底物的试管中，室温（25℃）放置反应20min。

（9）取出浸样棒后，向管中加入0.25mL终止液。

（10）在Gene-Trak观测仪上于450nm处比色测定结果。

3. 结果判定

如果测得的吸光度小于试剂盒预设的试验临界值（A_{450nm}值为0.1），则认为样品中无沙门菌检出；若测得的吸光度大于或等于临界值，则认为样品为沙门菌阳性。

五、注意事项

1. 本实验的操作过程只是Gene-Trak *Salmonella* 试剂盒的一般操作过程，在具体实验中应根据产品类型，按照产品说明书进行操作。

2. 本实验属于沙门菌的快速扫描方法，对于阳性样品，应用标准的培养程序进行确认，再进行生化和血清学鉴定。

3. 本实验设计有阴性与阳性对照，其中阴性对照的A_{450nm}必须≤0.15，且阳性对照的A_{450nm}必须≥1.00。如果任何一个对照的吸光度值落在此可接受的范围之外，则检测是无效的，必须重新进行。

4. 本方法的灵敏度为1～5cfu/25g样品；检测时间为2h左右。

六、思考题

1. 简述核酸分子杂交的原理与种类。

2. 请根据Gene-Trak试剂盒的工作原理，设计一个以异硫氰酸荧光素荧光强度为分析指标的检测沙门菌的试剂盒。并指出与本实验的试剂盒相比，你设计的试剂盒存在哪些优点与不足。

（撰写人：王小红、陈福生）

实验6-13　蛋糕等糕点中沙门菌的环介导等温扩增检验

一、实验目的

掌握用环介导等温扩增（loop-mediated isothermal amplification，LAMP）检测蛋糕等糕点中沙门菌的原理与方法。

二、实验原理

LAMP是采用能识别沙门菌 *invA* 基因中6个特定区域的4种特异性引物（F3、B3、FIP、BIP，引物序列见表6-15），在65℃水浴恒温条件下对 *invA* 进行扩增。在LAMP过程中，由于dNTP被利用而释放出焦磷酸根离子，并与反应体系中的镁离子结合生成焦磷酸镁白色沉淀物，所以通过肉眼观察是否出现白色沉淀就可以判断是否有沙门菌的存在。

三、仪器与试材

1. 仪器与器材

水浴锅、均质机、微量移液器、1.5mL离心管、锥形瓶、试管等。

2. 培养基与试剂

四硫磺酸钠煌绿增菌液（TTB，具体配方见附录 1）、引物 F3、B3、FIP、BIP（参数见表 6-15）、缓冲液［包括 Mg^{2+}、dNTP、tris-HCl、KCl、$(NH_4)_2SO_4$］、8U *Bst* DNA 聚合酶。

表 6-15 沙门菌 *invA* 基因的 LAMP 引物

引 物	长度/bp	引物序列(5′-3′)
F3	20	TGTTACGGCTATTTTGACCA
B3	18	TCGAGATCGCCAATCAGT
FIP	41	AGAGTACGCTTAAAACCACCGATTTCAATGGGAACTCTGCC
BIP	38	TAGCGCCGCCAAACCTAAAA CCTAACGACGACCCTTCT

3. 实验材料

3～4 种不同的蛋糕等糕点样品，各 100g。

四、实验步骤

1. 样品处理与增菌

（1）以无菌操作，取 25g 样品，加在装有 225mL 无菌生理盐水的 500mL 广口瓶内，用均质器以 8000～10000r/min 均质 1min。

（2）取 25mL 样品均质液，接种于 100mL 四硫磺酸钠煌绿增菌液内，于 42℃培养 24h。

2. DNA 提取

（1）取增菌液 1.0mL 于 1.5mL 离心管中，以 12000r/min 离心 5min。

（2）沉淀以 100μL ddH_2O 悬浮后，沸水浴 15min，立即冰浴 5min。

（3）以 12000r/min 离心 3min，取上清液，即为样品 DNA 提取液。

3. LAMP 反应

按表 6-16 的比例，在样品管及阴性对照管中分别加入各种试剂后，置于 65℃水浴锅保温 1h。

表 6-16 沙门菌 LAMP 反应体系

反 应 体 系	样 品 管	阴性对照管
引物(F3、B3、FIP、BIP)	5μL	5μL
缓冲液[包括 Mg^{2+}、dNTP、tris-HCl、KCl、$(NH_4)_2SO_4$]	17μL	17μL
8U *Bst* DNA 聚合酶	1μL	1μL
样品提取物	2μL	—
超纯水	—	2μL

4. 实验结果

反应完成后，将样品管和阴性对照管取出，以 12000r/min 离心 5min，观察管底部是否有白色沉淀。如果有白色沉淀，表明样品中存在沙门菌，否则样品中没有沙门菌存在。

五、注意事项

1. 本实验属于沙门菌的快速扫描方法，对于阳性样品，可以采用标准的培养程序进行确认，再进行生化和血清学鉴定。

2. LAMP 也适合于其他微生物的分析与检测，但是不同靶基因的引物是不一样的，而且有时还非常难设计出合适的引物。在具体的实验过程中，可以根据相关报道进行引物设计。

3. LAMP 的温度范围以 60～65℃为佳，具体的最适温度应根据预备实验确定。

六、思考题

1. 与 PCR 相比，LAMP 具有哪些优缺点？

2. 简述 LAMP 引物（F3、B3、FIP、BIP）设计的原则。

（撰写人：王爱华、王小红、陈福生）

实验 6-14 液态奶中金黄色葡萄球菌的分离培养与鉴定

一、实验目的

掌握金黄色葡萄球菌（*Staphylococcus aureus*）分离鉴定的原理与操作过程。

二、实验原理

金黄色葡萄球菌呈球形，排列成葡萄串状，是无鞭毛与芽孢的革兰阳性球菌。它可以产生多种特征毒素、酶和代谢产物，在血平板上生长时，能分泌金黄色色素而使菌落呈金黄色，还能产生溶血素使菌落周围形成大而透明的溶血圈；在 Baird-Parker 平板上生长时，因能将亚碲酸钾还原成碲酸钾而使菌落呈灰黑色，同时产生的脂酶可使菌落周围有一浑浊带，并在浑浊带的外沿产生一条由蛋白酶水解作用形成的透明带；在肉汤中生长时，可产生血浆凝固酶于培养基中，使血浆中的纤维蛋白原变成固态纤维蛋白，从而使血浆凝固。另外，金黄色葡萄球菌还可以耐受很高浓度的 NaCl，因此，采用含 7.5% NaCl 的肉汤对样品中的金黄色葡萄球菌选择性富集后，再根据上述生长特征就可以实现对金黄色葡萄球菌的分离与鉴定。

三、仪器与试材

1. 仪器与器材

培养箱、显微镜、试管、锥形瓶等。

2. 培养基与试剂

7.5% NaCl 肉汤、Baird-Parker 培养基、血平板（BAP)、脑心浸出液（BHI）肉汤、无菌生理盐水、兔血浆（RP)、革兰染色液。培养基的具体配方见附录 1，生化试剂和染液配方见附录 2。

3. 参照菌种

金黄色葡萄球菌（*Staphylococcus aureus*)、藤黄八叠球菌（*Sarcina lutea*)。

4. 实验材料

3～4 种不同品牌的液态奶，各 100mL。

四、实验步骤

1. 分离鉴定程序

液态奶中金黄色葡萄球菌的分离鉴定程序见图 6-20。

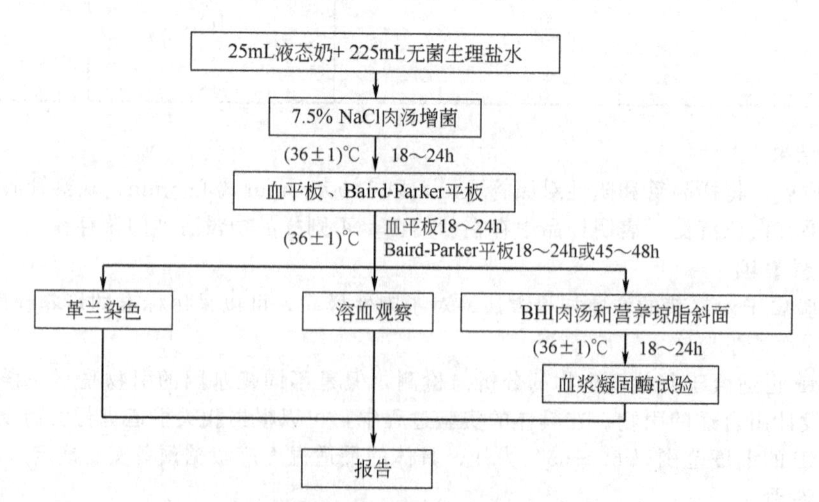

图 6-20 液态奶中金黄色葡萄球菌的分离鉴定程序

2. 稀释与富集

(1) 取 25mL 样品，加入 225mL 无菌生理盐水，摇匀。

（2）吸取5mL上述混悬液，接种于50mL 7.5% NaCl肉汤培养基中，于（36±1）℃富集培养18～24h。

3. 可疑菌落的分离

（1）将上述培养物分别划线接种到血平板和Baird-Parker平板。血平板于（36±1）℃培养18～24h。Baird-Parker平板于（36±1）℃培养18～24h或45～48h。

（2）金黄色葡萄球菌在血平板上，形成菌落较大，圆形、光滑凸起、湿润、金黄色（有时为白色），菌落周围可见完全透明的溶血圈；在Baird-Parker平板上，菌落直径为2～3mm，颜色呈灰色到黑色，边缘色较淡，周围为一浑浊带，其外沿有一透明圈，用接种针接触菌落似有奶油、树胶的硬度，偶然会遇到非脂肪溶解的类似菌落，但无浑浊带及透明圈。挑取上述可疑菌落进行革兰染色镜检与血浆凝固酶试验。

4. 革兰染色与形态观察

将上述可疑菌落革兰染色后，于显微镜下观察，金黄色葡萄球菌为革兰阳性球菌，排列为葡萄球状，无芽孢，无荚膜，直径为0.5～1μm。

5. 血浆凝固酶实验

（1）挑取上述具有金黄色葡萄球菌形态特点的可疑菌落分别接种于5mL BHI肉汤和营养琼脂斜面，于（36±1）℃培养18～24h。

（2）吸取以生理盐水稀释的1∶4新鲜兔血浆0.5mL，放入小试管中，再加入BHI培养物0.2～0.3mL，摇匀后，置于（36±1）℃温箱或水浴中，每30min观察一次，连续观察6h。如果出现凝固，即将试管倾斜或倒置时，呈现凝块者，被认为阳性结果。同时，以血浆凝固酶试验阳性的金黄色葡萄球菌与血浆凝固酶试验阴性的藤黄八叠球菌参考菌株的肉汤培养物作为对照，进行血浆凝固实验。

（3）如果结果可疑，可挑取营养琼脂斜面的菌落重复血浆凝固酶实验。

6. 结果处理

综合上述形态特征、血平板情况以及血浆凝固酶试验结果，判断样品中是否含有金黄色葡萄球菌。

五、注意事项

1. 本实验中金黄色葡萄球菌的分离鉴定方法也适合于其他食品中该菌的分离与鉴定，只是样品的稀释方法应作适当的调整。应该注意的是，对于长期保存的冷冻或干燥食品，在Baird-Parker平板上形成的菌落的颜色偏淡，且外观粗糙、干燥。

2. 在血浆凝固酶实验中，至少要每间隔30min观察一次，并做阳性和阴性对照。

六、思考题

1. 金黄色葡萄球菌在Baird-Parker平板上的菌落特征如何？为什么？

2. 鉴定致病性金黄色葡萄球菌的重要指标是什么？

（撰写人：王爱华、王小红、陈福生）

实验6-15　海产品中副溶血性弧菌的分离培养与鉴定

一、实验目的

了解副溶血性弧菌（*Vibrio parahaemolyticus*）的生长特性，掌握海产品中该菌分离鉴定的原理与方法。

二、实验原理

副溶血性弧菌为革兰阴性菌，呈弧状、杆状、丝状等多种形态，无芽孢。该菌存在于海水和海底沉积物等中，容易导致鱼类、贝壳类等海鲜及其加工产品被污染。人体摄入被其污染且加热不充分的产品后，可引起食物中毒或胃肠炎。副溶血性弧菌是一种嗜盐性弧菌，在3%～4% NaCl的培养基上和食物中生长良好，在不含NaCl的培养基中不生长；在硫代硫酸盐-柠檬酸盐-

胆盐-蔗糖（thiosulfate-citrate-bile salts-sucrose，TCBS）平板上，菌落为0.5～2.0mm大小，呈绿色或蓝绿色。

根据副溶血性弧菌的形态与菌落特点，结合其氧化酶试验、三糖铁试验以及嗜盐性试验与生化鉴定实验，就可以分离与鉴定副溶血性弧菌。

三、仪器与试材

1. 仪器与器材

显微镜、天平、组织捣碎机、均质器、培养箱、锥形瓶、试管等。

2. 培养基与试剂

3% NaCl碱性蛋白胨水（APW）、硫代硫酸盐-柠檬酸盐-胆盐-蔗糖（TCBS）、3% NaCl胰蛋白胨大豆（TSA）琼脂、3% NaCl三糖铁（TSI）琼脂、微量生理生化试管等。培养基配方见附录1。

3. 参照菌种

副溶血性弧菌、大肠杆菌。

4. 实验材料

3～4种海鲜及其产品，各250g。

四、实验步骤

1. 分离鉴定流程

副溶血性弧菌的分离鉴定流程见图6-21。

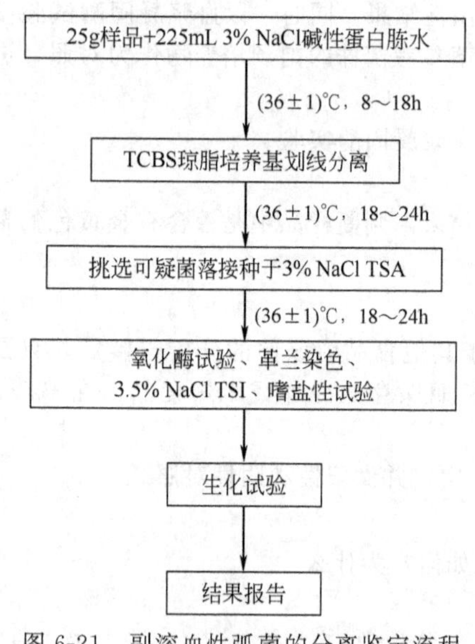

图6-21 副溶血性弧菌的分离鉴定流程

2. 样品处理与增菌

（1）取100g样品以组织捣碎机捣碎。

（2）取25g捣碎样品加入到含有225mL的3% NaCl APW中，用均质器打碎或用力摇匀10～20min后，于36℃培养8～18h。

3. 分离培养

（1）取所有显示生长的试管，用接种环蘸取1环，划线接种于TCBS平板。

（2）于(36±1)℃培养18～24h后，观察平板上生长的菌落。

（3）典型的副溶血性弧菌在TCBS上可以形成呈圆形、半透明、表面光滑、直径2～3mm的绿色菌落，用接种环轻触，有类似口香糖的质感。

（4）挑选至少3个具有上述特征的菌落，划线3% NaCl TSA平板后，于(36±1)℃培养18～24h。

4. 初步鉴别

（1）氧化酶试验：挑选3% NaCl TSA平板上的单个菌落进行氧化酶试验，副溶血性弧菌为氧化酶阳性。

（2）涂片镜检：将可疑菌落涂片，革兰染色，镜检观察。若为阳性，呈棒状、弧状等多形态，无芽孢，有鞭毛。

（3）三糖铁试验：用接种针挑取可疑菌落，转种3% NaCl TSI斜面并穿刺底层，于(36±1)℃培养24h观察结果。副溶血性弧菌在该培养基上呈现底层变黄，无气泡，斜面颜色不变或红色加深，有动力。

（4）嗜盐性试验：挑取可疑菌落，接种于不同NaCl浓度（0、7%、11%）的胰胨水中，于(36±1)℃培养24h后观察生长情况。副溶血性弧菌在无NaCl和11% NaCl的胰胨水中不生长或微弱生长，在7% NaCl的胰胨水中生长良好。

5. 生化试验

取初步鉴定为副溶血性弧菌阳性的可疑菌落，分别接种于葡萄糖、乳糖、蔗糖、甘露醇、甲基红、靛基质、V-P、赖氨酸、鸟氨酸、精氨酸、硫化氢及溶血性试验等各类微量生化培养基中，于37℃培养，除V-P、靛基质和甲基红试验培养48h后加试剂观察外，其他均在24h观察结果。

6. 结果判定

如果生化试验结果符合表6-17的现象，结合镜检的菌体形态特征、TCBS平板上的菌落特征判断样品中是否含有副溶血性弧菌。

表6-17 副溶血性弧菌的主要生化性状

实验项目	生长情况	实验项目	生长情况
0耐盐性	－	甲基红	＋
7%耐盐性	＋	V-P	－
10%耐盐性	－	靛基质	＋
葡萄糖产酸	＋	赖氨酸	＋
葡萄糖产气	－	鸟氨酸	＋/－
蔗糖	－	精氨酸	－
甘露醇	＋	溶血性	＋/－
硫化氢	－		

注："＋"表示阳性；"－"表示阴性；"＋/－"表示多数阳性，少数阴性。

五、注意事项

1. 副溶血性弧菌在适宜温度下繁殖较快，但不适于在低温生存，在寒冷的情况下容易死亡，所以采集的样品应立即检测，避免冷冻，否则将影响检验结果。

2. 在进行生化试验时，为了节约时间，可以在进行初步鉴别实验的同时进行生化实验，然后将两者的实验结果结合在一起进行分析。

六、思考题

1. 副溶血性弧菌在TCBS平板上有何菌落特征？为什么？
2. 副溶血性弧菌在TSI斜面上有何培养特征？为什么？
3. 鉴定致病性副溶血性弧菌的主要指标是什么？
4. 简述氧化酶试验的过程与现象。
5. 在可疑菌落的初步鉴别中，如何判断副溶血性弧菌是否有动力？

（撰写人：王小红、陈福生）

实验6-16 鸡肉中单核细胞增生李斯特菌的检验

一、实验目的

了解单核细胞增生李斯特菌（*Listeria monocytogenes*）的生物学特性，掌握该菌的分离鉴定原理与方法。

二、实验原理

单核细胞增生李斯特菌广泛存在于自然界中，是冷藏食品威胁人类健康的主要病原菌之一。典型的单核细胞增生李斯特菌呈短杆状，革兰染色阳性，通常呈V字形或成丛排列，偶尔可见双球形，无芽孢，一般不形成荚膜。该菌营养要求不高，在20～25℃培养有动力，穿刺培养2～5d可见倒立伞状生长，肉汤培养物在显微镜下可见翻跟斗运动。在固体培养基上，菌落初始很小，透明，边缘整齐，呈露滴状，但随着菌落的增大，变得不透明。在5%～7%的血平板上，菌落通常也不大，灰白色，刺种血平板培养后可产生窄小的β溶血环。在0.6%酵母膏胰酪胨大豆琼脂（tryptic soy agar supplemented with yeast extract，TSA-YE）上，菌落呈蓝色、灰色或蓝灰色。在科玛嘉李斯特菌显色培养基上培养1d就可见蓝色菌落。根据上述特性可对该菌进行分离与鉴定。

三、仪器与试材

1. 仪器与器材

培养箱、组织捣碎机、均质器、显微镜、锥形瓶、试管等。

2. 培养基与试剂

李氏增菌肉汤（LB_1、LB_2）、含0.6%酵母膏胰酪胨大豆琼脂（TSA-YE）、PALCAM琼脂、SIM动力培养基、科玛嘉李斯特菌显色琼脂、木糖与鼠李糖发酵管、革兰染色液、微量生理生化试管、羊血琼脂平板等。培养基配方见附录1。

3. 参照菌种

单增李斯特菌（*L. monocytogenes*）、格氏李斯特菌（*L. grayi*）、斯氏李斯特菌（*L. seeligeri*）、威氏李斯特菌（*L. welshimeri*）、伊氏李斯特菌（*L. ivanovii*）、英诺克李斯特菌（*L. innocua*）、β-溶血金黄色葡萄球菌（*Staphylococcus aureus*）和马红球菌（*Rhodococens equi*）。

4. 实验材料

3～4种鸡肉样品，各250g。

四、实验步骤

1. 检测流程

食品中单核细胞增生李斯特菌的检测流程见图6-22。

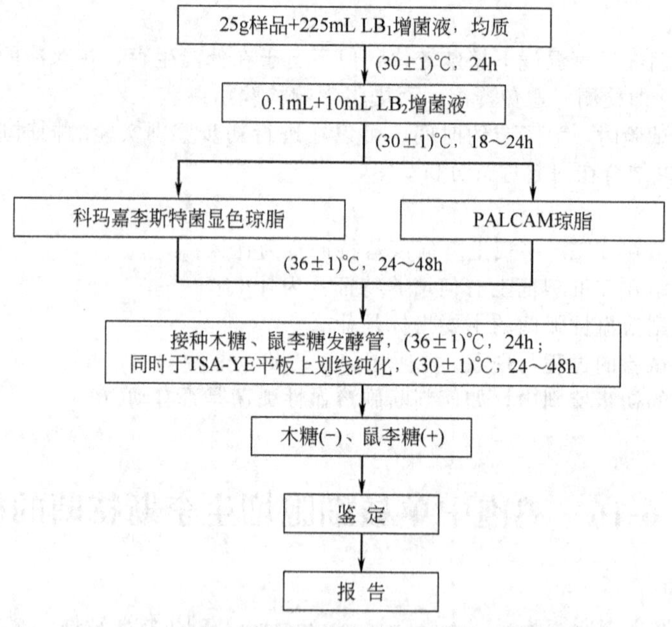

图6-22 食品中单核细胞增生李斯特菌的检测流程

2. 样品处理与增菌

（1）取100g鸡肉样品，以组织捣碎机捣碎。

（2）取25g捣碎鸡肉样品放入含有225mL LB_1增菌液的均质袋中，均质1～2min，于（30±1)℃培养24h。

（3）取上述培养液0.1mL转种于10mL LB_2增菌液，于（30±1)℃培养18～24h。

3. 菌落分离

（1）取LB_2增菌液分别划线接种于PALCAM琼脂平板和科玛嘉李斯特菌显色琼脂平板上，于（36±1)℃培养24～48h，观察各个平板上生长的菌落。

（2）典型菌落在科玛嘉李斯特菌显色琼脂平板上为小的圆形蓝色菌落，周围有白色晕圈，在

PALCAM 琼脂平板上为小的圆形灰绿色菌落，周围有灰黑色水解圈，有些菌落有黑色凹陷。

4. 初筛

(1) 自选择性平板上挑 5 个可疑菌落，分别接种于木糖、鼠李糖发酵管，于 (36±1)℃培养 24h。

(2) 同时，在 TSA-YE 平板上划线纯化，于 (30±1)℃培养 24～48h。选择木糖阴性、鼠李糖阳性的纯培养物继续进行鉴定。

5. 鉴定

(1) 染色与镜检：李斯特菌呈革兰阳性杆菌，以油镜或相差显微镜观察，在 0.85%生理盐水菌制成的水浸片中，可见轻微的旋转及翻滚。

(2) 动力试验：将可疑菌落接种 SIM 动力培养基，李斯特菌有动力，呈伞状生长或月牙状生长。

(3) 生化鉴定：挑可疑菌落进行过氧化氢酶试验。阳性反应的菌落进行糖发酵试验和 MR-VP 试验。单核细胞增生李斯特菌的主要生化特征见表 6-18。

表 6-18　单核细胞增生李斯特菌的生化特征与其他李斯特菌的区别

种　别	溶血	葡萄糖	麦芽糖	MR-VP	甘露醇	鼠李糖	木糖	七叶苷
单增李斯特菌	+	+	+	+/+	−	+	−	+
格氏李斯特菌	−	+	+	+/+	+	−	−	+
斯氏李斯特菌	+	+	+	+/+	−	−	+	+
威氏李斯特菌	−	+	+	+/+	−	V	+	+
伊氏李斯特菌	+	+	+	+/+	−	−	+	+
英诺克李斯特菌	−	+	+	+/+	−	V	−	+

注："+" 表示阳性；"−" 表示阴性；"V" 表示反应不定。

(4) 溶血试验：将羊血琼脂平板底面划分为 20～25 个小格，挑可疑菌落接种到血平板上，每个刺种一个菌落，并刺种阳性对照菌（单增李斯特菌和伊氏李斯特菌）和阴性对照菌（英诺克李斯特菌），穿刺时尽量接近底部，但不要接触到底面，同时避免琼脂破裂，于 (36±1)℃培养 24～48h。于明亮处观察单增李斯特菌和伊氏李斯特菌在刺点周围产生狭小的透明溶血环，英诺克李斯特菌无溶血环，伊氏李斯特菌产生大的透明溶血环。

(5) 协同溶血试验 (cAMP)：在羊血琼脂平板上划线接种 β-溶血金黄色葡萄球菌和马红球菌，在它们中间垂直划线接种可疑李斯特菌，与两线相近但不相交，在 (30±1)℃培养24～48h，检查平板中垂直接种点对溶血环的影响。靠近金黄色葡萄球菌接种点的单增李斯特菌的溶血增强，西尔李斯特菌的溶血也增强，绵羊李斯特菌在马红球菌附近的溶血增强。

6. 结果报告

综合以上实验结果，报告 25g 鸡肉样品中检出或未检出单核细胞增生李斯特菌。

五、注意事项

1. 实验过程的每一步骤都要用已知阳性菌和阴性菌作对照。

2. 有必要时，还可以对单增细胞增生李斯特菌进行小鼠毒力试验。具体过程为：将单增细胞增生李斯特菌的纯培养物接种到 10mL TSA-YE 肉汤中，于 (30±1)℃培养 24h，将培养物以 4000r/min 离心 5min，弃上清液，用无菌生理盐水制备成浓度为 10^{10} cfu/mL 的菌悬液。取此菌悬液进行小鼠腹腔注射 3～5 只，每只 0.5mL，观察小鼠死亡情况。致病株于 2～5d 内死亡。试验时可用已知菌作对照。单增细胞增生李斯特菌、伊氏李斯特菌对小鼠均有致病性。

六、思考题

1. 简述单核细胞增生李斯特菌的生化培养特征。

2. 在日常生活中，如何预防单核细胞增生李斯特菌引起的食物中毒？

（撰写人：王小红、陈福生）

实验 6-17 肉制品中大肠杆菌 O_{157}：H_7的检验

一、实验目的

掌握食品中大肠杆菌 O_{157}：H_7（*Escherichia coli* O_{157}：H_7）检验的原理与方法。

二、实验原理

大肠杆菌 O_{157}：H_7 是肠出血性大肠杆菌（Enterohemorrhagic *E. coli*）中最常见的血清型。该菌除不发酵或迟缓发酵山梨醇外，其他常见的生化特征与大肠杆菌基本相似。但也有某些生化反应不完全一致，例如，大肠杆菌 O_{157}：H_7 不能分解 4-甲基伞形酮-β-D-葡萄糖醛酸苷（methylumbelliferyl-β-D-glucopyranosiduronic acid，MUG）产生荧光，即 MUG 阴性。根据该菌的培养和生化特性可以实现对其的分离与鉴定。

三、仪器与试材

1. 仪器与器材

培养箱、组织捣碎机、均质器、长波紫外灯、锥形瓶、培养皿、菌吸管等。

2. 培养基和试剂

改良 EC 新生霉素增菌肉汤（mEC+n）、改良山梨醇麦康凯琼脂（CT-Sorbitol MacConKey，CT-SMAC）、改良 CHROMagar O_{157}显色琼脂、三糖铁（TSI）琼脂、月桂基磺酸盐蛋白胨肉汤-4-甲基伞形酮-β-D-葡萄糖醛酸苷（MUG-LST）肉汤、半固体营养琼脂、无菌生理盐水、大肠杆菌 O_{157}：H_7 标准血清、API20E 生化鉴定试剂盒。上述培养基的配方见附录 1。

3. 参照菌种

大肠杆菌 O_{157}：H_7 标准菌株。

4. 实验材料

3～4 种肉制品，各 250g。

四、实验步骤

1. 检验程序

大肠杆菌 O_{157}：H_7 的检验程序见图 6-23。

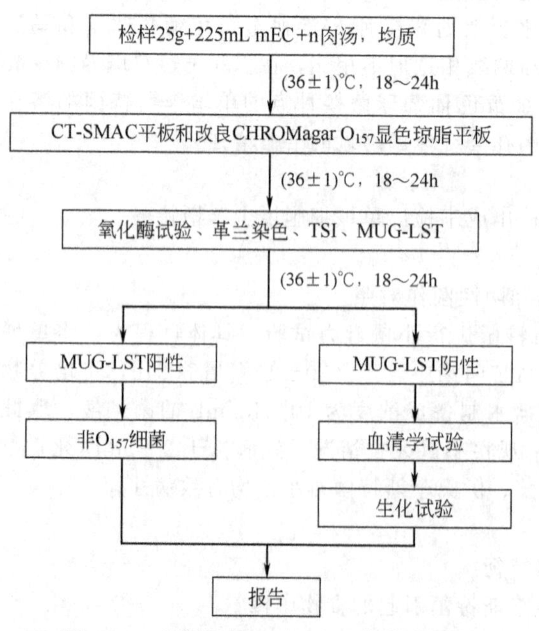

图 6-23 大肠杆菌 O_{157}：H_7 的检验程序

2. 样品处理与增菌

（1）取 100g 样品，切碎后，以组织捣碎机捣碎。

（2）取 25g 捣碎样品放入 225mL mEC 中，于均质机中均质 1～2min 后，于（36±1)℃培养 18～24h。

3. 菌落分离

（1）取增菌后的 mEC 肉汤培养物 0.1mL 涂布于 CT-SMAC 平板和改良 CHROMagar O_{157}显色琼脂平板，于（36±1)℃培养 18～24h，观察菌落形态。必要时将混合菌落分纯。

（2）在 CT-SMAC 平板上，典型菌落为不发酵山梨醇的圆形、光滑、较小的无色菌落，呈淡褐色中心，发酵山梨醇的菌落为红色；在改良 CHROMagar O_{157} 显色琼脂平板上为圆形、较小的菌落，中心呈淡紫色-紫红色，边缘无色或浅灰色。

4. 初步生化试验

(1) 挑5～10个上述可疑菌落，分别接种于TSI琼脂斜面与穿刺底层，同时接种MUG-LST肉汤，于(36±1)℃培养18～24h。

(2) 在TSI琼脂中，典型菌株为斜面与底层均呈阳性反应，呈黄色，产气或不产气，不产生H_2S。

(3) 置MUG-LST肉汤管于长波紫外灯下观察，无荧光产生者为阳性，有荧光产生者为阴性。

(4) 对分解乳糖且无荧光的阴性菌株，在营养琼脂平板上分纯，于(36±1)℃培养18～24h，并进行鉴定。

(5) 必要时进行氧化酶试验和革兰染色，O_{157}：H_7菌株为革兰阴性、氧化酶阴性。

5. 鉴定

(1) 血清学试验：将上述可疑菌落用O_{157}：H_7标准血清作凝集试验。对于H_7因子不凝集者，应穿刺接种半固体营养琼脂，检查动力，经连续传代3次，动力试验阴性，H_7因子血清凝集阴性者，确定为动力阴性菌株。

(2) 生化试验：用API20E生化鉴定试剂盒进一步进行分析。O_{157}：H_7生化反应特征见表6-19。

表6-19　大肠杆菌O_{157}：H_7的生化反应特征

指　　标	生化反应特征	指　　标	生化反应特征
三糖铁琼脂	底层及斜面呈黄色，H_2S阴性	西蒙柠檬酸盐	阴性
山梨醇	阴性或迟缓	赖氨酸脱羧酶	阳性(紫色)
靛基质	阳性	鸟氨酸脱羧酶	阳性(紫色)
纤维二糖发酵	阴性	动力试验	有动力或无动力
MUG试验	阴性	棉籽糖发酵	阳性
MR-VP	MR阳性，VP阴性		

6. 实验结果

综合上述实验结果，报告25g样品中检出或未检出大肠杆菌O_{157}：H_7。

五、注意事项

1. 在实验过程中，应以大肠杆菌O_{157}：H_7标准菌株作阳性对照，以确证不含该菌的样品作阴性对照。

2. 使用API20E生化鉴定试剂盒检测时，按照生产商的使用说明书进行。

六、思考题

1. 简述大肠杆菌O_{157}：H_7的生化反应特征。

2. 根据致病机理的不同，大肠杆菌可以分为几类？简述它们的特点。

(撰写人：王爱华、王小红、陈福生)

实验6-18　液态奶中几种常见食源性病原菌的多重PCR检测

一、实验目的

掌握多重PCR反应的基本原理，以及应用多重PCR同时检测食品中沙门菌、大肠杆菌、金黄色葡萄球菌等常见食源性病原菌的方法。

二、实验原理

多重PCR是在同一反应体系中加入多对引物同时扩增多条目的DNA片段的方法。采用本技术可同时检测多种病原微生物。在实验过程中，首先可以采用选择性增殖、离心沉淀、滤膜过滤等方法同时富集目标微生物，然后提取它们的DNA，再添加多对引物，同时扩增目标菌靶DNA

的特异性序列，并用电泳法检测扩增结果。

本实验以食品中常见的沙门菌、大肠杆菌、金黄色葡萄球菌为检测对象，选择沙门菌*invA*基因（编码侵染上皮细胞表面蛋白）、大肠杆菌*phoA*基因（大肠杆菌的持家基因）和金黄色葡萄球菌*nuc*基因（编码耐热核酸酶）为PCR靶基因，采用多重PCR对这些基因进行同时扩增，以实现对这些微生物的同时检测。

三、仪器与试材

1. 仪器与器材

PCR仪、电泳仪、电泳槽、凝胶成像系统、台式离心机、微量移液器。

2. 阳性菌种、培养基、引物

（1）阳性菌种：沙门菌CMCC50051、大肠杆菌HZFS2001和金黄色葡萄球菌ATCC6538。

（2）培养基：乳糖肉汤（LB，具体配方见附录1）。

（3）多重PCR引物：选择沙门菌*invA*基因（编码侵染上皮细胞表面蛋白）、大肠杆菌*phoA*基因（大肠杆菌的持家基因）和金黄色葡萄球菌*nuc*基因（编码耐热核酸酶）为PCR靶基因。表6-20为这些基因的引物序列与扩增片段的长度。

表6-20 本实验的PCR引物

病原菌	引物序列	扩增片段的长度/bp
沙门菌	正向：TCATCGCACCGTCAAAGGAACC 反向：GTGAAATTATCGCCACGTTCGGGCAA	284
大肠杆菌	正向：TACAGGTGACTGCGGGCTTATC 反向：CTTACCGGGCAATACACTCACTA	622
金黄色葡萄球菌	正向：CTTTAGCCAAGCCTTGACGAAC 反向：AAAGGGCAATACGCAAAGAGGT	484

3. 溶剂与试剂

PCR缓冲液、脱氧核苷三磷酸（dNTP）、正向和反向引物、*Taq* DNA聚合酶、TE缓冲液（pH＝8.0）、溴化乙锭（EB）、琼脂糖、DNA Marker、10% SDS、蛋白酶K、氯仿-异戊醇（24∶1）、酚-氯仿-异戊醇（25∶24∶1）、无水乙醇、营养肉汤。

4. 实验材料

3～4种液体奶，各50mL。

四、实验步骤

1. 增菌

取10mL样品，加入90mL营养肉汤中，于37℃摇床（150r/min）培养16h。

2. DNA提取

（1）取上述增菌液10mL，以10000r/min离心5min，弃上清液后，加入565μL TE缓冲液，用吸管反复吹打沉淀，使之重新悬浮。

（2）加入30μL 10% SDS和5μL 20mg/mL的蛋白酶K溶液，混匀，于37℃温育2h。

（3）加入等体积（600μL）的氯仿-异戊醇溶液，混匀，冰浴5min，以14000r/min离心5min。

（4）小心吸取上清液（约300μL）至一新离心管中（注意不可吸到界面处的溶液），加入等体积的酚-氯仿-异戊醇溶液，混匀，冰浴5min，以14000r/min离心5min。

（5）将上清液（约200μL）转入另一新离心管中，加入0.6倍体积的异丙醇，轻轻混合，以12000r/min于4℃离心5min，弃上清液。

（6）加入70%乙醇洗涤1min，离心，弃上清液，离心管倒扣，风干后，加入50μL TE缓冲液重新溶解沉淀作为PCR的模板DNA。

3. PCR反应体系与条件

(1) 反应体系。按下列顺序配制 PCR 反应体系(25μL 反应体系):10×PCR 缓冲液 2.5μL、dNTP(2.5mmol/L)2.0μL、正向引物(20μmol/L)1.0μL、反向引物(20μmol/L)1.0μL、模板 5.0μL、*Taq* DNA 聚合酶(2U/μL)1.0μL、ddH_2O 12.5μL。

(2) 反应条件:95℃ 7min 热变性;95℃ 30s、55℃ 30s、72℃ 30s,30 个循环;72℃ 延伸 15min。PCR 产物置 4℃保存。

4. 结果检测

取 10μL PCR 扩增产物加 2μL 溴酚蓝混匀,以 DNA Marker 作相对分子质量指示,用 1.0% 琼脂糖凝胶(含 EB 0.5μg/mL)在 80V 电压下电泳 35min,置凝胶成像系统中观察是否存在对应的条带。如果出现对应的条带,则认为存在对应的微生物;没有对应条带,则认为不存在对应的微生物。

五、注意事项

1. 在实验过程中应以阳性对照菌株与确定不含目标微生物的样品进行阳性与阴性对照实验。

2. 引物设计应具有特异性,依靠引物设计软件进行设计,不同引物对所扩增产物的大小要能通过电泳或其他方法区分开;引物分装成多管,不宜反复冻融多次。

3. PCR 循环条件应根据引物的 T_m 值和扩增片段长度以及 PCR 仪的特性来设定。

4. 在配制 PCR 反应体系过程中,各种反应成分不能遗漏,应严格按反应顺序加入,如 *Taq* DNA 聚合酶应在加入 dNTP 混合物后再加入,因为有些酶的 3′~5′外切酶活性较强,反应体系中如果不含 dNTP,反应体系中的引物可能被分解。注意操作应戴手套,冰上操作。

六、思考题

1. 多重 PCR 引物设计应注意哪些问题?

2. 分析影响多重 PCR 扩增的主要因素。

(撰写人:王小红、陈福生)

实验 6-19 饮料中几种常见病原菌金标试剂条的快速检测

一、实验目的

了解金标试剂条的结构,掌握其检测原理与快速检测食品中大肠杆菌、单核细胞增生李斯特菌和沙门菌的操作过程与结果判断方法。

二、实验原理

本实验采用胶体金免疫色谱试纸条对食品中大肠杆菌、单核细胞增生李斯特菌、沙门菌等几种常见的食源性病原菌进行快速检测。检测用的胶体金免疫色谱试纸条将各种反应试剂分别固定在试纸条上。检测时,检测样品加在试纸条的一端,毛细管作用使样品溶液在试纸条(色谱材料)上泳动,样品中的待测物与试纸条上的待测物受体发生特异性结合反应,形成的复合物被富集在试纸条上的特定区域(检测线、质控线),然后通过可目测的胶体金标记物出现的颜色深浅来判断样品液中是否含有待检测物质以及它们的大致含量。关于金标免疫技术的相关内容请参阅本书第七章。

三、仪器与试材

1. 阳性菌株

大肠杆菌、单核细胞增生李斯特菌和沙门菌的标准参考菌株。

2. 培养基与试材

营养肉汤(NB,具体配方见附录 1),大肠杆菌、单核细胞增生李斯特菌和沙门菌的金标试剂条。

3. 实验材料

3~4 种不同的饮料,各 50mL。

四、实验步骤

1. 增菌

取各种饮料 10mL 分别接种于 90mL 营养肉汤培养基中，于 37℃振荡（100r/min）培养 18～24h。

2. 检测

将 2 滴菌液（约 100μL 样品增菌液）分别滴加于试剂条加样处，5～10min 后观察结果。

3. 结果判定

如有 2 条清晰的粉红色带出现，为阳性；如果仅在质控线处出现红色条带则为阴性；如果没有条带则表明试剂条可能失效，需要重新采用新的试剂条进行测试。

五、注意事项

1. 对污染比较严重的样品，可以直接测定，而无需进行增菌。

2. 金标纸条虽然可在室温保存，但大批暂时不用的金标纸条还是应该放在 4℃保存，以免抗体失效，从冰箱刚取出的金标纸条则应待其恢复至室温，然后才打开密封，这样可避免反应线模糊不清。

六、思考题

1. 简述金标法快速检测病原菌的原理与优缺点。

2. 金标法还可以用于哪些检测领域？

（撰写人：王小红、陈福生）

参考文献

[1] Fratamico P M，Strobaugh T P. Simultaneous detection of Salmonella spp. and Escherichia coli O_{157}：H_7 by multiplex PCR. Journal of Industrial Microbiology and Biotechnology，998，21：92-98.

[2] 陈福生，高志贤，王建华．食品安全检测与现代生物技术．北京：化学工业出版社，2004.

[3] 陈双雅，张永祥．基因芯片在食品微生物检测中的应用．食品工业科技，2008，(4)：314-317.

[4] 范宏英，吴清平，吴若菁等．饮用水中 5 种致病菌多重 PCR 技术检测研究．微生物学通报，2005，32 (3)：102-107.

[5] 顾其芳，周培君，王颖等．阻抗法快速定量测定食品中的乳酸菌方法探索．中国卫生检验杂志，2000，(10)：513-514.

[6] 何晓青．卫生防疫细菌检验．北京：新华出版社，1989.

[7] 黄留玉．PCR 最新技术原理、方法及应用．北京：化学工业出版社，2005.

[8] 寇运同，马洪明，刘晨光．用 PCR 技术快速检测食品中单核细胞增生李斯特菌．食品科学，2001，22 (5)：52-55.

[9] 李秀春，顾世海．产志贺毒素大肠埃希菌的鉴定及分布特征．中国实验诊断学，2006，10 (12)：1456-1457.

[10] 卢强，陈贵连，林万明等．PCR 扩增 invA 基因特异性检测沙门氏菌．中国兽医学报，1994，14 (3)：251-254.

[11] 陆兆新，郑晓冬，陈福生等．现代食品生物技术．北京：中国农业出版社，2002.

[12] 罗雪云，刘宏道．食品卫生微生物检验标准手册．北京：中国标准出版社，1995.

[13] 萨姆布鲁克，拉塞尔著．分子克隆实验指南．黄培堂等译．第 3 版．北京：科学出版社，2002.

[14] 王迪，陈倩．阻抗法快速测定熟肉制品中菌落总数方法的研究．中国卫生检验杂志，2005，15 (12)：1485-1486.

[15] 汪琦，张昕，张惠媛等．利用 PCR 方法快速检测食品中的沙门氏菌．检验检疫科学，2006，15 (6)：26-28.

[16] 许一平．多重 PCR 检测沙门菌、大肠杆菌和金黄色葡萄球菌的研究：[硕士学位论文]．武汉：华中农业大学，2006.

[17] 杨小龙，陈朝琼．食品微生物快速检测技术研究进展．河北农业科学，2008，12 (12)：51-53.

[18] 杨毓环，陈伟伟．VITEK全自动微生物检测系统原理及其应用．海峡预防医学杂志，2000，6（3）：38-39.
[19] 曾庆梅，张冬冬，杨毅等．食品微生物安全检测技术．食品科学，2007，28（10）：632-637.
[20] 周向华，王衍彬，叶兴乾等．电阻抗法在食品微生物快速检测中的应用．食品科技，2003，（10）：73-75.
[21] 朱胜梅，吴佳佳，徐驰等．环介导等温扩增技术快速检测沙门菌．现代食品科技，2008，24（7）：725-730.
[22] GB/T 4789.2—2008　食品卫生微生物学检验　菌落总数测定．
[23] GB 4789.3—2008　食品卫生微生物学检验　大肠菌群测定．
[24] GB 4789.4—2008　食品卫生微生物学检验　沙门氏菌检验．
[25] GB 4789.7—2008　食品卫生微生物学检验　副溶血性弧菌检验．
[26] GB 4789.10—2008　食品卫生微生物学检验　金黄色葡萄球菌检验．
[27] GB 4789.15—2003　食品卫生微生物学检验　霉菌和酵母计数．
[28] GB 4789.26—2003　食品卫生微生物学检验　罐头食品商业无菌的检验．
[29] GB 4789.30—2008　食品卫生微生物学检验　单核细胞增生李斯特氏菌检验．
[30] GB 4789.36—2008　食品卫生微生物学检验　大肠埃希氏菌 O_{157}：H_7/NM 检验．
[31] 3M Petrifilm™细菌总数测试片判读手册．

第七章　食品中常见生物毒素的检测

第一节　概　　述

一、生物毒素的定义、分类和危害

1. 定义

生物毒素（biotoxin）是由动物、植物和微生物在其生长繁殖过程中或在一定条件下产生的对其他生物物种有毒害作用的化学物质，也称为天然毒素（natural toxin）。早在公元前 600 年，亚洲西部的亚述人在泥砖上就记载有人们因食用裸麦而发生麦角中毒的事件。公元 1578 年，李时珍所著的《本草纲目》也记载了很多毒素，并记载了利用它们进行治病与制药的方法。公认的毒理学之父，18 世纪的西班牙医生 Joseph Boniven Orfila 编著了第一本《毒理学》。由于自然灾害与战争导致人们“饥不择食”而引起的毒素中毒事件也时有记载，第二次世界大战期间，俄罗斯西伯利亚地区的居民由于食用了被真菌毒素污染的麦子而导致了大规模的中毒，其中阿木尔州的 10 万居民中死亡 1 万余人。随着社会的进步与社会生产力的发展，如今出现大规模的毒素中毒事件已经很少见报道，但是在世界范围特别是在发展中国家，个别的或小规模的毒素中毒事件还时有发生。

到目前为止，已知化学结构的生物毒素有数千种，包括简单的小分子化合物到复杂结构的有机化合物等几乎所有的化学结构类型，许多结构还是尚不存在于合成化学中的具有重要生物学意义的新型的天然化学结构。能够产生生物毒素的生物很多，包括细菌、真菌、植物、昆虫、爬行动物、两栖动物以及许多种属的海洋生物等。

2. 分类

生物毒素的种类很多，分类方法也多种多样，可以根据来源分，也可以根据临床表现、作用机理和化学成分等进行分类。

依据产生毒素的生物种类不同，可以分为细菌毒素、真菌毒素、植物毒素、动物毒素和海洋生物毒素等。其中，海洋生物毒素包括来自海洋的植物、动物和微生物产生的毒素，由于它们均来自于海洋，所以将其归为一类。表 7-1 是常见生物毒素的种类。

表 7-1　常见生物毒素的种类

类别	主要产毒生物	毒素化学本质	代表毒素
细菌毒素	病原细菌	蛋白质和脂多糖	肉毒毒素、霍乱毒素、肠毒素、内毒素
真菌毒素	产毒真菌	有机环系化合物	黄曲霉毒素、杂色曲霉毒素、单端孢霉烯毒素、T-2 毒素
植物毒素	产毒植物	生物碱、萜类、苷类、酚类、聚炔、非蛋白氨基酸和蛋白等	吗啡、箭毒、乌头碱、蓖麻毒素
动物毒素	毒蜂、黄胡蜂、斑蝥、刺蛾、毒蛇、蝎、毒蛙、毒蜘蛛	多肽和蛋白	蜂毒、斑蝥毒素、银环蛇毒素、虎蛇毒素、箭毒蛙毒素、蝎毒、蜘蛛毒素
海洋生物毒素	藻类、毒贝、芋螺、河豚、西加鱼类	萜类、生物碱、聚醚类、多肽	沙蚕毒素、微囊藻毒素、河豚毒素、刺尾鱼毒素、西加毒素、芋螺毒素

根据毒素的临床表现不同，生物毒素分为光敏毒素、神经毒素、消化道毒素、呼吸系统毒素，以及致畸和致癌毒素等。光敏毒素是指可以使动物或人对光产生过敏反应的毒素。例如，植物产生的补骨脂素（psoralen）可使人产生光敏作用。神经毒素是指作用于神经，干扰破坏神经系统的毒素。例如，棘豆属（*Oxytropis* spp.）和黄芪属（*Astragalus* spp.）植物被动物采食后可引起以神经症状为主的慢性中毒，因此又称为疯草（locoweed）；印度大麻（*Cannabis indica*）

能引起一系列精神病变，已成为世界性的毒品；蜂毒明肽（apamin）对中枢神经系统有特异性作用。消化道毒素是一类作用于消化道，引起恶心、呕吐和腹泻等症状的毒素。例如，夹竹桃（*Nerium indicum*）的叶、茎和根均含有剧毒的消化道毒素，动物或人吃十几片叶子即能中毒。呼吸系统毒素是指作用于呼吸系统，引起呼吸道疾病的毒素。例如，白苏（*Perilla frutescens*）是一种广泛分布于我国的野生香料植物，其茎叶中所含的芳香油可引起水牛急性肺水肿。致畸和致癌毒素是指具有致畸或致癌作用的毒素。例如，小剂量的棒曲霉素（patulin）注入鸡胚后可引起其畸变；黄曲霉毒素（aflatoxins）是公认的致癌物质。

根据作用机理，生物毒素可以分为：作用于细胞膜，使细胞破裂的细胞溶解毒素，如Pallolysin溶解多种动物的红血球；抑制蛋白质合成的基因毒素；作用于离子通道的毒素，如河豚毒素（tetrodotoxin）、乌头碱（aconitine）等都是作用于钠离子通道的毒素，而芋螺（*Conus* spp.）毒素是作用于钙离子通道的毒素；作用于突触的神经毒素，如肉毒毒素（botulinus toxin）、破伤风毒素（tetanus toxin）均作用于神经突触；凝血和抗凝血的毒素，如有些蛇毒就是凝血或/和抗凝血毒素。

另外，根据毒素的化学成分，可以分为蛋白质类毒素、多肽类毒素、糖蛋白类毒素和生物碱类毒素等。

3. 危害

大多数生物毒素均为剧毒物质，常常以高特异性选择性地作用于酶、细胞膜、受体、离子通道、核糖体蛋白等特定靶位分子，产生毒害效应，对人畜危害巨大。例如，1g肉毒杆菌毒素可以毒杀100万只小鼠。黄曲霉毒素和杂色曲霉毒素（sterigmatocystin）等真菌毒素通过污染玉米、花生等，诱发肝癌、胃癌和食道癌。存在于棉籽及未精制棉籽油中的棉籽酚（gossypol）对心、肝、肾及神经、血管等均有毒性。存在于河豚中的河豚毒素（tetrodotoxin）是一类非常强的神经毒素，可导致中枢神经和神经末梢麻痹，出现恶心、呕吐、腹痛、腹泻，甚至出现呼吸困难、血压下降、言语障碍、昏迷等症状，造成呼吸循环衰竭致死。

此外，生物毒素还可以造成农业、畜牧业、水产业的损失和环境危害。例如，草原毒草是危害和制约我国草原畜牧业发展的重要原因之一。其中，棘豆属、栎属（*Quercus* spp.）及紫茎泽兰（*Ageratina adenophora*）等有毒植物被称为我国三大有毒植物，在草原上分布广、毒性强，动物采食后可引起神经性中毒症状。另外，荨麻（*Urtica* spp.）、沙漠玫瑰（*Adenium obesum*）、乌羽玉（*Lophophora williamsii*）、大花曼陀罗（*Datura suaveolens*）、毒芹（*Cicuta virosa*）和毛茛类（*Ranunculus* spp.）等有毒植物对我国西部畜牧业的危害也与日俱增。

二、生物毒素的免疫学分析方法

生物毒素的分析方法概括起来大体上分为生物学方法、仪器分析法、免疫学方法三大类。其中，生物学方法通常以小鼠作为实验动物，通过口服毒性试验、皮肤毒性试验、致呕吐实验等来完成；也可以通过测定生物毒素对草履虫等动物和对植物种子发芽的影响来间接测定生物毒素的毒性。这些方法由于操作麻烦、耗时长、不能准确定量，目前仅用于毒理学和生物对毒素的耐受性等方面的研究，已基本上不用于生物毒素含量的分析与测定。

用于生物毒素分析的仪器分析法主要包括荧光检测法、紫外分光光度法、薄层色谱法、气相色谱法、气相色谱-质谱联用技术、高效液相色谱法、液相色谱-质谱联用技术、毛细管电泳、毛细管电泳-质谱联用技术等。关于这些方法的具体内容与优缺点请参阅本书的其他章节与其他书籍。

免疫学方法是从20世纪七八十年代才开始用于生物毒素分析的方法。由于免疫学方法具有灵敏、快速、特异、经济等优点，所以发展非常迅速，是目前检测生物毒素的主要方法之一。下面首先简要介绍与免疫学方法相关的抗原与抗体的定义、抗原抗体的反应特性，然后对常见的免疫学方法进行阐述。

（一）抗原与抗体

1. 抗原

(1) 定义与分类

抗原 (antigen, Ag) 是指进入动物体内能刺激动物的免疫系统发生免疫应答，从而引起动物产生抗体或形成致敏淋巴细胞，并能和抗体或致敏淋巴细胞发生特异性反应的物质。一个完整的抗原即完全抗原 (complete antigen) 包括两方面的免疫性能：一是免疫原性 (immunogenicity)，指抗原进入体内刺激免疫系统产生抗体或形成致敏淋巴细胞的特性，具有这种能力的物质称为免疫原 (immunogen)；二是免疫反应性 (immunoreactivity)，指抗原能和对应的抗体或致敏淋巴细胞发生特异性反应的特性，又称为反应原性。有些物质，如某些真菌毒素、抗生素、农药等，单独存在时只有免疫反应性而无免疫原性，是非免疫原物质，被称为半抗原 (hapten)。半抗原必须经过改造后才能具有免疫原性。关于半抗原的改造方法将在以下的内容中介绍。

通常情况下，完全抗原的结构较半抗原的复杂，分子量较半抗原的大，但是真正引起机体产生免疫应答并与抗体反应的基本构成单位是抗原决定簇，或称为抗原表位 (antigenic epitope)。它是位于抗原物质分子表面或者其他部位的具有一定组成和结构的特殊化学基团，比抗原的体积更小，结构也更简单。例如，在蛋白质抗原中，3～8 个氨基酸残基可以构成一个抗原决定簇；在多糖抗原中，3～6 个呋喃环可以组成一个抗原决定簇。

抗原可以根据其来源、组成与理化性质，以及抗原与被免疫动物之间的亲缘关系等来进行分类。

根据来源，抗原可分为天然抗原、人工抗原和合成抗原等三类。天然抗原是指天然的生物、细胞及天然产物，主要来自动物、植物和微生物，例如血细胞、细菌和病毒，以及蛋白质、多糖、脂类和核酸等都可以是天然抗原。人工抗原是指通过人工化学改造后的抗原，例如半抗原经化学改造后形成的完全抗原就属于人工抗原。合成抗原是指采用化学方法合成的具有抗原性质的物质，氨基酸聚合物是常见的合成抗原。

根据抗原的水溶性不同，抗原可分为不溶于水的颗粒抗原和可溶性胶体抗原两类。例如细菌的鞭毛、纤毛和完整的微生物菌体等都是颗粒抗原，而蛋白质、多糖、DNA 和细菌毒素等都是可溶性胶体抗原。

当以天然抗原免疫动物时，其抗原性会因被免疫动物与抗原之间亲缘关系的远近而有不同的表现。根据这种关系可以将抗原分为自身抗原 (autoantigen)、同种型抗原 (isoantigen) 和异种抗原 (xenoantigen) 三种。自身抗原是指抗原来自免疫动物自身的抗原。在正常情况下，免疫系统对自身物质不作为抗原对待，但是当机体受到外伤或感染等刺激时，就会使隐蔽的自身抗原暴露或改变自身的抗原结构，或者免疫系统本身发生异常，这些情况均可以使免疫系统将自身物质当作抗原性异物来识别，诱发自身免疫应答，从而引起自身免疫疾病。同种型抗原是指抗原来自同种动物的不同个体，这些个体在遗传上是不同的，个体间的抗原性存在差异，来自某个体的抗原能够刺激同种其他个体产生免疫应答。异种抗原是指来自和免疫动物不同种属的抗原。通常情况下，异种抗原的免疫原性比较强，容易产生较强的免疫应答。前面所述的细菌鞭毛、纤毛、完整的微生物菌体和由它们分泌产生的蛋白质、多糖、DNA 和真菌毒素等，当它们免疫动物时都属于异种抗原。

有些物质，例如某些细菌毒素，只需要极低的浓度 (1～10ng/mL) 就可以产生非常大的免疫效应，可以使免疫动物 20% 的 T 细胞活化，而通常的多肽抗原在初次免疫应答中只能使 0.001%～0.1% 的 T 细胞活化，这类物质被称为超抗原 (superantigen)。超抗原在免疫机制上与一般的抗原不同，关于超抗原的更多内容请参阅其他相关书籍。

上述关于抗原的分类可归纳为图 7-1。

(2) 人工抗原的制备

如前所述，根据来源，抗原可分为天然抗原、合成抗原和人工抗原，其中天然抗原的制备包括提取、分离和纯化等过程，它与一般的蛋白质的分离纯化基本相同，合成抗原的制备也与一般的蛋白质等物质的合成基本相似。考虑到篇幅的限制，在这里将以半抗原的改造为例，对人工抗原的制备进行简要叙述。

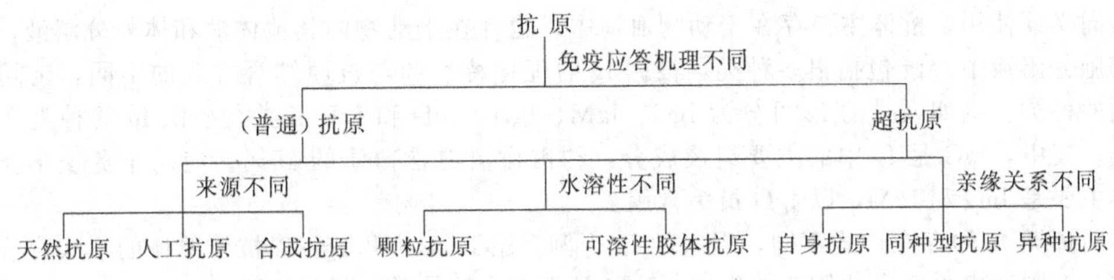

图 7-1　抗原的分类

将无免疫原性的半抗原（通常为小分子物质，如真菌毒素）与具有免疫原性的蛋白质等结合后，将制备得到的结合物免疫动物，可以得到能与该半抗原结合的抗体，即通过结合后，半抗原获得了免疫原性。与半抗原结合的具有免疫原性的蛋白质等称为载体（carrier），获得的结合物成为完全抗原（complete antigen）。真菌毒素、细菌毒素、多糖、多肽、核酸、抗生素残留、农药残留等通常均属于半抗原，需要进行半抗原的改造。

在半抗原改造中，常见的载体除了牛血清蛋白（bovine serum albumin，BSA）、卵清蛋白（ovalbumin，OV）、钥孔虫戚血蓝素（也称为血蓝蛋白，keyhole limpet haemocyanin，KLH）和多聚赖氨酸（poly lysine）等外，也包括淀粉、硫酸葡聚糖、聚乙烯吡咯烷酮颗粒、羧甲基纤维素和活性炭等。其中，以蛋白质类载体较常用，效果也比较好。

半抗原与载体的连接方法可以分为物理方法和化学方法两大类。物理方法主要依靠载体的电荷或/和微孔吸附半抗原，从而将半抗原和载体连接在一起。物理连接方法相对比较简单，一般只需将半抗原和载体按一定的比例混合就可以实现两者的相互结合。例如，以上述的淀粉、硫酸葡聚糖、聚乙烯吡咯烷酮颗粒、羧甲基纤维素和活性炭等为载体时，通常采用物理方法将半抗原改造成完全抗原。

半抗原的化学改造方法比较复杂。对于带有游离氨基或/和游离羧基的半抗原，在适当的条件下，将它们与载体蛋白质（或多肽聚合物载体）直接连接就可以完成改造；而对于没有上述两种游离基团的半抗原，一般首先需要采用适当的方法和措施使它们带有游离的氨基或羧基或者其他活性基团。其中，将羧基引入半抗原是最常见的方法，包括琥珀酸酐法、重氮化的对氨基苯甲酸法、1-氯醋酸钠法和氧-(羧甲基)羟胺法等。而半抗原与载体蛋白质的连接方法主要有戊二醛法、碳化二亚胺（carbodiimide）法和氯甲酸异丁酯法等。关于这些方法的原理与具体操作过程请参阅相关书籍。

图 7-2 是食品与饲料中常见的真菌毒素之一——黄曲霉毒素 B_1（aflatoxin B_1，AFB_1）与 BSA（或 OV）的连接过程。由于 AFB_1 是半抗原，而且性质稳定，本身不含有能和载体蛋白质直接反应的氨基或羧基，所以首先应将氧-(羧甲基)羟胺（$H_2N—O—CH_2—COOH$）引入其中，使其转化为黄曲霉毒素 B_1 肟（aflatoxin B_1 oxime，AFB_1O），然后 AFB_1O 与载体蛋白（BSA 或 OV）连接成完全抗原。

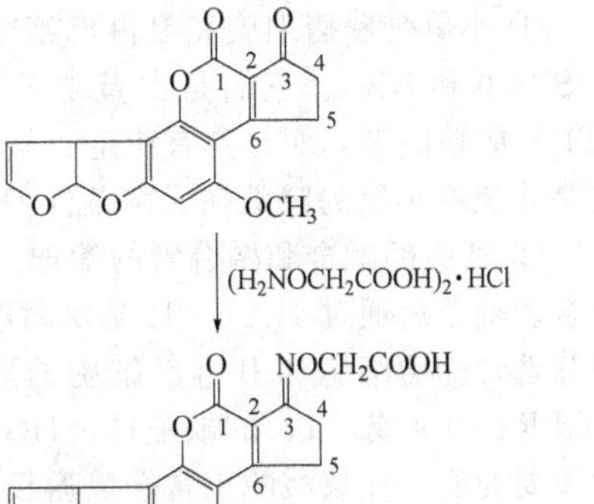

$(H_2NOCH_2COOH)_2 \cdot HCl$

BSA(OV)

图 7-2　半抗原黄曲霉毒素 B_1 转化成完全抗原的示意图

（引自"陈福生等《食品安全检测与现代生物技术》，2004"）

2. 抗体

(1) 定义、分类与结构

抗体（antibody，Ab）是由抗原刺激动物的免疫系统后，由免疫系统产生分泌的能与相应抗原发生特异性结合的免疫球蛋白（immunoglobin，Ig）。通常 Ab 和 Ig

可作为同义词使用。抗体主要存在于动物血清中，也存在于动物的其他体液和体外分泌液，如乳汁和细胞分泌液中。Ig包括很多种类，根据Ig的理化特性和与抗原结合方式的不同，Ig可以分为不同的种类。例如人类的Ig可分为IgG、IgM、IgA、IgD和IgE五类。小鼠Ig的种类和人Ig的相同。其中，IgG是Ig中的主要组成成分，约占血清总蛋白质的15%。应用于免疫学技术中的抗体主要是IgG和IgM，以IgG最为常用。

不同种类Ig的存在形式不同，以人的Ig为例，IgG、IgE和IgD以抗体单体的形式存在，而IgM和IgA则通常由多个抗体单体组成。IgM是由五个抗体单体通过J链（joining chain）连接在一起的五聚体，而IgA则是由J链连接在一起的二聚体、三聚体甚至四聚体。每个抗体单体有两个抗原的结合位点，如果将一个结合位点称为一价，那么IgG、IgE和IgD都是二价抗体，而IgM则是十价抗体。

（2）抗体的制备

目前用于免疫学分析的抗体包括多克隆抗体（polyclonal antibody，pAb）、单克隆抗体（monoclonal antibody，mAb）和生物工程抗体（biological engineering antibody）。它们的制备方法各不相同，下面仅进行简要的介绍，具体的制备过程请参阅其他书籍。

多克隆抗体是将抗原直接免疫试验动物后获得的血清，即抗血清（antiserum）。由于抗血清中的抗体是由不同的抗原决定簇刺激不同抗体产生细胞（淋巴B细胞）产生的抗体混合物，所以称为多克隆抗体。多克隆抗体的制备技术具有制备过程简单、操作容易、生产成本低、无需特殊的仪器设备等优点。

单克隆抗体是由单一的淋巴B细胞克隆，针对单一的抗原决定簇产生的均一的免疫球蛋白。与多克隆抗体相比，单克隆抗体具有理化性质高度均一、生物活性单一、与抗原结合的特异性强和亲和力强等优点。自从1975年Köhler和Milstein首次成功制备得到小鼠抗绵羊血红细胞的单克隆抗体以来，单克隆抗体的发展非常迅速，已经在免疫学、微生物学、肿瘤学、遗传学、分子生物学、生物医学基础研究与免疫治疗、疫病诊断与检疫等领域中得到了很好的应用。

单克隆抗体制备过程比较复杂，概括起来包括以下几个步骤。

① 小鼠骨髓瘤细胞和B淋巴细胞的准备　小鼠骨髓瘤细胞有很多不同的株系，最为常用的是SP2/0和NS-1。它们是次黄嘌呤鸟嘌呤核苷酸转移酶（HGPRT）和（或）胸腺嘧啶激酶（TK）的缺陷型，而且具有稳定、易培养、自身不分泌免疫球蛋白、融合率高等特点。B淋巴细胞是将免疫小鼠的脾脏在无菌条件下破碎后制备得到的。

② 细胞的融合和融合者的筛选　骨髓瘤细胞和B淋巴细胞是在聚乙二醇（PEG）的促进下融合。融合后通过HAT（H是次黄嘌呤核苷，A是氨基嘌呤，T是胸腺嘧啶核苷）选择性培养基筛选骨髓瘤细胞和B淋巴细胞的融合者。HAT选择性培养基的选择原理是：骨髓瘤细胞是HGPRT和（或）TK的缺陷株，HGPRT和TK是细胞合成RNA和DNA旁路途径上的两种非常重要的酶，在核酸的正常合成途径被阻断的情况下，HGPRT和（或）TK缺陷的骨髓瘤细胞由于不能利用旁路合成核酸（即使有HGPRT和TK的底物H和T存在也不能合成核酸）而死亡。在HAT培养基中，A是细胞核酸正常合成途径的阻断剂，H和T分别是HGPRT和TK的底物，具有HGPRT和TK的细胞，当核酸的正常合成途径被阻断后，可以利用H和T依靠核酸的旁路合成途径合成核酸而继续生存。当骨髓瘤细胞和B淋巴细胞杂交时，在HAT培养基中，只有骨髓瘤细胞和B淋巴的融合子由于含有来自B淋巴细胞的HGPRT和TK才能在HAT培养基中长期存活，其他细胞都将死亡，这样融合子（杂交瘤细胞）得以筛选和繁殖。

③ 阳性杂交瘤细胞的检出和单克隆化　并非所有的杂交瘤细胞都能分泌针对目的抗原的特异性抗体，因此应该采用酶联免疫吸附法（ELISA）等方法（其工作原理与具体操作过程随后将进行叙述），将能针对目的抗原产生特异性抗体的杂交瘤细胞，即所谓的阳性杂交瘤细胞检测出来。为了确保单克隆抗体的纯一性和避免其他阴性细胞对阳性杂交瘤细胞生长的影响，需要将阳性杂交瘤细胞进行单细胞的分离和培养，即所谓的单克隆化（clonization），常常需要经过反复多次的单克隆化才能得到单一纯正的单克隆子。获得的单克隆子应及时冻存以备后用，也可以扩大

培养生产单克隆抗体。

④ 单克隆抗体的扩大培养　生产大量单克隆抗体的方法目前常用的主要有三种：小鼠腹水制备、大瓶培养和中空纤维反应器培养。前者仅适合于实验室制备单克隆抗体，后两者适用于工厂化生产大量的单克隆抗体。小鼠腹水制备是将杂交瘤细胞接种定植于小鼠腹腔中，刺激小鼠分泌大量腹水，收集腹水，其中就含有较高浓度的特异性单克隆抗体。大瓶培养就是用1000mL或更大的摇瓶培养单克隆子，收集上清液，分离纯化其中的抗体，但是上清液中抗体的浓度通常较低。中空纤维反应器是膜式反应器中的一种，该系统由中空纤维生物反应器、培养基容器、供氧器和蠕动泵等组成。运用这种反应器获得的反应液中抗体的浓度高，易于纯化，是比较经济的抗体生产方法。

图7-3是制备单克隆抗体的基本过程。

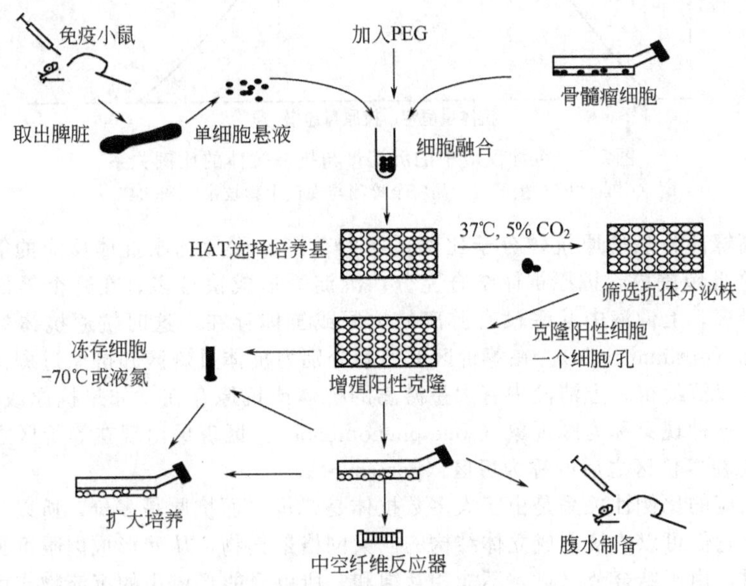

图7-3　单克隆抗体制备的基本过程

（引自“陈福生等《食品安全检测与现代生物技术》，2004”）

生物工程抗体是采用生物工程技术获得的抗体，包括基因工程抗体（genetic engineering antibody）和噬菌体抗体（phage antibody）等。基因工程抗体是采用基因工程技术分离、扩增抗体的基因后，再在适当的宿主细胞中表达而得到的抗体。噬菌体抗体是采用噬菌体表面展示技术（phage surface display technology）获得的抗体。所谓噬菌体展示技术是以噬菌体作为表达载体，使相关产物（如抗体）表达在其表面的技术。它大大地简化了产物的筛选和富集等操作过程。

（二）抗原抗体反应特性

在抗原抗体反应过程中，抗体分子在水溶液中，由于分子之间电荷等的相互作用而呈胶体状，不会自然沉淀，同样，可溶性抗原（如蛋白质）在溶液中一般也不会自然沉淀。只有当抗原和对应的特异性抗体结合反应时，电荷减少或消失从而使它们由亲水胶体变为疏水胶体，形成肉眼可见的抗原抗体复合物。抗原抗体反应具有特异性、可逆性和比例性等特点。

所谓特异性是指抗原（抗体）只能与其高度互补的抗体（抗原）进行选择性结合的特性。这是免疫学方法特异性的基础。所谓可逆性，是指抗原抗体之间的反应是可逆的。

抗原抗体反应的比例性，是指只有抗原抗体的比例适当时才能出现最强的反应，通常表现为沉淀最多或吸光度最大等现象。抗原和抗体任何一个浓度过高或过低都会影响它们的反应。若向一排含有相同浓度的可溶性抗原（如蛋白质）的试管中依次加入浓度递增的对应抗体，将会观察到试管中抗原抗体反应的沉淀物逐渐增多，然后又逐渐减少，即可以得到如图7-4所示的抛物线。

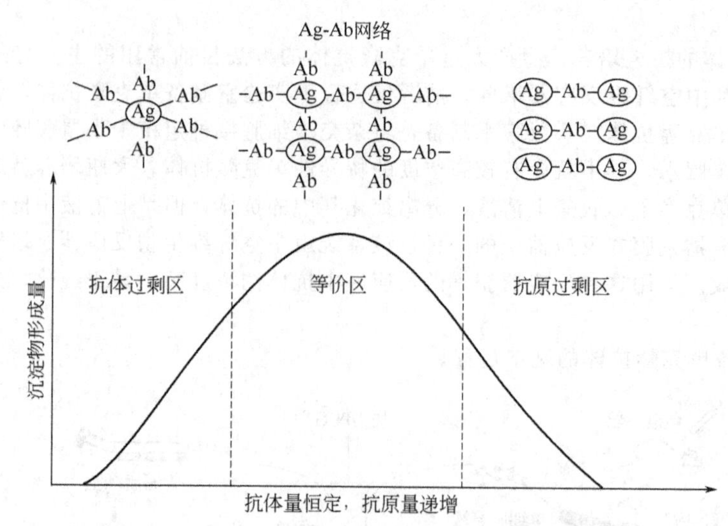

图 7-4 沉淀反应中的沉淀量与抗原抗体的比例关系

（引自“陈福生等《食品安全检测与现代生物技术》，2004”）

抛物线的高峰部分是抗原抗体分子比例适当的范围，称为抗原抗体反应的等价区（zone of equivalence）。在此范围内，抗原抗体结合充分，沉淀物形成快且多。在这个等价区中有一管反应最快，沉淀最多，上清液中几乎没有游离的抗原或抗体存在，这时抗原抗体的比例是最合适的，称为最适比（optimal ratio）。在等价区的前后分别为抗体过剩区和抗原过剩区，由于它们的比例不适合，所以沉淀少，上清液中有大量游离的抗体或抗原存在。如果抗原或抗体极度过剩，则无沉淀产生，这种现象称为区现象（zone phenomenon）。区现象出现在等价区之前的称为前区（prezone），出现在等价区之后的称为后区（postzone）。

抗原抗体反应的比例性关系是由于大多数抗体是二价，而抗原是多价，所以当抗原抗体反应处于等价区时，它们可以连接形成立体结构的巨大网格聚集物，从而形成肉眼可见的沉淀，而抗原或抗体过剩时，由于结合节（点）不能相互饱和，所以只能形成小的沉淀物或可溶性的抗原抗体复合物。

（三）常见的免疫学方法

1. 免疫学方法的分类

免疫学方法的分类有很多种。根据是定性分析还是定量分析，可以将免疫学方法分为定性免疫学方法（qualitative immunoassay）和定量免疫学方法（quantitative immunoassay）。定性免疫学方法能给出分析样品中是否含有某种特定的抗原或抗体，或者特定抗原或抗体的含量是否高于或低于某一数值；而定量免疫学方法则能给出样品中特定的抗原或抗体的准确数量。

根据免疫反应过程中的现象和特征等，免疫学方法又包括凝集反应（agglutination）和沉淀反应（precipitation）等。凝集反应是经典的免疫学方法，是非水溶性的颗粒抗原（如细菌菌体及其鞭毛等）或可溶性抗原结合于不溶性的载体微粒上后与相应的抗体在适当的条件下，经一定时间后凝集成肉眼可见的凝聚物。沉淀反应是可溶性抗原（如蛋白质、多糖、类脂或它们的复合物）与相应抗体在适量的电解质存在的条件下发生特异性结合，形成抗原抗体复合物并出现肉眼可见的沉淀，在固体（或半固体）载体中这种沉淀表现为沉淀线，在液体中则常表现为絮状沉淀。

所谓标记免疫学技术（labeled immunological technique）是指抗原（抗体）被酶、同位素、荧光素和胶体金等标记（连接）后与相应的抗体（抗原）反应，通过测定酶催化反应生成的产物量、同位素的放射性强度、荧光素产生的荧光强度与胶体金的颜色等来计算抗原抗体的结合量，进而计算出待检测物质（抗原或抗体）量的方法。

上述每一类方法又可以衍生出很多方法，例如标记免疫学技术，根据标记物的不同，可以分为酶标志免疫分析（enzyme labeled immunoassay）、放射标志免疫分析（radio labeled immunoassay）、荧光标志免疫分析（fluorescent labeled immunoassay）和金标免疫分析（gold labeled immunoassay）。

2. 常见的免疫学方法

如前所述，免疫学方法包括标记免疫学技术、凝集反应和沉淀反应等。这些技术还可以进一步分为很多种，这里就食品安全检测中常用的几种免疫学方法进行介绍。

（1）酶联免疫吸附测定法

酶联免疫吸附测定法（enzyme linked immunosorbent assay，ELISA）是1971年由荷兰学者Van Weeman和Schurrs、瑞典学者Engvall和Perlmann分别提出的。它是标记免疫学技术中的一种，也是食品安全检验中应用最广的免疫学技术之一。下面将从原理、分类和操作过程等几个方面对其进行详细的介绍。

① 原理。ELISA的原理是以96孔、48孔或40孔的聚苯乙烯塑料微孔板（microwell plate，微孔内径约8mm，深约7mm，又称为酶标板）为载体（有时也可以用小口径的聚苯乙烯塑料试管为载体），在适当的条件下使抗原或抗体包被（吸附）在酶标板微孔的内壁上成为所谓的包被（固相）抗原或抗体，没有被吸附（游离）的抗原或抗体通过洗涤除去，然后直接加入酶标记抗体或抗原（或先加入适当的抗体或抗原与包被抗原或抗体反应后，再加入相应的酶标记抗体或抗原）形成酶标记的抗原抗体复合物固定在微孔内，没有吸附的酶标记物洗涤去除，加入酶底物溶液（通常没有颜色）于微孔中，复合物上的酶催化底物使其水解、氧化或还原成为有色的产物。在一定的条件下，复合物上酶的量（也反映了固定化的抗原抗体复合物的量）和酶产物呈现的色泽成正比，根据颜色深浅就可以计算出参与反应的抗原和抗体的含量。

② 分类。ELISA可以分为直接法、间接法和夹心法等几种。直接法（direct ELISA）是指酶标抗原或抗体直接与包被在酶标板上的抗体或抗原结合形成酶标抗原抗体复合物，加入酶反应底物，测定产物的吸光度，计算出包被在酶标板上的抗体或抗原的量。其反应原理见图7-5(a)。间接法（indirect ELISA）是将酶标记在二抗上，当抗体（一抗）和包被在酶标板上的抗原结合形成复合物后，再以酶标二抗和复合物结合，通过测定酶反应产物的颜色可以（间接）反映一抗和抗原的结合情况，进而计算出抗原或抗体的量［见图7-5(b)］。夹心法（sandwich ELISA）是先将未标记的抗体包被在酶标板上，用于捕获抗原，再用酶标的抗体与抗原反应形成抗体-抗原-酶标抗体复合物；也可以像间接法一样应用酶标二抗和抗体-抗原-抗体复合物结合形成抗体-抗原-抗体-酶标二抗复合物［见图7-5(c)］，前者称为直接夹心法，后者称为间接夹心法。

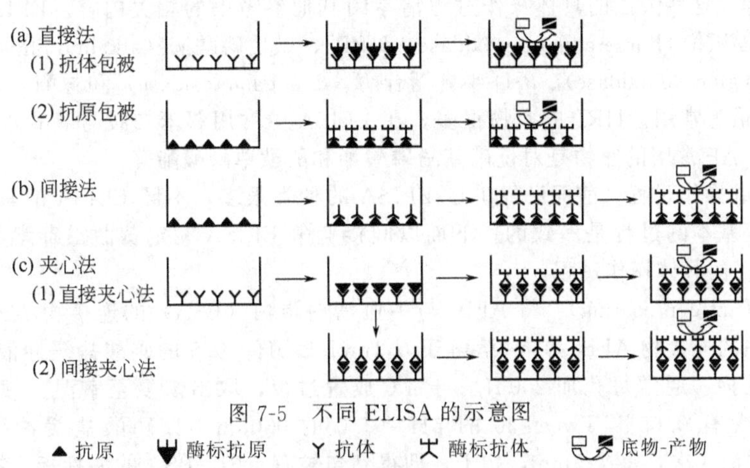

图7-5 不同ELISA的示意图

▲抗原　酶标抗原　Y 抗体　酶标抗体　底物-产物

（引自“陈福生等《食品安全检测与现代生物技术》，2004”）

上述三种方法又可以分为竞争法和非竞争法。图7-5所示均为非竞争反应方法，这些方法不存在抗原抗体的竞争反应。所谓竞争法就是在抗原抗体反应过程中有竞争现象的存在。以下以直接法中的酶标抗原竞争法为例进行说明（见图 7-6）。首先将包被了抗体的酶标板的微孔分为测定孔和对照孔，在测定孔中同时加入酶标抗原和非酶标抗原（通常来自于待测样品），标记抗原和非标记抗原相互竞争包被抗体的结合点，没有结合到包被抗体上的标记抗原和非标记抗原通过洗涤去除。非标记抗原浓度越高，则结合到包被抗体上的量就越多，而酶标记抗原结合在包被抗体上的量就越少；相反，非标记抗原浓度越低，则结合到包被抗体上的酶标记抗原的量就越多。对照孔中不加入非标记抗原，只加标记抗原，这样对照孔中结合的酶标记抗原的量最多，酶反应产物的颜色最深。而测定孔中颜色的深浅则反映了非标记抗原（待测物）的浓度，颜色越深非标记抗原（待测物）的浓度越低，颜色越浅则（待测物）浓度越高。同样夹心法和间接法也有相应的竞争法，其中以间接竞争法最为常用。

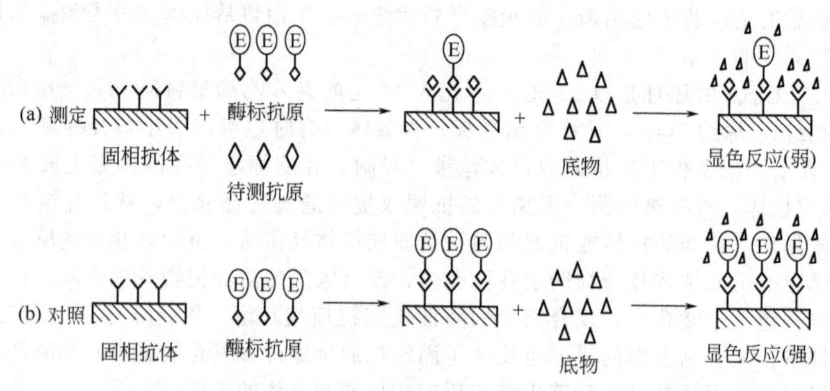

图 7-6　酶标抗原竞争 ELISA 示意图

（引自“陈福生等《食品安全检测与现代生物技术》，2004”）

③ ELISA 的操作过程。

a. 试剂的准备。ELISA 中主要的试剂有抗原（体）、酶标抗原或抗体、酶和底物等。抗原和抗体是所有的免疫学反应中都必须具备的，酶标抗原或抗体是 ELISA 的核心试剂，这些试剂可以自己制备也有商品试剂（如酶标二抗）销售。在自己制备酶标物时，除了应准备好纯化的抗原和抗体外，还应准备好纯化的酶。酶可以自己从动植物组织或微生物中提取，但过程复杂，而且纯度和活性通常很难保证，因此最好从试剂公司购买。酶和抗原或抗体连接方法的基本原理和酶固定化方法的原理相同，常用的方法包括以戊二醛为交联剂的戊二醛法和以过碘酸盐为氧化剂的过碘酸氧化法等。这些方法的具体操作过程请参阅其他参考书的相关内容。ELISA 中常用的酶包括辣根过氧化物酶（horseradish peroxidase，HRP）、碱性磷酸酶（alkaline phosphatase，AP）、葡萄糖氧化酶（glucose oxidase）、β-D-半乳糖苷酶（β-D-galactosidase）和脲酶（urease）等，其中 HRP 和 AP 最为常用。HRP 的底物很多，在 ELISA 中常用邻苯二胺与双氧水和 5-氨基水杨酸与双氧水等；AP 常用的底物是对位硝基酚磷酸酯和酚酞单磷酸酯等。

b. ELISA 的操作过程。前面已经讲过 ELISA 的种类很多，不同 ELISA 的具体操作过程不完全相同，但是基本的过程是一致的。下面以间接竞争 ELISA 测定黄曲霉毒素 B_1（AFB_1）为例，介绍 ELISA 的具体操作过程。

抗原包被（antigen coating）：将 AFB_1 与牛血清白蛋白（BSA）的连接物 AFB_1-BSA（也可以是与卵清蛋白的连接物 AFB_1-OV）溶解于 0.1mol/L pH＝9.5 的碳酸盐缓冲液中，将溶液加入酶标板的微孔内，通常每孔加 200μL，于 4℃放置过夜，取出恢复至室温，倾去微孔内溶液（包被液），以含有 0.05％ Tween-20 的 pH＝7.0 的 0.05mol/L 磷酸盐缓冲溶液生理盐水（PBST）满孔洗涤 3 次，每次 5min，扣干，即得到包被有 AFB_1-BSA 的酶标板。在这个过程中，AFB_1-BSA 通过物理吸附包被（吸附）在酶标板微孔的内壁上，没有包被的抗原被洗涤去除。

包被抗原的浓度对 ELISA 的测定结果有较大的影响，浓度过高或过低都会影响测定结果。图 7-7 是不同包被浓度时，竞争 ELISA 的抑制曲线。从图中可以看出，包被浓度对灵敏度的影响较大，当包被浓度为 5μg/mL 时，灵敏度（最小检出量）达 1.57ng/mL，其他浓度的灵敏度都比该浓度的差，说明 5μg/mL 是较合适的包被浓度。

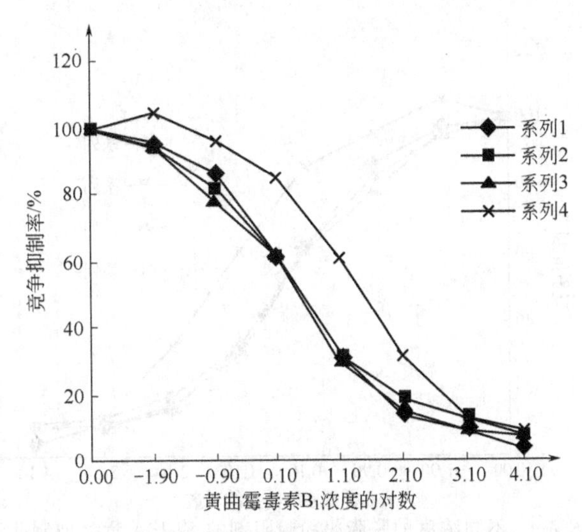

图 7-7　不同包被抗原浓度对 ELISA 竞争抑制曲线的影响

（引自“陈福生等《食品安全检测与现代生物技术》，2004”）

图例说明：系列 1、2、3、4 所对应的包被浓度分别为 0.5μg/mL、5μg/mL、10μg/mL 和 20μg/mL

图中纵坐标的竞争抑制率是不同浓度的 AFB_1 微孔的 A_{490nm} 值与 AFB_1 浓度为 0 的对照孔的 A_{490nm} 值之比值的百分数

从宏观上看，包被浓度无论是过高还是过低都表现为灵敏度差，但是从微观上分析，它们的情况是不同的。低包被浓度时，包被抗原的量不足，微孔内吸附的抗原量少，可供抗体结合的抗原决定簇少，从而影响灵敏度；而高浓度时，包被抗原的量过多，微孔内吸附的抗原太多，产生空间位阻，阻碍抗体与抗原结合，同样可供抗体结合的抗原决定簇少，从而影响包被抗原进一步和抗体结合，降低了灵敏度。因此只有合适的包被抗原浓度，才能得到最好的灵敏度。它们的这种关系如图 7-8 所示。

封阻（blocking）：所谓封阻是指酶标板被抗原包被后，在微孔中加入一定浓度 BSA、OV、明胶或脱脂牛奶等溶液以封阻微孔内没有被抗原包被的空隙，避免抗体非特异性吸附于这些空隙，以提高实验结果的准确性和可靠度的过程。常用的封阻剂包括 BSA、OV、明胶和脱脂牛奶等，其中以脱脂牛奶较为便宜，而且封阻效果和其他几种封阻剂没有明显的差别。

(a) 低包被抗原浓度时，包被于微孔内的抗原少，可供抗体结合的抗原决定簇少

(b) 较合适的包被抗原浓度，包被于微孔内的抗原多，供抗体结合的抗原决定簇较多

(c) 包被抗原浓度过大，包被于微孔内的抗原过多，产生空间位阻，阻碍抗体与抗原结合，供抗体结合的抗原决定簇少

图 7-8　不同包被浓度对有效包被量影响的示意图

▌包被抗原　▬ 微孔板壁

（引自“陈福生等《食品安全检测与现代生物技术》，2004”）

图 7-9 是以不同浓度的脱脂奶粉为封阻剂时的 ELISA 竞争抑制曲线。从图中可以看出，除 1%的浓度外，其他三种浓度的竞争抑制曲线基本一致，灵敏度也相同，因此在实验中可以 3%的脱脂奶粉作为封阻剂。

抗原抗体竞争反应（competitive reaction of antigen and antibody）：在酶标板的每个微孔中加入一定量（如 90μL）适当稀释度的抗体（抗血清），同时分别加入一定量（如 10μL）不同稀释倍数的 AFB_1 标准溶液或待测样品的抽提液（不同浓度的 AFB_1 标准溶液用于作标准曲线），混匀，37℃保温保湿 1～2h，包被在酶标板上的固定抗原（AFB_1-BSA）和添加的 AFB_1 标准品或样品抽提液中的 AFB_1 游离抗原竞争抗体的结合位点，用 PBST 洗涤扣干 3 次，游离的抗原抗体复合物被洗涤去除。

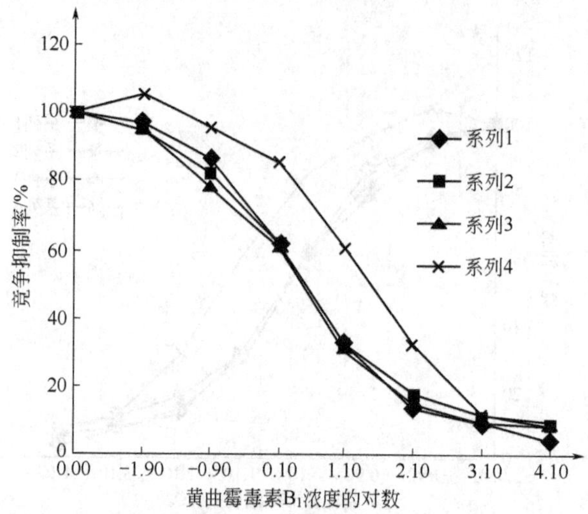

图 7-9 不同浓度的脱脂奶粉封阻剂的 ELISA 竞争抑制曲线

(引自"陈福生等《食品安全检测与现代生物技术》,2004")

图例说明:系列 1、2、3 和 4 所对应的脱脂奶粉浓度分别为 9%、5%、3%和 1%

图中纵坐标的竞争抑制率是不同浓度的 AFB_1 微孔的 A_{490nm} 值与 AFB_1 浓度为 0 的对照孔的 A_{490nm} 值之比值的百分数

酶标二抗与抗原抗体复合物的反应(reaction of enzyme-labeled second antibody and antigen-antibody complex):将一定量(如 100μL)适当稀释的酶标二抗溶液加入各反应孔,37℃保温保湿 1~2h,酶标二抗和抗原抗体复合物反应,形成抗原-抗体-酶标二抗的复合物固定在酶标板上,用 PBST 洗涤扣干 5 次,将游离多余的酶标二抗去除。

底物显色反应和吸光度的测定(color reaction of substrate and OD detection):每孔加反应底物 100μL(40mg 邻苯二胺溶于 100mL pH=5.0 的 0.2mol/L 柠檬酸-0.1mol/L 磷酸氢钠缓冲溶液,加入 150μL H_2O_2,现配现用),37℃保温保湿,避光反应 30min,每孔加 50μL 2mol/L H_2SO_4 终止反应,5min 后,以酶联免疫测定仪于 490nm 测吸光度。

ELISA 竞争抑制曲线(competitive inhibitory curve of ELISA):以 AFB_1 标准溶液中 AFB_1 浓度的对数为横坐标,以不同 AFB_1 浓度所对应的吸光度和 AFB_1 浓度为 0 时吸光度的比值的百分数(称为竞争抑制率)为纵坐标,绘制 ELISA 竞争抑制曲线。根据样品抽提液的吸光度,利用竞争抑制曲线,计算出样品中 AFB_1 的含量。

上述 ELISA 的操作过程图示于图 7-10。

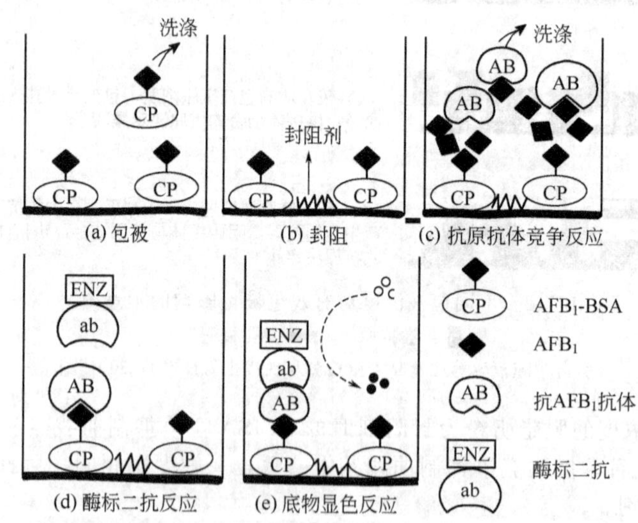

图 7-10 间接竞争 ELISA 测定 AFB_1 的过程示意图

(引自"陈福生等《食品安全检测与现代生物技术》,2004")

(2) 免疫沉淀反应

免疫沉淀反应(immunological precipitation reaction)是将可溶性抗原(如蛋白质、多糖、类脂或它们的复合物)与相应抗体在适量电解质存在的条件下发生特异性结合,形成抗原抗体复合物并出现肉眼可见的沉淀或浑浊,在固体(或半固体)载体中这种沉淀表现为沉淀线,在液体中则常表现为絮状物或使液体浑浊。根据反应载体和反应现象的不同，免疫沉淀反应大致可以分为环状免疫沉淀反应（ring immunological precipitation reaction）、絮状免疫沉淀反应（flocculation immunological precipitation reaction）、琼脂免疫扩散（agar immunological diffusion）和免疫浑浊反应（immunological turbidity reaction）等。

环状免疫沉淀反应通常是将已知的抗体（抗血清）放入试管的底部，然后将适当稀释的抗原小心加入试管中，使两种溶液成为界面清晰的两层，经过一定时间后，如果抗原和抗体相对应，那么在两层液面间可以看见环状乳白色沉淀带，如果抗原抗体不对应则不出现沉淀带。环状免疫沉淀反应被广泛地用于法医的血迹鉴定和食物掺假的识别。

絮状免疫沉淀反应是将可溶性抗原和抗体溶液在试管中或凹玻璃板上混匀，反应，如果抗原抗体对应则可见絮状沉淀，反之则不出现絮状沉淀。絮状免疫沉淀反应主要用于血清型鉴定和病原菌的诊断等方面。

琼脂免疫扩散是以琼脂或琼脂糖凝胶为沉淀的载体，可溶性抗原和抗体在载体上扩散相遇，如果抗原抗体对应，并且两者的浓度比例适当，那么就能形成肉眼可见的沉淀带，反之则不出现沉淀带。如果将抗原抗体的扩散作用和电泳结合起来，则可以衍生出多种免疫电泳技术。

免疫浑浊反应是可溶性抗原和抗体溶液混合后，能够出现一定大小的抗原抗体复合物，从而使溶液出现一定浑浊度，采用光学技术测定其浊度，就可以得出待测样品中抗原或抗体的量。和其他的免疫沉淀反应技术相比，免疫浊度技术操作简便、灵敏度高、易于实现自动化。

总的说来，和其他免疫学技术相比，免疫沉淀反应的灵敏度较低，因此通常仅作为定性（或半定量）分析方法，应用于病原菌检测和鉴定中。在食品安全检测中，免疫沉淀反应主要用于对食品中污染病原菌的定性测定和鉴别。

（3）免疫凝集反应

免疫凝集反应（immunological agglutination reaction）是经典的血清学方法，是颗粒抗原（如细菌、血红细胞等）或可溶性抗原（抗体）结合于不溶性的载体微粒上后与相应的抗体（抗原）在适当的条件下，经一定时间后凝集成肉眼可见的凝聚物的反应。颗粒抗原与相应抗体产生的凝集反应通常称为直接凝集反应（direct agglutination reaction）。将可溶性抗原结合于不溶性的颗粒载体后再与相应的抗体发生的凝集反应称为间接凝集反应（indirect agglutination reaction），又称为被动凝集反应（passive agglutination reaction）；将可溶性抗体结合于不溶性颗粒载体后再与相应的抗原（通常为可溶性抗原）发生的凝集反应，则称为反相被动凝集反应（reverse passive agglutination reaction）。间接凝集反应克服了颗粒抗原的局限，因此大大拓宽了凝集反应的范围，是近十多年来凝集反应中的研究热点。

用于间接免疫凝集反应的载体包括血红细胞（red blood cell，RBC）、富含葡萄球菌A蛋白（staphylococcal protein A，SPA）的金黄色葡萄球菌（*Staphylococcus aureus*）的菌体、乳胶（latex particles）、胶体金（colloidal gold）、磁珠（magnetic particles）和明胶（glutin）颗粒等。这些载体作为商品试剂在很多生物制品公司都有销售，也可以自己制备。

血红细胞可以来自于人的血液，也可以来自于别的动物，采血时为了防止血液凝固，应预先加入抗凝血剂，然后离心即可获得血红细胞。对于可溶性的多糖抗原，它能够直接吸附在血红细胞上；对蛋白质类的抗原或抗体，则必须以戊二醛等作为交联剂才能连接（包被）在血红细胞上。

SPA是金黄色葡萄球菌的一种表面蛋白质，它能非特异地结合在IgG的Fc片段上，而不影响抗体与抗原的结合。首先培养收集富含SPA的金黄色葡萄球菌（如Cowan Ⅰ菌株）的菌体，然后将菌体和抗血清（抗体）适当稀释后混合反应，即获得包被有IgG的金黄色葡萄球菌的菌体。以金黄色葡萄球菌为载体进行的间接（被动）凝集反应，又称为协同凝集反应（coagglutination reaction）。

乳胶是聚苯乙烯（polystyrene）、聚乙烯（polyethylene）或聚丙烯（polypropylene）的微粒溶液，由于静电的作用，微粒悬浮于溶液中呈乳白色。这种微粒可以直接吸附抗原或抗体，也可以先将羧基（—COOH）引入微粒上，再通过羧基将抗原或抗体包被在微粒表面。

胶体金是氯金酸（$HAuCl_4$）在白磷、抗坏血酸或柠檬酸三钠等还原剂的作用下聚合成一定大小的颗粒，形成的一种带负电荷的疏水胶体溶液。它通过吸附作用将IgG等大分子物质包被在其表面。

磁珠是超级顺磁（super-paramagnetic）的 Fe_3O_4 颗粒，它能够吸附抗体等物质，并在磁场的作用下移动聚集。也可以在磁珠的表面包裹一层聚苯乙烯，从而增加它对抗体等蛋白质的吸附能力。

明胶颗粒是以明胶制成的微粒溶液，它具有吸附抗原或抗体的能力。

虽然间接免疫凝集反应的载体种类很多，具体的操作过程也有一些差异，但是它们的基本原理是相同的。首先将抗原或抗体吸附（包被）在载体微粒上，然后和相应的抗体或抗原直接或间接反应，通过抗原抗体反应的交联作用将多个载体微粒联系在一起，从而加速它们的絮凝和沉淀。根据凝集颗粒的大小和形态等特点，结合标准样品作对照，可以对样品中待检测的抗原或抗体进行定性或半定量分析。这一过程图示于图7-11。

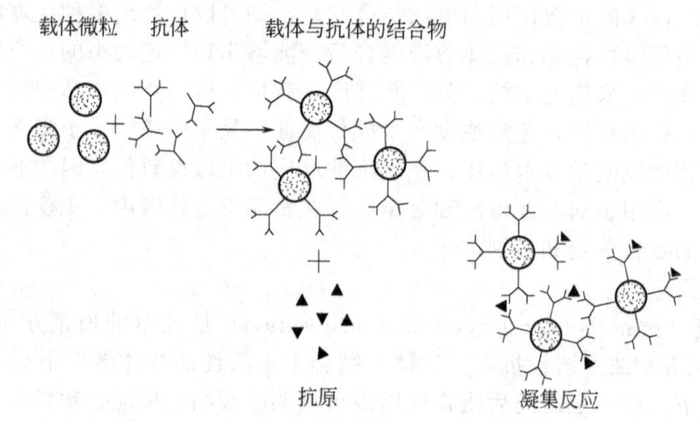

图7-11　间接凝集反应示意图

（引自“陈福生等《食品安全检测与现代生物技术》，2004”）

间接免疫凝集技术也可以用于分离提纯样品中待检测的物质或菌体。例如将抗体包被在磁珠上形成免疫磁珠，然后将其加入样品液混匀，使磁珠上的抗体与待测的抗原（物质）结合，然后在磁场的作用下，分离收集磁珠，并进一步将磁珠上结合吸附的待检测物质分离，从而实现样品中待检测成分的分离纯化。采用这种技术能比较容易地从成分复杂的样品中，提纯获得所需要的检测成分。

（4）几种免疫快速检测方法

除了上述几种免疫学检测技术之外，最近一些年来还出现了很多以抗原抗体免疫学反应为基础的各种免疫快速检测技术。这些技术的出现在很大程度上是为了满足农产品（食品）快速流通的需要。下面介绍其中的几种免疫快速检测技术。

① 免疫检测试剂条。免疫检测试剂条是采用金标免疫技术的产品。试剂条的形状各异，但是它们的基本组成和分析检测原理是相同的。通常以长条状的PVC胶板等为塑料底衬，在其上粘贴一条喷涂有检测线和质控线的硝酸纤维素膜，然后在靠近检测线的一端依次粘贴胶体金结合垫与样品垫，在靠近质控线的一端粘贴吸水材料［见图7-12(a)］，最后将它们以一个塑料外壳包裹起来就形成了检测试剂条。

在反应前，检测线与质控线通常是看不见的，检测线一般是与胶体金结合垫的结合物（一般为抗体）相同的物质，而质控线一般是产生抗体的抗原或二抗（抗体的抗体），它们在试剂条的生产过程中喷涂吸附于硝酸纤维素膜上。使用时，将一定量（通常100μL左右）的样品液或样品提取液加入样品槽中的样品垫上，通过扩散和毛细管吸附作用与胶体金结合垫上的金标抗体反应，并沿硝酸纤维素膜向另一端扩散移动，依次与检测线和质控线反应。如果样品中存在待测抗原（即待检测物质），那么它首先和胶体金结合垫上的金标抗体进行反应，形成抗原-金标抗体复合物，该复合物沿着硝酸纤维素膜扩散到达检测线时，进一步和该处固定的抗体发生反应而形成金标抗体-抗原-抗体的复合物，并固定在该处而呈红色（胶体金的颜色），即出现红色的检测线，同时过量的金标抗体和对照带的抗原或二抗反应形成红色的质控线；如果样品液中没有待测物质存在，那么将不会出现检测线，但是金标抗体同样会与质控线的抗原或二抗反应形成红色的区带；如果试剂条变质失效或操作不当，那么反应完成后就可能不出现任何条带或仅出现检测线，此时应更换新的试剂条或重新实验。所以观察反应完成后是否出现检测线和质控线，以及它们颜色的深浅就可以判断出样品液中是否含有待检测物质以及它们的大致含量［见图 7-12(b)］。

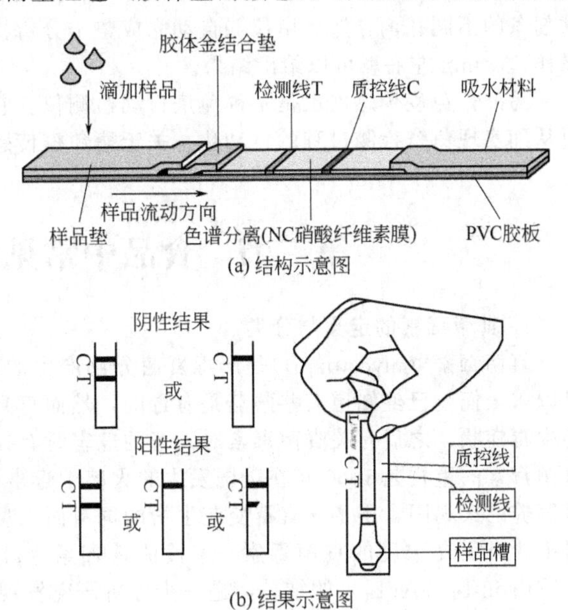

图 7-12　免疫检测试剂条的结构与测定结果示意图

（引自“陈福生等《食品安全检测与现代生物技术》，2004”）

应该注意的是，上述对测试结果的判定仅仅是一般情况，在实际应用中，不同的产品会有一些差异，所以在测试之前应仔细阅读产品的说明书。

采用免疫试剂条能在几十分钟甚至几分钟内得到检测结果，从而判断样品是否含有待检测物质并初步判定待检测物质是否超标，因此非常适合于快速检测和分析，适合于对大量的分析检测样品进行筛选与甄别。但是如欲知道样品中待检测物质准确和具体的含量，则常常需要采用其他方法进一步分析。

② 免疫乳胶检测试剂。免疫乳胶检测试剂是间接免疫凝集反应试剂中的一种。乳胶是聚苯乙烯的微粒溶液，它能直接吸附抗原或抗体，也可以通过事先连接的羧基（—COOH）等基团连接抗原或抗体。如果样品溶液中含有和乳胶颗粒上对应的抗体或抗原待检测成分，那么就会出现肉眼可见的絮状沉淀，相反则不会出现沉淀。

和免疫检测试剂条一样，免疫乳胶检测试剂的最大特点是快速。例如 Clover 公司推出了快速检测金黄色葡萄球菌和副溶血性弧菌的乳胶检测试剂，2min 就可以得出结果。1998 年，陈福生等研制出食品中黄曲霉毒素 B_1（AFB_1）的乳胶快速检测方法，该方法将 AFB_1 的抗体包被于乳胶颗粒上，以 AFB_1 标准品为参照，能够在 5～10min 内，判断出食品中的 AFB_1 含量是否超标。图 7-13 是抗 AFB_1 抗体包被的乳胶试剂与不同浓度的 AFB_1 标准品于室温（25～30℃）下反应 5min 后的实验结果。

 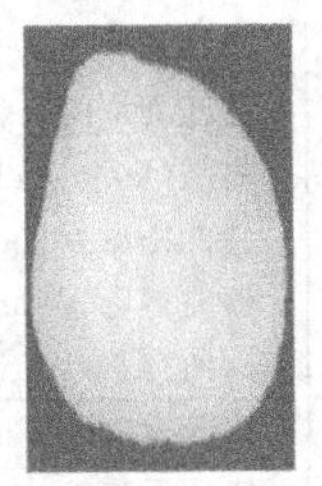 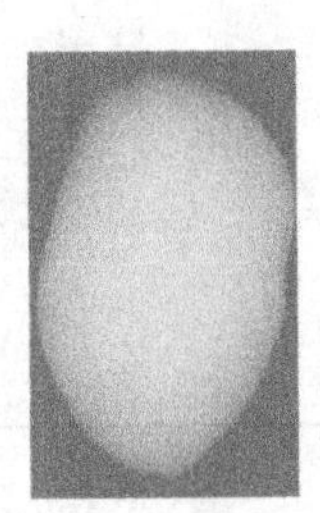 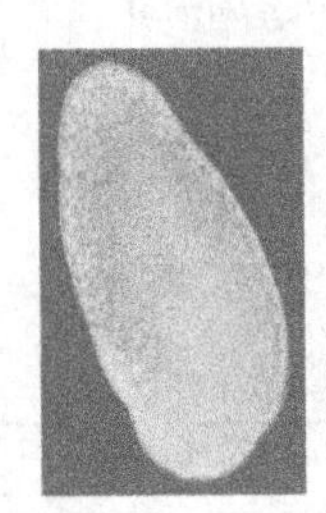 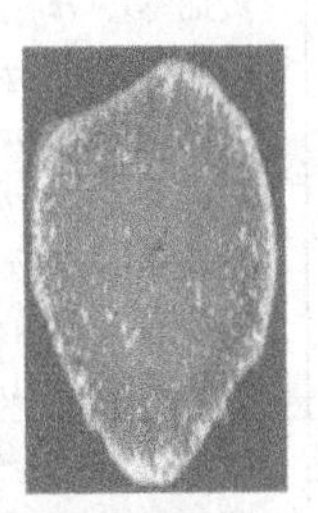

图 7-13　抗 AFB_1 抗体包被的乳胶试剂与不同浓度的 AFB_1 标准品的实验结果

从左至右 AFB_1 的浓度分别为 0、1ng/mL、3ng/mL、5ng/mL、10ng/mL

③ 自动酶免疫检测技术。采用计算机自动控制技术，可以实现酶免疫检测操作的自动化，即所谓的自动酶免疫检测技术。该技术的优点包括可以实现分析过程的全自动化，从而减轻工作

量，减少了人为影响，增加检测结果的准确性，实现多个样品的同时测定，节约了检测时间和费用。近些年来出现了很多自动化的免疫分析仪器，其中 bioMerieux 公司推出的 VIDAS 自动化免疫检测仪是其中的佼佼者。它的工作原理是将荧光酶联免疫分析所需的所有试剂预先分装在同一试剂条的不同孔内，然后由仪器自动完成整个分析检测的全过程，加入样品后，无需再进行人工操作，60min 左右就可以给出结果。

另外，免疫传感器也是一种免疫自动检测仪。它通过抗原抗体的特异性反应特性和仪器相结合从而实现免疫检测过程的自动化。关于酶免疫传感器技术请参阅其他书籍。

（撰写人：陈福生）

第二节 食品中常见真菌毒素的检测

1. 真菌毒素的定义与分类

真菌毒素（mycotoxin）是产毒真菌分泌产生的，能引起人畜各种损害的次生代谢产物。很早以来人们就已经知道有些蘑菇是有毒的，然而直到 19 世纪 50 年代才发现被麦角菌感染的黑麦的中毒症状，之后有关真菌毒素对人畜的危害时有报道。真正推动真菌毒素的研究并引起人们对真菌毒素的重视是 1960 年在英国发生的火鸡中毒事件之后。1960 年在英国英格兰南部及东部地区饲养的火鸡因食用了含有霉变花生粉的饲料而大量死亡，在分析死亡原因时发现是由于霉变饲料中含有很高浓度的真菌毒素——黄曲霉毒素（aflatoxin），并分离提纯得到了黄曲霉毒素 B_1（aflatoxin B_1，AFB_1）的结晶，进一步分析研究发现 AFB_1 有强烈的致肝癌作用。从此以后，关于真菌毒素的研究成为世界各国科学家的研究热点。

到目前为止，已发现的真菌毒素高达 500 多种，并不断有新的真菌毒素被发现。这些真菌毒素主要由曲霉属（*Aspergillus* spp.）、镰刀菌属（*Fusarium* spp.）和青霉属（*Penicillium* spp.）的真菌产生。其中，对人畜危害大、毒性强的真菌毒素主要包括由曲霉属真菌产生的黄曲霉毒素（aflatoxin）、赭曲霉毒素（ochratoxin）和杂色曲霉毒素（sterigmatocystin）；由青霉属真菌产生的棒曲霉毒素（patulin）、橘霉素（citrinin）和青霉酸（penicillic acid）等；由镰刀菌属真菌产生的玉米赤霉烯酮（zearalenone）、脱氧雪腐镰刀菌烯醇（deoxynivalenol，又称呕吐毒素）、伏马菌素（fumonisin）、T-2 毒素（T-2 toxin）等。其中，黄曲霉毒素包括黄曲霉毒素 B_1、B_2、G_1、G_2、M_1、M_2（AFB_1、AFB_2、AFG_1、AFG_2、AFM_1、AFM_2）等，以 AFB_1 和 AFM_1 污染食品的概率最大；赭曲霉毒素包括赭曲霉毒素 A、B、C 和 D 四种，以 A 较为常见；青霉属真菌产生的毒素以棒曲霉毒素和橘霉素较常见；镰刀菌属产生的毒素以玉米赤霉烯酮、脱氧雪腐镰刀菌烯醇和伏马菌素等比较常见。表 7-2 是常见的产毒真菌及其产生的毒素。

表 7-2 主要产毒真菌及其毒素

类别	主要产毒真菌	真菌毒素
曲霉属（*Aspergillus*）	黄曲霉（*Aspergillus flavus*） 寄生曲霉（*A. parasiticus*） 黄曲霉（*A. flavus*） 烟曲霉（*A. fumigatus*） 赭曲霉（*A. ochraceus*） 棒曲霉（*A. clavatus*） 杂色曲霉（*A. versicolor*）	黄曲霉毒素（aflatoxin） 曲霉酸（aspergillic acid） 环匹阿尼酸（cyclopiazonic acid） 曲酸（kojic acid） 赭曲霉毒素（ochratoxin） 棒曲霉毒素（patulin） 柄曲霉素（sterigmatocystin）
青霉属（*Penicillium*）	橘青霉（*Penicillium citrinum*） 展青霉（*P. patulum*） 软毛青霉（*P. puberulum*） 娄地青霉（*P. roqueforti*） 皮落青霉（*P. crustosum*） 圆弧青霉（*P. cyclopium*）	橘霉素（citrinin） 棒曲霉毒素（patulin） 青霉酸（penicillic acid） 娄地青霉毒素（PR toxin） 青霉震颤素（penitrem A） 赭曲霉毒素（ochratoxin）

续表

类别	主要产毒真菌	真菌毒素
镰刀菌属（*Fusarium*）	禾谷镰刀菌（*F. graminearum*）、粉红镰刀菌（*Fusarium roseum*）、尖孢镰刀菌（*F. oxyaporum*）、黄色镰刀菌（*F. culmorum*）、雪腐镰刀菌（*F. nivale*）等	玉米赤霉烯酮（zearalenone）
	禾谷镰刀菌（*F. graminearum*）、黄色镰刀菌（*F. culmorum*）	脱氧雪腐镰刀菌烯醇（deoxynivalenol）
	拟枝孢镰刀菌（*F. sporotrichioides*）、禾谷镰刀菌（*F. graminearum*）、梨孢镰刀菌（*F. poae*）	二乙酰藨草镰刀菌烯醇（diacetoxyscirpenol）
	串珠镰刀菌（*F. moniliforme*）	伏马菌素（fumonisin）
	梨孢镰刀菌（*F. poae*）、*F. kyushuense*	雪腐镰刀菌烯醇（nivalenol）
	拟枝孢镰刀菌（*F. sporotrichioides*）	单端孢霉烯毒素（trichothecene mycotoxin /T-2 toxin）
	燕麦镰刀菌（*F. avenaceum*）	白僵菌素（beauvericin）
	F. thapsinum	串珠镰刀菌素（moniliformin）

注：本表摘译自“Betina，1984”和“Macdonald，1997”。

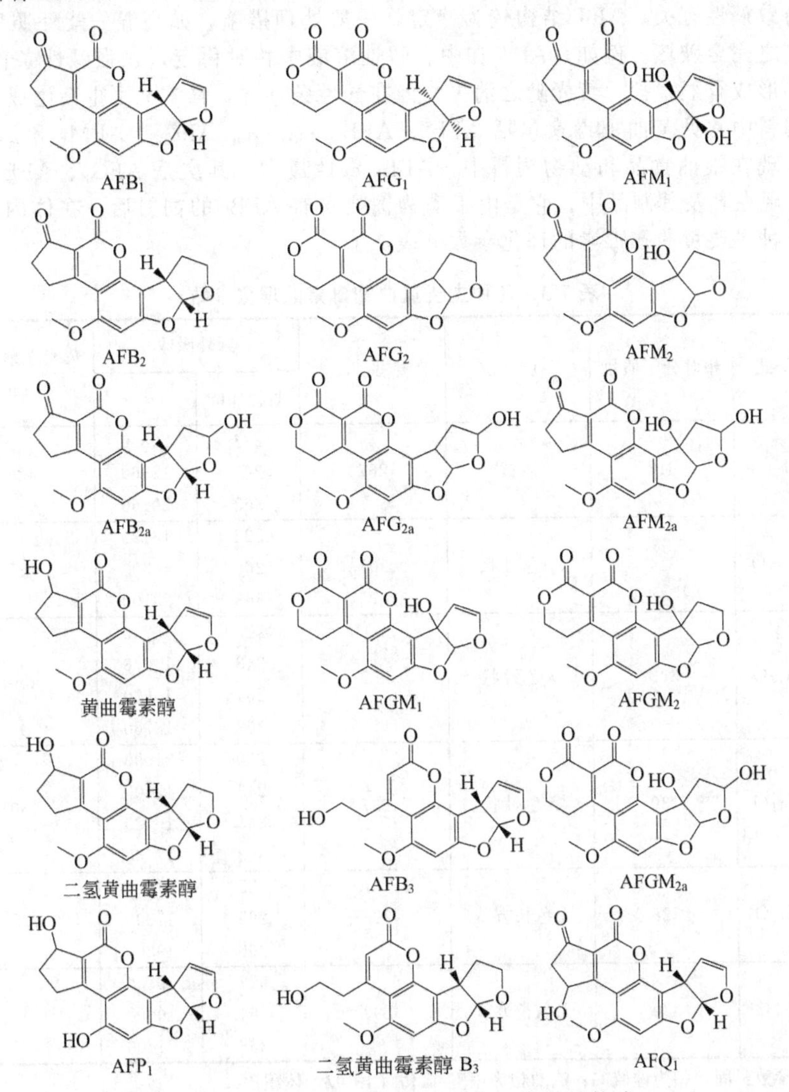

图 7-14　部分黄曲霉毒素及其衍生物的结构式

关于真菌毒素的分类方法较多，主要有以下两种。其一，根据毒素的作用器官，将其分为肝毒素、肾毒素、神经毒素以及免疫毒素等。例如，黄曲霉毒素为肝毒素，赭曲霉毒素A和橘霉素为肾毒素，棒曲霉毒素为神经和免疫毒素，玉米赤霉烯酮为腹泻毒素等。其二，根据毒素的毒性机理，将其分为致畸、致突变、致癌以及致敏型毒素等。另外，也有根据毒素的化学结构、合成途径、致病性质以及产毒真菌的种类进行分类的。

2. 几种常见的真菌毒素

(1) 黄曲霉毒素

黄曲霉毒素（aflatoxin，AFT）是一类主要由寄生曲霉和产毒的黄曲霉产生的有毒次生代谢产物。AFT是根据它来源于黄曲霉（*A. flavus*）而命名的，但并非所有黄曲霉都分泌AFT，例如黄曲霉AS 3.800、AS 3.384以及NRRL（Northern Regional Research Laboratory）482等就不分泌毒素。产毒黄曲霉和寄生曲霉在12～48℃之间都可以分泌毒素，最适产生温度和湿度分别为28～37℃和80%～85%，并可耐低水分活度（0.75～0.8）。

如前所述，AFT是20世纪60年代发现的，并对推动真菌毒素的研究发挥了重要作用。到目前为止，已发现的AFT及其衍生物近20种，图7-14是部分AFT及其衍生物的结构式。由图可以看出，大多数AFT为二氢呋喃氧杂萘邻酮的衍生物。研究表明，双呋喃环为基本毒素结构，氧杂萘邻酮与致癌性有关。AFT结构较为稳定，一般处理措施，如高温、紫外照射以及酸碱处理等都不易使之完全破坏。例如，AFT在中、酸性溶液中相对稳定，在强碱性条件下，AFT的内酯环破坏，形成香豆素盐，荧光随之消失，但在酸性条件下，毒素又可重新生成。

食品与饲料中常见黄曲霉毒素包括AFB_1、AFB_2、AFG_1、AFG_2、AFM_1和AFM_2等六种，前四种主要出现在粮油食品和动物饲料中，AFB_1毒性最大，其次是AFG_1、AFB_2以及AFG_2。AFM_1主要出现在乳及其制品中，它是由于动物饲喂含有AFB_1的饲料后，在体内由AFB_1转化而来的。这几种主要黄曲霉毒素的理化参数见表7-3。

表7-3 几种主要黄曲霉毒素的理化参数

AFT	分子式	相对分子质量	颜色	熔点/℃	紫外吸收		荧光发射波长/nm	R_f值[①]（×100）
					λ_{max}/nm	ε		
B_1	$C_{17}H_{12}O_6$	312	淡黄	267	223 266 363	20800 12960 20150	425	56
B_2	$C_{17}H_{14}O_6$	314	白色针状	303	223 266 363	18120 12320 23100	425	53
G_1	$C_{17}H_{12}O_7$	328	无色针状	257	226 243 264 363	15730 11070 10670 17760	450	48
G_2	$C_{17}H_{14}O_7$	330	无色针状	237	220 245 265 363	21090 12400 10020 17760	450	46
M_1	$C_{17}H_{12}O_7$	328	无色长方状	299	225 265 360	21000 11000 19300	425	40
M_2	$C_{17}H_{14}O_7$	330	无色长方状	293	222 264 358	19800 10000 21400	—	30

① 薄层色谱参数：固定相为硅胶G；流动相为甲醇-氯仿（3+97，体积比）。

注：摘引自"Betina，1984"和"孙秀兰，2004"（分别见本章末参考文献5和42）。

由于产毒黄曲霉和寄生曲霉对生长和产毒条件要求不高，所以它们分布广，产生的 AFT 很容易污染花生、大米、小麦、高粱、粟米、大麦、大豆、棉籽、向日葵籽以及芥菜籽等农产品。表 7-4 是不同国家部分粮食与食品等的 AFT 污染情况。

表 7-4　黄曲霉毒素在部分粮食与食品中的污染情况

样品种类	国家	样品总数	阳性样品数	AFT 种类	含量范围/(μg/kg)
大米	中国	253	33	AFB_1	5～50
	印度	1	1	AFB_1	20
玉米	美国	2633	2370	—①	10～700
	巴西	328	40	AFB_1	>20
	丹麦	197	6	总 AFT②	5～174
	墨西哥	96	86	—	2.5～30
高粱	南非	—	—	AFB_1	0～25
	印度	—	—	AFB_1	7～75
小米	印度	75	49	AFB_1	17～2110
大豆	美国	11	11	AFB_1	<20
	阿根廷	94	9	AFB_1	1～36
大麦、小麦、燕麦	瑞典	116	20	AFB_1	50～400
肉类	埃及	150	9	AFB_1	4～15
干无花果	英国	93	8	总 AFT②	10～40
	瑞典	27	16	—	5～67
棉籽	阿根廷	5	5	AFB_1	20～200
芥菜籽	印度	100	40	—	75
亚麻籽	印度	105	46	AFB_1	120～810
土豆	斐济	20	7	AFB_1	6～12
牛乳	瑞典	267	19	AFM_1	>0.05
	西班牙	47	14	AFM_1	20～100
人乳	阿布扎比	445	443	AFM_1	0.002～3.0

① 没有提及；② $AFB_1+AFB_2+AFG_1+AFG_2$。

注：本表摘译自“Ismail Y S Rustom，1997”(见本章末参考文献 9)。

关于 AFT 的毒性研究比较详细，特别是关于 AFB_1 的毒性机理已经非常清楚。到目前为止，在所有已发现并已研究的真菌毒素中，AFB_1 的毒性、致癌性、致突变性、致畸性均居首位。各种动物对 AFB_1 的敏感性因动物种类、年龄、性别以及营养状况各不相同，其中毒表现主要为食欲不振、体重下降、生长迟缓、繁殖能力降低以及产蛋、产奶能力下降等。各种动物的 AFB_1 经口半致死剂量（LD_{50}）见表 7-5。

当机体摄入 AFB_1 后，被运输至细胞膜上的微粒体，经微粒体中的细胞色素 P450 单氧酶活化后，分别衍生为 AFM_1、AFG_1、AFP_1 以及 AFB_1-8,9-环氧化物（AFB_1-8,9-epoxide）等。其中，AFB_1-8,9-环氧化物在空间构象上存在内式和外式两种形式，后者可与 DNA、RNA 以及蛋白质结合，抑制蛋白质、酶以及凝血因子的合成，因此具有高致畸和致癌性，是目前唯一已知的具有基因毒性和致癌性的 AFB_1 代谢产物。由于肝脏的细胞色素 P450 的含量和活性最高，这导致 AFB_1-8,9-环氧化物在肝脏中的积累水平最高，进而引起肝脏组织的畸变和癌变，这也是 AFB_1 具有肝毒性的重要原因。该 AFB_1 衍生物与 DNA 中的鸟苷酸形成 AFB_1-N^7-鸟嘌呤加成物，

表 7-5　各种动物的 AFB_1 经口半致死剂量（LD_{50}）

动物种类	LD_{50}/(mg/kg 体重)	动物种类	LD_{50}/(mg/kg 体重)
兔	0.30	狒狒	2.00
雏鸭(11d)	0.43	小鸡	6.30
猪	0.55	大鼠(雄)	5.50～7.20
猫	0.60	大鼠(雌)	17.90
虹鳟	0.80	猕猴	7.80
狗	0.50～1.00	小鼠	9.00
羊	1.00～2.00	仓鼠	10.20
豚鼠	1.40～2.00		

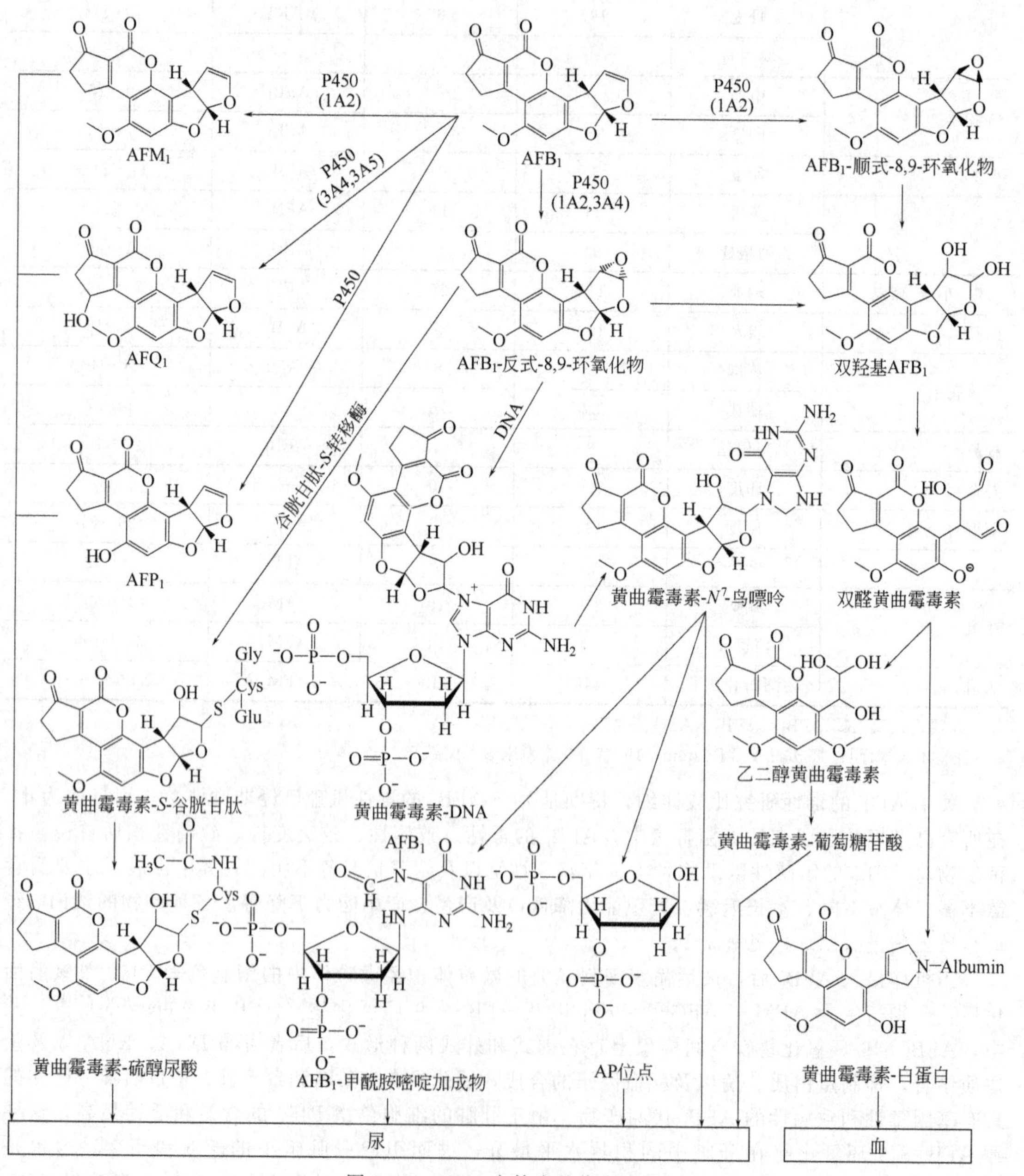

图 7-15　AFB_1 在体内的代谢途径

经尿液排出，2～3d达到峰值；同时，也可与蛋白质结合，形成AFB_1-白蛋白加成物，2～3月后在血液中达到峰值。因此，在流行病学研究中，通过分别测量尿液和血清中AFB_1与DNA以及蛋白质加合物的浓度，来评估AFB_1对机体的暴露水平。AFB_1在体内的代谢途径如图7-15所示。

（2）赭曲霉毒素

赭曲霉毒素（ochratoxin）是一组主要由赭曲霉、圆弧青霉、纯绿青霉（*P. viridicatum*）产生的结构相似的次级代谢产物。研究表明，赭曲霉、圆弧青霉、纯绿青霉在24℃时的最适生长水分活度，赭曲霉为0.99、圆弧青霉与纯绿青霉均为0.95～0.99。在适宜的水分活度下，赭曲霉的产毒温度为12～37℃，圆弧青霉与纯绿青霉的产毒温度为4～31℃。

赭曲霉毒素是L-β-苯基丙氨酸与异香豆素的结合物，属于弱有机酸，包括A、B、C、D四类化合物，以及赭曲霉毒素A（OTA）的甲酯、赭曲霉毒素B（OTB）的甲酯或乙酯化合物。它们的结构式如图7-16所示。

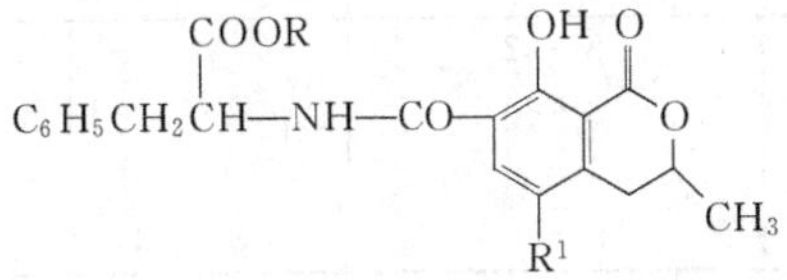

COOR, OH O, $C_6H_5CH_2CH—NH—CO$, CH_3, R^1

毒素名称	R	R^1
OTA	H	Cl
OTB	H	H
OTC	C_2H_5	Cl
OTD	4-羟基OTA	
OTA甲酯	CH_3	Cl
OTB甲酯或乙酯	CH_3或C_2H_5	H

图7-16 赭曲霉毒素的结构式

（引自"陈宁庆《实用生物毒素学》，2001"）

在上述的几种赭曲霉毒素中，OTA是最常见的，OTB很少见，而其他几种赭曲霉毒素仅仅是在实验室条件下从菌株的培养物中分离得到的。OTA是20世纪60年代在南非的一个实验室里从霉菌培养物中分离得到的，1969年美国发现该毒素是玉米的天然污染物，此后发现OTA普遍存在于谷物中，并发现OTA与猪的霉菌素肾病有关。OTA为无色结晶，从苯中结晶，大约含一分子苯时，熔点为90℃，于60℃干燥1h后熔点范围为168～170℃。OTA溶于水和稀Na_2CO_3溶液，在极性有机溶剂中稳定，其乙醇溶液可置冰箱中储存一年以上不破坏，但在谷物中会随时间而降解。OTA溶于苯-冰醋酸（99＋1，体积比）混合溶剂中的最大吸收峰波长为333nm，摩尔吸光系数值为5550。

OTA在自然界分布广，它除了污染谷物外，还可以污染豆类，并可以通过动物饲料进入动物组织中。表7-6和表7-7分别是不同国家食品与饲料、肉及其制品中OTA的污染水平；表7-8是1989～1990年我国谷物中OTA污染调查结果，它表示的是正常年份我国人食用粮食中OTA的污染水平。

表7-6 食品与饲料中OTA的污染情况

品种		国家	样品数	污染率/%	OTA含量/(μg/kg)
食品	玉米	美国	293	1.0	83～166
	小麦	美国	291	1.0	5～115
	大麦	丹麦	50	6.0	9～189
	大麦	美国	127	14.2	10～40
	咖啡豆	美国	267	7.1	20～360
	玉米	前南斯拉夫	542	8.3	6～140
	小麦	前南斯拉夫	130	8.5	14～135
	大麦	前南斯拉夫	64	12.5	14～27
饲料	小麦、干草	加拿大	95	7.4	30～6000
	小麦、燕麦	加拿大	32	56.3	30～27000
	大麦、稞麦	丹麦	33	56.7	28～27500

注：本表引自"陈宁庆《实用生物毒素学》，2001"。

表 7-7 肉及其制品中 OTA 的污染情况

制品	国家	年份	样品数	测定样品/%	结果范围/(μg/kg)
猪肾	匈牙利	1982	122	39	2～100
猪肾	波兰	1984	113	24	痕量～23
肉	前南斯拉夫	1982	206	—	—
火腿	—	—	—	29	40～70
熏肉	—	—	—	19	37～200
Kulen	—	—	—	13	10～460
红肠	—	—	—	12	10～920

注：1. “—”表示未提及。

2. 本表引自“陈宁庆《实用生物毒素学》，2001”。

表 7-8 我国部分地区谷物中 OTA 的污染情况（1989～1990 年）

品种	样品数	阳性样品数	污染率/%	含量范围/(μg/kg)	平均含量/(μg/kg)
小麦	610	12	2	8～32	—
玉米	796	10	1.25	8～80	—
大米	36	0	0	0	0
总计	1442	22	1.5	8～80	17

注：1. “—”表示未提及。

2. 本表引自“陈宁庆《实用生物毒素学》，2001”。

OTA 通过摄食进入动物体内，经小肠吸收后，主要分布于肾脏、肝脏、肌肉与脂肪中。OTA 既能产生急性、亚急性毒性，也可以具有致畸和致癌作用，但是未发现致突变作用。另外，实验还发现，以橘霉素与 OTA 混合饲喂大鼠，可增强 OTA 对大鼠胚胎的毒性与致畸性。表 7-9 是 OTA 对实验动物的急性毒性。

表 7-9 OTA 对实验动物的急性毒性

动物	LD_{50}(经口)	动物	LD_{50}(经口)
鸭雏(一日龄)	150μg/只	大鼠(雌)	20mg/kg
小鸭(一日龄)	126μg/只	豚鼠(雄)	9.1mg/kg
小鸡(一日龄)	166μg/只	豚鼠(雌)	8.1mg/kg
大鼠(雄)	22mg/kg		

注：本表引自“陈宁庆《实用生物毒素学》，2001”。

(3) 棒曲霉毒素

棒曲霉毒素又称展青霉素（patulin，PAT），主要是由展青霉、荨麻青霉（*P. urticae*）和圆弧青霉等青霉以及棒曲霉和土曲霉（*A. terreus*）等曲霉产生的一种真菌毒素。

PAT 是 Glister 于 1941 年首次发现并分离纯化得到的，由于该毒素对革兰阳性与阴性细菌均有抑制作用，所以曾被作为抗生素用于临床。PAT 的分子式为 $C_7H_6O_4$，结构式见图 7-17，为无色结晶，熔点为 112℃，在乙醇中的最大吸收波长为 276nm，摩尔吸光系数 ε=14500。PAT 是一种中性物质，溶于水、乙醇、丙酮、乙酸乙酯和一氯甲烷，微溶于乙醚和苯，不溶于石油醚。PAT 在碱性溶液中不稳定，其生物活性被破坏。

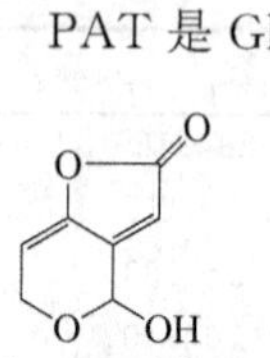

图 7-17 棒曲霉毒素的结构式

调查表明，PAT 不仅大量污染粮食与饲料，而且对水果及其制品的污染也相当严重。自从 20 世纪 50 年代后期首次发现该毒素污染苹果以来，美国、新西兰、波兰等国家都发现该毒素在苹果汁中检出率高，且含量高，主要来源于烂苹果。另外，在桃、山楂、番茄、橙子及其制品中也有检出该毒素的报道。1989～1990 年，我国曾对我国水果制品中 PAT 的污染水平进行过调查，在对 401 份水果样品进行分析测试后发现，39 份水果半成品（原汁与原酱）的阳性率为 76.9%，含量范围为 18～953μg/kg，平均含量为 214μg/kg；362

份水果制品成品中，阳性检出率为19.6%，含量范围为4～262μg/kg，平均含量为28μg/kg。

PAT被动物摄入后，除了产生急性、亚急性毒性外，还具有致癌性、致畸性和致突变性。同时，还具有细胞毒性，并对免疫系统产生影响。表7-10是PAT对部分动物的LD_{50}值。

表7-10　棒曲霉毒素对部分动物的LD_{50}值

实验对象	给药途径	LD_{50}/(mg/kg)	实验对象	给药途径	LD_{50}/(mg/kg)
小白鼠	皮下注射	8～15	大白鼠(断奶期)	经口	108～116
小白鼠	静脉注射	15.6～25	大白鼠(新生鼠)	经口	6.8
小白鼠	静脉点滴	5.7～7.6	仓鼠	皮下注射	23
小白鼠	经口	17～48	仓鼠	静脉注射	10
大白鼠	皮下注射	15～25	仓鼠	经口	31.5
大白鼠	静脉注射	25～50	狗	皮下注射	10.4
大白鼠(断奶期)	静脉点滴	5.9			

注：本表摘引自"陈宁庆《实用生物毒素学》，2001"。

(4) 橘霉素

橘霉素（citrinin，CIT）是由青霉属的橘青霉（*P. citrinum*）、岛青霉（*P. islandicum*）、展青霉（*P. expansum*）和点青霉（*P. notatum*），曲霉属的土曲霉（*A. terreus*）、雪白曲霉（*A. niveus*）和赭曲霉（*A. ochraceus*），以及红曲霉（菌）属（*Monascus* spp.）的某些种产生的真菌毒素。CIT于1931年首次被分离纯化，由于橘霉素对细菌有较强的抑制作用，所以曾经被作为抗生素来研究。

CIT的分子式为$C_{13}H_{14}O_5$，结构式见图7-18。CIT是一种黄色结晶，熔点为172℃，在长波紫外灯的激发下能发出黄色荧光，其最大紫外吸收波长分别为253nm、319nm，对应的摩尔吸光系数分别是8279和4710。CIT溶于甲醇、乙酸乙酯、苯、丙酮、一氯甲烷、乙腈，微溶于二乙醚、乙醇，难溶于水，但是可以溶解于稀NaOH、Na_2CO_3和NaAc溶液中。

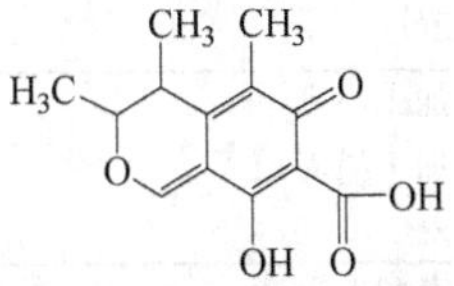

图7-18　橘霉素的结构式

CIT普遍存在于粮食和饲料中，1995年法国学者Blanc等发现在我国和东南亚一些国家用于生产传统发酵产品红曲的红曲菌可以产生橘霉素，从而污染红曲及其产品，给我国红曲产业带来了巨大的冲击。

CIT是一种肾脏毒素，能引起多种动物肾脏病变。CIT可引起实验动物肾脏肿大、尿量增多、肾小管扩张和肾脏上皮细胞变性坏死等症状。CIT作用于细胞，在线粒体中积累，干扰电子传递系统，导致DNA合成受阻，并进一步使RNA和蛋白质合成受阻，从而导致线粒体肿大并引起细胞死亡，可导致染色体畸变，同时阻止姐妹染色体交换，也有资料报道，橘霉素有胚胎毒性。

(5) 玉米赤霉烯酮

玉米赤霉烯酮（zearalenone，ZEN）又称F-2毒素，主要是由禾谷镰刀菌和粉红镰刀菌等产生的真菌毒素。早在20世纪20～30年代就发现，猪的雌激素中毒综合征可能与禾谷镰刀菌产生的代谢产物有关，1962年分离纯化得到ZEN，并证明其的确可以导致动物的雌激素过多症。

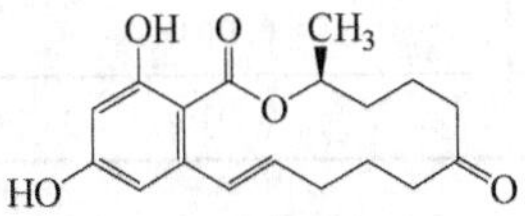

图7-19　玉米赤霉烯酮的结构式

ZEN的分子式为$C_{18}H_{22}O_5$，结构式如图7-19所示，是2,4-二羟基苯甲酸内酯化合物。ZEN为白色结晶体，熔点为164～165℃，溶于一氯甲烷、二氯甲烷、乙酸乙酯、乙腈、醇类和苯，微溶于石油醚和正己烷，不溶于二硫化碳和四氯化碳，几乎不溶于水（溶解度2mg/100g，25℃），但溶于碱性水溶液。ZEN在乙醇中有3个特征性吸收波长236nm、274nm和316nm，对应的摩尔吸光系数分别是29700、13909和6020。在360nm和365nm长波长紫外光照射下，ZEN呈现蓝绿色荧光；当换以260nm或254nm短波长紫外光照射时，ZEN的荧光强度则明显增强。该性质可用来定性鉴别 ZEN。但是，无论在乙醇溶液中，还是在薄层板上，当激发波长为 314nm 时，可获得发射波长为 450nm 的最强荧光值。利用这些特性，可以在薄层板上鉴别或筛选 ZEN 及其某些衍生物。ZEN 对热稳定，于 120℃加热 4h 未见变化。

ZEN 主要污染玉米、小麦、燕麦和大麦等谷物，以及由它们加工成的食品与饲料。由于产生 ZEN 的真菌也可以产生其他镰刀菌毒素，所以常常与其他真菌毒素发生交叉污染，特别是常常与呕吐毒素一起出现。表 7-11 是不同国家谷物及其制品中 ZEN 的污染情况。

表 7-11 不同国家谷物及其制品中 ZEN 的污染情况

样品	来源	ZEN	
		检出率/%	含量范围/(μg/g 或 μg/mL)
玉米	意大利	25	0.003～0.15
玉米	新西兰	75	0.1～16
玉米	西班牙	11.7	0.7～9.9
玉米	阿根廷	29.1	0.2～0.75
玉米及其制品	加拿大	1.6	0.2
玉米(酿造用)	赞比亚	—	<0.01～0.8
玉米啤酒		—	<0.01～4.6
配合饲料		—	0.05～0.6
小麦(饲料用)	德国	58	最大 1.560
小麦	巴西	—	0.65～9.83
精加工小麦	韩国	20	0.008～0.04
精加工黑麦		60	0.003～0.004
大麦		27	0.183～1.416
大麦和大米	印度	85.9	最大 0.006
花生		1.96	0.72～1.84
小麦粉	日本	11.3	0.001～0.006
大麦粉		100	0.001～0.004
精加工大麦		33.3	0.006
高粱	美国	31	0.002～1.468
甜菜纤维		41.3	0.013～4.65
谷物类食品	英国	14.3	<0.051
谷物	荷兰	62	最大 0.677
粗饲料		31	最大 3.1
饲料	前南斯拉夫	26	最大 0.96
发酵食品	斯威士兰	10.9	8～53
啤酒	莱索托	12.1	0.3～2
小麦	中国(北京)	0	0
面粉	中国(上海)	71.4	0.004
小麦	中国(台湾)	75	0.016

注：本表引自“陈宁庆《实用生物毒素学》，2001”。

ZEN 具有类激素作用，主要危害动物的生殖系统。其中，对猪最敏感，对禽类特别是鸡的作用不明显。由于 ZEN 的 LD_{50} 值很大，即急性毒性不强，所以关于其急性与亚急性的研究很少，对其致癌、致畸和致突变的研究也不多。但是，与其他真菌毒素不同，ZEN 具有调节真菌的有性繁殖作用，在低浓度时可以促进禾谷镰刀菌的有性繁殖，在高浓度时则抑制有性繁殖，即对真菌也表现出性激素的活性。另外，ZEN 及其衍生物还可以促进动物蛋白质合成，用于动物的增重。

(6) 脱氧雪腐镰刀菌烯醇

脱氧雪腐镰刀菌烯醇（deoxynivalenol，DON）主要是由禾谷镰刀菌和黄色镰刀菌等镰刀菌属真菌产生的毒素，由于它可以引起猪的呕吐效应，因而也称其为呕吐毒素（voitoxin）。它的纯品于1973年首先从被镰刀菌感染的日本大麦中分离得到。

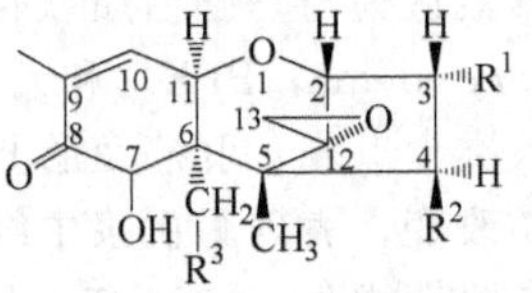

名称	R^1	R^2	R^3
DON	OH	H	OH
NIV	OH	OH	OH

图 7-20 DON与NIV的结构式

DON是一种无色针状结晶，分子式为$C_{15}H_{20}O_6$，结构式见图7-20，是雪腐镰刀菌烯醇（nivalenol，NIV）的脱氧衍生物。其熔点为151～152℃，具有较强的热抵抗力和耐酸性，在pH=4.0条件下，100℃和120℃加热60min DON均不被破坏，170℃加热60min仅少量破坏；在pH=7.0条件下，100℃和120℃加热60min DON仍很稳定，170℃加热15min部分破坏；在pH=10.0条件下，100℃加热60min部分被破坏，120℃加热30min和170℃加热15min完全被破坏。

DON广泛存在于自然界中，常常污染玉米、燕麦、大麦和小麦等粮食，以及青贮与复合饲料，但是一般很少污染面粉，因为DON主要存在于粮食的表面，在脱壳磨粉的过程中绝大部分已被除去，但是如前所述，由于DON在酸性条件下稳定并耐高温，所以一旦污染面粉，在发酵与焙烤过程中很难将其破坏。另外，DON也很少通过饲料进入乳及其制品中，但是可以通过饲料进入鸡蛋中。2008年，Driehuis等人采用液质联用（HPLC-MS）技术对荷兰奶牛饲料中20种真菌毒素的含量进行了分析，结果表明，DON的发生率最高，达38%～54%，其次是ZEN的发生率，达17%～38%，它们在全价饲料中的平均含量分别达到273μg/kg、28μg/kg，最高含量分别达到969μg/kg和203μg/kg。

DON是毒性较小的真菌毒素，在中低剂量时主要引起动物出现呕吐、食欲下降、体重减轻、代谢紊乱等症状，大剂量［≥27mg/(kg·bw·d)］时可以导致动物死亡。但是不同动物对DON的敏感性存在差异，雄性动物对毒素比较敏感，猪比小鼠、家禽、反刍动物更敏感。研究表明，DON具有很强的细胞毒性，它对于原核细胞、真核细胞均具有明显的毒性作用，对于生长较快的细胞如胃肠道黏膜细胞、淋巴细胞、胸腺细胞、脾细胞、骨髓造血细胞等均有损伤作用，并且可以抑制蛋白质的合成。

(7) 伏马菌素

伏马菌素（fumonisin）是一种由串珠镰刀菌（*Fusarium moniliforme*）产生的水溶性真菌毒素。1988年，Gelderblon等首次从串珠镰刀菌培养液中分离出伏马菌素。随后，Laurent等又从伏马菌素中分离出伏马菌素B_1和B_2（FB_1和FB_2）。

到目前为止，发现的伏马菌素有FA_1、FA_2、FB_1、FB_2、FB_3、FB_4、FC_1、FC_2、FC_3、FC_4和FP_1共11种，其中FB_1是其主要组分，污染最普遍，毒性也最强，对热稳定，不易被蒸煮破坏。部分伏马菌素的结构式见图7-21。

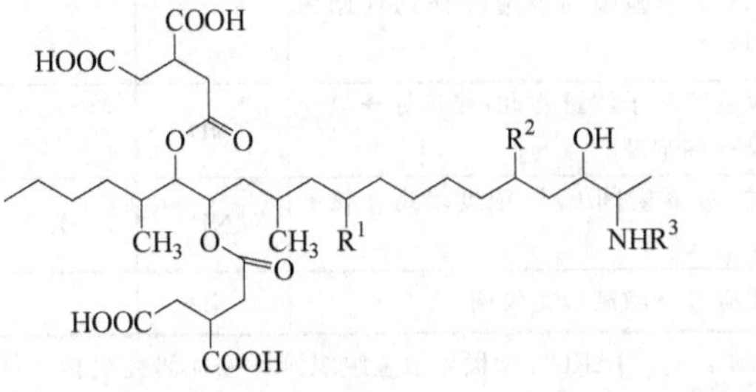

FB_1: R^1=OH, R^2=OH, R^3=H
FA_1: R^1=OH, R^2=OH, R^3=CH_2CH_3
FB_2: R^1=H, R^2=OH, R^3=H
FA_2: R^1=H, R^2=OH, R^3=CH_2CH_3
FB_3: R^1=OH, R^2=H, R^3=H
FB_4: R^1=H, R^2=H, R^3=H

图 7-21 部分伏马菌素的结构式

FB_1对食品污染的情况在世界范围内普遍存在，主要污染玉米及玉米制品，也可污染小麦、稻米、高粱、小米等粮食作物及其制品。另外，伏马菌素在动物饲料、某些香辛料（如八角、桂皮）及药食两用植物（如芦笋）中也有检出。1996年我国对玉米、小麦等粮食作物中FB_1污染进行调查，发现不同地区均有不同程度污染。其中食道癌高发区玉米伏马菌素污染率为48%。

研究证实，伏马菌素被认为与马脑白质软化症（equine leuko-encephalomalacia，ELEM）、猪肺水肿（porcine pulmonary edema，PPE）和人类食道癌等人畜疾病有关。另外，该毒素还是一种慢性促癌剂，可诱发人类食道癌、肝癌及胎儿神经管畸形等疾病，并能引起灵长类动物血浆中致动脉粥样硬化样的脂肪改变，表现为血浆中纤维蛋白质含量增多和血液凝集因子活性增高同时出现，患动脉粥样硬化危险性增高。1993年，国际癌症研究中心将伏马菌素列为2B类致癌物质（即人类可能致癌物）。

3. 真菌毒素的危害机理

一般情况下，人们仅仅对真菌毒素的致癌、致畸和致突变等慢性毒性比较关注，但实际上大部分真菌毒素也有很强的急性毒性。表7-12是几种真菌毒素与常见农药的毒性比较。表中结果说明，AFB_1和OTA等真菌毒素也属于剧毒物质，非常容易引起急性与亚急性中毒，只不过通常情况下，人和动物不可能一次或短时间内摄食到足够的量而已。

表7-12　几种真菌毒素和农药的毒性比较

比较对象	大鼠经口LD_{50}/(mg/kg)	毒性	比较对象	大鼠经口LD_{50}/(mg/kg)	毒性
AFB_1	1	剧毒	敌敌畏	50～70	中等毒
T-2毒素	3	剧毒	乐果	245	中等毒
OTA	22	剧毒	滴滴涕	113～250	中等毒
甲拌磷	3.7	剧毒	六六六	1200	低毒

不同真菌毒素对动物和人的危害不同，所导致的疾病种类不同，其致病机理也不相同。表7-13是几种真菌毒素对机体的致毒机理及其致癌性评估情况。

表7-13　主要真菌毒素对机体的致毒机理及致癌性评估

真菌毒素	毒害机理	致癌性①		IARC评估①
		人	动物	
黄曲霉毒素B_1、M_1	代谢活化→DNA损伤→细胞周期失调→细胞变形/凋亡	S I	S S	1 2B
橘霉素	破坏选择性渗透细胞膜→细胞破壁→细胞凋亡	ND	L	3
呕吐毒素	抑制蛋白合成→细胞因子失调→细胞增殖异常→细胞凋亡	ND	I	3
伏马菌素	抑制鞘氨醇*N*-乙酰转移酶→脂代谢失调→细胞周期失调→细胞变形/凋亡	I	L	2B
串珠镰刀菌素	抑制丙酮酸-α-酮戊二酸脱羧酶→破坏细胞呼吸→细胞凋亡	—	—	—
赭曲霉毒素	苯丙氨酸代谢失调→降低磷酸烯醇丙酮酸羧化酶活性→糖原合成降低→细胞凋亡（或者代谢活化→DNA损伤→细胞周期失调→细胞变形/凋亡；改变细胞膜的渗透性→钙代谢失调→细胞周期失调→细胞凋亡）	I	S	2B
棒曲霉毒素	体内非蛋白巯基衰竭→改变膜离子渗透性和/或传导→氧化应激增强→抑制大分子合成→细胞凋亡	ND	I	3
T-2毒素	抑制蛋白合成→细胞凋亡（或者瞬间Ca^{2+}浓度增高→核酸内切酶激活→细胞凋亡）	ND	L	3
玉米赤霉烯酮	雌激素受体→干扰雌激素应答→激素应答失调	ND	L	3

① 引自“Udagawa，2005”（见本章末参考文献18）。“IARC”为世界卫生组织国际癌症研究机构的简称。“I”表示偶有真菌毒素致癌案例；“L”表示案例有限；“S”表示案例充分；“ND”表示无充分数据。“1”表示对人致癌性证据充分；“2B”表示对人致癌性证据有限，对动物致癌性证据不充分；“3”表示现有证据不能对人类致癌性分级评估；“—”表示未作评估。

注：本表摘引自“Speijers and Speijers，2004”（见本章末参考文献17）。

4. 真菌毒素的限量标准

如前所述，产毒真菌主要集中在曲霉属、镰刀菌属、青霉属等三大属中，这些产毒真菌中大多数是腐败真菌，有些则是植物病原真菌。它们在产前、产后、运输、储藏、加工、销售等过程中都可能污染农副产品即食品和饲料，产生毒素，从而使毒素直接或间接地进入人类食物链，威胁人类健康和安全。由于产毒真菌污染食品及饲料的环节多，加之生产食品及饲料的环境条件很不一致，因而虽然已经有各种关于如何预防真菌毒素进入人类食物链的措施，但是要保证食品及饲料绝对不含真菌毒素是不可能的。为了最大限度地控制真菌毒素对人类健康和安全的威胁，规定各类食品及饲料中真菌毒素的最大允许含量是极为必要的。为此，世界卫生组织、联合国粮农组织等机构于 1966 年根据当时对真菌毒素的研究状况，首先规定了食品中黄曲霉毒素的最大允许含量为 30μg/kg。之后随着研究的深入，发现 30μg/kg 仍能引起中毒事故，因此于 1970 年和 1975 年先后两次降低这一标准至 15μg/kg。

到目前为止，世界上几乎所有国家和地区，都制定了食品和饲料中真菌毒素的限量标准以保证人类健康和安全。根据联合国粮农组织（Food and Agriculture Organization of the United Nations，FAO）统计，2003 年至少有 99 个国家制定了控制食品和（或）饲料中真菌毒素含量的法规，这些国家的总人口约占全世界人口的 87%，其中制定总黄曲霉毒素限量标准的国家最多，有 70 多个国家，其他依次为 AFB_1、AFM_1、棒曲霉毒素、脱氧雪腐镰刀菌烯醇、赭曲霉毒素以及玉米赤霉烯酮。图 7-22 是 2003 年世界各国对几种主要真菌毒素限量情况的统计分析结构。表 7-14 是我国国家标准 GB 2761—2005 规定的食品中真菌毒素的限量标准。

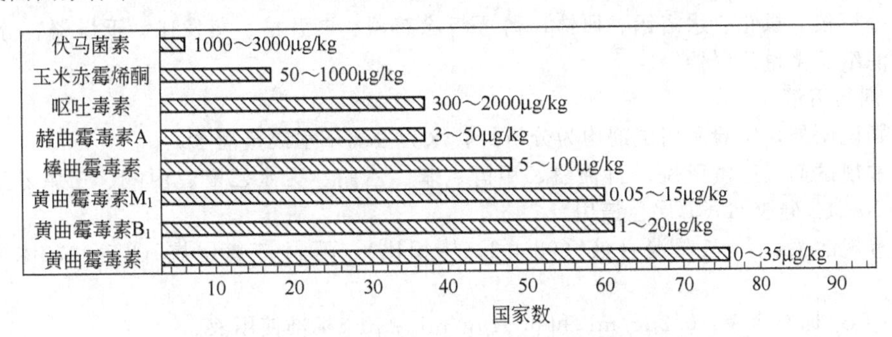

图 7-22　2003 年世界各国对几种主要真菌毒素的限量情况

表 7-14　我国食品中真菌毒素的限量标准（GB 2761—2005）

真菌毒素	食品种类	限量/(μg/kg)
黄曲霉毒素 B_1	玉米、花生及其制品	20
	大米、植物油(除玉米油和花生油)	10
	其他粮食、豆类、发酵食品	5
	婴幼儿配方食品	5
黄曲霉毒素 M_1	鲜乳	0.5
	乳制品(折算为鲜乳汁)	0.5
呕吐毒素	小麦	1000
	玉米	1000
棒曲霉毒素	苹果、山楂制品	50

5. 真菌毒素的检测方法

为了有效地执行毒素的最大允许含量规定，防止毒素超标食品及饲料直接或间接地进入人类食物链，准确地分析其中的毒素含量显得非常重要。目前检测真菌毒素的方法主要包括薄层色谱法（TLC）、高效液相色谱法（HPLC）、液质联用方法（HPLC-MS）、荧光光度法以及免疫检测法等。关于这些方法的原理与具体操作过程请参阅本书的其他章节或其他书籍。

（撰写人：周有祥、陈福生）

实验 7-1　酱油中黄曲霉毒素 B_1 的薄层色谱法测定

一、实验目的

了解黄曲霉毒素的种类、性质和危害；掌握酱油中黄曲霉毒素 B_1（aflatoxin B_1，AFB_1）的分离、纯化过程和薄层色谱测定方法。

二、实验原理

黄曲霉毒素（aflatoxin）是由寄生曲霉（*Aspergillus parasiticus*）和产毒的黄曲霉（*A. flavus*）产生的有毒次生代谢产物。黄曲霉毒素的种类很多，主要包括黄曲霉毒素 B_1、B_2、G_1、G_2、M_1 和 M_2，它们的结构式见图 7-14。其中，以 AFB_1 毒性最强，污染食品概率最大，其结构稳定，高温、紫外照射与酸碱处理都不易使之破坏，但是在 NaOH 溶液中，AFB_1 的内酯环被破坏，荧光随之消失，但在酸性条件下，毒素又可重新生成。AFB_1 对人和动物的肝脏危害很大，并有很强的致癌、致畸性。

在本实验中，酱油中的 AFB_1 经提取、浓缩和薄层色谱分离后，在波长 365nm 紫外光下产生蓝紫色荧光斑点，根据斑点的大小和荧光强度，与标准品比较，可以实现 AFB_1 的定性和定量检测。

三、仪器与试材

1. 仪器与器材

紫外分析仪、烘箱、水浴锅、研钵、薄层板涂布器、展开槽、蒸发皿、干燥器、分液漏斗、定量慢速滤纸、微量注射器等。

2. 试剂与溶液

除特别说明外，实验所用试剂均为分析纯，水为去离子水或蒸馏水。

（1）常规试剂：三氯甲烷、石油醚、甲醇、苯、乙腈、无水乙醚、丙酮、三氟乙酸、无水 Na_2SO_4、NaCl、硅胶 G（薄层色谱用）。

（2）常规溶液：苯-乙腈混合液（98＋2，体积比），丙酮-三氯甲烷（8＋92，体积比）展开剂。

（3）AFB_1 标准溶液：0.2μg/mL 和 0.04μg/mL AFB_1 标准使用液。

3. 实验材料

3～4 种不同品牌的酱油，各 250mL。

四、实验步骤

1. 样品提取

（1）称取 10.00g 酱油样品于小烧杯中，为防止提取时乳化，加 0.4g NaCl，移入 100mL 分液漏斗中，并以 15mL 三氯甲烷分次洗涤烧杯，洗液并入分液漏斗中。如出现乳化现象可滴加甲醇促使分层。

（2）放出三氯甲烷层，并经盛有约 10g 预先用三氯甲烷湿润的无水 Na_2SO_4 的定量慢速滤纸，过滤于 50mL 蒸发皿中。

（3）再加 5mL 三氯甲烷于分液漏斗中，振摇，三氯甲烷层一并滤于蒸发皿中，并用少量三氯甲烷洗过滤器，洗液并于蒸发皿中。

（4）将蒸发皿放在通风橱中，于 65℃水浴中通风挥干。

（5）将蒸发皿置于冰盒上冷却 2～3min 后，加 2.5mL 苯-乙腈混合液溶解提取物。此溶液为样品提取液，每毫升相当于 4g 样品。

2. 薄层板的制备

（1）称取 3g 硅胶 G 于研钵中，加 7～8mL 水，研磨 1～2min 至成糊状后，立即倒于薄层板涂布器内，推成 5cm×20cm、厚度约 0.25mm 的薄层板三块。

（2）薄层板在空气中干燥（约 15min）后，于 100℃活化 2h，取出，置于干燥器中冷却、保存。

3. 薄层展开

(1) 将薄层板边缘附着的硅胶刮净，以铅笔沿薄板纵向方向标出上下端，并在距下端 1cm 位置轻轻划一条基线。

(2) 以微量注射器沿基线上点 4 个样点，样点距边缘以及样点间距为 1cm 左右。边滴样边用吹风机的冷风吹干，控制样点直径大小约 3mm。各样点的点样量如下：第一点，10μL AFB_1 标准使用液（0.04μg/mL）；第二点，20μL 样品的 AFB_1 提取液；第三点，20μL 样品提取液＋10μL 0.04μg/mL 的 AFB_1 标准使用液；第四点，20μL 样品提取液＋10μL 0.2μg/mL 的 AFB_1 标准使用液。

(3) 将薄层板置于预先加有 10mL 无水乙醚的展开槽中，预展 12cm 后，取出挥干。

(4) 再将薄层板置于另一个内含 10mL 丙酮-三氯甲烷展开剂的展开槽中，展开 10～12cm 后，取出挥干。

4. 观察与分析

(1) 将薄层板置于紫外分析仪于 365nm 波长的紫外光下观察。由于样品提取液点滴加有 AFB_1 标准使用液，所以可使 AFB_1 标准点与样品提取液中的 AFB_1 荧光点重叠。如果样品为阴性，则第三点的 AFB_1 为 0.0004μg（即 0.4ng），可用于检查样品 AFB_1 最低检出量是否正常出现荧光；如为阳性，则起定性作用。第四点中 AFB_1 标准品含量为 0.002μg（即 2ng），主要起定位作用（见图 7-23）。

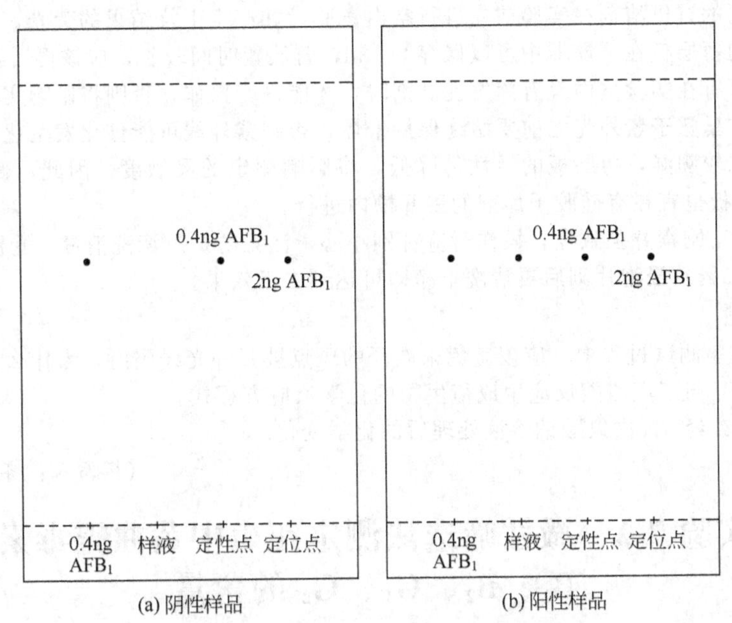

图 7-23 检测 AFB_1 的薄层色谱示意图

(2) 第二点在与 AFB_1 标准点的相应位置上无蓝紫色荧光点，表示样品中 AFB_1 含量在 5μg/kg 以下；如在相应位置上有蓝紫色荧光点，则需进行确证试验。

5. 确证试验

(1) 为了证实薄层板上样液荧光是由 AFB_1 产生的，可滴加三氟乙酸，产生 AFB_1 的衍生物，此衍生物的比移值（R_f）约为 0.1。

(2) 具体点样方法为：第一点，10μL 0.04μg/mL 的 AFB_1 标准使用液；第二点，20μL 样品提取液。于以上两点各加一小滴三氟乙酸盖于其上，反应 5min 后，用吹风机的热风吹 2min，但是薄层板上的温度不高于 40℃。然后再点第三点，10μL 0.04μg/mL 的 AFB_1 标准使用液；第四点，20μL 样品提取液。

(3) 按3中 (3)、(4) 所述薄层展开方法进行薄层展开，并于紫外光灯下观察样液是否产生与 AFB_1 标准点相同的 R_f 值为0.1左右的衍生物。未加三氟乙酸的第三、四两点，可依次作为标准使用液的衍生物与样液的空白对照。

6. 稀释定量

样品提取液中的 AFB_1 荧光点的荧光强度如与 AFB_1 标准点的最低检出量 (0.0004μg) 的荧光强度一致，则样品中 AFB_1 含量为5μg/kg。如样液中荧光强度比最低检出量强，则根据其强度估计减少滴加量 (μL) 或将样液稀释后再滴加不同量 (μL)，直至样液点的荧光强度与最低检出量的荧光强度一致为止。滴加式样如下：第一点，10μL AFB_1 标准使用液 (0.04μg/mL)；第二点，根据情况滴加10μL样品提取液或适当稀释液；第三点，根据情况滴加15μL样品提取液或适当稀释液；第四点，根据情况滴加20μL样品提取液或适当稀释液。

7. 计算

按下式计算样品中 AFB_1 的含量：

$$x=\frac{0.0004V_1 f\times 1000}{V_2 m}$$

式中，x 为样品中 AFB_1 的含量，μg/kg；V_1 为加入苯-乙腈混合液的体积，mL；V_2 为出现最低荧光时滴加样品提取液的体积，mL；f 为稀释倍数；m 为加入苯-乙腈混合液溶解时相当于样品的质量，g；0.0004为 AFB_1 的最低检出量，μg。

五、注意事项

1. 实验所用的有机溶剂在实验前先进行空白试验，如产生干扰结果的荧光，则应重蒸。
2. 活化好的薄层板在干燥器中可以保存2～3d，若放置时间较长，应该再活化后使用。
3. 本实验只有在实验室内没有挥发性试剂时，才能进行操作，否则将影响实验结果。
4. 薄层板在暴露于紫外光之前要始终保持干燥，否则紫外线可能催化发生化学变化。
5. 如环境比较潮湿，薄层板的活性易降低，将影响测定的灵敏度。因此，薄层板应在使用当天活化，且点板也宜在有硅胶干燥剂的展开槽内进行。
6. 由于 AFB_1 剧毒并强致癌，操作时应特别小心，注意防护及清洗消毒。受污染的器皿，经次氯酸钠溶液 (5%) 浸泡片刻后再清洗干净即可达到去毒效果。

六、思考题

1. 通常在实验测试过程中，应该避免未展开的斑点被紫外光线照射，为什么？
2. 写出 AFB_1 与三氟乙酸反应生成衍生物的化学反应方程式。
3. 叙述 AFB_1 经5%次氯酸钠溶液处理后的化学变化。

(撰写人：齐小保、周有祥)

实验7-2 微柱筛选法测定花生中黄曲霉毒素 B_1、B_2、G_1、G_2 的含量

一、实验目的

掌握微柱筛选法测定花生中黄曲霉毒素含量的原理与方法。

二、实验原理

试样中黄曲霉毒素被提取后，提取液通过由氧化铝与硅镁吸附剂组成的微柱色谱管，杂质被氧化铝吸附，黄曲霉毒素被硅镁吸附剂吸附，在365nm紫外光灯下显示蓝紫色荧光环，其荧光强度在一定的浓度范围内与黄曲霉毒素的含量成正比。由于在微柱中不能分离 AFB_1、AFB_2、AFG_1 及 AFG_2，所以本实验尽管以 AFB_1 为标准品，但是测得的结果是这几种黄曲霉毒素的总量。

三、仪器与试材

1. 仪器与器材

紫外分析仪、玻璃微柱（内径 0.4cm，长 12cm，为加液方便，可在管上部接一段粗管）、微柱管架（附密闭洗脱废液接受器）、移液器、小型粉碎机、振荡器等。

2. 试剂与溶液

除特别说明外，实验所用试剂均为分析纯，水为去离子水或蒸馏水。

(1) 常规试剂：甲醇、氯仿、丙酮、石油醚（沸程 60～90℃或 30～60℃）、中性氧化铝（色谱用，100～200 目与 200～300 目）、酸性氧化铝（色谱用，100～200 目）、硅镁吸附剂（色谱用，100～200 目）、无水 Na_2SO_4（作色谱分离用时，需加工过筛成 80～100 目与 40～80 目的不同筛分）、脱脂棉。

(2) 常规溶液：Na_2SO_4 溶液（20g/L）、甲醇水溶液（55＋45，体积比）、丙酮-氯仿洗脱剂（9＋1，体积比）、AFB_1 标准液 [0.4μg/mL 的储备液及 0.1μg/mL 的使用液，避光冷藏，以苯-乙腈（98＋2，体积比）配制]。

3. 实验材料

3～4 份不同的花生样品，各 250g。

四、实验步骤

1. 样品提取

(1) 取 100g 花生样品，粉碎或磨碎后过 20 目筛。

(2) 取 20.00g 粉碎样品，置于 250mL 具塞锥形瓶中。

(3) 将 100mL 甲醇水溶液与 30mL 石油醚加入锥形瓶后，密闭，振摇 30min。

(4) 静置分层后，过滤于 50mL 具塞量筒中，收集 50mL 甲醇水滤液（切勿带入石油醚层），转入 250mL 分液漏斗中。

(5) 向分液漏斗中加入 50mL Na_2SO_4 溶液，稀释混匀后，再加 10mL 氯仿，轻摇 2～3min，静置分层。

(6) 将氯仿层通过装有 5g 无水 Na_2SO_4 的小漏斗（以少量脱脂棉球塞住漏斗颈口，并以少量氯仿润湿），滤入 10mL 带塞的比色管中。

(7) 再向分液漏斗中加 3mL 氯仿提取一次，氯仿层通过无水 Na_2SO_4 后，合并于比色管中，以少量氯仿洗漏斗，并定容至 10.0mL。盖塞密闭后，摇匀，待测。此样液每毫升相当于 1.0g 样品。

2. 测定

(1) 微柱管的制备：将玻璃微柱置于微柱管架上，以少量脱脂棉垫底后，依次加入高为 0.5cm 的无水 Na_2SO_4（80～100 目）、0.5cm 硅镁吸附剂、0.5cm 无水 Na_2SO_4（80～100 目）、1.5cm 中性氧化铝、1.5cm 酸性氧化铝、3cm 无水 Na_2SO_4（40～80 目）后，顶部以少量脱脂棉堵塞。

(2) 微柱色谱分离：在装好的微柱管中，加入样品提取液 1.0mL，作为样品微柱。同时，另取三支微柱管，各加入 1mL 氯仿后，再分别加入 AFB_1 标准液（0.1μg/mL）0、50μL、100μL（分别相当于 0、5ng、10ng AFB_1），作为标准品微柱。待加入液进入无水 Na_2SO_4 层时，立即向 4 根微柱管中分别加入 1mL 丙酮-氯仿洗脱剂，待洗脱剂完全流出后，即可观察结果。

(3) 结果观察与评定：将上述 4 根微柱置于 365nm 波长的紫外光灯下观察比较，若在微柱硅镁吸附剂层内，样品微柱与 AFB_1 为 0 的标准品微柱一致，无荧光，则表明样品为阴性；若出现与 AFB_1 为 5ng 和 10ng 微柱一样的蓝紫色荧光环，则表明样品为阳性，可以通过比较荧光强弱初步判断样品中黄曲霉毒素的含量。

五、注意事项

1. 作色谱分离用的酸性与中性氧化铝、硅镁吸附剂及色谱用无水 Na_2SO_4 应在 110～120℃ 活化 2h，装瓶盖严后，于干燥器内储存备用，可保存一周，超过一周需再次活化。

2. 在制备微柱时，每装一种试剂要适当敲紧，两种试剂之间界面要平整。微柱管尽量随装随用，避免吸收空气中的水分，使微柱活性下降。另外，微柱在制备、上样与洗脱过程中应始终保持垂直。

3. 在色谱分离过程中，上样时应垂直滴加于管内，避免沿壁滴加，否则将影响分离效果。

4. 在实际分析测定中，对于本实验的阳性样品还需用其他检测方法进行验证。例如，可以将样品的提取液以实验 7-1 的薄层色谱法加三氟乙酸进行确证。

5. 由于微柱法不能将 AFB_1、AFB_2、AFG_1 及 AFG_2 分离，所以尽管在实验中以 AFB_1 作为标准样品，但是测得的结果是常见的黄曲霉毒素的总量。

六、思考题

1. 试阐述微柱色谱管中各组成成分在分析黄曲霉毒素过程中的作用。

2. 由于微柱法不能将 AFB_1、AFB_2、AFG_1 及 AFG_2 分离，所以测得的结果是黄曲霉毒素的总量。请设计一个实验，在微柱法的基础上进一步分析黄曲霉毒素各组分的含量。

3. 在本实验中，为什么仅以 AFB_1 作为标准品？

（撰写人：周有祥、陈福生）

实验 7-3 稻米中黄曲霉毒素 B_1 的间接竞争 ELISA 分析

一、实验目的

掌握间接竞争酶联免疫吸附法（ELISA）检测稻米中黄曲霉毒素 B_1（AFB_1）含量的原理及其操作过程。

二、实验原理

样品提取液中的 AFB_1（游离 AFB_1）通过与固定在酶标板微孔内的 AFB_1［AFB_1 通过卵清白蛋白（ovalbumin，OVA）结合于酶标板上，称为结合 AFB_1］竞争抗 AFB_1 抗体的结合位点，形成抗原抗体复合物。其中，与游离 AFB_1 结合形成的游离态抗原抗体复合物通过洗涤被去除，而与结合 AFB_1 形成的结合态复合物被固定在酶标板的微孔内。结合态的复合物与酶标二抗进一步结合后，加入酶底物溶液（通常无色）产生有色化合物溶液，测定吸光度，并与 AFB_1 标准品比较，就可以计算出样品中 AFB_1 的含量。样品中 AFB_1 的含量与吸光度成反比。图 7-24 是间接竞争 ELISA 法检测 AFB_1 的示意图。

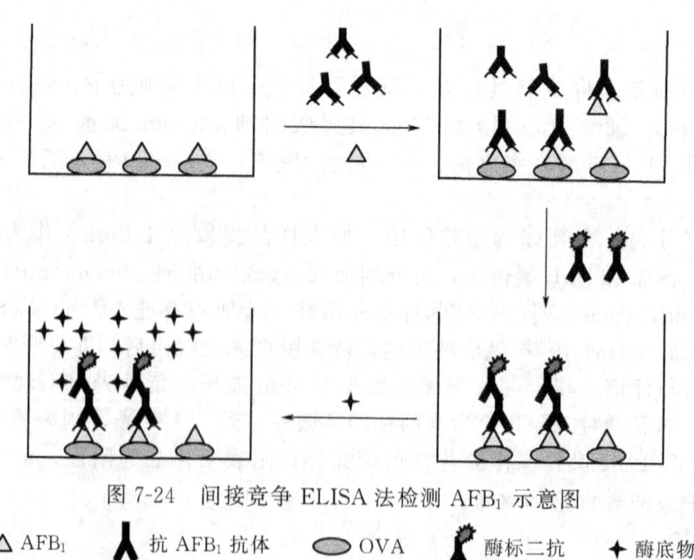

图 7-24 间接竞争 ELISA 法检测 AFB_1 示意图

三、仪器与试材

1. 仪器与器材

小型粉碎机、样筛、振荡器、酶标仪（带 490nm 滤镜）、96 孔酶标板、水浴锅等。

2. 试剂与溶液

除特别说明与生物试剂外，实验所用试剂均为分析纯，水为去离子水或蒸馏水。

（1）常规试剂：AFB_1 与卵清白蛋白（OVA）的连接物（AFB_1-OVA，作为包被抗原，AFB_1 与 OVA 的摩尔比大于 5∶1）、抗 AFB_1 抗体（小鼠源）、辣根过氧化物酶（HRP）与羊抗小鼠 IgG 的连接物（酶标二抗）、脱脂奶粉、甲醇、邻苯二胺、Na_2CO_3、$NaHCO_3$、KH_2PO_4、Na_2HPO_4、NaCl、KCl、H_2O_2、H_2SO_4、氯仿、无水 Na_2SO_4 等。

（2）常规溶液：pH＝7.2 的 0.1mol/L 磷酸盐缓冲液生理盐水（phosphate buffer saline，PBS）、pH＝7.2 的 0.1mol/L 含 0.05% Tween-20 的磷酸盐缓冲液生理盐水（ELISA 洗涤液，PBS-Tween，PBST。将 $Na_2HPO_4 \cdot 12H_2O$ 2.9g、KH_2PO_4 0.2g、NaCl 8.0g、KCl 0.2g、Tween-20 0.5mL 溶于 1000mL 蒸馏水中）、pH＝9.6 的 0.05mol/L 碳酸盐缓冲液（ELISA 包被液，CB）、pH＝5.0 的 0.1mol/L 柠檬酸-0.2mol/L Na_2HPO_4 缓冲液（ELISA 底物缓冲液）、H_2SO_4（2mol/L，ELISA 终止液）、CH_3OH-PBS 溶液（20＋80，体积比）。

（3）AFB_1 标准溶液：准确称取 1～2mg AFB_1，用甲醇配制成 1mg/mL 溶液，再用 CH_3OH-PBS 溶液稀释至 10μg/mL。使用时，以 CH_3OH-PBS 溶液稀释至适当浓度。

3. 实验材料

稻米样品 3～4 种，各 250g。

四、实验步骤

1. 样品提取

（1）取 100g 样品粉碎后过 20 目筛。

（2）取 20.00g 粉碎样品，置于 250mL 具塞锥形瓶内。

（3）加入 10mL 水润湿后，加 60mL 氯仿，振荡 30min 后，加 12g 无水 Na_2SO_4，摇匀后，再静置 30min。以折叠式的快速定性滤纸过滤于 100mL 具塞锥形瓶中。

（4）取 12mL 滤液（相当于 4g 样品）于蒸发皿中，在 65℃水浴上通风挥干。

（5）以 2.0mL CH_3OH-PBS 溶液分三次（0.8mL、0.8mL、0.4mL）溶解并彻底冲洗蒸发皿中的残渣，溶液移至具盖试管中，振摇后作为样品提取液，静置待测。每毫升提取液相当于 2g 样品。

2. 标准曲线的绘制

（1）抗原包被：将 100μL 包被抗原 AFB_1-OVA（AFB_1-OVA 溶于 CB 中，浓度为 10μg/mL，浓度有时应根据 AFB_1-OVA 的摩尔比确定）加入 96 孔酶标板的微孔内，于 4℃过夜。取出酶标板，恢复至室温，倾去包被液，以 PBST 满孔洗涤 3 次，每次 5min，扣干。

（2）封阻：每孔加 200μL 5%的脱脂牛奶（溶于 PBST）作为封阻液，于 37℃保温保湿 1h。取出酶标板，倾去封阻液，用 PBST 满孔洗涤 3 次，每次 5min，扣干。

（3）竞争抗原抗体反应：每孔加入以 PBST 适当稀释的抗 AFB_1 抗体溶液 90μL，同时分别加入 10μL 不同浓度的 AFB_1 标准溶液，使 AFB_1 反应浓度分别为 0、0.1ng/mL、1ng/mL、10ng/mL、100ng/mL、1000ng/mL、10000ng/mL，混匀，37℃保温保湿 1h 后，以 PBST 满孔洗涤扣干 3 次。每个浓度做 3 个重复，以只加 100μL PBST 的微孔作为空白对照。

（4）酶标二抗反应：每孔加入 100μL 以 PBST 适当稀释的羊抗鼠 HRP 酶标二抗，37℃保温保湿 1h 后，以 PBST 满孔洗涤扣干 5 次。

（5）底物显色：每孔加底物 100μL（4mg 邻苯二胺溶于 10mL pH＝5.0 的 0.1mol/L 柠檬酸-0.2mol/L Na_2HPO_4 缓冲液，加入 15μL H_2O_2，现配现用），于 37℃保温保湿，避光反应 30min。

（6）吸光度测定：每孔加 50μL 2mol/L H_2SO_4 终止反应，5min 后，以空白对照调零，于酶标仪上 490nm 波长处，测定吸光度 A_{490nm}。

（7）标准曲线的绘制：以 AFB_1 浓度的对数为 x 轴，各浓度对应的 A_{490nm} 与 AFB_1 浓度为 0 的 A_{490nm} 的比值为 y 轴，绘制 AFB_1 标准竞争曲线。

3. 样品测定

（1）除了在“标准曲线的绘制”（3）竞争抗原抗体反应中，以 10μL 样品提取液替代 AFB_1 标准溶液外，其他操作过程同“标准曲线的绘制”中（1）～（6）。

（2）根据样品提取液的 A_{490nm} 值与 AFB_1 浓度为 0 的 A_{490nm} 的比值，从标准曲线上查找并计算出样品提取液中 AFB_1 的浓度。

4. 计算

按下式计算样品中 AFB_1 的含量：

$$x = cV \times 1000 \times \frac{1}{m}$$

式中，x 为样品中 AFB_1 的含量，ng/kg；c 为从标准曲线上查得的样品提取液中 AFB_1 的浓度，ng/mL；V 为样品提取液的体积，mL；m 为试样的质量，g。

五、注意事项

1. 实验中所用到的 AFB_1-OVA 连接物和抗 AFB_1 抗体通常比较昂贵，所以有条件的实验室可以自行制备。另外，也可以直接购买 AFB_1 的 ELISA 商品试剂盒。

2. 由于 ELISA 检测方法灵敏度较高，各步反应体系的体积稍有变化，即可影响实验结果，因此在所有的加样过程中，溶液应加到酶标板微孔的底部，避免溅出。

3. ELISA 法中的主要试剂为具有生物活性的蛋白质，在操作过程中容易产生气泡，由于气泡液膜表面具有较大的表面张力，可破坏蛋白质的空间结构，进而破坏其生物活性，因此在操作过程中应防止气泡产生。

4. 在操作过程中，应避免蛋白质类试剂反复冻融。因为在反复冻融的过程中，产生的机械剪切力将破坏试剂中的蛋白质分子空间结构，从而引起假阴性结果。此外，冻融试剂的混匀亦应注意，不要进行剧烈振荡，防止产生气泡，反复颠倒混匀即可。

5. 洗涤在 ELISA 中是决定着实验成败的关键，因为酶标板材料多为可非特异性吸附蛋白质的聚苯乙烯，如果洗涤不彻底，可能产生假阳性结果。

6. 在底物显色过程中，温度和时间是主要影响因素。通常情况下，在一定时间和温度下，空白对照孔溶液可保持无色，但是如果时间过长或温度变高，空白对照孔也可能产生颜色，从而影响分析结果。有时，还可以根据显色情况适当缩短或延长显色时间。

7. ELISA 操作过程复杂，影响因素较多，为了确保实验的准确性，样品的测定条件与标准曲线的绘制条件必须保持一致，通常在同一块酶标板上同时进行测定。

8. AFB_1 为剧毒致癌物，因此在操作时必须十分仔细认真，防止环境污染。凡是接触过毒素的器皿和移液吸嘴，必须经过 5%～10% 次氯酸钠溶液完全浸泡 2h 去毒，洗净后，才可重复使用或者弃掉。

六、思考题

1. 简述 ELISA 的种类及其原理。

2. 在间接竞争 ELISA 中，酶标二抗的选择应该根据抗体（一抗）的来源确定，例如，小鼠源的一抗，应该选择羊抗小鼠的酶标二抗，而兔源的一抗，则应该选择羊抗兔的酶标二抗，为什么？

（撰写人：周有祥、陈福生）

实验 7-4 大麦中赭曲霉毒素 A 的直接竞争 ELISA 检测

一、实验目的

掌握直接竞争酶联免疫吸附法（direct competitive enzyme linked immunosorbent assay，dcELISA）检测大麦中赭曲霉毒素 A（ochratoxin A，OTA）含量的原理与方法。

二、实验原理

样品中的 OTA 经提取后，提取液中 OTA 与酶标 OTA 竞争固定于酶标板上的抗 OTA 抗体的结合位点，形成抗原-抗体和酶标抗原-抗体复合物而结合于酶标板微孔内，未结合的抗原（包括 OTA 和酶标 OTA）经洗涤后去除。加入酶底物溶液（通常无色），在酶标抗原-抗体复合物的酶作用下产生有色化合物溶液，测定溶液的吸光度，并与已知 OTA 标准品比较，就可以计算出样品中 OTA 的含量。图 7-25 是直接竞争 ELISA 法检测 OTA 的示意图。

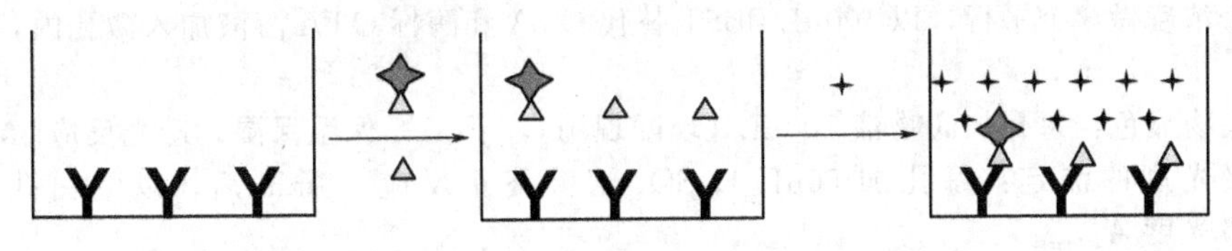

图 7-25　直接竞争 ELISA 法检测 OTA 示意图

Y 抗 OTA 抗体　酶标 OT A　△ OTA　+ 底物

三、仪器与试材

1. 仪器与器材

小型粉碎机、振荡器、酶标仪（带 450nm 滤镜）、96 孔酶标板等。

2. 试剂与溶液

除特别说明与生物试剂外，实验所用试剂均为分析纯，水为去离子水或蒸馏水。

（1）常规试剂：抗 OTA 抗体（小鼠源）、辣根过氧化物酶-OTA 标记物、HCl、CH_2Cl_2、Na_2CO_3、$NaHCO_3$、KH_2PO_4、Na_2HPO_4、NaCl、KCl、四甲基联苯胺（tetramethylbenzidine，TMB）、H_2O_2（30%）、H_2SO_4、二甲基甲酰胺、脱脂牛奶等。

（2）常规溶液：HCl 溶液（1mol/L）、$NaHCO_3$ 溶液（0.13mol/L，pH＝8.1）、pH＝7.2 的 0.1mol/L 磷酸盐缓冲液生理盐水（phosphate buffer saline，PBS）、pH＝7.2 的 0.1mol/L 含 0.05% Tween-20 的磷酸盐缓冲液生理盐水（ELISA 洗涤液，PBS-Tween，PBST。将 $Na_2HPO_4 \cdot 12H_2O$ 2.9g、KH_2PO_4 0.2g、NaCl 8.0g、KCl 0.2g、Tween-20 0.5mL 溶于 1000mL 蒸馏水中）、pH＝9.6 的 0.05mol/L 碳酸盐缓冲液（ELISA 包被液，CB）、pH＝5.0 的 0.1mol/L 柠檬酸-0.2mol/L 磷酸氢钠缓冲液（ELISA 底物缓冲液）、1% TMB 溶液（取 10mg TMB 溶解于 1mL 二甲基甲酰胺后，再加入至 10mL 底物缓冲液中，临用前添加 10μL 30% H_2O_2，混匀）、H_2SO_4（2mol/L，ELISA 终止液）。

（3）OTA 标准溶液：准确称取 1～2mg OTA，以 $NaHCO_3$ 溶液配制成 1mg/mL 溶液，再稀释至 10μg/mL。使用时，以 $NaHCO_3$ 溶液稀释至适当浓度。

3. 实验材料

3～4 个大麦样品，各 250g。

四、实验步骤

1. 样品提取

（1）取 100g 样品粉碎，过 20 目筛。

（2）取 20.00g 粉碎样品，置于 250mL 具塞锥形瓶中。

（3）加 50mL HCl 溶液于锥形瓶中，振荡 10min 后，加 100mL CH_2Cl_2，再强烈振荡 15min 后，以 3000r/min 离心 10min，弃除上层 CH_2Cl_2 后，下层 HCl 溶液以快速定性滤纸过滤于 250mL 锥形瓶中。

（4）取 10mL 滤液加入到等体积 $NaHCO_3$ 溶液中，振荡 30min 后，以 3000r/min 离心 10min。

（5）取 100μL 上清液加入到 400μL $NaHCO_3$ 溶液中，混匀后，用于 ELISA 检测。

2. 标准曲线的绘制

（1）包被：以 CBS 稀释抗 OTA 抗体至适当浓度后，加入酶标板微孔内，每孔 100μL，于 4℃过夜。取出酶标板，恢复至室温，倾去包被液，以 PBST 满孔洗涤 3 次，每次 5min，扣干。

（2）封阻：每孔加 200μL 5%的脱脂牛奶（溶于 PBST）作为封阻液，于 37℃保温保湿 2h。取出酶标板，倾去封阻液，以 PBST 满孔洗涤 3 次，每次 5min，扣干。

(3) 抗原抗体竞争反应：每孔分别加 50μL 不同浓度的 OTA 标准溶液和以 PBST 适当稀释的辣根过氧化物酶-OTA 溶液，混匀，使 OTA 标准品的终浓度分别为 0、0.1ng/mL、1ng/mL、10ng/mL、100ng/mL、1000ng/mL、10000ng/mL，37℃保温保湿 1h 后，洗涤 3 次，每次 5min，扣干。每个浓度做 3 个平行，以 100μL PBST 替代 OTA 和酶标 OTA 溶液加入微孔内，作为空白对照。

(4) 底物显色：每孔加底物液 100μL（现配现用），于 37℃保温保湿，避光反应 30min。

(5) 吸光度的测定：每孔加 50μL H_2SO_4 溶液终止反应，5min 后，以空白孔调零，于 450nm 测吸光度 A_{450nm}。

(6) 标准曲线的绘制：以 OTA 浓度的对数为 x 轴，各浓度对应的 A_{450nm} 与 OTA 浓度为 0 的 A_{450nm} 的比值为 y 轴，绘制 OTA 标准竞争曲线。

3. 样品测定

(1) 除了在"标准曲线的绘制"(3) 抗原抗体竞争反应中，以 50μL 样品提取液替代 OTA 标准溶液外，其他操作过程同"标准曲线的绘制"中的 (1)～(5)。

(2) 根据样品提取液的 A_{450nm} 值，从标准曲线上查找并计算样品提取液中 OTA 的浓度。

4. 计算

按下式计算样品中 OTA 的含量：

$$x = cVf \times 1000 \times \frac{1}{m}$$

式中，x 为样品中 OTA 的含量，ng/kg；c 为从标准曲线上查得的样品提取液中 OTA 的浓度，ng/mL；V 为样品提取液的体积，mL；f 为样品提取液的稀释倍数；m 为试样的质量，g。

五、注意事项

1. ELISA 操作部分同实验 7-3 中 AFB_1 的 ELISA 检测的注意事项。

2. 在测定过程中，如果样品提取液中 OTA 的浓度偏高，可以用 PBST 进行适当稀释；如果 OTA 的浓度偏低，则可以适当减小稀释倍数，或者适当提高样品的用量。

3. 实验中所用的酶标 OTA 和抗 OTA 抗体通常比较昂贵，而且它们的使用浓度还需要进行优化，所以对于没有实践经验的实验室，可以直接购买 OTA 的 ELISA 商品试剂盒。

4. 为了提高测定结果的准确性，有时可以先将样品以 α-淀粉酶酶解后，再提取 OTA，因为淀粉含量可能影响 OTA 的提取效率。

5. 在 ELISA 过程中，有时抗体可能会与样品提取液中的一些非抗原成分发生非特异性结合，产生假阳性，所以为了提高检测结果的准确性，常常需要以不含检测物质的样品提取液作为阴性对照，以消除假阳性结果。例如，在本实验中，可以选取经其他实验方法（如 HPLC）检测后不含 OTA 的大麦样品的提取液为阴性对照，这样可以提高实验结果的准确性。

6. OTA 为有毒真菌毒素，因此在操作时，必须十分仔细认真，防止皮肤接触和环境污染，如果不小心接触，请立即用大量清水清洗。凡是接触过毒素的器皿和移液吸嘴，都应经过 5%～10%次氯酸钠溶液完全浸泡 2h 去毒，洗净后，才可重复使用或者弃掉。

六、思考题

1. 比较间接竞争 ELISA 与直接竞争 ELISA 的工作原理的异同。

2. OTA 常常通过污染大麦，进而污染以大麦芽为原料的啤酒，请设计一个实验测定啤酒中 OTA 的含量。

（撰写人：周有祥、陈福生）

实验 7-5 苹果汁中展青霉素含量的双向薄层色谱测定

一、实验目的

掌握薄层色谱法检测苹果汁中展青霉素（又称为棒曲霉毒素，patulin，PAT）含量的原理与操作过程。

二、实验原理

样品中的PAT经提取、净化、浓缩后，通过薄层色谱分离展开，利用薄层扫描仪对PAT斑点进行紫外反射光的扫描测定。以PAT的标准品为对照，可以实现定量分析。

三、仪器与试材

1. 仪器与器材

薄层色谱扫描仪、展开槽（12cm×20cm）、玻璃板（10cm×10cm）、薄层板涂布器、紫外分析仪、微量注射器等。

2. 试剂与溶液

除特别说明外，实验所用试剂均为分析纯，水为去离子水或蒸馏水。

（1）常规试剂：硅胶GF_{254}、乙酸乙酯、Na_2CO_3、无水Na_2SO_4、氯仿、丙酮、甲苯、甲酸、3-甲基-2-苯并噻唑酮腙水合盐酸盐（MBTH·HCl·H_2O，MBTH）。

（2）常规溶液：Na_2CO_3溶液（1.5%）、氯仿-丙酮（30+1.5，体积比，横向展开剂）、甲苯-乙酸乙酯-甲酸（50+15+1，体积比，纵向展开剂）、MBTH显色剂（0.1g MBTH·HCl·H_2O溶于20mL水中，置于冰箱中保存，可放置3d）。

（3）PAT标准品溶液（1.0μg/mL）：取1.0mg PAT，以氯仿溶解配制成100μg/mL的PAT储备液，使用时稀释成1.0μg/mL的标准品溶液。

3. 实验材料

3～4瓶苹果汁，各250mL。

四、实验步骤

1. 样品提取

（1）取25.00mL果汁，置于150mL分液漏斗中，加入等体积的乙酸乙酯，振摇2min，静置分层后，将乙酸乙酯层置于另一分液漏斗中。重复以上步骤两次，合并乙酸乙酯相于同一分液漏斗中。

（2）加2.5mL Na_2CO_3溶液于乙酸乙酯中，振摇1min后，静置分层，弃去Na_2CO_3溶液层，再重复以Na_2CO_3溶液处理1次。

（3）将Na_2CO_3溶液处理后的乙酸乙酯提取液置于100mL梨形瓶中，于40℃水浴上用真空减压浓缩至近干后，用少许氯仿清洗瓶壁，浓缩至干，最后以氯仿溶解干燥物，并定容至0.4mL，作为样品提取液，供薄层色谱分离用。

2. 测定

（1）薄层板的制备：取硅胶GF_{254} 5.0g，加水15mL调匀除气后，涂布于薄层玻璃板上，厚度为0.3mm，阴干后，于105℃烘烤2h活化，放入干燥器中备用。

（2）点样：取一块薄板，标注上下与左右边后，在距下边和右边1.0cm与距右边5.0cm处，分别滴加PAT标准液10μL和20μL，相距左边4cm处滴加10μL样品提取液。

（3）展开：将点样后的薄板下边朝下置于盛有氯仿-丙酮横向展开剂的展开槽中，展开至顶端后，取出挥干；然后将薄层板的右边朝下置于盛有甲苯-乙酸乙酯-甲酸纵向展开剂的展开槽中，展开至顶端后，取出挥干。将薄层色谱板置于紫外分析仪的254nm紫外灯下观察。如果样品提取液在标样相同位置上出现黑色吸收点，则进行扫描定量测定，然后进行确证实验。

（4）薄层色谱扫描测定：按照测定波长270nm、参考波长310nm、反射光测定、扫描速度40nm/min、记录仪纸速20nm/min的条件，测定标准品与样品中PAT斑点的扫描峰面积。

3. 确证实验

将出现PAT斑点的阳性样品的薄层色谱板喷以MBTH显色剂，于130℃烘烤15min，冷却至室温后，于紫外分析仪的365nm紫外灯下观察，样品PAT斑点如果呈橙黄色，那么可以确证样品中的确含有PAT。

4. 计算

按下式计算样品中PAT的含量：

$$x=c\times\frac{A}{S}\times\frac{V}{V_1}\times f$$

式中，x为样品中PAT的含量，μg/mL；c为PAT标准液的浓度，μg/mL；A为样品提取液中PAT的峰面积；S为标准溶液PAT的峰面积；V为样品提取液的体积，mL；V_1为点样体积，mL；f为样液的稀释倍数。

五、注意事项

1. 在薄层色谱中，薄层板制备的好坏直接影响色谱的结果。在制备薄层板时，薄层板应尽量均匀，否则在展开时溶剂前沿不整齐，色谱结果也不易重复。也可以直接购买商品化的薄层板。

2. 在点样时，为了防止样点过大，造成拖尾、扩散等现象，应该少量分次进行，边点样边用电吹风的冷风吹干。

3. 在薄层板展开过程中，应确保展开槽密闭，否则可能由于展开剂各组分的挥发能力不同，从而导致展开剂的组成比例发生变化。同时，为了防止薄层板在展开过程中产生边际效应，应提前将展开剂放入展开槽中，使展开槽中的展开剂处于饱和状态。

六、思考题

1. 试比较双向薄层色谱与单向薄层色谱的区别，并简述双向薄层色谱的优点。
2. 叙述显色剂MBTH与PAT的作用机理。

（撰写人：周有祥、陈福生）

实验7-6 玉米中玉米赤霉烯酮的直接竞争ELISA分析

一、实验目的

掌握直接竞争酶联免疫吸附法（dcELISA）检测玉米中玉米赤霉烯酮［zearalenone，ZEN；又称为F-2毒素（F-2 toxin）］含量的原理与方法。

二、实验原理

样品中的ZEN被提取后，样品提取液中的ZEN与酶标ZEN竞争结合固定在酶标板上的抗ZEN抗体的结合位点，形成抗原-抗体和酶标抗原-抗体复合物而结合于酶标板微孔内，未结合的抗原（包括ZEN和酶标ZEN）经洗涤后去除。在微孔内加入酶底物溶液（通常无色），在酶标抗原-抗体复合物的酶作用下产生有色化合物溶液，测定溶液的吸光度，并与ZEN标准品比较，就可以计算出样品中ZEN的含量。图7-26是直接竞争ELISA法检测ZEN的示意图。

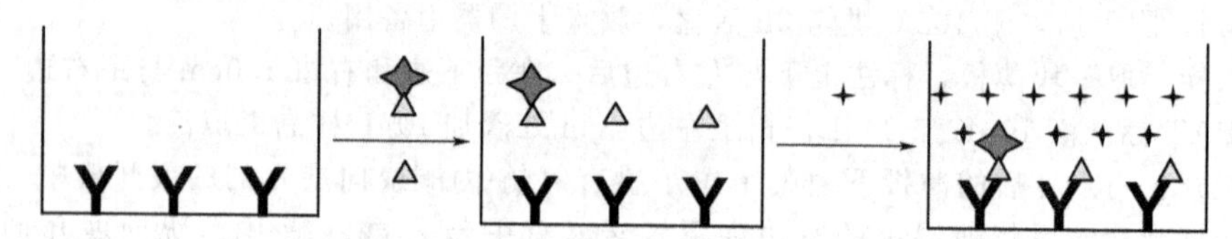

图7-26 直接竞争ELISA法检测玉米赤霉烯酮示意图

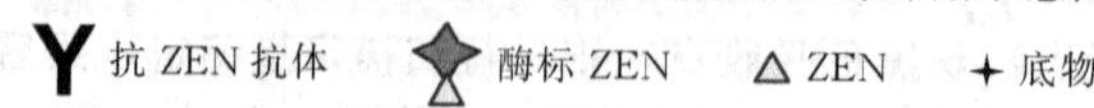

三、仪器与试材

1. 仪器与器材

小型粉碎机、振荡器、酶标仪（带490nm滤镜）、96孔酶标板等。

2. 试剂与溶液

除特别说明与生物试剂外，实验所用试剂均为分析纯，水为去离子水或蒸馏水。

（1）常规试剂：抗ZEN抗体（小鼠源）、辣根过氧化物酶-ZEN标记物、甲醇、邻苯二胺、

Na_2CO_3、$NaHCO_3$、KH_2PO_4、Na_2HPO_4、NaCl、KCl、H_2O_2（30%）、H_2SO_4、脱脂牛奶等。

（2）常规溶液：甲醇水溶液（70%）、pH=7.2的0.1mol/L磷酸盐缓冲液生理盐水（PBS）、pH=7.2的0.1mol/L含0.05% Tween-20的磷酸盐缓冲液生理盐水（ELISA洗涤液，PBS-Tween，PBST。将$Na_2HPO_4\cdot 12H_2O$ 2.9g、KH_2PO_4 0.2g、NaCl 8.0g、KCl 0.2g、Tween-20 0.5mL溶于1000mL蒸馏水中）、pH=9.6的0.05mol/L碳酸盐缓冲液（ELISA包被液，CB）、pH=5.0的0.1mol/L柠檬酸-0.2mol/L磷酸氢钠缓冲液（ELISA底物缓冲液）、2mol/L H_2SO_4（ELISA终止液）、CH_3OH-PBS溶液（1+9，体积比）、脱脂牛奶（5%，溶于PBST）。

（3）ZEN标准溶液：取1.0～2.0mg ZEN，用甲醇配成1mg/mL溶液，再用CH_3OH-PBS溶液稀释至10μg/mL。使用时，以CH_3OH-PBS稀释成不同浓度的标准溶液。

3. 实验材料

玉米样品3～5份，各250g。

四、实验步骤

1. 样品提取

（1）取100g样品粉碎后过20目筛。

（2）取20.00g粉碎样品，置于250mL具塞锥形瓶中。

（3）向锥形瓶中加入100mL甲醇水溶液，振荡30min，静置3min后，用快速定性滤纸过滤于100mL具塞锥形瓶中。

（4）取1mL滤液加入到4mL PBST中混匀，作为样品提取液，用于ELISA检测。

2. 标准曲线的绘制

（1）包被：以CB稀释抗ZEN抗体至适当浓度后，按每孔100μL加入酶标板微孔中，于4℃静置过夜。取出酶标板，恢复至室温，倾去包被液，以PBST满孔洗涤3次，每次5min，扣干。

（2）封阻：在酶标板微孔内，每孔加200μL 5%的脱脂牛奶，于37℃保温保湿2h。取出酶标板，倾去封阻液，以PBST满孔洗涤3次，每次5min，扣干。

（3）抗原抗体竞争反应：于每个微孔中，分别添加50μL不同浓度的ZEN标准溶液与适当浓度的辣根过氧化物酶-ZEN溶液（以PBST稀释），使ZEN标准品的反应浓度分别为0、0.10ng/mL、1ng/mL、10ng/mL、100ng/mL、1000ng/mL、10000ng/mL，混匀后，37℃保温保湿1h后，以PBST洗涤3次，每次5min，扣干。每个浓度做3个平行，以100μL PBST替代ZEN和酶标ZEN溶液加入微孔内，作为空白对照。

（4）底物显色：每孔加100μL底物溶液（将4mg邻苯二胺溶于10mL pH=5.0的0.1mol/L柠檬酸-0.2mol/L Na_2HPO_4缓冲液，加入15μL H_2O_2，现配现用），于37℃保温保湿，避光反应30min。

（5）吸光度的测定：每孔加50μL H_2SO_4溶液终止反应，静置5min后，以空白孔调零，于490nm测吸光度A_{490nm}。

（6）标准曲线的绘制：以ZEN标准品的浓度对数为x轴，各浓度对应的A_{490nm}与ZEN浓度为0的A_{490nm}的比值为y轴，绘制ZEN标准竞争曲线。

3. 样品测定

（1）除了在“标准曲线的绘制”（3）抗原抗体竞争反应中，以50μL样品提取液替代ZEN标准溶液外，其他操作过程同“标准曲线的绘制”中的（1）～（5）。

（2）根据样品提取液的A_{490nm}值，从标准曲线上查找并计算样品提取液中ZEN的浓度。

4. 计算

按下式计算样品中ZEN的含量：

$$x=cVf\times 1000\times \frac{1}{m}$$

式中，x为样品中ZEN的含量，ng/kg；c为从标准曲线上查得的样品提取液中ZEN的浓度，ng/mL；V为样品提取液的体积，mL；f为样品提取液的稀释倍数；m为样品的质量，g。

五、注意事项

1. ELISA操作部分同实验7-3中AFB_1的ELISA检测的注意事项。

2. 由于ELISA检测方法是基于抗原抗体相互特异性识别的基础上的，而样品提取过程中使用的有机萃取剂在高浓度时可以使抗体等蛋白质的空间结构发生变化，进而影响整个ELISA检测过程，因此，样品以甲醇溶液提取后，需以PBST稀释。通常，在ELISA过程中甲醇浓度不得超过20%。

3. 实验中所用的酶标ZEN和抗ZEN抗体通常比较昂贵，而且它们的使用浓度还需要进行优化，所以对于没有实践经验的实验室，可以直接购买ZEN的ELISA商品试剂盒。

4. ZEN为有毒真菌毒素，因此在操作时必须十分仔细认真，防止皮肤接触和环境污染，如果不小心接触，请立即用大量清水清洗。凡是接触过毒素的器皿和移液吸嘴，应该经过5%～10%次氯酸钠溶液完全浸泡2h去毒，洗净后，才可重复使用或者弃掉。

六、思考题

1. 简述ELISA中常用来作标志用的酶的种类以及它们所对应的底物。

2. 试分析ELISA测定ZEN等真菌毒素时产生假阳性的原因，如何避免？

（撰写人：周有祥、陈福生）

实验7-7　小麦中脱氧雪腐镰刀菌烯醇的间接竞争ELISA检测

一、实验目的

掌握间接竞争酶联免疫吸附法（indirect competitive enzyme linked immunosorbent assay，id-cELISA）检测小麦中脱氧雪腐镰刀菌烯醇［又称呕吐毒素（deoxynivalenol，DON）］含量的原理与操作过程。

二、实验原理

样品中的DON经提取后，提取液中的DON（游离DON）通过与固定在酶标板微孔内的DON［DON通过卵清白蛋白（OVA）结合于酶标板上，称为结合DON］竞争抗DON抗体的结合位点，形成抗原抗体复合物。其中，与游离DON结合形成的游离态抗原抗体复合物通过洗涤被去除，而与结合DON形成的结合态复合物被固定在酶标板的微孔内。结合态的复合物与酶标二抗进一步结合后，加入酶底物溶液（通常无色）产生有色化合物溶液，测定吸光度，并与DON标准品比较，就可以计算出样品中DON的含量。样品中DON的含量与吸光度成反比。图7-27是间接竞争ELISA法检测DON的示意图。

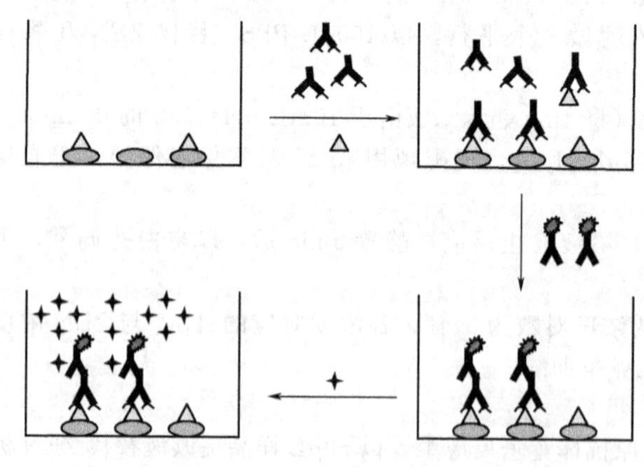

图7-27　间接竞争ELISA法检测DON示意图

△DON　抗DON抗体　OVA

酶标二抗　✦底物

三、仪器与试材

1. 仪器与器材

小型粉碎机、振荡器、水浴锅、具有0.2mL尾管的10mL小浓缩瓶、250mL分液漏斗、酶标仪（带450nm滤镜）、96孔酶标板等。

2. 试剂与溶液

除特别说明与生物试剂外，实验所用试剂均为分析纯，水为去离子水或蒸馏水。

（1）常规试剂：抗DON抗体（小鼠源）、DON与OVA的偶联物（DON-OVA）、脱脂奶粉、四甲基联苯胺（tetramethylbenzidine，TMB）、羊抗小鼠HRP酶标二抗、Tween-20、H_2O_2（30%）、甲醇、氯仿、柠檬酸、Na_2CO_3、$NaHCO_3$、KH_2PO_4、Na_2HPO_4、NaCl、KCl、石油醚、二甲基甲酰胺、无水乙醇、乙酸乙酯、中性氧化铝和活性炭等。

（2）常规溶液：pH=7.2的0.1mol/L磷酸盐缓冲液生理盐水（phosphate buffer saline，PBS）、pH=7.2的0.1mol/L含0.05% Tween-20的磷酸盐缓冲液生理盐水（ELISA洗涤液，PBS-Tween，PBST。将$Na_2HPO_4 \cdot 12H_2O$ 2.9g、KH_2PO_4 0.2g、NaCl 8.0g、KCl 0.2g、Tween-20 0.5mL溶于1000mL蒸馏水中）、pH=9.6的0.05mol/L碳酸盐缓冲液（ELISA包被液，CB）、pH=5.0的0.1mol/L柠檬酸-0.2mol/L磷酸氢钠缓冲液（ELISA底物缓冲液）、1% TMB溶液（取10mg TMB溶解于1mL二甲基甲酰胺后，再加入至10mL底物缓冲液中，临用前，添加10μL 30% H_2O_2，混匀）、H_2SO_4（2mol/L，ELISA终止液）、CH_3OH-PBS溶液（20%）、甲醇水溶液（4+1，体积比）、氯仿-无水乙醇混合液（4+1，体积比）、脱脂牛奶溶液（5%，溶于PBST）。

（3）DON标准溶液：准确称取DON标准品，以甲醇配成1mg/mL的DON储备液，储存于-20℃冰箱。于检测当天，吸取储备液，以CH_3OH-PBS溶液稀释成所需浓度。

3. 实验材料

小麦样品3～4份，各250g。

四、实验步骤

1. 样品提取

（1）取100g样品粉碎后，过20目筛。

（2）取20.00g粉碎样品，置200mL具塞锥形瓶中，加8mL水和100mL氯仿-无水乙醇混合液，振荡1h后，以快速定性滤纸过滤，取25mL滤液于蒸发皿中，置90℃水浴上通风挥干。为了防止有机溶剂挥发，应在锥形瓶的瓶塞上抹一层水。

（3）以50mL石油醚分次溶解蒸发皿中残渣，洗入250mL分液漏斗中，再用20mL甲醇水溶液分次洗涤蒸发皿，转入同一分液漏斗中，振荡15min，静置。

（4）收集下层甲醇水溶液，过色谱柱净化（色谱柱下端塞入约0.1g脱脂棉，尽量塞紧，然后依次装填0.5g中性氧化铝、0.4g活性炭，敲紧）。

（5）收集过柱洗脱液于蒸发皿中，在水浴锅中于70℃左右浓缩至干，趁热加3mL乙酸乙酯，加热至挥干，再以乙酸乙酯重复处理一次后，加3mL乙酸乙酯溶解残留物，冷却至室温后转入具有尾管的10mL小浓缩瓶中，并以适量乙酸乙酯洗涤蒸发皿，并入浓缩瓶中。

（6）将浓缩瓶置95℃水浴锅上以蒸汽加热，挥干。冷却后用0.2mL CH_3OH-PBS溶液定容，作为样品提取液，供ELISA检测用。

2. 标准曲线的绘制

（1）包被：将100μL DON-OVA偶联物（溶于CB中，浓度约为10μg/mL，准确浓度根据DON-OVA的摩尔比确定）加入酶标板微孔内，于4℃过夜。取出酶标板，恢复至室温，倾去包被液，以PBST满孔洗涤3次，每次5min，扣干。

（2）封阻：每孔加200μL脱脂牛奶溶液，于37℃保温保湿2h。取出酶标板，倾去封阻液，以PBST满孔洗涤3次，每次5min，扣干。

（3）抗原抗体竞争反应：每孔分别加入50μL以PBST适当稀释的抗DON抗体与不同浓度DON标准溶液，使DON的终浓度分别为0、0.10ng/mL、1ng/mL、10ng/mL、100ng/mL、1000ng/mL、10000ng/mL，混匀后，37℃保温保湿1h后，以PBST洗涤3次，每次5min，扣干。每个浓度做3个平行，以100μL PBST替代DON与抗体溶液加入微孔内，作为空白对照。

（4）酶标二抗反应：每孔加100μL以PBST稀释的羊抗小鼠HRP酶标二抗，于37℃保温保湿1h。以PBST满孔洗涤5次，扣干。

（5）底物显色：每孔加现配的TMB底物液100μL，于37℃保温保湿，避光反应30min。

(6) 吸光度的测定：每孔加 50μL H_2SO_4 溶液终止反应，5min 后，以空白孔调零，于 450nm 测吸光度 A_{450nm}。

(7) 标准曲线的绘制：以 DON 浓度的对数为 x 轴，各浓度对应的 A_{450nm} 与 DON 浓度为 0 的 A_{450nm} 的比值为 y 轴，绘制 DON 标准竞争曲线。

3. 样品测定

(1) 除了在“标准曲线的绘制”中（3）抗原抗体竞争反应中，以 50μL 样品提取液替代 DON 标准溶液外，其他操作过程同“标准曲线的绘制”的（1）～(6)。

(2) 根据样品提取液的 A_{450nm} 值，从标准曲线上查找并计算样品提取液中 DON 的浓度。

4. 计算

按下式计算样品中 DON 的含量：

$$x=cVf\times 1000\times \frac{1}{m}$$

式中，x 为样品中 DON 的含量，ng/kg；c 为从标准曲线上查得的样品提取液中 DON 的浓度，ng/mL；V 为样品提取液的体积，mL；f 为样品提取液的稀释倍数；m 为样品的质量，g。

五、注意事项

1. ELISA 操作部分同实验 7-3 中 AFB_1 的 ELISA 检测的注意事项。

2. DON 和显色试剂对光敏感，应避光直射。

3. 实验中所用的 DON-OVA 偶联物和抗 DON 抗体通常比较昂贵，而且使用浓度还需要进行优化，所以对于没有实践经验的实验室，可以直接购买 DON 的 ELISA 商品试剂盒。

4. DON 为真菌毒素，因此在操作时必须十分仔细认真，防止皮肤接触和环境污染，如果不小心接触，请立即用大量清水清洗。凡是接触过毒素的器皿和移液吸嘴，必须经过 5%～10%次氯酸钠溶液（将溶液用 HCl 调节至 pH 为 7）完全浸泡过夜，洗净后，才可重复使用或者弃掉。

六、思考题

1. 在本实验的样品提取过程中，为什么需要“……趁热加 3mL 乙酸乙酯，加热至挥干，再以乙酸乙酯重复处理一次……”？

2. 试分析不同辣根过氧化物酶底物的反应特性。

（撰写人：周有祥、陈福生）

实验 7-8 面粉中伏马菌素 B_1 的双抗直接竞争 ELISA 检测

一、实验目的

掌握双抗直接竞争酶联免疫吸附法（direct competitive enzyme linked immunosorbent assay，dcELISA）检测面粉中伏马菌素 B_1（fumonisin B_1，FB_1）含量的原理与方法。

二、实验原理

样品提取液中的 FB_1 与酶标 FB_1 竞争结合抗 FB_1 抗体（小鼠源，一抗）的结合位点，形成抗原抗体复合物，与此同时，该复合物又被固定在酶标板上的羊抗小鼠抗体（二抗）捕获，形成抗体-抗体-抗原复合物，具有酶标 FB_1 的复合物会催化底物产生有色化合物，测定有色化合物的吸光度，与已知 FB_1 标准品比较就可以计算出样品中 FB_1 的含量，其含量与吸光度成反比。图 7-28 是双抗直接竞争 ELISA 检测 FB_1 的示意图。

三、仪器与试材

1. 仪器与器材

小型粉碎机、振荡器、酶标仪（带 490nm 滤镜）、96 孔酶标板等。

2. 试剂与溶液

(1) 常规试剂：抗 FB_1 抗体（小鼠源，一抗）、羊抗小鼠抗体（二抗）、辣根过氧化物酶-FB_1 标记物、甲醇、邻苯二胺、Na_2CO_3、$NaHCO_3$、KH_2PO_4、Na_2HPO_4、NaCl、KCl、H_2O_2、

H_2SO_4 等。

（2）常规溶液：甲醇溶液（70%）、pH=7.2 的 0.1mol/L 磷酸盐缓冲液生理盐水（简称 PBS）、pH=7.2 的 0.1mol/L 含 0.05% Tween-20 的磷酸盐缓冲液生理盐水（ELISA 洗涤液，PBS-Tween，PBST。将 $Na_2HPO_4 \cdot 12H_2O$ 2.9g、KH_2PO_4 0.2g、NaCl 8.0g、KCl 0.2g、Tween-20 0.5mL 溶于 1000mL 蒸馏水中）、pH = 9.6 的 0.05mol/L 碳酸盐缓冲液（ELISA 包被液，CB）、pH = 5.0 的 0.1mol/L 柠檬酸-0.2mol/L Na_2HPO_4 缓冲液（ELISA 底物缓冲液）、2mol/L H_2SO_4（ELISA 终止液）、CH_3OH-PBS 溶液（10＋90，体积比）。

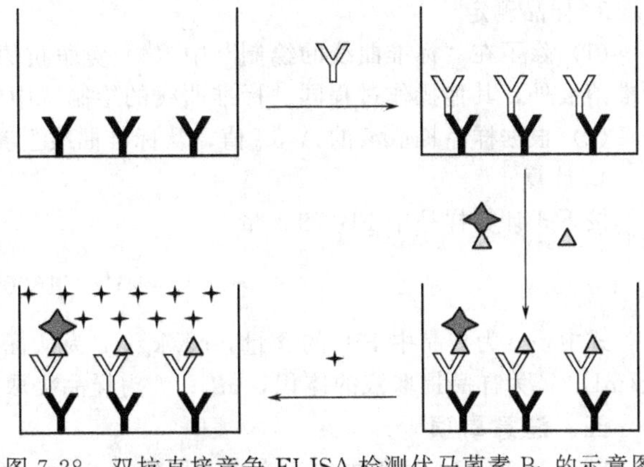

图 7-28 双抗直接竞争 ELISA 检测伏马菌素 B_1 的示意图

（3）FB_1 标准溶液：准确称取 1～2mg FB_1，用甲醇配制成 1mg/mL 溶液，再用 CH_3OH-PBS 溶液（10＋90，体积比）稀释至 10μg/mL。使用时，以 CH_3OH-PBS 溶液稀释至适当浓度。

3. 实验材料

面粉样品 3～4 份，各 250g。

四、实验步骤

1. 样品提取

（1）取 20.00g 混匀的样品，置于 250mL 具塞锥形瓶中。

（2）加入 100mL 甲醇水溶液，振荡 30min 后，用折叠式的快速定性滤纸过滤于 100mL 具塞锥形瓶中，作为提取液。

（3）取 0.1mL 提取液加入到 0.9mL PBST 中，混匀后用于 ELISA 测定。

2. 标准曲线的绘制

（1）二抗包被：将羊抗小鼠抗体以 CB 稀释至适当浓度后，按每孔 100μL 加入至 96 孔酶标板的微孔内，于 4℃过夜。取出酶标板，恢复至室温，倾去包被液，以 PBST 满孔洗涤 3 次，每次 5min，扣干。

（2）封阻：每孔加 200μL 5%的脱脂牛奶（溶于 PBST），37℃保温保湿 2h 后，取出酶标板，倾去封阻液，以 PBST 满孔洗涤 3 次，每次 5min，扣干。

（3）抗原抗体反应：每孔加入以 PBST 适当稀释的抗 FB_1 抗体溶液 100μL，37℃保温保湿 1h 后，取出酶标板，以 PBST 满孔洗涤 3 次，每次 5min，扣干。以 100μL PBST 作为空白对照。

（4）竞争抗原抗体反应：每孔加入不同浓度的 FB_1 标准溶液和适当稀释的酶标 FB_1 溶液各 50μL，混匀，使 FB_1 的终浓度分别为 0、0.10ng/mL、1ng/mL、10ng/mL、100ng/mL、1000ng/mL、10000ng/mL，37℃保温保湿 1h 后，以 PBST 满孔洗涤 3 次，每次 5min，扣干。每个浓度做 3 个平行。

（5）底物显色：每孔加底物 100μL（将 4mg 邻苯二胺溶于 10mL pH=5.0 的 0.1mol/L 柠檬酸-0.2mol/L 磷酸氢二钠缓冲液，加入 15μL H_2O_2，现配现用），于 37℃保温保湿，避光反应 30min。

（6）吸光度的测定：每孔加 50μL 2mol/L H_2SO_4 终止反应，5min 后，以空白对照孔调零，于 490nm 测吸光度 A_{490nm}。

（7）标准曲线的绘制：以 FB_1 浓度的对数为 x 轴，各浓度对应的 A_{490nm} 与 FB_1 浓度为 0 的 A_{490nm} 的比值为 y 轴，绘制 FB_1 标准竞争曲线。

3. 样品测定

(1) 除了在"标准曲线的绘制"中 (4) 竞争抗原抗体反应中，以 50μL 样品提取液替代 FB_1 标准溶液外，其他操作过程同"标准曲线的绘制"中的 (1)～(6)。

(2) 根据样品提取液的 A_{490nm} 值，从标准曲线上查找并计算样品提取液中 FB_1 的浓度。

4. 计算

按下式计算样品中 FB_1 的含量：

$$x = cVf \times 1000 \times \frac{1}{m}$$

式中，x 为样品中 FB_1 的含量，ng/kg；c 为从标准曲线上查得的样品提取液中 FB_1 的浓度，ng/mL；V 为样品提取液的体积，mL；f 为样品提取液的稀释倍数；m 为试样的质量，g。

五、注意事项

1. 关于 ELISA 过程中的注意事项同实验 7-3。

2. 在测定过程中，如果样品提取液中 FB_1 的浓度偏高，可以用 PBST 进行适当稀释；如果 FB_1 的浓度偏低，则可以适当减小稀释倍数，或者适当提高样品的用量。

3. 实验中所用的酶标 FB_1 和抗 FB_1 抗体通常比较昂贵，而且它们的使用浓度还需要进行优化，所以对于没有实践经验的实验室，可以直接购买 FB_1 的 ELISA 商品试剂盒。

4. FB_1 为剧毒物，因此在操作时必须十分仔细认真，防止皮肤接触和环境污染。凡是接触过毒素的器皿和移液吸嘴，必须经过 5%～10%次氯酸钠溶液完全浸泡 2h 去毒，洗净后，才可重复使用或者弃掉。

六、思考题

1. 简述实验中羊抗小鼠抗体的作用。羊抗小鼠抗体是否会与 FB_1 竞争结合抗 FB_1 抗体的结合位点？为什么？

2. 在 ELISA 竞争反应过程中，能否将酶标 FB_1 与样品提取液同时加入到微孔中？为什么？

（撰写人：周有祥、陈福生）

第三节 食品中细菌毒素的检测

1. 细菌毒素的定义与分类

细菌毒素 (bacterial toxin) 是由产毒细菌产生的对其他生物有害的物质。人类于 1888 年发现了第一个细菌毒素，即白喉毒素 (diphtheria toxin)，它是由白喉棒状杆菌 (*Corynebacterium diphtheriae*) 产生的。随后，特别是在第二次世界大战以后，其他细菌毒素相继被发现与研究。20 世纪 70～80 年代，关于细菌毒素的结构与功能，以及毒素的生化、免疫与遗传等方面的研究发展非常迅速，而 90 年代以来，关于细菌毒素的分子生物学与疾病机理等方面的研究成为热点。

到目前为止，已经发现的细菌毒素有 200 多种，一些产毒基因已被克隆与表达，部分毒素已获得结晶纯品，并分析了其三维结构。但是，细菌毒素的分类体系仍不是十分清晰。目前，关于细菌毒素的分类主要是根据毒素产生菌的名称、作用的靶器官、结构与功能，以及毒素的存在形式来进行分类。例如，霍乱毒素和破伤风毒素都是根据产生菌的名称进行的命名与分类，它们对应的产生菌分别为霍乱弧菌 (*Vibrio cholerae*) 和破伤风杆菌 (*Clostridium tetani*)；神经毒素、白细胞毒素、肠毒素则是根据毒素作用的靶器官进行的分类，它们的靶器官分别是神经细胞、白细胞与肠道细胞；膜损伤毒素与超抗原毒素是根据毒素的功能进行的分类，它们分别损伤细胞膜与导致机体产生超抗原效应；而外毒素与内毒素是根据细菌毒素的存在形式进行的分类，它们分别存在于细胞外和细胞内。目前，这些分类方法常常结合在一起采用，通常是先根据毒素的存在形式分为内毒素和外毒素，然后再根据其他特性进行分类。下面就内毒素与外毒素的区别进行简要的介绍。

内毒素 (endotoxin) 是由革兰阴性菌产生的，它存在于细胞壁中，只有当菌体死亡溶解或用人工方法裂解细菌后才释放。它的成分是脂多糖，非常耐热，加热100℃经1h不被破坏，必须加热160℃经2～4h，或用强碱、强酸或强氧化剂加温煮沸30min才能灭活。内毒素可以引起发热反应、白细胞反应、内毒素毒血症与休克等症状。内毒素不能被福尔马林脱去毒性成为类毒素，将内毒素注射到机体内虽可产生一定量的特异抗体，但是抗体对抵消内毒素毒性的作用很微弱。

外毒素（exotoxin）是产毒细菌分泌于菌体外的细菌毒素。产生外毒素的细菌主要是革兰阳性菌，例如白喉棒状杆菌、破伤风杆菌、肉毒梭菌（*Clostridium botulinum*）和金黄色葡萄球菌（*Staphylococcus aureus*）。还有少数革兰阴性菌也能产生外毒素，如霍乱弧菌等。有时，一种外毒素可由多种细菌产生，一种细菌也可产生多种外毒素。例如，金黄色葡萄球菌产生的外毒素包括肠毒素、杀白细胞素和溶血毒素；副溶血性弧菌能产生溶血毒素、肠毒素、霍乱样毒素等。外毒素的毒性很强，可以引起多种中毒症状，它的主要成分是蛋白质，易被加热与酸碱破坏，经福尔马林处理后能脱毒成为类毒素，刺激动物生产大量抗体，并中和毒素的毒性作用。

细菌外毒素与内毒素的性质差别比较见表7-15。

表7-15 细菌外毒素与内毒素的性质差别比较

比较内容	外毒素	内毒素
症状	几乎无发热性	很强的发热性
存在部位	细菌的代谢产物，分泌于细胞外	细菌壁的组成成分，细胞破裂后才释放出来
毒性	毒性作用强	毒性作用比较弱
抗原性	强抗原性，福尔马林可使其转化为类毒素，制备的抗体能很好地中和毒素	抗原性弱，福尔马林不能使其转化为类毒素，制备的抗体对毒素中和能力弱
成分	蛋白质，易被分解破坏	脂多糖，不易被分解破坏
稳定性	对热不稳定	耐热性强
生物活性	对肿瘤细胞几乎无影响	能破坏肿瘤细胞
主要产生菌	白喉棒状杆菌、肉毒梭菌、破伤风杆菌、链球菌、金黄色葡萄球菌等	大肠杆菌、霍乱绿脓菌、沙门菌等

2. 几种食品中常见的细菌毒素

如本书第六章所述，食源性病原菌主要包括沙门菌（*Salmonella* spp.）、金黄色葡萄球菌（*Staphylococcus aureus*）、志贺菌（*Shigella*）、溶血性链球菌（*Streptococcus hemolyticus*）、大肠埃希杆菌（*Escherichia coli*）、小肠结肠耶尔森菌（*Yersinia enterocolitica*）、副溶血性弧菌（*Vibrio parahaemolyticus*）、空肠弯曲菌（*Campylobacter jejuni*）、肉毒梭菌（*Clostridium botulinum*）、产气荚膜梭菌（*Clostridium perfringens*）、蜡样芽孢杆菌（*Bacillus cereus*）和变形杆菌（*Proteus* spp.）等。尽管关于这些食源性病原菌的致病机理还不是十分清楚，但是可以肯定的是细菌毒素都是重要的致病因子。当人（或动物）摄食被这些食源性病原菌污染的食品（或饲料）后，细菌毒素进入机体，产生危害。其中细菌外毒素由于毒性强，危害大，也比较容易采用免疫学检测方法进行分析与检测，所以对于食源性病原微生物的分析与检测除了分析检测这些微生物本身（具体的分析检测方法见第六章）外，也可以通过分析外毒素的含量来判断食品的污染情况。下面将简要地介绍几种食品中常见的细菌毒素。

（1）金黄色葡萄球菌肠毒素

金黄色葡萄球菌肠毒素（staphylococcal enterotoxin，SE）是由金黄色葡萄球菌产生的耐热性肠毒素。金黄色葡萄球菌除了产生肠毒素外，还可以产生能使人（特别是新生儿和婴幼儿）发生剥脱性皮炎的外毒素——剥脱毒素（exfoliatin，也称为表皮溶解素），以及使人产生中毒性休克综合征（toxic shock syndrome，TSS）的外毒素——中毒性休克毒素（TSS toxin）等金黄色葡萄球菌毒素。但是食品中常见的是SE，产生SE的菌株血浆凝固酶或耐热核酸酶为阳性。

SE属于外毒素，是分子质量为26～30kD的一类蛋白质，它们在分子内部均存在二硫键，具有很好的热稳定性和抵抗蛋白酶消化的特性。迄今为止，根据血清型，SE可分为A、B、C、D、E、G、H、I、J、K型共10种，C型抗原根据等电点的不同又可以分为C_1、C_2和C_3三个亚型。其中，SEA毒性最强，而SEB为食品中最常见，主要污染奶、肉、蛋、鱼及其制品等蛋白类食品。

SE是引起人类食物中毒和葡萄球菌胃肠炎的主要原因。研究表明，SE可以引起急性胃肠炎，刺激非特异性T细胞增殖而产生超抗原效应。

(2) 肉毒毒素

肉毒毒素（botulinus toxin，BT）是由肉毒梭菌产生的一种毒性很强的外毒素。在食品与培养基中，BT通常是一条分子质量大约为150kD的单一的肽链蛋白质，在内源性蛋白酶或外源性蛋白酶（如胰酶）的作用下，可以形成毒性提高的双链结构BT。根据血清型的不同，BT可以分为A、B、C、D、E、F、G型共7种，C又可以分为C_1和C_2两个亚型。BT的7种血清型均可以引起人类中毒，其中A、B、E是可引起人类中毒的主要血清型，而C、D两种血清型多引起禽、畜等动物的中毒。在我国报道的肉毒梭菌食物中毒事件多由A型毒素导致，B、E型次之，F型少见。由于肉毒梭菌属于厌氧菌，所以BT较多出现在不杀菌或杀菌不彻底的密闭包装食品中。在我国，BT引起中毒的食品主要是由家庭自制的豆瓣酱、豆酱、豆豉、臭豆腐等发酵食品，以及少数不新鲜肉、蛋、鱼类食品；在日本，以鱼制品引起中毒者较多；在美国，以家庭自制罐头和肉、乳制品引起中毒者为多；在欧洲，多见于腊肠、火腿和保藏的肉类。

BT是目前已知的化学毒物和生物毒物中毒性最强的一种，对人的致死量推测为10^{-9}mg/kg体重。它是一种神经毒，主要侵犯中枢神经系统，通过阻断乙酰胆碱的释放而导致死亡，一旦中毒难以康复，病死率高。

(3) 大肠杆菌肠毒素

大肠杆菌（*Escherichia coli*）是广泛存在于土壤与水体等自然环境、人和动物消化道与体表，以及食品与饲料等中的微生物，其中很多是属于有益的微生物，例如，正常情况下肠道内的大肠杆菌对维持菌群平衡是非常重要的。也有些大肠杆菌是与人类疾病有关的，其中与腹泻病有关的大肠杆菌根据其致病机理不同，分为肠产毒性大肠杆菌（enterotoxigenic *Escherichia coli*，ETEC)、肠致病性大肠杆菌（enteropathogenic *E. coli*，EPEC)、肠侵袭性大肠杆菌（enteroinvasive *E. coli*，EIEC)、肠出血性大肠杆菌（enterohemorrhagic *E. coli*，EHEC）和肠凝集性大肠杆菌（enteroaggregatie *E. coli*，EAEC）等5种类型。细菌毒素是这些致病性大肠杆菌的重要致病因子，而且种类很多，情况也非常复杂。有些菌株能同时产生多种细菌毒素，另外，同一种毒素也可以由不同致病机理的大肠杆菌产生。

大肠杆菌肠毒素（enterotoxin of *E. coli*）是由肠产毒性大肠杆菌产生的肠毒素，研究得比较清楚。该毒素是蛋白质，包括耐热肠毒素（heat-stable toxin，ST）和不耐热肠毒素（heat-labile enterotoxin，LT）两类。其中，ST在100℃处理30min仍具有活性，且对酸碱与蛋白酶的耐受性较强。ST与LT又可以进一步分为STa与STb，以及LT-Ⅰ与LT-Ⅱ两个亚类。其中，STa与LT-Ⅰ既与人的疾病有关，也与动物的疾病有关，而STb与LT-Ⅱ主要与小猪等动物的腹泻有关。此外，致病性大肠杆菌还可以产生Vero细胞（绿猴肾传代细胞）毒素（verotoxin）、志贺样毒素（*Shiga*-like toxin）和细胞毒坏死因子（cytotoxic necrotizing factor）等细菌毒素。其中，Vero细胞毒素是大肠杆菌O_{157}：H_7的重要致病因子。

大肠杆菌分布非常广泛，容易出现在食品中，导致食源性疾病暴发流行。例如，大肠杆菌O_{157}：H_7是肠致病性大肠杆菌和肠出血性大肠杆菌的一个主要菌型。1977年首次报道其能产Vero细胞毒素以来，1982年美国俄勒冈州首次发生该菌污染牛肉而引起的食源性胃肠炎流行。随后，在美洲、欧洲和亚洲等的许多国家相继发生多起由该菌引起的重大疾病暴发流行，尤以1996年的日本暴发为甚，震惊世界。该菌可以污染牛肉馅饼、牛肉、牛奶、牛奶制品、蔬菜、饮料等食品。

不同大肠杆菌致病机理是不同的，上述 5 种导致腹泻病的大肠杆菌正是根据它们的致病机理不同而进行分类的。关于它们的详细致病机理请参阅其他相关书籍。

(4) 蜡样芽孢杆菌肠毒素

蜡样芽孢杆菌肠毒素（enterotoxin of *Bacillus cereus*）是由蜡样芽孢杆菌（*Bacillus cereus*）产生的肠毒素，包括腹泻毒素（diarrhea toxin，DT）与呕吐毒素（voitoxin，VT）两种。其中，DT 为多组分蛋白质，分子质量为 38～40kD，对热不稳定，45℃处理 30min 或 56℃处理 5min 就可以导致其失活，对链霉蛋白酶与胰酶敏感，但 pH 小于 4 或大于 11 时不稳定，抗原性较强，可以产生特异性抗体，主要导致腹泻、腹痛，但不发热；VT 为肽，分子质量一般小于 5kD，热稳定性好，120℃处理 90min 仍很稳定，且对胃酶与胰酶有抗性，在 pH 2～11 范围内稳定，无抗原性，主要症状为恶心、呕吐、偶有腹痛，也不发热。蜡样芽孢杆菌除了产生上述两种肠毒素外，还产生蜡状溶素（cereolysin）和溶血素等细菌毒素。

蜡样芽孢杆菌广泛存在于尘埃、土壤、空气、水体、动植物体表，以及各种暴露于空气中的肉制品、乳制品、水果、干果、奶粉、奶油、生菜等中，而且由于该菌能产生耐热的芽孢，所以当食物被该菌污染而又加热不足时，容易导致该菌的繁殖，并产生细菌毒素，从而引起摄食者中毒。

(5) 副溶血性弧菌溶血毒素

副溶血性弧菌溶血毒素（hematoxin of *Vibrio parahemolyticus*）是由副溶血性弧菌（*Vibrio parahemolyticus*，VP）产生的外毒素，包括耐热直接溶血毒素（thermostable direct hemolysin，TDH）、耐热直接相关溶血毒素（TDH-related hemolysin，TRH）、不耐热溶血毒素（thermolabile hemolysin，TLH）。

TDH 是由 165 个氨基酸构成的二聚体，分子质量为 46kD，其热稳定性好，100℃处理 10min 仍有活性。TDH 具有直接溶血活性，可使多种红细胞发生溶血，其中，兔、狗、人、豚鼠的红细胞对 TDH 较敏感。同时，小鼠心肌细胞培养证实 TDH 有心脏毒作用，可以导致心脏病，TDH 也可使细胞膜上形成小孔通道，使细胞内外离子浓度发生改变，离子浓度的变化可以导致渗透压的变化，当渗透压的改变超过细胞的代偿调节能力时，可以使细胞发生病理和形态学改变，导致细胞膨胀甚至死亡，所以 TDH 又被认为是一种孔蛋白。TRH 是与 TDH 的氨基酸序列的同源性达 67%，有相似的免疫原性，具有溶血与肠毒素作用的一种二聚体蛋白质，分子质量为 48kD，其热稳定性较 TDH 差，60℃处理 10min 即可失活。与 TDH 比较，牛、羊、鸡的红细胞对 TRH 较敏感，而对 TDH 不敏感，马的红细胞对两者均不敏感。TLH 是由两种具有交叉免疫原性、分子质量为 43kD 和 45kD 蛋白组成的，两种蛋白具有同样的生物活性，被认为是同一基因的产物。它不但能溶解人的红细胞，而且溶解马的红细胞。实验表明，TLH 是一种非典型的磷脂酶（phospholipase），不能直接溶血，需要卵磷脂才有溶血活性。关于 TLH 的功能和致病性目前仍不清楚。

VP 是一种嗜盐性细菌，主要存在于近海岸的海水、海水沉积物和鱼类、贝类等海产品中，食用含 VP 或其毒素较高的海产品，除了可引起食物中毒，还可以引起反应性关节炎和心脏疾病。近年来，我国南方沿海地区已有因食用被 VP 污染的食品而引起中毒的报道，患者出现腹痛、腹部痉挛、恶心、呕吐、发热，甚至脱水、昏迷、死亡等症状。

(6) 链球菌外毒素

链球菌外毒素（streptococcal exotoxin）是由链球菌（*Streptococcus* spp.）产生的细菌毒素，主要包括溶血素（hemolysin）和链球菌致热性外毒素（streptococcal pyrogenic exotoxin，SPE）。其中，溶血素又可以分为对氧敏感的链球菌溶血素 O（streptolysin-O，SLO）和对氧稳定的链球菌溶血素 S（streptolysin-S，SLS）。

SLO 是一种溶细胞性的蛋白毒素，对所有真核细胞均有毒性作用。由于制备很纯的 SLO 很难，所以目前还未知其分子量，但是已知其抗原性很强，可以刺激机体产生抗体。SLO 对氧敏感，在空气中或以氧化剂处理可以使其失活，主要是其中的巯基被氧化成了二硫键，但是经还原剂处理后又可以恢复活性。SLO除了对所有的真核细胞均有细胞毒性作用外，还有心脏毒性作用，但是其毒素可以被胆固醇类物质等不可逆地抑制。SLS通常总是与其他物质结合在一起，所以到目前为止，还没有分离得到其纯品，但是已知其没有抗原性。SLS同样具有细胞毒性，其毒性可以被很低浓度的磷脂抑制，其中卵磷脂的抑制作用很强。SPE是可以使人的皮肤产生红疹反应的毒素，分为A、B、C三型，其中A型的分子量约为27kD，B型与C型的分子量未知。SPE除了可以致红疹外，还具有致热、增强内毒素敏感性、增强淋巴细胞的有丝分裂等生物活性。

链球菌广泛存在于自然界、人和动物的粪便以及健康人的鼻咽部，也容易污染乳及其制品、肉及其制品、蛋及其制品等食品。我国国家标准已规定溶血性链球菌在食品中不得检出。

(7) 沙门菌毒素

沙门菌（*Salmonella* spp.）是肠道杆菌科细菌中引起人类和动物发病及食物中毒的主要病原菌之一。一般认为沙门菌的内毒素是沙门菌的重要致病因子，但是也有研究表明沙门菌也可能产生肠毒素和可以增加细胞渗透性的渗透性因子等细菌外毒素。

沙门菌广泛存在于自然界，很多食品，特别是动物类食品，例如蛋、奶、肉及其制品等非常容易被其污染，导致食品中毒，所以加强其外毒素的研究对预防食品中毒非常必要。

3. 细菌毒素的分析方法

由于食源性病原菌对人体的危害很大，而且它们进入人体消化道后通常还可能进一步增殖，使危害程度增加，所以食源性病原菌在食品中是不得检出的。例如，我国国家标准规定了沙门菌、金黄色葡萄球菌、副溶血性弧菌、溶血性链球菌等食源性病原微生物在食品中不得检出，并制定了相应的检测方法（见第六章）。当然由食源性病原菌产生的相关细菌毒素在食品中也应该不得检出，但是由于检测食品中的细菌毒素非常困难，特别是细菌毒素成分（蛋白质或脂多糖）与食品本身的一些成分非常相似，很难分离纯化，所以直接检测食品中细菌毒素的方法不多，上升为标准的方法更少，也只有很少的食品（如蘑菇罐头）规定了需要检测是否存在细菌毒素（如金黄色葡萄球菌肠毒素）。然而，由于细菌毒素对人体的危害极大，而且有时尽管检测不出食源性病原菌，但是并不意味着不存在细菌毒素，因为很多细菌毒素的耐热性很强，通过加热尽管可以杀死微生物，但是未必可以使毒素也失活，所以加强食品中细菌毒素的检测是非常必要和重要的，特别是对于快速查找食品中毒事件中的病原物非常有意义。

目前，检测食品中细菌毒素的方法主要是采用基于抗原抗体特异性反应而建立的免疫琼脂扩散法、反向间接血凝试验、放射免疫法、免疫荧光法、酶联免疫吸附法、金标试剂条、免疫生物传感器法等免疫学方法。也可以通过动物实验来测定食品中细菌毒素的含量，但是动物实验测定的是食品中总的细菌毒素。这两种方法都是直接测定食品中细菌毒素的含量。另外，随着分子生物学技术的发展，很多食源性病原菌的产毒基因已经知晓，所以也可以采用PCR方法，通过测定产毒基因来判断食品中是否存在食源性病原菌，也可以间接反映食品中是否存在细菌毒素。关于这一部分的实验内容已经在第六章进行了介绍，在这里仅就采用免疫学方法检测和动物实验方法检测食品中细菌毒素的实验进行介绍。

（撰写人：陈福生、王小红）

实验7-9 牛奶中金黄色葡萄球菌B型肠毒素的间接竞争ELISA检测

一、实验目的

掌握间接竞争ELISA检测食品中金黄色葡萄球菌B型肠毒素（staphylococcal enterotoxin B，SEB）含量的原理与方法。

二、实验原理

根据其血清型的不同，金黄色葡萄球菌肠毒素（staphylococcal enterotoxin，SE）可以分为

A、B、C、D、E、G、H、I、J、K 型共 10 种。其中，SEA 毒性最强，SEB 为食品中最常见，主要污染奶、肉、蛋、鱼及其制品等蛋白类食品。

样品中 SEB 经提取后，提取液中的 SEB（游离 SEB）通过与固定在酶标板微孔内的 SEB（结合 SEB）竞争抗 SEB 抗体的结合位点，形成抗原-抗体复合物。其中，与游离 SEB 结合形成的游离态抗原-抗体复合物通过洗涤被去除，而与结合 SEB 形成的结合态复合物被固定在酶标板的微孔内。结合态的复合物与酶标二抗进一步结合后，加入酶底物溶液（通常无色）产生有色化合物溶液，测定吸光度，并与 SEB 标准品比较，就可以计算出样品中 SEB 的含量。样品中 SEB 的含量与吸光度成反比。图 7-29 是间接竞争 ELISA 法检测 SEB 的示意图。

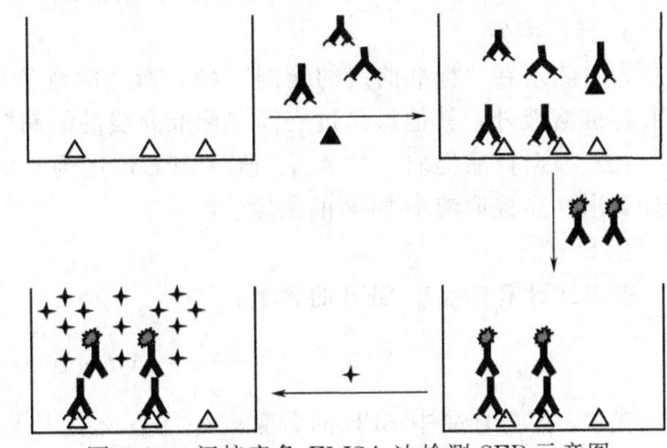

图 7-29　间接竞争 ELISA 法检测 SEB 示意图

△结合 SEB　抗 SEB 抗体　▲游离 SEB　酶标二抗　✦酶底物

三、仪器与试材

1. 仪器与器材

酶标仪（带 490nm 滤镜）、离心机、培养箱、均质机、微量加样器、96 孔酶标板等。

2. 试剂与溶液

除特别说明与生物试剂外，实验所用试剂均为分析纯，水为去离子水或蒸馏水。

（1）常规试剂：SEB、抗 SEB 抗体（小鼠源）、辣根过氧化物酶（HRP）与羊抗小鼠 IgG 的连接物（酶标二抗）、脱脂奶粉、邻苯二胺、KH_2PO_4、Na_2HPO_4、NaCl、KCl、H_2O_2、H_2SO_4 等。

（2）常规溶液：pH＝7.2 的 0.1mol/L 含 0.05％ Tween-20 的磷酸盐缓冲液生理盐水（phosphate buffer saline tween，PBST。将 $Na_2HPO_4 \cdot 12H_2O$ 2.9g、KH_2PO_4 0.2g、NaCl 8.0g、KCl 0.2g、Tween-20 0.5mL 溶于 1000mL 蒸馏水中）、pH＝5.0 的 0.1mol/L 柠檬酸-0.2mol/L Na_2HPO_4 缓冲液（ELISA 底物缓冲液）、H_2SO_4（2mol/L，ELISA 终止液）。

（3）SEB 标准溶液：称取 1～2mg SEB，用 PBST 配制成 100μg/mL 溶液。使用时，以 PBST 稀释至适当浓度。

3. 实验材料

不同品牌的牛奶样品 3～4 种，各 100g。

四、实验步骤

1. 样品处理

取 20mL 样品，加入等体积的 PBST，均质均匀后，以 10000r/min 离心 15min，上清液作为样品的提取液，用于 SEB 的检测。

2. 标准曲线的绘制

（1）抗原包被：按每孔 100μL，将以 PBST 适当稀释的 SEB 加入酶标板微孔内，于 4℃ 静置过夜。取出酶标板，恢复至室温，倾去包被液，以 PBST 满孔洗涤 3 次，每次 5min，扣干。

（2）封阻：每孔加 200μL 5％的脱脂牛奶（溶于 PBST）作为封阻液，于 37℃ 保温保湿 1h。取出酶标板，倾去封阻液，以 PBST 满孔洗涤 3 次，每次 5min，扣干。

（3）竞争抗原抗体反应：每孔加入以 PBST 适当稀释的抗 SEB 抗体溶液 90μL，同时分别加入 10μL 不同浓度的 SEB 标准溶液，使 SEB 的反应浓度分别为 0、0.1ng/mL、1ng/mL、10ng/mL、100ng/mL、1000ng/mL、10000ng/mL，混匀，37℃ 保温保湿 1h 后，以 PBST 满孔洗涤扣干 3 次。每个浓度做 3 个重复，以只加 100μL PBST 的微孔作为空白对照。

（4）酶标二抗反应：每孔加入 100μL 以 PBST 稀释的羊抗鼠 HRP 酶标二抗，37℃ 保温保湿 1h 后，以 PBST 满孔洗涤扣干 5 次。

(5) 底物显色：每孔加底物 100μL（将 4mg 邻苯二胺溶于 10mL pH=5.0 的 0.1mol/L 柠檬酸-0.2mol/L Na_2HPO_4 缓冲液，加入 15μL H_2O_2，现配现用），于 37℃保温保湿，避光反应 30min。

(6) 吸光度的测定：每孔加 50μL 2mol/L H_2SO_4 终止反应，5min 后，以空白对照调零，在酶标仪上于 490nm 波长处，测定吸光度 A_{490nm}。

(7) 标准曲线的绘制：以 SEB 浓度的对数为 x 轴，各浓度对应的 A_{490nm} 与 SEB 浓度为 0 的 A_{490nm} 的比值的百分数为 y 轴，绘制 SEB 标准曲线。

3. 样品测定

(1) 除了在"标准曲线的绘制"(3) 所述的竞争抗原抗体反应中，以 10μL 样品提取液替代 SEB 标准溶液外，其他操作过程同"标准曲线的绘制"中 (1)～(6)。

(2) 根据样品提取液的 A_{490nm} 值与 SEB 浓度为 0 的 A_{490nm} 比值的百分数，从标准曲线上查找并计算出样品提取液中 SEB 的浓度。

4. 计算

按下式计算样品中 SEB 的含量：

$$x=cVf\times1000\times\frac{1}{m}$$

式中，x 为样品中 SEB 的含量，ng/kg；c 为从标准曲线上查得的样品提取液中 SEB 的浓度，ng/mL；V 为样品提取液的体积，mL；f 为样品稀释倍数；m 为试样的质量，g。

五、注意事项

1. 实验中所使用的 SEB、抗 SEB 抗体和酶标二抗通常均比较昂贵，而且它们的适当使用浓度需要通过预备实验进行优化，所以没有实践经验的实验室，可以直接购买 SEB 的 ELISA 商品试剂盒。

2. 由于 ELISA 检测方法灵敏度较高，各步反应体系的体积稍有变化，即可影响实验结果，因此在所有的加样过程中，溶液应加到酶标板微孔的底部，避免溅出。

3. ELISA 法中的主要试剂为具有生物活性的蛋白质，在操作过程中容易产生气泡，由于气泡液膜表面具有较大的表面张力，可破坏蛋白质的空间结构，进而破坏其生物活性，因此在操作过程中应防止气泡产生。

4. 在操作过程中，应避免蛋白质类试剂反复冻融。因为在反复冻融的过程中，产生的机械剪切力将破坏试剂中的蛋白质分子空间结构，从而引起假阴性结果。此外，冻融试剂的混匀亦应注意，不要进行剧烈振荡，防止产生气泡，反复颠倒混匀即可。

5. 洗涤在 ELISA 中是决定着实验成败的关键，因为酶标板材料多为可非特异性吸附蛋白质的聚苯乙烯。如果洗涤不彻底，可能产生假阳性结果。

6. 在底物显色过程中，温度和时间是主要影响因素。通常情况下，在一定时间和温度下，空白对照孔溶液可保持无色，但是如果时间过长或温度变高，空白对照孔也可能产生颜色，从而影响分析结果。有时，还可以根据显色情况适当缩短或延长显色时间。

7. ELSIA 操作过程复杂，影响因素较多，为了确保实验的准确性，样品的测定条件与标准曲线的绘制条件必须保持一致，通常在同一块酶标板上同时进行。

8. SEB 为有毒物质，因此在操作时必须十分仔细认真，防止环境污染。凡是接触过毒素的器皿和移液吸嘴，必须经过 5%～10%次氯酸钠溶液完全浸泡 2h 去毒，洗净后，才可重复使用或者弃掉。

六、思考题

1. 简述金黄色葡萄球菌肠毒素的种类及其致病机理。

2. 简述 ELISA 的种类及其工作原理。

（撰写人：陈福生、王小红）

实验 7-10　蘑菇罐头中金黄色葡萄球菌肠毒素的酶联荧光免疫分析

一、实验目的

了解 VIDAS 或 mini-VIDAS 全自动荧光免疫分析仪的结构，掌握酶联荧光免疫分析法测定食品中金黄色葡萄球菌肠毒素含量的原理与操作过程。

二、实验原理

VIDAS 是法国生物梅里埃公司生产的一款全自动免疫荧光酶标仪，它采用夹心酶联免疫技术，以 4-甲基伞形磷酸酮（4-methylumbelliferyl phosphate）的酶水解产物 4-甲基伞形酮产生的荧光为分析指标，结合计算机控制技术，实现酶联分析过程的全自动化。

在采用 VIDAS 进行金黄色葡萄球菌肠毒素（staphylococcal enterotoxin，SE）的免疫分析的过程中，需要使用两种一次性器材，一种为固相接受器（SPR），另一种是试剂条。SPR 类似于塑料吸液管，可用于吸液，内壁包被有抗 SE 抗体（它可以包被一种抗体，也可以包被多种混合抗体），相当于酶标板的微孔；试剂条由一些孔组成，含所有进行实验时所需要使用的试剂，取出即可使用，无需进行溶液配制。在样品检测时，首先将一定量的待测样品提取液加入试剂条的样品孔中，然后仪器将根据设计参数，使样品提取液、酶（碱性磷酸酶）标记物、酶反应底物与洗涤液在 SPR 内依次循环一定时间，自动完成酶联免疫的各步骤。如果样品提取液中含有 SE，则可以与 SPR 内的抗 SE 抗体结合，并进一步与酶标抗 SE 抗体结合，形成抗体-抗原-酶标抗体夹心，固定于 SPR 内壁上，其他没有固定在 SPR 内壁上的 SE 通过洗涤去除后，底物（4-甲基伞形磷酸酮）溶液在酶的催化下生成 4-甲基伞形酮荧光产物，测定荧光强度，并与标准样品对照就可以得出样品提取液中 SE 的含量。仪器将自动打印出每一个被测样品的阳性或阴性结果。

三、仪器与试材

1. 仪器与器材

VIDAS30 或 mini-VIDAS 全自动免疫分析系统、均质机、离心机、透析袋等。

2. 试剂与溶液

除特别说明外，实验所用试剂均为分析纯，水为去离子水或蒸馏水。

（1）常规试剂：NaCl、聚乙二醇（分子量 15000～20000）、NaOH、HCl、次氯酸钠、H_3PO_4、Na_2HPO_4、NaH_2PO_4、氯仿、透析袋（32mm 宽）、羧甲基纤维素（CMC）离子交换树脂等。

（2）常规溶液：NaCl 溶液（0.2mol/L）、NaOH 溶液（1mol/L）、HCl 溶液（1mol/L）、PEG 溶液（30%，质量体积浓度）、磷酸缓冲液（0.005mol/L，pH＝5.7；0.2mol/L，pH＝7.4；0.01mol/L，pH 7.4～7.5）、H_3PO_4 溶液（0.005mol/L）、Na_2HPO_4 溶液（0.005mol/L）、磷酸缓冲液-NaCl 溶液（pH＝6.5，磷酸盐与 NaCl 的浓度均为 0.05mol/L）、生理盐水。

（3）VIDAS 试剂盒提供的试剂如下。①包括 10 个孔的试剂条：各孔内分别包含表 7-16 所描述的物质。②SPR：内壁包被有抗 SE 抗体。③抗原标准液：一瓶（3mL）纯化的金黄色葡萄球菌 B 型肠毒素（5ng/mL）溶液，含 0.1%（质量体积浓度）叠氮化钠和蛋白质稳定剂。④阳性对照：一瓶（6mL）纯化的金黄色葡萄球菌 B 型肠毒素（5ng/mL），含 0.1%（质量体积浓度）叠氮化钠和蛋白质稳定剂。⑤阴性对照：一瓶（6mL）TBS-吐温（吐温 Tris-缓冲生理盐水）溶液，含 0.1%（质量体积浓度）叠氮化钠。⑥提取缓冲液：一瓶（55mL）Tris（2.5mol/L）-吐温（1%，质量体积浓度）溶液，内含 0.1%（质量体积浓度）叠氮化钠。

3. 实验材料

3～4 种蘑菇罐头，各 500g。

四、实验步骤

1. 样品提取

表 7-16 金黄色葡萄球菌肠毒素试剂条的描述

孔 号	描 述
1	样品孔：将 0.5mL 样品提取液放入此孔
2	0.4mL 预洗溶液：TBS-吐温，含 0.1%（质量体积浓度，下同）叠氮化钠
3-4-5-7-8-9	0.6mL 洗涤溶液：TBS-吐温，含 0.1%叠氮化钠
6	0.6mL 反应液：碱性磷酸酶标记的抗 SE 抗体，含 0.1%叠氮化钠
10	0.3mL 盛于玻璃管中的底物：4-甲基伞形磷酸酮，含 0.1%叠氮化钠

（1）取 100g 蘑菇罐头样品，放入均质杯中，加入 500mL NaCl 溶液，高速均质 3min 后，以 NaOH 或 HCl 溶液将匀浆的 pH 调整到 7.5。静置 10～15min，使 pH 稳定为 7.5。

（2）将样品匀浆以 18000r/min 于 5℃离心 20min。残渣加入 125mL NaCl 溶液，继续混匀 3min，并调 pH 到 7.5 后，以 18000r/min 于 5℃离心 20min。合并两次上清液。

（3）将上清液装入透析袋，包埋于 PEG 溶液中，于 5℃浓缩过夜，使其终体积小于 20mL，取出透析袋，以水冲洗掉袋上的 PEG 后，以水浸泡 1～2min，再以 NaCl 溶液浸泡几分钟，以彻底洗掉 PEG。将袋中的溶液倒入小烧杯中，并以 2～3mL NaCl 溶液分数次将透析袋内容物洗出，合并于小烧杯中。

（4）调节洗出物的 pH 至 7.5，以 18000r/min 于 5℃离心 10min 后，将上清液倒入量筒中，测定其体积后，倒入分液漏斗中，加入等体积的氯仿，振摇 10 次。将氯仿层溶液以 18000r/min 于 5℃离心 10min 后，液体重新放入分液漏斗中。

（5）量取分液漏斗中水层的体积，加入 40 倍体积的磷酸缓冲液（0.005mol/L，pH＝5.7），并以 H_3PO_4 或 Na_2HPO_4 溶液将 pH 调至 5.7，然后转入 2L 的分液漏斗中。

（6）关上分液漏斗上部活塞，轻轻打开下部活栓，使溶液以 1～2mL/min 的流速通过 CMC 色谱柱后，用 100mL 磷酸缓冲液（pH＝5.7）以 1～2mL/min 的流速洗脱色谱柱，弃去洗脱液后，再以 200mL 磷酸缓冲液-NaCl 溶液将肠毒素从 CMC 色谱柱上洗脱下来。

（7）将洗脱液装入透析袋中，在 5℃包埋于 PEG 溶液中浓缩至干。洗掉袋上的 PEG，将透析袋浸泡于磷酸缓冲液（0.2mol/L，pH＝7.4）中数分钟后，分 5 次用 2～3mL 磷酸缓冲液（0.01mol/L，pH 7.4～7.5）将透析袋内容物洗出，控制洗出液的总体积小于 5mL。

（8）洗出液冷冻干燥后，干燥的样品用 1～1.5mL 的生理盐水溶解，作为样品提取液。

2. 分析测定

（1）从冰箱中取出 VIDAS 肠毒素检测试剂盒，放至室温约 30min 后，从试剂盒中取出所需试剂，包括阳性对照、阴性对照和抗原标准液等。不用的试剂仍放回冰箱，于 2～8℃保存。

（2）输入适当分析资料建立测试数据。输入"SET"分析编码，输入测试号码后运行。

（3）各吸取 0.5mL 抗原标准液、阳性对照、阴性对照和样品提取液，分别放入试剂条的对应孔中。

（4）把试剂条和 SPR 放入仪器中，按测试说明对 VIDAS 作相应选择。按 VIDAS 操作手册启动分析程序，进行分析，仪器将自动打印实验结果。

（5）分析结束后，将使用过的试剂条和 SPR 放入适当的容器中，处理后再丢弃。

五、注意事项

1. 本实验给出的实验条件与步骤仅供参考，具体的操作与步骤请仔细阅读产品与仪器的使用说明书。

2. 在本实验条件下，检测结果是肠毒素 A、B、C_1、C_2、C_3、D 和 E 型的总量，灵敏度为 1ng/mL，但不能分型。

3. 试剂盒内的全部试剂是作为一个整体来使用的，不要将不同标号的试剂混用。

4. 每一组测试都包括一个阳性质控和阴性质控。

5. 试剂盒储存于 2～8℃，使用前放置至室温，使用后将未用试剂立即放至 2～8℃冰箱内，否则将可能导致产品提前失效。

六、思考题

1. 简述夹心酶联免疫方法的种类与工作原理。

2. 简述4-甲基伞形磷酸酮的酶水解产物4-甲基伞形酮产生荧光的机理。

（撰写人：王小红）

实验 7-11　肉制品中肉毒毒素的检测

一、实验目的

掌握以动物实验法检测食品中是否存在肉毒毒素（botulinus toxin，BT）的原理与方法。

二、实验原理

BT是由肉毒梭菌产生的一种毒性很强的外毒素。根据血清型的不同，BT可以分为A、B、C、D、E、F、G型共7种。BT是目前已知的化学毒物和生物毒物中毒性最强的一种，对人的致死量推测为10^{-9}mg/(kg·体重)。

食品中的BT经提取后，将提取液直接和胰蛋白酶处理后腹腔注射小鼠，如果小鼠出现死亡，采用经抗BT抗体中和后或加热处理的提取液，进一步注射小鼠，如果小鼠得到保护而存活，则表明食品中存在BT。

三、仪器与试材

1. 仪器与器材

离心机、组织捣碎机、水浴锅、注射器、灭菌锅等。

2. 试剂与溶液

除生物试剂与特别说明外，实验所用试剂均为分析纯，水为去离子水或蒸馏水。

（1）常规试剂：明胶、H_3PO_4、Na_2HPO_4、NaH_2PO_4、胰酶、抗多型BT抗体或抗血清（包含不同类型的BT抗体）。

（2）常规溶液：明胶磷酸盐缓冲液（明胶2g、Na_2HPO_4 4g、水1000mL，调pH为6.2，于121℃灭菌15min）、H_3PO_4溶液（0.5mol/L）、Na_2HPO_4溶液（0.5mol/L）、胰酶（活力1：250）水溶液（10%）。

3. 实验动物

BALB/c或昆明小鼠。

4. 实验材料

3～4种火腿、腊肠或肉罐头样品，各250g。

四、实验步骤

1. 样品处理

（1）取100g样品，以小刀切碎成约1cm^3大小的小块后，混匀。

（2）取50.00g切碎的样品，加等量的明胶磷酸盐缓冲液，于捣碎机中捣碎后，以10000r/min于4℃离心20min，上清液作为样品提取液。

（3）取20mL样品提取液，以H_3PO_4或Na_2HPO_4溶液调pH值至6.2，按提取液与酶溶液9：1的比例，加胰酶溶液，摇匀，37℃处理60min（期间应不断轻轻搅拌）后，以10000r/min于4℃离心20min，上清液作为样品的胰酶处理液。

2. 检出试验

（1）取样品提取液与胰酶处理液，分别注射小鼠3只，每只0.5mL，正常饲喂条件下观察小鼠活动情况。

（2）样品中若有BT存在，小鼠一般多在注射后24h内发病、死亡（注射样品提取液与胰酶处理液的小鼠同时死亡，或仅注射胰酶处理液的小鼠死亡）。主要症状为竖毛、四肢瘫软、呼吸困难、呼吸呈风箱式，腹部凹陷宛如峰腰，最终死于呼吸麻痹。若连续观察4d后，小鼠仍正常，则表明样品为BT阴性。

(3) 如遇小鼠猝死以致症状不明显时，则可将样品提取液和胰酶处理液适当稀释，重新试验。

(4) 对于出现小鼠死亡的样品提取液和/或胰酶处理液，需进行以下确证试验。

3. 确证试验

(1) 取样品提取液和/或胰酶处理液，分成3份，每份1mL，分别进行以下处理：第1份加等量经适当稀释的BT多型抗体，混匀，37℃作用30min；第2份加等量明胶磷酸盐缓冲液，混匀，煮沸10min；第3份加等量明胶磷酸盐缓冲液，混匀。

(2) 将3份处理液分别注射小鼠，各3只，每只0.5mL，观察4d。

(3) 若注射第1份与第2份处理液的小鼠均获保护存活，而唯有注射第3份处理液的小鼠以上述特有症状死亡，则可判定检样中有BT存在，即样品为BT阳性。

五、注意事项

本实验测得的BT阳性样品，仅表明样品中存在BT，必要时可以采用不同血清型的BT抗体分别对样品提取液中和后，再进行动物实验，从而实现BT的定型。也可进一步对样品提取液适当稀释后，测定BT毒力的大小。

六、思考题

1. 简述以胰酶处理样品提取液的目的。

2. 在确证试验中，如果仅注射第2份处理液的小鼠获得保护而存活，而注射第1份处理液的小鼠仅得到部分保护，即仅仅有极个别小鼠死亡，或小鼠虽然患病，但不死亡，那么如何分析实验结果？

(撰写人：王小红)

第四节 食品中其他生物毒素的检测

除了真菌毒素与细菌毒素外，生物毒素还包括植物毒素、动物毒素和海洋生物毒素等。这些毒素存在于动植物体内，通常仅出现在一些特殊的食品（如河豚肉）中，仅在摄食了相关的食品后才可能产生食品中毒现象，所以相关的中毒事件并不常见，关于如何检测食品中这些毒素含量的方法的研究也不多，尽管关于这些毒素的结构、中毒机理等方面的研究比较深入。下面首先简要介绍这几类毒素，然后就容易出现在食品和饮用水中的几种毒素的分析检测方法进行阐述。关于这些毒素详细的分类、结构、功能与致病机理，请参阅相关书籍。

1. 植物毒素

植物毒素（plant toxins）是指某些植物中存在的对人体健康有害的非营养性天然成分，或因储存方法不当，在一定条件下植物代谢产生的某种有毒成分。目前已知的植物毒素有1000余种，绝大部分属于植物的次生代谢产物。一些植物毒素属于植物的化学防御机理的重要物质，对人、畜、昆虫和鸟类有毒；而另一些植物毒素则对异类植物有生长抑制作用。植物毒素大部分属于生物碱（alkaloids）、糖苷类（glycoside）、多酚类（polyphenol）和蛋白质等有机化合物。例如，发芽马铃薯的致毒成分龙葵碱（solanine）、黄花菜的主要致毒物质秋水仙碱（colchicine）以及罂粟壳中的罂粟碱（papaverine）等均属于生物碱；存在于食品中的苦杏仁苷（amygdalin）和亚麻苦苷（linamarin）属于糖苷类物质；存在于未精制棉籽油中的棉籽酚（gossypol）属于多酚类物质；存在于卷心菜、黄瓜、胡萝卜、马铃薯、番茄、苹果、梨和香蕉中的抗坏血酸氧化酶，以及存在于豆科植物的种子和荚果中的植物凝集素等属于蛋白质类毒素。

这些植物毒素由于化学结构不同，所以它们的致毒机理是不相同的。例如，棉籽酚是一种细胞原浆毒，对心、肝、肾及神经、血管等均有毒性；抗坏血酸氧化酶可将抗坏血酸经二酮古洛糖酸转化为草酸，引起人的维生素C缺乏症；植物凝集素可引起对红细胞的凝聚。

2. 动物毒素

动物毒素（zootoxins）通常是指由昆虫和爬行类动物产生的毒素。研究得比较多的动物毒素包括蜂毒素、蝎毒、蛇毒、蟾蜍毒和蜘蛛毒等。这些毒素大多数是蛋白质或肽类物质，它们与食品中毒的关系不大。

3. 海洋生物毒素

海洋生物毒素（marine toxins）是来自于海洋生物的毒素。其种类很多，其中与食品中毒关系比较密切的主要包括河豚毒素和微囊藻毒素等。

河豚毒素（tetrodotoxin，TTX）最早从河豚鱼中分离得到，是豚鱼类及其他一些生物体内含有的一种生物碱，分子式为 $C_{11}H_{17}O_8N_3$，相对分子质量为 319，结构式见图 7-30。TTX 是一种神经毒，人摄食 0.5～3mg 就能致死。

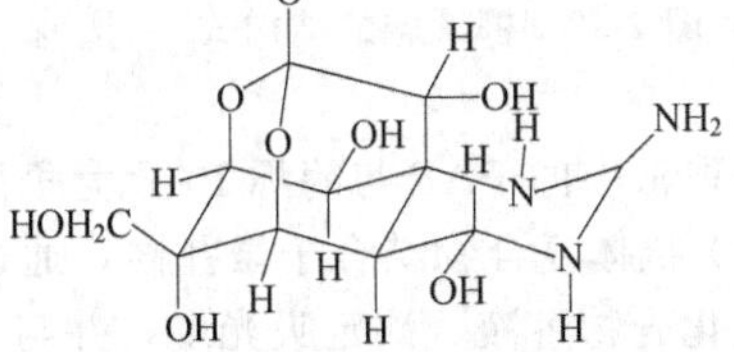

图 7-30 河豚毒素的结构式

河豚鱼是一种味道鲜美的鱼类，在我国主要产于江河入海口附近海域和长江中下游，在淡水和海水中均能生活。TTX 分布于河豚的肝、脾、肾、卵巢、睾丸、眼球、皮肤及血液中。以卵、卵巢和肝脏最毒，肾、血液、眼睛和皮肤次之。该毒素耐热，100℃处理 8h 都不被破坏，120℃处理 1h 才能破坏，盐腌、日晒亦均不能破坏该毒素。

微囊藻毒素（microcystin，MC）是由蓝细菌［cyanobacteria，也称为蓝藻（blue-green algae)］中的微囊藻（*Microcystis* spp.）、鱼腥藻（*Anabaena* spp.）、颤藻（*Oscillatoria* spp.）、念球藻（*Nostoc* spp.）等产生的藻类毒素。它是由 D-丙氨酸（D-alanine，D-Ala）、赤型-*β*-甲基-D-天冬氨酸（*erythro*-*β*-methyl-D-aspartic acid，D-MeAsp）、3-氨基-9-甲氧基-2,6,8-三甲基-10-苯基-4,6-二烯酸［(all-*S*，all-*E*)3-amino-9-methoxy-2,6,8-trimethyl-10-phenyldeca-4,6-dienoic acid，Adda］、D-谷氨酸（D-glutamic acid，D-Glu）、*N*-甲基脱羟基丙氨酸（*N*-methyldehydroalanine，Mdha）与两个可变氨基酸 X 和 Y 共 7 个氨基酸，按 D-Ala-X-D-MeAsp-Y-Adda-D-Glu-Mdha 组成的单环七肽化合物，结构式如图 7-31 所示。

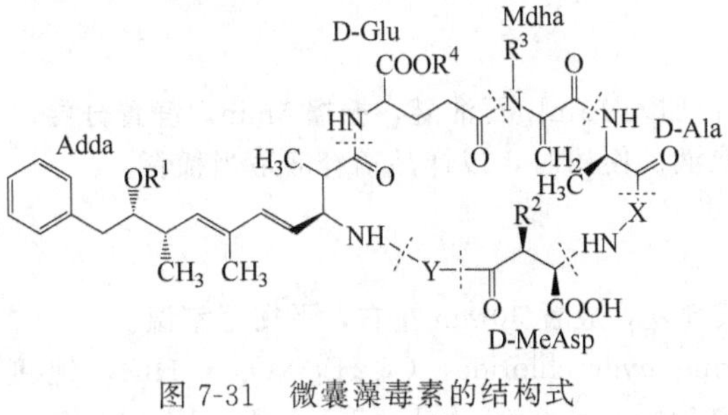

图 7-31 微囊藻毒素的结构式

根据 MC 结构式中，X 与 Y 两个氨基酸以及 R^1、R^2、R^3 和 R^4 基团的不同，目前已经发现了 70 余种异构体。MC 的命名也是根据 X、Y 两个氨基酸来进行的，当它们分别为亮氨酸（leucine，L）和精氨酸（arginine，R）时，命名为 MC-LR。它是最常见，毒性最强，也是研究得最清楚的 MC。

MC 是细胞内毒素，当细胞衰老、死亡或溶解后释放出来，污染水体，对水生生物、人类饮用水的安全和人类健康构成严重影响。为了保障人民的身体健康，我国的《生活饮用水卫生标准》(GB 5749—2006) 和《地表水环境质量标准》(GB 3838—2002) 都规定了 MC-LR 的含量不得大于 0.001mg/L。

与食品中真菌毒素和细菌毒素的检测方法一样，食品中污染的植物毒素、动物毒素和海洋生物毒素也主要是采用免疫学方法、仪器分析方法和动物或组织培养法进行分析测定。

（撰写人：王小红、陈福生）

实验 7-12 调味液中罂粟碱含量的直接竞争 ELISA 检测

一、实验目的

掌握以直接竞争 ELISA 方法检测调味料中罂粟碱含量的原理与方法。

二、实验原理

罂粟碱［6,7-二甲氧基-1-(3,4-二甲氧基苄基)-异喹啉；papaverine，PAP，其结构式见图 7-32］

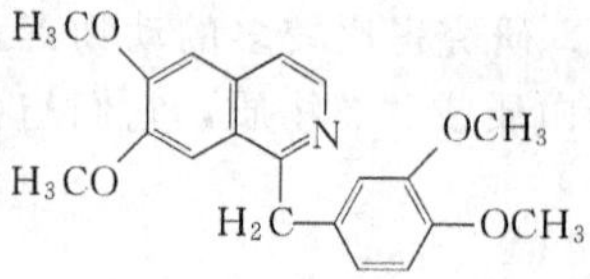

图 7-32　罂粟碱的结构式

是一种重要的苄基异喹啉类生物碱，在鸦片类植物，如罂粟的壳和籽中含量较高，吸食后容易使人上瘾。有些不法餐馆有时在一些饭菜或调味料中加入少量的 PAP 或罂粟壳，使消费者上瘾，从而牟取暴利。PAP 的检测方法主要是薄层色谱法（TLC）、高效液相色谱法（HPLC）和气质联用法（GC-MS）等。

直接竞争 ELISA 检测 PAP 的原理是：样品中 PAP 经提取后，提取液中的 PAP 与酶标 PAP 竞争酶标板微孔内的抗 PAP 抗体的结合位点，形成抗原（酶标抗原）-抗体复合物结合于微孔内，通过洗涤去除游离物质后，加入酶底物溶液（通常无色）产生有色化合物溶液，测定吸光度，并与 PAP 标准品比较，就可以计算出样品中 PAP 的含量。

三、仪器与试材

1. 仪器与器材

旋涡混匀器、酶标仪、培养箱、微量移液器等。

2. 试剂与溶液

除特别说明与生物试剂外，实验所用试剂均为分析纯，水为去离子水或蒸馏水。

（1）常规试剂与溶液：甲醇、石油醚、PBS（phosphate buffer saline，pH＝7.2 的 0.1mol/L 磷酸盐缓冲液生理盐水：将 $Na_2HPO_4 \cdot 12H_2O$ 2.9g、KH_2PO_4 0.2g、NaCl 8.0g、KCl 0.2g 溶于 1000mL 蒸馏水中）、样品稀释液［CH_3OH-PBS（1＋9，体积比）］。

（2）罂粟碱酶联免疫试剂盒：包括酶标板、酶标抗原、酶标抗原稀释液、浓缩洗涤液、罂粟碱标准品、阳性对照液、阴性对照液、底物及其稀释液、终止液等。

3. 实验材料

2～3 种调味液，各 100mL。

四、实验步骤

1. 样品处理

（1）取 20.0mL 样品于 125mL 分液漏斗中，加入 15mL 石油醚，振摇 5min，静置分层。

（2）弃上层石油醚，下层溶液即为样品提取液。使用时，以样品稀释液适当稀释。

2. ELISA 测定

（1）标准曲线的绘制

① 从冰箱（4℃）中取出罂粟碱酶联免疫试剂盒，放置 30min 左右，平衡至室温。

② 将试剂盒中的盐酸罂粟碱（papaverine hydrochloride，$C_{20}H_{21}NO_4 \cdot HCl$，纯度≥99.9%），以样品稀释液溶解、稀释，配制成 0.001μg/L、0.01μg/L、0.1μg/L、1μg/L、5μg/L、10μg/L、20μg/L、30μg/L、50μg/L 的系列标准溶液。

③ 以酶标抗原稀释液溶解、稀释酶标抗原（冻干粉）成 5μg/L 的酶标抗原溶液，并将浓缩洗涤液加水稀释成洗涤液。

④ 以洗涤液洗涤酶标板 2 次，每次 5min，拍干。

⑤ 将 50μL 不同浓度的 PAP 标准品溶液与 50μL 酶标抗原溶液分别加入酶标板微孔内，摇匀。每个浓度做 3 个重复，同时，以阳性与阴性对照液作对照。37℃保温 1h 后，洗涤 5 次，每次 5min，拍干。

⑥ 加 100μL 底物溶液于各微孔内，37℃显色 15min 后，分别加入 50μL 终止液，并用酶标仪于 450nm 波长处测定各孔的吸光度 A_{450nm}。

⑦ 以 PAP 标准品浓度的对数为横坐标，以各浓度对应的 A_{450nm} 与 PAP 浓度为 0 的 A_{450nm} 的比值为纵坐标，绘制标准竞争曲线。

（2）样品的测定

样品的测定过程与“标准曲线的绘制”相同，不同之处是以 50μL 不同稀释度的 PAP 样品提取液替代上述 PAP 的标准品溶液，测定 A_{450nm} 值。

3. 计算

根据样品提取溶液的 A_{450nm} 值，查标准曲线，按下式计算样品中 PAP 的含量。

$$x=\frac{cVf}{m}$$

式中，x 为样品中 PAP 的含量，μg/kg；c 为从标准曲线上查得的样品提取液中 PAP 的浓度，μg/L；V 为样品提取液的体积，mL；f 为样品稀释倍数；m 为试样的质量，g。

五、注意事项

1. 实验中的操作过程与参数，仅供参考。在具体的实验过程中，应该严格按照试剂盒的说明书进行操作。

2. 在具体的测定过程中，常常在绘制标准曲线的同时进行样品测定，这样可以节约分析检测时间。另外，有些试剂盒本身提供了标准曲线，因此无需再进行标准曲线的绘制。但是，由于实验条件的差异，最好还是在测定样品的同时绘制标准曲线，这样可以使实验结果更加准确。

3. 由于 ELISA 检测方法灵敏度较高，各步反应体系的体积稍有变化，即可影响实验结果，因此在所有的加样过程中，溶液应加到酶标板微孔的底部，避免溅出。

4. ELISA 法中的主要试剂为具有生物活性的蛋白质，在操作过程中容易产生气泡，由于气泡液膜表面具有较大的表面张力，可破坏蛋白质的空间结构，进而破坏其生物活性，因此在操作过程中应防止气泡产生。

5. 在操作过程中，应避免蛋白质类试剂反复冻融。因为在反复冻融的过程中，产生的机械剪切力将破坏试剂中的蛋白质分子空间结构，从而引起假阴性结果。此外，冻融试剂的混匀亦应注意，不要进行剧烈振荡，防止产生气泡，反复颠倒混匀即可。

6. 洗涤在 ELISA 中是决定着实验成败的关键，因为酶标板材料多为可非特异性吸附蛋白质的聚苯乙烯，如果洗涤不彻底，可能产生假阳性结果。

六、思考题

1. 简述食品中 PAP 的危害。
2. 比较不同 PAP 检测方法的优缺点。

（撰写人：王小红、陈福生）

实验 7-13 河豚鱼中河豚毒素的直接竞争 ELISA 测定

一、实验目的

掌握直接竞争 ELISA 测定河豚鱼中河豚毒素的原理与方法。

二、实验原理

河豚毒素（tetrodotoxin，TTX）的检测方法包括生物测定法、仪器测定法和免疫测定法几大类。TTX 的生物测定法又包括鼠生物法和组织培养法，其中鼠生物法是测定 TTX 的传统方法，其原理是小鼠腹腔注射 TTX 后，死亡时间的倒数与注射量成线性关系，因此根据绘制的标准曲线可估算样品中 TTX 的含量；组织培养法是根据 TTX 对 Na^{+} 通道的阻断作用与动物细胞成活率之间存在很好的相关性而建立起来的方法，该方法简便实用，但检测限不理想。TTX 的仪器测定法主要有 HPLC、TLC 和基质辅助激光解析电离飞行时间质谱（MALDI-TOF-MS）等。酶联免疫吸附法（ELISA）是将 TTX 转变成完全抗原后，制备抗体，再建立免疫学方法就可检测 TTX 的含量。本实验以 ELISA 测定河豚鱼中的 TTX 含量。

样品中的 TTX（游离抗原）经提取、脱脂后与酶标板微孔内包被的 TTX（结合抗原）竞争一定量的抗 TTX 酶标抗体的结合位点，形成 TTX-酶标抗体复合物，通过洗涤去除游离的 TTX-酶标抗体复合物等游离物质后，加酶底物（通常无色）与结合在微孔内的 TTX-酶标抗体复合物的酶反应生成有色溶液，测定吸光度，并与 TTX 标准品比较，就可以计算出样品中 TTX 的含量。

三、仪器与试材

1. 仪器与器材

组织匀浆器、磁力搅拌器、水浴锅、离心机、剪刀、酶标仪（带450nm滤镜）、培养箱、微量加样器、96孔酶标板、pH试纸、研钵等。

2. 试剂与溶液

除特别说明外，实验所用试剂均为分析纯，水为去离子水或蒸馏水。

（1）常规试剂：乙酸、抗TTX单克隆抗体、BSA、人工抗原（BSA-HCHO-TTX，－20℃保存）、河豚毒素标准品、NaOH、乙酸钠、乙醚、*N*，*N*-二甲基甲酰胺、3，3，5，5-四甲基联苯胺（TMB，4℃避光保存）、辣根过氧化物酶（HRP）标记的抗TTX单克隆抗体、Na_2CO_3、$NaHCO_3$、KH_2PO_4、$Na_2HPO_4 \cdot 12H_2O$、NaCl、KCl、柠檬酸、H_2O_2、H_2SO_4、Tween-20等。

（2）常规溶液：pH＝4.0的乙酸盐缓冲液（将0.2mol/L乙酸钠2.0mL和0.2mol/L乙酸8.0mL混合）、pH＝7.4的磷酸盐缓冲液（PBS，将$Na_2HPO_4 \cdot 12H_2O$ 2.9g、KH_2PO_4 0.2g、NaCl 8.0g、KCl 0.2g溶于1000mL蒸馏水中）、H_2SO_4（2mol/L）、包被溶液（将Na_2CO_3 1.59g、$NaHCO_3$ 2.93g溶于1000mL水中）、封闭溶液（将0.2g BSA加PBS溶解后，定容至1000mL）、洗涤溶液（将999.5mL PBS溶液加入0.5mL Tween-20）、抗体稀释溶液（将1.0g BSA加PBS溶解并定容至1000mL）、柠檬酸缓冲液（0.1mol/L）、底物缓冲溶液（将0.1mol/L柠檬酸溶液、0.2mol/L Na_2HPO_4缓冲溶液与水按24.3∶25.7∶50的比例混合）、TMB储存液（将200mg TMB溶于20mL *N*，*N*-二甲基甲酰胺中，4℃避光保存）、底物溶液（由75μL TMB储存液、10mL底物缓冲溶液与10μL H_2O_2混合而成，现配现用）、1mol/L NaOH、0.1%乙酸。

（3）TTX标准储备溶液：将河豚毒素标准品溶于0.2mol/L pH＝4.0的乙酸盐缓冲液，配制成1.0g/L的标准储备溶液，密封后于4℃保存。

（4）TTX标准工作溶液：将TTX标准储备溶液用PBS配制成浓度为5000.00μg/L、2500.00μg/L、1000.00μg/L、500.00μg/L、250.00μg/L、100.00μg/L、50.00μg/L、25.00μg/L、10.00μg/L、5.00μg/L、1.00μg/L、0.50μg/L、0.10μg/L、0.05μg/L的TTX标准工作溶液，现配现用。

3. 实验材料

河豚鱼的冷冻卵巢、肝脏与肌肉，各100g。

四、实验步骤

1. 试样制备

（1）取25g冷冻样品，急速解冻后，剪碎，加入5倍体积的0.1%乙酸溶液，用组织匀浆器磨碎成匀浆。

（2）取5g样品匀浆于100mL烧杯中，置磁力搅拌器上边加热边搅拌，达100℃时持续10min后取下，冷却至室温后，以8000r/min离心15min，快速过滤于125mL分液漏斗。

（3）滤渣用20mL 0.1%乙酸溶液分次洗净，洗液合并于原烧杯中，置磁力搅拌器上边加热边搅拌，达100℃时持续3min后取下，冷却至室温后，以8000r/min离心15min，快速过滤于上述125mL分液漏斗。

（4）在分液漏斗的清液中加入等体积乙醚振摇脱脂，静置分层后放出水层置另一分液漏斗并以等体积乙醚再重复脱脂一次，将水层放入100mL锥形瓶中，减压浓缩除去残存乙醚后，将提取液移入50mL容量瓶中。

（5）将（4）中提取液用1mol/L NaOH调至pH 6.5～7.0，并用PBS定容至50mL，立即用于检测。

（6）当天不能检测的提取液经减压浓缩去除乙醚后不用NaOH调pH，密封后于－20℃以下冷冻保存，检测前调pH并定容至50mL。

2. 测定

（1）包被：用人工抗原BSA-HCHO-TTX包被酶标微孔板，每孔120μL，于4℃静置12h。

（2）抗原抗体反应：将辣根过氧化物酶标记的抗 TTX 单克隆抗体稀释后，①分别与等体积不同浓度的河豚毒素标准溶液在 2mL 试管内混合后，于 4℃静置 12h 或 37℃温育 2h 备用，此液用于制作 TTX 标准抑制曲线；②与等体积样品提取液在 2mL 试管内混合后，于 4℃静置 12h 或 37℃温育 2h 备用，用于测定样品中 TTX 含量。

（3）封闭：包被的酶标板以 PBST 洗涤 3 次（每次 3min）后，加封闭溶液封闭，每孔 200μL，于 37℃温育 2h。

（4）测定：酶标板以 PBST 洗涤 3 次（每次 3min），加抗原抗体反应液（以抗体稀释液作阴性对照），每孔加 100μL，于 37℃温育 2h。酶标板以 PBST 洗涤 5 次（每次 3min），加新配制的底物溶液，每孔加 100μL，于 37℃温育 10min 后，每孔加入 50μL 2mol/L H_2SO_4 溶液，终止显色反应，30min 内用酶标仪在 450nm 处测定吸光度。

3. 计算

按下式计算样品中 TTX 的含量：

$$x=\frac{m_1Vf}{V_1m}$$

式中，x 为样品中 TTX 的含量，μg/kg；m_1 为酶标板上测得的 TTX 的质量，ng；V 为样品提取液的体积，mL；f 为样品提取液的稀释倍数；V_1 为酶标板上每孔加入的样品体积，mL；m 为样品的质量，g。

五、注意事项

1. 本方法对 TTX 的检测限为 0.1μg/L，标准曲线的线性范围为 5～500μg/L。

2. 抗体的稀释度应根据预备实验确定。

3. 由于抗 TTX 抗体的制备比较困难，实验中各种生化试剂对温度等条件比较敏感，所以对于一般的实验室，可以直接购买试剂盒，并严格按照说明书进行实验。

4. 由于 ELISA 检测方法灵敏度较高，各步反应体系的体积稍有变化，即可影响实验结果，因此在所有的加样过程中，溶液应加到酶标板微孔的底部，避免溅出。

5. ELISA 法中的主要试剂为具有生物活性的蛋白质，在操作过程中容易产生气泡，由于气泡液膜表面具有较大的表面张力，可破坏蛋白质的空间结构，进而破坏其生物活性，因此在操作过程中应防止气泡产生。

6. 在操作过程中，应避免蛋白质类试剂反复冻融。因为在反复冻融的过程中，产生的机械剪切力将破坏试剂中的蛋白质分子空间结构，从而引起假阴性结果。此外，冻融试剂的混匀亦应注意，不要进行剧烈振荡，防止产生气泡，反复颠倒混匀即可。

7. 洗涤在 ELISA 中是决定着实验成败的关键，因为酶标板材料多为可非特异性吸附蛋白质的聚苯乙烯，如果洗涤不彻底，可能产生假阳性结果。

8. 在底物显色过程中，温度和时间是主要影响因素。通常情况下，在一定时间和温度下，空白对照孔溶液可保持无色，但是如果时间过长或温度变高，空白对照孔也可能产生颜色，从而影响分析结果。有时，还可以根据显色情况适当缩短或延长显色时间。

9. ELISA 操作过程复杂，影响因素较多，为了确保实验的准确性，样品的测定条件与标准曲线的绘制条件必须保持一致，通常在同一块酶标板上同时进行。

六、思考题

简述河豚毒素的性质、导致食物中毒的原因及预防措施。

（撰写人：王小红）

实验 7-14　饮用水中微囊藻毒素的间接竞争 ELISA 分析

一、实验目的

掌握间接竞争 ELISA 检测饮用水中微囊藻毒素含量的原理与方法。

二、实验原理

微囊藻毒素（microcystin，MC）是由微囊藻、鱼腥藻、颤藻、念球藻等产生的藻类毒素。其结构式如图 7-31 所示。根据 MC 结构式中，X 与 Y 两个氨基酸以及 R^1、R^2、R^3 和 R^4 基团的不同，目前已经发现了 70 余种异构体。MC 的命名也是根据 X、Y 两个氨基酸来进行的，当它们分别为亮氨酸（leucine，L）和精氨酸（arginine，R）时，命名为 MC-LR。MC-LR 是最常见，毒性最强，也是研究得最清楚的 MC。

饮用水中的 MC-LR（游离抗原）经离心处理后与酶标板微孔内的包被抗原（结合抗原）竞争一定量的抗 MC-LR 特异性抗体的结合位点，形成抗原-抗体复合物，通过洗涤除去游离抗原-抗体复合物等游离物质后，加入酶标二抗与吸附于酶标板微孔内的结合态的抗原-抗体复合物结合，形成抗原-抗体-酶标二抗复合物结合于微孔内，加入酶底物溶液（通常无色）产生有色化合物溶液，测定吸光度，并与 MC-LR 标准品比较，就可以计算出样品中 MC-LR 的含量。

三、仪器与试材

1. 仪器与器材

酶标仪（带 450nm 滤镜）、离心机、培养箱、微量加样器、96 孔酶标板等。

2. 试剂与溶液

除特别说明与生物试剂外，实验所用试剂均为分析纯，水为去离子水或蒸馏水。

（1）常规试剂：抗 MC-LR 单克隆抗体、MC-LR-BSA、无水乙醇、辣根过氧化物酶（HRP）与羊抗小鼠 IgG 的连接物（酶标二抗）、KH_2PO_4、$Na_2HPO_4 \cdot 12H_2O$、NaCl、KCl、叠氮化钠、*N*,*N*-二甲基甲酰胺、柠檬酸、H_2O_2、H_2SO_4、PBS、Tween-20、明胶、3,3,5,5-四甲基联苯胺（TMB，4℃避光保存）等。

（2）常规溶液：乙醇溶液（20%，体积分数）、pH＝7.4 的磷酸盐缓冲液（PBS，将 $Na_2HPO_4 \cdot 12H_2O$ 2.9g、KH_2PO_4 0.2g、NaCl 8.0g、KCl 0.2g 溶于 1000mL 蒸馏水中）、H_2SO_4（1mol/L）、包被溶液（1mg MC-LR-BSA 溶于 1000mL PBS 中）、封闭溶液（将 0.5g 明胶加少量 PBS 加热溶解后，定容至 1000mL）、洗涤溶液（PBST，将 0.5mL Tween-20 用 PBS 定容至 1000mL）、抗体稀释溶液（将 0.5g 明胶加少量 PBST 加热溶解后，定容至 1000mL）、标准稀释液（将 0.005g 明胶和 0.1g 叠氮化钠用水溶解，定容至 100mL）、TMB 储备液（将 200mg TMB 溶于 20mL *N*,*N*-二甲基甲酰胺中，4℃避光保存）、柠檬酸缓冲液（0.1mol/L）、磷酸缓冲溶液（0.2mol/L）、底物缓冲溶液（将柠檬酸缓冲液、Na_2HPO_4 缓冲溶液与水按 24.3∶25.7∶50 的比例混合）、底物溶液（75μL TMB 储备液、10mL 底物缓冲溶液与 10μL H_2O_2 混合而成，现配现用）。

（3）MC-LR 标准溶液：以乙醇溶液将 MC-LR 标准品配成 0.5mg/mL 的溶液。再用标准稀释液稀释至 10μg/mL 后，继续稀释至 0.1μg/L、0.2μg/L、0.5μg/L、1μg/L、2μg/L 的标准系列溶液。

3. 实验材料

不同品牌的矿泉水 3～4 种，各 100mL。

四、实验步骤

1. 样品处理

取 1mL 水样于离心管中，以 5000r/min 离心 3min，取上清液，备用。

2. 测定

（1）包被：将 MC-LR-BSA 包被溶液加入酶标微孔板，每孔 100μL，于 4℃静置过夜。

（2）封阻：用 PBST 洗涤酶标板 3 次（每次 3min）后，每孔加入封闭溶液 200μL，于 37℃保温 2h。

（3）抗原抗体反应：取 500μL 以抗体稀释溶液稀释的 MC-LR 抗体溶液分别和 500μL MC-LR 标准系列溶液于 1.5mL 试管中混合后，室温静置 30min。同时，取 500μL MC-LR 的抗体溶液分别和 500μL 水样于 1.5mL 试管中混合后，室温静置 30min。

(4) 竞争反应：将封阻后的酶标板以 PBST 洗涤 3 次（每次 3min）后，每孔滴加 100μL 抗原抗体反应溶液，于 37℃放置 90min。每个浓度做 2 次重复，同时，以抗体稀释溶液作阴性对照。

(5) 酶标二抗反应：酶标板以 PBST 洗涤 3 次（每次 3min）后，滴加以抗体稀释溶液稀释至一定浓度的酶标二抗溶液，每孔 100μL，室温静置 30min。

(6) 显色与测定：酶标板以 PBST 洗涤 5 次（每次 3min），每孔加 100μL 底物溶液，室温静置 15～20min，显色后，滴加 50μL H_2SO_4 溶液，终止显色反应，30min 内用酶标仪在 450nm 处测定吸光度。

(7) 标准曲线的绘制：取标准系列溶液的吸光度的平均值与水样吸光度的平均值，按下式分别计算标准系列溶液吸光度（或水样吸光度）与阴性对照试验的比值 x_1，其数值以%表示。

$$x_1=\frac{A_1}{A_2}\times 100$$

式中，x_1 为标准系列溶液吸光度（或水样吸光度）与阴性对照试验的比值，%；A_1 为标准系列溶液的吸光度的平均值（或水样吸光度的平均值）；A_2 为阴性对照试验的吸光度的平均值。

以 x_1 为纵坐标，不同标准系列溶液浓度的对数为横坐标，绘制标准曲线。依据测定水样的吸光度，在标准曲线上查出样品中 MC-LR 的含量。

3. 计算

按下式计算样品中 MC-LR 的含量：

$$x_2=cf$$

式中，x_2 为水样中 MC-LR 的含量，μg/L；c 为从标准曲线上查出的微囊藻毒素的含量，μg/L；f 为水样的稀释倍数。

五、注意事项

1. 本方法除了饮用水外，也适合于测定湖泊水、河水等水样品中 MC-LR 的含量。

2. 本方法对 MC-LR 的检测限为 0.1μg/L。

3. 抗体的稀释度应根据预备实验确定。

4. 由于抗 MC-LR 抗体的制备比较困难，实验中各种生化试剂对温度等条件比较敏感，所以对于一般的实验室，可以直接购买试剂盒，并严格按照说明书进行实验。

5. 由于 ELISA 检测方法灵敏度较高，各步反应体系的体积稍有变化，即可影响实验结果，因此在所有的加样过程中，溶液应加到酶标板微孔的底部，避免溅出。

6. ELISA 法中的主要试剂为具有生物活性的蛋白质，在操作过程中容易产生气泡，由于气泡液膜表面具有较大的表面张力，可破坏蛋白质的空间结构，进而破坏其生物活性，因此在操作过程中应防止气泡产生。

7. 在操作过程中，应避免蛋白质类试剂反复冻融。因为在反复冻融的过程中，产生的机械剪切力将破坏试剂中的蛋白质分子空间结构，从而引起假阴性结果。此外，冻融试剂的混匀亦应注意，不要进行剧烈振荡，防止产生气泡，反复颠倒混匀即可。

8. 洗涤在 ELISA 中是决定着实验成败的关键，因为酶标板材料多为可非特异性吸附蛋白质的聚苯乙烯，如果洗涤不彻底，可能产生假阳性结果。

9. 在底物显色过程中，温度和时间是主要影响因素。通常情况下，在一定时间和温度下，空白对照孔溶液可保持无色，但是如果时间过长或温度变高，空白对照孔也可能产生颜色，从而影响分析结果。有时，还可以根据显色情况适当缩短或延长显色时间。

10. ELISA 操作过程复杂，影响因素较多，为了确保实验的准确性，样品的测定条件与标准曲线的绘制条件必须保持一致，通常在同一块酶标板上同时进行。

六、思考题

1. 简述 MC 的种类与危害。

2. 简述间接竞争ELISA的工作原理。

（撰写人：陈福生）

参考文献

[1] Abouzied M M, Azcona-Olivera J I, Yoshizawa T, et al. Production of polyclonal antibodies to the trichothecene mycotoxin 4,15-diacetylnivalenol with the carrier-adjuvant cholera toxin. Applied and Environmental Microbiology, 1993, 59 (5): 1264-1268.

[2] Association of Official Analytical Chemists. Patulin in apple juice, thin-layer chromatographic method. Official methods 974. 18. in Official Methods of Analysis. 17th eds, 2000.

[3] Association of Official Analytical Chemists. Zearalenone in corn, wheat and feed, enzyme-linked immunosorbent (Agri-Screen) method. Official Method 994. 01. First Action 1994. in Official Methods of Analysis. 16th eds, 1995.

[4] Azcona-Olivera J I, Abouzied M M, Plattner R D, et al. Generation of antibodies reactive with fumonisins B_1, B_2, and B_3 by using cholera toxin as the carrier-adjuvant. Applied and Environmental Microbiology, 1992, 58 (1): 169-173.

[5] Betina V. Mycotoxins: production, isolation, separation and purification. Amsterdam: Elsevier Science Publisher, 1984.

[6] Chu F S, Zhang G S, Willimas M D, et al. Production and characterization of antibody against deoxyverrucarol. Applied and Environmental Microbiology, 1984, 48 (4): 781-784.

[7] Driehuis F, Spanjer M C, Scholten J M, et al. Occurrence of mycotoxins in feedstuffs of dairy cows and estimation of total dietary intakes. Journal of Dairy Science, 2008, 91: 4261-4271.

[8] Heussner A H, Moeller I, Day B W, et al. Production and characterization of monoclonal antibodies against ochratoxin B. Food and Chemical Toxicology, 2007, 45 (5): 827-833.

[9] Ismail Y S, Rustom. Aflatoxin in food and feed: occurrence, legislation and inactivation by physical methods. Food Chemistry, 1997, 59 (1): 57-67.

[10] Macdonald A M. Mycotoxins. Animal Feed Science and Technology, 1997, 69 (1-3): 155-166.

[11] Lee M G, Yuan Q P, Hart L P, et al. Enzyme-linked immunosorbent assays of zearalenone using polyclonal, monoclonal and recombinant antibodies. Methods in Molecular Biology, 2001, 157: 159-70.

[12] Pestka J J, Steinert B W, Chu F S. Enzyme-linked immunosorbent assay for detection of ochratoxin A. Applied and Environmental Microbiology, 1981, 41 (6): 1472-1474.

[13] Pestka J J, Chu F S, et al. Quantitation of aflatoxin B_1 and aflatoxin B_1 antibody by enzyme-linked immunosorbent microassay. Applied and Environmental Microbiology, 1980, 40 (6): 1027-1031.

[14] Reginald W B. Bacteriological Analytical Manual: Chapter 13A: Staphylococcal enterotoxins: micro-slide double diffusion and ELISA-based methods. 8th ed. Food Trade Press Ltd., Revision A, 1998.

[15] Savard M E, Sinha R C, Lau R, et al. Monoclonal antibodies for fumonisins B_1, B_2 and B_3. Food and Agricultural Immunology, 2003, 15 (2): 127-134.

[16] Shephard G S, Leggott N L. Chromatographic determination of the mycotoxin patulin in fruit and fruit juices. Journal of Chromatography A, 2000, 882 (1-2): 17-22.

[17] Speijers G J, Speijers M H. Combined toxic effects of mycotoxins. Toxicology Letters, 2004, 153 (1): 91-98.

[18] Udagawa S. Fungal spoilage of foods and its risk assessment. Nippon Ishinkin Gakkai Zasshi, 2005, 46 (1): 11-15.

[19] Usleber E, Dietrich R, Schneider E, et al. Immunochemical method for ochratoxin A. Mycotoxin Protocols, 2001, 157: 81-94.

[20] Usleber E, Straka M, Terplan G. Enzyme immunoassay for fumonisin B_1 applied to corn-based food. Journal of Agricultural and Food Chemistry, 1994, 42: 1392-1396.

[21] Warner R L, Pestka J J. ELISA survey of retail grain-based food products for zearalenone and aflatoxin B_1. Journal of Food Protection, 1987, 50: 502-503.

[22] 毕振强，赵仲堂．霍乱弧菌致病因子及调控基因研究进展．中国公共卫生，2005，21（6）：754-755.

[23] 陈福生，李根久．酱油中黄曲霉毒素 B_1 的酶联免疫检测．中国调味品，1998，（8）：26-30.

[24] 陈福生，罗信昌等．黄曲霉毒素 B_1 的免疫检测Ⅱ：抗体的产生及应用．菌物系统，1999，18（3）：409-414.

[25] 陈冀胜．生物毒素研究与应用展望．中国工程科学，2003，5（2）：16-19.

[26] 陈宁庆．生物毒素学研究进展．卫生研究，1998，27：107-109.

[27] 戴维杰，钮伟民．高效液相色谱法检测掺罂粟壳食品中的罂粟碱．中国卫生检验杂志，2003，13（5）：607-608.

[28] 高宝岩．蓖麻毒蛋白的提取及分析．光谱实验室，2001，18（4）：430.

[29] 郭艳红，谭垦．蜂毒肽的研究概述．蜜蜂杂志，2007，（5）：34-36.

[30] 华泽爱．西加鱼毒的毒素研究概况．海洋环境科学，1994，13（1）：57-62.

[31] 计成．霉菌毒素与饲料食品安全．北京：化学工业出版社，2007.

[32] 蒋成淦．酶免疫测定法．北京：人民卫生出版社，1984.

[33] 李钧．中国沿海贝类中的生物毒素研究：[博士学位论文]．南通：中国科学院海洋研究所，2005.

[34] 刘家森，刘怀然，陈洪岩等．产气荚膜梭菌 α 毒素研究进展．中国兽医杂志，2005，41（5）：27-29.

[35] 刘静，何立英，刘亚敏．脱氧雪腐镰刀菌烯醇的细胞毒性作用研究进展．武警医学院学报，2008，17（1）：68-70.

[36] 缪宇平．海洋生物毒素——一类重要的新药研究先导化合物．海洋渔业，2004，26（2）：140-146.

[37] 钮伟民，毛云中，戴维杰．ELISA 检测罂粟碱方法学研究．中国卫生检验杂志，2003，13（5）：575-577.

[38] 萨姆布鲁克，拉塞尔著．分子克隆实验指南．黄培堂等译．第 3 版．北京：科学出版社，2002.

[39] 史贤明．食品安全与卫生学．北京：中国农业出版社，2003.

[40] 沈红梅，宋杰军，毛庆武．海洋生物毒素在药物开发应用中的前景．中国药学杂志，1995，30（7）：396-401.

[41] 沈佳丽，黄锡全，陈宇等．炭疽杆菌的研究进展．检验医学教育，2004，11：54-59.

[42] 孙秀兰．食品中黄曲霉毒素 B_1 金标免疫层析检测方法研究：[博士学位论文]．无锡：江南大学，2004.

[43] 王晶，王林，黄晓蓉．食品安全快速检测技术．北京：化学工业出版社，2002.

[44] 王宗义，贺平丽，张丽英等．夹心 ELISA 快速检测蓖麻粕中残留的蓖麻毒素．饲料工业，2006，27（17）：30-33.

[45] 卫广森，陆承平，陈溥言．大肠埃希氏菌耐热性肠毒素的研究进展．中国兽医科技，2003，33（1）：35-41.

[46] 闫妍，顾明松，谢剑炜．生物毒素的分析．化学通报，2005，（4）：285-290.

[47] 杨建伯．真菌毒素与人类疾病．中国地方病学杂志，2002，21（4）：314-317.

[48] 赵永芳．生物化学技术原理及其应用．武汉：武汉大学出版社，1994.

[49] 郑成，雷德柱，雷雨等．蓖麻碱的提取．广东化工，2003，（6）：13.

[50] 郑菁，陈华庭，黎维勇．蓖麻蛋白毒素的研究进展．中国医院药学杂志，2005，25（2）：164-165.

[51] 朱培坤．免疫酶技术．济南：山东科学出版社，1983.

[52] 左庭婷．肉毒毒素的中毒和检测方法．微生物学免疫学进展，2003，31（2）：87-91.

[53] 陈宁庆．实用生物毒素学．北京：中国科学技术出版社，2001.

[54] GB 4789.12—2003 肉毒梭菌与肉毒毒素的检验．

[55] GB/T 5009.22—2003 食品中黄曲霉毒素 B_1 的测定方法．

[56] GB/T 5009.23—2006 食品中黄曲霉毒素 B_1、B_2、G_1、G_2 的测定．

[57] GB/T 5009.111—2003 谷物及其制品中脱氧雪腐镰刀菌烯醇的测定方法.
[58] GB/T 5009.185—2003 苹果和山楂制品中展青霉素的测定.
[59] GB/T 5009.206—2007 鲜河豚鱼中河豚毒素的测定.

第八章　食品中转基因成分和过敏原的检测

第一节　概　述

一、食品中的转基因成分及其检测

1. 转基因食品的定义

转基因食品（genetically modified food，GM food）是一个新名词，有人说“21世纪是生物技术的世纪”，转基因食品就是生物技术的产物。那么到底什么叫转基因食品呢？转基因食品包括利用生物技术改良的动物、植物和微生物所制造或生产的食品、食品原料及食品添加物等。简而言之，转基因食品，就是指科学家在实验室中，把动植物与微生物的基因加以改变，再制造出具备新特征的食品种类。针对某一或某些特性，以一些生物技术方式，修改动物、植物与微生物的基因，使动物、植物或微生物具备或增强次特性，可以降低生产成本，增加食品或食品原料的价值。

根据2007年12月1日实施的《新资源食品管理办法》中关于新资源食品（指在我国无食用习惯且符合食品基本属性的食品原料，包括动物、植物和微生物，从动物、植物、微生物中分离的食品原料，在食品加工过程中使用的微生物新品种，因采用新工艺生产导致原有成分或者结构发生改变的食品原料等4种类别）的定义，转基因食品属于采用新工艺生产导致原有成分或者结构发生改变的食品原料。

2. 转基因食品的现状和潜在危险简述

利用现代生物技术，特别是重组DNA技术，研究开发的转基因食品，近年来发展很快，有些产品已被批准商业化并开始进入普通家庭，例如，以转基因大豆所生产的色拉油。转基因技术可以克服物种之间的遗传屏障，按照人的愿望创造出自然界原来没有的生命形式或稀有物种，以满足人类的现实需求。1980年，世界上第一例转基因动物——转入生长激素基因的快速生长鼠问世。1982年，世界上第一例转基因微生物——防治植物霜冻的无冰核活性工程菌株问世。1983年，世界上第一例转基因植物——转抗虫基因的烟草问世。1986年，转抗虫和抗除草剂基因作物批准进行田间试验。1993年，第一个延熟保鲜的转基因番茄在美国批准上市。此后，转基因植物、动物和微生物的研究及应用进入高速发展期，主要产品有转基因大豆、转基因玉米、转基因番茄和甜椒以及转基因棉花等。2009年11月27日，我国农业部批准了两种转基因水稻的安全证书。这是我国首次为转基因水稻颁发安全证书，我国也成为世界上第一个批准转基因作物作为主粮的国家。人们希望以此来解决人口膨胀及生活质量的提高所带来的粮食短缺、资源枯竭、生态环境恶化等一系列挑战问题。

但是，关于转基因食品的潜在危险存在很多争议。在转基因生物中，由于外来基因的插入，宿主原来的遗传信息被打乱，有可能发生一些非期望的效应。主要有：①位置效应，即在外来基因插入的位置，宿主的某些基因可能被破坏，插入基因及其产物还可能诱发沉默基因而不表达，致使有些基因表达量上升，有些则下降；②干扰代谢作用，即插入基因的产物可能与宿主代谢途径中的一些酶相互作用，干扰代谢途径，使某些代谢产物在宿主中积累或消失。因此，转基因食品安全性主要表现为食品营养品质的改变，以及产生抗生素抗性、过敏性和毒性等问题。

关于食品营养品质的改变。外源基因可能对食品的营养价值产生的非期望效应，其中有些营养降低而另一些营养增加。此外，有关食用植物和动物中营养成分改变对营养的相互作用、营养基因的相互作用、营养的生物利用率、营养的潜能和营养代谢等方面的作用，仍有待进一步深入研究。

关于抗生素抗性问题。在转基因食品安全性的讨论中，最关切的问题是在遗传工程体中引入的基因是否有可能转移到胃肠道的微生物中，并成功地结合和表达，从而影响到人或动物的安全。基因工程工作中，经常在靶生物中使用带抗生素抗性的标记基因。有人担心，把抗生素抗性引入广泛消费的作物中，可能会对环境以及消费作物的人和动物产生未能预料的后果。

此外，转基因食品还可能存在潜在的毒性。因为遗传修饰在打开一种目的基因的同时，也可能会无意中提高天然植物毒素的产量。某些天然毒素基因，例如马铃薯的茄碱、木薯和利马豆的氰化物、豆科的蛋白酶抑制剂等，有可能被打开而使其含量增加，从而给消费者造成伤害。

在转基因食品中潜在的过敏原方面，尽管转基因作物的管理机构要求生物技术公司报告在其修饰的食品中是否存在过敏原，但是由转基因生物产生的过敏问题还是存在的。例如，1996 年 Pioneer Hi2Bred 国际公司为提高动物饲料的蛋白质含量，将巴西坚果的相关基因引入大豆，结果使一些对巴西坚果过敏的消费者产生过敏反应，公司被迫将产品收回。2000 年 9 月在美国，由 Kraft 食品公司经销的一种玉米面小薄饼中，检查到 StarLink 转基因 Bt（*Bacillus thuringiensis*）玉米的 Cry9C 杀虫蛋白基因，有关单位当即下令从货架上撤下所有的相关产品。因为 Cry9C 杀虫蛋白是耐热和不能消化的，可能成为食物过敏原。

3. 我国转基因食品的安全管理现状

我国政府对转基因生物的安全问题高度重视。1996 年，国家农业部发布了《农业生物基因工程安全管理实施办法》。2001 年，国务院颁布了《农业转基因生物安全管理条例》，对在我国境内从事的农业转基因生物研究、试验、生产、加工、经营和进出口等活动进行全过程安全管理。该条例颁布实施后，农业部和国家质检总局先后制定了 5 个配套规章，发布了转基因生物标识目录，建立了研究、试验、生产、加工、经营、进出口许可审批和标识管理制度，形成了一系列适合我国国情并与国际惯例相衔接的法律法规、技术规程和管理体系，为我国转基因食品的安全提供了有力保障。

4. 食品中转基因成分的检测

如何鉴定转基因食品？主要通过检测外源基因及其表达产物蛋白质等来进行判别。它们相辅相成，在实际的应用中都有涉及。

检测外源基因的方法主要包括核酸分子杂交与 PCR 方法，其中 PCR 是常采用的方法。关于这些方法的原理、操作过程及其优缺点，请参阅本书的第六章。而检测蛋白质最常用的方法是酶联免疫吸附法（ELISA）。此外，还有免疫磁珠方法（immunomagentic beads，IMB）和蛋白印迹法（westhern blot）等方法。关于 ELISA 的具体内容请参阅本书的第七章。而免疫磁珠方法的基本原理与 ELISA 相同，不同之处是以磁珠替代 ELISA 中的酶标板微孔，包被有抗体的磁珠，选择性地吸附待检物质（抗原）后，通过磁力作用分离，然后再进行显色分析。蛋白印迹法与本书第七章中介绍的核酸分子杂交印迹的基本原理和过程相类似，不同的是它们的检测目标物分别为蛋白质与核酸。关于这些方法的更加详细的介绍请参阅其他相关书籍。

目前，市场上已有多种商品化的基于外源基因 DNA 而建立的检测试剂盒销售，而对基于外源基因蛋白质产物而建立的免疫检测试剂盒的开发相对滞后，主要是因为蛋白质抗体的研制比较困难，另外，由于不同的动植物组织中外源基因蛋白的表达水平存在较大差异，所以采样位置必须与目标蛋白的表达部位相吻合，否则将影响检测结果。

二、食品中的过敏原及其检测

1. 过敏原的定义

食物中的某些物质进入机体后，可以刺激机体的免疫活性细胞产生相应抗体或淋巴因子，当机体再次接触同一物质时，由于发生过高的免疫反应，造成机体损害，表现出临床疾病的现象，称为食物过敏（food allergy）。导致食物过敏的物质称为过敏原（allergen）。1995 年，世界粮农组织的报告指出，90%以上的食物过敏是由牛奶、鸡蛋、鱼、贝类、海产品、花生、大豆、坚果类和小麦引起的。过敏原一般多为分子质量 10～70kD，耐酸、耐热和耐酶解的蛋白质或者糖蛋白。过敏原通常仅占食品总蛋白的极小部分。

2. 食品过敏的种类与机理

食品过敏可以分为 IgE 激发的食品过敏和非 IgE 激发的食品过敏。其中，前者属于典型的过敏性反应，是由 IgE 激发引起的，大多数食品过敏属于这类过敏反应；后者是指由 IgG 抗体和 T 细胞等引起的过敏，这类食品过敏不常见。IgE 激发的食物过敏反应包括致敏和发敏两个阶段。当一定量的过敏原诱导易感个体产生足够量的 IgE 后，IgE 通过血循环分布全身，并与肥大细胞（mast cell，MC，一种免疫系统细胞）和嗜碱性粒细胞（basophil cell，Bas，另一种免疫系统细胞）膜表面特定的受体结合，从而使机体处于致敏状态，这一过程称为致敏。当机体再次接触含相同或相似过敏原成分的食品时，过敏原分子特异性识别致敏 MC 与 Bas 细胞膜表面的 IgE，诱导细胞释放和合成组胺（histamine）蛋白水解酶等生物活性介质，导致血管扩张，毛细血管通透性增加，刺激黏液分泌与支气管平滑肌收缩等，引起局部或全身过敏反应，这一过程称为发敏。在临床上表现为呼吸系统、消化系统、中枢神经系统、皮肤、肌肉和骨骼的异常症状，出现口腔过敏症状、肠道综合征、过敏性皮炎、哮喘等，严重的食物过敏还可导致过敏性休克，危及过敏患者的生命安全。

由上述食品过敏反应的机理可知，出现食品过敏必须具备两个条件：一是必须接触含有一定量过敏原的食品；二是接触食品的个体应属于过敏体质。这也是为什么同一种食物对有些人过敏，而对另外一些人不过敏，以及同一种食品对同一个人有时过敏，有时不过敏的原因。

3. 食品中过敏原的检测

食品中过敏原的种类繁多，且不同人群的敏感差异性较大，从而增加了对食品过敏监测和防控的难度。另一方面，随着全球化进程，食品的生产、流通和消费方式呈现国际化趋势，从而使地域性传统食品和新兴转基因食品引起食品过敏反应的风险增大。因此，对食品过敏原的检测与分析就显得十分必要。目前，食品过敏原的检测方法包括两类，一类是被称为机体过敏诊断的临床检测方法，另一类是直接检测食品中的过敏原。

临床检测方法的测试对象是受试者的机体，通过观察机体接触过敏原后是否会产生过敏反应来对过敏原进行分析。这类方法又可以分为体内检测和体外检测两种。体内检测方法通过口服或皮试的方法对含过敏原的食物进行分析。该方法的操作简单、快速、成本低，但其结果准确性较差，个体差异影响大，而且还可能/易引起受试者的创伤和痛苦，具有较大的安全风险。体外检测方法是通过检测特定 MC 和 Bas 等细胞释放组胺等生物活性介质的情况来对过敏原进行分析的方法。该方法检测精度和可信度较高，可弥补体内检测方法的缺陷，但这类方法成本较体内检测方法高，操作复杂，推广难度较大。

食品中过敏原的直接检测方法，主要是针对食品中的某些特殊过敏性蛋白质，采用免疫学方法与电泳及质谱等仪器方法进行分析，也可以针对编码过敏原的特异性基因，采用 PCR 进行分析与检测。表 8-1 是食品中过敏原的部分检测方法及其特点。

表 8-1　食品中过敏原的部分检测方法及其特点

	检测方法	检测对象	特　点
机体过敏诊断	口服刺激法	机体	优点：安全度高，作为欧洲诊断食物过敏的标准方法 缺点：成本高，耗时，影响因素多
	皮试法	皮肤	优点：操作简单，速度快，成本低 缺点：对受试者造成痛苦，安全度低，检测结果仅表示有过敏反应
	组胺等活性介质释放法	嗜碱/肥大细胞	优点：灵敏、准确 缺点：操作步骤繁琐、费时，血样本要求严格，重复性差
食品过敏原检测	免疫学方法	食品过敏原	优点：灵敏、特异性、重复性好 缺点：半定量，存在假阳性、假阴性
	双向电泳指纹图谱法	食品过敏原	优点：分辨力强，信息量大，重现性好 缺点：难定量，需专门仪器
	表面增强激光解析电离飞行时间质谱方法	食品过敏原	优点：分辨力强，高灵敏度，重现性好 缺点：成本高，需大型仪器
	实时 PCR 法	过敏原编码基因	优点：快速、特异性、重复性好 缺点：编码过敏原的基因背景知识较少，基因片段在食品处理过程中容易丢失

临床检测方法属于临床诊断方法，必须在医生的指导与监视下才可以进行，对于一般的实验室仅可以进行抗原的直接检测实验。但是，由于食品组分的复杂性，使得单一的检测方法容易出现假阳性结果，因此需结合多种检测方法进行分析，以提高分析结果的可靠性。

（撰写人：齐小保、周有祥、陈福生）

第二节 食品中转基因成分的检测

自从1993年第一个延熟保鲜的转基因番茄在美国批准上市后，转基因植物、动物和微生物的研究和应用进入高速发展期，主要产品有转基因大豆、转基因玉米、转基因番茄和甜椒以及转基因棉花等。1999年，全世界有12个国家种植了转基因植物，面积已达3990万公顷。其中美国是种植大户，占全球种植面积的72%。由于转基因作物在产量、经济、环境和物质财富等方面带来的持续、显著的效益，2009年有25个国家的1400万小农户和大农场主种植了1.34亿公顷（3.3亿英亩）的转基因作物，比2008年增长了7%，即900万公顷，达到历史最高点。25个转基因作物种植国中，种植面积超过100万公顷的前八个国家是美国、巴西、阿根廷、印度、加拿大、中国、巴拉圭和南非。1996年至2009年间转基因作物种植面积空前地增长了80倍，使转基因成为农业近代史上利用最快的作物技术。种植面积最大的主要转基因作物有四种——转基因大豆首次占全球9000万公顷大豆种植面积的3/4，转基因棉花占全球3300万公顷棉花种植面积的近半，转基因玉米超过全球1.58亿公顷玉米种植面积的1/4，转基因油菜超过全球3100万公顷油菜种植面积的1/5。此外，转基因牛羊、鱼虾、蔬菜、水果在国际上均有培育并已投入市场。

我国有13亿人口，占世界总人口的22%，而耕地面积仅占世界可耕地面积的7%。城市化发展使农业耕地不断减少，而人口又持续增加，对工农业生产有更高的需求，对环境将产生更大的压力。为此，从20世纪80年代初，我国已将现代生物技术纳入国家科技发展计划。自从1996年我国政府首次批准单价抗虫棉在国内进行预中试和中试，1997年初批准进行环境释放试验，1997年底批准进行商业化生产以来，抗虫棉生产基地在不断壮大，我国抗虫棉的种植面积从2002年的210万公顷提高到了2003年的280万公顷，其中国产抗虫棉种植面积133万公顷。2004年我国转基因抗虫棉种植面积已占棉花种植总面积的40%，达370万公顷，比2003年提高了32%，占全球生物技术棉花种植面积总额的5%。到2003年底，我国农业部共批准777项农业转基因生物，其中批准实验研究5项，中间试验446项，环境释放198项，生产性试验55项，生产用安全证书73个。批准的转基因植物585项，其中批准实验研究3项，中间试验325项，环境释放154项，生产性试验48项，生产用安全证书55个。已进入环境释放阶段的转基因植物有玉米、小麦、水稻、马铃薯、番木瓜、大豆、河套蜜瓜、油菜、杨树、烟草、高羊茅、黑麦草等。已商业化生产的转基因作物有棉花（43项）、线辣椒（1项）、甜椒（4项）、矮牵牛（1项）、番茄（6项），共55项。

尽管转基因食品已经或正在进入日常饮食中，但是由于转基因食品中可能存在有毒物质、抗营养因子、过敏原等影响食品安全性的物质，所以加强食品中转基因成分的检测与分析是非常必要的。目前，主要是通过检测食品中的外源基因及其表达产物蛋白质等来对食品中是否存在转基因成分进行判别。其中，外源基因主要是用PCR的方法进行检测，而对于外源基因表达的蛋白质等则主要采用免疫学方法来进行分析。

（撰写人：陈福生）

实验8-1 转基因抗虫玉米Bt-176中BT成分的夹心ELISA检测

一、实验目的

掌握采用酶联免疫吸附检测（ELISA）试剂盒定性定量分析转基因抗虫玉米Bt-176中苏云

金芽孢杆菌（BT）成分的原理与方法。

二、实验原理

转基因抗虫玉米 Bt-176 具有抗鳞翅目尤其是玉米螟等害虫及耐草铵膦除草剂等特性。自 1995 年在美国首次准许无限制种植以来，Bt-176 玉米已经在许多国家和地区大面积种植并作为食品和饲料广泛应用。转基因抗虫玉米 Bt-176 是利用基因工程技术分别将苏云金芽孢杆菌（*Bacillus thuringiensis*）亚种 *kurstaki* 的 *cry1A(b)* 基因、土壤细菌 *Streptomyces hygroscopicus* 的 *bar* 基因等外源基因导入玉米中获得的抗玉米螟（*Ostrinia nubilalis*）和耐草铵膦（phosphinothricin）的转基因品种。*cry1A(b)* 基因表达产生的特异性杀虫晶体蛋白在碱性 pH 条件（pH 8～10）下激活，通过与昆虫中肠上皮细胞受体特异结合，导致细胞膜穿孔等，从而使昆虫死亡。*bar* 基因主要作为选择性标记物，可产生 PAT 酶（phosphinothricin acetyl transferase），提高宿主抗除草剂草铵膦的能力。Bt-176 玉米还导入了 *bla* 基因，可产生 β-内酰胺酶（β-lactamase），提高抗氨苄青霉素（ampicillin，一种抗生素）的能力。由于 *bla* 基因在玉米中一般不表达，所以在分析抗虫玉米 Bt-176 的转基因成分时，主要是针对 *cry1A(b)* 基因与 *bar* 基因的表达产物 *cry1A(b)* 蛋白和 PAT 进行。

采用夹心 ELISA，将抗 *cry1A(b)* 蛋白或 PAT 抗体预先包被在酶标板上，通过与被检测样品中对应的蛋白结合，形成抗原-抗体复合物吸附于酶标板上，再加入酶（碱性磷酸酶）标抗体，与抗原-抗体复合物结合后，形成抗体-抗原-酶标抗体复合物，最后加入酶反应底物显色后，测定 A_{405nm}，与标准品比较可以实现定性定量分析。

三、仪器与试材

1. 仪器与器材

酶标仪、粉碎机、离心机、PVDF 膜。

2. 试剂

转基因 BT 玉米检测试剂盒：包括样品提取试剂盒（sample extraction kit）以及已包被有抗体的酶标板、酶标抗体、显色液、终止液、BT 标准品溶液、阴性对照、样品提取溶液等。

3. 实验材料

2～3 种转基因抗虫玉米 Bt-176，各 250g。

四、实验步骤

1. 样品提取

（1）将 100g 样品粉碎，过 100 目筛。

（2）称取 0.20g 粉碎样品于 1.5mL 离心管中，加入 1mL 样品提取液，充分振摇 5min，室温静置 30min。

（3）以 5000r/min 离心 5min，上清液即为提取液。

2. 检测

（1）向酶标板微孔中加入酶标抗体溶液 100μL，再分别加入 0、0.15%、0.5%、2%不同浓度的 BT 标准样品液和待测样品液各 100μL，重复三次，于酶标板上覆盖 PVDF 膜，轻击酶标板 30s，混匀，室温放置 1h，进行抗原抗体竞争反应。

（2）倾出抗原抗体反应液后，加入洗涤液 250μL，洗涤、扣板 5 次，每次 5min。

（3）加入显色液 100μL，轻击酶标板 30s 混匀，室温（25℃）放置 10min，显色。

（4）加入终止液 100μL，于酶标仪上在 405nm 处，测定各微孔的 A_{405nm} 值。

（5）以标准样品液 BT 蛋白含量（μg）为横坐标，相应的 A_{405nm} 值为纵坐标，绘制标准曲线。样品中 BT 蛋白的含量由标准曲线查得。

3. 计算

样品中 BT 的含量以下式计算：

$$x=\frac{m_0V_1}{mV_2}$$

式中，x 为样品中BT蛋白的含量，mg/kg；m_0 为样品提取液中BT的质量，μg；V_1 为样品提取液的总体积，μL；V_2 为加入酶标板微孔内样品提取液的体积，μL；m 为样品的质量，g。

五、注意事项

1. 本实验的操作步骤和参数仅作参考，具体操作应严格根据商品化试剂盒的说明进行。

2. ELISA试剂盒通常要求保存于4℃，为了不影响测试结果，试剂盒取出后应放置一段时间，使其达到室温后再使用。

3. 操作过程中，酶标板的洗涤非常重要，在倾倒酶标板微孔内的液体时应尽可能避免孔与孔之间的交叉污染。另外，在扣板时一定要将微孔内的气泡或水滴甩除干净，否则将严重影响测定结果。

4. 为了保证测定结果的稳定性和可比性，在抗原抗体反应和显色反应时，也可以在恒温（如37℃）条件下进行。

5. 调整样品提取液的稀释倍数，确保吸光度在线性范围内。

六、思考题

1. 简要叙述ELISA的原理、种类和基本操作过程。

2. 夹心ELISA作为ELISA中的一种，具有哪些优点和不足？

3. 酶标抗体常用的酶有哪些？它们各具有什么特点？

（撰写人：黄艳春）

实验8-2 抗草甘膦转基因大豆中转基因成分的定性PCR检测

一、实验目的

了解抗草甘膦转基因大豆的转基因成分，掌握它们的测定原理与方法。

二、实验原理

抗草甘膦转基因大豆（又称为roundup ready soybean，RRS）是美国Monsanto（孟山都）公司的获准商品化种植的抗除草剂草甘膦的大豆品种。该大豆品种中转入了CaMV35S启动子（35S promoter from cauliflower mosaic virus，花椰菜花叶病毒35S启动子）、NOS终止子（terminator of nopaline synthase gene from *Agrobacterium tumefaciens*，来自农杆菌的胭脂碱合成酶基因终止子）和CP4-EPSPS(5-enolpyruvylshikimate-3-phosphate synthase gene，5-烯醇丙酮酸莽草酸-3-磷酸合成酶基因）等外源基因。

针对上述外源基因，设计特异性引物，以大豆样品的DNA为模板，通过PCR特异性地扩增这些基因的DNA片段，并以大豆的内源基因——植物凝集素（lectin）基因为参照，根据PCR扩增结果，就可以判断样品中是否含有转基因成分。

三、仪器与试材

1. 仪器与器材

PCR仪、电泳仪、凝胶成像系统、微波炉、0.2mL PCR反应管、移液器等。

2. 试剂与溶液

除特别说明外，实验所用试剂均为分析纯，水为去离子水或双蒸水。

DNA提取试剂盒、10×PCR反应缓冲液、dNTP（10mmol/L，dATP、dCTP、dUTP、dGTP各2.5mmol/L）、*Taq* DNA聚合酶（5U/μL）、$MgCl_2$ 溶液（25mmol/L）、UNG酶（1U/μL）、琼脂糖、溴化乙锭（EB，10mg/mL）、DNA Marker、5×TBE电泳缓冲溶液（将54g Tris碱、27.5g硼酸盐、20mL pH=8.0的0.5mol/L EDTA补水至1000mL）、6×上样缓冲溶液（1.5mL 1%溴酚蓝、1.5mL 1%二甲苯青、100μL 0.5mol/L pH=8.0的EDTA、3mL甘油、3.9mL水）。

3. 引物序列

针对lectin基因、CaMV35S启动子、NOS终止子和CP4-EPSPS基因的特异性DNA序列，设计的引物序列与扩增产物DNA片段的大小见表8-2。

表8-2 PCR反应的引物序列与扩增产物的片段大小

引物名称	引物序列(5′-3′)	扩增片段大小/bp	基因性质
lectin	正:GCC CTC TAC TCC ACC CCC ATC C 反:GCC CAT CTG CAA GCC TTT TTG TG	118	内源基因
	正:TGC CGA AGC AAC CAA ACA TGA TCC C 反:TGA TGG ATC TGA TAG AAT TGA CGT T	438	
CaMV35S	正:GAT AGT GGG ATT GTG CGT CA 反:GCT CCT ACA AAT GCC ATC A	195	外源基因
NOS	正:GAA TCC TGT TGC CGG TCT TG 反:TTA TCC TAG TTT GCG CGC TA	180	外源基因
CP4-EPSPS	正:CTT CTG TGC TGT AGC CAC TGA TGC 反:CCA CTA TCC TTC GCA AGA CCC TTC C	320	外源基因
	正:CCT TCG CAA GAC CCT TCC TCT ATA 反:ATC CTG GCG CCC ATG GCC TGC ATG	513	

4. 实验材料

2～3种抗草甘膦转基因大豆或相关产品，各50g。

四、实验步骤

1. DNA的提取

根据DNA提取试剂盒的说明，提取大豆DNA，于4℃保存，备用。

2. PCR反应体系

在冰浴上，于0.2mL PCR反应管中，按表8-3的配比与顺序，依次加入反应物，混匀。

表8-3 PCR的反应体系（总体积50μL）

试剂名称	加入PCR反应体系的量/μL
10×PCR反应缓冲液	5
$MgCl_2$溶液(25mmol/L)	4
UNG酶(1U/μL)	0.4
dNTP溶液(各为2.5mmol/L)	4
正义引物(10pmol/μL)	1
反义引物(10pmol/μL)	1
*Taq*酶(5U/μL)	0.5
模板(样品的DNA)	0.5～3
水	补足反应体系,使体系总体积为50μL

3. PCR反应参数

lectin基因、CaMV35S启动子、NOS终止子和CP4-EPSPS基因的PCR反应参数见表8-4。

表8-4 各基因的PCR扩增条件

被扩增的基因	变性	扩增	循环次数	最后延伸
lectin	94℃,5min	94℃,30s 54℃,30s 72℃,30s	40	72℃,7min
CaMV35S NOS	94℃,5min	94℃,30s 54℃,30s 72℃,30s	40	72℃,7min
CP4-EPSPS	94℃,5min	94℃,30s 60℃,30s 72℃,30s	40	72℃,7min

为了保证PCR的可靠性，应同时设计阳性对照（以RRS标准物提取的DNA为模板）、阴性对照（以非转基因的大豆提取的DNA为模板）和空白对照（用配制PCR反应体系的水替代模板）。

4. PCR产物的检测

（1）用微波炉加热溶解琼脂糖，配制成2.0%的琼脂糖凝胶。

（2）将配制好的琼脂糖凝胶放入0.5×TBE电泳缓冲液的电泳槽中。

（3）用移液器取10μL扩增产物和2μL 6×上样缓冲液混合，点样于琼脂糖凝胶上，并点DNA Marker。

（4）在2～5V/cm电压下电泳60min，EB染色后，用凝胶成像系统观察电泳结果，照相，记录。

5. 结果判断

（1）根据内源基因lectin扩增情况，来判断所提取的样品DNA的质量，必要时进行样品DNA的纯化或者重新提取，防止出现检测中产生假阴性。

（2）若样品的内源基因lectin扩增为阳性，样品的外源基因CaMV35S和NOS扩增为阳性，其相应的阳性对照、阴性对照和空白对照正确，可根据结果来判定样品中含有CaMV35S和NOS转基因成分。

（3）如果外源基因CP4-EPSPS的扩增结果同时也为阳性，其相应的阴性对照和空白对照均正确，可以判定此样品为RRS。

（4）样品的内源基因lectin扩增为阳性，样品的外源基因CaMV35S、NOS或CP4-EPSPS仅一个为阳性，判定被检样品的检测结果可疑，应进一步进行确证。

五、注意事项

1. 样品中DNA的提取除了采用试剂盒外，也可以采用CTAB法进行提取，有必要时，还应对DNA的提取质量进行分析。具体的方法请参阅相关书籍。

2. 在PCR产物的检测过程中，也可以将EB（终浓度0.5μg/mL）直接添加到凝胶中。

六、思考题

1. 简述设立大豆内源基因——lectin基因作为对照的意义。

2. 请设计一种多重PCR方法，同时测定转基因大豆中lectin基因、CaMV35S启动子、NOS终止子和CP4-EPSPS基因的特异性DNA片段。在设计多重PCR时，应注意哪些问题？

（撰写人：齐小保、陈福生）

第三节　食品中常见过敏原的分析

1. 常见的过敏食品

到目前为止，约有160种食品及原料被确定是具有过敏原性的。欧洲食品标签指导委员会（European Food Llabeling Directive）指出，许多食物对过敏人群存在潜在的危险，比如鸡蛋、大豆、花生、芝麻、谷类、坚果、芹菜、芥末酱、牛乳制品、含有面筋蛋白的作物（小麦、大麦、黑麦）以及各种鱼类、海产品（虾、蟹、蚌）等。其中，牛奶、鸡蛋、鱼、甲壳类（虾、蟹）、大豆、花生、核果类（杏仁、板栗、腰果）、小麦8种食物占所有食物过敏原的90%以上。过敏原分子质量一般多为10～70kD，耐酸、耐热和耐酶解的蛋白质或者糖蛋白。通常过敏原占食品中总蛋白质比例很小，但是对过敏体质的人而言可能是致命的，所以加强食品中过敏原，特别是常见过敏原的分析与检测是非常必要的。

2. 牛奶中的过敏原及其检测方法

牛奶和牛奶制品是大自然赐予人类最理想的、最接近于人奶的天然食品。牛奶中至少有100多种化学成分，其中水、蛋白质、脂肪、碳水化合物、矿物质、维生素都是人类赖以生存的营养素。牛乳中的蛋白质是乳中的主要含氮物质，含量为2.8%～3.8%，其中95%是乳蛋白质，5%为非蛋白氮。乳蛋白质中含有人体生长发育和维持健康的一切必需氨基酸和其他氨基酸，而且乳蛋白质特别容易被机体吸收，是一种全价蛋白质。

作为一种优质、廉价的食品，牛奶在世界各国的消费量十分巨大，发达国家人均年消费量在300kg以上，发展中国家对牛奶的消费量也在逐年增加，我国从“九五”期间的人均年消费量7kg增长到目前的21.7kg，而且还有很大的提供空间。但是，另一方面，随着牛奶消费量的增加，牛奶过敏的发病率也在增加，特别是对于胃肠道消化系统尚未发育成熟的婴幼儿，因无法完全吸收牛奶中的个别蛋白质，使得机体对其产生过敏反应。牛奶过敏是小儿最常见的食物过敏之一。

在牛奶20种蛋白质中，具有致敏性的蛋白质包括酪蛋白、α-乳白蛋白、β-乳球蛋白、牛血清白蛋白（bovine serum albumin，BSA）和γ-球蛋白等5种。其中α-乳白蛋白与β-乳球蛋白被认为是引起小儿过敏的主要过敏原。

目前，主要采用免疫学方法来检测这些蛋白质过敏原。

3. 鸡蛋中的过敏原及其检测方法

鸡蛋主要是由蛋清和蛋黄两部分组成，其中蛋清中大部分为水分，蛋白质约占10%；蛋黄中蛋白质含量为15%，其他主要为水和脂肪。鸡蛋中的过敏原主要存在于蛋清中，蛋黄中蛋白质的致敏性则稍弱一些。目前，认为蛋清中主要有四种蛋白能与人类血清中的IgE结合而引起过敏反应，分别是卵类黏蛋白、卵清白蛋白、卵转铁蛋白和溶菌酶，它们所占的比例分别为11%、54%、12%和3.5%。其中卵类黏蛋白的致敏性最强。

目前，检测鸡蛋中过敏原的方法主要是免疫学方法。

4. 花生中的过敏原及其检测方法

花生（*Arachis hypogeae* L.）为豆科作物，是全世界公认的健康食品，人们食用的花生仁为其种子，也称作花生。花生内含丰富的不饱和脂肪酸和蛋白质，并含有硫胺素、核黄素、烟酸（又称尼克酸）、芪三酚等多种维生素和其他营养物质，具有促进脑细胞的发育、增强记忆力的功效。我国传统医学认为花生具有调和脾胃、补血止血、降压降脂的功效，是“十大长寿食品”之一。

尽管花生具有较高的营养价值，但全球对花生过敏的人仍然很普遍，特别是在美国，据报道，美国至少有150万人对花生过敏，每年大约有100人死于花生过敏引发的过敏性休克。花生引起的过敏轻者可引起面部水肿、口腔溃疡、皮肤风团疹，严重时可发生急性喉水肿，导致窒息，危及生命。我国花生过敏人群的比例虽不如美国高，但过敏人群也不少，特别在婴幼儿中比较普遍。

目前，国际免疫联合会命名小组委员会认可的花生过敏原有11种，其中，9种蛋白成分能够与人类血清IgE结合而引起过敏反应，分别是Ara h1（vicilin）、Ara h2（conglutin）、Ara h3（glycinin）、Ara h4（glycinin）、Ara h5（profilin）、Ara h6（conglutin）、Ara h7（conglutin）、Ara h8以及一种油质蛋白（oleosin）。除了Ara h5为抑制蛋白外，Ara h1～Ara h8均为种子储藏蛋白。其中，Ara h1和Ara h2是花生的主要过敏原，90%的花生过敏患者对其过敏。

为了最大程度减少花生过敏带来的危害，可采用食品标识，避食含花生的食品，加强食品中花生过敏原检测也是非常必要的。检测花生过敏原的方法主要有免疫学方法和针对过敏原基因的PCR方法。目前市场上已有商品化的实时PCR（real time polymerase chain reaction）花生过敏原检测试剂盒出售。

（撰写人：周有祥、陈福生）

实验8-3 牛奶及其制品中牛血清白蛋白含量的胶体金免疫渗滤斑点分析

一、实验目的

掌握胶体金免疫渗滤斑点法（dot immunogold assay，DIGA）检测牛奶及其制品中牛血清白蛋白（bovine serum albumin，BSA）含量的原理与方法。

二、实验原理

以微孔滤膜为固相载体，定量包被抗 BSA 抗体后，加入含有 BSA 的样品提取液，经微孔滤膜的渗滤作用，BSA 与包被抗体结合，再加入胶体金标记抗 BSA 抗体（金标抗体）与 BSA 结合形成肉眼可见的红色斑点。通过比较样品提取液和标样形成的红色斑点的颜色深浅，就可以对样品中 BSA 的含量进行半定量分析。图 8-1 是 DIGA 检测食品中 BSA 的示意图。

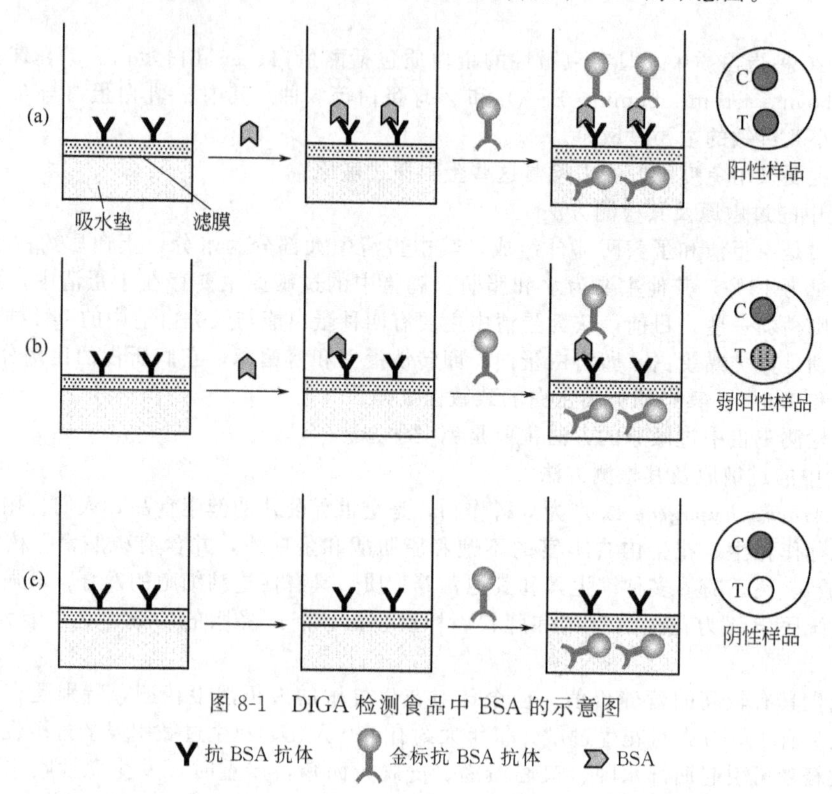

图 8-1　DIGA 检测食品中 BSA 的示意图

三、仪器与试材

1. 仪器与器材

振荡器，硝酸纤维素膜，离心机，移液器（10μL、100μL 和 1mL）。

2. 试剂与溶液

除特别说明外，实验所用试剂均为分析纯，水为去离子水或双蒸水。

（1）试剂：抗 BSA 多克隆抗体、金标抗 BSA 多克隆抗体、BSA 标准品（纯度＞99％）、卵清白蛋白、Na_2CO_3、$NaHCO_3$、KH_2PO_4、$Na_2HPO_4 \cdot 12H_2O$、NaCl、KCl、Tween-20、甲醇。

（2）常规溶液：磷酸盐缓冲液生理盐水（PBS，pH＝7.2，0.1mol/L。将 $Na_2HPO_4 \cdot 12H_2O$ 2.9g、KH_2PO_4 0.2g、NaCl 8.0g、KCl 0.2g 溶于 1000mL 蒸馏水中）、PBST（将 0.5mL Tween-20 溶液加入 1000mL 的 PBS 中）、包被液（含 3％甲醇的 PBS）、封闭液（含 2％卵清白蛋白的水溶液）。

（3）BSA 标准溶液：将 1mg BSA 溶于 10mL PBS 中，配制成 100μg/mL 的 BSA 溶液。使用时，以 PBS 稀释至 1μg/mL、5μg/mL 和 10μg/mL。

3. 实验材料

市售鲜牛奶、酸奶、奶酪、蛋糕等，各 100g。

四、实验步骤

1. 样品提取

（1）取20g液体样品充分搅匀，同样，取20g固体样品混匀磨细。

（2）取1g样品混匀，置于50mL具塞离心管内，加20mL PBS后，置于摇床上，以100r/min振摇1h。

（3）将离心管以3500r/min离心10min后，取上清液1mL，按体积比1∶4与PBS混合后，作为样品提取液，置于4℃下待用。

2. BSA标准品的DIGA检测

（1）膜预处理：用去离子水浸泡硝酸纤维素反应膜10min，取出晾干后，用铅笔在膜上画出若干直径为2～3mm的圆圈。

（2）抗体包被：用包被液稀释抗BSA抗体至工作浓度后，按每点10μL的量，点接于圆圈中心位置，室温静置晾干。

（3）封阻：将50μL封闭液，点接于样点处，进行封阻。

（4）洗涤：以100～200μL PBST完全浸泡膜表面，振摇洗涤，待PBST全部渗滤后，重复洗涤3次，室温过夜自然晾干。

（5）抗原抗体反应：在包被抗体的位置上滴加10μL不同浓度BSA标准溶液，渗滤干燥（5～10min）。

（6）洗涤：以100～200μL PBST完全浸泡膜表面，振摇洗涤，待PBST全部渗滤后，重复洗涤3次。

（7）显色反应：在包被抗体的位置上滴加10μL工作浓度的金标抗BSA多克隆抗体，渗滤5～10min，干燥后，照相，记录滴加不同浓度BSA标准溶液对应斑点的颜色。

3. 样品测定

（1）除了“BSA标准品的DIGA检测”（5）抗原抗体反应中，以10μL样品提取液替代BSA标准溶液外，其他操作过程相同。

（2）根据滴加样品提取液的斑点颜色，判断样品提取液中BSA的含量范围，乘以稀释倍数即为样品中BSA的含量范围。

五、注意事项

1. 本法是由肉眼对结果进行的半定量检测方法，实验时应尽量保证实验条件一致，尽量避免人为造成的误差。

2. 金标抗体溶液应4℃避光保存，正常的标记溶液颜色为红褐色溶液，若溶液有变色、沉淀等现象，需重新制备。

3. 在点样时，尽量控制斑点的大小，一般而言，斑点直径越大，其颜色的变化较小，结果准确性低；斑点直径小，则颜色变化明显，结果的准确性较高。

4. 本法可作为速测方法，为了节省检测时间，可将封阻好的滤膜密封置于4℃下保存，后续检测实验一般可在5～10min内完成。

六、思考题

1. 简述DIGA和ELISA的联系与区别。

2. 影响金标抗体溶液稳定的因素有哪些？如何避免？

（撰写人：周有祥）

实验8-4 蛋糕中卵清白蛋白含量的双抗夹心酶联免疫检测

一、实验目的

掌握双抗夹心酶联免疫吸附法（double antibody sandwich enzyme linked immunosorbent assay，dasELISA）检测蛋糕中卵清白蛋白（ovalbumin，OVA）含量的原理及其操作过程。

二、实验原理

蛋糕提取液中的OVA与已知浓度的OVA标准品被固定在酶标板上的抗OVA抗体捕获后，

形成结合于酶标微孔内的抗体-抗原复合物，未结合杂质被洗去后，加入酶标抗 OVA 抗体，形成抗体-抗原-酶标抗体夹心复合物，加入酶底物，产生有色化合物溶液，测吸光度，并与已知浓度的 OVA 标准品比较就可以计算出食品中 OVA 的含量。图 8-2 是 da-sELISA 法检测蛋糕中 OVA 的示意图。

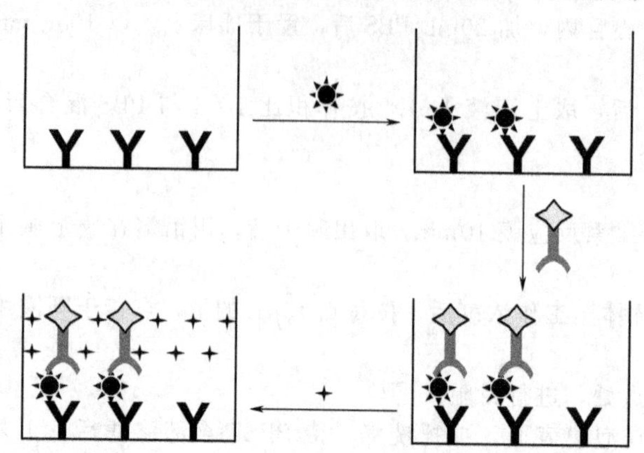

图 8-2 双抗夹心 ELISA 法检测 OVA 的示意图

三、仪器与试材

1. 仪器与器材

振荡器、酶标仪（带 450nm 滤镜）、96 孔酶标板、水浴锅等。

2. 试剂与溶液

除特别说明外，实验所用试剂均为分析纯，水为去离子水或双蒸水。

（1）试剂：抗 OVA 多克隆抗体、辣根过氧化物酶（HRP）标记的抗 OVA 多克隆抗体、OVA 标准品（纯度＞99%）、Na_2CO_3、$NaHCO_3$、KH_2PO_4、$Na_2HPO_4 \cdot 12H_2O$、NaCl、KCl、Tween-20、二甲基甲酰胺、四甲基联苯胺（tetramethylbenzidine，TMB）、30% H_2O_2、H_2SO_4 等。

（2）常规溶液：磷酸盐缓冲液生理盐水（PBS，pH＝7.2，0.1mol/L。将 $Na_2HPO_4 \cdot 12H_2O$ 2.9g、KH_2PO_4 0.2g、NaCl 8.0g、KCl 0.2g 溶于 1000mL 蒸馏水中）、PBST（将 0.5mL Tween-20 溶液加入 1000mL 的 PBS 中）、包被液（pH＝9.6 的 0.05mol/L 碳酸盐缓冲液）、封闭液（5%脱脂牛奶溶于 PBST 中）、底物缓冲液（pH＝5.0 的 0.1mol/L 柠檬酸-0.2mol/L Na_2HPO_4 缓冲液）、TMB 溶液（1%，取 10mg TMB 溶解于 1mL 二甲基甲酰胺后，再加入至 10mL 底物缓冲液中，临用前，添加 10μL 30%过氧化氢，混匀）、ELISA 终止液（2mol/L H_2SO_4）。

（3）OVA 标准溶液：取 1mg OVA，用 PBS 溶液配制成 100μg/mL 的标准溶液。使用时，用 PBS 溶液稀释成 0、1μg/mL、2μg/mL、4μg/mL、8μg/mL 和 16μg/mL。

3. 实验材料

3～4 种蛋糕，各 100g。

四、实验步骤

1. 样品提取

（1）取 20g 样品混匀磨细或者搅拌均匀。

（2）取 1g 磨碎混匀样品，于 50mL 具塞离心管内，加 20mL PBS 后，置于摇床上，以 100r/min 振摇 1h。

（3）将离心管以 3500r/min 离心 10min 后，取上清液 1mL，按体积比 1∶4 与 PBS 混合，作为样品提取液，置于 4℃下待用。

2. 标准曲线的绘制

（1）包被：以 PBS 稀释抗 OVA 多克隆抗体至工作浓度（0.5～10μg/mL），加 100μL 于酶标微孔内，于 4℃静置过夜。取出酶标板，恢复至室温，倾去包被液，以 PBST 满孔洗涤 3 次，每次 5min，扣干。

（2）封阻：每孔加 200μL 封阻液，于 37℃保温保湿 2h。取出酶标板，倾去封阻液，以 PBST 满孔洗涤 3 次，每次 5min，扣干。

（3）抗原抗体反应：每孔分别加 50μL 不同浓度的 OVA 标准溶液与 50μL 工作浓度的酶标抗 OVA 抗体溶液，做 3 个平行，37℃保温保湿 1h 后，以 PBST 洗涤、扣干。

（4）底物显色：每孔加底物液 100μL，于 37℃保温保湿，避光反应 30min。

(5) 吸光度的测定：每孔加 50μL 终止液终止反应 5min 后，以空白孔调零，于 450nm 测吸光度 A_{450nm}。

(6) 标准曲线的绘制：以 OVA 浓度的对数为 x 轴，对应 A_{450nm} 为 y 轴，绘制标准曲线。

3. 样品测定

(1) 除了在"标准曲线的绘制"(3) 中，以 50μL 样品提取液替代 OVA 标准溶液外，其他操作过程同"标准曲线的绘制"中 (1)～(5)。

(2) 根据样品提取液的 A_{450nm} 值，从标准曲线上查找计算样品提取液中 OVA 的浓度。

4. 计算

样品中 OVA 的含量以下式计算：

$$x=c\times\frac{V_1}{V_2}\times f\times\frac{1}{m}$$

式中，x 为样品中 OVA 的含量，ng/kg；c 为从标准曲线上查得的 OVA 质量，μg；V_1 为试样提取液的体积，mL；V_2 为滴加样液的体积，mL；f 为稀释倍数；m 为试样的质量，g。

五、注意事项

1. ELISA 操作部分的注意事项同前述 ELISA 的注意事项。

2. 对于含油量较高的蛋糕，可以在提取过程中，以正己烷脱脂（提取液可为 20mL PBS 和 5mL 正己烷，反复提取 2 次后，可基本去除油脂的影响），以提高检测的准确度。

六、思考题

1. 简述夹心 ELISA 与竞争 ELISA 的区别。

2. 高温加热处理对 OVA 有什么影响？

（撰写人：周有祥）

实验 8-5 花生及其制品中过敏原 Ara h2 基因的实时荧光 PCR 检测

一、实验目的

掌握实时荧光 PCR 法检测花生及其制品中过敏原 Ara h2 基因的原理与方法。

二、实验原理

实时荧光 PCR 技术是指在 PCR 反应体系中加入荧光基团，利用荧光信号积累实时检测整个 PCR 进程，最后通过标准曲线对未知样品 DNA 模板进行定量分析的一种方法。该技术基于荧光共振能量迁移（fluorescence resonance energy transfer）原理，当两个荧光基团靠近时，高能量荧光基团会将受激发产生的能量转移到相邻的低能量荧光基团上。由于标记在探针上的两种荧光基团所发出荧光信号的变化可以反映 PCR 扩增产物的数量变化，从而使得荧光 PCR 技术可以起到实时检测的目的。目前，根据荧光基团在寡核苷酸探针上的不同标记形式，各种荧光 PCR 检测试剂盒所采用的荧光探针基本可以分为三种类型：Taqman 探针、分子信标和荧光杂交探针，其特点见表 8-5。

表 8-5 Taqman 探针、分子信标和荧光杂交探针的特点比较

探针类型	Taqman 探针	分子信标	荧光杂交探针
探针形式	单条探针	1 条具有发夹结构的探针	2 条相邻的探针
荧光标记	5′端标记发光基团，3′端标记猝灭基团	5′端标记发光基团，3′端标记猝灭基团	1 条探针的 3′端标记激发基团，相邻探针的 5′端标记发光基团
检测原理	PCR 反应延伸时，探针被 *Taq* 酶切断，检测脱离猝灭基团控制的发光基团所发出的荧光信号	探针和模板结合，发夹结构被打开，检测远离猝灭基团控制的发光基团所发出的荧光信号	2 条相邻的探针同时和模板结合，检测发光基团受相邻的激发基团激发而产生的荧光信号
发光基团	FAM，TET，VIC，HEX	FAM Texas Red	LC-Red640，LC-GRed705

本实验采用Taqman探针，其原理见图8-3。在本实验中，将待测样品与已知拷贝数的标准DNA模板（阳性对照）在同一条件下共同扩增，并进行实时荧光检测，将待测标本的检测值与阳性和阴性对照比较，就可以判定待测样品中是否含有花生致敏原蛋白基因。

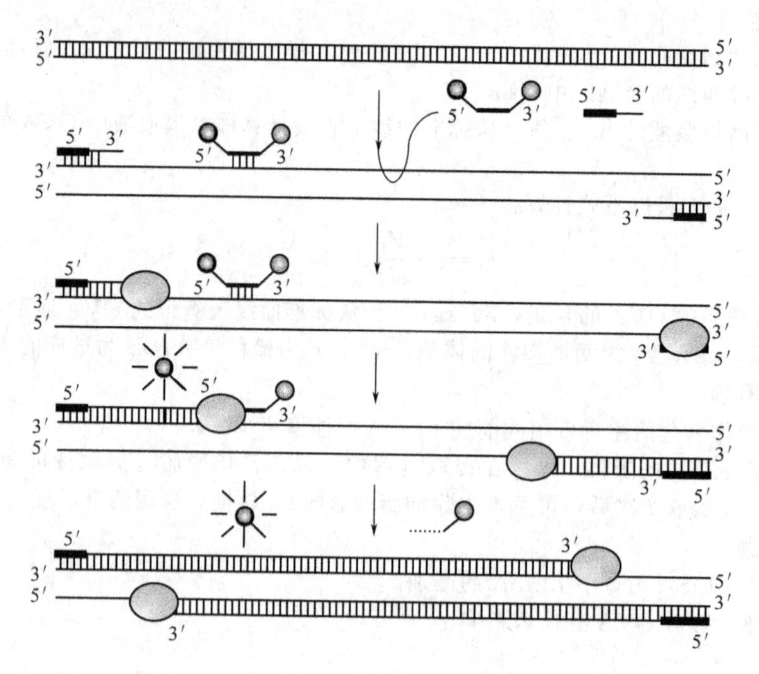

图8-3 实时荧光PCR检测花生及其制品中致敏蛋白编码基因的示意图

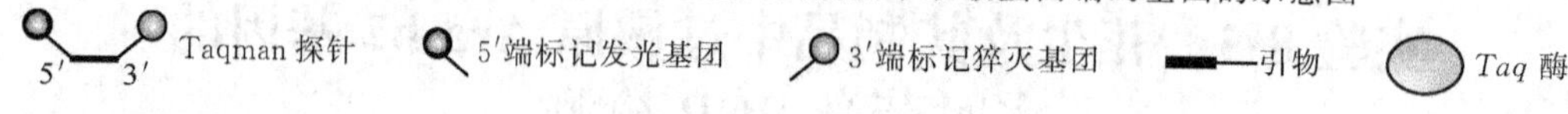

三、仪器与试材

1. 仪器与器材

实时荧光PCR仪、冷冻离心机、紫外分光光度计、pH计、研钵及研杵、振荡器、硝酸纤维素膜、离心机、移液器等。

2. 试剂与溶液

（1）常规试剂：溴代十六烷基三甲胺（CTAB）、乙二胺四乙酸二钠（EDTA）、三（羟甲基）氨基甲烷、十二烷基磺酸钠（SDS）、蛋白酶K、RNA酶、Tris饱和酚、异戊醇、异丙醇、95%乙醇、酚、三氯甲烷。

（2）PCR相关试剂。①引物：5′-gcaacaggagcaacagttcaag-3′，5′-cgctgtggtgccctaagg-3′。②探针：5′(FAM)-agctcaggaacttgcctcaacagtgcg(Eclipse)-3′。③*Taq* DNA聚合酶（具有5′→3′外切酶活性）。④dNTP（dATP、dTTP、dCTP、dGTP）。

（3）溶液：CTAB缓冲液（55mmol/L CTAB，400mmol/L NaCl，20mmol/L EDTA，100mmol/L Tris-HCl，以10%HCl调pH至8.0，在1.05kgf/cm^{2}于121℃灭菌20min，置于4℃备用）、Tris-HCl（pH＝8.0，100mmol/L）、TE缓冲液（10mmol/L，pH＝8.0 Tris-HCl，1mmol/L EDTA）、EDTA（10mmol/L，pH＝8.0，分装后在1.05kgf/cm^{2}于121℃灭菌20min，置于4℃备用）、10×PCR缓冲液［200mmol/L Tris-HCl（pH＝8.4），200mmol/L KCl，15mmol/L $MgCl_2$，分装后在1.05kgf/cm^{2}于121℃灭菌20min，置于4℃备用］、PCR酶溶液［20mg/mL蛋白酶K水溶液，以灭菌的50mmol/L Tris（pH＝8.0）、1.5mmol/L $CaAc_2$溶解，配制成浓度为20mg/mL的溶液，分装并置于－20℃待用］；RNA酶水溶液［5μg/μL，用2mL TE（pH＝7.6）溶解10mg粗制胰RNase A］、酚-三氯甲烷-异戊醇（25＋24＋1，体积比）混合

液、三氯甲烷-异戊醇（24+1，体积比）混合液、70%乙醇。

3. 实验材料

市售花生、花生酱、花生油，各250g。

四、实验步骤

1. 样品制备

称取100g样品，固体样品用洁净研钵研磨至粉末状，液体样品混匀即可。

2. DNA提取（CTAB法）

(1) 取300mg上述样品于2mL离心管中，加入600μL CTAB（若样品吸水性强，可适当增加CTAB加入量）、40μL蛋白酶K，振荡混匀，65℃温育30min。

(2) 加入500μL酚-三氯甲烷-异戊醇混合溶液，强烈振荡，以12000r/min离心15min。

(3) 吸取上层水溶液至1.5mL离心管中，加入等体积异丙醇，振荡混匀，以12000r/min离心10min。

(4) 弃上清液，用预热至65℃的TE缓冲液完全溶解DNA（TE量以完全溶解DNA沉淀为好）后，加入5μL RNA酶溶液，于37℃温育30min。

(5) 加入200μL三氯甲烷-异戊醇混合液，强烈振荡后，以12000r/min离心15min。

(6) 吸取上层清液至1.5mL离心管中，加入等体积异戊醇，振匀，以12000r/min离心10min。

(7) 弃上清液，加入70%乙醇小心清洗沉淀DNA，以12000r/min离心1min，弃上清液，干燥，用预热至65℃的TE缓冲液完全溶解DNA。

(8) 每个样品做两个平行，同时也设立试剂提取对照（以水替代样品）。

3. DNA纯度和浓度的计算

将提取的DNA用紫外分光光度计检测，按照下式计算DNA纯度和浓度（μg/mL）：

$$\text{DNA纯度}=\frac{A_{260\text{nm}}}{A_{280\text{nm}}}\qquad(\text{要求比值应在}1.7\sim2.0\text{之间})$$

$$\text{双链DNA浓度}=50A_{260\text{nm}}$$

4. 实时荧光PCR

(1) 反应体系：10×PCR缓冲液5μL，10μmol/L引物对各2μL，10μmol/μL Taqman探针1.5μL，10mmol/L dNTP 1μL，5U/μL *Taq* DNA聚合酶0.5μL，模板0.1～2μg，补水至50μL。

(2) 反应参数：预变性，95℃ 5min，1个循环；变性，95℃ 10s；退火，56℃ 15s；延伸，65℃ 30s，共进行45个循环。95℃ 15s，60℃ 1min，同时收集FAM荧光，进行45个循环。

(3) 质控设置：在反应体系中同时设置阳性对照、阴性对照、提取对照。阳性对照以花生DNA为模板或采用含有扩增片段（Ara h2编码序列）的质粒DNA作为模板；阴性对照采用非花生成分的DNA作为模板；提取对照以不加任何样品的DNA的提取试剂进行扩增。

5. 结果分析与判定

(1) 基线范围的确立：实时荧光PCR的基线范围选择一般在6～20个循环，如有强阳性样本，可适当前移基线范围。阈值设置原则以阈值线刚好超过正常阴性对照扩增曲线的最高点，且c_t值（反应管内的荧光信号到达设定的阈值时所经历的循环数，所谓荧光阈值是一般指6～20个循环的荧光信号的标准偏差的10倍）不出现任何数值为准。

(2) 对照指标：如下述对照指标有一项不符合，均视为此实验无效。阴性对照，无荧光增幅现象；提取对照，无荧光增幅现象；阳性对照，$c_t\leqslant30.0$，且曲线没有明显的荧光增幅现象。阴性对照如果出现荧光增幅现象表明样品提取或者反应体系存在污染，可能出现检测结果假阳性；阳性对照如果出现无荧光增幅现象，说明反应体系有问题，或者试剂变质，检测可能出现假阴性。

(3) 结果判定：检测样品无荧光增幅现象，且阳性对照、阴性对照、提取对照结果正常者，可判定该样品中未检出过敏原花生成分；检测样品c_t值$\leqslant40.0$，曲线有明显的荧光增幅现象，且阳性对照、阴性对照、提取对照结果正常者，可判定该样品中检出花生过敏原成分；检测样品 c_t 值在 40.0～45.0 之间，应重做实时荧光 PCR 反应，再次扩增后的结果 c_t 值仍在 40.0～45.0 之间，且阳性对照、阴性对照、提取对照结果正常者，可判定样品中检出花生过敏原成分，否则判定该样品中未检出；两个平行样品中只要有一个样品检测为阳性，即可判定该样品中检出花生过敏原成分。

五、注意事项

1. 试剂应临用前从冰箱取出后，使其在室温下自动解融，然后振摇混匀，离心后使用。

2. PCR 方法为高灵敏检测方法，因此在进行 DNA 的制备、加样过程中，应保持实验台洁净，使用一次性移液器吸头，防止 DNA 的交叉污染导致的假阳性、假阴性结果。

六、思考题

1. 简述实时荧光 PCR 的工作原理。

2. 简述花生过敏原的种类及其致敏机理。

（撰写人：周有祥）

参考文献

[1] Abdel-Hamid I，Ivnitski D，Atanasov P，et al. Flow-through immunofiltration assay system for rapid detection of *E. coli* O_{157} : H_7. Biosens Bioelectron，1999，14：309-316.

[2] Elena S，Marcel B，Rosangela M et al. Development of three real-time PCR assays to detect peanut allergen residue in processed food products. European Food Research and Technology，2008，227（3）：857-869.

[3] Grunow R. Development of an immunofiltration-based antigen-detection assay for rapid diagnosis of Ebola virus infection. Journal of Infectious Diseases，2007，196（2）：184-192.

[4] Jin T，Guo F，Chen Y W，et al. Crystal structure of Ara h3，a major allergen in peanut. Molecular Immunology，2009，46（8/9）：1796-1804.

[5] Lau S，Thiemeier M，Urbanek R，et al. Links Immediate hypersensitivity to oval bumin in children with hen's egg white allergy. European Journal of Pediatrics，1988，147（6）：606-608.

[6] Lucht A，Formenty P，Feldmann H，et al. Development of a sandwich enzyme-linked immunosorbent assay for the detection of egg residues in processed food. Journal of Food Protection，2001，64（11）：1812-1816.

[7] Mine Y，Zhang J W. Comparative studies on antigenicity and allergenicity of native and denatured egg white proteins. Journal of Agricultural and Food Chemistry，2002，50：2679-2683.

[8] Pal A，Acharya D，Saha D，et al. Development of a membrane-based immunofiltration assay for the detection of T-2 toxin. Analytical Chemistry，2004，76：4237-4240.

[9] Scott H S，Hugh A S. Food allergy. Journal of Allergy and Clinical Immunology，2006，117（2）：470-475.

[10] Seo J H，Lee J W，Lee Y S，et al. Change of an egg allergen in a white layer cake containinggamma-irradiated egg white. Journal of Food Protection，2004，67（8）：1725-1730.

[11] Stephan，O，Vieths S. Development of a real-time PCR and a sandwich ELISA for detection of potentially allergenic trace amounts of peanut（Arachis hypogaea）in processed foods. Journal of Agricultural and Food Chemistry，2004，52：3754-3760.

[12] Wijk F V，Hartgring S，Koppelman S J. Mixed antibody and T cell responses to peanut and the peanut allergens Ara h1，Ara h2，Ara h3 and Ara h6 in an oral sensitization model. Clinical & Experimental Allergy，2004，34（9）：1422-1428.

[13] 邓平建等. 转基因食品食用安全性和营养质量评价及验证. 北京：人民卫生出版社，2003.

[14] 李伟丰. 转基因水稻检测方法的研究进展. 生物技术通报，2006，（5）：58-61.

[15] 刘光明，苏文金，陈向峰. 应用 ELISA 定量检测转基因玉米中 Bt1 蛋白的研究. 食品科学，2002，

23 (8)：217-221.
[16] 佟平，高金燕，陈红兵. 鸡蛋清中主要过敏原的研究进展. 食品科学，2007，28 (8)：565-568.
[17] 殷丽君等. 转基因食品. 北京：化学工业出版社，2002.
[18] 张英坤. 抗花生过敏原 Ara h2 多克隆抗体的制备及其应用：[硕士学位论文]. 南昌：南昌大学，2007.
[19] 张霞，高旗利，罗茂凰等. 食品中过敏成分检测方法. 北京：中华人民共和国国家质量监督检验检疫总局，2007.
[20] SN/T 1196—2003 玉米中转基因成分的定性 PCR 检测方法.
[21] SN/T 1195—2003 大豆中转基因成分的定性 PCR 检测方法.

附 录

附录1 培养基配方及制备方法

1. 平板计数琼脂（plate count agar，PCA）**培养基**

胰蛋白胨5.0g，酵母浸膏2.5g，葡萄糖1.0g，琼脂15.0g，蒸馏水1000mL，pH 7.0±0.2。于121℃灭菌15min。

2. 月桂基硫酸盐胰蛋白胨（lauryl sulfate tryptone，LST）**肉汤**

胰蛋白胨或胰酪胨20g，NaCl 5g，乳糖5g，K_2HPO_4 2.75g，KH_2PO_4 2.75g，月桂基磺酸钠0.1g，蒸馏水1000mL，pH 6.8±0.2。于121℃灭菌15min。

3. 煌绿乳糖胆盐（brilliant green lactose bile，BGLB）**肉汤**

蛋白胨10g，乳糖10g，牛胆粉溶液200mL，0.1%煌绿水溶液13.3mL，蒸馏水1000mL，pH 7.2±0.1。于121℃灭菌15min。

4. 结晶紫中性红胆盐琼脂（violet red bile agar，VRBA）

蛋白胨7g，酵母膏3g，乳糖10g，NaCl 5g，胆盐或3号胆盐1.5g，中性红0.03g，结晶紫0.002g，琼脂15～18g，蒸馏水1000mL，pH 7.4±0.1。于121℃灭菌15min。

5. 品红亚硫酸钠培养基（fuchsin basic sodium sulfite agar，N/A）

成分：蛋白胨10g、酵母浸膏5g、牛肉膏5g、乳糖10g、K_2HPO_4 3.5g、无水Na_2SO_3 5g、碱性品红乙醇溶液（50g/L）20mL、琼脂15g、蒸馏水1000mL，pH为7.2～7.4。

制法：①按培养基的配比，将琼脂置于500mL蒸馏水中，煮沸溶解。加入K_2HPO_4、蛋白胨、酵母浸膏和牛肉膏，加热溶解。补水至1000mL，调pH为7.2～7.4后，加入乳糖，定量分装，于115℃灭菌20min，储存于冷暗处备用。②使用时，首先按比例称取无水亚硫酸钠置于无菌容器中，加无菌水少许，使其溶解，并置沸水浴中煮沸10min。③灭菌后，滴加于一定量的碱性品红乙醇溶液中至深红色褪成淡粉色为止，然后将此混合液全部加到已融化的上述培养基中混匀（防止产生气泡）。④立即制平板，冷却凝固后置冰箱内备用。按此法制成的培养基于冰箱内保存不宜超过两周。如培养基已由淡粉色变成深红色，则不能再用。

6. 乳糖蛋白胨培养液（lactose peptone broth，LB）

蛋白胨10g、牛肉膏3g、乳糖5g、NaCl 5g、溴甲酚紫乙醇溶液（16g/L）1mL、蒸馏水1000mL，pH为7.2～7.4。于115℃灭菌20min，储存于冷暗处备用。

7. 高盐察氏培养基（salt czapek dox agar，SCDX）

$NaNO_3$ 2g，KCl 0.5g，蔗糖30g，KH_2PO_4 1g，$FeSO_4$ 0.01g，$MgSO_4$ 0.5g，NaCl 60g，琼脂15g，H_2O 1000mL。于115℃灭菌30min，备用。或者取商品培养基粉，加蒸馏水溶解后，灭菌。

8. 溴甲酚紫葡萄糖肉汤（bromcresol purple dextrose broth，BPDB）

蛋白胨10g，牛肉浸膏3g，葡萄糖10g，NaCl 5g，溴甲酚紫0.04g（或1.6%酒精2mL），蒸馏水1000mL，pH=7.2。于121℃灭菌10min。

9. 酸性肉汤（acid broth，AB）

多价蛋白胨5g，酵母浸膏5g，葡萄糖5g，K_2HPO_4 4g，蒸馏水1000mL。pH=5.2，于121℃灭菌10min。

10. 麦芽浸膏汤（malt extract broth，MEB）

麦芽浸膏15g，蒸馏水1000mL，pH=4.7。于121℃灭菌15min。

11. 锰盐营养琼脂（manganese nutrient agar，MNA）

蛋白胨10g，牛肉膏3g，NaCl 5g，琼脂15～20g，3.08% $MnSO_4$水溶液1mL，蒸馏水1000mL。于

121℃灭菌15min。

12. 庖肉培养基（cooked meat medium，CMM）

牛肉浸液1000mL，蛋白胨30g，酵母膏5g，NaH_2PO_4 5g，葡萄糖3g，可溶性淀粉2g，碎肉渣适量，pH=7.8。于121℃灭菌15min。

13. 卵黄琼脂培养基（egg yolk agar base，EYAB）

基础培养基成分：肉浸液1000mL，蛋白胨15g，NaCl 5g，琼脂25～30g，pH=7.5；50%葡萄糖水溶液；50%卵黄盐水悬液。

制法：首先制备基础培养基，分装每瓶100mL。于121℃高压灭菌15min。临用时加热熔化琼脂，冷却至50℃，每瓶内加入50%葡萄糖水溶液2mL和50%卵黄盐水悬液10～15mL，摇匀，倾注平板。

14. 缓冲蛋白胨水（buffered peptone water，BPW）

蛋白胨10g，NaCl 5g，$Na_2HPO_4 \cdot 12H_2O$ 9g，KH_2PO_4 1.5g，蒸馏水1000mL，pH 7.2±0.1。于121℃灭菌15min。

15. 亚硒酸盐胱氨酸（selenite cystine，SC）**增菌液**

成分：蛋白胨5g，乳糖4g，亚硒酸氢钠4g，$Na_2HPO_4 \cdot 12H_2O$ 10g，L-胱氨酸0.01g，蒸馏水1000mL。

制法：将除亚硒酸氢钠和L-胱氨酸以外的各成分溶解于900mL蒸馏水中，加热煮沸，候冷备用。另将亚硒酸氢钠溶解于100mL蒸馏水中，加热煮沸，候冷，以无菌操作与上液混合。再加入1mL 1% L-胱氨酸-氢氧化钠溶液［称取L-胱氨酸0.1g（或DL-胱氨酸0.2g），加1.5mL 1mol/L NaOH，使溶解，再加入蒸馏水8.5mL即成］。分装于灭菌瓶中，每瓶100mL，pH应为7.0±0.1。

16. 氯化镁孔雀绿增菌液（MM）

成分：甲液，胰蛋白胨5g，氯化钠8g，磷酸二氢钾1.6g，蒸馏水1000mL；乙液，氯化镁40g，蒸馏水1000mL；丙液，孔雀绿4g，蒸馏水1000mL。

制法：分别按上述成分配好后，于121℃高压灭菌20min备用。临用时以无菌操作取甲液100mL，加乙液10mL、丙液3mL混合，再分装试管，每管5mL。

17. 三铁糖琼脂（triple sugar iron，TSI）

成分：蛋白胨20g，牛肉膏3g，乳糖10g，蔗糖10g，葡萄糖1g，NaCl 5g，硫酸亚铁铵（含6个结晶水）0.5g，硫代硫酸钠0.5g，琼脂12g，酚红0.025g，蒸馏水1000mL，pH 7.4±0.1。

制法：将除琼脂和酚红以外的各成分溶解于蒸馏水中，校正pH。加入琼脂，加热煮沸，以溶化琼脂。加入0.2%酚红水溶液12.5mL，摇匀。分装试管，装量宜多些，以便得到较高的底层。于121℃高压灭菌15min，放置高层斜面备用。

18. 蛋白胨水（peptone water，PW）

成分：蛋白胨（或胰蛋白胨）20g，NaCl 5g，蒸馏水1000mL，pH=7.4。

制法：按上述成分配制，分装小试管，于121℃高压灭菌15min。

19. 尿素琼脂（urea agar，UA）

成分：蛋白胨1g，NaCl 5g，葡萄糖1g，KH_2PO_4 2g，乳糖1g，0.4%酚红溶液3mL，琼脂20g，蒸馏水1000mL，20%尿素溶液100mL，pH 7.2±0.1。

制法：将除尿素和琼脂以外的成分配好，并校正pH，加入琼脂，加热溶化并分装烧瓶。于121℃高压灭菌15min。冷却至50～55℃，加入经除菌过滤的尿素溶液。尿素的最终浓度为2%，最终pH应为7.2±0.1。分装于灭菌试管内，放成斜面备用。

20. KCN培养基（KM）

成分：蛋白胨10g，NaCl 5g，KH_2PO_4 0.225g，Na_2HPO_4 5.64g，蒸馏水1000mL，0.5%氰化钾溶液20mL，pH=7.6。

制法：将除氰化钾以外的成分配好后分装烧瓶，于121℃高压灭菌15min。放在冰箱内使其充分冷却。每100mL培养基加入0.5%氰化钾溶液2.0mL（最后浓度为1∶10000），分装于12mm×100mm灭菌试管，每管约4mL，立刻用灭菌橡皮塞塞紧，放在4℃冰箱内，至少可保存两个月。同时，将不加氰化钾的培养基作为对照培养基，分装试管备用。

21. 氨基酸脱羧酶试验培养基（amino acid decarboxylase test medium，AADTM）

成分：蛋白胨 5g，酵母浸膏 3g，葡萄糖 1g，蒸馏水 1000mL，1.6%溴甲酚紫乙醇溶液 1mL，L-氨基酸 0.5g/100mL 或 DL-氨基酸 1g/100mL，pH=6.8。

制法：将除氨基酸以外的成分加热溶解后，分装，每瓶 100mL，分别加入各种氨基酸，如赖氨酸、精氨酸和鸟氨酸。L-氨基酸按 0.5%加入，DL-氨基酸按 1%加入。再校正 pH 至 6.8。对照培养基不加氨基酸。分装于灭菌的小试管内，每管 0.5mL，上面滴加一层液体石蜡，于 115℃高压灭菌 10min。

22. 糖发酵管（sugar fermentation tube，SFT）

成分：牛肉膏 5g，蛋白胨 10g，NaCl 3g，$Na_2HPO_4 \cdot 12H_2O$ 2g，0.2%溴麝香草酚蓝溶液 12mL，蒸馏水 1000mL，pH=7.4。

制法：葡萄糖发酵管按上述成分配好后，按 0.5%加入葡萄糖，分装于有一个倒置小管的小试管内，于 121℃高压灭菌 15min；其他各种糖发酵管可按上述成分配好后，分装，每瓶 100mL，于 121℃高压灭菌 15min。另将各种糖类分别配成 10%溶液，同时高压灭菌。将 5mL 糖溶液加入于 100mL 培养基内，以无菌操作分装小试管。

23. ONPG 培养基（*o*-nitrophenyl-β-D-galactopyranoside medium，ONPGM）

成分：邻硝基酚β-D-半乳糖苷（*o*-Nitrophenyl-β-D-galactopyranoside，ONPG）60mg，0.01mol/L Na_3PO_4 缓冲液（pH=7.5）10mL，1%蛋白胨水（pH=7.5）30mL。

制法：将 ONPG 溶于缓冲液内，加入蛋白胨水，以过滤法除菌，分装于 10mm×75mm 试管，每管 0.5mL，用橡皮塞塞紧。

24. 半固体琼脂（semi-solid agar，SA）

成分：蛋白胨 1g，牛肉膏 0.3g，NaCl 0.5g，琼脂 0.35～0.4g，蒸馏水 100mL，pH 7.4±0.1。

制法：按以上成分配好，煮沸使溶解，并校正 pH。分装小试管，于 121℃高压灭菌 15min。直立凝固备用。

25. 丙二酸钠培养基（sodium malonate medium，SMM）

成分：酵母浸膏 1g，$(NH_4)_2SO_4$ 2g，K_2HPO_4 0.6g，KH_2PO_4 0.4g，NaCl 2g，丙二酸钠 3g，0.2%溴麝香草酚蓝溶液 12mL，蒸馏水 1000mL，pH 6.8±0.1。

制法：先将酵母浸膏和盐类溶解于水，校正 pH 后再加入指示剂，分装试管，于 121℃ 高压灭菌 15min。

26. 亚硫酸铋琼脂（bismuth sulfite agar，BSA）

成分：蛋白胨 10g，牛肉膏 5g，葡萄糖 5g，$FeSO_4$ 0.3g，Na_2HPO_4 4g，煌绿 0.025g，柠檬酸铋铵 2g，Na_2SO_3 6g，琼脂 18g，蒸馏水 1000mL。

制法：将前面 3 种成分溶解于 300mL 蒸馏水中（制作基础液），将 $FeSO_4$ 和 Na_2HPO_4 分别加入 20mL 和 30mL 蒸馏水中，柠檬酸铋铵和 Na_2SO_3 另用 20mL 和 30mL 蒸馏水溶解，煌绿用 5mL 蒸馏水溶解。将琼脂于 600mL 蒸馏水中煮沸溶解，冷却至 80℃。将 $FeSO_4$ 和 Na_2HPO_4 溶液混匀加入基础液，调 pH 为 7.5±0.1，随即和柠檬酸铋铵溶液以及 Na_2SO_3 溶液一起倾入琼脂液中，冷却至 50～55℃，加 0.5%煌绿水溶液 5mL，摇匀，倾注平皿。

27. 木糖赖氨酸脱氧胆碱琼脂（xylose lysine deoxy-choline agar，XLDA）

成分：酵母膏 3.0g，L-赖氨酸 5.0g，木糖 3.75g，乳糖 7.5g，蔗糖 7.5g，去氧胆酸钠 2.5g，柠檬酸铁铵 0.8g，硫代硫酸钠 6.8g，NaCl 5.0g，琼脂 15g，酚红 0.08g，蒸馏水 1000mL。

制法：将上述成分（除酚红外）溶解于 1000mL 蒸馏水，加热溶解，调 pH 为 7.4±0.2，再加入指示剂，冷却后倒平皿。

28. 四硫磺酸钠煌绿增菌液（tetrathionate broth，TTB）

基础液成分：蛋白胨 10g，牛肉膏 5g，NaCl 3g，$CaCO_3$ 45g，蒸馏水 1000mL。除 $CaCO_3$ 外，将各成分加入蒸馏水中，混匀，静置 10min，加热煮沸至完全溶解，加 $CaCO_3$ 调 pH 至 7.0±0.1，于 121℃高压灭菌 20min。

硫代硫酸钠溶液：硫代硫酸钠（含 5 个结晶水）50g，蒸馏水 100mL，于 121℃高压灭菌 20min。

碘溶液：碘片 20g，KI 25g，蒸馏水 100mL。将 KI 溶于少量水，加入碘片，混匀，加蒸馏水至 100mL，储于棕色瓶。

0.5%煌绿水：煌绿 0.5g，蒸馏水 100mL，存于暗处不少于 1d，使其自然灭菌。

牛胆盐溶液：牛胆盐 10g，蒸馏水 100mL，于 121℃高压灭菌 20min。

制法：基础液 900mL，硫代硫酸钠溶液 100mL，碘溶液 20mL，煌绿水 2mL，牛胆盐溶液 50mL。按上述顺序依次加入每一种成分，摇匀后加入另一成分。

29. 7.5%氯化钠肉汤（sodium chloride broth，SCB）

蛋白胨 10g，牛肉膏 3g，NaCl 75g，蒸馏水 1000mL，pH 7.2±0.2。于 121℃灭菌 15min，储存备用。

30. Baird-Parker 培养基（BPM）

成分：胰蛋白胨 10g，牛肉膏 5g，酵母膏 1.5g，丙酮酸钠 10g，甘氨酸 12g，氯化锂 6g，琼脂 16g，蒸馏水 1000mL，pH 7.2±0.2。于 121℃高温灭菌 2min，储存备用。

制法：将 Baird-Parker 基础培养基溶化并冷却至 50℃，每 95mL 加入 5mL 卵黄亚碲酸盐增菌剂，用于金黄色葡萄球菌菌落计数。

31. 卵黄亚碲酸盐增菌剂（yolk tellurite broth，YTB）

(1) 30%卵黄生理盐水的制备：取新鲜鸡蛋数个，洗净，放入 75%的酒精中浸泡 30min，用镊子打开蛋壳，在无菌条件下倾出蛋白，将蛋黄倒入装有玻璃珠的无菌锥形瓶中，加入 0.85%的生理盐水（卵黄：生理盐水=3：7），用力振荡，使其成为均匀混悬液。

(2) 增菌剂的配制：将 50mL 30%的卵黄生理盐水和 10mL 经过滤除菌的 1%亚碲酸 钾溶液混合，于 4℃冰箱中保存备用。

32. 血琼脂平板（blood agar plate，BAP）

100mL pH 为 7.4～7.6 的豆粉琼脂，10mL 脱纤维羊血（或兔血）。加热熔化琼脂，冷却至 50℃，以无菌操作加入脱纤维羊血，摇匀，倾注平板。

33. 兔血浆（rabbit plasma，RP）

取 3.8%柠檬酸钠溶液，于 121℃灭菌 30min，1 份加兔全血 4 份，混匀静置，以 2000～3000r/min 离心 3～5min，血球下沉，取上面血浆。

34. 脑心浸出液肉汤（brain heart infusion broth，BHIB）

胰蛋白胨 10g，NaCl 5g，$Na_2HPO_4 \cdot H_2O$ 2.5g，葡萄糖 2.0g，牛心浸出液 500mL，pH 7.4±0.2。于 121℃高压灭菌 15min。

35. 3%氯化钠碱性蛋白胨水（alkaline peptone water，APW）

蛋白胨 10g，NaCl 30g，H_2O 1000mL，pH=8.5。于 121℃灭菌 10min。

36. 硫代硫酸盐-柠檬酸盐-胆盐-蔗糖（thiosulfate-citrate-bile salts-sucrose，TCBS）

多价蛋白胨 10g，酵母浸膏 5g，柠檬酸钠 10g，硫代硫酸钠 10g，NaCl 10g，牛胆汁粉 5g，柠檬酸铁 1g，胆酸钠 3g，蔗糖 20g，溴麝香草酚蓝 0.04g，麝香草酚蓝 0.04g，琼脂 15g，H_2O 1000mL，pH=8.6。于 121℃灭菌 10min。

37. 3%氯化钠胰蛋白胨大豆（TSA）琼脂（NaCl tryptone soya agar，TSA）

胰蛋白胨 15g，大豆蛋白胨 5g，NaCl 30g，琼脂 15g，H_2O 1000mL。调 pH 至 7.3±0.2，于 121℃灭菌 15min。

38. 3%氯化钠三糖铁（TSI）琼脂（NaCl three sugar iron agar，TSI）

蛋白胨 15g，脲蛋白胨 5g，牛肉膏 3g，酵母浸膏 3g，NaCl 30g，乳糖 10g，蔗糖 10g，葡萄糖 1g，$FeSO_4$ 0.2g，苯酚红 0.024g，硫代硫酸钠 0.3g，琼脂 12g，H_2O 1000mL。调 pH 至 7.4，于 121℃灭菌 15min，制斜面。

39. 李氏增菌肉汤（*Listeria* enrichment broth，LB_1、LB_2）

成分：胰胨 5g，多价胨 5g，酵母膏 5g，NaCl 20g，KH_2PO_4 1.35g，Na_2HPO_4 12g，七叶苷 1g，蒸馏水 1000mL。调 pH 为 7.2～7.4，分装，于 121℃高压灭菌 15min。

制法：在 225mL LB_1 中加入 0.45mL 1%萘啶酮酸（用 0.05mol/L NaOH 溶液配制）和 0.27mL 1%吖啶黄（用灭菌蒸馏水配制）。在 200mL LB_2 中加入 0.40mL 1%萘啶酮酸和 0.50mL 1%吖啶黄，无菌分装于 10mL 大试管中。

40. 0.6%酵母膏胰酪胨大豆琼脂（tryptone soy agar yeast extract，TSA-YE）

胰胨 17g，多价胨 3g，酵母膏 6g，NaCl 5g，K_2HPO_4 2.5g，葡萄糖 2.5g，琼脂 15g，蒸馏水 1000mL。

调 pH 为 7.2～7.4，于 121℃灭菌。

41. PALCAM 琼脂（PALCAM agar）

酵母膏 8g，葡萄糖 0.5g，七叶苷 0.8g，柠檬酸铁铵 0.5g，甘露醇 10g，酚红 0.1g，氯化锂 15g，酪蛋白胰酶消化物 10g，心胰酶消化物 3g，玉米淀粉 1g，肉胃酶消化物 5g，NaCl 5g，琼脂 15g，蒸馏水 1000mL。调 pH 为 7.2～7.4，分装，于 121℃高压灭菌 15min。

42. PALCAM 选择性添加剂（PALCAM selective additives，PALCAMSA）

成分：多黏菌素 B 5mg，盐酸吖啶黄 2.5mg，头孢他啶 10mg，蒸馏水 500mL。

制法：将 PALCAM 基础培养基溶化后冷却到 50℃，加入 2mL PALCAM 选择性添加剂，混匀后倾倒在无菌平皿中。

43. SIM 动力培养基（SIM kinetics medium，SLMKM）

胰胨 20g，多价胨 6g，硫酸铁铵 0.2g，硫代硫酸钠 0.2g，琼脂 3.5g，蒸馏水 1000mL。调 pH 至 7.2，分装小试管，于 121℃高压灭菌 15min。

44. 科玛嘉李斯特菌显色琼脂（CHROMagar *Listeria* chromogenic agar，CLCA）

成分：科玛嘉李斯特菌显色培养基干粉由科玛嘉李斯特菌基础培养基 LM851（B）和增补剂 LM851（S）两部分组成。琼脂 15g，蛋白胨、牛肉浸膏 26g，NaCl 5g，色素混合物 12g，蒸馏水 1000mL，调 pH 至 7.0。

制法：取瓶内基础培养基干粉缓慢倒入蒸馏水，搅拌至琼脂溶解。于 121℃灭菌 15min。水浴冷却至 48℃。取增补剂 LM851（S）一瓶，加 40mL 无菌蒸馏水，用磁力搅拌器（magnetic stirrer）快速搅拌混匀（时间不少于 30min），使其完全溶解，最终成为奶油状的匀质溶液。轻轻搅拌高压灭菌后的基础培养基，同时加入混匀后的增补剂 LM851（S），继续搅拌（时间不少于 2min），二者充分混匀后倾入无菌培养皿中，使其凝固。

45. 改良 EC 新生霉素增菌肉汤（modified EC novobiocin enrichment broth，mEC＋n）

成分：胰蛋白胨 20g，乳糖 5g，$K_2HPO_4 \cdot 7H_2O$ 4g，KH_2PO_4 1.5g，三号胆盐 1.12g，NaCl 5g，新生霉素钠盐溶液（20mg/mL），蒸馏水 1000mL。

制法：除新生霉素外，将上述各成分加热混匀，调 pH 为 6.9±0.1，分装，于 121℃高压灭菌 15min，备用。制备浓度为 20mg/mL 的新生霉素储备溶液，过滤法除菌。待培养基冷却到 50℃以下时，以无菌的方式按 1000mL 培养基内加 1mL 新生霉素储备液，使最终浓度为 20mg/L。

46. 改良山梨醇麦康凯琼脂（CT-sorbitol MacConKey，CT-SMAC）

山梨醇麦康凯（SMAC）琼脂培养基成分：蛋白胨 20g，山梨醇 10g，3 号胆盐 1.5g，NaCl 5g，琼脂 15g，中性红 0.03g，结晶紫 0.001g，蒸馏水 1000mL。调 pH 为 7.2±0.2，于 121℃灭菌 15min。

亚碲酸钾溶液：亚碲酸钾 0.5g，蒸馏水 200mL。

头孢克肟（cefixime）溶液：头孢克肟 1mg，96%乙醇 200mL。将头孢克肟溶解于 96%乙醇中，静置 1h，待其充分溶解后过滤除菌。分装试管，储存于－20℃，有效期一年。解冻后的头孢克肟溶液不应再冻存，且在 2～8℃下有效期 14d。

CT-SMAC 制法：取 1000mL 灭菌融化并冷却至 45℃的 SMAC 琼脂，加 1mL 亚碲酸钾溶液和 10mL 头孢克肟溶液，使亚碲酸钾浓度达到 2.5mg/L，头孢克肟浓度达到 0.05mg/L，混匀后倾注平板。

47. 改良 CHROMagar O_{157} 显色琼脂（modified CHROMagar O_{157} chromogenic agar）

成分：蛋白胨、酵母提取物和盐分 13g，色素混合物 1.2g，选择性添加剂 0.0005g，琼脂 15g，蒸馏水 1000mL，pH 7.2±0.2。

制法：除选择性添加剂外，将各成分溶解于蒸馏水中，加热煮沸至完全溶解，冷却至 47℃左右时，加入选择性添加剂，混匀后倒平板。

48. 月桂基磺酸盐蛋白胨肉汤-MUG 肉汤（MUG-lauryl sulfonate peptone broth，MUG-LST）

胰蛋白胨 20g，NaCl 5g，乳糖 5g，K_2HPO_4 2.75g，KH_2PO_4 2.75g，月桂基硫酸钠 0.1g，4-甲基伞形酮-β-D-葡萄糖醛酸苷（4-methylumbelliferyl β-D-glucuronide，MUG）0.1g，蒸馏水 1000mL。调 pH 为 6.8±0.2，于 121℃高压灭菌 15min。

49. 假单胞菌选择培养基（*Pseudomonas* selective media，PSA）

成分：多价胨 16g，水解酪蛋白 10g，K_2SO_4 10g，$MgCl_2$ 1.4g，琼脂 11g，甘油 10mL，蒸馏水 1000mL，pH 7.1±0.2。

CFC 选择添加物：溴化十六烷基三甲铵 10mg/L，梭链孢酸钠 10mg/L，头孢菌素 50mg/L。

制法：先将基础成分加热煮沸使之完全溶解，于 121℃灭菌 15min。冷却到 50℃备用。当基础培养基冷却到 50℃后，加入溶解后过滤除菌的 CFC 补充物，完全混合后倒平板，备用。

50. 胰蛋白胨大豆胨琼脂培养基（tryptone soya agar，TSA）

成分：胰蛋白胨 15g，大豆胨 5g，NaCl 5g，琼脂 13g，蒸馏水 1000mL，pH 7.1～7.5。制法：按量将各成分溶解，加热使完全溶解，调 pH 值，于 121℃灭菌 15min。

51. 葡萄糖氧化发酵培养基（oxidation of glucose fermentation medium，OGFM）

成分：蛋白胨 2g，NaCl 5g，1%溴百里酚蓝水溶液 3mL，琼脂 5～6g，K_2HPO_4 0.2g，葡萄糖 10g，蒸馏水 1000mL。

制法：除溴百里酚蓝外，溶解以上各成分，调节 pH 值为 6.8～7.0，分装试管，于 115℃灭菌 20min，备用。

52. 精氨酸双水解酶实验培养基（arginine dihydrolase test medium，ADTM）

成分：蛋白胨 1g，NaCl 5g，K_2HPO_4 0.3g，L-精氨酸 10g，琼脂 10g，酚红 0.01g，蒸馏水 1000mL。

制法：除酚红外，将以上各成分溶解，调节 pH 为 7.0～7.2，加入指示剂，分装试管，培养基高为 4～5cm，于 121℃灭菌 20min，备用。

53. 乳糖肉汤（lactose broth，LB）

牛肉膏粉 3g，蛋白胨 5g，乳糖 5g，蒸馏水 1000mL，pH 6.9±0.2。于 121℃灭菌 15min，备用。

54. 营养肉汤（nutrition broth，NB）

蛋白胨 10g，牛肉膏 5g，氯化钠 5g，蒸馏水 1000mL，pH 7.2～7.4。于 121℃灭菌 20min，备用。

附录2 生化试剂和染液的配方及制备方法

1. 靛基质试剂（柯凡克试剂）

柯凡克试剂：将5g对二甲氨基苯甲醛溶解于75mL戊醇中，然后缓慢加入浓HCl 25mL。

欧-波试剂：将1g对二甲氨基苯甲醛溶解于95mL 95% 乙酸，然后缓慢加入浓HCl 20mL。

2. 氧化酶试剂

1%盐酸二甲基对苯二胺溶液：N,N'-二甲基对苯二胺盐酸盐或N,N,N',N'-四甲基对苯二胺盐酸盐1.0g，蒸馏水100mL。少量新鲜配制，于冰箱内避光保存，在7d内使用。

1% α-萘酚乙醇溶液：取α-萘酚1g，加无水乙醇，定容至100mL。

3. 革兰染色液

结晶紫染色液：结晶紫1g，95%乙醇20mL，1%草酸铵水溶液80mL。将结晶紫溶解于乙醇中，然后与草酸铵溶液混合。

革兰碘液：I_2 1g，KI 2g，蒸馏水300mL。将I_2与KI先进行混合，加入蒸馏水少许，充分振摇，待完全溶解后，再加蒸馏水至300mL。

沙黄复染液：沙黄0.25g，95%乙醇10mL，蒸馏水90mL。将沙黄溶解于乙醇中，然后用蒸馏水稀释。

4. 无菌生理盐水

称取8.5g NaCl溶于1000mL蒸馏水中，于121℃灭菌15min。